TRAITÉ

DE CHIMIE

ÉLÉMENTAIRE,

THÉORIQUE ET PRATIQUE.

IMPRIMÉ CHEZ PAUL RENOUARD,

RUE GARANCIÈRE, N. 5, F. S.-G.

TRAITÉ
DE CHIMIE

ÉLÉMENTAIRE,

THÉORIQUE ET PRATIQUE,

SUIVI D'UN

ESSAI SUR LA PHILOSOPHIE CHIMIQUE

ET

D'UN PRÉCIS SUR L'ANALYSE.

Par M. le Baron L. J. THENARD,

Pair de France, Conseiller au Conseil Royal de l'Instruction publique, de l'Académie Royale des Sciences de l'Institut de France; Doyen de la Faculté des Sciences de l'Académie de Paris, Professeur de Chimie au Collége Royal de France et à l'École polytechnique; Membre de l'Académie Royale de Médecine, de la Société philomatique, de la Légion-d'Honneur; des Académies et Sociétés Royales de Londres, de Berlin, de Stockholm, d'Edimbourg, de Pétersbourg, de Copenhague, de Madrid, de Naples, de Munich, de Gœttingue, de Bologne, de Modène, de Lucques, d'Erfurt, etc., etc.

SIXIÈME ÉDITION.

TOME TROISIÈME.

PARIS.

CROCHARD, LIBRAIRE-EDITEUR,
PLACE DE L'ÉCOLE-DE-MÉDECINE, N° 13.

1834.

ERRATA.

Le Lecteur est prié de faire les corrections suivantes :

III. *Sixième édition.*

TABLE

DES MATIÈRES CONTENUES DANS LE TROISIÈME VOLUME.

LIVRE ONZIÈME.

Pages.

Des sels qui résultent de la combinaison des acides minéraux avec les oxides métalliques.   I
Propriétés physiques.   6
Composition.   8
Propriétés chimiques.   11
Action de l'eau.   11
Action de la glace.   17
Mélanges frigorifiques.   19
Action du gaz oxigène.   22
Action hygrométrique de l'air.   22
Action du feu.   23
Action de la pile.   24
Action de la lumière et du barreau aimanté.   24
Action des métalloïdes.   24
Métaux et sels desséchés.   25
Métaux et dissolutions salines.   26
Action des oxides.   29
Action des oxacides.   35
Action des hydracides.   36
Tableau de la couleur des précipités que forme l'acide sulfhydrique dans les dissolutions salines.   37
Action du phosphure et de l'arséniure d'hydrogène.   38
Action des sels les uns sur les autres.   40
Action des chlorures, fluorures, bromures, iodures, sulfures, séléniures.   52
Sels doubles.   53

Pages.

Réduction des oxides de plusieurs sels par d'autres sels.   57
Etat naturel.   57
Préparation.   58
Usages, historique.   59
GENRE Ier. Borates.   62
ART. 1er. Borates neutres.   62
Borate de soude.   67
— de potasse.   73
— de plomb.   73
ART. 11. Bi-borates et borates basiques.   74
GENRE II. Silicates.   75
Silicates simples.   80
Silicates multiples.   96
Produits formés de silicates employés dans les arts.   101
GENRE III. Carbonates.   128
ART. 1er. Carbonates neutres.   128
Carbonates de potasse.   136
— de soude.   139
— de lithine.   145
— de baryte.   145
— de strontiane.   146
— de chaux.   146
— de chaux et de soude.   149
— de chaux et de baryte.   149
— de magnésie.   150

Pages.

Carbonates de magnésie et de potasse. 151
— de magnésie et de soude. 151
— de magnésie et de chaux. 152
— de magnésie et d'ammoniaque. 152
— de protoxide de manganèse. 153
— de fer. 153
— de zinc. 154
— de protoxide de cérium. 155
— de plomb. 156
— de cuivre. 159
— d'argent. 161

ART. II. Bi-carbonates. 162

ART. III. Sesqui-carbonates. 164

ART. IV. Carbonates bi-basiques. 164

ART. V. Carbonates sesquibasiques. 165

GENRE IV. Phosphates. 166

ART. ier. Phosphates neutres. 168

— de soude. 177
— de potasse. 179
— de lithine. 180
— de lithine et de soude. 180
— de baryte. 181
— de strontiane. 182
— de chaux. 182
— de magnésie. 184
— de magnésie et d'ammoniaque. 184
— de plomb. 184

ART. II. Phosphates sesquibasiques ; phosphates à $1\frac{1}{3}$ de base ; phosphates à $1\frac{1}{4}$. 185

ART. III. Phosphates bi-basiques. 189

ART. IV. Sesqui - phosphates et phosphates à $1\frac{1}{3}$ d'acide. 190

ART. V. Bi-phosphates. 191

GENRE V. Para-phosphates. 193

Para-phosphates de soude. 194
— d'argent. 195

GENRE VI. Hypo-phosphites. 195

GENRE VII. Phosphites. 197

GENRE VIII. Sulfates. 199

ART. ier. Sulfates neutres. 199

— de potasse. 212
— de soude. 213
— de lithine. 215
— de baryte. 216
— de strontiane. 218
— de chaux. 219
— de magnésie. 222
— d'yttria. 225
— de glucine. 225
— d'alumine. 226
Alun. 228
Sulfates de manganèse. 238
— de zinc. 239
— de fer. 241
— d'étain. 248
— de cadmium. 249
— de cobalt. 249
— de nickel. 250
— de molybdène. 251
— de chrôme. 251
— de vanadium. 252
— d'antimoine. 253
— de titane. 254
— de tellure. 254
— d'urane. 254
— de cerium. 256
— de bismuth. 257
— de cuivre. 258
— de plomb. 261
— de mercure. 263
— d'osmium. 264
— d'iridium. 265
— de palladium. 265
— de rhodium. 266
— d'argent. 266
— de platine. 267
— de tri-oxide d'or. 269

ART. II. Sous-sulfates. 269

ART. III. Sulfates acides. 270

GENRE. IX. Hypo-sulfates. 270

ART. ier. Hypo-sulfates neutres. 270

ART. II. Hypo-sulfates basiques.   273

GENRE X. Sulfites.   273

ART. Ier. Sulfites neutres.   275

— de potasse.   278
— de soude.   275

ART. II. Bi-sulfite.   279

GENRE XI. Hypo-sulfites.   280

GENRE XII. Sélénites.   283

GENRE XIII. Séléniates.   286

GENRE XIV. Chlorates.   288

ART. Ier. Chlorates neutres.   288

— de potasse.   293
— de soude.   296
— de baryte.   296
— de strontiane.   297
— de chaux.   297
— de magnésie.   297
— de zinc.   298
— de cuivre.   298
— de plomb.   298
— de protoxide de mercure.   299
— de bi-oxide de mercure.   299
— d'argent.   300

GENRE XV. Hyper-chlorates.   300

GENRE XVI. Chlorites.   306

GENRE XVII. Brômates.   313

GENRE XVIII. Iodates.   316

— de potasse.   318
— de soude.   319
— de lithine.   319
— de baryte.   320
De quelques autres iodates.   320

GENRE XIX. Des hyper-iodates et de leur acide.   321

Acide hyper-iodique.   321
Hyper-iodates de potasse.   322
— de soude.   322
— d'argent.   323

GENRE XX. Azotates.   324

ART. Ier. Azotates neutres.   324

— de potasse.   337
Poudre.   346
Azotate de soude.   361
— de lithine.   362
— de baryte.   362
— de strontiane.   364
— de chaux.   364
— de magnésie.   365
— d'yttria.   366
— de glucine.   366
— d'alumine.   366
— de manganèse.   367
— de fer.   367
— de zinc.   369
— de cadmium.   370
— d'étain.   370
— de cobalt.   371
— de nickel.   371
— de molybdène.   371
— de chrôme.   372
— de vanadium.   372
— d'antimoine.   373
— de tellure.   373
— d'urane.   373
— de cérium.   374
— de bismuth.   375
— de plomb.   376
— de cuivre.   377
— de mercure.   379
— d'osmium.   384
— d'iridium.   385
— de palladium.   385
— de rhodium.   385
— d'argent.   386
— d'or.   388
— de platine.   389

ART. II. Sous-azotates.   389

GENRE XXI. Azotites.   390

De la combinaison de l'acide hypo-azotique avec les bases salifiables.   393

Des composés que forment les alcalis avec le protoxide et le bi-oxide d'azote.   394

Des COMPOSÉS que forment les acides métalloïdi-

	Pages.
qués dans leur contact avec les oxides métalliques.	395
GENRE XXII. Chlorures.	399
Chlorures de potassium.	405
— de sodium.	406
— de lithium.	414
— de barium.	415
— de strontium.	416
— de calcium.	417
— de magnésium.	418
— d'yttrium.	419
— de glucinium.	420
— d'aluminium.	420
— de manganèse.	422
— de fer.	423
— de zinc.	425
— de cadmium.	426
— d'étain.	426
— de cobalt.	431
— de nickel.	433
— d'arsénic.	433
— de molybdène.	434
— de chrôme.	436
— de vanadium.	437
— de tungstène.	438
— de colombium.	439
— d'antimoine.	439
— de titane.	443
— de tellure.	444
— d'urane.	445
— de bismuth.	446
— de plomb.	447
— de cuivre.	449
— de mercure.	451
— d'osmium.	457
— d'iridium.	459
— de palladium.	464
— de rhodium.	466
— d'argent.	467
— d'or.	470
— de platine.	478
GENRE XXIII. Bromures.	482
GENRE XXIV. Iodures.	486
GENRE XXV. Fluorures.	494
Fluorures de potassium.	500
— de sodium.	501
— de calcium.	503
— d'aluminium.	504

	Pages.
Fluorures de manganèse.	505
— de chrôme.	505
— d'arsenic.	506
— de titane.	507
— d'argent.	508
GENRE XXVI. Fluo-silicates.	508
GENRE XXVII. Fluo-borates.	510
GENRE XXVIII et XXIX. Manganates et hyper-manganates.	512
GENRE XXX. Arséniates.	512
Arséniates de potasse.	516
— de soude.	517
GENRE XXXI. Arsénites.	518
GENRE XXXII. Molybdates.	522
GENRE XXXIII. Chromates.	524
Chromates en particulier.	528
GENRE XXXIV. Vanadates.	534
GENRE XXXV. Vanadites.	537
GENRE XXXVI. Tungstates.	538
GENRE XXXVII. Colombates.	542
GENRE XXXVIII et XXXIX. Antimonites et antimoniates.	544
GENRE XL. Titanates.	547
GENRE XLI. Tellurites.	548
GENRE XLII et XLIII. Uranates, Aluminates.	548
Des COMPOSÉS dans lesquels certains corps simples jouent le même rôle que l'oxigène dans les oxi-sels.	550
Sulfhydrates de sulfures métalliques.	551
Tableau des précipités que forment les dissolutions des sulfures et sulfhydrates de potassium et de sodium dans	

	Pages.
les dissolutions des divers sels.	556
Sulfo-carbonates.	560
Sulfo-sels métalliques.	563
Sulfarséniates de proto-sulfure de potassium.	567
Sulfarsénites de proto-sulfure de potassium.	569
Hypo-sulfarsénite de proto-sulfure de potassium.	569
Sulfo-molybdate de proto-sulfure de potassium.	507
Sulfo-tungstate de proto-sulfure de potassium.	571
Sulfo-vanadate de proto-sulfure de potassium.	572
Sulfantimoniate, sulfantimonite, hypo-sulfantimonite de proto-sulfure de potassium.	572
Sulfo-tellurites de proto-sulfure de potassium.	573

FIN DE LA TABLE DU TROISIÈME VOLUME.

TRAITÉ
DE CHIMIE

ÉLÉMENTAIRE,

THÉORIQUE ET PRATIQUE.

LIVRE ONZIÈME.

Des sels qui résultent de la combinaison des acides minéraux avec les oxides métalliques.

1283. Pour que les métaux puissent s'unir aux acides, il faut non-seulement qu'ils soient oxidés, mais encore qu'ils le soient à un certain degré. Lorsque la quantité d'oxigène est trop grande, l'oxide prend en quelque sorte des propriétés analogues aux acides, et dès-lors n'a presque point d'affinité pour eux : aussi, à quelques exceptions près, le protoxide d'un métal a-t-il plus de tendance à se combiner avec un acide que le deutoxide de ce même métal, et le deutoxide en a-t-il toujours plus que le tritoxide, etc.

Le tableau suivant indique, quels sont les divers degrés d'oxidation sous lesquels chaque métal peut entrer en combinaison avec les acides. (1)

(1) Nous avons dit qu'il serait possible que le zirconium et le thorinium ne fussent point des métaux. Par cette raison, nous les avons placés dans une section à part (468). Toutefois, dans ce que nous allons dire de la réaction des oxides, nous ne les séparerons point des oxides métalliques.

NOM du MÉTAL.	LE MÉTAL S'UNIT AUX ACIDES A L'ÉTAT DE
Potassium...	Protoxide ou potasse.
Sodium.....	*Id.* ou soude.
Lithium....	Oxide ou lithine.
Barium.....	Protoxide ou baryte.
Strontium...	*Id.* ou strontiane.
Calcium....	*Id.* ou chaux.
Magnésium..	Oxide ou magnésie.
Yttrium....	*Id.* ou yttria.
Glucinium..	*Id.* ou glucine.
Aluminium..	*Id.* ou alumine.
Manganèse..	Protoxide, sesqui-oxide.
Fer........	Protoxide, sesqui-oxide.
Zinc.......	Protoxide.
Cadmium...	Oxide.
Étain......	Protoxide, bi-oxide.
Cobalt.....	Protoxide.
Nickel.....	*Id.*
Arsénic.....	L'oxide ne s'unit point aux acides.
Molybdène..	Protoxide, bi-oxide. L'acide molybdique. (1)
Chrôme....	Oxide. L'acide chromique. (1)
Vanadium (2)	Bi-oxide. L'acide vanadique. (1)
Tungstène...	L'oxide ne s'unit point aux acides. L'acide tungstique. (1)
Columbium.	L'oxide ne s'unit point aux acides. L'acide colombique. (1)
Antimoine..	Protoxide.
Titane.....	Oxide. L'acide titanique. (1)
Tellure.....	Oxide.
Urane......	Protoxide, deutoxide.
Cérium.....	Protoxide, sesqui-oxide.
Bismuth....	Protoxide.
Plomb.....	Protoxide.
Cuivre.....	Protoxide, bi-oxide.
Mercure....	Protoxide, bi-oxide.
Osmium....	Protoxide, sesqui-oxide, bi-oxide.
Iridium.....	Protoxide, sesqui-oxide, bi-oxide et peut-être tri-oxide.
Palladium...	Protoxide, bi-oxide.
Rhodium...	Sesqui-oxide, peut-être protoxide.
Argent.....	Protoxide.
Or (2).....	Tri-oxide.
Platine.....	Protoxide, bi-oxide.

(1) Peut s'unir à quelques acides et faire fonction de base.
(2) Le protoxide ne s'unit point aux acides.

1284. Lorsqu'un acide et un oxide se combinent, ils se neutralisent en totalité ou en partie, suivant la quantité respective de l'un et de l'autre ; ou, en d'autres termes, ils rendent réciproquement leurs propriétés caractéristiques plus ou moins latentes : c'est pourquoi l'on partage les sels en sels neutres, sels avec excès d'oxide, et sels avec excès d'acide. On dit ordinairement qu'un sel est avec excès d'acide, lorsqu'il rougit la teinture de tournesol (exemple, *bi-sulfate de potasse*); on dit, au contraire, qu'il est avec excès de base, lorsqu'il verdit le sirop de violettes, ou qu'il rougit le papier de curcuma, ou qu'il ramène au bleu la teinture de tournesol rougie par les acides, ou bien qu'il est capable de neutraliser une certaine quantité d'acide (exemple, *sous-acétate de plomb*); enfin on dit qu'il est neutre, lorsqu'il ne peut ni rougir la teinture de tournesol ni verdir le sirop de violettes, etc. (exemple, *sulfate de soude*).

1285. Cette manière d'établir la neutralité des sels n'est point à l'abri d'objections. La neutralité est une propriété relative; elle est d'autant plus marquée que l'acide et l'oxide ont plus d'affinité ; et parmi toutes les combinaisons que peuvent former ces deux corps, c'est celle qui résulte des proportions où leurs propriétés disparaissent le plus que l'on doit regarder comme neutre. L'on conçoit donc qu'il est tel sel, quoique neutre, qui pourra rougir la teinture de tournesol ou verdir le sirop de violettes, etc.; il suffira pour cela que ce sel puisse céder une portion de son acide ou de sa base à la couleur avec laquelle on le met en contact, et c'est ce qui aura lieu toutes les fois qu'il sera facile à décomposer.

Comment, d'après cela, distinguer les sels neutres, les sels avec excès d'oxide et les sels avec excès d'acide? Par leur composition, qui est soumise à des lois remarquables. En effet, supposons pour un instant que les divers oxides se combinent chacun en trois proportions différentes avec le même acide, et considérons les trois séries de sels qui en résulteront: nous trouverons, par l'analyse, que, dans

tous les sels de la même série, la quantité d'acide sera proportionnelle à la quantité d'oxigène de l'oxide. Par exemple,
ces deux quantités pourront être entre elles comme 4 à 1
dans la première série, comme 2 à 1 dans la seconde, etc.
Or, si l'on regarde comme neutre l'un des sels d'une série,
il est évident qu'il conviendra de regarder comme tels tous
les sels de la même série, quelle que soit d'ailleurs leur action sur les couleurs. Reste donc à savoir de quel sel on par-
tira pour établir la neutralité, et par suite l'acidité, etc.
Pour nous, nous pensons qu'on devrait faire choix des sels
à base de potasse ou de soude, parce que ce sont en général
les bases qui ont le plus d'affinité pour les acides et qu'elles
forment des sels dont la solubilité permet toujours de reconnaître si la neutralité est aussi grande que possible.

1286. Le même acide et le même oxide ne sont pas toujours capables de donner naissance à ces trois sortes de sels;
différentes causes s'y opposent; les principales sont : l'affinité réciproque de l'oxide et de l'acide, qui est très variable; leur action sur l'eau, dont on emploie presque toujours une certaine quantité pour les unir; l'état qu'ils affectent l'un et l'autre; le plus ou moins de cohésion et de
solubilité du sel qui résulte de leur combinaison. (Voyez
Philosophie chimique.)

1287. Nous ne reviendrons pas sur les noms par lesquels
on désigne les différens sels. Tout ce qu'il est nécessaire de
savoir à cet égard, a été dit dans le livre consacré à la nomenclature.

1288. Il ne nous reste plus actuellement, pour pouvoir
commencer, à proprement parler, l'étude des sels, qu'à
dire un mot de la marche que nous nous proposons de
suivre. Nous étudierons d'abord tous les sels d'une manière générale; ensuite nous étudierons tous les groupes
auxquels on donne ordinairement le nom de *genres*, et qui
résultent de la combinaison du même acide avec les différens oxides, c'est-à-dire, les carbonates, les borates, les
phosphates, les phosphites, etc. Enfin, immédiatement

après avoir fait l'étude d'un genre, nous nous occuperons des espèces et des variétés qu'il renferme. Dans l'étude générale, nous saisirons toutes les propriétés communes à tous les sels ; dans l'étude du genre, nous rechercherons celles qui sont propres à celui-ci, et nous ferons connaître, dans l'étude de l'espèce, celles qu'il nous sera impossible de comprendre, soit dans l'histoire de la famille, soit dans l'histoire générique. On verra que nous pourrons le plus souvent nous dispenser de considérer l'espèce, et à plus forte raison la variété, ou au moins que nous n'aurons presque rien à en dire. Si, au lieu de suivre cette marche générale, on voulait étudier tous les sels successivement, il serait impossible de réussir : la mémoire la plus heureuse échouerait. Pour s'en convaincre, il suffira d'observer qu'il existe plus de mille sels différens, et que l'histoire de chacun d'eux se compose de leurs propriétés physiques, de leurs propriétés chimiques, c'est-à-dire, de leur action sur tous les corps précédemment étudiés, qui sont au nombre de plus de cent, de leur état dans la nature, de leur préparation, de leur composition, de leurs usages et de l'historique de leur découverte, etc.

Plusieurs chimistes ont cru devoir prendre pour bases des genres les oxides métalliques, en sorte qu'ils réunissent ou qu'ils groupent non pas toutes les combinaisons du même acide avec les différens oxides métalliques, mais toutes les combinaisons d'un même oxide avec les différens acides. Cette méthode est évidemment vicieuse. En effet, tous les oxides métalliques possèdent des propriétés analogues qu'on peut exprimer d'une manière générale; tandis que les acides ne sont pas dans ce cas. Il suit de là qu'on pourra facilement étudier à-la-fois toutes les espèces et variétés d'un genre qui aura pour base un acide, et qu'on ne pourra point étudier de même celles d'un autre genre qui aura pour base un oxide métallique. Qu'on prenne pour exemple les sulfates d'une part, et les sels mercuriels de l'autre : rien ne s'opposera à ce que l'on exprime pour ainsi dire en une seule phrase la manière dont les sulfates se comportent avec le feu; dans une autre, la manière dont ils se comportent avec l'hydrogène, etc.; et l'on sera obligé, au contraire, de dire successivement comment se comporte chaque sel mercuriel avec ces différens agens, parce que les phénomènes varieront en raison de la nature de l'acide. Nous ferons observer, d'ailleurs, que dans les sels formés du même acide et des divers oxides, la quantité d'acide est à la quantité d'oxigène de l'oxide dans un rapport constant; au lieu qu'il n'en est point de même dans ceux qui sont formés du même oxide et des différens acides.

1289. *Propriétés physiques.* — Les propriétés physiques des sels consistent dans l'état qu'ils affectent, dans les formes qu'ils peuvent prendre, et dans la couleur, l'odeur, la saveur, la pesanteur spécifique, et la cohésion qu'ils peuvent avoir à une certaine température, par exemple, à la température ordinaire.

Etat. — Tous les sels métalliques sont solides. Tous sont capables de prendre des formes régulières ou de cristalliser, en passant peu-à-peu de l'état gazeux ou liquide à l'état solide. (Voyez plus bas, *Action de l'eau sur les sels*, 1293.)

Couleur. — Toutes les fois qu'un sel résulte de la combinaison d'un oxide et d'un acide incolores, il est toujours sans couleur; mais il n'en est point de même, lorsque l'acide ou l'oxide est coloré ou qu'ils le sont tous deux. (Voir dans l'histoire de chaque métal, les caractères des sels que forment les oxides de ce métal avec les divers acides.)

Odeur. — Il n'est aucun sel métallique qui soit odorant par lui-même à la température ordinaire.

Saveur. — Tous les sels insolubles dans l'eau sont insipides; ceux qui s'y dissolvent sont plus ou moins sapides. On observe que presque toujours les sels qui contiennent le même oxide ont une saveur analogue, et que cette saveur est d'autant plus marquée qu'ils sont plus solubles. Il n'y a guère d'exceptions que pour les sels à base de potasse ou de soude : c'est ce qu'on peut voir dans le tableau suivant, et ce qui d'ailleurs a déjà été exposé en traitant de chaque métal. (Art. *Caractères des sels du métal.*)

Tableau de la saveur des différens sels.

Sels de zircône.........	Styptiques.
— de thorine.........	Idem.
— d'yttria.	
— de glucine. }	Sucrés.
— d'alumine.........	Astringens.
— de magnésie.......	Amers.
— d'ammoniaque......	Piquans.
— de chaux.	
— de strontiane. }	Piquans, âcres.
— de baryte.	
— de potasse.	
— de soude.	
— de lithine. }	Saveur variable.
— de plomb.	
— de nickel. }	Sucrés, puis âcres, styptiques.
— de cérium.	
— de vanadium........	Astringens et un peu douceâtres.
—autres que les précédens. }	Très âcres, très styptiques, excitant fortement la salive, et la plupart du temps ayant une saveur si forte et si désagréable, qu'il est impossible de la supporter. C'est cette saveur qu'on appelle *saveur métallique*.

Pesanteur spécifique. — Tous les sels sont plus pesans que l'eau distillée. Ils sont, en général, d'autant plus pesans qu'ils contiennent plus d'oxide métallique, et que le métal de cet oxide a une pesanteur spécifique plus grande. Ce n'est guère que dans le cas où l'acide est lui-même de nature métallique qu'il peut contribuer à la pesanteur spécifique du sel, autant et même plus que certains oxides, par exemple, que ceux des première et seconde sections.

M. Hassenfratz a fait, sur la pesanteur spécifique d'un grand nombre de sels, un travail dont on trouve les résultats dans les *Ann. de Chim.* (tom. XXVI et suivans). Malheureusement ces résultats ne sont point à l'abri d'une juste critique.

Cohésion. — La cohésion varie singulièrement dans les sels, comme dans tous les autres solides, et joue un très grand rôle dans l'histoire de toutes leurs propriétés. Il est donc important de n'en point perdre de vue les principaux effets, ou de se rappeler qu'elle s'oppose à la séparation des particules, et qu'elle tend toujours à les réunir.

1290. Après avoir examiné les propriétés physiques des sels d'une manière générale, examinons-en généralement aussi la composition, les propriétés chimiques, l'état naturel, la préparation, les usages et l'historique.

1291. *Composition.* — Tous les sels d'un même genre et au même état de saturation sont composés de telle manière que la quantité d'oxigène de l'oxide est proportionnelle à la quantité de l'acide : leur composition est même telle, le plus souvent, qu'il existe un rapport simple entre la quantité d'oxigène de l'oxide et la quantité d'oxigène de l'acide, ou que le nombre des atomes d'oxigène de l'acide est un multiple par un nombre entier de ce même nombre dans l'oxide.

En effet, l'expérience prouve, par exemple :

Que le carbonate de { Acide carbonique. 100,   conten. 72,32 d'oxigène.
plomb est formé de :   { Protox. de plomb. 506,06 36,29

Que le carbonate de { Acide carbonique. 100,   conten. 72,32 d'oxigène.
soude est formé de : { Soude............. 141,387......36,15

Que le bi-carbonate { Acide carbonique. 100, ...72,32 d'oxigène.
est formé de :   { Soude............. 70,693......18,07

Que le sulfate de   { Acide sulfurique.. 100, ...59,87
protoxide de plomb est{
formé de :   { Protox. de plomb. 279, ...20,000

Que le sulfate de { Acide sulfurique.. 100, ...59,87
soude est formé de : { Soude............. 78,467......20,07

D'où il suit :

Que, dans les carbonates, l'acide carbonique contient deux fois autant d'oxigène que l'oxide.

Que, dans les bi-carbonates, l'acide contient quatre fois autant d'oxigène que l'oxide.

Que, dans les sulfates neutres, l'acide contient trois fois autant d'oxigène que l'oxide.

Puisque les sels d'un même genre et au même état de saturation sont formés d'une telle quantité d'acide et d'oxide, que la quantité d'acide est proportionnelle à la quantité d'oxigène de l'oxide, il s'ensuit que les différentes quantités de bases salifiables qui s'unissent à un acide pour former un genre de sels, doivent être dans le même rapport que celles qui s'unissent à un autre acide pour former un autre genre de sels, et réciproquement il s'ensuit que les différentes quantités d'acides qui s'unissent à une base salifiable, etc. : c'est ce que l'on voit dans les sels que nous venons de citer. En effet, les 506,06 d'oxide de plomb du carbonate de plomb sont aux 141,387 de protoxide de sodium du carbonate de soude, comme les 279 de protoxide du sulfate de plomb sont aux 78,467 de protoxide du sulfate de soude : par conséquent, lorsque deux sels se décomposent de telle manière que tout l'acide de l'un se porte sur la base de l'autre, et réciproquement, il doit en résulter deux autres sels au même état de saturation. Si les deux sels primitifs sont neutres, les deux nouveaux le seront aussi; si l'un est neutre et l'autre à l'état de sous-sel, on en obtiendra un qui sera neutre et un qui sera avec excès de base. Considérons un mélange de sulfate neutre de soude avec un excès d'azotate neutre de baryte : tout l'acide sulfurique du sulfate se combinera avec une quantité de baryte capable de le neutraliser. Mais d'après la loi énoncée, cette quantité de baryte contiendra nécessairement autant d'oxigène que la soude dégagée de sa combinaison avec l'acide azotique. Or, l'acide azotique formait un sel neutre avec la baryte; il devra donc en former un avec la soude du sulfate décomposé; et ce qu'on dit ici de l'acide azotique doit s'entendre également de l'acide sulfurique, comme on le verra dans l'exemple suivant :

Proportions réagissantes.   Proportions produites.

1 de sulfate neutre =
- 1 d'acide............501,1
- 1 de soude { 1 de sodium 290,9 / 1 d'oxigène 100,0

1 de sulfate neutre =
- 1 d'acide............501
- 1 baryte { 1 de barium...856 / 1 d'oxigène...100

1 d'azotate neutre =
- 1 d'acide............677,0
- 1 de baryte { 1 barium 856,9 / 1 oxigène 100,0

1 d'azotate neutre =
- 1 d'acide............677
- 1 de soude { 1 de sodium..290 / 1 d'oxigène...100

Ou bien dans la formule :

$$(\text{Na O}; \text{So}^3) + (\text{Ba O}, \text{Az}^2 \text{O}^5) = (\text{Ba O}, \text{SO}^5) + (\text{Na O}, \text{Az}^2 \text{O}^5).$$

Deux autres conséquences, importantes pour l'analyse, se déduisent encore de la loi précédente.

1° Connaissant la composition des oxides et celle d'une espèce de sel d'un genre quelconque, on en conclut celle de toutes les espèces de ce genre. *Exemple* : On sait que le sulfate neutre de plomb est formé de 100 d'acide sulfurique et de 279, ou plus exactement de 278,89 de protoxide de plomb; mais nous avons vu que dans tous les sels du même genre et au même état de saturation, la quantité d'acide était en raison de la quantité d'oxigène de l'oxide : si donc il s'agit de connaître la composition du sulfate neutre de bi-oxide de cuivre, il faudra remplacer les 278,89 de protoxide de plomb par une quantité de bi-oxide de cuivre qui contienne autant d'oxigène que ces 278,89 de protoxide, c'est-à-dire, par 99, 13 : on trouvera ainsi que le sulfate de cuivre est formé de 100 d'acide sulfurique et de 99,13 d'oxide de cuivre.

2° Connaissant la quantité d'acide et d'oxide qui constitue un sel, on connaîtra facilement la quantité d'oxigène que cet oxide doit contenir, quand bien même il serait irréductible; on la conclura de celle qui entre dans la composition d'un oxide appartenant à un autre sel du même genre et au même état de saturation. *Exemple* : l'on veut savoir combien 191,39 de baryte contiennent d'oxigène : or, on sait, 1° que le sulfate de baryte est formé de 100 parties d'acide sulfurique et de 191,39 de baryte; 2° que le sulfate de plomb l'est de 100 d'acide sulfurique et de 278,89 de protoxide de plomb, et que ces 278,89 de protoxide de plomb contiennent 19,99 d'oxigène; par conséquent les 191,39 de baryte doivent contenir cette même quantité d'oxigène, puisque, dans les sels du même genre, la quantité de l'oxigène de l'oxide est en raison de la quantité d'acide.

1292. *Propriétés chimiques.* — Nous étudierons ces propriétés dans l'ordre suivant : nous traiterons d'abord de l'action de l'eau sur les sels, parce qu'elle est de la plus haute importance, et qu'elle nous mettra à même de connaître plus facilement celle de la plupart des autres corps. Nous traiterons ensuite de l'action de l'oxigène, de l'air, du calorique, de la pile, de la lumière, du fluide magnétique; puis, de celle des corps combustibles simples et composés, des oxides, des acides, et enfin de celle des sels eux-mêmes les uns sur les autres.

1293. *Action de l'eau.* — Parmi les sels, les uns sont solubles dans un poids d'eau moindre que le leur; d'autres ne se dissolvent que dans une, deux, trois, quatre, etc., fois leur poids de ce liquide; quelques-uns en exigent plusieurs centaines de fois leur poids pour se dissoudre; enfin il en est qui y sont sensiblement insolubles. Leur solubilité dépend évidemment de leur affinité pour l'eau et de leur cohésion; elle est en raison directe de la première, et en raison inverse de la seconde. Un sel peut donc avoir moins d'affinité pour l'eau qu'un autre sel, et être bien plus soluble. Il suffit pour cela que sa cohésion soit moins forte que la cohésion de cet autre sel dans un assez grand rapport; mais alors, à poids égal, il doit moins élever le degré d'ébullition de l'eau; il pourra même y avoir d'assez grandes différences pour qu'une partie du second produise les mêmes effets que deux parties du premier, et plus : tel est le sel marin par rapport aux sels efflorescens. Dans tous les cas, ces différences seront évidemment proportionnelles à l'affinité du sel pour l'eau; d'où il suit qu'on pourra s'en servir pour la mesurer. Si donc l'on veut savoir quels sont parmi les sels solubles ceux qui ont le plus d'affinité pour l'eau, on prendra parties égales de ces sels, on les dissoudra dans une même quantité d'eau, on portera la liqueur à l'ébullition en y plongeant un thermomètre, et l'on observera le degré auquel il montera. (Gay-Lussac, *Ann. de Chim.*, tom. LXXXII.)

1294. Il est possible de prévoir la solubilité et l'insolubilité d'un grand nombre de sels, en observant qu'un composé participe toujours des propriétés de ses composans, ou de celles du principe qui prédomine.

En effet, 1° tous les sels qui résultent de la combinaison de la potasse, de la soude et de l'ammoniaque, avec un acide quelconque, sont solubles dans l'eau, parce que ces trois bases y sont elles-mêmes très solubles, et que tous les acides s'y dissolvent plus ou moins facilement.

2° Tous les sels dans lesquels l'acide prédomine sont solubles, quelle que soit l'insolubilité de leur base.

3° Tous les sels avec excès de base sont insolubles, ou peu solubles, lorsque la base n'est pas, ou n'est que très peu soluble. On voit donc que, pour saisir l'ensemble de la solubilité des sels, il ne reste plus à prononcer que sur celle des sels neutres dont les oxides sont insolubles ou peu solubles. Nous ne pouvons donner de règles à cet égard. (*Voyez* les genres.)

Il serait bien à désirer que l'on connût la quantité des divers sels que l'eau est capable de dissoudre à différens degrés de chaleur. Malheureusement nos connaissances à cet égard se bornent à ce que M. Gay-Lussac nous a appris sur les sulfates de potasse, de soude, de magnésie, les azotates de baryte, de potasse, le chlorate de potasse, les chlorures de potassium, de barium, de sodium. Nous ne savons rien de précis sur les autres, sinon que, comme ceux-ci, ils sont en général plus solubles dans l'eau chaude que dans l'eau froide, et que la différence de solubilité est quelquefois très grande.

On profite de cette propriété pour les faire cristalliser promptement; mais il est nécessaire de satisfaire à plusieurs conditions pour que les cristaux qui se forment soient bien isolés.

1° Il faut que la dissolution soit telle qu'elle ne laisse pas déposer une trop grande quantité de sel par le refroidissement. On satisfera toujours à cette condition en consultant la solubilité des sels à froid et à chaud. Cependant nous devons faire observer que, dans le cas où le sel est déliquescent, et par conséquent très soluble à froid, on ne peut, en général, le faire cristalliser qu'en concentrant la liqueur de manière à la faire prendre presque en masse.

2° On doit opérer au moins sur 3 à 4 kilogrammes de matière saline, lorsque cette matière est commune : plus la quantité sur laquelle on opérera sera grande, et plus les cristaux seront volumineux.

3° On doit placer la dissolution dans un lieu tranquille; à plus forte raison ne doit-on point l'agiter : sans cela, la cristallisation serait confuse.

4° On doit se servir de vases inattaquables par les sels, par exemple, de vases de grès, de porcelaine, de verre, et non de bassines de cuivre, dont l'oxide ne manquerait pas de colorer les cristaux.

On prendra donc une certaine quantité de sel; on la fera dissoudre à chaud dans une quantité convenable d'eau, en se servant pour cela d'un vase de grès, de verre; on filtrera la dissolution si elle n'est pas bien limpide, et on la laissera refroidir dans un vase de même nature, que l'on placera dans un lieu tranquille. Au bout de quelques heures, ou plutôt du jour au lendemain, la cristallisation sera complètement opérée; on décantera la dissolution restante, que nous connaîtrons par la suite sous le nom d'*eau-mère*, et l'on mettra les cristaux dans un vase à l'abri du contact de l'air, si l'on tient à les conserver.

1295. Lorsqu'on n'est point pressé par le temps, et qu'on peut consacrer 12, 15, 18 jours à la cristallisation des

sels, il vaut mieux avoir recours à l'évaporation spontanée.
On obtient ainsi, en beaux cristaux, les sels qui ne sont
pas déliquescens, ou qui n'attirent pas l'humidité de l'air.
Il y a deux manières d'opérer : l'une consiste à dissoudre
dans l'eau, à l'aide de la chaleur, un peu plus de sel qu'elle
n'en dissoudrait à froid ; à filtrer la dissolution si elle n'est
pas bien limpide ; à la recevoir dans un vase de grès, de
verre, etc.; à recouvrir ce vase d'une feuille de papier
criblée de petits trous, et à l'abandonner à lui-même dans
un lieu tranquille, pendant un temps convenable. Par ce
moyen, l'air se renouvelle, se charge de vapeurs d'eau; la
liqueur se concentre sans se couvrir de poussière et cristallise. Mais cette manière d'opérer n'est point exempte
d'inconvéniens : le sel ne peut jamais grossir par les faces
appliquées sur la paroi du vase, et quelquefois il se redissout en partie pendant le cours de l'opération, par les changemens de température qui surviennent : de là résultent
souvent des irrégularités. L'autre procédé, qui est dû à
Leblanc, paraît exempt de tous ces inconvéniens; voici
en quoi il consiste : on dissout, à l'aide de la chaleur, une
assez grande quantité de sel dans l'eau pour que la cristallisation ait lieu par refroidissement; la liqueur étant refroidie et cristallisée, on décante l'eau-mère, on la verse
dans un vase à fond plat et on l'abandonne à elle-même à
la température ordinaire. Lorsque au bout de quelques jours
il s'y est formé des cristaux isolés, on choisit les plus réguliers; on les met dans un autre vase à fond plat, avec
d'autres eaux-mères semblables aux premières ; on les retourne chaque jour afin qu'ils puissent grossir également
par toutes les faces, et on les change de temps en temps
d'eau salée ; enfin l'on fait un nouveau triage, on prend
encore les plus réguliers; mais, pour cette fois, on les met
chacun dans des vases séparés, en procédant d'ailleurs
comme nous l'avons dit précédemment. On obtient ainsi,
dans quelques semaines, des cristaux très gros et de la plus
grande régularité. (*Journal de Physique*, tom. LVI.)

Quel que soit, au reste, le procédé qu'on emploie pour faire cristalliser les dissolutions salines, les cristaux qui se forment sont toujours plus ou moins transparens et contiennent toujours une certaine quantité d'eau. Cette eau, ainsi que l'a observé M. Berzelius, peut être libre ou combinée : libre, elle n'est qu'interposée entre quelques-unes des particules du sel ; combinée, elle est répandue entre toutes les parties intégrantes du cristal, et c'est alors seulement qu'elle doit prendre le nom d'*eau de cristallisation*. La première est rare et en quantité variable. La seconde, au contraire, fait quelquefois la moitié du poids du sel : c'est ce qui a lieu dans les sels déliquescens et dans les sels efflorescens (1299) ; sa quantité, dans le même cristal, est toujours la même et telle que l'oxigène qui s'y trouve contenu est un multiple, quelquefois un sous-multiple, par un nombre entier, de l'oxigène de la base.

Il est facile de reconnaître les sels où il n'existe que de l'eau interposée : en les chauffant brusquement, ils décrépitent sans rien perdre de leur transparence, phénomène dû à ce que l'eau, tendant à se réduire en vapeur, brise et projette dans l'air les parties salines qui s'opposent à son passage. On reconnaît également, avec facilité, les sels qui contiennent de l'eau combinée, quand bien même ils contiendraient d'ailleurs de l'eau interposée : exposés, comme les précédens, à l'action de la chaleur, ces sels éprouvent la fusion aqueuse, c'est-à-dire, qu'ils se fondent dans leur eau de cristallisation, ou bien ils restent solides, décrépitent à peine et deviennent opaques. Mais il est assez difficile de savoir si un sel ne contient que de l'eau de cristallisation ; le meilleur moyen qu'on puisse employer pour cela consiste à pulvériser ce sel, et à le comprimer fortement avec une presse entre des feuilles de papier joseph : le papier deviendra humide s'il y a de l'eau qui ne soit qu'interposée, et restera sec dans le cas contraire. (1)

____

(1) Lorsqu'un sel est inaltérable à l'air, c'est-à-dire, lorsqu'il n'en attire pas

1296. Quoi qu'il en soit, dans la dissolution et dans la cristallisation des sels, on a occasion de remarquer divers phénomènes dont nous devons actuellement parler.

Quelquefois les dissolutions salines ne cristallisent point, quoique concentrées convenablement; mais vient-on à les agiter, elles se prennent à l'instant même en masse, ou du moins laissent déposer un grand nombre de cristaux confus : c'est une propriété que possède surtout l'azotate d'argent. Il faut donc en conclure, que, dans ce cas, l'agitation place les particules de manière à mettre en présence les surfaces qui doivent s'accoler. Ce phénomène est évidemment analogue à celui que présente l'eau qu'on peut refroidir jusqu'à 11° sans qu'elle se congèle, et qui se solidifie tout de suite lorsqu'on excite des vibrations dans le vase qui la contient. (*Voyez* les réflexions de M. Gay-Lussac à ce sujet. (*Ann. de Chim. et de Phys.*, t. xi, p. 3o2.)

Il est des dissolutions qu'on ne peut faire cristalliser dans le vide, même en les agitant : telle est surtout la dissolution de sulfate de soude. Prenez un petit tube long de vingt à vingt-cinq centimètres, fermé par un bout et effilé par l'autre; remplissez ce tube aux trois quarts d'une dissolution saturée de sulfate de soude, dont la température soit d'environ 4o à 5o°; à cet effet, employez la méthode dont on se sert pour remplir un thermomètre de mercure; faites bouillir cette dissolution dans la partie supérieure, jusqu'à ce que la vapeur ait chassé tout l'air du tube; alors fermez l'extrémité du tube à la lampe, et laissez-le refroidir. Le refroidissement étant bien opéré, brisez cette même extrémité; l'air rentrera subitement dans le tube où la vapeur, en se condensant, aura fait le vide, et la cristallisation, qui n'avait pu s'opérer, même par l'agitation, aura lieu sur-le-champ. (*Chimie* de M. Henry.)

l'humidité, et qu'il ne laisse point dégager l'eau de cristallisation qu'il contient (711), on peut encore dégager l'eau interposée par une douce chaleur.

Plusieurs chimistes anglais ont attribué ce phénomène à la pression de l'air ; mais M. Gay-Lussac a prouvé qu'il dépendait d'une autre cause inconnue, selon nous, jusqu'à présent (*Ann. de Chimie*, tom. LXXXVII). En effet, la plus petite bulle d'air ou d'un autre gaz suffit pour le produire : remplissez un tube barométrique de mercure, à quelques centimètres près ; expulsez tout l'air adhérent à ses parois, en portant le métal à l'ébullition ; ensuite achevez de remplir le tube avec une dissolution chaude et concentrée de sulfate de soude ; bouchez-le avec le doigt ; retournez-le, et plongez-en l'extrémité dans un bain de mercure, la cristallisation n'aura pas lieu ; mais en faisant passer une très petite bulle d'air dans le tube, elle se fera en peu de temps. Au reste, lorsque la dissolution est soumise à la pression atmosphérique, il suffit de la recouvrir d'essence de térébenthine pour l'empêcher de cristalliser.

Enfin l'on observe, 1° qu'une dissolution saturée, c'est-à-dire, qu'une dissolution qui ne peut dissoudre aucune autre partie du sel qu'elle contient, a souvent la propriété de dissoudre une certaine quantité d'un autre sel soluble, pourvu toutefois que les deux sels ne se décomposent pas, ou n'entrent pas en combinaison intime. 2° Qu'ainsi chargée d'un nouveau sel, elle peut prendre une nouvelle quantité du premier, à moins qu'une portion de celui-ci n'ait pu être précipitée par le second, ce qui arrive quelquefois : par exemple, à la température de 5°, l'eau dissout, par l'intermède de l'azotate de chaux, plus de deux fois autant d'azotate de potasse que l'eau pure. (M. Longchamp, *Annales de Chim. et de Phys.*, tom. IX, pág. 8.)

1297. *Action de la glace.* —Lorsqu'on mêle de la glace pilée ou de la neige avec un sel soluble dans l'eau, ils se fondent réciproquement, et donnent lieu à une dissolution saline plus ou moins concentrée, et à un froid d'autant plus considérable que la dissolution est plus prompte et la quantité de matière dissoute plus grande. Cet effet est dû à l'affinité réciproque du sel et de l'eau, et à la propriété qu'ont tous les corps d'absorber une certaine quantité de calorique pour passer de l'état solide à l'état liquide. Il suit de là que les sels déliquescens doivent produire plus de froid que ceux qui ne le sont point.

Mais si l'espèce de sel qu'on emploie a beaucoup d'influence sur le froid qu'on doit produire, les quantités de glace et de sel qu'on mêle en ont beaucoup aussi. Ces quantités doivent être telles, pour avoir le maximum de froid, qu'elles se fondent entièrement; car la portion qui ne se fondrait pas communiquerait nécessairement une portion de son calorique à celle qui serait fondue.

Il faut encore pour cela que le sel soit cristallisé ou peu desséché; car il arrive souvent qu'un sel, en se combinant avec l'eau nécessaire à sa cristallisation, dégage de la chaleur. Il faut de plus que le sel et la glace soient très divisés : d'où l'on voit qu'on doit employer de préférence de la neige récemment tombée, à cause de son extrême division. Enfin, il faut faire le mélange le plus promptement possible, et employer des vases minces dont la capacité ne soit pas trop grande. Du reste, dans tous les cas, on fait l'expérience de la même manière : après avoir réduit le sel en poudre, pilé la glace, ou s'être procuré de la neige, on en pèse des quantités convenables; on met successivement et promptement des couches de l'un et de l'autre dans une terrine de grès ou dans un vase de verre, et on agite le mélange avec une spatule; on mesure le froid avec un thermomètre à esprit-de-vin, s'il doit être au-dessous de 40°, parce qu'à cette température le mercure se congèle. (1)

On produit aussi des froids plus ou moins sensibles, soit en dissolvant des sels dans l'eau, soit en dissolvant des sels

(1) Il serait même nécessaire d'employer un thermomètre à esprit-de-vin pour un froid de 30 et quelques degrés, parce que la contraction du mercure, en approchant du point de congélation, est susceptible très probablement d'écarts assez considérables.

ou de la glace dans des acides à un certain degré de concentration, soit enfin en dissolvant un corps quelconque dans un liquide quelconque, pourvu que la combinaison qui se forme ne soit pas très intime; car alors, au lieu d'abaisser la température, on l'éleverait. C'est ainsi qu'en dissolvant un métal, du zinc, du fer ou certains oxides métalliques, dans les acides azotique, sulfurique, on donne lieu à un grand dégagement de chaleur.

Tous les mélanges capables de produire du froid s'appellent *mélanges frigorifiques*. Fahrenheit est le premier qui ait fait des recherches à cet égard. Celles que M. Walker a faites ensuite sont beaucoup plus étendues; elles datent de 1795, et se trouvent dans les *Transactions philosophiques* pour 1801. Lowitz ne s'est occupé que du froid qu'on peut produire avec le chlorure de calcium hydraté et la neige (*Ann. de Chim.*, tom. XXII). La table suivante se compose des résultats obtenus par ces divers chimistes, et surtout par M. Walker.

Table des mélanges frigorifiques.

MÉLANGES DE SELS ET D'EAU.		ABAISSEMENT DU THERMOMÈTRE.
Chlorhydrate d'ammoniaque..........	5 p.	
Azotate de potasse..............	5	de $+10°$ à $-12°,22$.
Eau........................	16	
Azotate d'ammoniaque...........	1	
Carbonate de soude.............	1	de $+10°$ à $-13°,88$.
Eau........................	1	
Azotate d'ammoniaque...........	1	de $+10°$ à $-15°,55$.
Eau........................	1	
Chlorhydrate d'ammoniaque........	5	
Azotate de potasse..............	5	de $+10°$ à $-15°,55$.
Sulfate de soude...............	8	
Eau........................	16	

MÉLANGES DE SELS ET D'ACIDES ÉTENDUS D'EAU.		ABAISSEMENT DU THERMOMÈTRE.
Phosphate de soude....................	9 p.	
Azotate d'ammoniaque................	6	de+10° à—6°,11.
Acide azotique étendu d'eau.	4	
Sulfate de soude...................	6	
Azotate d'ammoniaque..............	5	de+10° à—10°.
Acide azotique étendu.............	4	
Phosphate de soude.................	9	de+10° à—11°,11.
Acide azotique étendu.............	4	
Sulfate de soude...................	6	
Chlorhydrate d'ammoniaque	4	
Azotate de potasse.................	2	de+10° à—12°,22.
Acide azotique étendu.............	4	
Sulfate de soude...................	3	de+10° à—16°,11.
Acide azotique étendu.............	2	
Sulfate de soude...................	5	de+10° à—16°,11.
Acide sulfurique étendu...........	4	
Sulfate de soude...................	8	de+10° à—17°,77.
Acide chlorhydrique	5	

Il est probable que plusieurs des résultats rapportés dans les trois tableaux ci-joints sont inexacts (*Voyez* le tableau suivant): par exemple, nous ne croyons pas qu'un mélange de 5 parties de chlorhydrate d'ammoniaque, 5 parties d'azotate de potasse, 8 parties de sulfate de soude et 16 parties d'eau, puissent faire passer le thermomètre de +10 à — 15°,55.

MÉLANGES DE NEIGE ET DE SEL, OU D'ALCALI, OU D'ACIDE ÉTENDU.		ABAISSEMENT DU THERMOMÈTRE.
Neige..............................	1 p.	de 0° à —17°,77.
Sel marin..........................	1	
Chlorure de calcium hydraté........	3	de 0° à —27°,77.
Neige..............................	2	
Potasse............................	4	de 0° à —28°,33.
Neige..............................	3	
Neige..............................	1	de —6°,66 à —51°.
Acide sulfurique étendu (1)........	1	
Neige ou glace pilée...............	2	de —17°,77 à —20°,55
Sel marin..........................	1	
Neige et acide azotique étendu.....		de —17°,77 à —43°,33
Chlorure de calcium hydraté........	2	de —17°,77 à —54°,44
Neige..............................	1	
Neige ou glace pilée...............	1	
Sel marin..........................	5	de —20°,55 à —27°,77
Chlorhydrate d'ammoniaque et azotate de potasse..................	5	
Neige..............................	2	
Acide sulfurique étendu............	1	de —23°,33 à —48°,88
Acide azotique étendu..............	1	
Neige ou glace pilée...............	12	
Sel marin..........................	5	de —27°,77 à —31°,66
Azotate d'ammoniaque...............	5	
Chlorure de calcium hydraté........	3	de —40°, à —58°,33
Neige..............................	1	
Acide sulfurique étendu............	10	de —55°,55, à —68°,33
Neige..............................	8	

(1) Pour produire ce degré de froid, on ramène d'abord la neige et l'acide sulfurique étendu d'eau à —6°,66, en les plaçant séparément dans un mélange frigorifique convenable, et les mêlant ensuite. On doit s'y prendre, à plus forte raison, de la même manière pour faire les mélanges suivans.

1298. *Action du gaz oxigène.* — Tous les sels dont les acides ou les oxides ne sont point au summum d'oxigénation peuvent absorber de l'oxigène, théoriquement parlant; mais, parmi ces sels, il n'y en a qu'un petit nombre qui possèdent réellement cette propriété: ce sont surtout, d'une part, les sulfites, les phosphites, les azotites, et de l'autre les sels de fer, d'étain, de cuivre, dont les métaux sont à l'état de protoxides: encore est-il nécessaire qu'ils soient tous dissous, ou du moins humides, et de plus que les phosphites et les azotites soient exposés à un certain degré de chaleur, pour que le phénomène soit bien sensible.

1299. *Action hygrométrique de l'air à la température ordinaire.* — Il existe des sels qui attirent l'humidité de l'air et se résolvent en liqueur. Il en existe d'autres qui cèdent, au contraire, à l'air, en tout ou en partie, leur eau de cristallisation, perdent leur transparence, et tombent même quelquefois en poussière: on appelle les premiers *sels déliquescens*, et les seconds *sels efflorescens*. Tous les sels solubles, en général, sont déliquescens dans un air saturé d'humidité: que l'on mette du carbonate de soude, du phosphate de soude, etc., dans une capsule sous une cloche dont les parois plongent dans l'eau, et l'on verra que la surface de ces sels ne tardera point à s'humecter. Plusieurs sels sont même déliquescens pour peu que l'air soit humide: ce sont ceux qui sont très solubles et qui ont beaucoup d'affinité pour l'eau, ou qui élèvent beaucoup son point d'ébullition: nous citerons pour exemples les azotates de chaux, de magnésie, d'alumine: l'on peut donc s'en servir pour dessécher l'air. D'autres, au contraire, sont toujours efflorescens dans un air qui n'est point très humide: ce sont ceux qui ont peu d'affinité pour l'eau, et qui cependant sont très solubles, parce qu'ils n'ont presque pas de cohésion: tels sont les sulfate, phosphate et carbonate de soude. Quant aux sels insolubles, ils sont inaltérables dans un air quelconque. On voit donc que la manière dont les sels se comportent à l'air dépend de leur cohésion, de leur affinité pour l'eau, de l'état hygrométrique de l'air et de la température. La température influe beaucoup sur la déliquescence des sels, puisqu'elle fait varier singulièrement leur solubilité. En général, pour savoir si un sel placé dans un air humide, à une certaine température, doit être plus ou moins déliquescent, on sature l'eau de ce sel à cette température, et l'on détermine son point d'ébullition. Si ce point est de 10 à 12° plus élevé que celui auquel l'eau pure bout elle-même, le sel sera très déliquescent; s'il n'y a que 1 à 2° de différence, il le sera à peine; il ne le serait pas si la différence était nulle. Deux composés, chose remarquable, sont dans ce dernier cas, quoique très solubles : l'acétate de plomb et le bi-chlorure de mercure. Pour connaître, d'une autre part, à quel degré de l'hygromètre un sel commence à devenir déliquescent, il suffit de placer cet instrument sous une cloche dont les parois sont mouillées d'eau saturée de ce sel, et d'observer sa marche. On trouvera, par exemple, qu'une dissolution saturée de sel marin, à la température de $+15°$, fera monter l'hygromètre à 90° d'humidité; par conséquent le sel marin ne sera point déliquescent dans un air où l'hygromètre indique 90° d'humidité, mais il le sera au-dessus. (*Mémoire* de M. Gay-Lussac, *Ann. de Chim.*, LXXXII.)

Il est à remarquer que tous les sels qui, mis en contact avec l'air dans son état le plus ordinaire, tombent en déliquescence ou en efflorescence, contiennent toujours au moins près de la moitié de leur poids d'eau de cristallisation.

1300. *Action du feu.* — Tous les sels qui contiennent beaucoup d'eau de cristallisation entrent en fusion dans cette eau à mesure qu'elle s'échauffe, ou éprouvent la fusion aqueuse, et tous ensuite se dessèchent à mesure qu'elle se volatilise. Ceux qui ne contiennent qu'une petite quantité d'eau, ou du moins qui n'en contiennent point assez pour fondre au-dessous du degré auquel elle bout, éprouvent un autre effet : l'eau en se vaporisant, brise les parties salines qui s'opposent à son passage, les projette dans l'air avec plus ou moins de force, et produit un bruit très sensible : on dit alors que le sel décrépite ou pétille. Les sels efflorescens sont toujours dans le premier cas; il en est de même des sels essentiellement déliquescens, c'est-à-dire, des sels capables de sécher complètement l'air; les autres, et particulièrement ceux qui sont peu solubles, sont dans le second cas.

Lorsque les sels ont perdu leur eau de cristallisation, et qu'on continue de les chauffer, ils se fondent et éprouvent la fusion ignée, pourvu qu'on les expose à une température suffisamment élevée, et qu'à cette température ils ne puissent pas se décomposer : tels sont les sels à base de potasse ou de soude, et en général tous les sels dont l'oxide et l'acide sont très fusibles, et dont la décomposition n'est pas très facile à opérer.

1301. *Action de la pile.* — Tous les sels sont susceptibles de décomposition par un courant voltaïque, pourvu qu'ils soient humectés ou dissous : cette décomposition peut toujours s'opérer de telle manière que d'une part le métal réduit se rende au pôle négatif, et que de l'autre l'acide et l'oxigène de l'oxide se rendent au pôle positif. (Voyez *Phil. Chim.*)

1302. *Action de la lumière et du barreau aimanté.* — Quelques sels seulement, appartenant à la dernière section, semblent être altérés par la lumière; il n'en est point qui fasse mouvoir le barreau aimanté, excepté les silicates de protoxide de fer, dans lesquels l'oxide prédomine.

1303. *Action des métalloïdes.* — Le gaz azote n'agit sur aucun sel, soit à froid, soit à chaud. L'hydrogène, le bore, le carbone, le phosphore et le soufre ont de l'action sur la plupart à une température plus ou moins élevée; mais comme cette action varie en raison des différens acides, nous n'en traiterons que dans l'histoire des genres. Cependant nous devons dire dès à présent qu'ils ne décomposent aucune dissolution saline, si ce n'est celles dont les oxides sont faciles à réduire, telles que les dissolutions d'or, d'argent : encore l'influence de la lumière ou de la chaleur est-elle quelquefois nécessaire. Quant au chlore, il chasse l'acide des carbonates et fait passer à un état d'oxidation plus avancé les bases salines qui en sont susceptibles, pourvu que, dans ce nouvel état, elles puissent s'unir aux acides : c'est ainsi qu'il transforme les sels de protoxides de fer, d'étain, de cuivre, en sels de peroxides ; alors, ou l'eau se trouve décomposée, de sorte qu'il y a en même temps production d'acide chlorhydrique, ou le protoxide l'est lui-même de manière à produire un peroxide et un chlorure. Probablement que le brôme et l'iode se comporteraient d'une manière analogue au chlore.

1303 *bis.* *Métaux et sels desséchés.* — Le potassium et le sodium décomposent à chaud tous les sels des quatre dernières sections; ils en réduisent, à quelques-uns près, tous les oxides, et enlèvent toujours l'oxigène aux acides, excepté l'acide borique et l'acide silicique ; ils décomposent aussi les sels des deux premières sections, excepté les borates et les silicates; mais alors ils n'ont d'action que sur les acides de ces sels. La plupart de ces décompositions se font avec chaleur et lumière ; car il n'y a pour ainsi dire, que les phosphates, les phosphites, les carbonates, et quelques sulfates alcalins, qui soient décomposés seulement avec chaleur. On les opère toutes dans un petit tube de verre fermé par l'une de ses extrémités, comme la décomposition des oxides par le potassium et le sodium.

Il sera facile, d'ailleurs, de prévoir la nature des produits d'après celle du sel ou de l'acide et de l'oxide.

Supposons que le sel soit un sulfate de plomb, et qu'on le traite par le potassium, il en résultera du sulfure de potassium, de la potasse et un alliage de potassium et de plomb.

Supposons que le sel soit du sulfate de potasse, il n'en résultera que de la potasse et du sulfure de potassium.

Supposons maintenant que le sel soit un borate d'étain, les produits seront du borate de potasse, et un alliage de potassium et d'étain.

Supposons enfin que le sel soit de l'azotate de zinc, on obtiendra du gaz azote, du protoxide de potassium, et du zinc allié au potassium.

Nous ne traiterons de l'action des autres métaux, des alliages et des combustibles mixtes sur les sels que dans chaque genre, parce que, d'une part, on ne sait encore que très peu de choses à cet égard, et que, de l'autre, les résultats varient en raison de la nature de l'acide.

1304. *Métaux et dissolutions salines.* — Lorsque le métal appartient à la première section, il décompose l'eau de préférence au sel, et donne lieu à un oxide qui se comporte avec ce sel comme il sera dit (1305). Lorsqu'il appartient aux quatre dernières sections, il n'agit point sur la dissolution des sels des deux premières, à moins que cette dissolution ne contienne un excès d'acide, et qu'il ne puisse être attaqué par cet acide (1); mais il nous offre souvent des phénomènes très remarquables avec les dissolutions salines des quatre sections dont il fait partie : ce sont ces phénomènes que nous allons exposer. (2)

Lorsqu'on plonge dans une dissolution saline appartenant aux quatre dernières sections un métal appartenant aussi à l'une de ces sections, et ayant plus d'affinité pour l'oxigène et les acides que celui de cette dissolution, ce métal, à moins qu'il n'ait une grande force de cohésion, se substitue à celui qui est dissous et le précipite. Quelquefois le métal précipité se dépose sans s'attacher au métal précipitant : alors le métal précipitant étant sans cesse en contact avec la dissolution saline, peut toujours agir de la même manière sur le sel qu'elle contient et en opérer complètement la décomposition ; mais le plus souvent le métal précipité s'at-

(1) Cependant M. Chevreul a observé qu'en faisant bouillir une dissolution d'azotate de potasse avec le plomb, il se formait des azotites de potasse et de plomb.

(2) Nous ne faisons point mention des métaux de la seconde section ; leur action n'a point encore été étudiée.

tache au métal précipitant et l'enveloppe de manière à lui ôter, pour ainsi dire, tout contact avec la dissolution. Comment se fait-il que, dans ce cas, la décomposition ne s'arrête pas? C'est qu'il se forme, par le contact des deux métaux, un élément de la pile dans lequel le métal précipitant est toujours positif et le métal précipité toujours négatif. L'eau est décomposée par cet élément; son hydrogène se rassemble au pôle négatif, c'est-à-dire, à l'extrémité du métal précipité, et son oxigène au pôle positif, c'est-à-dire, à l'extrémité du métal précipitant. Cet hydrogène s'empare de l'oxigène de l'oxide du sel qui est attiré au pôle négatif, et il le réduit; tandis que l'acide attiré au pôle positif se combine avec l'oxigène de l'eau décomposée et une partie du métal précipitant. Ainsi la quantité du métal précipitant va sans cesse en diminuant, et la quantité du métal précipité sans cesse en augmentant. Or, comme celui-ci se dépose peu-à-peu et s'ajoute constamment aux parties extrêmes ou les plus éloignées du centre primitif d'action, il en résulte une cristallisation métallique qui quelquefois est très étendue.

La cristallisation métallique la plus remarquable est celle que l'on produit avec une lame de zinc dans une dissolution d'acétate de plomb : pour l'obtenir, on prend de l'eau contenant la 30° partie de son poids de ce sel; on en remplit presque entièrement un flacon à large goulot, d'environ trois litres, et l'on fait plonger, dans la partie supérieure de cette dissolution, par exemple, aux trois quarts de sa hauteur, une lame de zinc suspendue au bouchon du flacon par le moyen de fils de laiton, en ayant soin de faire descendre quelques-uns de ceux-ci beaucoup au-dessous de la lame : peu-à-peu le zinc et les fils se recouvrent de paillettes de plomb très brillantes, et en si grand nombre, qu'elles finissent par remplir presque entièrement le vase. L'expérience n'est ordinairement terminée qu'au bout de quelques jours.

Il est une autre cristallisation métallique dont on s'est

beaucoup occupé autrefois : c'est celle qu'on produit avec le mercure et l'azotate d'argent. A cet effet, on met 15 à 20 grammes de mercure dans un verre à pied, et l'on verse dessus 50 à 60 grammes de dissolution d'azotate d'argent, contenant environ 7 à 8 grammes de sel ; on couvre le verre et on l'abandonne à lui-même. L'argent se précipite dans l'espace de quelques jours sous forme de petits cristaux brillans qui se combinent avec une petite quantité de mercure, et qui s'arrangent de manière à former un grand nombre de rameaux dont la hauteur est quelquefois de plusieurs millimètres. Cette cristallisation était connue autrefois sous le nom d'*arbre de diane*, parce qu'elle ressemble à une sorte de végétation, et qu'alors l'argent s'appelait *diane*. A cette époque, le plomb s'appelait *saturne ;* on a donné, par la même raison, le nom d'*arbre de saturne* à la cristallisation précédente.

Parmi les métaux, les uns sont précipités sous forme de poudre noire : tels sont l'antimoine, l'arsénic, l'osmium, le palladium, le rhodium et l'iridium ; les autres sont précipités avec leur brillant métallique : tels sont particulièrement le plomb, le cuivre, le mercure, l'argent ; le cuivre se précipite en lames, et l'argent en houppes très légères et très brillantes, composées d'une multitude de petits cristaux.

Le métal précipité entraîne quelquefois une portion du métal précipitant : c'est ce qui a lieu dans la décomposition du chlorure d'antimoine par le zinc, de l'azotate d'argent par le mercure, et même du sulfate neutre de cuivre par le fer.

Enfin, quelquefois le métal précipitant décompose une partie de l'acide de la dissolution saline, et précipite le métal de cette dissolution en partie à l'état métallique et en partie à l'état d'oxide : c'est ainsi que le zinc agit sur l'azotate de bi-oxide de cuivre, d'après M. Vauquelin. (*Ann. de Chim.*, tom. XXVIII, pag. 45.)

Tableau de la réduction des dissolutions salines par les métaux.

SELS dont les dissolutions sont irréductibles par les métaux.	SELS dont les dissolutions sont réductibles par certains métaux. (1)		
Sels des deux premières sections.	Sels d'étain......................		
Sels de manganèse.	— d'arsénic.....................		
	— d'antimoine..................		
— de zinc.	— de bismuth..................		
	— de plomb...................		
— de fer.	— de cuivre (2)..............		
	— de tellure.................		
— de cobalt.	Azotates de mercure.	réduits par le zinc, le fer, et tous ceux qui précèdent.	réduits par le fer, le zinc, et peut-être le manganèse.
— de nickel.			
— de chrôme.	Sels d'argent (3)....	réduits par le fer, le zinc, le manganèse, le cobalt, et tous ceux qui précèdent l'argent.	
— de titane.	— de palladium....		
	— de rhodium......		
— d'urane.	— de platine......		
	— d'or		
	— d'osmium		
— de cérium.	— d'iridium		

1305. *Action des oxides.* — Nous ne dirons rien de l'action de l'eau sur les sels; elle a été étudiée avec toute l'étendue convenable (1293). Nous ne dirons rien non plus de celle des autres oxides métalloïdiques; tout ce qu'on en sait se réduit à l'observation de quelques phénomènes dont il sera question dans l'histoire des espèces. Nous n'avons donc à nous occuper que de celle des oxides métalliques, qui elle-même est loin d'être bien connue.

(1) Pour que la réduction se fasse bien, il faut que le nouveau sel soit soluble.

(2) L'acétate de cuivre est réduit par le plomb.

(3) L'azotate d'argent est réduit par le cobalt.

Jusqu'ici l'on n'a presque jamais mis les sels et les oxides en contact sans l'intermède de l'eau. Si l'oxide et le sel sont tous deux solubles, on verse la dissolution de l'un dans la dissolution de l'autre ; s'il n'y en a qu'un de soluble, par exemple, l'oxide, on le dissout et on verse le sel en poudre ou en gelée dans la dissolution; enfin, s'ils sont tous deux insolubles ou peu solubles, on les délaie dans l'eau en les employant autant que possible en gelée. La première opération se fait le plus souvent à la température ordinaire, et les deux autres à la chaleur de l'ébullition. Rarement l'oxide s'unit au sel; presque toujours il en opère la décomposition ou est sans action sur lui, et cette décomposition n'a lieu ordinairement que parce que l'oxide se combine avec tout l'acide ou une partie de l'acide du sel. Nous allons entrer dans quelques détails à cet égard.

Lorsqu'un oxide se combine avec tout l'acide uni à un autre oxide, il en résulte un nouveau sel qui reste dissous ou se précipite selon qu'il est soluble ou insoluble ; et ce dernier oxide devient libre, à moins qu'il ne soit capable de s'unir avec le premier, et que celui-ci ne soit en excès. C'est ainsi qu'en versant une dissolution de potasse dans une dissolution de sulfate de zinc, on obtient du sulfate de potasse qui reste dissous dans la liqueur, et un précipité gélatineux d'oxide de zinc qui se redissout dans un excès de potasse. Quelquefois cependant un oxide a la propriété de se combiner avec tout l'acide uni à un autre oxide, et de ne décomposer qu'une portion du sel provenant de l'union de ceux-ci ; mais c'est qu'alors le nouveau sel peut former avec le sel sur lequel on agit un sel double indécomposable par l'oxide ou la base dont on se sert pour opérer la décomposition. Voilà ce qui a lieu entre les sels de magnésie et l'ammoniaque, ou entre les sels ammoniacaux et la magnésie : que l'on verse un excès d'ammoniaque dans une dissolution de sulfate de magnésie, on obtiendra un précipité de magnésie et du sulfate d'ammoniaque et de magnésie qui restera dans la liqueur avec l'ammoniaque excédante. Il faut donc concevoir que le sulfate de magnésie se partage en deux parties; que la première est décomposée, et que le sulfate d'ammoniaque qui en résulte se combine avec la seconde et forme du sulfate ammoniaco-magnésien indécomposable par l'ammoniaque.

Lorsqu'un oxide, au lieu de se combiner avec tout l'acide uni à un autre oxide, ne se combine qu'avec une partie de cet acide, il ne peut en résulter évidemment que deux nouveaux sels dont la saturation sera variable. Supposons que le sel à décomposer soit acide, il pourra devenir neutre ou sous-sel; supposons qu'il soit neutre, il deviendra nécessairement sous-sel; supposons enfin qu'il soit déjà sous-sel, il se transformera en un autre sous-sel renfermant un plus grand excès de base.

Il nous faudrait actuellement chercher à ranger les oxides ou bases salifiables dans l'ordre de leur plus grande tendance à se combiner avec les acides par l'intermède de l'eau, afin d'en déduire quels sont les sels que chaque oxide est capable de décomposer; mais malheureusement nos connaissances à cet égard sont très peu avancées.

1° Les bases salifiables qui tiennent le premier rang sont celles de la première section; savoir : la potasse, la soude, la lithine, la baryte, la strontiane, la chaux. Employées en excès, elles décomposent complètement presque tous les sels des cinq autres sections, ainsi que les sels ammoniacaux; elles s'emparent de tout l'acide de ces sels et mettent en liberté leur oxide, qui se comporte d'ailleurs avec l'excès de potasse, de soude, etc., etc., comme on l'a dit précédemment en parlant des caractères des sels des différens métaux. Employées en telle quantité, au contraire, que les sels soient en excès convenable, elles font passer ces sels en général à l'état de sous-sels : c'est ainsi qu'en versant peu-à-peu dans une dissolution de sulfate de protoxide de fer, de la potasse ou de la soude étendue d'eau, il se précipite un sous-sulfate de fer, etc.

On observe d'ailleurs que les bases salifiables de la premièr e section ne suivent pas toujours le même ordre dans leur ten dance à s'unir aux acides par l'intermède de l'eau. Cet ordr e paraît être (1) :

Pour l'acide sulfurique.................... { Baryte ; Strontiane ; Potasse et soude ; Chaux.

Pour les acides :
   Azotique, azoteux..................
   Phosphoreux , hypo-ph osphoreux........ } Potasse et soude ; Baryte, et strontiane. Chaux.
   Chlorique, chlorique oxigéné, chlorhy-
     drique ....
   Brombydrique, iodhydrique, sulfhydrique..

Pour la plupart des autres acides............ { Baryte , strontiane et chaux. Potasse et soude.

2° Après les bases salifiables de la première section, l'ammoniaque est celle qui a le plus de tendance à s'unir avec les acides. Cet alcali décompose complètement , comme les bases salifiables de la première section, tous les sels de la seconde et des quatre dernières sections, mais à quelques exceptions près. (*Voyez* pag. suiv.)

3° La magnésie vient immédiatement après l'ammoniaque. Lorsqu'elle est très divisée, par exemple, lorsqu'elle est en gelée, cette base paraît avoir la propriété de décomposer, comme les précédentes, la plupart des sels des cinq dernières sections, surtout ceux qui sont solubles dans l'eau; elle décompose également les sels ammoniacaux , en dégage une certaine quantité d'ammoniaque et forme des sels doubles. (2)

(1) Dans le tableau suivant, plusieurs bases sont placées sur la même ligne : cela veut dire qu'on ne sait pas laquelle de ces bases tend le plus à s'unir aux acides.

Nous n'avons pas fait mention de la lithine ou de l'oxide de lithium, par la raison toute simple, qu'il n'a été soumis jusqu'à présent qu'à trop peu d'expériences po ur savoir le rang qu'il doit occuper. Je présume cependant qu'il doit se rapp rocher beaucoup de la soude.

(2) Cependant comme la magnésie décompose en partie les sels ammonia-

4° On place ensuite la glucine et l'yttria. On prétend que ces deux bases décomposent les sels solubles d'alumine, de zircône et des quatre dernières sections; elles les font passer, du moins en général, à l'état de sous-sels.

5° Quant aux autres bases salifiables, il est impossible de leur assigner de rang; elles n'ont point été soumises à des expériences assez précises pour cela.

Il paraît seulement que, toutes circonstances égales d'ailleurs, les oxides qui neutralisent le mieux les acides peuvent précipiter les autres de leurs dissolutions dans ceux-ci. Nous citerons, d'après cela, comme ayant le plus de tendance à s'unir aux acides, le protoxide de fer; le protoxide de manganèse, le protoxide de zinc, le protoxide de plomb, le bi-oxide de mercure, l'oxide d'argent, le protoxide de nickel, le protoxide de cobalt; et comme en ayant très peu, le peroxide de fer, le peroxide de manganèse, les oxides d'arsénic, de molybdène, d'osmium, d'or, de platine. (*Voy.* les *Recherches* de M. Gay-Lussac à cet égard, *Ann. de Chim.*, tom. XLIX.)

Tels sont les résultats généraux connus jusqu'à présent sur la décomposition des sels par les bases salifiables : il est essentiel de se les rappeler, et de ne point oublier surtout ceux-ci; savoir : que toutes les fois qu'on met un sel des cinq dernières sections en contact avec la potasse, la soude, la lithine, la baryte, la strontiane ou la chaux, ces bases s'emparent de tout l'acide de ce sel, surtout quand il est soluble, et en précipitent ou en séparent en général l'oxide à l'état d'hydrate, sur lequel elles agissent ensuite à la

caux, que l'ammoniaque ne décompose qu'en partie aussi les sels magnésiens, et que de là résulte toujours la séparation d'une partie de la base du sel décomposé et la formation d'un sel double, l'on pourrait admettre que ces deux bases salifiables doivent être mises sur le même rang dans leur tendance à s'unir aux acides.

manière ordinaire. Si donc l'on se sert de potasse ou de soude pour effectuer la décomposition, ces deux alcalis redissoudront les précipités qu'ils formeront dans les sels de glucine, d'alumine, de zinc, de bi-oxide d'étain, de plomb, etc. (574). Il est tout aussi important de connaître les résultats de l'action de l'ammoniaque sur les sels : ainsi, l'on saura que l'ammoniaque ne décompose aucun des sels de la première section, ou du moins qu'elle n'en fait passer que quelques-uns tout au plus à l'état de sous-sels; qu'elle agit sur tous les autres, et qu'elle forme :

1° Avec les sels neutres de magnésie, des sels doubles d'ammoniaque et de magnésie, et un précipité de magnésie insoluble dans un excès d'ammoniaque.

2° Avec les sels neutres de cobalt, des sels doubles, un précipité d'oxide de cobalt difficilement soluble dans l'ammoniaque, et une liqueur d'un jaune orangé.

3° Avec les sels neutres de zinc, de cuivre, de nickel, et probablement de cadmium, des sels doubles et des précipités très solubles dans un excès d'ammoniaque. La liqueur est sans couleur, quand l'expérience se fait sur les sels de zinc et de cadmium; bleue, lorsqu'elle se fait sur les sels de bi-oxide de cuivre; bleue ou violette, lorsqu'elle se fait sur les sels de nickel.

4° Avec les sels de bi-oxide de mercure, un sel double formé d'un sous-sel mercuriel et d'un sel neutre ammoniacal. Ce composé est blanc et toujours insoluble, de sorte qu'en versant de l'ammoniaque, par exemple, dans une dissolution d'azotate de bi-oxide de mercure, à l'instant même il en résulte un précipité blanc; ce ne serait qu'autant que le sel contiendrait un grand excès d'acide qu'il pourrait se produire un sel double soluble : c'est ce qui a lieu surtout avec la dissolution de sulfate très acide de bi-oxide de mercure. (*Voy.* pour plus de détails *l'azotate de mercure.*)

5° Avec l'azotate neutre d'argent, un sel double et un précipité olive, très soluble dans un excès d'ammoniaque; avec l'azotate acide d'argent, aucun trouble; avec les sels insolubles d'argent récemment précipités et encore humides, dissolution rapide : ce ne serait qu'autant que le sel aurait été altéré par le contact de la lumière, que la dissolution ne serait pas totale.

6° Avec les sels de platine, des sels doubles qui sont jaunes et peu solubles.

7° Avec les sels de rhodium, de palladium, d'iridium, des sels doubles.

8° Avec le bi-chlorure d'or, un précipité jaune d'or fulminant (377) et du chlorhydrate-ammoniaco de chlorure d'or.

9° Quant aux autres sels, il paraît qu'ils cèdent, pour la plupart, tout leur acide à l'ammoniaque, et qu'ils laissent précipiter leurs oxides; quelques-uns de ceux-ci seulement se dissolvent dans un excès d'alcali (376).

1306. *Action des oxacides.* — L'action des oxacides sur les sels est analogue à celle des oxides métalliques. En effet, presque toujours les oxacides sont sans action sur les sels, ou les décomposent en s'emparant de leurs oxides en tout ou en partie; très rarement ils s'y unissent.

Lorsqu'un oxacide se combine avec tout l'oxide uni à un autre oxacide, il se produit un nouveau sel; et ce dernier acide, en raison de ses propriétés, ou se dégage à l'état de gaz, en donnant lieu à une effervescence plus ou moins vive, ou reste en dissolution dans l'eau, ou se précipite. Lorsque au contraire un oxacide ne se combine qu'avec une partie de l'oxide uni à un autre oxacide, on obtient deux nouveaux sels dont la saturation varie. Si le sel à décomposer est avec excès de base, il pourra devenir neutre ou acide; s'il est neutre, il deviendra acide; et s'il est acide, il deviendra plus acide. On concevra d'après cela et d'après ce qui précède, pourquoi, à part les silicates, les tungstates, les colombates, les titaniates dont les acides sont insolubles, le sulfate de baryte, et, jusqu'à un certain point, les sulfates de strontiane, de chaux, de plomb, l'arséniate de bismuth, qui ont beaucoup de cohésion, presque tous les sels insolubles par eux-mêmes peuvent se dissoudre dans les acides azotique, phosphorique, etc.; c'est qu'en les traitant par ces acides, il en résulte de nouveaux sels neutres ou acides solubles. Met-on le phosphate de chaux en contact avec l'acide sulfurique, on obtient du phosphate acide et du sulfate de chaux que l'eau ne dissout qu'en partie; verse-t-on de l'acide azotique sur le carbonate de chaux, il se forme à l'instant une vive effervescence due au gáz carbonique qui se dégage et de l'azotate de chaux très soluble.

Cependant, dans le cas où un sel se dissout dans un acide sans aucun signe apparent de décomposition, on pourrait dire que le sel ne fait que s'unir à l'acide, comme le sel marin à l'eau, etc. Par exemple, l'acide azotique dissout le sulfate de chaux (en petite quantité à la vérité) sans qu'on puisse recueillir ni acide sulfurique, ni sulfate acide de chaux, ni azotate de chaux; en soumettant la liqueur à l'évaporation, il ne se dégage que de l'acide azotique, et il ne reste dans le vase distillatoire que du sulfate de chaux; mais on peut répondre que ce sel se reforme en vertu de sa cohésion et de la volatilité de l'acide azotique.

1307. *Action des hydracides.*—Les hydracides se comportent avec les sels de la même manière que les oxacides. Seulement, lorsque l'oxacide est déplacé, l'hydracide et l'oxide se décomposent réciproquement, et de là résultent de l'eau et un composé entre le métal et l'élément négatif de l'hydracide, c'est-à-dire un chlorure, ou un fluorure, ou un bromure, ou un iodure, ou un sulfure, ou un séléniure, ou un tellurure, lequel se dissout, si comme presque tous les chlorures, il est soluble, et qui se précipite, si, comme tous les sulfures des quatre dernières sections, il est au contraire insoluble. Il sera facile de concevoir, d'après cela, pourquoi les acides sulfhydrique, sélénhydrique, tellurhydrique, quoique faibles, opèrent la décomposition de la plupart des sels appartenant aux quatre dernières sections: c'est, non point par leur tendance à s'unir aux oxides, mais par la grande affinité de leurs élémens pour les métaux et l'oxigène de ces mêmes oxides. Les sulfures qui se forment alors, servent même souvent de caractères par leurs couleurs diverses pour reconnaître la nature des sels. Aussi croyons-nous devoir les indiquer dans le tableau suivant.

Tableau de la couleur des précipités que forme l'acide sulfhydrique dans les dissolutions salines.

Sels des deux premières sections..	Point de précipité.
de manganèse.............	*Idem.*
de fer...................	*Idem.* (1)
de chrôme...............	*Idem.*
de vanadium.............	*Idem.*
de titane................	*Idem.*
de colombium............	*Idem.*
d'urane.................	*Idem.*
de cérium...............	*Idem.*
de cobalt...............	Ppté noir, si la dissolution est neutre; point de ppté, si elle est acide.
de nickel................	*Idem.*
de zinc.................	Ppté blanc, si la liqueur est neutre; point de ppté, si elle est un peu acide.
de cadmium.............	Ppté jaune.
de protoxide d'étain......	Ppté brun chocolat.
de bi-oxide d'étain.......	Ppté jaune pâle.
de molybdène...........	Ppté brun.
de tungstène............	
d'antimoine.............	Ppté orangé.
de tellure...............	Ppté d'un brun clair d'abord, devenant ensuite presque noir.
de bismuth.............	Ppté noir.
de plomb...............	*Idem.*
de cuivre...............	Ppté d'un brun noir.

(1) Les sels de sesqui-oxide de fer sont, à la vérité, troublés par l'acide sulfhydrique; mais le précipité qui se forme est uniquement composé de soufre. La même chose a lieu avec les sels de sesqui-oxide de manganèse, et avec les combinaisons où les acides chromique et vanadique jouent le rôle de base. Dans ces différens cas, il se produit de l'eau avec l'hydrogène de l'acide sulfhydrique, et le métal est ramené à un degré inférieur d'oxigénation.

de mercure................ Ppté noir. (1)
de bi-oxide d'osmium.......... Ppté jaune-brunâtre au bout de quelque temps.
d'iridium.............. Ppté brun foncé au bout de quelque temps.
de palladium............. Ppté brun noir.
de sesqui-oxide de rhodium.. *Idem.*
d'argent............... Ppté noir.
d'or. .... Ppté jaune-brun.
de platine.............. Ppté noir.

1308. *Action du phosphure ou de l'arséniure d'hydrogène.*— Puisque le gaz sulfhydrique et le gaz sélénhydrique ont la propriété de décomposer un grand nombre de sels, en don·nant lieu à de l'eau et à des sulfures ou des séléniures, des décompositions analogues doivent avoir lieu entre plusieurs matières salines et le phosphure ou l'arséniure d'hydrogène. C'est en effet ce que l'on observe, lorsqu'on fait agir le phosphure ou l'arséniure d'hydrogène sur la plupart des dissolutions salines appartenant aux trois dernières sections. Cependant toutes les fois que l'oxide est d'une trop facile réduction, comme ceux de mercure, d'argent, de rhodium, le métal devient libre, et il ne se produit que de l'eau et des acides phosphorique et arsénique, à moins que l'opé-ration ne s'exécute d'après la méthode décrite (590. Voir d'ailleurs 1014).

Il nous reste maintenant à exposer l'ordre de la décom-position des sels par les acides; mais nous ne connaissons pas plus cet ordre que celui de la décomposition des sels

______

(1) Cependant, lorsqu'on verse peu-à-peu de l'acide sulfhydrique dans une dissolution d'un sel de mercure à l'état de bi-oxide, le précipité qui se forme est d'abord orangé ou noir dans quelques parties; mais il devient promptement blanc et conserve cette nuance, à moins qu'on ajoute une nouvelle quantité d'acide sulfhydrique. Le précipité noir est un véritable sulfure de mercure. Le précipité orangé doit peut-être sa couleur à un peu de cinabre. Tous deux, en agissant sur le sel mercuriel excédant, se transforment en une matière blanche. (Voyez *Azotate de bi-oxide de mercure*, et *Bi-chlorure de mercure*.)

par les oxides : nous savons seulement qu'à la température ordinaire ou à celle de 100 à 200°, 1° l'acide sulfurique décompose complètement tous les sels, excepté quelques phosphates et arséniates qu'il fait passer seulement à l'état de sels acides ; 2° que les acides azotique, phosphorique, arsénique, sélénique, décomposent également un grand nombre de sels dont les acides sont faibles ou moins puissans qu'ils ne le sont eux-mêmes ; 3° qu'il en est de même des acides chlorhydrique, fluorhydrique, bromhydrique, iodhydrique, sulfhydrique et sélénhydrique ; 4° enfin nous savons qu'à la chaleur rouge, les acides fixes, même les plus faibles, peuvent décomposer tous les sels dont les acides sont volatils par eux-mêmes ou capables d'être transformés en des produits volatils : c'est ainsi que l'acide borique décompose les sulfites en dégageant leur gaz acide sulfureux, et les sulfates en transformant leur acide sulfurique en acide sulfureux et oxigène. (1)

(1) La réaction des acides ou des bases sur les sels, ou plutôt, si l'on veut, la décomposition réciproque des corps ne saurait être trop examinée : c'est ce qui nous engage à joindre ici une note que M. Gay-Lussac a publiée à ce sujet (*Ann. de Chim. et de Phys.*, XXX, 291). Voici comme s'exprime ce savant chimiste :

« L'on est redevable à Berthollet de l'importante loi que les corps de propriétés analogues se déplacent mutuellement de leurs combinaisons, et que les principales causes qui limitent la séparation sont la volatilité et l'insolubilité. Berthollet n'a peut-être pas développé suffisamment les conséquences de cette loi ; mais il est facile de les pressentir dans chaque cas particulier.

« Lorsque deux acides agissent sur une base et que le tout reste en dissolution, la base se partage entre eux, non d'après leur quantité pondérable, mais d'après le nombre de leurs atomes, et il ne semble pas que son affinité pour chaque acide ait en général une très grande part dans le phénomène. Il suffit, pour que le partage de la base ait lieu, que les acides, quelle que soit la différence de leur volatilité ou de leur solubilité, restent dans la dissolution ; car alors ils doivent se comporter comme s'ils jouissaient de ces deux propriétés au même degré.

« Concevons, par exemple, que l'on verse de l'acide nitrique en excès, sur du chlorure de sodium ; il y aura aussitôt dans le mélange de l'acide hydro-

1309. *Action des sels les uns sur les autres.* — Toutes les fois qu'on calcine ensemble deux sels qui, par l'échange de leurs bases et de leurs acides, peuvent former un sel fixe et un sel volatil, ou du moins plus volatil qu'ils ne le sont

chlorique et du chlore, et si l'on fait chauffer, le chlorure sera bientôt changé en nitrate de soude. En faisant l'expérience inverse, c'est-à-dire, en traitant le nitrate de soude par l'acide hydro-chlorique en excès, on le convertira en chlorure de sodium. Ces décompositions réciproques sont très faciles, et on peut, en transformant deux nitrates en chlorures, déterminer la proportion dans laquelle ils étaient mélangés : on n'a besoin que de connaître le poids des deux nitrates et des deux chlorures, et le poids atomistique de chaque sel. Tous les chlorures ne sont pas décomposés par l'acide nitrique avec la même facilité; celui d'argent, qui est complètement insoluble dans l'eau et les acides, n'est point attaqué, et celui de calcium l'est plus difficilement que ceux de potassium et de sodium. Mais il faut aussi remarquer que nous comparons ici des composés (des chlorures et des nitrates) qui ne sont point analogues, et qu'on ne peut appliquer la loi dont nous avons parlé qu'en supposant que les chlorures restent indifféremment, dans les dissolutions, à l'état de chlorures ou à celui d'hydro-chlorates, ce qui n'est pas toujours le cas.

« L'acide sulfurique, à une température ordinaire, sépare en partie l'acide botique et l'acide arsénique de leurs combinaisons; mais à une température élevée, il est au contraire chassé par ces mêmes acides.

« L'acide nitrique et l'acide hydro-chlorique décomposent les fluorures; et, à son tour, l'acide hydro-fluorique décompose les nitrates et les chlorures.

« L'acide acétique décompose plusieurs chlorures, et réciproquement l'acide hydro-chlorique décompose les acétates. Beaucoup d'autres acides végétaux, et particulièrement l'acide lactique, présentent des phénomènes analogues.

« Les gaz solubles dans l'eau, et qui s'en séparent dans le vide, sont tous chassés de ce liquide par un autre gaz qu'on y fait passer en excès.

« On pourrait citer une foule d'autres faits semblables; mais nous nous bornerons à rappeler la décomposition des hydro-sulfates par l'acide carbonique et celle des carbonates par l'acide hydro-sulfurique, sur lesquelles M. Henry fils vient de faire un long travail.

« Le bi-carbonate de potasse, par exemple, exposé en dissolution au contact de l'air, perd une portion de son acide et acquiert la propriété de précipiter le sulfate de magnésie. Si l'on y fait passer un courant de gaz hydro-sulfurique, dont les propriétés acides sont, comme on sait, à-peu-près les mêmes que celles de l'acide carbonique, il y aura nécessairement une portion d'acide carbonique qui deviendra libre; et comme elle sera entraînée à mesure par le courant de

l'un ou l'autre, ils se décomposent constamment. Cependant il n'est pas toujours nécessaire qu'il puisse se former un sel

gaz hydro-sulfurique, le bi-carbonate restant sera toujours dans les mêmes circonstances de décomposition, et, de proche en proche, celle-ci deviendra complète.

« De même, en faisant passer un courant de gaz carbonique dans un bi-hydro-sulfate, celui-ci sera décomposé partiellement, et l'acide hydro-sulfurique mis à nu étant entraîné par le courant d'acide carbonique, la décomposition de l'hydro-sulfate sera successive et s'achèvera entièrement.

« Il faut remarquer que ces décompositions exigent une quantité d'acide de beaucoup plus grande que celle qui serait nécessaire pour saturer la base ; car l'acide éliminé ne peut s'échapper de la dissolution qu'à la faveur d'un grand excès de l'acide qui a pris sa place, d'après la théorie des vapeurs. »

Qu'il nous soit permis de faire quelques observations sur la note que nous venons de citer. Le savant auteur de cette note dit que : « Lorsque deux acides « agissent sur une base et que le tout reste en dissolution, etc., il ne semble « pas que son affinité pour chaque acide ait en général une grande part dans « le phénomène. »

Pour moi, mon opinion est différente. Je distingue deux genres de combinaisons, l'une intime qui peut avoir lieu en proportions définies, l'autre faible comme celle de l'eau et des sels, qui peut avoir lieu en toutes proportions. Or, lorsqu'on verse un acide sur un sel, on voit qu'il peut se former deux composés en proportions définies, qui s'uniront ensuite à chacun de leur acide en proportions indéfinies. Par conséquent, selon l'affinité des deux acides pour la base, selon leur plus ou moins grande tendance à s'unir avec chacun des deux sels produits, tendance sur laquelle aura beaucoup d'influence la quantité respective des acides, il y aura plus ou moins de sel décomposé : ajoutez à ces causes l'insolubilité et la volatilité des matières, et vous pourrez vous rendre compte des phénomènes observés. Mais toutefois je ne pense pas qu'il soit possible d'assigner, du moins dans le plus grand nombre de cas, les quantités de produits provenant d'élémens dissous dans la même liqueur. Comment trouver, par exemple, en supposant, comme je le crois, que la méthode de M. Gay-Lussac ne soit point à l'abri d'objections fondées, comment trouver le poids des différens corps qui se forment par le mélange d'une solution de sel marin avec de l'acide nitrique à la température ordinaire. Il en est tout autrement dans le cas où l'un des acides est faible et l'autre fort. M. Gay-Lussac admet, à la vérité que l'acide sulfurique à la température ordinaire ne sépare qu'en partie l'acide borique de ses combinaisons; mais cet acide a si peu d'affinité pour les bases, etc., et l'autre en a une si grande, que je suis persuadé que la décomposition des borates par l'acide sulfurique est totale.

volatil pour que la décomposition ait lieu; il suffit quelquefois que les deux sels ou même l'un des deux sels entre en fusion. On pourrait produire probablement beaucoup de décompositions salines en opérant ainsi; mais on n'a fait jusqu'ici que très peu d'expériences sur cet objet. On en a fait au contraire un très grand nombre sur l'action réciproque des sels par l'intermède de l'eau : aussi connaissons-nous une foule de résultats qui sont dus à ce genre de réaction. Comme ils sont de la plus haute importance, nous devons les étudier avec le plus grand soin. A cet effet, nous examinerons, 1° l'action des sels solubles les uns sur les autres; 2° celle des sels solubles sur les sels insolubles; 3° enfin celle des sels insolubles sur les sels insolubles.

1310. *Action des sels solubles les uns sur les autres.* — Lorsqu'on mêle deux sels en dissolution dans l'eau, et que, par leur réaction, il peut se former un sel soluble et un sel insoluble, ou deux sels insolubles, ces sels se décomposent toujours, c'est-à-dire, que l'acide de l'un s'empare de la base de l'autre et réciproquement, à moins qu'il ne puisse se former un sel double soluble, ce qui arrive rarement. C'est ainsi qu'en versant du sulfate de soude dans de l'azotate de baryte, il se forme tout-à-coup du sulfate de baryte qui se précipite, et de l'azotate de soude qui reste dans la liqueur. La décomposition a toujours lieu entre 1 proportion de l'un et 1 proportion de l'autre, comme le montre l'exemple suivant :

Proportions réagissantes.	Proportions produites.
1 de sulfate. $= \begin{cases} 1 \text{ d'acide}..501,1 \\ 1 \text{ de soude}.390,9 \end{cases}$	1 de sulfate. $= \begin{cases} 1 \text{ d'acide}...501,1 \\ 1 \text{ de baryte}.956,9 \end{cases}$
1 d'azotate. $= \begin{cases} 1 \text{ d'acide}..677,02 \\ 1 \text{ de baryte } 956,9 \end{cases}$	1 d'azotate. $= \begin{cases} 1 \text{ d'acide}...677,02 \\ 1 \text{ de soude}...390,9 \end{cases}$

Ce qui équivaut à la formule :

$$(NaO, So^5) + (BaO, Az^2O^5) = (Ba\,\dot{O}, So^5) + (NaO, Az^2O^5)$$

Lorsque au contraire les deux sels que l'on mêle sont de nature à former, par l'échange de leurs bases et de leurs

acides, deux autres sels assez solubles pour ne pas se précipiter, rien n'annonce qu'il y ait décomposition; il ne se
passe aucun phénomène digne de remarque; la liqueur
reste transparente; mais si l'on vient à l'évaporer, il n'en est
plus de même: elle se trouble plus ou moins, en général,
dès qu'elle n'est plus capable de dissoudre entièrement l'un
des quatre sels qui pourraient résulter de la combinaison
des deux acides et des deux bases qu'elle contient. Alors
la portion de celui de ces sels qui ne pourrait plus être
tenue en dissolution se forme, si elle n'existe point déjà,
et se dépose en cristaux. Or, la température exerce une influence diverse sur la solubilité des sels; un sel en exerce
lui-même sur celle d'un autre sel; enfin, selon que la dissolution est plus ou moins rapprochée du point où elle est
saturée de sel, elle en laisse déposer plus ou moins facilement : il s'ensuit donc qu'en raison de l'influence variable
et plus ou moins grande de ces causes, il pourra se déposer
successivement des sels de nature diverse dans l'évaporation d'un mélange de deux dissolutions salines. C'est ce que
M. Berthollet, à qui nous devons toutes ces observations, a
démontré par un grand nombre d'exemples. Citons-en
quelques-uns.

SELS MÊLÉS.	POIDS DES SELS.	PRÉCIPITÉ.	ÉVAPORATIONS. (1)		EAU-MÈRE.
			SELS provenant de la première.	SELS provenant de la seconde.	
Azotate de chaux, Sulfate de potasse.	1 1	Sulfate de chaux.	Azotate de potasse. Sulfate de chaux.	Un peu de sulfate de potasse.	En petite quantité.
Idem.	1 2	Idem.	Sulfate de potasse. Sulfate de chaux.	Azotate de potasse. Sulfate de potasse. Sulfate de chaux.	En très petite quantité.
Idem.	2 1	Idem.	Sulfate de chaux. Azotate de potasse.	Azotate de potasse. Très peu de sulfate de chaux.	Abondante. (2)
Sulfate de soude. Azotate de chaux.	1 1	Idem.	Azotate de soude.	Azotate de soude.	Abondante. (3)

(1) Après avoir soumis la dissolution à l'action du feu pendant un certain temps, on la laisse refroidir, afin d'en obtenir des cristaux ; puis on décante la liqueur surnageante, qu'on soumet de nouveau à l'action du feu, etc. ; il en résulte donc des évaporations successives : ce sont ces évaporations qui sont désignées sous le nom d'*évaporations première, seconde,* etc.

(2) Composée d'azotate de chaux et d'azotate de potasse.

(3) Composée vraisemblablement de sulfate et d'azotate de soude.

SELS MÊLÉS.	POIDS DES SELS.	ÉVAPORATIONS.			EAU-MÈRE.
		SELS provenant de la première.	SELS provenant de la seconde.	SELS provenant de la troisième.	
Sulfate de soude. Azotate de potasse.	1 1	Sulfate de potasse. Un peu d'azotate de potasse.	Azotate de potasse. Un peu de sulfate de potasse.	Azotate de soude. Un peu d'azotate de potasse.	Abondante. (1)
Idem. *Idem.*	2 1	Sulfate de potasse.	Sulfate de potasse. Un peu d'azotate de potasse.	Sulfate de potasse. Azotate de potasse. Azotate de soude.	*Idem.* (2)

Nous joindrons aux exemples que nous venons de citer le suivant :

Que l'on fasse un mélange de sel marin, qui n'est presque pas plus soluble à chaud qu'à froid, et d'azotate de potasse, qui est, au contraire, bien plus soluble à chaud qu'à froid; qu'on dissolve ce mélange et qu'on fasse évaporer successivement la dissolution à plusieurs reprises, le sel marin se séparera pendant le cours de chaque évaporation, et l'azotate de potasse pendant celui de chaque refroidissement. Des effets semblables auraient lieu entre le chlorure de potassium et l'azotate de soude; on obtiendrait du chlorure de sodium à une température élevée, et de l'azotate de potasse à une basse température.

La loi que nous venons d'exposer, et qui a pour base l'insolubilité des sels, n'est point particulière à la décom-

(1) Composée d'azotates de soude et de potasse.
(2) Contenant l'un et l'autre sels.

position réciproque de ces sortes de composés; elle s'applique encore à la décomposition d'autres composés, du moins dans un grand nombre de circonstances; c'est une des lois les plus générales et les plus fécondes, et l'on doit en regarder la découverte, qui est due à M. Berthollet, comme l'une des plus importantes dont la chimie se soit enrichie depuis long-temps. (Voyez *dans la Philosophie chimique la discussion relative à la cause de ces phénomènes*.)

1311. *Action des sels solubles sur les sels insolubles.*— Les sels insolubles ont aussi la propriété d'échanger dans certains cas leurs principes avec certains sels solubles, lorsque de cet échange il peut résulter un autre sel insoluble; mais la règle qui a été précédemment exposée pour prévoir la décomposition des sels solubles ne peut plus rien indiquer dans le cas actuel. C'est ce qu'a parfaitement prouvé M. Dulong dans un excellent mémoire imprimé (*Ann. de Chim.*, tom. LXXXII). Nous allons exposer, d'après lui, les bases sur lesquelles on pourrait établir la théorie de ces décompositions.

Nous nous occuperons d'abord de la réaction des carbonates solubles sur les sels insolubles, parce qu'elle présente des phénomènes qui n'appartiennent point aux autres sels, et parce que les observations auxquelles elle donnera lieu, nous conduiront à la théorie de la décomposition mutuelle de tous les sels solubles et insolubles.

Toutes les expériences dont il va être question dans ce chapitre doivent se faire de la manière suivante:

On réduit le sel insoluble en poudre impalpable, ou, ce qui vaut encore mieux, on le prend à l'état mou et récemment précipité; on verse dessus, le sel soluble dissous dans 30 à 40 parties d'eau, et l'on soumet le mélange à la température de l'ébullition pendant une heure, en ayant soin d'agiter fréquemment; on filtre et on lave le précipité; ensuite on détermine la nature et la quantité des sels qui se trouvent dans la dissolution, ou de ceux qui constituent le précipité.

Les bi-carbonates de potasse et de soude (1) décomposent tous les sels insolubles (2). Les carbonates des mêmes bases sont dans le même cas; et comme ils sont formés de proportions qui correspondent à celle des composés résultant de leur décomposition, nous les emploierons exclusivement.

Cette décomposition présente un phénomène très remarquable, et qui appartient exclusivement aux carbonates : c'est que la réaction s'arrête à une certaine époque, de manière qu'aucun sel insoluble ne peut décomposer complètement un carbonate soluble.

Que l'on mette en contact, par exemple, une partie de sulfate de baryte avec 4 ou 5 parties de carbonate de potasse, tout le sulfate de baryte sera transformé en carbonate de la même base, et la liqueur contiendra une quantité correspondante de sulfate de potasse. Cette liqueur sera capable de décomposer de nouvelles portions de sulfate de baryte; mais il arrivera un terme où elle n'aura plus cette propriété, quoiqu'elle contienne encore une grande quantité de carbonate de potasse. Si l'on y ajoute alors un peu de potasse caustique, la décomposition fera de nouveaux progrès, et s'arrêtera ensuite comme précédemment, malgré la présence du carbonate de potasse. Par une nouvelle addition d'alcali, les mêmes phénomènes se reproduiront, etc.

Le carbonate de soude se comporte absolument de la même manière; et ce qui vient d'être dit du sulfate de baryte doit s'appliquer à tout autre sel insoluble : il n'y a de différence que dans la quantité relative de carbonate qui résiste à la décomposition.

(1) Le carbonate d'ammoniaque ne pourrait être soumis à cette épreuve, parce que sa dissolution ne supporte point la température de l'eau bouillante.

(2) Il faut en excepter la plupart des silicates, surtout les silicates naturels et ceux qui ont été faits par voie de fusion. Ces sortes de composés n'étaient point regardés comme des sels, lorsque M. Dulong a publié son travail;

Les résultats de la décomposition des sels dont il vient d'être question sont, d'une part : un carbonate insoluble formé par la base du sel insoluble soumis à l'expérience, et par l'acide carbonique du carbonate de potasse ou de soude; et, de l'autre, un sel soluble de potasse ou de soude qui reste en dissolution avec le carbonate non décomposé.

Il est évident que cette dissolution mixte ne doit avoir aucune action sur le carbonate insoluble qui s'est formé pendant l'opération; mais il n'en serait pas de même si elle était privée du carbonate soluble qu'elle contient.

En effet, si l'on met en contact du carbonate de baryte avec du sulfate de potasse, à la première impression de la chaleur et même à la température ordinaire, il se dégage un peu de gaz acide carbonique; une partie du carbonate de baryte est transformée en sulfate de la même base, et le liquide contient alors du carbonate de potasse. S'il y a excès de carbonate de baryte, la réaction cesse à une certaine époque, quoiqu'il y ait encore du sulfate de potasse en dissolution. Lorsque l'équilibre s'est établi, on peut déterminer une nouvelle décomposition, en ajoutant à la liqueur une certaine quantité de sulfate de potasse ; mais bientôt un nouvel équilibre s'établit, et la dissolution contient une partie du sulfate de potasse ajouté.

Ce phénomène n'est pas moins général que le précédent; en sorte qu'on peut dire que tous les carbonates insolubles sont décomposés par les sels à base de potasse ou de soude, dont l'acide peut former un sel insoluble avec la base de ces carbonates; mais que, dans tous les cas, cette décomposition est incomplète. (1)

<hr>

(1) Il y a aussi quelques autres anomalies qui ne sont qu'apparentes : par exemple, le carbonate de plomb n'est décomposé qu'en très petite quantité par le sulfate de potasse ou de soude, parce que tous les sels de plomb sont solubles dans les liqueurs alcalines, et que le carbonate de plomb est le moins soluble de tous. On doit conclure de là que tous les sels insolubles de plomb doivent dé-

On remarque aussi que la décomposition ne s'arrête pas au même point, quand on emploie deux carbonates différens avec le même sel soluble, et réciproquement.

Il résulte de ce qui vient d'être exposé, que les sels qui réunissent les conditions précitées peuvent présenter des phénomènes inverses, sans qu'on puisse attribuer leurs différences aux circonstances qui modifient ordinairement la décomposition des sels solubles, telles que la température, la nature du dissolvant, etc. C'est peut-être le fait qui démontre le plus évidemment la fausseté de la théorie de Bergman sur les décompositions mutuelles des sels.

D'après le rapport constant de capacité de saturation des bases et des acides (1291), il est évident que les carbonates solubles pourraient échanger exactement leurs principes avec ceux de tous les sels insolubles, de manière que, si la décomposition était complète, il en résulterait, d'une part, un carbonate insoluble, et de l'autre un sel neutre soluble. Puisque la réaction de ces corps cesse à une certaine époque de l'opération, on doit en conclure que les forces qui la déterminent subissent quelque modification dépendante des progrès même de la décomposition. Or, pendant l'accomplissement de ce phénomène, il ne se passe qu'un seul changement remarquable, celui de l'état de saturation de l'alcali qui est en excès dans la dissolution ; car, lorsqu'un carbonate soluble agit sur un sel insoluble, à mesure que

composer complètement les carbonates solubles : et c'est en effet ce que l'on observe.

Les sels à base d'ammoniaque font encore exception dans cette série de phénomènes, par la raison que le carbonate d'ammoniaque se volatilisant presque aussitôt qu'il est formé, les circonstances primitives se trouvent continuellement rétablies. Les sels solubles qui réunissent les conditions ci-dessus, et dont la base est insoluble par elle-même, ne présentent point non plus de limite dans leur décomposition, parce que le nouveau carbonate se précipite à mesure qu'il est formé.

l'acide carbonique se précipite sur la base du sel insoluble, il est remplacé dans la dissolution par une quantité d'un autre acide capable de neutraliser exactement l'alcali avec lequel il constituait un carbonate.

Ainsi, pendant tout le cours de la décomposition, de nouvelles quantités de sel neutre remplacent des quantités correspondantes d'un sel alcalin; et, si l'on considère l'alcali qui excède la neutralisation de l'acide carbonique comme exerçant son action sur les deux acides, il est évident qu'à mesure que la décomposition fait des progrès, le liquide approche de plus en plus de l'état neutre. Dans l'expérience inverse, on remarque un changement contraire. Chaque partie d'acide du sel soluble qui se précipite sur la base du carbonate insoluble est remplacée par une quantité d'acide carbonique, qui forme avec la base correspondante un carbonate parfait; et plus il se précipite d'acide sur le carbonate insoluble, plus la liqueur contient de carbonate soluble, plus enfin son état de saturation s'éloigne de la neutralité.

Cette considération semble conduire directement à l'explication suivante.

M. Berthollet a prouvé que tous les sels insolubles, même ceux qui ont la plus grande cohésion, cèdent à la potasse ou à la soude caustique une portion plus ou moins considérable de leur acide, selon la circonstance où ils se trouvent. Or, les carbonates solubles peuvent être considérés comme des alcalis faibles, qui peuvent enlever à tous les sels insolubles une petite quantité de leur acide. Cet effet serait bientôt limité, si l'alcali était pur, par la résistance croissante de la base; mais celle-ci trouvant dans le liquide un acide avec lequel elle peut former un carbonate insoluble, elle s'y unit et rétablit ainsi les conditions primitives de l'expérience. Le même effet se produit successivement sur de nouvelles portions de substance, jusqu'à ce que le degré de saturation du liquide soit en équilibre avec la force de cohésion du sel insoluble à décomposer; en sorte que, moins cette résistance sera grande, plus la décomposition fera de progrès.

L'expérience inverse s'explique avec la même facilité. Lorsqu'un carbonate insoluble est en contact avec un sel neutre soluble, la base du carbonate doit tendre à partager l'acide du sel neutre; et si de cette union il peut résulter un sel insoluble, la force de cohésion propre à ce composé en détermine la formation. L'acide carbonique, dont l'élasticité n'est plus vaincue par l'affinité de la base qui se trouve combinée avec un acide plus fixe, s'échappe à l'état de gaz: le même effet se produisant sur de nouvelles quantités, le liquide devient assez alcalin pour absorber l'acide carbonique à son état naissant. Il se forme donc du carbonate de potasse ou de soude qui remplace le sel neutre décomposé. Cet échange continue jusqu'à ce que la résistance qu'oppose à la précipitation de l'acide l'excès d'alcali qui s'est développé, fasse équilibre à la force avec laquelle cette précipitation tend à s'effectuer. Alors toute action cesse; de sorte que plus le sel insoluble aura de cohésion, plus la proportion d'acide enlevée au sel soluble sera grande.

Cette dernière réflexion conduit à un moyen simple pour prédire la décomposition des sels insolubles par les sels solubles à base de potasse ou de soude. En effet, l'on conçoit que la cohésion de deux sels également insolubles peut être très différente, et que si un sel insoluble se trouvait en contact avec un sel soluble, dont les principes, en s'échangeant réciproquement avec ceux des premiers, pussent donner naissance à un autre sel insoluble doué d'une plus grande cohésion, il devrait y avoir décomposition.

Si donc l'on pouvait avoir un moyen d'apprécier les différens degrés de cohésion propres à chaque sel insoluble, comme on évalue les différens degrés de solubilité de ceux qui possèdent cette propriété, on pourrait prédire la décomposition des sels insolubles avec autant de facilité qu'on prévoit celle des sels solubles. Or, les résultats précédens fournissent un moyen simple, sinon d'évaluer l'intensité de cette force, au moins de connaître les différences que présentent à cet égard les sels insolubles.

Lorsqu'un sel soluble cesse de décomposer un carbonate insoluble, il y a équilibre entre la force avec laquelle le sel insoluble tend à se précipiter et l'excès d'alcali développé dans la dissolution; il résulte de là, comme nous l'avons déjà dit, que plus cette tendance à la précipitation sera grande, plus l'excès d'alcali qui se développera sera considérable. Si donc l'on déterminait pour chaque sel insoluble le rapport qui existerait entre la quantité régénérée et la quantité totale du sel qui aurait pu se former par l'entière précipitation de l'acide, en comparant les divers rapports obtenus pour tous les sels formés avec la même base, on en conclurait aisément l'échelle de leur cohésion; et par le rang qu'occuperait un sel donné dans cette échelle, on pourrait connaître quels seraient les sels solubles qui pourraient le décomposer. Ce travail, qui exige de nombreuses expériences, n'a point encore été exécuté.

Enfin, dans le cas où le sel soluble et le sel insoluble peuvent donner naissance, par leur décomposition mutuelle, à deux sels insolubles, il y a toujours décomposition.

1311 *bis. Action des sels insolubles les uns sur les autres.*— Il suit de ce que nous avons dit précédemment que les sels insolubles doivent être absolument sans action réciproque. Cependant il est des sels qui agissent les uns sur les autres et qui passent pour insolubles; mais c'est parce qu'ils ne le sont réellement pas, et que, par l'échange de leurs bases et de leurs acides, ils peuvent donner lieu à des sels dont l'insolubilité est plus grande que la leur.

1311 *ter. Action des chlorures, fluorures, brômures, iodures, sulfures, séléniures.* — Ces composés agissent sur les sels, comme s'ils étaient des sels eux-mêmes. C'est pourquoi, lorsqu'on verse une dissolution de sulfure de potassium ou de sodium dans une dissolution saline appartenant aux quatre dernières sections, il y a ordinairement précipitation d'un sulfure métallique, qui se dépose promptement, et formation d'un nouveau sel de potasse ou de soude qui reste dans la liqueur. De là aussi la raison pour laquelle les chlorures solubles forment des précipités de chlorure d'argent et de proto-chlorure de mercure dans les dissolutions d'azotate d'argent et d'azotate de protoxide de mercure.

1312. *Sels doubles solubles et obtenus par voie humide.* — Plusieurs sels, loin de se décomposer sous l'influence de l'eau, ont la propriété de s'unir et de rendre leurs élémens plus stables; mais il paraît qu'il n'y a que quelques-uns des sels appartenant au même genre qui possèdent cette propriété, et que même ils ne s'unissent que deux à deux : du moins, on ne connaît point encore de combinaison entre trois sels, et l'on en connaît à peine entre deux acides et la même base. (1)

Les sels doubles sont généralement moins solubles que celui de leurs sels constituans qui l'est le plus; souvent même ils sont moins solubles que celui qui l'est le moins. C'est pourquoi, quand on mêle des dissolutions concentrées de deux sels qui peuvent s'unir, il en résulte presque toujours un précipité cristallin de sel double : telles sont les dissolutions de sulfate d'ammoniaque et de sulfate d'alumine.

Dans les sels doubles il existe un rapport simple entre les quantités d'oxigène des bases : par exemple, dans l'alun ou sulfate d'alumine et de potasse, l'alumine contient trois fois autant d'oxigène que la potasse, et, par conséquent, la quantité d'acide unie à l'alumine est trois fois aussi grande que celle qui est unie à la potasse.

Ce sont les sels à bases de potasse, de soude et surtout d'ammoniaque qui ont le plus de tendance à se combiner avec d'autres et à former des sels doubles. Le tableau suivant en indique un assez grand nombre.

(1) Car l'on ne peut guère citer, je crois, que la combinaison de l'acide azotique et de l'acide phosphorique avec l'oxide de plomb, et celle de l'acide tungstique avec un autre acide et l'une des bases.

Tous les sels de magnésie.

Les sels solubles de zinc.

Tous les sels ammoniacaux s'unissent avec tous les sels suivans du même genre qu'eux ; savoir : avec { Les sels solubles de zinc. / de manganèse. / de cobalt. / de cuivre. / de nickel. / de deutoxide de mercure. / de platine. / de rhodium. / de palladium. / d'iridium. } Et forment des sels doubles plus ou moins solubles.

Tous les sels de potasse s'unissent avec tous les sels suivans du même genre qu'eux ; savoir : avec...... { Les sels solubles de nickel. / de palladium. / de rhodium. / de platine. / d'iridium. } Peu solubles.

Tous les sels de soude s'unissent, comme ceux de potasse, avec tous les sels suivans du même genre qu'eux ; savoir : avec...... { Les sels solubles de nickel. / de palladium. / de rhodium. / de platine. / d'iridium. } Très solubles.

Outre tous ces sels doubles, on en distingue encore beaucoup d'autres, et surtout :

1° Les sulfates........ {
d'alumine et d'ammoniaque............ } ou l'alun.
d'alumine ou de potasse............. }
de potasse et d'ammoniaque.
de potasse et de magnésie.
de potasse et de fer.
de potasse et de cérium.
de potasse et de chrôme.
de potasse et d'urane.
de soude et de chaux.
de soude et d'ammoniaque.
de soude et de magnésie.
d'ammoniaque et de sesqui-oxide de fer.
d'ammoniaque et de sesqui-oxide de manganèse.
d'ammoniaque et de chrôme.
d'ammoniaque et d'urane.
d'alumine et de fer.
de zinc et de fer.
de zinc et de cobalt.
de zinc et de cuivre.
de zinc et de nickel.
de fer et de cuivre.
de potasse et d'urane.

2° Les phosphates.. {
de soude et d'ammoniaque.
de chaux et d'antimoine.
d'ammoniaque et de fer.

3° Les carbonates... {
de magnésie et de soude.
de magnésie et de potasse.

1312 *bis. Sels doubles préparés par voie sèche.* — Jusqu'à présent l'on n'avait préparé par voie sèche que des silicates doubles et des borates doubles. Mais M. Berthier vient de faire voir qu'il était possible d'en obtenir plusieurs autres en chauffant ensemble à une température convenable les sels qu'il s'agissait d'unir. La combinaison s'opère ordinairement entre 1 atome de l'un et 1 atome de l'autre. Il en résulte un sel double fusible à un degré de chaleur plus ou moins rouge, et que l'eau décompose toujours, lorsque l'un des deux sels constituans y est soluble. (*Ann. de Chim et de Phys.* XXXVIII, 246.)

1 at. carbonate de baryte...24$^{gr.}$,64
1 at. carbonate de soude...13   ,32

Liquide comme l'eau au rouge vif, formant après le refroidissement une masse compacte, pénétrée d'une multitude de petites lamelles cristallines.

1 at. carbonate de strontiane 18$^{gr.}$,45
1 at. carbonate de soude....13   ,32

Aussi fusible que le précédent, pierreux et faiblement cristallin après le refroidissement.

1 at. carbonate de chaux...12$^{gr.}$,63
1 at. carbonate de soude....13   ,32

Fusible et liquide comme l'eau au-dessous du rouge vif, dégageant au-dessus de cette température de l'acide carbonique en perdant de sa fluidité, se solidifiant complètement à la chaleur blanche; d'un blanc d'émail, d'une cassure très cristalline. (1)

1 at. dolomie. (2)..........23$^{gr.}$,30
4 at. carbonate de soude....53   ,24

Bien liquide au rouge vif, composé homogène, à cassure cristalline, très lamelleuse.

1 at. sulfate de soude.....17$^{gr.}$,84
1 at. carbonate de baryte...24   ,64

Très fusible, indécomposable à la chaleur blanche, opaque, d'un blanc nacré, très peu cristallin.

1 at. sulfate de baryte......29$^{gr.}$,16
1 at. carbonate de soude...13   ,32

Composé tout-à-fait-semblable au précédent.

1 at. sulfate de soude.....17$^{gr.}$,84
1 at. carbonate de strontiane 18   ,45

Très fusible, conservant toute sa liquidité à la chaleur blanche, opaque, d'un blanc nacré, peu cristallin.

---

(1) La *gay-lussite* n'est autre chose que ce carbonate double hydraté.

(2) 1 at. dolomie = 1 at. carbonate de chaux + 1 at. carbonate de magnésie. L'affinité du carbonate de magnésie pour le carbonate de chaux avec lequel il est combiné, le préserve de la décomposition que la chaleur tend à lui faire éprouver.

1 at. sulfate de strontiane...22gr.,97 } Composé tout-à-fait semblable au
1 at. carbonate de soude...13 ,32 } précédent.

1 at. sulfate de soude......17gr.,84 } Fusible à la chaleur rouge, sans dé-
1 at. carbonate de chaux....12 ,62 } gagement de gaz, se changeant à la chaleur blanche en un simple mélange in-
fusible de chaux et de sulfate de soude.

1 at. sulfate de chaux.....17gr.,14 } Même composé.
1 at. carbonate de soude....13 ,32 }

1 at. sulfate de soude......17gr.,84 } Très fusible. (1)
1 at. sulfate de baryte.....29 ,16 }

1 at. sulfate de soude......17gr.,84 } Fusible à la chaleur rouge, demi-
1 at. sulfate de magnésie...15 ,19 } transparent, non cristallin, à cassure
grenue et cireuse comme la calcédoine.

1 at. sulfate de soude......17gr.,84 } Liquide comme de l'eau à la chaleur
1 at. sulfate de plomb.....37 ,91 } rouge, opaque, non cristallin, à cassure
matte et inégale.

Les carbonates indécomposables au degré de la chaleur rouge peuvent se combiner non-seulement avec les sels alcalins, mais encore avec les chlorures, les fluorures et même les sulfures aisément fusibles. C'est ce qui a été également prouvé par les expériences de M. Berthier, qui a obtenu par fusion les composés suivans :

1 at. chlorure de sodium...14gr.,67 } Très fusible, et exhalant après sa li-
1 at. carbonate de baryte..24 ,65 } quéfaction des vapeurs de chlorure de
sodium ; d'un très beau blanc, translu-
cide, à cassure écailleuse.

1 at. chlorure de barium...29gr.,99 } Même composé.
1 at. carbonate de soude....13 ,32 }

1 at. chlorure de sodium...14gr.,65 } Ressemble au composé précédent,
1 at. carbonate de chaux....12 ,62 } mais, à la chaleur blanche, se solidifie
et devient infusible.

1 at. chlorure de calcium..13gr.,95 } Même composé.
1 at. carbonate de soude...13 ,32 }

(1) Ce sulfate double, que l'on peut aussi produire artificiellement par voie humide, et qui se forme souvent pendant l'évaporation des eaux salées dont on veut retirer le sel marin, existe dans la nature et constitue le minéral auquel on a donné le nom de *glauberite*.

1 at. chlorure de barium... 22^{gr},99 1 at. carbonate de baryte... 24 ,65	Se fondant avec une très grande facilité, d'un beau blanc, translucide, cristallin.
1 at. chlorure de calcium.. 13^{gr},98 1 at. carbonate de chaux... 12 ,62	Très fusible, très fluide à la chaleur rouge, se solidifiant à la chaleur blanche.
1 at. fluorure de calcium.. 9^{gr},80 1 at. carbonate de potasse.. 17 ,30	Fusible au rouge, se solidifiant à la chaleur blanche en dégageant de l'acide carbonique, un peu translucide, présentant çà et là de petites lamelles, très déliquescent.
2 at. fluorure de calcium... 9^{gr},80 1 at. carbonate de potasse.. 8 ,65	Aussi fusible que le précédent, faiblement translucide, déliquescent, cédant à l'eau du fluorure de potassium et du carbonate de potasse.
1 at. sulfure de barium.... 21^{gr},16 1 at. carbonate de soude... 13 ,32	Très liquide à la chaleur rouge, brillant, à cassure grenue, opaque, d'un blond clair, donnant par l'action de l'eau, du sulfure de sodium qui se dissout et du carbonate de baryte insoluble.

1313. *Réduction des oxides de plusieurs sels par d'autres sels.* — Il ne nous reste plus, pour terminer l'histoire chimique des propriétés générales des sels ; qu'à considérer leur action réciproque sous le rapport de la réduction des oxides de plusieurs d'entre eux par d'autres sels. Nous n'avons qu'un mot à dire à cet égard.

Les sels dont les oxides sont susceptibles de réduction appartiennent à la sixième, ou tout au moins à la cinquième section : ce sont les sels de mercure, de palladium, d'or, de platine. (*Voyez les caractères de ces sels,* 1192, 1193, 1232, 1265, 1280).

1313 *bis. État naturel.* — Les sels que l'on a trouvés dans la nature, à part les silicates, ne sont pas au nombre de cent. (*Voyez* les genres.) Comme l'art peut en créer près de mille, il s'ensuit que le nombre des sels naturels est bien loin d'égaler celui des sels artificiels. Les plus abondans sont le carbonate de chaux, qui constitue la craie, les marbres, etc. ; et le sous-phosphate de chaux, qui entre pour près des deux cinquièmes dans la composition des os de presque tous les animaux.

1314. *Préparation.* —Lorsqu'un sel ne se trouve point, ou ne se trouve que rarement dans la nature, ou lorsque y étant commun, il est difficile de le séparer des matières avec lesquelles il est mêlé, on le prépare par divers procédés que nous allons énoncer, en employant celui de ces procédés qui est le plus économique et le plus sûr.

1° Tous les sels peuvent être préparés directement, c'est-à-dire, en combinant les oxides avec les acides, lorsque ces corps sont susceptibles d'être obtenus à l'état de pureté. Au moment où la combinaison a lieu, il y a toujours dégagement de calorique; il s'en dégage beaucoup toutes les fois que l'oxide et l'acide tendent à s'unir avec une grande force, ou ont beaucoup d'action l'un sur l'autre. *Exemples: acides sulfurique, azotique, et bases salifiables de la première section.* Quelques chimistes ont même prétendu qu'en versant de l'acide azotique sur de la chaux dans l'obscurité, il y avait production de lumière; mais il paraît que ce résultat n'est point exact. Il ne se dégage presque point de calorique, au contraire, toutes les fois que l'acide et l'oxide ne se combinent pas d'une manière très intime. *Exemples: acide carbonique, acide borique, et bases salifiables.*

2° La plupart des sels peuvent être préparés aussi en traitant les carbonates par les divers acides; ceux-ci s'unissent aux oxides et en séparent l'acide carbonique, en produisant une effervescence plus ou moins considérable.

3° Lorsqu'un sel est insoluble, on peut presque toujours se le procurer par la voie des doubles décompositions, c'est-à-dire, en mêlant deux dissolutions salines dont la réaction peut donner lieu d'une part à un sel soluble, et d'une autre part au sel insoluble qu'on veut obtenir; mais il faut pour cela employer les dissolutions salines dans un état convenable de saturation. On fait ordinairement choix, pour l'une d'elles, d'une dissolution saline à base de potasse, de soude ou d'ammoniaque, parce que tous les sels qui résultent de la combinaison des acides avec ces trois alcalis sont solubles. L'autre dissolution, alors, doit nécessairement avoir pour base l'oxide du sel insoluble. D'ailleurs, parmi ces dissolutions, on préfère celles qu'on se procure le plus facilement : dans tous les cas, le précipité doit être lavé à grande eau, et, autant que possible, par décantation.

Ce ne serait qu'autant qu'il pourrait se former des sels doubles que ce procédé ne serait point praticable.

4° Les sous-sels qui sont insolubles (et presque tous sont dans ce cas) s'obtiennent encore en versant peu-à-peu, dans une dissolution de sels neutres, une dissolution faible de potasse, de soude ou d'ammoniaque, mais en telle quantité que la première soit en grand excès. Il se produit un précipité qui n'est que le sel insoluble lui-même, pourvu toutefois qu'on agite avec soin la liqueur. On le lave à grande eau comme le précédent.

5° Enfin ou peut obtenir certains sels, particulièrement plusieurs sulfates, et beaucoup d'azotates, en traitant à froid ou à chaud par les acides sulfurique et azotique, plus ou moins concentrés, les métaux qui entrent dans leur composition : alors le métal est oxidé par une portion de l'acide ou de l'eau qui se décompose.

On emploie encore quelques autres procédés, mais dans des cas très particuliers : il en sera question dans l'histoire des espèces.

1315. *Usages.* — Quoiqu'il existe un grand nombre de sels, il n'y en a tout au plus qu'une trentaine dont on fasse usage. Ceux que l'on emploie le plus fréquemment sont les carbonates de chaux, de potasse et de soude ; les sulfates de fer, de soude, de chaux, et l'alun ou sulfate d'alumine et de potasse ou d'ammoniaque ; l'azotate de potasse ou salpêtre. (Voyez l'*Histoire des Genres.*)

1316. *Historique.* — La plupart des sels ne sont connus que depuis environ cinquante ans : avant cette époque, on en connaissait peut-être 25 à 30, du nombre desquels étaient, l'alun, le nitre, le sulfate de chaux, le vitriol vert ou sulfate de protoxide de fer, le vitriol blanc ou le sulfate de zinc, le vitriol bleu ou le sulfate de bi-oxide de cuivre, le borax. Les chimistes qui ont le plus contribué à en augmenter le nombre sont ceux qui ont trouvé de nouveaux acides et de nouveaux métaux ou de nouvelles bases salifiables. C'est donc à Schéele, Vauquelin, Klaproth, Berthollet, Wollaston, Tennant, Descostils, Hizinger, Berzelius et Seffstrom, etc., que la chimie doit la plupart des progrès qu'elle a faits sous ce rapport.

En se multipliant, les sels ont dû nécessairement inspirer un plus grand intérêt; on s'est occupé de déterminer leur composition; on a fait une foule de recherches sur leurs propriétés générales, et l'on s'est efforcé en même temps de remonter aux causes dont elles pouvaient dépendre.

De graves erreurs ont été commises, mais enfin elles ont disparu pour faire place à de grandes vérités : ces vérités nous ont été enseignées surtout par Lavoisier, Richter, Berthollet, Davy et M. Berzelius. C'est à Lavoisier que nous devons de savoir qu'un métal ne se combine jamais qu'à l'état d'oxide avec un acide. Nous devons plus à Richter : c'est lui qui a prouvé : 1° qu'en mêlant deux sels neutres capables de se décomposer, il en résultait en général deux nouveaux sels qui étaient encore neutres; 2° que les différentes quantités de bases salifiables qui s'unissaient à un acide pour former un genre de sels, étaient dans le même rapport que celles qui s'unissaient à un autre acide pour former un autre genre de sels; 3° que dans tous les sels du même genre et au même état de saturation, la quantité d'oxigène de l'oxide était proportionnelle à la quantité d'acide, et par conséquent à la quantité d'oxigène de cet acide.

Les travaux de M. Berthollet ne sont pas moins remarquables : il a examiné de nouveau les propriétés générales des sels; il est parvenu surtout à démontrer, contre l'opinion reçue jusqu'alors, qu'un acide pouvait décomposer un sel sans avoir pour la base de ce sel autant d'affinité que l'acide auquel cette base était unie, et réciproquement; qu'en conséquence, les tables où l'on avait rangé les acides et les bases par ordre d'affinité étaient fausses, et qu'elles n'indiquaient au plus que l'ordre suivant lequel les sels étaient décomposés par les acides ou les bases; qu'on ne pouvait point expliquer les doubles décompositions par la théorie des affinités quiescentes et divellentes; que ces doubles décompositions dépendaient de ce que l'un des nouveaux sels ou les deux nouveaux sels qui pouvaient se former étaient insolubles, et qu'elles n'avaient lieu, en effet, que dans ce cas; enfin, que deux dissolutions salines qui d'abord ne se décomposaient point, acquéraient cette propriété en les concentrant; parce qu'alors l'un des sels auxquels elles pouvaient donner lieu ne pouvait rester dissous tout entier.

M. Davy, en nous faisant connaître que les alcalis et les terres étaient des oxides métalliques, nous a prouvé que la composition des sels alcalins et terreux était analogue à la composition des sels métalliques proprement dits, et qu'ils étaient tous formés d'acide, d'oxigène et de métal.

Quant à M. Berzelius, on lui doit, 1° d'avoir bien observé, le premier, avec M. Hizinger, la décomposition des sels par la pile; 2° d'avoir vu que, dans un sel quelconque, la quantité d'oxigène de l'acide était presque toujours en rapport simple avec la quantité d'oxigène de l'oxide; 3° d'avoir revu et déterminé d'une manière presque rigoureuse la composition de la majeure partie des sels.

Outre ces travaux, nous devons encore citer les recherches de M. Dulong sur l'action réciproque des sels solubles et des sels insolubles; celles de M. Gay-Lussac sur la mesure de l'affinité des sels pour l'eau, et celles de M. Wollaston sur le tartrate acide et l'oxalate acidule de potasse. En prouvant que le tartrate acide de potasse contenait deux fois autant d'acide que le tartrate neutre, qu'il en était de même de l'oxalate acidule, et que l'oxalate acide en contenait quatre fois autant, ce célèbre chimiste a mis sur la voie de la composition des sels acides, et par suite des sels avec excès d'oxide, relativement à celle des sels neutres.

Beaucoup d'autres chimistes ont sans doute fait des observations plus ou moins précieuses sur les sels; mais, comme elles ne sont point générales, nous n'en ferons mention que dans l'Histoire des Genres ou des Espèces, histoire dont nous allons maintenant nous occuper, en suivant le même ordre que dans celle des acides.

Genre Ier. — *Borates.*

Art. Ier. — *Borates neutres métalliques.*

1317. *Propriétés.* — L'histoire des borates neutres ne devant se composer que des propriétés qui leur sont communes, et qui n'ont pu être exposées dans l'histoire générale des sels, nous ne parlerons point de leurs propriétés physiques, et de la manière dont ils se comportent avec l'électricité, la lumière, le barreau aimanté, l'oxigène, l'air, les métaux. On trouvera tout ce qu'on sait à cet égard 1289 —1304. Nous n'avons donc à nous occuper que de l'action du feu, des métalloïdes, de l'eau, des acides, des bases salifiables et des sels sur eux; et encore nous n'aurons presque rien à ajouter à ce que nous avons dit dans nos généralités relativement à l'action de l'eau et de ces trois dernières classes de corps.

1318. *Action du feu.* — L'acide borique étant fixe (2), et ne pouvant se décomposer à aucun degré de chaleur; et, d'une autre part, les oxides salifiables n'étant point volatils, il en résulte que les borates, qui contiennent des oxides

---

(1) Pour me conformer au langage adopté par le plus grand nombre des chimistes, j'appelle *borates neutres* ceux qui correspondent au *borax*, quoique celui-ci verdisse assez fortement le sirop de violettes.

(2) Il ne se volatilise qu'autant qu'il est en dissolution dans l'eau, ou dans l'alcool, etc., et qu'on fait bouillir la dissolution.

faciles à réduire, doivent être les seuls dont le feu puisse opérer la décomposition : aussi n'y a-t-il que ceux des deux dernières sections dans ce cas.

Lorsque la décomposition a lieu, l'oxigène de l'oxide se dégage à l'état de gaz, et l'acide borique ainsi que le métal est mis en liberté; lorsqu'elle ne peut s'effectuer, le borate se fond et se vitrifie; il se fond d'autant plus facilement que l'oxide est plus fusible : d'où l'on peut conclure que les borates de potasse et de soude sont ceux qui entrent le plus tôt en fusion.

1319. *Action des métalloïdes.* — On sait que les métalloïdes, au carbone près, n'ont aucune action sur les borates des deux premières sections (1); mais on n'a point encore constaté celles qu'ils peuvent exercer sur les borates des quatre autres sections. Toutefois il est probable que l'hydrogène, le bore, le carbone, le phosphore et le soufre les décomposeraient presque tous en mettant leur acide en liberté, et en agissant sur leurs oxides comme si ceux-ci étaient isolés (528 et suivans), parce que l'acide borique n'a pas une grande affinité pour les oxides de ces sels, et surtout parce que la plupart de ces oxides ne sont pas difficiles à réduire. Par conséquent, en traitant à une haute température le borate de bi-oxide de cuivre par l'hydrogène, l'on obtiendrait de l'eau, du cuivre et de l'acide borique; en le traitant par le soufre, il en résulterait du gaz acide sulfureux, de l'acide borique, du sulfure de cuivre, etc. (528 et 538). L'opération se ferait d'ailleurs comme s'il s'agissait de traiter les oxides par les métalloïdes (528-553).

1320. *Borates solubles et insolubles.* — Parmi tous les borates métalliques que l'on connaît, il n'y a que ceux de potasse, de soude et de lithine qui sont solubles d'une manière remarquable; les autres sont ou peu solubles, ou même insolubles; voilà pourquoi, lorsque l'on verse une

____

(1) M. Dœbereiner prétend que le charbon décompose le borax (1329).

dissolution d'acide borique dans de l'eau de baryte, il en résulte tout-à-coup un précipité blanc de borate. Ce précipité disparaît dans un excès d'acide.

1321. *Action des bases.* — Nous avons déjà indiqué l'ordre suivant lequel les bases salifiables tendent à se combiner avec l'acide borique par l'intermède de l'eau; nous le rappellerons. La baryte, la strontiane et la chaux sont au premier rang; la potasse, la soude et probablement la lithine, au second; l'ammoniaque et la magnésie, au troisième, etc. (1305): de là, la raison pour laquelle l'eau de baryte trouble les dissolutions de borates de soude, de potasse ou d'ammoniaque.

1322. *Action des acides.* — A une haute température, les acides fixes, tels que l'acide phosphorique, sont les seuls qui puissent décomposer les borates; car, à cette température, l'acide borique décompose tous les sels dont l'acide est volatil; mais, à la chaleur de l'ébullition ou au-dessous, tous les borates sont au contraire décomposés par tous les acides, excepté par l'acide carbonique et quelques autres acides très faibles. Ces résultats se constatent comme il suit. Si le sel est soluble, c'est-à-dire, à base de potasse, de soude ou d'ammoniaque, on en sature l'eau à l'aide de la chaleur, et l'on y verse, à l'état liquide, l'acide qui doit en opérer la décomposition : à l'instant même, ou peu après, il se forme un précipité cristallin qui augmente à mesure que la liqueur se refroidit; ce précipité n'est ordinairement composé que d'acide borique; on le recueille sur un filtre, et en faisant évaporer la liqueur, on en retire le nouveau sel qu'elle contient. C'est en traitant ainsi le borax par les acides sulfurique, azotique ou chlorhydrique qu'on se procure l'acide borique (178).

Lorsque le borate est insoluble, on le broie, et l'on en met une certaine quantité dans une capsule ou dans une fiole, avec une quantité convenable de l'acide par lequel on veut le décomposer : cet acide doit être liquide ou étendu d'eau, comme dans le premier cas, et l'on en doit favoriser l'action par une légère chaleur : de cette manière, l'acide borique est bientôt mis en liberté ; mais il n'est pas toujours facile de le séparer tout entier du nouveau sel formé. Cependant on peut dire, en général, que si ce sel est soluble, on en séparera l'acide borique par le filtre ; que s'il est, au contraire, insoluble, il sera possible d'obtenir l'acide borique au moyen de l'eau bouillante, qui dissoudra celui-ci.

1323. *Action des sels.* — Les borates de potasse, de soude et de lithine étant les seuls borates métalliques très sensiblement solubles, il s'ensuit qu'ils seront décomposés par tous les sels solubles dont l'oxide sera autre que le leur (1310). Si donc l'on verse des azotates de baryte, de strontiane, de chaux, ou des chlorures de barium, de strontium, de calcium dans le borate de soude, etc., il se produira à l'instant même un précipité de borate de baryte, etc. Toutefois, pour que l'expérience réussisse, il faudra ne pas mettre un trop grand excès d'azotate ou de chlorure ; car le précipité, loin de se former, se dissoudrait s'il existait déjà. Quelquefois encore, il sera nécessaire de faire chauffer la liqueur ; c'est ce qui aura lieu, lorsqu'on essayera de décomposer le sulfate de magnésie par le borax.

Nous ne parlerons point de l'action des borates insolubles sur les sels solubles : elle a été exposée (1311).

1324. *État naturel.* — On ne trouve que quatre borates dans la nature : le borate de soude ou borax du commerce, le borate de magnésie, le borate de chaux et le borate de fer.

Le borate de magnésie ne se rencontre que dans la montagne de Kalkberg, près de Lunebourg, duché de Brunswick, et à Segeberg, duché de Holstein : il est en cristaux tantôt opaques, tantôt transparens, et toujours assez durs pour faire feu avec le briquet ; ces cristaux sont des cubes dont les arêtes et les quatre angles solides opposés sont remplacés souvent par des facettes ; leur volume égale au plus celui d'une noisette ; ils sont isolés et disséminés dans des bancs de sulfate de chaux : il paraît que ceux qui sont opaques contiennent de la chaux, et que ceux qui sont transparens n'en contiennent pas. M. Pfaff, qui a analysé ceux de Segeberg, les a trouvés formés de 6 parties d'acide borique, de 3 parties et demie de magnésie, de $\frac{1}{16}$ de partie d'oxide de fer et de $\frac{1}{4}$ de partie silice. (*Annales de Chim.*, t. LXXXIX, p. 199.)

Le borate de chaux et le borate de fer sont très rares : M. Beudant les a observés en poudre. Le premier de ces sels accompagne quelquefois le borate de magnésie.

Quant au borax, on le trouve principalement dans plusieurs lacs du Thibet, uni à une matière grasse. C'est de là qu'on l'extrait, comme nous le dirons par la suite (1330). La tourmaline, d'après Gmelin, renferme aussi un borate qui doit être alcalin; mais ce borate est uni à beaucoup d'autres substances. (*Annales de Chim. et de Phys.*, XXVII, 218.)

1325. *Préparation.* — Le borax, ou le borate de soude, s'obtient, soit en purifiant, par la cristallisation, le borax brut, soit en décomposant le carbonate de soude par l'acide borique extrait des lacs d'Italie. Les borates de potasse et de lithine se préparent directement, c'est-à-dire, en combinant ces alcalis avec l'acide borique pur. Tous les autres, qui sont insolubles, ou du moins très peu solubles, se font par la voie des doubles décompositions, en se servant, à cet effet, de borate de soude et procédant comme nous l'avons indiqué (1314). Ainsi préparés, les borates insolubles sont purs, si toutefois il y a un échange complet entre les bases et les acides.

1326. *Composition.* — Dans les borates, la quantité d'oxigène de l'oxide est à la quantité d'oxigène de l'acide comme 1 à 6, et à la quantité d'acide lui-même comme 1 à 8,7241, d'après Berzelius (1). M. Soubeyran est arrivé à

___

(1) M. Berzelius avait d'abord admis 74,17 pour 100 d'oxigène dans l'acide borique : c'est le nombre que nous avons cité (179). Il faut y substituer 68,81 ; car, d'après ses nouvelles expériences, 100 d'acide borique sont composés de cette dernière quantité d'oxigène et de 31,19 de bore.

des résultats bien différens : il a trouvé, en déterminant la quantité d'azotate de plomb nécessaire pour décomposer un poids donné de borax, que le rapport entre la quantité d'oxigène de la base et la quantité d'acide devait être de 1 à 8,15. (*Journ. de Pharmacie*, XI, 29.)

1327. *Caractères génériques des borates.* — Si le sel est soluble dans l'eau, on l'y dissoudra à chaud, et l'on versera peu-à-peu de l'acide sulfurique ou de l'acide chlorhydrique dans la dissolution jusqu'à ce qu'elle donne à la teinture de tournesol, une couleur rouge pelure d'ognon. Il se précipitera alors des cristaux lamelleux, qu'on lavera à plusieurs reprises avec de petites quantités d'eau très froide, et qu'on reconnaîtra, pour être de l'acide borique, aux propriétés suivantes : ils se fondront au degré de la chaleur rouge en un verre transparent, presque insipide, fixe, ne colorant la teinture de tournesol qu'en rouge vineux, peu soluble dans l'eau à la température ordinaire, beaucoup plus soluble dans l'eau bouillante, très sensiblement aussi soluble dans l'alcool. La dissolution aqueuse et saturée à chaud laissera déposer l'acide, sous forme de lames, par le refroidissement. La dissolution alcoolique brûlera avec une flamme verte, surtout en l'agitant avec un tube, lorsque l'acide commencera à se déposer.

Si le sel est insoluble, on le traite par l'acide azotique, comme il a été dit (1322), pour en extraire l'acide borique.

1328. *Usages.* — Il n'y a qu'un seul borate employé : c'est le borate de soude.

Nous n'examinerons que quelques borates métalliques en particulier : le borate de soude prismatique, le borate de soude octaédrique, le borate de potasse, le borate de plomb. L'histoire des autres se trouve comprise dans celle de la famille et du genre.

Borax ou borate de soude, prismatique.

1329. Ce sel a une faible saveur alcaline. Il verdit d'une manière très sensible le sirop de violettes. Il n'exige que deux fois son poids d'eau pour se dissoudre, lorsqu'elle est bouillante; mais il en exige beaucoup plus, lorsqu'elle est froide. La forme qu'il affecte le plus ordinairement est celle d'un prisme hexaèdre, comprimé et terminé par une pyramide trièdre : dans cet état, sa transparence est gélatineuse et sa cassure vitreuse; exposé à l'air, il s'effleurit à sa surface. Soumis à l'action du feu, il se fond dans son eau de cristallisation, qui fait les 47 centièmes de son poids; il se boursoufle considérablement, se dessèche, entre en fusion pâteuse à une chaleur d'environ 400°, se liquéfie complètement au-dessus de la chaleur rouge, et se transforme en un verre limpide, qui se ternit par le contact de l'air, probablement parce qu'il en absorbe un peu d'eau.

Suivant M. Doebereiner, l'on peut décomposer une partie de l'acide du borax par le charbon : à cet effet, M. Doebereiner, après avoir fondu le borax et l'avoir réduit en poudre fine, le mêle avec $\frac{1}{10}$ de son poids de noir de fumée, introduit le mélange dans un canon de fusil fermé à l'une de ses extrémités, et l'expose au rouge blanc pendant deux heures. Au bout de ce temps, il trouve dans le canon une masse compacte, d'un gris noir, qui, pulvérisée et lavée successivement avec de l'eau bouillante et de l'acide chlorhydrique, donne un résidu d'un vert noir, composé de beaucoup de bore et d'un peu de charbon. M. Doebereiner pense que la soude est d'abord décomposée par le charbon, et que l'acide l'est ensuite par le sodium. (*Ann. de Chim. et de Phys.*, t. II, p. 214.)

L'action du borax sur les oxides métalliques, à une haute température, mérite de fixer notre attention d'une manière particulière : il en facilite la fusion et les vitrifie pour la plupart. Les oxides, en se fondant et se vitrifiant ainsi avec le borax, lui donnent souvent diverses teintes suivant leur nature : l'oxide de manganèse le colore en violet, et quelquefois en bleu; l'oxide de fer, en vert bouteille; l'oxide de chrôme, en vert émeraude; l'oxide de cobalt, en bleu violet très intense; l'oxide de cuivre, en vert clair; les oxides blancs ne le colorent point, ou lui donnent tout au plus une teinte jaunâtre. On met à profit, dans l'analyse, cette propriété pour reconnaître les oxides métalliques. Pour cela, on prend un fil de platine de quelques pouces de long et recourbé en forme d'anneau à l'une de ses extrémités; on mouille l'anneau qui doit être très petit, on le saupoudre de verre de borax qui adhère au fil à cause de l'humidité, on fond ce verre au chalumeau, puis on l'incorpore en pâte avec quelques parcelles de l'oxide dont on veut reconnaître la nature; on le fond de nouveau, et on observe la teinte.

Si l'on voulait préparer une plus grande quantité de borax coloré par les oxides, il faudrait se servir d'un creuset de Hesse; on y fondrait le mélange à un feu de réverbère, et l'on conserverait le verre, à l'abri du contact de l'air, dans un flacon.

Du reste, le borax possède les autres propriétés exposées précédemment dans l'histoire des sels et du genre borate en général (1292 et 1317).

1330. *État naturel.* — Le borax se rencontre dans un assez grand nombre de lieux : on en a trouvé dans l'île de Ceylan, dans la Tartarie méridionale, en Transylvanie, dans les environs d'Halberstad, et en Basse-Saxe. Il existe aussi, dit-on, en assez grande quantité, dans les mines de Viquintizoa et d'Escapa, qui font partie de la province de Potosi au Pérou. Il se trouve surtout très abondamment dans plusieurs lacs de l'Inde; puisque c'est de là que vient une partie de celui qui se consomme dans les arts.

D'après Turner, le lac d'où l'on extrait le borax dans l'Inde est situé à quinze jours de marche au nord de Teschou-Loumbou, et ne reçoit que des eaux salées : c'est au fond du lac, et près de ses bords, qu'on trouve le borax en gros blocs; au milieu, on ne trouve que du sel marin. W. Blanc et le Père Da-Rovato placent les lacs qui fournissent le borax dans les montagnes du Thibet; le plus renommé, appelé *Nechal*, est situé dans le canton de

Sembul; ils disent qu'on en retient les eaux au moyen d'écluses, qu'on les fait écouler dans certains temps de l'année et qu'on retire le sel de la vase.

Quoi qu'il en soit, le borax ainsi obtenu n'est point pur; il se trouve cristallisé en prismes hexaèdres plus ou moins aplatis et assez bien terminés; et l'on observe que ses cristaux, qui n'ont que quelques millimètres de longueur, sont tantôt incolores, tantôt jaunâtres ou verdâtres, et toujours recouverts d'un enduit terreux, gras au toucher, ayant l'odeur de savon. Ils doivent cet aspect à une matière grasse avec laquelle l'excès de soude du sel paraît en partie combiné (1). Les Indiens l'appellent *tinckal*; pour nous, nous le connaissons sous le nom de *borax brut*. Outre cette espèce de sel, il en existe une autre dans le commerce : c'est le borax de Chine, qui est demi raffiné. Tous deux ont besoin d'être purifiés. Voici le procédé qui a été publié à ce sujet par MM. Robiquet et Marchand : ils conseillent de mettre le tinckal dans une cuve, de le recouvrir de 8 à 10 centimètres d'eau, de le laisser macérer pendant cinq à six heures, en ayant soin de le brasser de temps en temps. Ils prescrivent d'ajouter ensuite, sur 400 parties de sel, 1 partie de chaux éteinte par l'eau, de brasser de nouveau le tout, et d'abandonner la liqueur à elle-même jusqu'au lendemain. Alors ils séparent le borax au moyen d'un tamis, froissent en même temps les cristaux entre les mains; puis les mettent à égoutter. Cette première opération a pour objet de dépouiller le borax de la matière grasse qui le recouvre; il paraît que la chaux s'empare de celle-ci, et forme avec elle un savon calcaire insoluble qui se dépose avec la plus grande facilité.

Lorsque le borax est ainsi préparé et égoutté, il faut le dissoudre à chaud dans deux fois et demie son poids d'eau, y verser 1 partie de chlorure de calcium pour 50 de sel à

(1) Cette matière, d'après M. Robiquet, se dissout bien dans l'éther, et ne se dissout au contraire que très difficilement dans l'alcool même bouillant.

raffiner ; et filtrer la liqueur à travers une chausse de treillis. La filtration étant faite, on reporte la liqueur sur le feu, on la concentre jusqu'à 18 à 20° de l'aréomètre ordinaire ; enfin on la fait couler dans des cônes ou des pyramides quadrangulaires, renversés et doublés intérieurement de plomb. Cette forme est avantageuse en ce que le dépôt qui peut avoir lieu ne gêne point la cristallisation ; et le plomb convient mieux que le bois, parce que celui-ci aurait l'inconvénient de colorer les cristaux. Pourvu qu'on remplisse toutes ces conditions, et qu'on prenne toutes les précautions possibles pour que le refroidissement de la liqueur soit extrêmement lent, l'on obtiendra des cristaux isolés et terminés tels que les veut le commerce : autrement il ne se produirait que des croûtes cristallines ou des masses compactes. « Ce serait à tort, disent les auteurs, qu'on craindrait d'éprouver par ce procédé une grande perte, car « elle ne s'élève pas à 10 pour 100 par le lavage, et ne se « compose que de matière savonneuse, de sulfate de soude, « de chlorure de sodium, et d'une infiniment petite « quantité de borax. » (*Journ. de Pharm.*, tom. IV, pag. 98.)

Quant à la purification du borax de Chine, elle est la même que celle du tinckal, sauf qu'il n'a pas besoin d'être lavé : seulement, la quantité de chlorure de calcium à employer devra être plus ou moins grande que celle qui est prescrite plus haut, en raison du degré de pureté du sel sur lequel l'opération sera faite.

Jusque vers l'année 1820, nous avons tiré de l'Inde tout le borax dont nous avions besoin ; mais aujourd'hui nos fabricans le font de toutes pièces, en combinant directement avec la soude l'acide borique qui provient des lacs d'Italie. A cet effet, ils chauffent cet acide avec de l'eau et du carbonate de soude en excès, concentrent convenablement la dissolution, et la font cristalliser dans des vases de plomb, comme nous venons de le dire au sujet du borax de l'Inde. Les consommateurs reprochent, dit-on, à ce borax de ne pas avoir le coup-d'œil un peu opalin de l'autre ; il serait facile de le lui donner, en ajoutant à la dissolution une quantité convenable de borax brut ou de la matière grasse du borax naturel, car il n'est point douteux que ce ne soit à cette matière que celui-ci doive cet aspect.

1331. *Usages.*—On se sert du borax, 1° pour reconnaître les oxides, comme on l'a dit précédemment; 2° dans la réduction d'un grand nombre d'entre eux pour fondre la silice, l'alumine, etc., avec lesquels ils peuvent être mêlés; préserver le métal du contact de l'air, rendre la masse liquide, et permettre ainsi à toutes les particules métalliques de se réunir et de former culot; 3° pour extraire l'acide borique dans les laboratoires; 4° pour faire la plûpart des borates; 5° pour souder les métaux. Par exemple, s'agit-il de souder deux pièces de cuivre, on les décape; on les met en contact avec de la soudure et du borax, et l'on chauffe le tout jusqu'à ce que la soudure, alliage un peu plus fusible que les pièces, commence à fondre. En fondant, elle s'allie avec les deux pièces de cuivre et les réunit; mais il faut pour cela qu'elle soit, ainsi que ces pièces, toujours bien décapée, et c'est là l'effet que produit le borax, soit parce qu'il dissout l'oxide qui pourrait se former, soit parce que, enveloppant le métal, il s'oppose à son oxidation.

Les anciens ont connu le borax; mais ils en ont ignoré la nature : c'est Geoffroy qui nous la fit connaître en 1732.

Borax ou borate de soude, octaédrique.

1332. M. Payen a fait connaître en 1828 un nouveau borax, que l'on obtient à volonté, et qui dans sa composition ne diffère du précédent, qu'en ce qu'il contient moitié moins d'eau.

Pour se le procurer, il faut faire dissoudre du borax dans l'eau, en telle quantité qu'au terme de l'ébullition la densité de la liqueur soit de 30° à l'aréomètre de Baumé. La dissolution est abandonnée alors à un refroidissement lent et régulier. Dès que la température est descendue à 79°, les cristaux octaédriques commencent à se former; ils continuent à se former et il ne s'en forme pas d'autres, tant que la température est au-dessus de 55°; mais au-dessous, il ne se dépose plus que des cristaux prismatiques.

Le borate de soude octaédrique a une densité plus grande que le borate prismatique. Il a aussi plus de dureté, car il le raie. Mis en contact avec l'air humide, il devient opaque; il ne conserve sa transparence que dans l'air sec. Le contraire a lieu pour le borax ordinaire.

Les bijoutiers le préfèrent, parce qu'il résiste davantage et qu'il ne se brise pas en fragmens comme le borax prismatique. (*Ann. de Chim. et de Phys.*, XXXVII, 419.)

Borate de potasse.

1333. Ce sel qui est toujours un produit de l'art, se fait directement, et ne peut être obtenu pur qu'en combinant la potasse et l'acide borique dans les proportions qui le constituent (1326). Sans cela, on courrait le risque d'avoir un mélange de borate et de bi-borate ou de borate et de potasse.

Il paraîtrait même, suivant l'observation de M. Meyrac, qu'en versant dans une dissolution concentrée de potasse assez d'acide borique pour donner à la liqueur la propriété de faire passer au rouge le papier de tournesol, cette même liqueur, étendue d'eau, acquerrait la propriété opposée de ramener au bleu le papier de tournesol rougi par les acides.

Le borate de potasse n'a point encore été étudié. On peut se faire une idée très juste de la plupart des propriétés qu'il doit avoir, d'après ce que nous avons dit des sels et des borates en général.

Borate de plomb.

1334. Le borate de plomb a été le sujet de quelques observations intéressantes, par M. Faraday. Ce chimiste a reconnu, 1° que l'acide borique et l'oxide de plomb peuvent s'unir par voie de fusion en toutes proportions; 2° que le borate de plomb obtenu en précipitant une dissolution de plomb par le borax est une poudre blanche qui se fond en un verre incolore; 3° que le borate neutre est très tendre et si fusible qu'il se ramollit dans l'eau bouillante; que le bi-borate est moins fusible et plus dur, et que le tri-borate, moins fusible encore, est aussi dur que le cristal ordinaire; 4° que le borate de plomb uni au silicate de plomb donne un verre qui présente d'utiles propriétés pour l'optique, surtout lorsqu'il résulte des proportions suivantes :

$$
\begin{array}{lll}
154 \text{ azotate de plomb} \dots = & 104 \text{ protoxide de plomb.} \\
24 \text{ silicate de plomb} \dots = \left\{ & \begin{array}{l} 8 \text{ prot. de plomb.} \\ 16 \text{ silice.} \end{array} \right. \\
42 \text{ acide borique crist.} . = & \underline{24 \text{ acide borique sec.}} \\
& 152 \text{ boro-silicate.}
\end{array}
$$

Art. II. *Bi-borates et borates basiques.*

1335. M. Berzelius, dans son *Essai sur la Théorie des proportions,* donne la composition d'un borate acide de baryte, d'un sous-borate de baryte et d'un sous-borate de magnésie. Ils contiendraient, d'après ce savant chimiste, relativement aux borates proprement dits (ce sont ceux que nous avons examinés précédemment), savoir : le premier, deux fois autant d'acide pour la même quantité de baryte; et les deux autres, deux fois autant de baryte ou de magnésie pour la même quantité d'acide. Depuis, il a reconnu d'autres sels basiques qui semblent renfermer les uns 3 fois, et les autres $1\frac{1}{2}$ fois seulement autant de bases que les borates neutres.

Ces sortes de sels n'ont point encore été examinés : il en est de même, au reste, de la plupart des combinaisons de l'acide borique; elles offrent souvent si peu de stabilité que leur étude devient très difficile. En effet l'eau seule suffit quelquefois pour en prévenir la formation: que l'on mêle ensemble deux dissolutions suffisamment concentrées d'azotate d'argent et de borate de soude ou de potasse, il en résultera un précipité blanc de sous-borate d'argent; mais si elles sont très étendues, le dépôt qui se forme est un oxide brun olive hydraté. (H. Rose, *Ann. Ch. et Phys.*, XLVI, 319.)

GENRE II. — *Silicates.*

1336. Quoique les silicates soient très nombreux, qu'ils jouent un grand rôle dans la nature et dans l'art, ce n'est que depuis 20 à 25 ans qu'ils ont été bien étudiés. Cette étude en effet re pose sur trois observations importantes, qui jusqu'alors avaient échappé aux chimistes : la première est que la silice possède non les propriétés des oxides, comme on le croyait autrefois, mais celles qui caractérisent les acides; la seconde, que, dans tous les sels de même genre et au même état de saturation, la quantité d'oxigène de l'oxide est proportionnelle à la quantité d'acide; la troisième, que les oxides qui contiennent le même nombre d'atomes de métal et d'oxigène sont isomorphes et peuvent se remplacer mutuellement dans les cristaux sans en changer la forme. D'après ces observations, les matières formées de silice et d'oxide, ont dû être assimilées aux sels; leur composition par cela même est devenue facile à prévoir et à déterminer; et l'on a compris comment il se faisait que l'on pût obtenir des triples, quadruples silicates dont la forme était la même que si le silicate eût été double et même quelquefois simple.

De là, les plus vives lumières jetées sur la fabrication du verre, sur l'emploi de la silice dans l'extraction du fer, du cuivre, du plomb, etc., sur le mode de formation de beaucoup de produits naturels et sur la minéralogie tout entière, qui n'est en quelque sorte qu'une branche de la chimie et de la physique. C'est à MM. Berzelius, Berthier et Mitscherlich que nous devons les plus importantes recherches sur les silicates.

1337. *Action du feu.* — Tous les silicates connus sont indécomposables par la chaleur. Quelques-uns sont assez fusibles; d'autres, difficiles à fondre; d'autres infusibles, du moins au plus grand feu de forge. Les silicates de potasse, de soude, de plomb, de bismuth, d'antimoine, etc., sont dans le premier cas; celui de chaux, etc., dans le second; ceux d'alumine, de glucine, de zircône, de zinc, dans le troisième : d'où l'on voit qu'en général la fusibilité des silicates simples a les plus grands rapports avec celle de leurs oxides. Ces rapports se remarquent également dans les silicates doubles; mais on observe de plus que les silicates doubles sont plus fusibles, terme moyen, que les silicates simples, de telle sorte que plusieurs d'entre eux, quoique composés de silicates simples infusibles, entrent en fusion au feu du chalumeau ordinaire.

1338. *Action des métalloïdes.* — Parmi les métalloïdes, il n'y a que le charbon dont l'action sur les silicates ait été étudiée avec quelque soin. On sait qu'il n'altère en aucune manière les silicates alcalins et les silicates terreux; qu'à une haute température il transforme le silicate de manganèse et le silicate de fer en siliciures; qu'il agirait probablement de même sur plusieurs autres silicates des troisième et quatrième sections; qu'au degré de la chaleur rouge cerise, il réduit les silicates des métaux très fusibles et peu oxidables, au point qu'il est facile d'en extraire ceux-ci, et que cette propriété est mise à profit pour exploiter avec avantage certains minerais de plomb (1159).

1339. *Action des métaux.* — Il en est des métaux comme des métalloïdes. Très peu ont été mis en contact avec les silicates; mais en tenant compte de l'affinité des métaux pour l'oxigène et de celle des oxides métalliques pour l'acide silicique, il serait facile de prévoir la plupart des réactions. Toutefois l'expérience directe n'a encore appris autre chose, sinon que le potassium au degré de la chaleur rouge décompose tous les silicates des quatre dernières sections, et produit, s'il n'est point en excès, un silicate alcalin qui s'unit à la portion de silicate non décomposé; qu'il attaque même le verre ordinaire à ce degré de chaleur, et qu'alors il en résulte de la potasse et un siliciure de potassium.

1340. *Action de l'eau.* — Les seuls silicates solubles dans l'eau sont ceux de potasse et de soude. Leur solubilité croît avec la quantité d'alcali et la température. Aussi, tandis que les silicates basiques sont très solubles, les silicates qui contiennent un grand excès de silice sont insolubles. Lorsqu'on les unit aux autres silicates, en proportions convenables, non-seulement ils perdent leur solubilité dans l'eau, mais même, ils peuvent devenir inattaquables, à la température ordinaire, par tous les acides, excepté l'acide fluorhydrique : tels sont les verres bien préparés qui contiennent toujours plus ou moins de silicate de chaux, ou de silicate de plomb.

1341. *Action des acides.* — Il n'est aucun silicate qui ne soit décomposé par l'acide fluorhydrique à la température ordinaire, et qui ne donne lieu, dans cette décomposition, à de l'eau et à de l'acide fluosilicique : aussi l'acide fluorhydrique attaque-t-il promptement le verre, et démontre-t-on facilement la présence d'un fluorure dans une pierre gemme, telle que la topaze par exemple, en traitant à une douce chaleur par l'acide sulfurique dans un creuset de platine une partie de cette pierre pulvérisée, et couvrant le creuset d'une lame de verre transparente : bientôt en effet la lame est dépolie par l'action du gaz fluorhydrique qui se forme et qui se dégage.

Les acides phosphorique et borique peuvent également attaquer tous les silicates, mais seulement au degré de la chaleur rouge : cette haute température diminue la cohésion de la matière et facilite la réaction.

Quant aux autres acides, qu'une chaleur modérée volatilise ou décompose, ils agissent diversement suivant la nature et l'état de saturation du silicate.

Le silicate est-il à base de potasse ou de soude, il est toujours décomposé par les acides sulfurique, azotique, chlorhydrique, etc.; la silice se dissout, si l'acide est très étendu d'eau; elle se dépose en gelée, s'il est trop fort.

Les silicates de baryte, de strontiane, de chaux sont sans doute dans le même cas.

Le silicate a-t-il pour base une terre ou un oxide appartenant aux quatre dernières sections, il sera facilement attaqué par ces acides, avec dépôt de silice en gelée, s'ils sont suffisamment concentrés et si le silicate est basique ou neutre; mais il ne le sera pas ou ne le sera que difficilement s'il contient un grand excès de silice, et si, comme les silicates naturels ou comme les silicates artificiels préparés par la voie sèche, il est doué d'une grande cohésion. (1)

Les silicates de potasse et de soude étant facilement attaqués par les acides, il semble que le verre qui contient beaucoup de l'un ou de l'autre devrait l'être aussi. Cependant il n'en est rien: il résiste aux acides azotique et chlorhydrique quand il est bien préparé, et n'est même attaqué sensiblement par l'acide sulfurique concentré qu'autant qu'il est en poudre, que l'acide est bouillant et que le contact est prolongé. C'est que, comme nous l'avons déjà fait observer, le verre contient du silicate de chaux, ou du silicate de plomb très siliceux, et qu'il reçoit d'eux une grande stabilité.

1342. *Action des bases.* — La plupart des oxides métalliques fixes et irréductibles par la chaleur, attaquent les silicates à une haute température, et les transforment en sels doubles moins siliceux ou basiques. L'on observe même alors que, si le silicate est à base de potasse ou de soude et renferme une assez forte proportion d'alcali, une petite partie de celle-ci se vaporise : c'est ainsi que M. Berthier ayant chauffé à un grand feu 15 gr. d'un silicate de soude, contenant :

Silice	10	,35
Soude	4	,65
Avec une quantité de chaux égale à............	5	,60
	20	,60
Il a obtenu un culot qui ne pesait que............	19	,20
D'où il a conclu qu'il s'était vaporisé.......Soude	1	,40

(1) Cependant la magnésie étant une base puissante, il serait possible que le silicate de magnésie le plus siliceux fût toujours attaqué par les acides, comme les silicates alcalins.

1343. *Action des sels.* — Il est quelques sels qui, à une température élevée, exercent une grande action sur les silicates : ce sont ceux dont les acides se dégagent ou se décomposent aisément et dont les oxides forment avec l'acide silicique les silicates les plus stables et les plus fusibles. Tels sont les carbonates et azotates de potasse, de soude, de baryte, de plomb, etc. : aussi s'en sert-on souvent pour attaquer et rendre solubles dans les acides les silicates naturels.

D'ailleurs, tous les silicates étant insolubles excepté ceux de potasse, de soude et de lithine, il en résulte que l'on obtient presque toujours un précipité de silicate, lorsqu'on verse une dissolution de silicate de potasse ou de soude dans une dissolution d'un sel de baryte, de strontiane, de chaux ou dans une autre dissolution saline des cinq dernières sections.

1344. *Préparation.* — La plupart des silicates peuvent non-seulement se préparer par voie de double décomposition, comme il vient d'être dit, mais encore en chauffant plus ou moins fortement dans un creuset de platine, la silice et les oxides que l'on se propose d'unir. Ceux qui proviennent de la calcination de la silice et des oxides ont beaucoup de cohésion; les autres en ont beaucoup moins et sont bien plus facilement attaquables par les acides.

1345. *Composition.* — Il est bien certain que, dans tous les silicates, la quantité d'oxigène de l'acide est un multiple ou sous-multiple par les nombres 1, 2, 3, 4, etc., de la quantité d'oxigène de l'oxide. Il est bien certain aussi que l'acide silicique se combine avec les oxides en des proportions très différentes; mais, parmi toutes ces proportions, quelles sont celles qui constituent les silicates neutres? C'est ce qu'on est loin de savoir encore d'une manière précise, non que l'analyse de ces sortes de sels soit difficile, mais parce que leur mode de préparation et leurs propriétés laissent beaucoup d'incertitude sur la question de savoir s'ils sont neutres, ou acides, ou basiques.

M. Berzelius regarde comme neutres, ceux dans lesquels

l'acide contient trois fois autant d'oxigène que la base ; d'autres chimistes ne regardent comme tels que ceux dans lesquels les quantités d'oxigène sont égales. Nous discuterons cette question dans la détermination du poids des atomes (Art. *Philosophie chimique*).

1346. *Caractères génériques.* — Rien de plus facile que de reconnaître les silicates. Il suffit de les réduire en poudre très fine, de les mêler avec 2 à 3 fois leur poids de carbonate de potasse, et de les chauffer plus ou moins fortement, jusqu'à ce qu'ils soient fondus ou au moins pâteux. Alors on les retire du feu, on délaie la matière dans beaucoup d'eau et l'on verse dessus de l'acide azotique, qui la dissout tout entière toutes les fois que le silicate a été complètement attaqué. La dissolution est ensuite évaporée peu-à-peu ; bientôt l'acide silicique s'en dépose sous forme de gelée. En continuant l'évaporation jusqu'à siccité, et traitant le résidu par l'eau, la silice se trouve isolée et reste sous forme de poudre blanche.

1347. *État naturel.* — Les silicates sont très nombreux dans la nature. Ils sont simples, plus souvent doubles ou multiples. Ils constituent la plus grande partie des pierres proprement dites. Les plus communs sont ceux de chaux, d'alumine, de magnésie et de fer (*V. les Traités de minéralogie.*)

Silicates simples.

1348. *Silicates de potasse.* — La potasse s'unit à la silice en plusieurs proportions. Trois parties de carbonate de potasse suffisent pour former avec la silice un composé très fluide à la température de 50° pyrométriques. Il n'en faudrait qu'une très petite quantité pour produire le même effet à 150°. Il en résulte toujours des verres transparens plus ou moins bulleux. Tels sont les silicates (KO, SiO^3) ; $(KO, 2 SiO^3)$; $(KO, 3 SiO^3)$; $(KO, 4 SiO^3)$; $(KO, 6 SiO^3)$. Tel est encore le silicate $(KO, 10 SiO^3)$; mais celui-ci ne fait que se ramollir ; il est très boursouflé, scoriforme et conserve le même volume que le mélange employé.

Les *silicates de potasse* sont tous solubles dans l'eau. Ceux qui contiennent beaucoup d'alcali y sont très solubles; ceux qui en contiennent peu ne se dissolvent qu'en petite quantité, surtout dans l'eau froide.

Le verre préparé avec 1 partie de silice et 2 à 3 parties de potasse caustique est déliquescent; il se résout complètement en liqueur à l'air, à plus forte raison, lorsqu'on le met en contact avec une à deux fois son poids d'eau. C'est ce verre ainsi dissous, que les anciens chimistes appelaient *liqueur des cailloux*.

Le silicate de potasse en dissolution concentrée se prend en masse gélatineuse par l'addition des acides qui ne sont pas étendus d'eau : la silice se précipite à l'état d'hydrate; un excès d'acide ne fait pas disparaître le précipité. Lorsque le silicate est très étendu d'eau, la silice reste au contraire dissoute; elle ne se dépose que par l'évaporation, et il y a une époque où la gelée est si transparente qu'elle ressemble à la plus belle gelée de veau.

Le gaz carbonique lui-même possède la propriété de décomposer le silicate de potasse, ce qui prouve évidemment que la silice est un acide très faible.

Les eaux de baryte, de strontiane, de chaux enlèvent l'acide silicique à la potasse : aussi, troublent-elles tout de suite la dissolution de silicate de potasse.

Il en est de même, comme nous l'avons déjà fait observer, des dissolutions des sels de baryte, de strontiane, de chaux, ou des dissolutions salines appartenant aux cinq dernières sections : il y a alors double décomposition.

1349. *Verre soluble*. — M. Fuchs a préparé dans ces derniers temps un silicate de potasse ou de soude, qu'il appelle verre soluble, et que nous devons examiner, en particulier, parce qu'il jouit de quelques propriétés remarquables, entre autres de celle de pouvoir être appliqué comme un vernis sur les bois et les tissus inflammables, et de les rendre incombustibles, à la manière de plusieurs autres sels.

Pour obtenir le verre soluble, il faut fondre ensemble 1 partie et demie de sable blanc exempt d'alumine et de carbonate de chaux, 1 partie de carbonate de potasse contenant le moins possible de chlorure de potassium, et un dixième de partie de charbon de bois en poudre. La présence de l'alumine ou de la chaux le rendrait insoluble en partie, et celle du chlorure de potassium lui donnerait de la tendance à s'effleurir. Les matières doivent être d'abord bien mêlées, frittées et ensuite fondues à un grand feu, dans un creuset réfractaire, jusqu'à ce que la masse soit liquide et homogène. L'opération peut être faite en grand sur 45 livres de sable, 30 de potasse et 3 de charbon : 5 à 6 heures de feu sont nécessaires. Le carbonate de potasse peut être remplacé par le double de son poids de carbonate de soude cristallisé.

Le verre ainsi obtenu est bulleux, d'un noir grisâtre, transparent sur les bords, aussi dur que le verre commun. Sa saveur est alcaline. Exposé à l'air, il n'éprouve aucune altération chimique : seulement il en attire un peu l'humidité, se fendille et s'effleurit légèrement à la surface. L'eau froide n'a presque point d'action sur lui; l'eau bouillante le dissout sans résidu, mais lentement. Pour le dissoudre, il est même nécessaire de le réduire en poudre, de le mettre en contact avec 4 à 5 fois son poids d'eau, de le remuer sans cesse pour qu'il ne s'attache point au fond du vase, et de soutenir l'ébullition pendant 3 à 4 heures en ayant soin de remplacer, au moins en partie, l'eau qui se vaporise. La dissolution finit par acquérir une consistance sirupeuse; lorsqu'elle est en cet état, ou plutôt lorsqu'elle a une densité de 1,25, elle contient 28 pour cent de verre, et est suffisamment concentrée pour les usages auxquels on la destine. Concentrée davantage, elle devient d'abord visqueuse, au point de se laisser tirer en fils comme le verre fondu, puis se prend en une masse vitreuse, semblable au verre ordinaire, mais moins dure, et dont la cassure est conchoïde.

L'alcool précipite à l'instant le silicate de potasse de sa dissolution dans l'eau. Le silicate est tellement divisé, qu'alors il devient très soluble dans l'eau froide.

D'ailleurs les acides, les bases et les sels agissent sur le verre soluble comme sur les autres silicates de potasse : à la vérité, l'acide carbonique de l'air ne semble point avoir d'action sur sa dissolution sirupeuse, parce que sans doute il se forme à la surface une pellicule qui s'oppose au contact; mais il n'en est plus ainsi, lorsque la dissolution est étendue, ou lorsqu'on fait passer du gaz carbonique à travers la dissolution concentrée : dans le premier cas, elle devient trouble avec le temps, et dans le second, l'hydrate de silice ne tarde point à se déposer.

Suivant M. Fuchs, le verre soluble contient, après son exposition à l'air : 62 de silice, 26 de potasse, 12 d'eau, ce qui donne pour le verre sec : 70 de silice, 30 de potasse; d'où l'on voit que pendant la fabrication il ne se vaporise que 6 pour cent de potasse.

Le verre soluble est principalement employé pour rendre incombustibles les bois, les tissus végétaux et animaux, etc. On l'applique en dissolution avec un pinceau sur les divers corps. La dissolution doit être d'une densité d'environ 1,25. Un intervalle de 24 heures est nécessaire, même dans un air sec et chaud, entre l'application de deux couches consécutives. Il forme vernis, et prévient l'inflammation en s'opposant au contact de l'air. Tous les sels solubles et qui éprouvent facilement la fusion ignée produisent le même effet par les mêmes causes. Tels sont surtout les phosphates et les borates alcalins. Par exemple, la gaze la plus fine, bien imprégnée d'une dissolution de phosphate d'ammoniaque, puis séchée, ne peut plus prendre feu, en l'exposant à la flamme d'une bougie : elle se décompose, noircit se troue, mais sans brûler.

1350. *Silicates de soude.* — Les silicates de soude ont de tels rapports avec les silicates de potasse que l'histoire des uns se confond en quelque sorte avec celle des autres. On remarque seulement : 1° que le silicate de soude a une légère teinte bleuâtre ou verdâtre, quoique préparé avec des matières pures; aussi ne peut-on pas faire de beau cristal avec de la soude, et est-on forcé d'employer de la potasse ; 2° que les silicates de soude sont moins solubles dans l'eau que les silicates de potasse correspondans; 3° que 1 équivalent de soude est un fondant moins bon que 1 équivalent de potasse ; mais qu'à poids égaux la potasse est moins fondante que la soude.

Les silicates de soude (NaO, SiO^3); ($NaO, 2 SiO^3$); ($NaO, 3 SiO^3$); ($NaO, 4 SiO^3$) se fondent en verres transparens, compactes ou plus ou moins bulleux.

Les silicates ($NaO, 6 SiO^3$); ($NaO, 8 SiO^3$) se fondent en verres transparens excessivement bulleux.

Le silicate ($NaO, 10 SiO^3$) ne se fond point : il se ramollit seulement et donne un émail blanc, légèrement translucide et scoriforme, qui occupe le même volume que le mélange employé.

On sait d'ailleurs que les silicates de soude, comme ceux de potasse, refroidis rapidement ou lentement, donnent des verres qui n'ont jamais l'aspect pierreux et qui sont sans indice aucun de cristallisation ou de structure lamelleuse.

1351. — *Silicate de lithine.* — On ne connaît point de silicate simple de lithine; mais il existe deux silicates doubles d'alumine et de lithine, que l'on trouve dans la nature : l'un, qui porte le nom de *pétalite* ou de berzélite, a pour formule ($Al^2O^3, 3SiO^3$) + (LO, SiO^3); l'autre, appelé *triphane*, doit, d'après l'analyse de M. Arfwedson, être représenté par la formule : (LO, SiO^3) + ($Al^2O^3, 2 SiO^3$) (742 *bis*).

1352. *Silicate de baryte.* — Le silicate de baryte ne se trouve naturellement que dans l'*harmotome*, qui paraît être un silicate double d'alumine et de baryte.

Ce silicate peut être obtenu en chauffant fortement l'acide silicique avec le carbonate de baryte. C'est ainsi que M. Berthier est parvenu à combiner la silice et la baryte, dans des rapports tels que l'oxigène de la première était à l'oxigène de la seconde comme 1, 2, 3, 6, 9, 12 est à 1.

Les quatre silicates intermédiaires seulement se sont bien fondus.

1353. *Silicate de strontiane.* — Un silicate dans lequel l'oxigène de la silice est à celui de la strontiane comme 4 : 1, peut fondre assez bien et donner un verre transparent dans quelques parties. Lorsque la quantité d'oxigène de la silice est neuf fois celle de l'oxigène de la base, on n'obtient qu'une masse scoriforme peu cohérente, même dans un fourneau à vent : d'où il suit que la strontiane est moins fondante que la baryte.

1354. *Silicate de chaux.* — Le silicate de chaux existe tout formé dans la nature. C'est la pierre connue en Allemagne sous le nom de *tafelspath*, et en France sous celui de *wollastonite*; la *wollastonite* se trouve en masse blanche où jaunâtre dont l'éclat est nacré et la densité de 2,86; elle se fond, mais difficilement en verre ou sorte d'émail blanc. Sa composition est telle, que l'acide contient deux fois autant d'oxigène que la base. Il paraît qu'on la fait entrer dans la composition du verre de Bohême.

M. Berthier a observé qu'en chauffant très fortement du carbonate de chaux avec de la silice, il y avait toujours combinaison; mais qu'il n'y avait fusion qu'autant que les silicates étaient représentés par les formules $(3CaO, 2SiO^3)$; (CaO, SiO^3); $(3CaO, 4SiO^3)$ et même que, dans le cas le plus favorable, la fusion n'était complète qu'à la plus haute température du fourneau à vent. Le silicate (CaO, SiO^3) donne un culot scoriforme, d'un très beau blanc, translucide, qui ressemble à de la porcelaine et qui est assez dur pour rayer le verre.

Rappelons que le silicate de chaux peut être obtenu par voie humide, en versant, soit de l'eau de chaux, soit un sel de chaux, dans une dissolution de silicate de potasse ou de soude.

1355. *Silicates de magnésie.* — L'acide silicique et la

magnésie s'unissent à une haute température, mais ne peuvent donner de combinaisons fusibles. En effet, les silicates $(3\,MgO,SiO^3)$; $6\,MgO,SiO^3)$ ne se ramollissent même point; le silicate $(3\,MgO,2\,SiO^3)$ se ramollit sensiblement; le silicate (MgO,SiO^3) est celui qui tend le plus à fondre; il éprouve un commencement de fusion. Tous trois font gelée avec les acides concentrés, ce qui prouve que la combinaison est intime (Berthier).

Il en serait tout autrement, si l'on faisait un mélange représenté par la formule $(3MgO+3CaO+2SiO^3)$; il fondrait assez facilement et même cristalliserait. C'est qu'alors il se produirait un silicate double bien plus fusible que les silicates simples, analogue au pyroxène. (Voy. les silicates doubles.)

Plusieurs silicates de magnésie se rencontrent dans la nature; savoir : la *magnésite*, la *stéatite*, la *serpentine commune*, la *serpentine noble*, la *pyrallolithe*, la *marmolithe*. (1)

La *magnésite* est employée en Piémont pour faire de la porcelaine.

1356. *Silicate d'yttria.* — Ce silicate n'a point encore été fait directement; il se trouve dans la nature, mais mêlé ou combiné avec d'autres silicates et constitue alors la *gadolinite*.

1357. *Silicate de glucine.* — On sait qu'il est infusible, et qu'il se trouve uni au silicate d'alumine dans l'*émeraude* et l'*euclase*.

1358. *Silicate d'alumine.* — La silice ne s'unit que difficilement à l'alumine par la voie sèche. Aussi la combinaison ne s'opère-t-elle qu'à une très haute température, et les silicates qui se forment sont-ils si difficiles à fondre qu'ils ne font que se ramollir au plus dans nos meilleurs fourneaux.

En effet les silicates $(2Al^2O^3,SiO^3)$, (Al^2O^3,SiO^3), $(Al^2O^3, 2\,SiO^3)$, $(Al^2O^3,3\,SiO^3)$, préparés avec du sable et de l'alumine par M. Berthier, lui ont donné : les deux premiers, une masse agglomérée qui s'égrenait sous le marteau; le troi-

______

(1) *Voyez* la composition de ces pierres dans les traités de minéralogie.

sième, un culot compacte, fortement-aggloméré, à cassure matte et pierreuse; le quatrième un culot compacte, à cassure pierreuse un peu luisante. Ce sont donc les deux derniers qui sont le moins apyres. L'addition de l'alumine augmenterait leur infusibilité, de même que celle de la silice. Il paraît que c'est avec des argiles dont la composition varie entre $(Al^2O^3, 2\,SiO^3)$ et $(Al^2O^3, 3\,SiO^3)$ que l'on fait les briques réfractaires, les pots de verrerie, les bons creusets à essai, etc.

Plusieurs pierres sont entièrement formées de silicate d'alumine, et par conséquent infusibles. Tel est le *disthène* $(Al^2 O^3, SiO^3)$, dont les minéralogistes font quelquefois des supports pour le chalumeau. Tel est encore la *sillimanite*, etc., etc. (Voy. les ouvrages de minéralogie.)

Jusque dans ces derniers temps, l'on a regardé les argiles pures comme des mélanges de silice et d'alumine; mais il est démontré aujourd'hui que ce sont de véritables silicates d'alumine hydratés : ce qui le prouve, c'est que les argiles sont inattaquables par les dissolutions alcalines, et que, après les avoir traitées par l'acide azotique ou l'acide chlorhydrique concentré et bouillant qui enlève une partie de l'alumine, les alcalis dissolvent alors d'autant plus de silice que l'acide a dissous lui-même une quantité d'alumine plus considérable, phénomènes qui ne peuvent s'expliquer qu'en admettant qu'il y a combinaison et non mélange.

Les argiles pures, c'est-à-dire celles qui ne contiennent que de la silice, de l'alumine et de l'eau en combinaison réelle, sont blanches, opaques, onctueuses au toucher, tendres, et à grains très fins; elles happent fortement à la langue; leur densité est d'environ 2,5.

Mises en contact avec l'eau, elles s'y gonflent et s'y délaient rapidement. Humectées convenablement et pétries, elles donnent lieu, en vertu de leur *propriété plastique*, à des pâtes liantes et ductiles, susceptibles de toutes sortes de formes, et qui exposées à l'air se dessèchent peu-à-peu, prennent beaucoup de retrait et se fendillent en même temps, toutes les fois que la dessiccation n'a pas été extrêmement lente.

Calcinées au rouge naissant, elles n'abandonnent pas complétement leur eau de combinaison; à la chaleur blanche, elles en retiennent encore sensiblement, se contractent beaucoup, et deviennent assez dures pour faire feu au briquet. Plus la température est élevée, et plus la contraction est grande : de là, le pyromètre de Wedgwood. (Voy. *Description des instrumens.*)

Les argiles pures sont infusibles à la plus haute température de nos fourneaux; elles s'agglomèrent seulement et n'éprouvent qu'un commencement de ramollissement.

Les acides étendus d'eau ne les attaquent pas. L'acide azotique et l'acide chlorhydrique concentrés et bouillans ne dissolvent même qu'une partie de l'alumine; l'acide sulfurique concentré la dissout tout entière à la chaleur de l'ébullition. Les dissolutions alcalines sont sans action, sur elles, mais les alcalis et les carbonates forment avec toutes, au degré de la chaleur rouge, des silicates doubles peu fusibles, insolubles dans l'eau seule et très solubles au contraire dans l'eau chargée d'acide sulfurique, azotique ou chlorhydrique.

Les argiles peuvent contenir en mélange beaucoup de substances diverses, savoir : le quarz à l'état de sable, le carbonate de chaux, le peroxide de fer anhydre ou hydraté, l'oxide de manganèse, les bitumes, les pyrites de fer, l'hydro-silicate de magnésie (magnésite ou écume de mer), les silicates de fer, le graphyte, etc., etc. Toutes ces substances, excepté le quarz, les bitumes et le graphyte, rendent les argiles plus ou moins fusibles en formant des silicates doubles, et empêchent par conséquent celles qui en contiennent des quantités notables, d'être propres à la fabrication des briques réfractaires, des creusets, etc.

En effet, il est rare qu'une argile ne renferme pas de sable quarzeux : aussi en la pétrissant avec de l'eau et lavant la pâte avec soin, l'argile proprement dite reste en suspension, et le sable se précipite.

C'est au silicate de protoxide de fer que les argiles verdâtres doivent leur couleur.

L'hydro-silicate de magnésie ou *magnésite, écume de mer,* se mélange assez souvent aux argiles.

Le bitume fait partie de beaucoup d'argiles. Il en est qui en contiennent une si grande quantité qu'on est tenté de les prendre au premier aspect pour des combustibles. Lorsqu'on les calcine, elles noircissent dans leur intérieur et ne perdent cette couleur que par un grillage soutenu.

Ce sont surtout les argiles très bitumineuses qui renferment de la pyrite; il est facile de la séparer presque entièrement par des lavages. La pyrite communique des propriétés nuisibles aux argiles, parce que, à une haute température, elle se transforme sous l'influence de l'air en gaz sulfureux et en oxide.

L'argile se trouve quelquefois associée au graphyte: il en résulte la substance connue sous le nom de plombagine.

Le peroxide de fer, surtout le peroxide hydraté, accompagne presque toujours les argiles, quelquefois même en quantité assez grande pour les colorer en rouge ou en jaune: elles prennent alors les noms *d'ocre, d'argile figuline, de terres bolaires, de glaises,* etc.

L'oxide de manganèse n'entre jamais que pour une petite quantité dans les argiles; pour peu qu'une argile en contienne, elle donne du caméléon en la calcinant au rouge avec la potasse.

Les argiles mélangées de carbonate de chaux sont très communes: on les reconnaît à la propriété qu'elles ont de faire effervescence avec les acides. Celles où le carbonate calcaire abonde, constituent les marnes qui servent à amender les terres froides ou trop sableuses, et qui s'emploient avec beaucoup d'avantage dans la fabrication de la faïence, en raison de leur degré de fusibilité.

1359. Les seules argiles dont nous ferons mention d'une manière particulière sont:

L'argile kaolin ou *terre à porcelaine*. — Cette argile provient de la décomposition de roches feldsphatiques. Peu-à-peu, par des causes qui dépendent probablement de forces électriques, les principes constituans du feldspath, savoir, l'alumine, la silice et l'alcali, se séparent; l'alcali et une grande partie de la silice disparaissent, tandis que l'alumine, mêlée à la silice restante et à de petits grains de quarz, qui faisaient partie de la roche, forment ensemble une masse friable : c'est ce mélange qui constitue l'argile kaolin. Le feldspath peut être représenté par la formule $(KO, Al^2O^3, 4 SiO^3)$; le kaolin pur, par (Al^2O^3, SiO^3), ce qui équivaut à 48 de silice et 52 d'almine, d'où il suit que le feldspath doit perdre le silicate de potasse $(KO, 3 SiO^3)$, ou les deux tiers de son poids (Berthier, *Ann. de Chim. et de Phys.*, t. XXIV, p. 307). On trouve des carrières de kaolin : en France, à Saint-Yriex-la-Perche, près Limoges; à Chauvigny et à Maupertuis, dans les environs d'Alençon; près de Bayonne; en Angleterre, dans le comté de Cornouailles; en Saxe; à la Chine; au Japon. C'est avec le kaolin qu'on fait la porcelaine.

La ponce, altérée de la même manière, produit une argile blanche, qui a les propriétés du kaolin, et a été employée avec succès dans les fabriques de porcelaine. L'Auvergne nous en offre quelques petits dépôts; c'est surtout en Hongrie qu'elle se trouve abondamment.

L'argile de Forges-les-Eaux. — Elle ressemble beaucoup à la précédente : aussi est-elle propre, comme elle, à faire des poteries de grès. On l'emploie, en outre, dans les verreries, et particulièrement à Saint-Gobin, pour faire les pots dans lesquels on fabrique le verre.

L'argile de Motereau-sur-Yonne. — Elle est grise, très liante, blanchit par un feu très médiocre, et devient d'un fauve sale par un grand feu. C'est avec cette argile qu'on fait, tant à Montereau qu'à Paris et dans les environs, les faïences fines et blanches nommées *terres blanches*, *terre à pipe* ou *terre anglaise*.

L'argile du Montet, près du Creusot (Saône-et-Loire). — Elle est d'un blanc un peu grisâtre, à grain assez fin On l'emploie pour faire d'excellentes briques réfractaires.

L'argile de Devonshire, en Angleterre. — Elle est grise, onctueuse, liante, devient blanche au feu de poterie. C'est avec cette argile qu'on fait toutes les poteries du Stafford-shire et des environs de Newcastle-sur-Tyne, en Northumberland.

L'argile de Hesse, en Allemagne. —Elle est grise, prend une petite teinte rougeâtre par la calcination. On s'en sert pour faire d'excellens creusets.

L'argile d'Abondant, près la forét de Dreux. — Elle est blanche, et a beaucoup de ténacité. On s'en sert pour faire les étuis ou gazettes dans lesquelles on cuit la porcelaine.

L'argile de Saveignies, près Beauvais. — C'est avec cette argile qu'on fait presque toute l'espèce de poterie qu'on nomme *grès.*

L'argile smectique ou *terre à foulon* est onctueuse, grasse au toucher, se délite facilement dans l'eau et se réduit en une bouillie qui a peu de liant. Elle sert à enlever aux étoffes de laine l'huile qu'on emploie dans leur fabrication : à cet effet, on les foule avec une certaine quantité de cette argile et d'eau. Nous citerons, comme exemple, l'argile de Hampshire, en Angleterre, et celle de Virc, département du Calvados.

L'argile figuline est très douce au toucher, mais moins que la précédente ; elle forme avec l'eau une pâte assez tenace. On l'emploie dans la fabrication des fourneaux, des faïences et poteries grossières à pâte poreuse et rougeâtre. Il en existe une grande quantité près de Paris, dans les environs de Vanvres, de Vaugirard, d'Arcueil, dont on se sert non-seulement pour faire les poteries du plus bas prix, mais encore pour glaiser les bassins et pour modeler.

Le tableau suivant contient l'analyse d'un certain nombre d'argiles, d'après M. Berthier.

	SILICE.	ALUMINE.	MAGNÉSIE.	OXIDE DE FER.	EAU.
Forges..............................	650	240	»	Trace.	110
Montereau..........................	644	246	»	Trace.	100
Le Montet..........................	617	247	»	22	100
Devonshire.........................	496	374	»	»	112
Hesse..............................	465	349	»	30	152
Abondant...........................	506	352	»	4	131
Vire...............................	540	300	»	»	156
Vanvres............................	540	250	Trace.	60	140
Saint-Ouen, près de Paris..........	510	140	134	30	182
Pantin, près de Paris..............	506	105	72	57	260
Ocre de Pourain (dép. de l'Yonne)	800	»	»	120	76

1360. *Silicates de manganèse.* — Plusieurs silicates de
manganèse se trouvent dans la nature; nous citerons,
comme exemple :

1° Le *silicate de protoxide* ($3\,MnO$, $2\,SiO^3$). — On le
rencontre en Suède à Longbanshytta, en masse opaque,
amorphe, d'une belle couleur rose, et à cassure lamelleuse.
Berzelius en a retiré : 52,6 de protoxide de manganèse; 39,6
de silice; 4,6 d'oxide de fer; 1,5 de chaux; 2,7 d'eau. On
le trouve aussi en Transilvanie, au Harz, etc.

2° Le *silicate de protoxide* ($6MnO,SiO^3$). — Il existe à
Pesillo en Piémont. C'est un minerai compacte, d'un noir
grisâtre et sans éclat métallique : il est mêlé à beaucoup de
bi-oxide de manganèse. Suivant M. Berthier, il est composé de 55,6 de bi-oxide de manganèse; 32,9 de protoxide
de manganèse; 6,8 de silice; 2,8 de peroxide de fer; 0,8
d'oxide de cobalt. Le minerai contient de plus 20 à 30 pour
cent de calcaire magnésien, qu'il est facile d'en séparer par
l'acide chlorhydrique faible.

1361. *Silicates de protoxide de fer.* — Le silicate de protoxide de fer se rencontre souvent dans la nature, mais toujours en combinaison avec d'autres silicates. Cependant il

est très facile à obtenir isolé : il suffit pour cela de chauffer ensemble la silice avec le carbonate de fer ou un mélange de batitures et de limaille de fer dans les proportions qui représentent le protoxide. Le silicate ne tarde point à fondre, lorsque le mélange est exposé au feu du fourneau à vent. L'action de l'oxide sur la silice est même si grande que l'on ne saurait opérer la combinaison dans des creusets de terre : ils sont corrodés et troués après quelque temps de contact. Aussi, M. Berthier, dans les nombreux essais qu'il a faits à ce sujet, s'est-il servi de creusets de fer forgé qu'il plaçait dans un étui de terre cuite. Après le refroidissement, il en extrayait la matière avec un burin d'acier et achevait de le nettoyer avec de l'acide chlorhydrique ; il a préparé de cette manière les silicates $(6FeO,SiO^3)$; $(3FeO,SiO^3)$; $(3FeO,2SiO^3)$; (FeO,SiO^3).

Le silicate $(3FeO,SiO^3)$ ou (péridot à base de fer) est celui qui entre le plus aisément en fusion ; il se prend en une masse lamellaire, présentant un clivage qui dérive de lames entrecroisées. Sa couleur est le gris olive foncé. il pénètre les creusets de terre avec une grande facilité.

Le silicate $(3FeO,2SiO^3)$ ou (pyroxène à base de fer) a donné lieu à une masse compacte, à cassure inégale, offrant quelques indices de cristallisation, d'une couleur olive pâle et grisâtre.

Les silicates $(6FeO,SiO^3)$; $(3FeO,SiO^3)$; $(3FeO,2SiO^3)$ sont la base des scories de forges ; ils s'y trouvent même souvent en cristaux réguliers. Les silicates de protoxide sont attaqués par les acides ; ils sont magnétiques, lorsque l'oxide prédomine. Les silicates de peroxide ne le sont jamais.

Silicate de sesqui-oxide de fer. — Il existe *dans le Bo-dennais* un silicate de fer hydraté, attaquable par les acides, et ayant pour formule, suivant M. Kobell $(Fe^2O^3, SiO^3) + 3H^2O$ (*Ann. des mines*, 3e série, I, 92). M. Lanoue en a trouvé, dans l'arrondissement de Nontron, départe-ment de la Dordogne, un autre qu'il appelle *nontronite* et qui est composé, suivant M. Berthier : de 44,0 de silice ; 29,0 de peroxide de fer; 3,6 alumine; 2,1 de magnésie; 18,7 d'eau; 1,2 d'argile : d'où il suit que dans ce silicate la quantité d'oxigène de la silice est le double de celle des bases.

Le silicate de sesqui-oxide de fer ne peut être obtenu par voie de fusion. Le sesqui-oxide fond à une haute température, mais ne s'unit point à la silice : ce ne serait qu'autant qu'il pourrait être ramené à l'état de protoxide par son contact avec un autre corps, tel que le fer, le charbon, etc., qu'il s'y unirait.

1362. *Silicates de zinc.* — Il en existe deux variétés, le silicate anhydre et le silicate hydraté.

Le *silicate anhydre* a été trouvé depuis peu aux États-Unis dans le New-Jersey, sous forme de prismes hexaèdres réguliers, translucides et verdâtres, dont la composition peut être représentée par la formule (3 ZnO, SiO^3).

Le *silicate hydraté* se rencontre en prismes à 4 ou 6 faces. Il est blanc, jaune ou bleuâtre. Exposé à l'action du feu, il devient électrique, puis laisse dégager de l'eau, et se transforme en une masse d'un blanc de lait qui conserve la forme des cristaux. Il paraît que dans ce sel les quantités d'oxigène de l'acide, de l'oxide et de l'eau, sont comme les nombres : 1, 1 et $\frac{1}{2}$.

Les silicates de zinc sont infusibles et irréductibles par le charbon, même à une très haute température. Les acides les attaquent facilement et en séparent la silice à l'état de gelée.

Ce sont ces silicates qui, mêlés en proportions diverses avec les carbonates de zinc anhydres ou hydratés, constituent la substance que les minéralogistes désignent sous le nom de *calamine*.

1363. *Silicate d'antimoine.* — Le silicate de protoxide d'antimoine (Sb^{2}O^3, SiO^3) se prépare facilement en chauffant dans un fourneau ordinaire un mélange de 30^{gr} 19 d'acide antimonieux; 8,06 d'antimoine métallique; 11,60 de sable quarzeux, équivalant à 3 atomes du premier, 1 du 2e et 2 du dernier. Il se fond à la chaleur blanche en pâte molle et

forme une masse vitreuse transparente ou fortement translucide et d'un jaune de topaze comme les silicates de plomb.

1364. *Silicates de plomb.* — L'oxide de plomb et l'acide
silicique s'unissent en un grand nombre de proportions, et
forment des verres compactes, transparens, éclatans, plus ou
moins jaunes, dont la fusibilité croît avec la quantité d'oxide,
et dont la couleur perd de son intensité et finit même par
disparaître à mesure que la quantité d'acide devient plus
grande. En effet le silicate (PbO, $4\,SiO^3$) ne donne qu'un
émail spongieux, d'un beau blanc, à une haute température, tandis que les silicates suivans ont donné, savoir: (3PbO,
SiO^3), (3 PbO, $2\,SiO^3$) un verre très fusible, d'un jaune de
résine tirant sur le jaune de miel; (PbO, SiO^3) un verre d'un
jaune de soufre; et (PbO, $2\,SiO^3$) un verre d'un jaune pâle.

L'oxide de plomb est un fondant si énergique, qu'employé en doses convenables il fait entrer en fusion tous les
silicates sans exception : par exemple, un silicate de chaux
et d'alumine, qui ne se fond qu'à 150° du pyromètre, se vitrifie aisément à 60° avec une addition de $\frac{3}{4}$ de son poids
de litharge.

C'est aussi par cette raison qu'il est impossible de tenir
long-temps l'oxide de plomb en fusion dans un creuset de
terre sans que celui-ci ne se troue et que le silicate formé ne
s'écoule presque comme au travers d'un crible; cet effet se
produisant d'autant plus promptement que les creusets sont
moins bons, l'on se sert de ce procédé pour les essayer.

Tous les silicates de plomb sont réductibles par le charbon, à une température plus ou moins élevée. Cette propriété même est mise à profit pour exploiter quelques minerais de plomb (1159).

1365. *Silicates de bismuth.* — L'oxide de bismuth agit
sur la silice et sur les silicates de la même manière que
l'oxide de plomb. Il paraît même qu'il est plus fondant
encore que celui-ci.

1366. *Silicates de cuivre.* — La silice s'unit au protoxide
et au bi-oxide de cuivre.

Le silicate de protoxide est d'un beau pourpre. On peut l'obtenir en chauffant fortement ensemble la silice et le protoxide dans les proportions convenables. Il se rencontre par fois dans les scories des fourneaux où l'on fond les minerais de cuivre. C'est lui qui colore le beau verre pourpre des anciens vitraux.

Le silicate de bi-oxide est vert : il constitue le minéral connu sous le nom de *dioptase*. L'un des procédés par lesquels il se prépare consiste à verser du verre soluble dans du sulfate de bi-oxide de cuivre.

1367. *Silicate d'argent.* — On ne saurait obtenir ce silicate en calcinant de la silice avec de l'azotate d'argent; ce métal se trouve alors réduit tout entier. Mais il n'en est plus ainsi lorsqu'on ajoute au sel d'argent de l'azotate de plomb ou de l'azotate de cuivre. Il se produit toujours une certaine quantité d'azotate double d'argent et de plomb ou de cuivre. Ces silicates se forment même en fondant de l'argent en copeaux, soit avec de la silice et du sulfate de cuivre, soit avec de la silice et du sulfate de plomb ou du minium.

Silicates doubles ou multiples.

1368. Les divers silicates tendent à s'unir les uns avec les autres, de manière à former des silicates doubles, et même des silicates multiples, dans lesquels alors plusieurs des bases sont isomorphes ou peuvent se remplacer.

L'une des propriétés les plus remarquables de ces sortes de composés, est d'être plus fusibles que la moyenne des silicates simples qui les constituent. Cette propriété même est mise à profit dans le traitement de beaucoup de minerais, pour rendre les laitiers plus fluides : voilà ce qui a lieu surtout dans l'extraction du fer (901).

Nous ne ferons mention que de quelques-uns de ces silicates, en renvoyant pour l'examen des autres au traité des essais par la voie sèche de M. Berthier, et au traité de minéralogie de M. Beudant.

Silicate d'alumine et de potasse $(Al^2 O^3, 3 SiO^3) + (KO, SiO^3)$. — C'est ce double silicate qui constitue le feldspath.

En effet ce minéral, si abondant à la surface du globe, qui entre dans la composition de toutes les roches des terrains primitifs, dans celle des laves, qui forme des roches à lui seul et la pâte de tous les porphyres, est composé de 65,94 de silice; 17,75 d'alumine; 16,31 de potasse : quantités qui équivalent à la formule précédente.

Il existe plusieurs substances qui présentent sensiblement les mêmes caractères physiques que le feldspath, mais dans lesquelles la soude ou la chaux se trouve substituée à la potasse; souvent aussi ces trois sortes de pierres sont mélangées intimement entre elles, de sorte que, pour discuter les analyses directes, il faut avoir égard aux proportions des ingrédiens de chacune de ces espèces.

Le feldspath se trouve fréquemment en cristaux réguliers dans les granites, dans certaines roches d'origine ignée, etc. Ses formes présentent ou des prismes obliques rhomboïdaux de 60° et 120°, ou des prismes hexaèdres réguliers, le plus souvent terminés par des sommets dièdres.

Le feldspath se fond, à un grand feu, en verre transparent et bulleux; il entre comme fondant dans la composition de la porcelaine; on l'y emploie sous le nom de *spath, caillou* ou *pétuntzé*, dans la proportion de 15 à 20 pour 100; on s'en sert aussi pour former la couverte ou l'émail de cette poterie.

C'est lui qui, en se décomposant peu-à-peu, produit l'argile kaolin ou terre à porcelaine (1359).

On le trouve en amas et en couches aux environs de Limoges, à Alençon, etc.

Lazulite outre-mer. — Cette pierre est non-seulement remarquable par sa couleur, qui est d'un beau bleu d'azur, mais encore par la propriété qu'elle a de se convertir en un émail gris ou blanc au feu du chalumeau, d'être décolorée par les acides puissans, et de former avec eux une gelée siliceuse épaisse.

MM. Clément et Desormes, qui l'ont soumis à l'analyse, en ont retiré, sur 100 parties, 34 de silice, 33 d'alumine, 3 de soufre et 22 de soude. (*Ann. de Chim.*, t. LVII.)

Comme ils ont eu, dans cette analyse, une perte de 8, il en faut conclure que quelques principes leur ont nécessairement échappé.

D'après d'autres analyses, elle devrait être considérée comme un composé de 44 de silice, 35 d'alumine, et de 21 de soude, ce qui donnerait 68 de silicate d'alumine et 32 de silicate de soude, pour 100 : il paraîtrait aussi que la soude serait quelquefois remplacée en partie par la potasse.

Le lazulite outre-mer se trouve le plus ordinairement en morceaux épars et roulés; il est souvent entremêlé de feldspath, de pétro-silex, de grenat, et surtout de sulfure de fer. Le gisement du lazulite n'est pas bien connu : on peut seulement présumer qu'il appartient à des terrains anciens, d'après les substances dont il est accompagné; il paraît que le plus beau vient de la Perse, de la Chine, de la Grande-Bucharie.

C'est du lazulite qu'on extrait la belle couleur qu'on connaît sous le nom de *bleu d'outre-mer*. On fait rougir la pierre, et on la jette dans l'eau pour l'étonner ou la rendre moins dure (1); ensuite on la pulvérise, on la mêle intimement avec un mastic formé de résine, de cire et d'huile de lin cuite; on met la pâte qui résulte de ce mélange dans un linge, et on la pétrit dans l'eau chaude à plusieurs reprises. La première eau est ordinairement sale : on la jette; la seconde donne un bleu de première qualité; la troisième en donne un moins précieux; la quatrième en donne un autre moins précieux encore, et ainsi de suite jusqu'à la fin de l'opération, où le bleu qu'on obtient est si

____

(1) Les marchands de couleur sont dans l'habitude de jeter le lazulite dans le vinaigre; ils en perdent par là une certaine quantité, parce que cet acide quoique faible, en attaque la couleur à une température élevée.

pâle, qu'on le connaît sous le nom de *cendres d'outre-mer*. Cette opération est fondée sur la propriété qu'a le bleu d'outre-mer d'être moins adhérent au mastic que les matières étrangères qu'il contient.

Cette couleur, en raison de sa rareté, de sa beauté et de sa solidité, s'est vendue jusqu'à 200 fr. et plus l'once. Elle était moins rare autrefois qu'aujourd'hui, car les peintres la prodiguaient dans leurs tableaux.

Jusque dans ces derniers temps, on avait essayé vainement de faire de l'outre-mer artificiel. Enfin M. Guimet résolut cet important problème au commencement de l'année 1828. Guidé par l'analyse de MM. Clément et Desormes et par l'observation que fit M. Tassaërt de la production d'une substance bleue analogue à l'outre-mer dans la sole d'un four à soude construite en grès (*Ann. de Chim.*, LXXXIX, 88), il parvint bientôt, par un procédé qu'il a tenu secret, à préparer cette substance assez en grand pour la donner au prix de 60 fr. la livre.

Suivant M. Gmelin de Tubingue, on réussit toujours à obtenir de l'outre-mer en mettant dans un creuset de Hesse fermant bien un mélange de 2 parties de soufre et de 1 partie de carbonate de soude anhydre, chauffant peu-à-peu jusqu'à ce que la masse soit rouge et bien fondue, et y projetant peu-à-peu un autre mélange de silicate de soude et d'aluminate de soude, contenant, le premier 72 parties de silice et le second 70 parties d'alumine. Le creuset doit rester exposé pendant une heure au feu. L'outre-mer est alors formé : seulement il est mêlé à un excès de sulfure que l'on sépare par l'eau. (*Ann. de Phys. et de Chim.* XXXVII, 409.)

M. Persoz, professeur de chimie à la faculté de Strasbourg, est aussi parvenu comme M. Guimet à faire de l'outre-mer en grand par un procédé qui lui permet de le donner à très bas prix. L'outre-mer de M. Persoz nous a même paru plus beau que celui de M. Guimet. Comme lui, il s'est réservé le secret de son procédé, pour en faire l'objet d'une spéculation particulière.

Enfin M. Robiquet a annoncé qu'il était facile d'obtenir de l'outre-mer en chauffant jusqu'au rouge un mélange convenable de kaolin, de soufre et de carbonate de soude.

Il semble donc d'après tout ce qui précède que l'outremer devrait être regardé comme un composé de silicate d'alumine, silicate de soude et sulfure de sodium.

1369. *Silicate de chaux et de magnésie.* — Ces deux silicates s'unissent en plusieurs proportions et forment des silicates doubles qui ont leurs analogues dans la nature.

Le plus remarquable de ces doubles silicates est celui qui a pour formule $(3\,CaO, 2\,SiO^3) + (3\,MgO, 2\,SiO^3)$, que l'on obtient en chauffant ensemble 56,4 de silice; 25,3 de chaux; 18,3 de magnésie : bientôt, en effet, les matières entrent en fusion, et elles se prennent par le refroidissement en une masse compacte, cristalline, à grandes lames ou à longues fibres prismatiques. Quelquefois il se produit au centre une cavité tapissée de beaux cristaux, transparens, de plusieurs millimètres de largeur, qui, d'après les expériences de M. Mitscherlich, sont absolument identiques avec le pyroxène de la nature, composé qui résulte toujours de la combinaison de la silice avec les bases à 1 atome d'oxigène, et dans lequel la quantité d'oxigène de la silice est le double de celui des bases. Aussi peut-on remplacer la chaux ou la magnésie par le protoxide de fer, par le protoxide de manganèse, etc., et est-il possible de se procurer par voie de fusion des pyroxènes qui sont représentés par les formules $(3\,MnO, 2\,SiO^3) + (3\,CaO, 2\,SiO^3)$; $(3\,MnO, 2\,SiO^3) + (3\,MgO, 2\,SiO^3)$; $(3\,FeO, 2\,SiO^3) + (3\,CaO, 2\,SiO^3)$.

1370. *Silicates de chaux et d'alumine.* — Les silicates de chaux et d'alumine s'unissent comme ceux de chaux et de magnésie en un assez grand nombre de proportions. Tous les silicates doubles qui en résultent sont plus ou moins fusibles, et l'on observe que ceux qui le sont le plus, sont formés de telle manière, 1° que la quantité d'oxigène de la chaux est à celui de l'alumine comme 2 à 1 $(6\,CaO + Al^2O^3)$; 2° que la quantité d'oxigène de la silice doit être au plus le double et au moins la moitié de celui des bases réunies. Par conséquent les composés qui résulteront de (6 CaO + Al² O³), combiné avec une quantité de silice qui variera entre 6 SiO³ et $1\frac{1}{2}$ SiO³, auront un plus grand degré de fusibilité que tous les autres.

Ce sont les silicates de chaux et d'alumine qui constituent la majeure partie des laitiers dans l'extraction du fer. Ceux des fourneaux qui marchent au charbon de bois ont une composition qui se rapproche de (3 CaO + Al²O³ + 2 SiO³), tandis que les laitiers des fourneaux à coke peuvent être représentés par la formule (6 CaO + Al² O³ + 3 SiO³). Ceux-ci doivent donc être et sont en effet plus fusibles que les précédens.

Voyez la nature du laitier (901).

1371. *Autres silicates doubles.*—Les silicates doubles des bases à 1 atome d'oxigène, savoir : de protoxide de manganèse et de chaux, de protoxide de manganèse et de magnésie, de protoxide de fer et de chaux, etc., etc.; dans lesquels la quantité d'oxigène de la silice est le double de celui des bases, comme on le voit dans la formule (3 MnO, 2 SiO³) + (3 CaO, 2 SiO³), ou dans la formule (MnO + 2 CaO + 2 SiO³), constituent autant de sortes de *pyroxène*, que l'on obtient en fondant ces matières à une haute température, et qui se prennent par un refroidissement lent en une masse au milieu de laquelle on trouve des cristaux plus ou moins bien formés.

Lorsque la quantité d'oxigène de la silice est égale seulement à celle des bases, il en résulte des composés analogues au *péridot*, qui se préparent de la même manière, se fondent comme les précédens et comme eux offrent souvent des cristaux ou des indices de cristallisation bien marqués. (*Voy*. pour tous les silicates le traité des essais de M. Berthier.)

Produits formés de silicates, employés dans les arts.

1372. Ces produits importans et en assez grand nombre,

sont principalement: 1° le verre proprement dit, 2° les verres colorés; 3° les émaux, 4° le strass; 5° les pierres gemmes, dont on fait des bagues, des pendans-d'oreilles, des colliers, etc.; 6° les pierres artificielles, imitant les pierres gemmes; 7° les poteries; 8° les mortiers, cimens, etc. Nous allons les examiner successivement, non dans leur fabrication spéciale, mais dans leur composition intime, et sous le rapport théorique.

1373. *Verre.* — Le verre est un silicate de potasse ou de soude, combiné avec un ou plusieurs des silicates suivans : silicate de chaux, silicate d'alumine, silicate de fer.

Les matières dont on se sert pour le produire, sont le sable pur ou presque pur, quelquefois argileux et ferrugineux; les carbonates de soude, de potasse et de chaux; le minium, le bi-oxide de manganèse : toutefois celui-ci n'entre jamais dans la composition du verre que pour une très petite quantité, et pour détruire ou affaiblir, dans les verres blancs, la teinte verte que leur donnerait un peu d'oxide de fer contenu dans les matières que l'on emploie. Les carbonates de potasse et de soude peuvent être remplacés par leurs sulfates; ils le sont même par les soudes et potasses brutes, et par les cendres, dans la fabrication des verres communs. Il arrive que, dans quelques localités, les sables ou carbonate de chaux sont magnésiens : alors le silicate de magnésie fait partie du verre lui-même. La soude donne toujours un verre légèrement coloré en bleu ou vert. La potasse est la seule qui donne un verre exempt de toute coloration.

La fusion et la vitrification des matières s'opèrent dans de grands creusets d'une argile très réfractaire, et l'on soutient le feu jusqu'à ce que la masse vitreuse soit bien pure et bien homogène. La silice en s'unissant aux bases des carbonates, dégage le gaz carbonique de ces sels; elle dégage également une partie de l'oxigène du *minium* qu'elle ramène à l'état de protoxide : de là, les bulles qui s'aperçoivent souvent dans le verre. Pour les éviter, il n'est qu'un seul moyen : c'est d'élever la température à un haut degré ; mais comme à ce degré de chaleur, la potasse et la soude sont susceptibles de se vaporiser, il en résulte qu'on doit introduire dans les mélanges bien plus d'alcali que le verre n'en retient.

Indépendamment des *bulles gazeuses*, les verres présentent encore des *nodules* ou *nœuds* blancs et opaques, des *filandres* et des *cordes*. Les nœuds proviennent de chlorure de potassium ou de sodium, et même de sulfates qui fondent, viennent se rassembler à la surface du bain, d'où on les enlève avec une poche, et dont une portion reste engagée dans la masse vitreuse. Les *filandres* sont dues à un défaut d'homogénéité dans le verre. Les *cordes* sont des stries superficielles et saillantes qui se forment, quand on souffle le verre trop froid.

1374. *Verre de Bohême.* — Ce verre, fabriqué d'abord en Bohême, est remarquable par sa légèreté, sa blancheur, sa limpidité, qualités qui le font rechercher pour la fabrication des objets de gobeletterie et des vitres de prix. C'est un silicate de potasse et de chaux, etc.

M. Perdonnet a vu employer avec succès le dosage suivant à Neuvelt en Bohême :

Quarz. 100
Chaux caustique. 50
Carbonate de potasse. 75
Salpêtre, acide arsénieux, bi-oxide de manganèse,
   en quantités convenables et toujours très petites. (1)

Dans ce verre, la silice contient à-peu-près 6 fois autant d'oxigène que les bases, et sa composition peut être représentée par $(CaO, 2SiO^3 + KO, 2SiO^3)$.

1375. *Crown-glass.* — Le crown-glass est un verre qui, comme le précédent, a pour bases la potasse et la chaux.

____

(1) Le salpêtre a probablement pour objet de brûler quelques parties combustibles que contiennent les matières employées, surtout la potasse.

Il doit être d'une limpidité parfaite, exempt de bulles, de stries, de nodules et tout-à-fait incolore. On s'en sert en optique pour rendre le flint-glass achromatique. Jusque dans ces derniers temps, le bon crown-glass a été tiré d'Angleterre ou d'Allemagne. Sa consommation est très bornée. M. Dumas a trouvé que, dans ce verre, l'oxigène des bases était le quart de l'oxigène de la silice, ce qui donne $(3 KO + 3 CaO + 8 SiO^3)$.

1376. *Verre à vitres.* — Le verre à vitres se distingue en *verre blanc*, *verre demi-blanc*; c'est celui dont la consommation est la plus considérable; il sert non-seulement à faire les vitres, mais encore à faire les verres propres à couvrir les estampes, les pendules, les fleurs, à garnir les portières des voitures, etc. Celui qu'on fabrique en France est toujours à bases de soude et de chaux, et presque toujours aussi, l'on substitue le sulfate de soude au carbonate. Les doses de soude et de chaux sont très variables, mais doivent être telles, que la silice contienne 4 fois l'oxigène des bases. On atteint ce but par les compositions suivantes qui donnent toutes deux du verre blanc.

Sable.............100 parties.	Sable.............100 parties.
Craie.............35 à 40	Sulfate de soude sec...44
Carbonate de soude sec..35 à 30	Charbon en poudre (2) 8,5
Groisil (1)............180	Chaux éteinte........6
Bi-oxide de manganèse. 0,25 } quel-	Rognures..........20 à 100
Acide arsénieux..... 0,20 } quefois.	

1377. *Verre à glaces.* — Cette sorte de verre est de la même nature que le verre à vitres, c'est-à-dire à bases de soude et de chaux; il n'en diffère que par les proportions. La silice dans le verre à glaces est en plus grande quan-

(1) Verre cassé ou rognures qui doivent être de même nature que le verre qu'il s'agit de faire.

(2) Le charbon transforme l'acide sulfurique en gaz sulfureux qui se dégage. Il ne faudrait, théoriquement parlant, ajouter que 42 parties de charbon pour 1000 de sulfate, mais il y en a toujours qui se trouve brûlé par l'air.

tité, puisqu'elle contient 6 fois l'oxigène des bases; mais aussi il y a proportionnellement à la soude deux fois autant de chaux dans le verre à vitres que dans le verre à glaces, ce qui fait que celui-ci est plus fusible, moins dur, et plus altérable que l'autre.

On peut le préparer en opérant sur :

```
Sable très blanc.......................300 parties.
Carbonate de soude sec..................100
Chaux éteinte à l'air...................43
Calcin ou rognures.....................300
```

L'on en a retiré :

$$
\left.\begin{array}{lll}
\text{Silice.} \ldots\ldots\ldots 75,9 = 39,4 \text{ d'oxigène.}\\
\text{Chaux.} \ldots\ldots\ldots\; 3,8 = \;\;1,0 \quad Id.\\
\text{Soude.} \ldots\ldots\ldots 17,5 = \;\;4,4 \quad Id.\\
\text{Alumine.} \ldots\ldots\; 2,8 = \;\;1,3 \quad Id.
\end{array}\right\} = 6,7 \text{ oxigène.}
$$

$$\overline{100,00}$$

1378. *Verre à gobeletterie.* — Le plus beau est celui qui est à bases de potasse et de chaux comme le verre de Bohême; mais d'ailleurs on en fait beaucoup qui diffère à peine du verre à vitre par sa nature et ses proportions : aussi trouve-t-on dans le commerce de la gobeletterie blanche, et de la gobeletterie plus ou moins colorée en vert ou jaune.

1379. *Verre à bouteilles.* — Le verre à bouteilles se distingue de tous les autres en ce qu'il contient peu de potasse ou de soude, beaucoup de chaux et d'alumine, une quantité assez grande d'oxide de fer qui le colore, et assez ordinairement un peu de manganèse.

Les matières que l'on emploie pour le produire sont: des sables jaunes et ferrugineux, dont l'oxide de fer joue le rôle de fondant, des cendres neuves, de la soude de vareck, des cendres lessivées qu'on appelle charrées, des résidus de lessivage de soudes du commerce et de l'argile commune.

Les proportions dans lesquelles on mêle ces matières dans les diverses verreries varient beaucoup:

Voici deux dosages différens :

Sable jaune.......... 100 parties.
Soude de vareck...... 30 à 40
Charrées............. 160 à 170
Cendres neuves....... 30 à 40
Argile jaune......... 80 à 100
Fragmens de bouteilles.. 100

Sable jaune.......... 100 parties.
Soude brute de vareck.. 200
Cendres neuves....... 50
Fragmens de bouteilles. 100

La seconde composition fond plus vite, et sous ce point de vue a des avantages réels; mais aussi elle donne plus de sel ou de fiel de verre. (1)

L'analyse du verre à bouteilles de Sèvres a donné (Dumas):

Silice............... 53,55 .... = 26,7 d'oxigène.
Alumine............. 6,01 = 2,8 oxig. } = 4,5
Peroxide de fer..... 5,74 = 1,7
Potasse............. 5,48 = 0,9 } = 9,1
Chaux............... 29,22 = 8,2
$\overline{\hphantom{aaaaa}}$
100,00

D'où l'on voit que, dans ce verre, l'oxigène de la silice est le double de celui des bases, et que celui de l'alumine et de l'oxide de fer est la moitié de l'oxigène de la chaux et de la potasse; mais il n'en est pas de même de tous les verres à bouteilles. L'on en connaît dont l'oxigène de la silice est seulement une fois et demi celui des bases, et dont l'oxigène de l'alumine et de l'oxide de fer est égal à celui de la chaux et de la potasse.

1380. *Verres à pivette.* — On nomme ainsi les verres communs, colorés en vert pâle par le fer qu'ils contiennent, et avec lesquels on fait les fioles à médecine et toute la verrerie commune. Ils sont durs, solides et vont sur le feu beaucoup mieux que les verres blancs. Leur composition très variable se rapproche néanmoins de celle des verres à bouteilles. Pour les fabriquer, on emploie des sables communs un peu ferrugineux et argileux. M. Berthier a ana-

(1) On appelle sel ou fiel de verre les chlorures ou sulfates alcalins qui, dans la fabrication du verre, n'entrent pas dans la masse vitreuse et se rassemblent à la surface, d'où il faut les enlever avec une poche.

lysé 4 sortes de verres à pivette, et a obtenu les résultats suivans :

	(1)	(2)	(3)	(4)
Silice...................	71,6	69,2	63,5	62,0
Chaux...................	10,0	13,0	16,2	15,6
Potasse.................	10,6	8,0	10,5	....
Soude	....	3,0	....	16,4
Magnésie.	....	0,6	....	2,2
Alumine...............	3,0	3,6	4,5	2,4
Oxide de fer...........	1,5	1,6	2,5	0,7
Oxide de manganèse....	0,3	....	1,2	....
	97,0	99,0	98,4	99,3

Par conséquent l'oxigène de la silice est à celui des bases comme 6 à 1 dans le verre n° (1); comme 5 à 1 dans le verre n° (2); comme 7 à 2 dans le verre n° (3); comme un peu plus de 3 à 1 dans le verre n° (4). Leur composition est donc très variable.

1381. *Cristal.*—Le cristal est un verre à bases de potasse et de plomb, plus dense, plus facile à tailler, et doué d'un plus grand pouvoir réfringent que le verre ordinaire : il doit être incolore et très limpide. Pour obtenir toutes ces qualités dans le verre, il faut choisir avec soin les substances que l'on emploie.

Le sable doit être bien blanc, et exempt d'oxide fer et de manganèse : celui d'Aumont, et celui de Fontainebleau ne laissent rien à desirer.

Le carbonate de potasse doit être dissous, séparé par décantation des oxides colorans qu'il contient et qui se déposent, et évaporé à siccité. On ne saurait le remplacer par le carbonate de soude : le verre en masse serait sensiblement coloré en vert ou en bleu.

Le *minium* ne doit contenir aucun oxide étranger, surtout point de cuivre, ni de fer, ni de manganèse ; il est bientôt ramené à l'état de protoxide qui s'unit à la silice. L'oxigène qu'il abandonne brûle probablement quelques parties combustibles que peut retenir la potasse. Le nitre produirait le même effet : aussi en ajoute-t-on quelquefois à la composition.

Les dosages varient : en voici deux qui donnent de beaux produits dans des fours à la houille et à pots couverts. Lorsque le four est chauffé au bois, on diminue la quantité de minium.

Sable pur...............	300 parties.	300 parties.
Minium...............	200	200
Carbonate de potasse purifié	100	90 à 95
Groisil...............	300	» »
Oxide de manganèse......	0,45 ⎱ au	0,45 ⎱ au
Acide arsénieux.........	0,60 ⎰ besoin.	0,60 ⎰ besoin.

Le cristal de Voneche, fait à la houille et analysé par M. Berthier, a donné :

Silice......................	61,0
Oxide de plomb..............	33,0
Potasse....................	6,0

1382. *Flint-glass.* — Le flint-glass est un verre de cristal, dont la densité est au moins de 3,6 et qui contient plus de plomb que le cristal ordinaire. Il doit être diaphane, incolore autant que possible, très homogène, sans bulles, ni stries, conditions difficiles à remplir dans des morceaux d'un volume considérable.

Pendant long-temps, nous avons tiré d'Angleterre tout le flint-glass propre à faire de grands objectifs. M. Dartigues, le premier en France, en a obtenu qui avait toutes les qualités desirables pour les objectifs de 4 pouces de diamètre; des lunettes construites avec ce flint-glass par M. Cauchoix, l'un de nos plus habiles opticiens, se sont trouvées être aussi bonnes que les meilleures qui soient sorties des ateliers de Dollond. Depuis, M. Guinand, des environs de Neufchâtel, était allé beaucoup plus loin; il était parvenu à fabriquer, à commande, d'excellent verre pour des objectifs de 6, 7, 8 et même 12 pouces; il est mort avec son secret; mais heureusement, à force d'essais, il a été retrouvé à la verrerie de Choisy, qui fabrique aujourd'hui des masses de flint-glass au moins aussi belles et d'un aussi grand volume que celles de M. Guinand.

Le flint-glass de M. Guinand est composé de :

Silice.	42,5
Alumine	1,8
Oxide de plomb.	43,5
Chaux.	0,5
Potasse.	11,7
Acide arsénique.	Trace.
	100,0

D'où l'on voit que l'oxigène de la silice est le quadruple de celui des bases.

1383. *Propriétés du verre.* — Les verres les plus fusibles sont les verres à base de plomb; ils le sont d'autant plus que la quantité de plomb est plus grande. Les moins fusibles sont les verres à base d'alumine et de chaux; plus ils en contiennent, et plus ils exigent de chaleur pour entrer en fusion.

Tous les verres à plusieurs bases présentent d'une manière plus ou moins sensible un phénomène très remarquable; c'est de se dévitrifier, ou de se transformer en une matière dure, opaque, presque infusible, d'un gris blanc, et dont l'aspect est le même que celui d'une poterie de grès, lorsqu'on les fond et qu'on les laisse refroidir lentement; ou bien encore lorsqu'on les chauffe au point de les ramollir, qu'on les maintient long-temps en cet état, et qu'on les soumet ensuite à un refroidissement gradué. Cette dévitrification, observée pour la première fois par Reaumur, a été étudiée successivement par MM. Dartigues, Darcet, Dumas; elle s'opère facilement sur les verres à bases terreuses, par conséquent sur les verres à bouteilles; beaucoup plus difficilement sur les autres.

1384. Elle consiste en une cristallisation de silicates à proportions définies, infusibles au degré de chaleur qui a suffi d'abord pour fondre ou ramollir le verre. Cette infusibilité provient, soit de la volatilité d'une partie de la po-

tasse ou de la soude, soit d'un simple partage entre les différens silicates qui se séparent successivement, d'après leur
tendance plus ou moins grande à se solidifier.

⌐ Ce qui le prouve, ce sont les résultats obtenus par M. Dumas, en analysant d'une part un tube de verre à bouteilles
entièrement dévitrifié, et d'autre part une masse de verre
qui ne l'était qu'en partie; il a trouvé dans le tube dévitrifié :

```
Silice........................52,0............. =27 d'oxig.
Alumine.....................12,0=5,6 oxigène ⎫
Sesqui-oxide de fer et de manganèse  6,6=2,0   Id.  ⎬=7,6
Chaux.....................27,4=7,6   Id.  ⎫
Potasse (très peu)............ 2,0=0,2      ⎬=7,8
```

Et dans la masse vitreuse :

	Portion transparente.	Portion cristallisée.		
Silice..............	64,7	68,2	= 35,41	d'oxigène.
Alumine............	3,5	4,9	= 2,28	Id.
Chaux.............	12,0	12,0	= 3,3	Id.
Soude..............	19,8	14,9	= 3,8	Id.
	100,0	100,0		

Lorsqu'on fait tomber des gouttes de verre dans de l'eau
froide, il en résulte de petites masses ovoïdes qui se termi-
nent en pointes, et qu'on appelle *larmes bataviques.* Dans
ces larmes, évidemment, la partie extérieure éprouve un
refroidissement subit, et se solidifie tout-à-coup, tandis que
les parties intérieures se refroidissent lentement en raison
du peu de conductibilité du verre. De là, des propriétés
fort extraordinaires : la surface de la lame est très dure et
comme trempée; elle résiste à un choc assez fort. Les parties intérieures au contraire sont presque sans adhérence,
se brisent avec bruit et volent en poudre grossière, lorsqu'on
vient à briser la *queue* ou partie effilée de la larme. Voilà
ce qu'on remarque aussi, du moins jusqu'à un certain point,
dans les tubes courts, épais et fermés par un bout, que l'on
fait dans les cristalleries, en soufflant une petite masse de
verre, pour apprécier l'état et la teinte de la masse totale, et

dont l'extérieur subit un refroidissement beaucoup plus rapide que l'intérieur. Il suffit de laisser tomber une petite bille dans ces tubes pour les rompre; cependant on peut les frapper assez fortement en dehors sans les casser.

Il sera facile de concevoir, d'après cela, combien il est utile de faire refroidir lentement les pièces de verre qui viennent d'être façonnées; aussi les place-t-on, immédiatement et encore rouges, dans un four convenablement chaud et dont la température s'abaisse peu-à-peu, en ayant soin d'éviter les plus petits courans d'air. C'est à cette opération que l'on donne le nom de *recuit*. Les pièces mal recuites éclatent souvent sans cause apparente, ou du moins par de légères variations de température.

Il est un certain nombre de verres que l'eau est susceptible d'attaquer. Tels sont surtout les verres à glaces, le crown, et les verres à vitre; elle dissout une petite quantité de leur silicate alcalin, et cet effet est d'autant plus marqué que la potasse et la soude s'y trouvent en plus grande quantité. C'est ce qui fait que les verres à vitres mal préparés se détériorent à l'air, au point de devenir à peine demi transparens et de s'exfolier.

Les verres attaquables par l'eau doivent l'être à plus forte raison par les dissolutions alcalines et les acides puissans. En effet, l'on observe: 1° que les dissolutions alcalines, lorsqu'elles sont concentrées et bouillantes, agissent sur tous les verres d'une manière plus ou moins sensible; 2° que les acides sulfurique, azotique, chlorhydrique, concentrés, les attaquent pour la plupart, entre autres les verres à bouteilles, qui sont même quelquefois troués par le contact prolongé de l'acide sulfurique. On sait d'ailleurs que l'action de l'acide fluorhydrique sur eux est très grande, et qu'il s'empare tout-à-coup de leurs bases et de l'acide silicique.

Parmi les verres, il en est quelques-uns auxquels les corps qui ont beaucoup d'affinité pour l'oxigène, tels que le charbon, l'hydrogène, etc., font subir des altérations très marquées à une haute température: ce sont les verres à bases de plomb : ce métal ne tarde point à se réduire et à donner au verre une teinte noirâtre. Le potassium attaque non-seulement les verres de plomb à la manière du charbon, mais encore les autres verres, quelle que soit leur nature. Sans doute qu'il décompose alors une portion de la silice, les oxides de fer et de manganèse qu'il peut contenir.

1384 bis. *Verres colorés.*—Les verres de couleur ne sont que des verres ordinaires auxquels on ajoute, quand on les fabrique, une certaine quantité d'oxide colorant. Ces verres s'emploient comme verres à vitres; on en remarque beaucoup dans les anciens temples. On les emploie encore pour imiter les pierres précieuses; et l'art est si avancé à cet égard, qu'on ne peut souvent distinguer les pierres naturelles des artificielles, qu'en ce que celles-ci sont moins dures que celles-là. (Voyez plus bas l'art. *Pierres artificielles.*)

On colore les verres en rouge, par le précipité pourpre de Cassius et le protoxide de cuivre.

En bleu, par l'oxide de cobalt ;

En vert, par l'oxide de chrôme, par le bi-oxide de cuivre, par un mélange d'oxide de cobalt, d'acide antimonieux et d'oxide de plomb;

En jaune, par l'oxide d'urane, par le chromate de plomb, par quelques combinaisons d'argent, et enfin par des composés d'oxide de plomb et d'acide antimonieux;

En violet, par l'oxide de manganèse et le pourpre de Cassius;

En noir, par un mélange d'oxide de fer, d'oxide de manganèse et d'oxide de cobalt.

Dans tous les cas, il ne faut ajouter qu'une très petite quantité de matières colorantes, même pour obtenir une teinte foncée.

1385. *Azur.*—L'azur est un verre pulvérisé et coloré en bleu par l'oxide ou plutôt par le silicate de cobalt. Ce produit est préparé par le procédé suivant : à Schnéeberg, en Saxe; à Platten et Joachimsthal, en Bohême; à Gloknitz, en Autriche. Après avoir trié le minerai de cobalt, on le concasse, on le broie et on le crible ou on le lave sur des tables (1); ensuite on le grille dans un fourneau à réverbère, et on transforme ainsi ses principes constituans, savoir: le soufre en gaz sulfureux, qui se dégage; l'arsénic en acide arsénieux, qui se sublime et vient se condenser dans la cheminée qui termine le fourneau; le cobalt et le fer en oxides, qui restent sur la sole du fourneau. Lorsque le minerai est grillé, on le crible de nouveau; on le pulvérise; on le mêle avec deux ou trois fois son poids de sable siliceux pur et à-peu-près autant de potasse, et l'on expose ce mélange dans des creusets à l'action d'une température élevée; il en résulte, au bout d'un certain temps, un verre bleu appelé *smalt*, qu'on jette tout chaud dans l'eau. C'est ce verre, broyé entre deux meules, et réduit en poudres de diverses ténuités, qui constitue l'azur. Cette dernière opération se fait en mettant le smalt broyé dans des tonneaux pleins d'eau, agitant et décantant la liqueur. Plus il s'écoule de temps entre l'époque à laquelle on agite et celle à laquelle on décante, et plus l'azur est fin; il est d'ailleurs d'autant plus bleu qu'il contient plus de cobalt et moins d'oxide de fer, etc.

1386. *Emaux.* —Il y a deux sortes d'émaux, des émaux transparens et des émaux opaques. Les premiers sont des verres à base de plomb, ordinairement colorés par un ou plusieurs oxides métalliques. Les seconds ne diffèrent des premiers qu'en ce qu'ils contiennent en outre du bi-oxide d'étain en combinaison avec l'oxide de plomb, à l'état de stannate. On ne devrait même donner le nom d'émail proprement dit qu'à ceux-ci: ils sont tantôt blancs et tantôt colorés.

Pour obtenir l'émail blanc, il faut, suivant Clouet, calciner 100 parties de plomb avec 15, 20, 30 et même 40

______

(1) Ce minerai est un composé de cobalt, d'arsénic, de fer, de soufre, et quelquefois de nickel, de bismuth, de cuivre : le trier, c'est le séparer des substances étrangères qui l'accompagnent.

parties d'étain, jusqu'à ce que le tout soit entièrement oxidé, ce qui ne tarde pas à avoir lieu; prendre ensuite 100 parties de l'oxide ou de la *calcine* ainsi formée, 25 à 30 parties de sel marin, et 100 parties de sable contenant le quart de son poids de talc; faire un mélange de ces diverses matières, et le faire fondre dans un four à faïence. Le résultat de cette fusion est l'émail blanc, qu'on pourra rendre d'autant plus fusible qu'on y ajoutera plus d'oxide de plomb.

Les émaux s'appliquent par la fusion sur les métaux et les poteries, etc.; on n'émaille guère que l'or, l'argent et le cuivre; l'émail blanc est le vernis dont on recouvre la faïence. (*Voy.*, pour plus de détails, les ouvrages de Neri et de Kunckel; l'*Art de l'Émailleur*, par M. A. Brongniart, *Ann. de Chim.*, tome IX; le *Mémoire* de Clouet, *Ann. de Chim.*, tome XXXIV; et le tome VIII du *Dictionnaire de Technologie*.)

1386 *bis*. *Strass.* — Le strass est un verre blanc qui se compose de silice, de potasse, d'acide borique, d'oxide de plomb, et quelquefois d'acide arsénieux. C'est avec ce verre taillé qu'on imite les diamans. Suivant M. Douault-Wieland, on obtient de beau strass en employant les proportions suivantes : 6 onces de cristal de roche, 9 onces 2 gros de minium, 3 onces 3 gros de potasse, 3 gros d'acide borique et 6 grains d'acide arsénieux.

Le cristal de roche doit être pulvérisé et tamisé. Le sable translucide peut être substitué jusqu'à un certain point au cristal de roche, après avoir été traité par l'acide chlorhydrique; mais le silex donnant toujours un produit légèrement coloré en jaune, ne pourrait être employé avec succès qu'autant qu'il s'agirait de faire des pierres de petite ou de moyenne grosseur. La teinte disparaîtrait par la taille, ou du moins celle qui resterait ne servirait qu'à donner plus d'*orient* et plus de feu.

La potasse doit être choisie avec soin; on doit donner la préférence à la plus belle perlasse, ou plutôt à celle qui est exempte de fer et de manganèse, M. Douault conseille même l'emploi de la potasse caustique purifiée par l'alcool. Je présume que le carbonate de potasse provenant d'un mélange d'une partie de nitre et de deux parties de tartrate acide de potasse, décomposées par le feu, dans un creuset de terre ou de porcelaine, satisferait à toutes les conditions. (Voyez *Carbonate de potasse*.)

L'acide borique extrait du borax artificiel a paru préférable à l'acide du borax naturel, sans doute parce qu'alors il était exempt de la matière grasse que celui-ci renferme, et qui se charbonnant dans l'opération donne une teinte jaunâtre au produit; mais comme le borax artificiel ressemble aujourd'hui au borax naturel, il serait nécessaire de purifier l'acide : on y parviendrait en le fondant, le coulant, le dissolvant dans l'eau chaude et laissant refroidir la liqueur.

L'oxide de plomb doit être d'une pureté parfaite; il faut qu'il ne renferme ni étain ni cuivre. La plus petite quantité d'étain le rendrait laiteux; un peu de cuivre le colorerait en vert.

L'acide arsénieux doit être également très pur; on pourrait, à la rigueur, le supprimer.

Le choix des creusets est important; il est essentiel qu'il ne s'en détache rien qui puisse colorer la matière : ceux de porcelaine, sous ce rapport, ne laissent rien à desirer; mais ils sont trop perméables. Il faut faire usage de bons creusets de Hesse.

C'est dans un four à potier ou un four à porcelaine que le matière est fondue. Elle doit rester vingt-quatre heures environ au feu. Plus la fusion est tranquille et prolongée, plus le strass acquiert de dureté et de beauté.

M. Dumas a trouvé dans le beau strass de M. Douault-Wieland :

Silice 38,2
Alumine 1,0
Oxide de plomb 53,0
Potasse 7,8
Borax . . . . Trace.
Acide arsénique . . . . Trace.

100,0

D'où il suit que le strass doit être regardé comme un composé double formé de silicates de potasse et de plomb, dans lequel l'oxigène de la silice serait quatre fois celui des bases.

1387. *Pierres colorées artificielles.* — Ces pierres ont le strass pour base ; toutes résultent de ce verre coloré par différens oxides métalliques.

Topaze. — Cette pierre offre, pendant sa fabrication, des changemens de couleur très curieux : elle passe du blanc de strass au jaune de soufre, au violet et au rouge pourpre, suivant les différens degrés de température et la durée du feu. Les proportions employées par M. Douault pour la fabrication d'une belle topaze, sont de 1 once 6 gros de strass, 43 grains de verre d'antimoine, et 1 grain de pourpre de Cassius ; quelquefois la matière reste opaque et devient seulement translucide sur les bords : alors on l'emploie dans la fabrication du rubis.

Rubis. — 1 partie de *matière topaze opaque* avec 8 parties de strass a donné un beau cristal jaunâtre, qui, traité par le chalumeau, s'est converti en un superbe rubis.

On en peut former également, mais de moins beaux et d'une teinte différente, en employant 5 onces de strass et 1 gros d'oxide de manganèse.

Emeraude. — Les substances et les proportions qui imitent le mieux l'émeraude naturelle, sont les suivantes : 8 onces de strass, 42 grains d'oxide de cuivre, et 2 d'oxide de chrôme.

Saphir. — Pour produire une couleur d'un beau bleu oriental, il faut se servir de strass très blanc et d'oxide de cobalt très pur, dans les rapports de 8 onces du premier et de 68 grains du second.

Améthyste. — Les divers fabricans de pierres artificielles ne sont point d'accord sur les meilleures doses; cependant celles que nous citons ici, et qui sont dues à M. Lançon, semblent préférables aux autres; elles sont de 1 livre de strass, 15 à 24 grains d'oxide de manganèse, 1 grain d'oxide de cobalt.

Aigue-marine. — Cette pierre, peu recherchée, même quand elle est naturelle, est une émeraude pâle, tirant sur le bleu plutôt que sur le vert, et imitant assez bien la couleur de l'eau de mer, ce qui lui a fait donner le nom qu'elle porte. On l'obtient en mêlant 6 onces de strass avec 24 grains de verre d'antimoine et 1 grain $\frac{1}{2}$ d'oxide de cobalt.

Grenat syrien. — Cette pierre, que les anciens désignaient sous le nom d'*escarboucle*, est d'un rouge vif, fort agréable : on la fabrique d'après la formule suivante :

	gros.	grains
Strass..............................	7	8
Verre d'antimoine....................	3 $\frac{1}{2}$	4
Pourpre de Cassius...................	»	2
Oxide de manganèse..................	»	2

En général, pour obtenir de belles pierres artificielles, il faut non-seulement employer de bonnes proportions, mais encore beaucoup de précautions. L'une des plus importantes est de bien pulvériser et porphyriser les matières; chaque composition doit être passée dans un tamis particulier; le feu doit être gradué et bien égal dans son *maximum* de température; il faut enfin exposer les substances au feu pendant 24 à 30 heures, et laisser refroidir les creusets très lentement. (*Voyez* pour plus de détails les *Bulletins* de la *Société d'Encouragement* et les *Ann. de Chim. et de Phys.*, tome XIV, page 57.)

1388. *Poteries.* — On appelle ainsi tous les vases faits avec des argiles façonnées et cuites. Les principales espèces de poteries sont : les creusets, les faïences grossières, les faïences fines nommées *terre blanche, terre de pipe, terre anglaise;* le grès, les porcelaines.

C'est aussi avec les argiles qu'on fait les briques, les tuiles, les carreaux, les fourneaux et les réchauds.

Nous ne traiterons point de la fabrication de ces différens objets; on trouvera cette fabrication décrite par M. Brongniart dans le *Dictionnaire Technologique,* vol. XVIII. Nous dirons seulement que tous doivent être regardés comme des silicates d'alumine, unis le plus souvent à du silicate de chaux et à du silicate de fer, quelquefois seulement à du silicate de potasse comme dans la porcelaine dure, et toujours mêlés à un excès de silice et d'alumine.

1389. *Mortiers.* — Les mortiers résultent d'un mélange de chaux, d'eau, et de sable quarzeux plus ou moins grossier; on peut remplacer le sable en tout ou au moins en partie par de la brique pilée, de la pouzzolane, des scories. Les qualités des mortiers varient singulièrement en raison de la nature de la chaux. En effet, tantôt la chaux possède la propriété de devenir, sous l'eau, aussi dure que les meilleures pierres à bâtir, tantôt elle n'éprouve aucun durcissement marqué et reste en bouillie. La première s'appelle *chaux hydraulique,* parce qu'on l'emploie dans les constructions sous l'eau, et la seconde, *chaux non hydraulique,* par la raison contraire.

1390. *Chaux non hydraulique.* — La chaux est toujours non hydraulique, toutes les fois qu'elle ne contient pas d'argile ou qu'elle n'en contient que très peu. Elle est *grasse* ou *maigre.*

La chaux grasse est de la chaux pure ou presque pure; elle se délite facilement lorsqu'on la met en contact avec l'eau, s'échauffe, se fendille, augmente beaucoup de volume, et forme une bouillie pâteuse, qui a beaucoup de liant. Cette chaux provient de la calcination du marbre, de la craie, et de pierres à chaux qui ne renferment que peu de matières étrangères : c'est la chaux ordinaire.

La chaux maigre présente avec l'eau tous les phénomènes de la chaux grasse, mais à un bien moindre degré; elle s'échauffe moins, se délite moins facilement, augmente moins de volume et donne une pâte, qui a peu de liant; elle est fournie par les calcaires qui renferment beaucoup de carbonate de magnésie, de 20 à 30 pour 100. La magnésie constituant alors jusqu'aux 26 centièmes de la chaux et n'ayant pas la propriété de faire pâte, diminue la ténacité de celle que peut produire la chaux pure ou presque pure.

La chaux grasse ou maigre, réduite en pâte et placée sous l'eau, se conserve en cet état pendant des siècles entiers. Mais si on l'expose à l'air, elle en absorbe l'acide carbonique peu-à-peu, et finit par prendre une dureté remarquable : aussi forme-t-on un bon badigeon, en prenant 9 parties de chaux vive que l'on fait éteindre, 1 partie d'argile blanche qu'on détrempe, délayant le tout dans l'eau, le mêlant exactement, et ajoutant la quantité d'ocre nécessaire pour donner la teinte convenable.

1391. *Chaux hydraulique.* — La chaux hydraulique ne fuse point quand elle est humectée; réduite en poudre, elle absorbe l'eau sans produire beaucoup de chaleur et sans augmenter beaucoup de volume, et forme une pâte courte, qui sous l'eau durcit en quelques jours. Exposée à l'air, cette pâte ne prendrait au contraire qu'une très faible ténacité. La chaux n'est jamais hydraulique qu'autant que l'argile en fait partie, et qu'elle entre dans sa composition pour une quantité notable. 10 pour cent d'argile rend la chaux moyennement hydraulique; pour l'être fortement, il faut qu'elle en contienne de 20 à 30 pour cent. C'est ce que prouvent les analyses suivantes dues à M. Berthier.

Calcaires donnant des chaux moyennement hydrauliques.

COMPOSITION DES CALCAIRES.	1	2	3	4	5
Carbonate de chaux.....	90,0	85,8	89,2	89,0	89,0
— de magnésie...	5,0	0,4	3,0	2,0	2,0
— de fer.........	»	6,2	»	»	»
Argile { silice............ alumine......... oxide de fer..... charbon......... }	5,0	5,4	7,8	9,0	9,0
Eau...................	»	»	»	»	»

Chaux qu'ils produisent :

	1	2	3	4	5
Chaux...............	87,0	83,0	84,0	82,0	82,0
Magnésie.............	4,0	»	2,5	1,5	1,5
Argile...............	9,0	7,0	13,5	16,5	16,5
Oxide de fer..........	»	10,0	»	»	»

(1) Calcaire de Vougi (Loire) entre Roanne et Chaulieu, sublamellaire, jaunâtre, rempli d'ammonites et autres coquilles; donne de très bonne chaux qui prend dans l'eau.

(2) Calcaire de Saint-Germain (Ain), compacte, d'un gris foncé, veiné de calcaire blanc, lamellaire et pénétré de gryphites, etc.; on emploie à Lyon la chaux qu'il produit, toutes les fois que l'on construit dans l'eau.

(3) Calcaire de Chaunay, près Mâcon, compacte, à grains fins, blanc jaunâtre; il est de formation secondaire; on l'emploie à la fabrication de la chaux : cette chaux est hydraulique.

(4) Calcaire de Digne (Jura), compacte, pénétré de lamelles de calcaire, et empâtant un très grand nombre de gryphites, d'un gris très foncé; il produit de la chaux qui fait une bonne prise, et qui peut être considérée comme chaux hydraulique.

(5) Calcaire qui accompagne le précédent, et qui jouit

des mêmes propriétés, compacte, à grains presque terreux, d'un gris clair.

Calcaires donnant des chaux très hydrauliques.

COMPOSITION DES CALCAIRES.	1	2	3	4	5
Carbonate de chaux........	82,5	»	79,2	76,5	80,0
— de magnésie...	4,1	»	2,5	3,0	1,5
— de fer........	»	»	6,0	3,0	»
— de manganèse..	»	»	»	-1,5	»
Argile { silice........			6,5	11,6	17,0
Argile { alumine........	13,4	»	3,8	3,6	1,0
Argile { oxide de fer.....					
Argile { charbon.........			2,0	»	»
Eau.................	»	»	»	»	1,0

Chaux qu'ils produisent :

	1	2	3	4	5
Chaux.................	87,0	68,8	74,0	68,3	70,0
Magnésie..............	3,5	6,0	2,0	2,0	1,0
Argile................	22,0	25,2	17,0	24,0	29,0
Oxide de fer..........	»	»	7,0	5,7	»

(1) Calcaire secondaire de Nismes (Gard), compacte, gris jaunâtre; donne une chaux hydraulique qui passe dans le pays pour être d'excellente qualité.

(2) Chaux de Lezoux (Puy-de-Dôme); fabriquée avec un calcaire d'eau douce marneux, on la dit excellente. On a coutume de l'éteindre en la laissant exposée en tas à l'air; après l'avoir humectée, elle produit une gelée abondante avec les acides.

(3) Calcaire compacte, dont la localité est inconnue; donne de très bonne chaux hydraulique.

(4) Calcaire secondaire de Metz (Moselle); compacte, à grains presque terreux, d'un gris bleuâtre, plus ou moins foncé. La chaux qu'il fournit est connue pour être hydraulique. Cette chaux, telle qu'on la prépare en grand, laisse dans les acides un résidu du poids de 0,05 au plus, et qui n'est autre chose que de la silice gélatineuse.

(5) *Calcaire marneux de Senonches*, près Dreux (Eure-et-Loir), compacte, très tendre; s'écrase entre les doigts, absorbe l'eau très rapidement. Il se délaie dans ce liquide presque comme une argile, mais il ne tombe pas en poussière lorsqu'on le calcine. Cette pierre présente quelque chose de particulier : elle n'est pas, comme les autres calcaires qui ont la cassure terreuse, un mélange de chaux carbonatée et d'argile ; elle laisse dans les acides un résidu farineux, doux au toucher, qui ne contient qu'une trace d'alumine, qui se dissout dans la potasse caustique liquide, même à froid, et qui se comporte en tout comme de la silice que l'on aurait séparée d'une combinaison ; cependant il est certain que cette substance n'est dans la pierre de Senonches qu'à l'état de simple mélange, car, en opérant avec le plus grand soin, on trouve, par l'analyse, que la proportion de l'acide carbonique est justement celle qui convient à la saturation de la chaux.

La chaux de Senonches est très renommée : on l'emploie beaucoup à Paris; elle prend plus promptement et acquiert plus de dureté que la chaux de Metz; elle se dissout dans les acides sans laisser le moindre résidu.

1392. *Ciment romain.* — Le ciment romain est un produit de la calcination de certains calcaires argileux. C'est une très excellente chaux hydraulique. Après avoir été gâché en pâte un peu consistante, il acquiert en un quart d'heure, tant sous l'eau que dans l'air, une grande solidité, qui s'accroît promptement avec le temps, en sorte qu'au bout de quelques jours, il prend la dureté des meilleures pierres calcaires. Découverte pour la première fois en Angleterre, la pierre à ciment a été observée en France, d'abord à Boulogne-sur-Mer, puis à Pouilly en Bourgogne, etc. Le ciment de Pouilly paraît même surpasser en qualité le ciment anglais. Il fait maintenant l'objet d'une exploitation considérable.

Voici l'analyse de quelques pierres à ciment, d'après M. Berthier :

	Boulogne-s-Mer.	Angleterre.	Pouilly.	Argenteuil.
Carbonate de chaux.....	61,6	65,7	57,2	63,0
—— de magnésie...	«	0,5	3,6	4,0
—— de fer........	6,0	6,0	6,6	»
—— de manganèse..	»	1,9	»	»
Silice....... ⎫	15,0	18,0	23,2	14,0
Alumine.... ⎪	4,8	6,6	2,0	6,0
Oxide de fer ⎬ argile....	3,0	»	6,7	»
Magnésie... ⎪	»	»	»	7,0
Eau .... ⎭	6,6	1,3	7,4	6,0
	100,0	100,0	100,0	100,0

1393. *Chaux hydraulique artificielle.* — Il est évident, d'après les analyses que nous venons de citer, que l'on doit pouvoir faire d'excellente chaux hydraulique, en calcinant des mélanges convenables d'argile et de carbonate de chaux; c'est en effet ce qui a lieu. On la prépare à Paris en mêlant 4 parties de craie de Meudon et 1 d'argile de Passy, en volume. Les matières sont délayées dans l'eau, et mêlées intimement par des meules verticales qui tournent dans une auge circulaire. On fait rendre la bouillie qui en résulte dans des bassins en maçonnerie, et quand le dépôt est fait, que l'eau est décantée, et que les terres ont acquis assez de consistance, on les façonne en briques, puis on les fait sécher à l'air et cuire dans des fours à chaux, en ayant soin de ne pas chauffer assez pour que la silice, la chaux et l'alumine éprouvent un commencement de fusion. La chaux hydraulique ainsi obtenue, se vend à Paris 60 fr. le mètre cube. On en a beaucoup employé dans la construction du canal Saint-Martin. Suivant M. Berthier, cette chaux serait composée de 74,6 de chaux; 23,8 d'argile; 1,6 d'oxide de fer : elle serait fournie par un mélange contenant 84 de carbonate de chaux; 10 de silice; 5 d'alumine; 1 d'oxide de fer. Elle foisonne des deux tiers de son volume par l'extinction ordinaire, et se dissout complètement dans les acides comme la chaux de Senonches qu'elle surpasse en qualité.

Nature des chaux hydrauliques et cause de leur durcissement. — On a vainement essayé de faire de la chaux hydraulique en calcinant la craie, soit avec l'alumine, ou la magnésie, ou l'oxide de fer, ou l'oxide de manganèse, soit avec un mélange de toutes ces substances ou de plusieurs d'entre elles. Il en a été de même, lorsqu'on a calciné le carbonate calcaire avec du sable blanc ordinaire. Mais toutes les fois qu'on a employé la silice en gelée ou dans un grand état de division, l'on a toujours obtenu des chaux qui étaient plus ou moins hydrauliques, et l'on a observé en même temps : 1° qu'elles l'étaient beaucoup plus, lorsqu'on ajoutait au mélange, de l'alumine ou de la magnésie; 2° que la magnésie produisait plus d'effet encore que l'alumine; 3° que les oxides de fer et de manganèse n'en produisaient aucun.

Or, puisqu'il en est ainsi, et que les bonnes chaux hydrauliques font gelée avec les acides ou s'y dissolvent, il est évident que la silice est un des principes essentiels à la chaux hydraulique, et que la chaux hydraulique doit être regardée comme un mélange ou plutôt un composé de silicates de chaux, d'alumine ou de magnésie, mêlés sans doute à de la chaux en excès.

Pourquoi maintenant, lorsque après avoir éteint la chaux hydraulique et l'avoir gâchée avec de l'eau en quantité convenable, en résulte-t-il une pâte qui se solidifie et se transforme en une masse qui a la dureté de la pierre? C'est que les silicates dont elle se compose, se mêlent d'abord à l'eau, puis l'absorbent peu-à-peu et passent à l'état d'hydrates qui contractent ensemble une adhérence très grande. En un mot la chaux hydraulique se comporte avec l'eau omme le plâtre; elle joue absolument le même rôle, à la près que sa ténacité dans les constructions est beauup plus considérable.

Il est des chaux hydrauliques qui ont la propriété de se lifier presque aussitôt qu'elles sont gâchées; il en est tres au contraire qui ne se solidifient qu'assez long-s après. Ce phénomène dépend probablement de la re des silicates, de leurs proportions et de celles de leur acide et de leurs bases, toutes circonstances étant égales d'ailleurs. Peut-être aussi la solidification n'est-elle lente, que parce que les silicates ne seraient point assez calcaires et qu'une partie de la chaux s'unirait avec eux. Ce qui tend à le prouver, c'est que les argiles (silicates d'alumine hydratés), le ciment de brique (silicate d'alumine et de fer, et quelquefois de chaux), la pouzzolane ou le trass (débris scoriacés et ponceux des volcans ou silicates d'alumine et de potasse ou de soude), enlèvent la chaux à l'eau et forment ainsi une véritable chaux hydraulique. Aussi a-t-on proposé de faire des chaux hydrauliques en mêlant seulement la chaux à l'argile, et depuis long-temps sait-on faire de bons mortiers hydrauliques en remplaçant le sable, dans le mortier ordinaire, par le ciment ou la pouzzolane ou le trass.

1394. *Mortier à chaux non hydraulique.* — Cette espèce de mortier est le mortier ordinaire; on l'obtient, comme on sait, en éteignant la chaux avec de l'eau, la transformant en bouillie et la mêlant intimement avec plus ou moins de sable quarzeux. La dureté qu'il prend n'est pas due à ce que la silice et la chaux s'unissent, car les mortiers les plus durs ne font jamais gelée avec les acides; elle provient de la conversion successive de la chaux en carbonate qui, à mesure qu'il se forme, se précipite sur le sable et les pierres environnantes, et y adhère plus ou moins fortement. Toutefois, pour que cet effet ait lieu, il est des conditions nécessaires à remplir. Si le mortier se desséchait rapidement, le carbonate resterait très divisé et ne contracterait presque aucune adhérence; s'il était submergé, la chaux se dissoudrait en partie, ne se carbonaterait que difficilement, et le sable serait comme isolé; si, au contraire, on le conserve long-temps humide au milieu de l'air, le gaz carbonique de l'atmosphère agira peu-à-peu, mais sans cesse sur la chaux dont l'eau sera continuellement saturée; et le carbonate, se déposant en quelque sorte à l'état cristallin, formera par cela même sur les matériaux des couches successives, dont l'adhérence sera très grande. Il suit de là que les constructions que l'on fait par un temps trop chaud doivent être moins bonnes que celles de l'arrière-saison ; que le mortier des murs de fondation doit contracter plus d'adhérence que celui des murs hors de terre ; c'est en effet ce qui a lieu. La quantité et le grain du sable ont d'ailleurs une influence marquée sur la qualité des mortiers.

Lorsque, dans les mortiers ordinaires, on remplace le sable par le ciment, ou la pouzzolane, ou le trass, les effets se compliquent : le mortier se durcit encore par les causes que nous venons d'exposer, mais aussi parce que ces matières s'unissent peu-à-peu à la chaux, comme nous l'avons dit précédemment, et rendent même ainsi le mortier plus ou moins hydraulique.

1396. *Mortiers hydrauliques*. — Nous n'avons, pour ainsi dire, rien à ajouter à ce que nous avons dit précédemment (page 124). Il est évident que le sable n'étant point attaqué par la chaux caustique et pure, il ne doit point l'être à plus forte raison par la chaux hydraulique ; les silicates de chaux, d'alumine, de magnésie, dont elle se compose, agissent seuls ; ils se solidifient et forment des masses qui prennent la dureté de la pierre : le sable ne joue qu'un rôle passif.

Ceux qui voudront connaître ce qui a été fait de plus remarquable sur les mortiers devront lire : 1° les observations de Higgins (*Ann. de Chimie*, IV, 268) ; 2° les recherches importantes de M. Vicat, publiées à Paris, chez Goujon libraire ; recherches dont il a paru des extraits dans le *Journal des Mines*, VII, 445, et dans les *Ann. de Chim. et de Phys.*, XV, 365, avec des observations de l'auteur sur les pouzzolanes artificielles ; 3° les recherches de M. John sur le même sujet (*Ann. des Mines*, VII, 467, et *Ann., de Chim. et de Phys.*, XIX, 15) ; 4° celles de M. Berthier sur l'analyse de différentes pierres à chaux et à ciment romain (*Traité des essais par la voie sèche*, tome I, page 614) ; 5° les observations de M. Vicat sur quelques opinions émises par les deux chimistes précédens (*Ann. des Mines*, VII, 480, et *Ann. de*

Chim. et de Phys., xxiii, 69; 6° la lettre de M. Clément au président de l'académie des sciences, sur la découverte d'une pierre propre à la fabrication du ciment romain, et une note de M. Berthier à ce sujet (*Ann. des Mines*, ix, 114); 7° un mémoire sur les mortiers hydrauliques, par le colonel de génie Treussart (*Ann. de Chim. et de Phys.*, xxvi, 324); 8° enfin diverses notes de MM. Vicat et Berthier, publiées dans les *Ann. des Mines*, ix, 95—118, et x, 501-509.

1397. *Mastic.* — Il existe un mastic que l'on emploie avec le plus grand succès pour couvrir les terrasses, revêtir les bassins, souder les pierres et s'opposer partout à l'infiltration des eaux : il est si dur qu'il raie le fer. Ce mastic est formé de 9 parties de briques ou d'argile bien cuite, de 1 partie de litharge, et d'une certaine quantité d'huile de lin. Rien de plus simple que sa confection et son emploi. On pulvérise la brique et la litharge : celle-ci doit toujours être réduite en poudre très fine; on les mêle ensemble et on y ajoute assez d'huile de lin pure pour donner au mélange la consistance de plâtre gâché : alors on l'applique à la manière du plâtre, après avoir légèrement mouillé, avec une éponge imbibée d'eau, le corps que l'on veut en recouvrir. Cette précaution est indispensable; sans cela l'huile s'infiltrerait à travers ce corps et empêcherait que le mastic ne prît toute la dureté desirable. Lorsqu'on l'étend sur une assez grande surface, il s'y fait quelquefois des gerçures; on les bouche avec une nouvelle quantité de mastic. Ce n'est qu'au bout de cinq à six jours qu'il devient solide : il le deviendrait plus promptement si l'on augmentait la dose de litharge.

Indépendamment de ce mastic, il en existe beaucoup d'autres plus ou moins différens de celui-ci et plus ou moins bons. On peut consulter à ce sujet les recherches de M. Vicat, sur lesquelles il a été fait un rapport, publié dans les *Ann. de Chim. et de Phys.*, xxvii, 79.

GENRE III. — *Carbonates.*

ART. I. *Carbonates neutres métalliques.* (1)

1398. *Action du feu.* — Tous les carbonates neutres métalliques, excepté ceux de baryte, de potasse, de soude, et probablement de lithine, peuvent être décomposés par le feu. Les carbonates de chaux et de strontiane exigent, pour leur décomposition, une température plus élevée que le rouge cerise; ceux de magnésie et de zinc, les carbonates de protoxides de fer et de manganèse n'exigent au plus que cette température; les autres, pour la plupart, se décomposent bien au-dessous. En général, la décomposition se fait de manière que l'acide des carbonates se dégage à l'état de gaz, et que l'oxide est mis en liberté; car les carbonates de protoxides de fer et de cerium sont les seuls dont l'acide est en partie décomposé, et font passer les oxides à un plus haut degré d'oxidation. Dans tous les cas, on procède à l'expérience en introduisant le carbonate dans une cornue de grès, adaptant un tube au col de cette cornue, la plaçant dans un fourneau à réverbère, et recueillant le gaz sur l'eau ou sur le mercure.

1399. Puisqu'il n'y a que les carbonates de baryte, de potasse, de soude et de lithine qui soient indécomposables par le feu, il s'ensuit que l'acide carbonique a plus d'affi-

---

(1) Pour me conformer au langage adopté par le plus grand nombre des chimistes, j'appelle *carbonates neutres* ou simplement *carbonates*, ceux qui correspondent au carbonate de chaux, au carbonate de soude ordinaire, quoique celui-ci soit alcalin et verdisse le sirop de violettes.

Voyez, pour les propriétés physiques des carbonates, et la manière dont ils se comportent avec l'électricité, la lumière, le gaz oxigène, l'air, les gaz sulfhydrique, sélénhydrique, tellurhydrique, 1298-1303 et 1307-1309.

nité pour ces quatre bases que pour les autres. Cependant ils ne sont réellement indécomposables de cette manière qu'autant qu'ils sont secs; s'ils étaient en contact avec de l'eau, ils se décomposeraient même au rouge cerise, et il en résulterait des hydrates et un dégagement d'acide : c'est ce qu'on peut prouver en mettant ces sels dans une petite capsule ovale de platine, introduisant cette capsule dans un tube de porcelaine, exposant ce tube à une chaleur rouge, et faisant passer de la vapeur à travers par le moyen d'une cornue.

1400. *Action des métalloïdes.* — L'action des métalloïdes sur les carbonates secs est nulle à froid; elle est très variée à chaud ; toutefois elle peut être exposée d'une manière générale. Lorsque le carbonate que l'on traite est capable d'être décomposé par une chaleur obscure, l'acide s'en dégage sans éprouver d'altération, et l'oxide, mis en liberté, se comporte avec le métalloïde, comme on l'a dit (528 — 553) : tels sont la plupart des carbonates des cinq dernières sections. Lorsque au contraire le carbonate peut supporter l'action de la chaleur rouge, lorsqu'il appartient par conséquent à la première section, on obtient encore, à la vérité, des résultats analogues aux précédens avec le soufre, le sélénium, le chlore, le brôme, l'iode, l'azote; mais il n'en est point de même avec l'hydrogène, le carbone, le phosphore et le bore : ceux-ci s'emparent d'une partie de l'oxigène ou de tout l'oxigène de l'acide carbonique, et donnent lieu à des produits divers; savoir : l'hydrogène et les carbonates de baryte, de potasse, de soude et probablement de lithine, à du gaz oxide de carbone et à un hydrate; l'hydrogène et les carbonates de strontiane et de chaux, à de l'eau, à du gaz oxide de carbone et à de la strontiane ou de la chaux; le carbone et l'un quelconque de ces carbonates, à du gaz oxide de carbone et à l'oxide du sel (1); le

_____

(1) Si l'oxide est la potasse ou la soude, il pourra même être réduit à l'état

phosphore et le bore, et l'un quelconque encore de ces carbonates, à du carbone ou à du gaz oxide de carbone, et à un phosphate ou un borate. On constate tous ces résultats de la même manière que ceux qui sont dus à l'action des oxides sur les corps combustibles (528—553).

Nous venons de dire quelle est l'action du chlore sur les carbonates secs; mais comment agirait-il sur ces sels par l'intermède de l'eau? presque toujours comme sur les bases elles-mêmes, en rendant libre l'acide carbonique (549).

1401. *Action des métaux.* — Tous les métaux se comportent avec les oxides des carbonates de même qu'avec les oxides libres (554); plusieurs ont en outre de l'action sur l'acide carbonique de ces sels : tels sont le potassium, le sodium, et les autres métaux de la première section, qui en absorbent tout l'oxigène, et en mettent tout le carbone à nu, quel que soit le carbonate : tels sont encore la plupart de ceux de la troisième section; mais ceux-ci ne décomposent que l'acide des carbonates de baryte, de potasse, de soude, de lithine, et peut-être de strontiane et de chaux; ils ne le font même passer qu'à l'état de gaz oxide de carbone. On doit se rappeler que c'est sur cette propriété qu'est fondé le procédé que nous avons donné pour obtenir ce gaz.

1402. *Action de l'eau.* — Parmi les carbonates métalliques, il n'y en a que trois qui soient solubles dans l'eau : ceux de potasse, de soude et de lithine, et encore celui-ci exige-t-il à-peu-près 100 fois son poids de ce liquide. Plusieurs autres s'y dissolvent à la faveur d'un excès d'acide : ce sont particulièrement les carbonates de chaux et de magnésie. Si donc l'on verse peu-à-peu de l'acide carbonique liquide dans de l'eau de chaux, la liqueur se trouble d'abord, et s'éclaircit bientôt après; mais, en la faisant bouillir, le précipité reparaît à l'instant; il reparaît même avec

métallique par le charbon, et il se formera en même temps divers produits dont nous nous occuperons dans la chimie végétale. (Art. *Acide crocouique*.)

le temps, par le seul contact de l'air, à la température ordinaire, parce que l'excès d'acide, en vertu de sa force
élastique, reprend peu-à-peu l'état de gaz. On conçoit, d'a-
près cela, comment il se fait, d'une part, qu'on rencontre
ces divers carbonates en dissolution dans les eaux acidules
ou gazeuses, et comment il se fait, de l'autre, que ces eaux
forment des incrustations sur les corps qu'elles baignent :
les plus remarquables de ces eaux sont celles de Saint-Phi-
lippe en Toscane, et celles de la fontaine de Saint-Allyre,
près de Clermont.

1403. Quoique l'acide carbonique ait plus d'affinité pour
la potasse et la soude que pour la chaux et la strontiane
(1399), celles-ci sont capables de décomposer les carbonates
de potasse et de soude par l'intermède de l'eau; il paraît
même qu'elles peuvent décomposer les carbonates de baryte
et de lithine. D'après cela, l'ordre suivant lequel les bases
salifiables tendraient à se combiner avec l'acide carbonique
dans leur contact avec l'eau, serait donc le suivant : chaux
et strontiane, baryte, lithine, potasse et soude, etc. (1305).
Aussi, quand on verse de l'eau de chaux, de strontiane
ou de baryte dans une dissolution de carbonate de potasse ou
de soude, se forme-t-il sur-le-champ un carbonate insoluble. Observons toutefois que la quantité d'eau entre pour
beaucoup dans le phénomène, car M. Liebig a fait voir que
la chaux en poudre ne décompose pas la dissolution concentrée de carbonate de potasse, et qu'au contraire la potasse en dissolution concentrée opère la décomposition du
carbonate de chaux. (*Ann. de Chim. et de Phys.* t. XLIX.)

1404. Tous les acides, surtout en dissolution dans l'eau,
à part ceux qui sont très faibles, décomposent tous les carbonates à la température ordinaire, et, à plus forte raison,
à l'aide de la chaleur; ils s'emparent de la base de ces sels
et en dégagent le gaz carbonique avec une effervescence
plus ou moins vive. Pour recueillir ce gaz, il faut s'y prendre comme il a été dit (200).

1405. Lorsqu'on verse une dissolution de carbonate de

potasse ou de soude, dans une dissolution saline dont l'oxide peut s'unir avec l'acide carbonique et est autre que l'oxide de lithium et l'un de ces deux alcalis, il en résulte un précipité de carbonate ; ce qui est conforme à la loi des doubles décompositions, puisque tous les carbonates métalliques sont insolubles, excepté ceux de potasse, de soude et de lithine.

Nous ne dirons rien de l'action des carbonates solubles sur les sels insolubles, et de celle des carbonates insolubles sur les autres sels solubles; nous en avons traité avec toute l'étendue convenable dans l'*Histoire générale des Sels* (1311).

1405 *bis. Préparation.*—Rien ne semble plus simple que la préparation des carbonates. Tous, en effet, excepté ceux de potasse, de soude et de lithine, qui sont les seuls solubles, devraient pouvoir s'obtenir par la voie des doubles décompositions. Mais l'expérience fait voir qu'assez souvent une partie de l'acide carbonique devient libre, et qu'il se produit un carbonate basique, lorsque la base qu'il s'agit d'unir à cet acide n'est pas puissante.

1406. *État naturel.* — Les carbonates naturels, à un degré quelconque de neutralisation, sont au nombre de seize, savoir : les carbonates de chaux, de protoxide de fer, de soude, de potasse, de bi-oxide de cuivre, de plomb, de zinc, de baryte, de strontiane, de magnésie, de manganèse, d'argent, de protoxide de cerium, et les doubles carbonates de chaux et de magnésie, de chaux et de soude, de chaux et de baryte.

1407. *Composition.* — Dans les carbonates, la quantité d'oxigène de l'oxide est à la quantité d'oxigène de l'acide comme 1 à 2, et à la quantité d'acide même comme 1 à 2,765. On peut donc, d'après la composition des oxides, connaître celle de tous les carbonates : nous citerons celle de six d'entre eux.

CARBONATES.	BASE pour 100 d'acide.	EN PROPORTIONS			FORMULES ATOMIQUES.
		DE BASE.	D'ACIDE.	D'EAU.	
De baryte...	346,10	$1=956,98$	$1=276,52$	....	(BaO,C^2O^2).
De chaux...	128,75	$1=356,00$	$1=276,52$	....	(CaO,C^2O^2).
De soude...	141,39	$1=390,92$	$1=276,52$	$10=1124,30$	(NaO, C^2O^2) $+10H^2O$.
De potasse...	213.37	$1=589,92$	$1=276,52$	....	(KO,C^2O^2).
De magnésie.	93,43	$1=247,13$	$1=276,52$	....	(MgO,C^2O^2).
De plomb...	504,34	$1=1394,50$	$1=276,52$	....	(PbO,C^2O^2).

Pour déterminer par expérience combien les carbonates
secs contiennent d'acide, et par conséquent d'oxide, il suffit
de prendre un petit matras à long col, d'y mettre de l'acide
azotique faible, d'y projeter peu-à-peu le sel, et de retrancher du poids total du matras, de l'acide et du sel, celui
du matras et du liquide qui s'y trouvera après l'entière dissolution de la matière saline. L'on pourrait encore introduire
d'abord tout le sel dans le matras, et verser ensuite l'acide
peu-à-peu; ce procédé serait même plus commode et plus
sûr si le sel était en poudre. A la vérité, dans tous les cas
il se dégagera un peu de vapeur d'eau; mais le poids de
cette vapeur se trouvera sensiblement compensé par la petite quantité d'acide carbonique qui restera dans la liqueur,
pourvu qu'on n'emploie pas trop d'acide azotique.

Rien ne s'oppose, au surplus, à ce que l'on connaisse
parfaitement le poids de l'acide carbonique. En effet, que
l'on mette la dissolution dans une petite fiole, et qu'on la
porte à l'ébullition après avoir adapté au col de cette fiole
un petit tube dont l'on fera rendre l'extrémité sous une
éprouvette pleine de mercure, l'on en dégagera et l'air et
le gaz carbonique; mettant ensuite le mélange gazeux en
contact avec une dissolution de potasse, l'on absorbera seulement l'acide, et l'on jugera de son volume par l'ab-

sorption. Il ne s'agira plus que de tenir compte de la petite quantité de vapeur qui se sera formée. Pour cela, observant que la perte totale obtenue dans la première expérience est due à du gaz carbonique saturé de vapeur, on calculera le volume de cet acide pour la température et la pression auxquelles on opérera, et l'on en retranchera le poids de la vapeur quil contient à cette température.

Supposons que le volume soit d'un litre, et que la température soit de 17°; le poids de la vapeur contenue dans ce litre sera de 0^{gram},01444 (1). (*Voy.* 1er vol., p. 192.)

1408. *Caractères génériques.* — Pour reconnaître les carbonates, il suffit de les traiter par l'acide azotique ou l'acide chlorhydrique, étendu d'eau : à l'instant même, il se fait un dégagement de gaz carbonique, lequel est sans couleur, n'a qu'une odeur légèrement piquante, et ne répand point de vapeurs blanches dans l'air. L'effervescence est toujours instantanée et très vive, lorsque le carbonate est en dissolution concentrée; il en est presque toujours de même, lorsque les carbonates sont en poudre : quelques-uns seulement, tels que le carbonate de baryte et le carbonate de fer, naturels, exigent que l'acide soit chaud, pour que le dégagement soit très apparent.

1409. *Usages.* — Les carbonates de chaux, de fer, de baryte, de cuivre, de potasse, de soude, de plomb et de magnésie sont les seuls carbonates métalliques neutres ou basiques, qu'on emploie dans les arts ou la médecine. Leurs usages seront indiqués en parlant de chacun d'eux.

Des carbonates en particulier.

1410. Examinons maintenant les principaux carbonates; mais auparavant faisons voir que leur histoire, surtout celle

---

(1) Pour estimer le poids du gaz carbonique, on a toutes les données nécessaires, car on connaît la densité du gaz carbonique, celle de la vapeur d'eau, et l'on sait que la tension de la vapeur s'ajoute à celle de l'acide.

des carbonates insolubles, se trouve presque tout entière renfermée dans l'histoire de la famille et du genre.

En effet, pour le prouver, prenons comme exemple le carbonate de chaux. Ce sel est solide, car tous les sels métalliques le sont. Il est blanc, car aucun sel appartenant aux deux premières sections n'est coloré, à moins que ce sel ne soit un chromate. Il est insipide, car il est insoluble. Il est plus pesant que l'eau, car il n'est point de sel dont la densité soit moindre que celle de ce liquide. Soumis à l'action d'une forte chaleur, il se décompose et laisse dégager son acide, car il n'y a que les carbonates de baryte, de potasse, de soude et peut-être de lithine qui soient indécomposables par le feu. Délayé dans l'eau et placé dans un courant voltaïque, il se décompose également; son acide se rend au pôle positif et sa base au pôle négatif, car telle est la manière d'être de tous les sels des deux premières sections avec la pile. Il n'est point attiré par le barreau aimanté, car il n'y a tout au plus que les sels de protoxide de fer, à grand excès de base, qui le soient. Il n'éprouve aucune altération de la part de la lumière, car celle-ci n'agit que sur les sels dont l'oxide est très réductible; il n'en éprouve non plus aucune de la part du gaz oxigène, car il n'y a que les sels dont les acides et les oxides ne sont au point *summum* d'oxigénation qui puissent absorber ce gaz. Il n'est ni efflorescent ni déliquescent, car il est insoluble. Lorsqu'on le met en contact, à une température élevée, avec l'hydrogène, le carbone, le bore et le phosphore, on obtient, avec le premier de ces corps, de l'eau, du gaz oxide de carbone et de la chaux; avec le second, du gaz oxide de carbone et de la chaux; avec le troisième et le quatrième, du gaz oxide de carbone ou du carbone, et du phosphate ou borate de chaux; car c'est ainsi que se comportent avec ces différens corps combustibles tous les carbonates de la seconde section, ou plutôt ceux qui ne sont décomposables par le feu qu'au-dessus de la chaleur rouge. Chauffé avec le soufre, le chlore ou l'iode, il laisse dégager son acide et agit sur eux par son oxide, car telle est la manière d'être de tous les carbonates avec ces trois corps. Il n'est point décomposé par le gaz azote, car ce gaz ne décompose aucun sel; il ne l'est non plus par aucun oxide lorsqu'il est en contact avec l'eau, car alors la chaux décompose tous les carbonates; il l'est au contraire par le potassium et le sodium, car ces métaux absorbent tout l'oxigène de l'acide des carbonates et en mettent le carbone en liberté; il l'est aussi, et même avec effervescence, par la plupart des acides, car presque tous décomposent les différens carbonates de cette manière. Il est insoluble dans l'eau, car il n'y a que trois carbonates métalliques qui s'y dissolvent, ceux de potasse, de soude et de lithium. Enfin, il se forme et se précipite tout-à-coup toutes les fois qu'on verse une dissolution de carbonate de potasse ou de soude dans une dissolution d'un sel calcaire, car il est insoluble.

Carbonate de potasse.

1411. Acre, légèrement caustique, verdissant le sirop de violettes, très soluble dans l'eau, déliquescent, difficilement cristallisable (1), fusible un peu au-dessus de la chaleur rouge, indécomposable par la chaleur la plus forte, à moins qu'il ne soit humide, formule (KO, C^2O^2), etc. (1398—1407); n'existe au plus que dans l'urine de quelques animaux (2).

On l'extrait des plantes, particulièrement de celles qui

(1) Cependant, suivant Fabroni, en concentrant une solution de potasse du commerce jusqu'à 53° à l'aréomètre de Baumé, décantant la liqueur pour la séparer des sels étrangers qui se précipitent, et la portant par une nouvelle concentration à 55°, il s'en dépose assez promptement du carbonate en longues lames rhomboïdales blanches. (*Ann. de Chim. et de Phys.*, xxv, 5.)

(2) On croyait que ce sel faisait partie des végétaux, parce que c'est un de ceux que l'on retire des cendres. Mais M. Vauquelin n'ayant trouvé que de l'acétate de potasse dans la sève, il est très probable que le carbonate de potasse des cendres est un produit de la calcination.

sont ligneuses, par l'incinération et par la lixiviation; mais on en retire en même temps du sulfate de potasse et du chlorure de potassium, qui, comme le carbonate de potasse, sont solubles dans l'eau. Ces trois corps, mêlés en diverses proportions, et colorés assez souvent par un peu d'oxide de fer ou de manganèse, constituent la potasse du commerce, qui contient quelquefois, en outre, une petite quantité de silice en partie combinée. C'est dans les pays où les bois sont communs, en Russie, en Amérique, qu'on prépare la potasse : on brûle les bois sur le sol, dans un lieu à l'abri du vent; on obtient pour résidu des cendres qui sont formées de carbonate de potasse, de sulfate de potasse et de chlorure de potassium, substances solubles dans l'eau, et d'alumine, de silice, d'oxide de fer, d'oxide de manganèse, de carbonate de chaux, de sous-phosphate de chaux, de quelques atomes de charbon échappé à l'incinération, matières sur lesquelles l'eau est sans action. On lessive les cendres à chaud; on fait évaporer la liqueur jusqu'à siccité, on calcine le résidu, appelé *salin*, jusqu'au rouge, dans un four à réverbère, afin de le sécher et de brûler complètement les matières charbonneuses qui auraient pu être entraînées; on retire ce résidu; on le laisse refroidir, et on l'expédie pour le commerce, dans des tonneaux bien fermés, sous le nom de *potasse* du pays dans lequel l'opération a été faite.

1412. On connaît dans le commerce six principales espèces de potasse; savoir : la potasse de Russie, celle d'Amérique, la potasse perlasse, celle de Trèves, celle de Dantzick et celle des Vosges.

Ces potasses varient en qualité : c'est ce qu'on verra dans le tableau suivant, emprunté d'un Mémoire de M. Vauquelin. (*Ann. de Chim.*, tome XL, page 273.)

Le tableau est tel que l'a publié l'auteur; mais alors on ignorait que la potasse purifiée par l'alcool contient 16 d'eau pour 100. Comme c'est cette potasse que M. Vauquelin indique sous le nom de *potasse réelle*, il faudra nécessairement tenir compte de cette réduction : ainsi, pour la potasse de Trèves, au lieu de 720 d'alcali réel, il ne faudra admettre que 720 — 115,2 = 604,8. Les 115,2 qu'on retranche ici ne sont que de l'eau.

Potasse de Russie. 1152	Potasse réelle. 772	Sulfate de potasse. 65	Chlorure de potassium. 5	Résidu insoluble. 56	Ac. carbon. et eau. 254=1152
Potasse d'Amérique. *Idem.*	857	154	20	2	119=1152
Potasse perlasse. *Idem.*	754	80	4	6	308=1152
Potasse de Trèves. *Idem.*	720	165	44	24	199=1152
Potasse de Dautzick. *Idem.*	603	152	14	79	304=1152
Potasse des Vosges. *Idem.*	444	148	510	34	16=1152 Il devrait y avoir plus de 16 d'acide et d'eau.

M. Gay-Lussac a donné, sur l'essai des potasses du commerce (*Annales de Chim. et de Physique*, t. XXXIX, p. 353), des procédés dont nous rendrons compte dans le cinquième volume.

1413. *Préparation.* — Il serait difficile d'extraire le carbonate de potasse de la potasse du commerce, parce qu'on ne peut le séparer complètement du sulfate de potasse et du chlorure de potassium que cette substance contient, même en le faisant cristalliser à la manière de Fabroni. C'est pourquoi l'on prépare ce sel en faisant un mélange de deux parties de tartrate acide de potasse et d'une partie d'azotate de potasse, projetant le mélange dans une bassine dont le fond est à peine rouge ; lessivant le produit et faisant évaporer la lessive jusqu'à siccité. (*Voyez* ce qui a été dit à cet égard, 675.)

Lorsque, au lieu de lessiver le produit tout de suite, on le calcine fortement, le carbonate de potasse que l'on obtient est mêlé, suivant M. Guibourt, de beaucoup de cyanure de potassium. (*Journ. de Pharm.*, v, 58.)

1414. *Usages.* — On ne se sert du carbonate de potasse pur que dans les laboratoires ; mais on l'emploie mêlé avec le sulfate de potasse et le chlorure de potassium, c'est-à-dire, à l'état de potasse du commerce, dans plusieurs arts très importans : 1° dans la fabrication du salpêtre ou azotate de potasse ; 2° dans la fabrication de l'alun ; 3° dans celle du verre ; 4° dans celle du savon vert ou mou ; 5° dans celle du bleu de Prusse ; 6° pour les lessives : aussi la consommation de la potasse du commerce est-elle considérable. Cependant on en consomme bien moins en France depuis l'établissement des fabriques de soude artificielle, parce que cet alcali est tout aussi propre au blanchîment, à la fabrication du bleu de Prusse et de presque tous les verres que la potasse, qui nous vient presque toute des pays étrangers.

Carbonate de soude.

1415. *Propriétés.* — Acre, légèrement caustique, très soluble dans l'eau, plus à chaud qu'à froid ; cristallisant par le refroidissement sous forme de prismes rhomboïdaux, ou de deux pyramides quadrangulaires appliquées base à base et à sommets tronqués ; efflorescent ; éprouvant la fusion aqueuse à une basse température, et la fusion ignée un peu au-dessus de la chaleur rouge ; indécomposable par la chaleur la plus forte, à moins qu'il ne soit humide ; contenant, d'après M. Berard, 62,69 pour 100 d'eau de cristallisation (*Voy.* son Mémoire où il traite des carbonates alcalins ; *Ann. de Chim.*, LXXI) ; ayant pour formule $(NaO, C^2O^2) + 10 H^2O$.

1416. *État naturel.* — On trouve ce sel en France, en Espagne, etc., dans la plupart des plantes qui croissent sur les bords de la Méditerranée, et en dissolution dans les eaux de certains lacs ; mais il n'est pur dans aucun cas. Celui qu'on retire des lacs est mêlé avec du sel marin et du sulfate de soude ; il porte dans le commerce le nom de *natron.* L'autre est mêlé avec toutes les matières terreuses entrant dans la composition des plantes d'où on l'extrait et reçoit le nom de *soude du commerce* : il provient, d'après les observations de M. Gay-Lussac, de l'oxalate de soude que ces plantes contiennent et que la chaleur décompose. (*Ann. de Chim. et de Phys.*)

1417. *Extraction du natron.* — Le natron nous vient principalement d'Égypte : deux des lacs d'où on le retire sont situés dans le désert de Thaïat ou de Saint-Macaire, à l'ouest du Delta. Ils ont trois à quatre lieues de long sur un quart de lieue de large. En hiver, une eau d'un rouge violet transsude à travers leur fond, et s'élève jusqu'à près de deux mètres ; mais au retour des chaleurs, dont la durée est de plus de neuf mois, cette eau s'évapore complètement, et laisse une couche de sel ou de natron que l'on détache avec des barres de fer.

En Hongrie, dans le comitat de Bihar, on retire aussi une espèce de natron de plusieurs lacs qui se trouvent entre Debretzin et Groswardein. Ces lacs sont appelés *Fejerto* ou *Lacs-Blancs*, parce que, pendant l'été, l'eau de ces lacs venant à s'évaporer, couvre le sable qui en constitue le fond d'une efflorescence blanche qui n'est autre chose que du natron.

Il existe également dans plusieurs autres lieux, et particulièrement en Amérique, des lacs qui contiennent du natron.

On trouve, d'ailleurs, ce sel en dissolution dans certaines eaux minérales, et en efflorescence à la surface de quelques terrains et de quelques murs.

Il paraît que le natron provient de la décomposition du sel marin par la craie ou carbonate de chaux : aussi, partout où ces deux sels se trouvent mêlés se forme-t-il des efflorescences de carbonate de soude, ainsi que M. Berthollet l'a observé.

1418. *Extraction de la soude des plantes marines.* — On coupe les plantes qui doivent fournir cette soude, on les fait sécher à l'air, et on les brûle dans des fosses dont la profondeur est d'environ un mètre, et la largeur de 1 mètre, 3. Cette combustion, qui se fait en plein air sur un sol bien sec, dure plusieurs jours, et fournit, au lieu de cendres comme le bois, une masse saline dure et compacte, à demi fondue, que l'on concasse et que l'on verse dans le commerce sous le nom de *soude du pays* où elle a été faite, ou de la plante qui l'a fournie.

La soude du commerce est composée, en proportions diverses, de carbonate et de sulfate de soude, de sulfure de sodium, de sel marin, de carbonate de chaux, d'alumine, de silice, d'oxide de fer, de charbon échappé à l'incinération. Elle contient aussi quelquefois du sulfate de potasse et du chlorure de potassium.

La plus estimée est celle d'Espagne ; elle est connue sous les noms de *soude d'Alicante, de Carthagène, de Malaga* : on l'extrait de plusieurs plantes, mais particulièrement de la barille, que l'on cultive avec soin sur les côtes d'Espagne, et qui est la plus riche en alcali. On y trouve de 25 à 40 pour 100 de carbonate de soude.

Les soudes qu'on récolte en France sont beaucoup moins estimées que celles d'Espagne. On en distingue trois espèces : le *salicor* ou *soude de Narbonne*, la *blanquette* ou *soude d'Aigues-Mortes*, et le *vareck* ou *soude de Normandie*.

Le salicor ou soude de Narbonne provient de la combustion du *salicornia annua*, qu'on cultive sous le nom de *salicor* aux environs de Narbonne. Cette plante est semée et récoltée dans la même année après l'époque de la fructification. La soude qui en provient contient, d'après

M. Chaptal, 14 à 15 pour 100 de carbonate de soude : on l'emploie particulièrement dans les verreries.

La blanquette ou soude d'Aigues-Mortes s'extrait, entre Frontignan et Aigues-Mortes, de toutes les plantes salées qui croissent naturellement sur les bords de la mer. Ces plantes sont le *salicornia europœa*, le *salsola tragus*, l'*atriplex portulacoïdes*, le *salsola kali* et le *statice limonium*. Selon M. Chaptal, c'est la première de ces plantes qui donne le plus de soude, et la dernière qui en donne le moins. On les fauche toutes à la fin de l'été; on les sèche et on les brûle. Le produit de chaque opération fournit 4 à 5,000 kilogrammes de soude. Cette soude ne contient que de 3 à 8 pour cent de carbonate de soude.

Le vareck ou soude de Normandie s'extrait des fucus qui croissent abondamment sur les côtes de l'Océan : c'est la moins riche; elle contient à peine du carbonate de soude; elle contient, au contraire, beaucoup de chlorures de potassium et de sodium, et plus ou moins de sulfates de potasse et de soude; l'on y trouve aussi un peu d'iodure de potassium. Nous avons décrit (115) le procédé par lequel on en retire l'iode. Nous ajouterons ici que les sels que l'on se procure en pratiquant ce procédé, sont quelquefois mêlés par fraude au sel marin.

1419. *Soude artificielle du commerce.* — Les soudes artificielles récemment faites sont composées de soude caustique, de carbonate de soude, de sel marin, de sulfure de calcium uni à la chaux, et de charbon; elles s'obtiennent en calcinant ensemble une certaine quantité de sulfate de soude, de charbon et de craie. On prend environ 180 parties de sulfate de soude sec, 180 de craie en poudre fine, et 110 de poussier de charbon de bois ou de terre; on en fait un mélange exact; on le jette dans un four à réverbère dont la forme est elliptique et dont la température est un peu plus élevée que le rouge cerise, et on brasse le mélange de quart d'heure en quart d'heure. Au bout d'un certain temps, la matière devient pâteuse; alors on la pétrit bien avec un ringard, puis on la retire et on la reçoit dans une chaudière : cette matière est la soude artificielle. En employant les proportions que nous venons d'indiquer, on obtient près de 300 parties de soude au titre de 32 à 33°, c'est-à-dire, contenant un peu plus de 32 à 33 parties sur 100 de carbonate de soude pur (1). Six ouvriers peuvent faire 10 fontes ou 1500 kilogrammes de soude par vingt-quatre heures. Lorsqu'on veut avoir de la soude de très bonne qualité, il ne faut mêler que du poussier de charbon de bois avec la craie et le sulfate de soude. L'on doit toujours, au contraire, se servir de charbon de terre pour chauffer le four : on en consomme à-peu-près pour trois francs par chaque fonte. Ce procédé, indiqué et pratiqué pour la première fois par Leblanc et M. Dizé, a été perfectionné par MM. d'Arcet et Anfrye : c'est à ces divers chimistes que la France est redevable du nouvel art qui en est résulté.

1420. *Essais des soudes du commerce.* — La soude du commerce étant d'autant plus précieuse qu'elle contient plus d'alcali, il est important de pouvoir en déterminer le titre. On y parvient de la manière suivante : on prend une certaine quantité de soude, par exemple, un décagramme réduit en poudre fine, et on la met en digestion pendant une heure avec 4 à 5 centilitres d'eau, en ayant soin de la remuer de temps en temps; ensuite on filtre la dissolution; on lave le résidu avec à-peu-près autant d'eau qu'on en a employé d'abord; on réunit cette eau à la première, puis on y verse de l'acide sulfurique faible jusqu'à saturation parfaite, et on note avec soin la quantité qu'il faut en employer; après quoi, il ne s'agit plus que de comparer cette quantité à celle qu'est capable de neutraliser une quantité

____

(1) Un degré alcalimétrique est la quantité de soude ou de carbonate de soude, qui peut être saturée par un poids donné d'un acide sulfurique composé de 1 partie d'acide concentré et de 9 parties d'eau : cette quantité pour 1 gramme d'acide concentré, est de 1gr,087 de carbonate.

donnée de carbonate de soude pur et sec, pour conclure le titre de la soude que l'on essaie. Ce procédé est fondé sur la propriété qu'a l'eau froide de ne point attaquer sensiblement l'oxi-sulfure de calcium, de dissoudre au contraire la soude et le carbonate de soude, et sur ce que la même quantité d'alcali est toujours neutralisée par la même quantité d'acide. M. Vauquelin l'a le premier employé pour déterminer la quantité de carbonate de potasse contenue dans les diverses espèces de potasse du commerce ; et M. Descroizilles, en sentant tout l'avantage, l'a mis à la portée de tous les négocians par l'invention de son alcalimètre, instrument dont on trouvera la description *Ann. de Ch.* LX, 17.

MM. Gay-Lussac et Welter ont fait, sur l'essai des soudes et des sels de soude du commerce, des observations qu'il importe aux fabricans de connaître. Ces observations se trouvent *Ann. de Chim. et de Phys.*, t. XIII, p. 212. (Voy. d'ailleurs le cinquième volume.)

1421. *Préparation du carbonate de soude.* — On prend de bonne soude artificielle ; après l'avoir pulvérisée, on la lessive, mais à froid, pour ne point attaquer l'oxi-sulfure de calcium ; on fait évaporer doucement la liqueur jusqu'à siccité en l'agitant presque continuellement, et on expose à l'air humide le résidu divisé autant que possible, afin de faire passer à l'état de carbonate les portions de soude qui pourraient encore être caustiques : au bout de quinze à vingt jours, ou plus tôt, lorsqu'il s'est formé à la surface de la soude une efflorescence, on la lessive de nouveau, on rapproche la liqueur convenablement, et l'on obtient par le refroidissement, du carbonate cristallisé, qu'il est facile de purifier par de nouvelles cristallisations.

1422. *Usages.* — On emploie le carbonate de soude en cristaux, et surtout la soude du commerce, pour faire le savon dur ou le savon ordinaire, pour fabriquer le verre, pour couler les lessives, et dans quelques opérations de teinture. Ces quatre arts en consomment dans la France un grand nombre de millions de livres.

Carbonate de lithine.

1423. Le carbonate de lithine se prépare aisément en versant, dans la dissolution de sulfate de lithine, une telle quantité d'acétate de baryte, que les deux sels se trouvent transformés en sulfate de baryte insoluble et acétate de lithine soluble; savoir : 1 proportion de chaque. Après les avoir séparés par le filtre, on fait évaporer la liqueur; ensuite on calcine le résidu dans un creuset d'argent, pour décomposer l'acétate et le transformer en produits volatils et en un mélange fixe de carbonate et de charbon; puis on lessive, on filtre et on réduit à siccité : le nouveau résidu est le carbonate cherché. Dans le cas où il contiendrait un peu de lithine non carbonatée, on l'enleverait par l'eau employée en quantité convenable.

Ce carbonate est blanc, pulvérulent, alcalin, indécomposable par le feu, sans action sur l'air, peu soluble dans l'eau, etc.

Sa formule est (LO, C^2O^2).

Carbonate de baryte.

1424. Blanc, insipide, indécomposable par le feu, exigeant plus de 4000 parties d'eau froide, et plus de 2000 d'eau bouillante pour se dissoudre ; insoluble dans l'eau chargée de sel; soluble dans celle qui est chargée d'acide carbonique, etc. ; facile à obtenir par la voie des doubles décompositions, en versant une dissolution de carbonate d'ammoniaque dans une dissolution d'azotate de baryte ou de chlorure de barium ; employé quelquefois dans l'analyse des minéraux qui renferment de la soude ou de la potasse.

Ce carbonate, que les minéralogistes désignent sous le nom de *witherite*, se trouve en Angleterre, à Anglesarck, dans le Hanckshire, sous forme de masses rayonnées dans leur intérieur; dans un filon de mine de plomb du pays de

Galles; près de Neuberg, dans la Haute-Styrie, et à Schlangenberg, en Sibérie, en masses cellulaires. Il est translucide et un peu gris-jaunâtre. Celui d'Anglesarck est accompagné de sulfate de baryte, de sulfure et de carbonate de zinc. D'après MM. Clément et Desormes, il est formé de 78 de baryte et de 22 d'acide carboniq ue, comme l'indique sa formule : (BaO, C^2O^2).

Carbonate de strontiane.

1425. Le carbonate de strontiane (SrO, C^2O^2) a été découvert à Strontian, en Écosse; depuis, on en a trouvé à Leadhills, dans le même pays, et M. de Humboldt en a rapporté de *Pisope*, près de Popayan, au Pérou. Il est en masses formées de fibres convergentes, translucides, tantôt jaunâtres et tantôt vert-pomme, etc. Ses cristaux sont des prismes hexaèdres réguliers. Il existe aussi dans les eaux de quelques sources, à Carlsbad, par exemple.

On le prépare aisément par la voie des doubles décompositions. Il se précipite en poudre blanche, que le feu ne décompose qu'en partie, qui ne se dissout que dans environ 2000 fois son poids d'eau pure, mais qui est beaucoup plus soluble par l'intermède de l'acide carbonique, et se dépose peu-à-peu de la liqueur exposée à l'air, sous forme d'aiguilles cristallines.

Carbonate de chaux.

1426. *État naturel.* — Le carbonate de chaux est un des corps le plus abondamment répandus dans la nature. C'est lui qui, seul ou mêlé à quelques matières étrangères, constitue les marbres, la craie ou blanc d'Espagne, le calcaire compacte, les albâtres, etc. On le rencontre dans tous les terrains, depuis les plus anciens jusqu'aux plus modernes; il forme, dans les uns, des couches puissantes intercalées au milieu de diverses roches, et dans les autres, des montagnes et des chaînes entières de montagnes ou des dépôts qui occupent de très grands espaces.

Les marbres blancs à grains fins, plusieurs marbres diversement colorés, appartiennent, soit aux terrains primitifs, soit aux terrains intermédiaires; les marbres qui renferment des débris organiques, tels que des coquilles et des madrépores, commencent dans les terrains intermédiaires, où ils sont très abondans, et s'étendent dans les terrains secondaires en présentant de nombreuses variétés.

C'est dans cette dernière espèce de terrains que se trouvent aussi des dépôts de calcaire compacte : ils y sont considérables; leur couleur est blanchâtre ou jaunâtre, leur cassure terne; leur masse est remplie de débris de coquilles, comme les marbres que nous venons de citer; et ce qu'il y a de remarquable, c'est que ces coquilles proviennent d'espèces qu'on ne connaît plus vivantes dans nos mers.

La craie, qui est souvent plus ou moins mélangée de sable quarzeux, termine en beaucoup d'endroits les terrains secondaires; elle est alors recouverte par des dépôts plus ou moins étendus, qui entrent dans la division des terrains tertiaires, et où le carbonate de chaux forme lui-même des dépôts grossiers, très mélangés de sable, et renfermant des coquilles qui se rapprochent beaucoup plus que les précédentes de celles qui vivent actuellement. Parmi ces coquilles, il en est qui sont analogues à celles des mers, et d'autres qui ressemblent à celles de nos étangs et de nos rivières : de là la distinction des *pierres calcaires marines* et *des pierres calcaires d'eau douce*.

Presque toutes les eaux renferment du carbonate de chaux; il est sans cesse remis en solution, surtout à la faveur d'un peu d'acide carbonique, dans celles qui circulent à la surface ou au sein de la terre; il est charrié et déposé par elles en divers lieux : c'est ainsi, qu'en filtrant à travers la voûte des cavernes si abondantes dans les pays calcaires, elles produisent les *stalactites* et les *stalagmites*, d'où l'on tire l'*albâtre calcaire* employé dans les arts : ce sont également ces eaux qui, au contact de l'air, donnent lieu à des incrustations sur les plantes, et qui produisent sans cesse sur le sol des amas désignés sous le nom de *tufs calcaires*, amas dont quelques-uns sont immenses, très anciens, et ne s'accroissent aujourd'hui que de quelques pouces par année.

Le carbonate de chaux naturel présente une multitude de variétés : à l'état cristallin, ses formes sont extrêmement nombreuses; mais elles dérivent toutes d'un rhomboèdre de 105° 5' que le clivage fait découvrir; elles peuvent se rapporter à trois genres de formes, savoir : à des rhomboèdres qui varient, en quelque sorte, à l'infini, depuis les plus obtus jusqu'aux plus aigus; au prisme hexaèdre régulier, à des dodécaèdres bi-pyramidaux, dont quelques-uns sont à triangles isocèles et le plus grand nombre à triangles scalènes. Il y a aussi une multitude de variétés de formes accidentelles, de formes empruntées et de variétés de structures, etc.

Le carbonate de chaux est quelquefois coloré : ses teintes, très diversifiées, sont toujours dues à des substances étrangères, telles que l'oxide de fer, l'oxide de manganèse, le bitume.

Ajoutons, à tout ce que nous venons de dire sur l'état naturel du carbonate de chaux, qu'il entre dans la composition de presque toutes les terres cultivées et, pour une très grande partie, dans celle des coquilles et des madrépores.

Propriétés. — Les propriétés du carbonate de chaux ont été exposées avec un très grand soin, pour prouver que l'histoire des carbonates insolubles se trouvait comprise dans celle de la famille et du genre.

Nous ajouterons seulement que lorsqu'on sature de chaux une dissolution de sucre et qu'on expose la liqueur à l'air, il s'y forme peu-à-peu, par l'acide carbonique de l'atmosphère, des cristaux rhomboédriques très aigus, qui sont un véritable carbonate de chaux hydraté; que ce carbonate, observé d'abord par M. Daniell et analysé par M. Pélouze, a pour formule $(CaO, C^2O^2) + 5H^2O$; qu'il s'effleurit à 'air au-dessus de 20°, qu'il s'effleurit même au sein de l'eau à 28 ou 30°, qu'il éprouve le même effet dans l'éther sulfurique, mais qu'il conserve les $\frac{3}{5}$ de son eau de cristallisation dans l'alcool bouillant. (M. Pélouze, *Ann. de Chim. et de Phys.*, XLVIII, 301.)

Suivant M. Becquerel, on obtient également ce sel en soumettant la même dissolution de sucre et de chaux à l'action de la pile dans des vases fermés ; d'où il suit qu'alors l'acide carbonique se formerait par la décomposition d'une partie du sucre. (*Ann. de Chim. et de Phys.*, XLVII.)

Usages. — Le carbonate de chaux a divers usages : on en extrait la chaux et l'acide carbonique ; on l'emploie comme pierre à bâtir, et l'on s'en sert encore à l'état de marbre pour faire des colonnes, des statues, etc., et à l'état d'albâtre pour faire des vases demi-transparens.

Carbonate double de chaux et de soude, ou gay-lussite.

1427. Ce double carbonate a été découvert par M. Boussingault, en cristaux isolés et assez nombreux, à Mérida, en Amérique. Il en a fait l'analyse, et l'a trouvé formé de 31,0 de carbonate de chaux ; 34,5 de carbonate de soude, et de 34,5 d'eau ; ce qui donne pour sa formule : $(CaO, C^2O^2 + NaO, C^2O^2) + 6H^2O$. Dans son état naturel, ce sel est insoluble et n'est point décomposé par l'eau ; mais, lorsque, par la chaleur, on l'a *déshydraté*, l'eau en dissout le carbonate de soude, et laisse le carbonate de chaux libre et sous forme de poudre.

Carbonate double de chaux et de baryte ou baryto-calcite des minéralogistes.

1428. Cette substance n'a été trouvée qu'à Alstone Moor, dans le comté de Durham. Sa formule est $(BaO, C^2O^2) + (CaO, C^2O^2)$: ses cristaux sont des prismes obliques à bases rhombes, M. Berthier l'a obtenu par voie de fusion (1311).

Carbonate de magnésie.

1429. Le carbonate de magnésie se précipite avec un excès de base, quand on cherche à se le procurer par double décomposition. On ne l'obtient à l'état neutre qu'en dissolvant le précipité dans de l'eau par l'intermède de l'acide carbonique, et abandonnant la liqueur à l'évaporation spontanée. Il se dégage alors peu-à-peu de l'acide carbonique, et il se dépose du carbonate neutre de magnésie hydraté, sous forme de petits prismes hexagones, dont la formule est $(MgO, C^2O^2) + 3 H^2O$.

Ce sel s'effleurit à l'air et devient, à une douce chaleur, d'un blanc laiteux et opaque, tout en conservant sa forme. L'eau froide le transforme en bi-carbonate soluble et en carbonate avec excès de base. L'eau bouillante en dégage du gaz carbonique et donne lieu au même sel basique : c'est ce sel qui constitue la *magnesia alba* ou *magnésie blanche* des pharmaciens.

La *magnesia alba* est formée de : 44,75 de magnésie ; 35,77 d'acide carbonique ; 19,48 d'eau : d'où il suit qu'on peut la regarder comme un carbonate hydraté, contenant un tiers de base de plus que le carbonate neutre, ou comme un composé de carbonate neutre hydraté et d'hydrate de magnésie, dans lesquels la base du carbonate serait trois fois celle de l'hydrate, ce qui donne pour formule : $3 (MgO, C^2O^2 + H^2O) + (MgO, H^2O)$. C'est cette dernière composition que M. Berzelius a adoptée, en considérant qu'on ne connaît point de carbonate basique semblable au précédent, et qu'un composé de carbonate et d'hydrate n'a rien d'extraordinaire, puisqu'il représente une sorte de sel double.

La *magnesia alba* est préparée en grand pour les besoins de la médecine, soit en Bohême, soit en Angleterre, et précipitée des eaux de sources par le carbonate de soude ou de potasse. Pour l'avoir très légère, très blanche et très

volumineuse, telle qu'on l'exige dans le commerce, il faut
employer des dissolutions bouillantes et très étendues, sans
quoi le précipité est grenu; il faut encore que le sulfate de
magnésie soit en excès, si on se sert de carbonate de soude :
le contraire peut avoir lieu en faisant usage de carbonate de
potasse (1431 et 1430).

Le carbonate de magnésie ne se trouve presque jamais
pur dans la nature; on n'en cite encore à cet état qu'à Roub-
schitz, en Moravie; mais il est presque toujours mélangé
en plus ou moins grande quantité d'un hydro-silicate de
magnésie dont les minéralogistes forment l'espèce *magnésite*. Il fait partie constituante du double carbonate de
chaux et de magnésie, dans lequel il entre pour 46 sur 100.
Ses cristaux, extrêmement rares, sont des rhomboëdres de
107° 25′.

Carbonate double de magnésie et de potasse.

1430. Ce double carbonate s'obtient en versant un excès
de bi-carbonate de potasse en dissolution saturée, dans du
chlorure de magnesium ou de l'azotate de magnésie lui-
même dissous, et abandonnant la liqueur à elle-même : au
bout de quelques jours, le sel double se dépose en gros
cristaux réguliers, dont la formule est ($2MgO, 2C^2O^2 +$
$KO, 2C^2O^2$) $+ 9H^2O$. L'eau le décompose, dissout le bi-
carbonate de potasse et transforme le carbonate de magnésie en bi-carbonate soluble et en *magnesia alba* insoluble.
Il a une saveur alcaline. Une chaleur de 100° en dégage
l'eau de cristallisation, et le rend d'un blanc laiteux sans en
changer la forme.

Carbonate double de magnésie et de soude.

1431. On se le procure comme celui qui précède. Il résiste beaucoup plus à l'action de l'eau, qui n'en opère que
difficilement la décomposition complète, même à chaud.

Aussi, lorsqu'on précipite les sels magnésiens par un excès de carbonate de soude, le carbonate de magnésie bien lavé retient-il toujours une portion de carbonate de soude. Voilà même pourquoi l'on doit toujours employer un excès de sulfate de magnésie dans la préparation de la *magnesia alba*, par le carbonate de soude. Une chaleur rouge le décompose, et le transforme en magnésie et en carbonate de soude ordinaire que l'eau dissout facilement et sépare de la base qui reste sous forme de poudre insoluble.

Carbonate double de magnésie et de chaux, ou dolomie.

1432. Ce double carbonate est plus dur que le carbonate de chaux proprement dit; sa pesanteur spécifique est de 2,8 à 2,10. Il est formé de 54 de carbonate de chaux et de 46 de carbonate de magnésie, d'où l'on déduit pour sa formule $(CaO, C^2O^2 + MgO, C^2O^2)$; mais fréquemment il est mélangé avec l'un des principes qui le constituent. Ses cristaux sont des rhomboèdres de 106° 15′ et 74° 45′, qui offrent peu de modifications, et le plus souvent même sont tout-à-fait simples.

Le double carbonate de chaux et de magnésie se trouve en cristaux, tantôt dans les cavités des filons, principalement dans ceux d'argent aurifère (Guanaxuato au Mexique), tantôt au milieu de roches talqueuses. Il forme aussi des couches puissantes dans les terrains primitifs et intermédiaires, et même des montagnes entières dans les terrains secondaires. Cependant il n'est pas à beaucoup près aussi répandu que le carbonate de chaux, et ne présente pas non plus toutes les variétés de forme et de structure dont celui-ci est susceptible.

Carbonate double de magnésie et d'ammoniaque.

1433. Le carbonate ammoniaco-magnésien se prépare encore comme les précédens; il se dépose en cristaux qui ont la même forme que le carbonate de magnésie et de potasse, mais qui sont beaucoup plus petits. Exposé à une douce chaleur, il laisse dégager de l'eau, du carbonate d'ammoniaque, et se réduit en poudre blanche. L'eau seule, surtout l'eau bouillante, le décompose également, et le transforme en *magnesia alba*.

Carbonate de protoxide de manganèse.

1434. Blanc, pulvérulent, insoluble dans l'eau pure, soluble dans l'eau chargée d'acide carbonique, susceptible d'absorber l'oxigène de l'air à une température de 60°, de devenir brun et de laisser dégager son acide; décomposable par la chaleur rouge seule, et donnant alors le protoxide de manganèse pour résidu; s'obtient par la voie des doubles décompositions.

Le carbonate naturel se trouve à Kapnic et à Nagyac, en Transylvanie, et en plusieurs autres lieux; il a toujours une teinte rosâtre plus ou moins décidée, fréquemment un éclat nacré. Il renferme presque toujours aussi un peu de carbonate de chaux ou de carbonate de protoxide de fer, parfois quelques centièmes de silice. Ses formes cristallines sont des rhomboèdres, mais trop déformés pour qu'on ait pu en déterminer les angles.

Carbonates de fer.

1435. *Carbonate de protoxide.* — C'est en décomposant le sulfate de protoxide de fer par les carbonates alcalins, qu'on l'obtient; il se précipite en flocons d'un blanc verdâtre, qui, exposés à l'air, passent bientôt à l'état d'hydrate jaune orangé de peroxide, et laissent dégager presque tout leur acide carbonique. On prétend que ce sel est sensiblement soluble dans l'eau; mais le fait est qu'il ne s'y dissout d'une manière notable, qu'autant qu'elle est chargée d'acide carbonique. Il paraît même que c'est en cet état de dissolution que certaines eaux minérales le contiennent.

Ce sel existe en assez grande quantité dans la nature pour être exploité comme un minerai de fer, qui est en général d'une excellente qualité. Il se trouve ordinairement en amas ou en filons, au milieu des terrains anciens. Sa structure, à cet état, est presque toujours lamellaire. Quelquefois il est blanc, mais le plus souvent jaunâtre, brunâtre : c'est ainsi qu'on le rencontre dans les Basses-Pyrénées, à Allevare, Vizille, département de l'Isère; en Styrie, en Saxe, en Hongrie, etc. Quelquefois aussi on le trouve cristallisé : il présente alors des rhomboèdres de 107°, ou quelques formes peu nombreuses qui en sont dérivées. On le connaît encore en rognons, en amas ou en petites couches, au milieu des terrains houillers, toujours plus ou moins mélangé de matières étrangères, et de couleur brune ou noirâtre. Telle est la nature de tous les minerais de l'Angleterre; telle est également, en France, celle des minerais appartenant aux terrains houillers des environs de Saint-Étienne, en Forez.

Le carbonate de fer naturel renferme fréquemment du carbonate de chaux, parfois du carbonate de magnésie qui le rend difficile à fondre, parfois encore du carbonate de manganèse qui donne au fer, dit-on, la singulière propriété de se convertir plus facilement en acier : aussi ces genres de minerais ont-ils reçu souvent le nom de *mines d'acier.*

1436. *Carbonate de peroxide.* — Plusieurs chimistes ont révoqué en doute l'existence de ce sel; mais il paraît, d'après les expériences de M. Soubeyran et celles de M. Longchamp, que le peroxide de fer, quoique basique à un faible degré, peut s'unir à l'acide carbonique et former un sous-carbonate.

Carbonate de zinc.

1437. On n'a point encore pu obtenir le carbonate neutre

de zinc ($ZnO, 2CO$). Celui qui se précipite en flocons blancs gélatineux, lorsqu'on décompose les sels de zinc par le carbonate de potasse ou de soude, résulte de 4 atomes d'oxide de zinc ($4\,ZnO$), 3 atomes d'acide carbonique ($3\,CO$), 3 atomes d'eau ($3\,H^2O$); s'il était neutre, il contiendrait 8 atomes d'acide ($8\,CO$) au lieu de 3; d'où il suit qu'au moment de la précipitation du carbonate, les $\frac{5}{8}$ du gaz carbonique doivent se dégager. M. Berzelius regarde ce sel comme un composé de carbonate bi-basique et d'hydrate d'oxide, qui aurait pour formule ($3ZnO, 3CO + ZnO, 3H^2O$); il assimile sa composition à celle de la *magnesia alba*.

Le carbonate neutre ne se trouve que dans la nature. Il y est tantôt anhydre et tantôt hydraté; rarement il est pur et cristallisé. On le rencontre ordinairement en couches d'aspect terreux; au milieu des terrains secondaires : il y en a plusieurs gisemens en France; nous avons déjà cité les mines du pays de Liège; il existe également à Raibel en Carinthie; dans le comté de Sommerset et dans le Derbyshire, en Angleterre, etc., etc. Presque toujours il est mêlé ou combiné au silicate de zinc; c'est ce carbonate ainsi mêlé ou combiné qui constitue la *calamine*, laquelle contient souvent d'ailleurs des carbonates de fer, de plomb, de chaux, de magnésie, de l'hydrate de fer, quelquefois même de la galène.

M. Smithson, qui, le premier, a fait connaître la composition des calamines, a observé en même temps un autre carbonate de zinc dans la nature : celui-ci est formé de 3 atomes d'oxide ($3\,ZnO$), 2 atomes d'acide ($2CO$), 3 atomes d'eau ($3\,H^2O$); d'où l'on pourrait déduire dans les idées de M. Berzelius, la formule ($2\,ZnO, 2\,CO + ZnO, 3\,H^2O$).

Carbonate de protoxide de cérium.

1438. Il se trouve près de Riddarhytta en Suède, sous forme de petits cristaux blancs, à la surface de la cérite (1129). On l'obtient facilement en poudre blanche et légère, par la voie des doubles décompositions : quelque temps après que le carbonate est ajouté, il y a effervescence, de sorte que le carbonate précipité doit être avec plus ou moins d'excès de base.

Carbonate de plomb.

Le carbonate de plomb neutre (PbO, $2CO$) se rencontre naturellement en cristaux réguliers qui se rattachent à un prisme rhomboïdal de 117° et 63°, tantôt sous forme bacillaire, en petits nids à cassure vitreuse, quelquefois compacte et même terreux : il est généralement diaphane ou blanc, ou d'un jaune brun; sa pesanteur spécifique est de 6,071 à 6,558, etc. Il n'existe jamais en grandes masses. On le trouve surtout en France, à Sainte-Marie-aux-Mines, dans les Vosges; à Saint-Sauveur en Languedoc; à Poullaouen, Huelgoët, en Bretagne; au Hartz, en Bohême, en Écosse, en Daourie.

Le carbonate artificiel est toujours en poudre blanche, compacte. Dans les laboratoires, on le prépare en décomposant les dissolutions neutres de plomb par le carbonate de potasse ou de soude. Dans les arts, où il porte le nom de *céruse*, de *blanc de plomb*, on se sert de procédés beaucoup plus économiques : c'est en décomposant le sous-acétate de plomb par l'acide carbonique, ou en mettant le plomb en contact avec la vapeur de vinaigre qu'on l'obtient.

La fabrication du blanc de plomb par le sous-acétate de plomb est très simple; elle consiste : 1° à faire passer à travers la dissolution de ce sel un courant de gaz acide carbonique, jusqu'à ce que cette dissolution soit ramenée à-peu-près à l'état neutre, ou plutôt jusqu'à ce qu'il ne s'y forme plus de carbonate de plomb; 2° à faire bouillir cet acétate avec de l'oxide de plomb, pour le reporter à l'état de sous-acétate; 3° à décomposer de nouveau celui-ci par l'acide carbonique, et ainsi de suite; d'où l'on voit que si, dans l'opération, on ne perdait point d'acétate, il serait possible de faire avec le même sel une très grande quantité de carbonate ou blanc de plomb. A mesure que ce blanc se forme, il se dépose au fond des vases dans lesquels on opère; lorsqu'il est suffisamment lavé, on le fait sécher doucement et on le verse dans le commerce : il est de première qualité. C'est par ce procédé que MM. Roard et Brechoz préparent à Clichy le blanc de plomb qu'ils livrent au commerce.

Il y a plus de 3o ans que j'ai fait connaître le procédé dont je viens de donner la description. Avant cette époque, on préparait tout le blanc de plomb en exposant des lames de plomb à la vapeur du vinaigre : c'est encore par ce moyen qu'on le prépare, soit en Hollande, soit à *Krems*, ou auprès de Vienne en Autriche.

En Hollande, l'on prend des pots de terre de 7 à 8 litres de capacité. Au fond de ces pots on met une couche de quelques pouces d'épaisseur de vinaigre d'orge; immédiatement au-dessus de cette couche et sur des supports en bois, on place des lames de plomb coulées et non laminées, qui sont roulées sur elles-mêmes, de manière à ne pas se toucher, et qui ont plusieurs pieds de longueur, 6 pouces de largeur et $\frac{1}{10}$ de pouce d'épaisseur. Après avoir fermé chaque pot avec une feuille de plomb, on les place dans des couches de fumier ou de tan, de manière qu'ils en soient entièrement recouverts. Au bout d'environ quatre à cinq semaines, l'on découvre les pots, et l'on trouve le plomb presque entièrement attaqué et converti en une grande quantité de carbonate, et une petite quantité d'acétate que l'on détache en déroulant les lames; puis on broie les sels, on les lave ; tout ce qui est acétate se dissout, tandis que ce qui est carbonate se dépose sous forme de couches très denses d'un à deux centimètres d'épaisseur.

Le blanc fabriqué ainsi a toujours une teinte grisâtre, qui provient sans doute d'un peu de gaz sulfhydrique fourni par le tan ou le fumier. En effet à Krems ou plutôt près de Vienne, c'est aussi en exposant le plomb à la vapeur du vinaigre qu'on prépare le blanc de plomb, et cependant la majeure partie du blanc que l'on obtient est de première qualité; mais c'est que l'on se garde d'entourer les pots de fumier ou de tan : on les élève artificiellement au degré de température convenable. Le blanc le plus beau se vend à part sous le nom de *blanc d'argent*. (*Voyez* la préparation du blanc de Krems par M. Cadet-Gassicourt, *Bulletin de pharmacie*, 1, 392.)

Montgolfier a proposé un nouveau moyen de faire le blanc de plomb en se servant de ce métal, de vinaigre, d'acide carbonique et d'air. A cet effet, il établit, par le moyen d'un tuyau, une communication entre un fourneau allumé et un tonneau qui contient une certaine quantité de vinaigre, et qui communique d'ailleurs, par le moyen d'un autre tuyau, avec une boîte remplie de lames de plomb coulées et non laminées. L'acide carbonique provenant de la combustion du charbon et mêlé d'azote et de gaz oxigène échappé à l'action du feu, se rend dans le tonneau, se charge de vapeur de vinaigre, et de là arrive dans la boîte où se trouvent les lames. Celles-ci sont promptement attaquées; il en résulte, comme dans le procédé hollandais, un mélange d'acétate et de carbonate que l'on sépare par des lavages. La théorie du procédé de Montgolfier est facile à concevoir : sans la présence de l'acide carbonique, on n'obtiendrait que du sous-acétate de plomb; mais comme ce sel peut être décomposé par l'acide carbonique, l'on doit aussi obtenir du carbonate. Il est probable, que, dans le procédé pratiqué en Hollande et en Autriche, l'acide carbonique provient en partie, du moins, de la décomposition de l'acétate. Du reste il se passe quelque chose d'analogue à ce qui a lieu dans le procédé de Montgolfier.

Le blanc de plomb est employé en peinture pour étendre les couleurs, obtenir toutes les nuances possibles et faciliter la dessiccation de l'huile : l'on en fait usage pour peindre les boiseries des appartemens : c'est dans ce cas qu'il prend ordinairement le nom de céruse; les marchands y ajoutent souvent de la craie ou du sulfate de baryte.

L'on s'en sert aussi pour préparer le *minium orange*.

Carbonates de cuivre.

1439. Les carbonates de bi-oxide de cuivre sont de trois sortes : l'un est bleu, l'autre est vert, le troisième est brun.

Carbonate bleu.— Le carbonate bleu est formé de 25,60 d'acide carbonique ; 69,17 de bi-oxide de cuivre ; 5,23 d'eau, ou de 4 atomes d'acide, 3 atomes d'oxide, et 1 atome d'eau : il peut donc être regardé comme un carbonate sesqui-basique hydraté, ou comme un composé de 2 atomes de carbonate neutre, et de 1 atome de bi-oxide hydraté, dont la formule est ($2\,CuO, 2\,C^2O^2 + CuO, H^2O$). Cette dernière hypothèse semble préférable à M. Berzelius, par les motifs qui ont été exposés au sujet de la *magnesia alba*.

Ce carbonate existe dans la nature, en prismes obliques rhomboïdaux, de 98° 50′ et 81° 10′, dont les bases sont inclinées sur les pans de 91° 30′ et 88° 30′. Il se trouve aussi en rognons, tantôt garnis de cristaux à leur surface, tantôt lisses, fréquemment à structure fibreuse. On le rencontre encore à l'état pulvérulent, ou mélangé avec des matières terreuses ; quelquefois il est disséminé dans certaines pierres quarzeuses ou calcaires, qui prennent alors le nom de *pierre d'Arménie*. Les terres qu'il colore en bleu s'appellent *cendres bleues cuivrées* ; on le nomme *bleu de montagne* lorsqu'il est en grains ou en masses.

On ne sait point préparer le carbonate bleu dans les laboratoires : la préparation ne s'en fait que dans quelques fabriques, et est tenue secrète. Le carbonate artificiel est toujours sous forme de poudre, et constitue les *belles cendres bleues* du commerce, qu'on emploie pour colorer les papiers en bleu, et qui, suivant M. Richard-Phillips, sont formées de : 67,6 de bi-oxide de cuivre ; 24,1 d'acide carbonique ; 5,9 d'eau ; 2,4 d'impuretés et d'humidité (*Ann. de Chim. et de Phys.*, VII, 47) : résultats qui, comme on le voit, diffèrent très peu de ceux que donne le carbonate naturel.

On connaît encore, sous le nom de *cendres bleues*, un produit que l'on obtient en précipitant par la potasse une dissolution d'acétate de chaux et de cuivre, lavant le précipité et l'exposant à l'air. Ce produit est un double carbonate de cuivre et de chaux hydraté. Pelletier avait indiqué pour une préparation semblable le mélange d'azotate de cuivre et d'hydrate de chaux. Les cendres, ainsi préparées, sont beaucoup moins belles et moins solides que celles qui sont formées de carbonate pur.

Carbonate vert. — C'est un carbonate bi-basique hydraté, qui a pour formule $(CuO, CO) + H^2O$, et dont la composition, par conséquent, est très différente de celle du carbonate bleu (1). Il se produit en décomposant le sulfate de bi-oxide de cuivre, par le carbonate de potasse ou de soude; mais, pour l'avoir grenu et d'un beau vert, il faut porter les liqueurs à l'ébullition avant de les mêler. Cependant les lavages ne doivent point être faits à l'eau bouillante; car ainsi lavé, il passe bientôt à l'état de carbonate brun.

Le carbonate vert se rencontre dans la nature : on le

(1) Cependant MM. Colin et Taillefert assurent, d'après des expériences qui leur sont propres et qu'ils ont publiées dans les *Ann. de Chim. et de Phys.*, t. XII, p. 62, que le carbonate bleu et le carbonate vert ne diffèrent absolument que par la quantité d'eau qu'ils contiennent, et que le bleu en contient plus que le vert; ils rapportent qu'ayant introduit du carbonate bleu dans un tube de verre hermétiquement scellé à l'une de ses extrémités, et l'ayant chauffé légèrement en l'agitant, pour que le tout reçût également l'impression de la chaleur, il ne se dégagea que de l'eau, et que le carbonate tourna au vert; ils ajoutent qu'en continuant l'action du feu, le carbonate devint brun, et que, dans cet état, il ne contenait plus de traces d'eau ou qu'il était anhydre. La couleur verte obtenue dans ce cas ne dépendrait-elle pas d'un mélange de carbonate brun ou anhydre et de carbonate bleu? De nouvelles expériences sur ces carbonates sont donc nécessaires. Toutefois, ce qu'il y a de certain, c'est que l'eau a la plus grande influence sur les couleurs bleue et verte qu'ils peuvent affecter; ce qu'il y a de certain aussi, c'est qu'ils ne la retiennent pas fortement, car il suffit de tenir dans l'eau bouillante, pendant quelque temps, les carbonates bleu et vert artificiels pour les transformer en carbonates anhydres.

désigne sous le nom de *malachite*. Il est très rare en cristaux prononcés. On le rencontre quelquefois seulement sous
la forme de prismes droits rhomboïdaux d'environ 103° et
77°, terminés par des sommets dièdres. Le plus fréquemment il est en petites masses mamelonnées, à structure
fibreuse, et en même temps testacées, comme on le voit
par les cercles concentriques que présente la malachite
sciée et polie, avec laquelle on fait des tables et des vases
d'ornement d'un grand prix. Les plus beaux morceaux de
malachite viennent des monts Ourals.

Carbonate brun. — Il ne doit cette couleur qu'à ce qu'il
est anhydre. On peut l'obtenir en faisant bouillir dans l'eau
le carbonate vert, préparé par voie de double décomposition : probablement qu'alors une partie de l'acide se dégage
en même temps que l'eau de combinaison, puisque, en le lavant long-temps à l'eau bouillante, on le transforme en une
matière noire, qui est le bi-oxide. Sa composition est
mal connue.

On le trouve en masse brune et à cassure conchoïde dans
la nature.

Ces divers carbonates existent ensemble dans toutes
les mines de cuivre que nous avons indiquées (1167 et
1173); rarement ils constituent des amas à eux seuls :
nous en avons cependant un exemple à Chessy, près de
Lyon, et il paraît qu'il en existe d'autres dans les monts
Ourals, en Sibérie; ils font alors l'objet d'exploitations
particulières.

Carbonate d'argent.

1440. Substance blanche, pulvérulente, qu'on obtient
par voie de double décomposition, et qui se forme, en partie du moins, lorsqu'on expose l'oxide d'argent au contact
de l'air; aussi arrive-t-il que l'on obtient tout-à-la-fois du
gaz oxigène et du gaz carbonique, quand on réduit de

l'oxide d'argent, conservé pendant long-temps dans des flacons qui ferment mal.

Ce carbonate paraît avoir été trouvé en très petite quantité, par M. Selb, en 1788, dans la mine de Venceslas, près de Altwolfach, dans le pays de Bade. Il est extrêmement rare dans les collections.

Art. II. *Bi-carbonates.*

On ne connaît encore que trois bi-carbonates à l'état solide : ceux de potasse, de soude et d'ammoniaque.

Ils s'obtiennent en faisant agir sur les carbonates neutres en petits fragmens, le gaz acide carbonique soumis à une faible pression.

Voici comment s'exécute, sur une assez grande échelle, la préparation du bi-carbonate de soude. Les cristaux de carbonate neutre sont placés dans une série de caisses en bois, où l'on fait arriver successivement l'acide carbonique lavé, et d'où il ne s'échappe qu'après avoir soulevé une colonne d'eau d'un ou deux pieds. Le sel perd bientôt sa transparence, devient poreux et friable, prend une texture feuilletée et abandonne les $\frac{2}{10}$ de son eau de cristallisation, qui ruisselle sur les parois du vase. Quand il a été complètement sursaturé d'acide, il ne faut plus que le délayer dans une petite quantité d'eau, le laisser égoutter, le comprimer et le sécher à l'air.

On prépare actuellement à Vichy ces trois bi-carbonates, et particulièrement celui de soude, pour les besoins des laboratoires et de la médecine, avec le gaz carbonique qui se dégage abondamment des fontaines. (D'Arcet, *Ann. de Chim. et de Phys.*, xxxi, 58 .)

Rien ne s'opposerait à ce que l'on fît les bi-carbonates en petit, soit dans de longs tubes de verre, soit sous des cloches, où l'on placerait les carbonates neutres.

Les bi-carbonates faits avec le plus de soin verdissent sensiblement le sirop de violettes ; cependant ils n'ont qu'une faible saveur : celui d'ammoniaque, d'après M. Berthollet, est même sans odeur. Soumis à l'action du feu, tous laissent dégager une partie de leur acide ; ils en laissent dégager lors même qu'on les soumet en dissolution à la chaleur de l'eau bouillante, mais pas assez, selon M. Berthollet, pour devenir carbonates ordinaires. L'air ne leur fait éprouver aucune altération. Ils font une vive effervescence avec les acides. Mis en contact avec la plupart des sels autres que ceux à base de potasse, de soude ou d'ammoniaque, par exemple, avec l'azotate de baryte, il en résulte un dégagement de gaz acide carbonique et un précipité abondant de carbonate. Les sels de magnésie ne nous offrent ce phénomène qu'à l'aide de la chaleur ; à la température ordinaire, les bi-carbonates de potasse et de soude ne les troublent pas, parce qu'il se forme un bi-carbonate de magnésie soluble : la précipitation n'a lieu qu'avec le temps.

Les diverses bases exigent deux fois autant d'acide carbonique pour passer à l'état de bi-carbonates que pour passer à l'état de carbonates. Or, dans les carbonates, l'acide carbonique contient deux fois autant d'oxigène que l'oxide ; par conséquent, dans les bi-carbonates, l'acide en doit contenir quatre fois autant : ainsi le bi-carbonate de potasse doit être formé de 100 d'acide et de 106,686 de base ; celui de soude, de 100 d'acide et de 70,693 de base. Leur analyse se fait comme celle des carbonates (1407).

Leurs formules atomiques sont : pour celui de potasse, (KO, 4CO)+H²O ; pour celui de soude, (NaO, 4CO)+HO.

Ces trois sels sont employés comme réactifs, et de plus, celui de soude l'est comme favorisant la digestion et contre la gravelle.

Indépendamment des bi-carbonates de potasse, de soude, d'ammoniaque, il en existe peut-être un assez grand nombre d'autres ; ce qu'il y a de certain du moins, c'est que beaucoup de carbonates se dissolvent dans l'eau chargée d'acide carbonique, mais que, par une évaporation spontanée, ils ne se déposent point à l'état de bi-carbonate.

Art. III. *Sesqui-carbonates.*

1441. On appelle ainsi des carbonates qui, pour la même quantité de base, contiennent 1 fois ½ autant d'acide que les carbonates neutres. C'est en *sesqui-carbonates* que les bicarbonates de potasse et de soude se transforment, lorsque dissous dans l'eau on les fait bouillir pendant quelque temps; et c'est aussi un sesqui-carbonate que l'on obtient en mêlant ensemble ces sortes de sels avec la dissolution d'azotate de baryte ou de chlorure de barium.

Il paraît, d'après les observations de M. Boussingault, que le sel nommé *urao* et que les Indiens extraient d'une lagune située près de Merida à la Cordillière Orientale des Andes, n'est que le *sesqui-carbonate de soude*, dont la formule est $(NaO, 2CO) + 2H^2O$. Il paraît aussi que le sel nommé *trona*, qu'on trouve près de Fezzan en Afrique, dans la province de Surena, et que Klaproth a analysé depuis long-temps, est également du *sesqui-carbonate de soude.*

Ce sesqui-carbonate ne s'effleurit pas quoique contenant près de 20 pour cent d'eau; il ne précipite point la solution de sulfate de magnésie, et précipite, au contraire, les sels de chaux avec effervescence.

Son action sur un assez grand nombre d'autres sels a été étudiée par M. Boussingault. (*Ann. de Chim. et de Phys.*, XXIX, 110 et 283.)

Art. IV. *Carbonates bi-basiques.*

1442. Il existe des carbonates bi-basiques, c'est-à-dire, des carbonates qui, pour la même quantité d'acide carbonique, contiennent deux fois autant de base que les carbonates proprement dits : telle est la malachite ou le carbonate vert de cuivre; tel paraît être aussi le carbonate brun. (1439), et l'on peut regarder comme certain qu'il serait facile de citer plusieurs autres exemples parmi les carbonates naturels et artificiels. Je ferai remarquer à ce sujet que M. d'Arcet, ayant eu occasion d'analyser des mortiers provenant d'édifices très anciens, n'y a trouvé que la moitié de la quantité d'acide carbonique propre au marbre ou carbonate de chaux ordinaire. M. Berzelius a fait lui-même des observations plus ou moins semblables qu'il a consignées dans les *Annales de Chim. et de Phys.*, VII, 206. Enfin tel est le carbonate qu'on obtient, suivant M. Berthier, en précipitant les sels de nickel par les carbonates de potasse et de soude (*Ann. de Chim. et de Phys.*, XIII, 52). Ces différens sels, n'ont point été, jusqu'ici, l'objet d'un examen spécial.

ART. V. *Carbonates sesqui-basiques.*

1443. L'on connaît des carbonates qui, pour la même quantité d'acide, renferment 1 fois et demi autant de base que les carbonates neutres. Tel est le carbonate bleu de cuivre, dont nous avons parlé précédemment ; tel est aussi le carbonate rose de cobalt, que l'on obtient en traitant le sulfate de cobalt par le carbonate de potasse. Ces sels peuvent donc être regardés comme des carbonates sesqui-basiques. Cependant M. Berzelius, considérant que dans ces sels, l'oxigène de l'acide est à celui de la base dans le rapport de 3 à 4, et que ce rapport s'éloigne des lois que nous présentent les combinaisons salines, croit qu'ils sont composés de carbonate neutre et d'hydrate d'oxide. Du moins, telle est l'opinion qu'il a émise au sujet du carbonate bleu de cuivre. Il s'appuie d'ailleurs sur l'existence bien constatée de quelques autres sous-carbonates, dont la composition est plus compliquée encore, savoir : de la *magnesia alba*, qui contient 6 at. d'acide carbonique, 4 at.

de magnésie et 4 at. d'eau ; du carbonate de zinc, qui est composé de 4 at. d'oxide de zinc, 3 at. d'acide carbonique et 3 at. d'eau. Suivant lui, la *magnesia alba* serait formée de 3 at. de carbonate neutre de magnésie uni à 3 at. d'eau et d'un atome d'hydrate de magnésie, et le carbonate de zinc le serait de 3 atomes de carbonate bi-basique de zinc et d'un atome d'hydrate à 3 atomes d'eau ; il regarde en un mot ces substances comme des espèces de sels doubles dans lesquels l'hydrate joue le rôle de sel proprement dit.

GENRE IV. — *Phosphates.*

1444. L'acide phosphorique s'unit aux bases en cinq proportions différentes : de là, des *phosphates neutres*, des *sesqui-phosphates*, des *bi-phosphates*, des *phosphates sesqui-basiques* et des *phosphates bi-basiques*. La quantité d'oxigène de l'oxide est à la quantité d'oxigène de l'acide, comme 2 à 5 dans les phosphates neutres ; comme 1 à 5 dans les bi-phosphates, etc., etc. (1)

Il en est de même des arséniates ; ces sels ont une si grande analogie avec les phosphates, par suite de celle qui existe entre les radicaux de leurs acides, que quand on connaît l'histoire des uns, on connaît par cela même l'histoire

(1) Il existe, à la vérité, d'autres phosphates qui s'écartent des lois de composition que nous venons d'énoncer. On connaît en effet, 1° un phosphate acidule de baryte et un phosphate acidule de plomb, qui renferment seulement un tiers d'acide de plus qu'ils n'en renfermeraient s'ils étaient neutres ; 2° un sous-phosphate de baryte, dans lequel il y a un quart de base en plus que dans le phosphate neutre, et enfin un sous-phosphate de chaux (c'est celui des os), où se trouve un tiers de base de plus que dans le phosphate neutre.

Mais ces sels pourraient être regardés comme composés, savoir : les phosphates acidules de baryte et de plomb, de 2 at. de sel neutre et 1 at. de bi-sel ; le sous-phosphate de baryte, de 1 at. de sel neutre et 1 at. de sel sesqui-basique, et le phosphate de chaux des os, de 2 at. de sel neutre et 1 at. de sel bi-basique. (*Voyez* ces sels.)

des autres. C'est ce qui résulte d'un travail très important dû à M. Mitscherlich, et dont un extrait étendu se trouve imprimé dans les *Ann. de Chim. et de Phys.*, XIX, 350. Il a vu que chaque phosphate correspondait à un arséniate ; que les sels correspondans étaient composés d'après les mêmes proportions, avaient les mêmes qualités physiques ; en un mot, que les deux séries de sels ne différaient en rien, si ce n'est que le radical de l'acide d'une série était le phosphore, et celui de l'autre, l'arsénic. Par exemple, le bi-arséniate de potasse cristallisé est formé de 63,87 d'acide arsénique ; de 26,16 de potasse ; de 9,97 d'eau. Or, 63,87 d'acide arsénique contiennent 41,71 d'arsénic, et 22,16 d'oxigène. Si donc l'on substitue à ces 41,71 d'arsénic 17,39 de phosphore, quantité convenable pour faire de l'acide phosphorique avec les 22,16 d'oxigène, il en résultera 39,55 d'acide phosphorique, qui, en s'unissant à 26,16 de potasse et à 9,97 d'eau, constituent un bi-phosphate de potasse dont la cristallisation, etc., est la même que celle du bi-arséniate de potasse.

Les expériences de M. Mitscherlich ont été faites principalement sur les sels suivans, qui tous étaient cristallisés :

1° Le bi-arséniate et le bi-phosphate de potasse ;

2° L'arséniate neutre et le phosphate neutre de soude ;

3° Le bi-arséniate et le bi-phosphate de soude ;

4° L'arséniate neutre et le phosphate neutre d'ammoniaque ;

5° Le bi-arséniate et le bi-phosphate d'ammoniaque ;

6° Le double phosphate neutre de potasse et de soude ; le double arséniate neutre de potasse et de soude ;

7° Le double phosphate neutre ; le double arséniate neutre de soude et d'ammoniaque.

Les sels acides et les sels neutres peuvent s'obtenir en combinant directement l'acide avec la base, et les sels doubles, en saturant les sels acides par la seconde base qui doit entrer dans la composition du nouveau sel.

Par suite de ces recherches, M. Mitscherlich est arrivé à

cette conséquence : *que le même nombre d'atomes combinés de la même manière produit la même forme cristalline; et que la même forme cristalline est indépendante de la nature chimique des atomes, et n'est déterminée que par le nombre et la position relative des atomes.* (*Ann. de Chim. et de Phys.*, XIX, 419.) (Voy. 5° vol.; *Philosophie chimique.*)

ART. I. *Phosphates neutres.* (1)

1445. *Action du feu.* — L'acide phosphorique étant fusible et fixe comme l'acide borique, ou du moins difficile à volatiliser, les phosphates doivent se comporter au feu de même que les borates (1318); mais ils doivent, au contraire, se comporter tout autrement avec les métalloïdes, parce que plusieurs de ces corps sont capables de désoxigéner l'acide phosphorique, et qu'ils n'ont point d'action sur l'acide borique : c'est en effet ce qui a lieu.

1446. *Action des métalloïdes.* — Lorsqu'on calcine le charbon avec les phosphates appartenant aux deux premières sections, dont les oxides sont presque tous irréductibles par ce corps combustible, on obtient du gaz oxide de carbone, du phosphore, et un sous-phosphate contenant un plus ou moins grand excès de base: il n'y a donc qu'une partie de l'acide phosphorique qui soit décomposée; il s'en décompose d'autant moins d'ailleurs qu'il a plus d'affinité pour l'oxide auquel il est uni ; et c'est ce qui fait que les phosphates de baryte, de strontiane, de chaux, résistent plus que le phosphate de magnésie, etc.

Mais lorsque l'opération se fait sur un phosphate appartenant aux quatre dernières sections dont le charbon peut toujours réduire l'oxide, l'on obtient du gaz acide carboni-

---

(1) Nous ne dirons rien des propriétés physiques des phosphates, ni de la manière dont ils se comportent avec la pile, la lumière, l'oxigène, l'air, les métaux, l'acide sulfhydrique, etc. Tout ce qu'on sait à cet égard se trouve exposé 1289 et 1293—1307.

que ou du gaz oxide de carbone, et un phosphure métallique, si toutefois la température n'est point assez élevée pour
s'opposer à la combinaison du métal avec le phosphore. Dans
tous les cas, cette opération s'exécute de la manière suivante:
on mêle intimement le phosphate avec son poids de charbon
très divisé; on introduit le mélange dans une cornue de
porcelaine ou de grès; on la place dans un fourneau à réverbère; on y adapte une petite allonge qui va se rendre
dans un récipient tubulé à moitié rempli d'eau, et dont la
tubulure porte un tube recourbé propre à recueillir les gaz;
on chauffe peu-à-peu, et l'on excite un courant d'air, s'il en
est besoin, avec un fort soufflet. Les gaz sont recueillis sur
l'eau; le phosphore, s'il est en quantité notable, n'est point
entièrement emporté par eux, et se condense en partie soit
dans l'allonge, soit dans le récipient; les autres produits restent dans la cornue. Lorsqu'on ne veut recueillir ni les gaz
ni le phosphore, on se sert d'un creuset de Hesse, et on le
chauffe soit dans un fourneau à réverbère, soit dans un
fourneau de forge, selon qu'on a besoin d'une température
plus ou moins élevée. Les phosphates des première et
deuxième sections ne se décomposent qu'à une très haute
température; les phosphates de la troisième en exigent une
beaucoup moins grande; ceux de la quatrième en exigent
une moins grande encore, et les phosphates des deux
dernières sections se décomposent avec la plus grande facilité.

1447. On n'a encore traité qu'un très petit nombre de
phosphates par le bore, de sorte que l'action de ce corps
combustible sur ces sels n'est pas bien déterminée; mais si
l'on considère que le charbon décompose les phosphates, il
devra paraître très probable que le bore peut aussi les décomposer, d'autant qu'il a plus d'affinité pour l'oxigène que
le charbon, et que l'acide borique tend à s'unir avec l'oxide
du phosphate. Que résulterait-il de cette décomposition en
supposant qu'elle eût lieu? bien sûrement du phosphore et
un borate, avec les phosphates de la première et de la se-

seconde section ; les mêmes produits avec les phosphates des autres sections , ou bien un phosphure et de l'acide borique, pourvu toutefois que le métal pût se combiner avec le phosphore.

1448. L'action de l'hydrogène à une très haute température doit être analogue à celle du charbon : seulement il doit se former de l'eau au lieu de gaz oxide de carbone et l'on doit obtenir du phosphure d'hydrogène, au lieu de phosphore. Il serait possible cependant que les phosphates des deux premières sections ne pussent point être décomposés par l'hydrogène, et qu'il en fût de même de quelques phosphates de la troisième ; mais tout nous porte à croire que ceux de la quatrième, et à plus forte raison des suivantes, le seraient facilement : au reste, toutes ces décompositions demandent à être confirmées par l'expérience.

1449. Le phosphore n'agit probablement que sur les phosphates des dernières sections : il réduit sans doute l'oxide de ces phosphates, et de là doit résulter de l'acide phosphorique et un phosphure métallique ou dans quelques cas, du métal.

1450. Le soufre est dans le même cas que le phosphore ; il décompose probablement comme lui les phosphates des dernières sections, en mettant l'acide du sel en liberté , et en donnant lieu à de l'acide sulfureux et à un sulfure métallique, pourvu toutefois que la température ne soit pas trop élevée. Ces divers phénomènes se concevront très bien, si l'on se rappelle : 1º que les oxides métalliques des dernières sections sont faciles à réduire ; 2º qu'ils ont peu d'affinité pour l'acide phosphorique ; 3º qu'un métal ne se combine avec un acide qu'autant qu'il est oxidé, et que l'acide phosphorique ne peut céder aucune portion de son oxigène, soit aux bases salifiables, soit au soufre.

1451. *Action de l'eau.*—Les phosphates de potasse , de soude et de magnésie sont les seuls phosphates neutres qui se dissolvent bien dans l'eau ; celui de lithine ne s'y dissout qu'en petite quantité, les autres y sont tous pour ainsi dire insolubles. C'est pourquoi, lorsqu'on verse de l'acide phosphorique dans l'eau de baryte, de strontiane ou de chaux, il se forme un précipité : ce précipité est blanc, floconneux, et disparaît à l'instant dans un excès d'acide.

1452. *Action des bases.* — La baryte, la strontiane et la chaux troublent également la dissolution des phosphates de potasse, de soude et d'ammoniaque : ce sont elles par conséquent qui ont le plus de tendance à se combiner avec l'acide phosphorique par l'intermède de l'eau ; la potasse et la soude n'occupent que le second rang ; viennent ensuite l'ammoniaque, la magnésie, etc. Toutefois la potasse, la soude et même l'ammoniaque s'emparent d'une portion de l'acide des phosphates neutres de baryte, de strontiane et de chaux, et les font passer à l'état de sous-phosphates.

1453. *Action des oxacides.* — Tous les oxacides, excepté ceux qui sont très faibles, comme les acides carbonique, borique, tungstique, molybdique, colombique, etc., sont capables de décomposer en partie les phosphates et de les transformer en phosphates acides. L'acide sulfurique enlève même complètement la baryte et l'oxide de plomb à l'acide phosphorique : or, comme tous les phosphates acides sont solubles, et que tous les autres sels, à quelques-uns près (1306), le sont également dans un excès de leur acide, il s'ensuit qu'en traitant un phosphate par l'acide phosphorique, on le dissoudra toujours (1) ; et qu'en le traitant par un autre oxacide, on le dissoudra dans le plus grand nombre de circonstances. Il n'est aucun phosphate, par exemple, qui ne se dissolve dans l'acide azotique.

Action des hydracides. — L'acide fluorhydrique possède, comme l'acide azotique, la propriété de dissoudre les phosphates. Tous, à part le phosphate d'argent et le phosphate de protoxide de mercure, se dissolvent également

____

(1) Ceux de protoxide de cérium et de protoxide de mercure font exception ; mais c'est qu'alors il ne se forme point de phosphate acide.

dans l'acide chlorhydrique; il n'en est point de même avec les acides sulfhydrique, sélénhydrique, tellurhydrique, iodhydrique, il en résulte souvent des sulfures, ou séléniures, ou iodures, etc., insolubles (1307).

1454. *Préparation.* — Les phosphates de soude, de potasse se préparent en versant de la potasse, de la soude, ou des carbonates de soude, de potasse, dans une dissolution de phosphate acide de chaux. Quant aux autres, comme ils sont insolubles, ou peu solubles, il semble qu'on devrait pouvoir les obtenir par la voie des doubles décompositions (1314); mais si l'on en excepte ceux de plomb, de baryte, de protoxide de fer, la plupart se précipitent à l'état de phosphates sesqui-basiques, lors même qu'on a le soin d'employer des sels neutres : alors la liqueur filtrée est acide.

1455. *Caractères génériques des phosphates.* — Lorsque le sel à essayer est insoluble ou peu soluble, ce qui a lieu pour tous les phosphates, excepté ceux de soude et de potasse, on le fait bouillir, réduit en poudre, avec 8 ou 10 fois son poids d'eau et 3 à 4 fois son poids de carbonate de soude : par ce moyen, on le décompose complètement ou au moins partiellement. Dans tous les cas la liqueur étant filtrée, l'on y ajoute de l'acide acétique, de manière à transformer l'excès de carbonate alcalin en acétate; on la fait évaporer à siccité; puis l'on traite à chaud le résidu par l'alcool rectifié, qui dissout l'acétate et laisse intact le nouveau sel dont on cherche à reconnaître l'acide, à moins que ce ne soit de l'hypophosphite ou de l'hyperchlorate de soude, sur lesquels l'alcool exerce une action dissolvante assez grande.

Ce sera sans aucun doute un phosphate, si, étant insoluble dans l'alcool, il cristallise en rhombes; s'il est efflorescent; si, mêlé avec un peu d'acide sulfurique et soumis à l'ébullition, il ne laisse pas dégager de gaz phosphure d'hydrogène; s'il précipite en jaune par l'azotate d'argent; enfin s'il forme avec l'azotate de plomb un précipité blanc, d'où l'on puisse extraire, par le gaz sulfhydrique, de l'acide phosphorique dont les propriétés sont très tranchées.

Il pourrait arriver que le sel à essayer fût très soluble. Alors on en conclurait, que si c'était un phosphate, il serait nécessairement à base de soude, ou de potasse, ou d'ammoniaque. On le saurait d'une manière positive, en le soumettant aux épreuves qui servent à distinguer ces sortes de sels alcalins (724 et 739). La calcination décomposerait le phosphate d'ammoniaque et ne laisserait pour résidu qu'un verre acidule; l'hyperchlorate de soude transformerait le phosphate de potasse en phosphate de soude.

Indépendamment de ces caractères, il en est d'autres encore auxquels on peut avoir recours avec un grand avantage. On ne doit pas négliger surtout de calciner dans un petit tube de verre le sel avec du potassium, puis d'introduire le tube sous une cloche pleine de mercure, et d'y faire passer de l'eau. Cette épreuve permettra de reconnaître tout de suite si la matière saline contient du phosphore, car lorsqu'elle en contiendra il en résultera toujours du gaz phosphure d'hydrogène, facile à distinguer par la manière dont il brûle, et par la propriété qu'a le produit à différens degrés de saturation de la combustion de rougir le tournesol.

1456. *État naturel.* — On trouve un assez grand nombre de phosphates dans la nature, à différens degrés de saturation: ce sont ceux de chaux, de plomb, de fer, de soude, de magnésie, d'ammoniaque et de magnésie, de potasse, de manganèse et de fer, de cuivre, d'urane et de chaux, d'urane et de cuivre, d'alumine, d'alumine et de lithine, d'alumine et d'ammoniaque, d'alumine et de magnésie, d'yttria : le premier est très abondant; tous les autres sont rares.

1° Le phosphate de chaux naturel est toujours avec excès de base; c'est l'un des sels les plus communs. En effet, il entre pour près de 2 cinquièmes dans la composition des os de tous les animaux, sortes d'organes qui contiennent en outre beaucoup de matière animale, du carbonate de chaux et un peu de phosphate de magnésie, etc. Il n'y a aucune matière animale liquide, molle ou solide, qui n'en renferme plus ou moins ; il se dépose même dans la vessie humaine, et y forme des calculs. Tous les végétaux, surtout les graines céréales, en renferment également. Il constitue des collines entières à Logrosan, dans l'Estramadure : aussi l'emploie-t-on en ce pays comme pierre à bâtir. Enfin, il existe en cristaux assez variés, mais dérivant tous d'un prisme hexaèdre régulier, tantôt simple, tantôt modifié par des facettes sur les arêtes de ses bases, ou terminé par des pyramides. C'est ce phosphate ainsi cristallisé, et qui, d'après diverses analyses, est formé de 55 de chaux et de 45 d'acide phosphorique, qu'on a désigné sous les noms d'*apathite* et de *chrysolite*, pierres qui se trouvent l'une ou l'autre dans les filons ou amas de minerais d'étain (Saxe et Bohême), dans les filons de roches anciennes (Saint-Gothard), et dans les produits volcaniques (Monts Capara, près le cap de Gates, en Espagne), etc. L'apathite a pour formule $(3CaO, P^2O^5)$, et le phosphate de chaux des os $(8CaO, 3P^2O^5)$.

2° Le phosphate de plomb se rencontre dans les mines qui contiennent ce métal à l'état de sulfure : nous citerons comme exemple celles de Huelgoët et de la Croix en France ; celles du Hartz, etc. Il est neutre et formé, d'après M. Klaproth, de 76 d'oxide de plomb et 24 d'acide phosphorique $= (2PbO, P^2O^5)$; fréquemment il renferme de l'arséniate de plomb isomorphe avec le phosphate. Ses cristaux sont des prismes hexaèdres réguliers plus ou moins modifiés ; ses couleurs sont très variées : les plus communes sont le vert, le brun et le jaune.

3° Le phosphate de soude ne se trouve que dans les matières animales, et particulièrement dans l'urine humaine ; il y est combiné avec le phosphate d'ammoniaque.

4° C'est aussi dans l'urine humaine qu'on trouve le plus constamment le phosphate ammoniaco-magnésien ; mais on le rencontre en outre , de temps à autre , formant des calculs d'un volume très considérable dans les intestins des chevaux : ceux auxquels ils donnent lieu dans la vessie de l'homme ne sont point, à beaucoup près, aussi gros.

5° Quelques graines , et surtout les graines céréales , le sang et les os , sont les seuls corps avec la wagnerite où l'on ait découvert jusqu'ici le phosphate de magnésie ; la wagnerite est un composé de ce phosphate et de fluorure de magnesium.

6° Plusieurs graines contiennent également le phosphate de potasse. Ce sel se rencontre rarement ailleurs.

7° Le phosphate de fer est assez rare ; il existe tantôt en cristaux qui se rapportent à un prisme rectangulaire, tantôt en petites masses terreuses ou en poussière. Il est générale-ment bleu; il n'y a que les morceaux terreux qui sont quel-quefois blancs à l'intérieur. A l'état cristallin, on le trouve dans les mines de Sainte-Agnès en Cornouailles, dans les roches de micaschiste, où il accompagne le sulfure de fer magnétique (Bodennais en Bavière), dans les produits volcaniques (île Bourbon), dans les matières vitreuses provenant de l'incendie des houillères (la Bouiche, près de Néry). Celui qui est en masse a été découvert à l'Ile-de-France. Celui qui est pulvérulent se rencontre particulière-ment dans les argiles des derniers terrains, qui ont renfermé des matières organisées ; et l'on croit, d'après cela, qu'il doit son origine à ces sortes de matières, d'autant plus qu'il se trouve dans les cavités qu'elles occupaient. Le premier, c'est-à-dire , le phosphate cristallisé , est bi-basique, et formé de 22 d'acide phosphorique, 44 de protoxide de fer et 34 d'eau $= (4FeO, P^2O^5) + 12H^2O$; le second , d'après l'analyse de Fourcroy, doit être dans le même cas ; quant au dernier, c'est un phosphate où le fer est peroxidé, pro-bablement par suite de son contact intime avec l'air.

8° Le phosphate de manganèse et de fer a été découvert près de Limoges, au milieu des granites ; il est brun et quel-fois rougeâtre. Le minerai pur, d'après Berzelius, doit être considéré comme un double *phosphate bi-basique* : il contiendrait en conséquence 33,23 d'acide, 32,75 de protoxide de fer, et 34 de protoxide de manganèse (*Ann. de Chim. et de Phys.*, XII, 34); cependant l'analyse de M. Vauquelin n'est point d'accord avec ces proportions. (*Annales de Ch.*, XLI.)

9° Le *phosphate de cuivre* est rare dans la nature; c'est une substance verte, dont les cristaux peuvent être rapportés à un prisme rhomboïdal droit, d'environ 109° $\frac{1}{2}$, qui se transforme fréquemment en octaèdre rectangulaire. Sa composition est tantôt bi-basique, ou de 29 d'acide phosphorique, 64 de bi-oxide de cuivre et 7 d'eau $= (4CuO, P^2O^5) + 2H^2O$ (Berthier), tantôt quinti-basique (Berzelius).

Cette substance se trouve en petite quantité dans certaines mines de cuivre, particulièrement à Rheinbreitenbach sur les bords du Rhin, à Libethen en Hongrie, etc.; elle se présente quelquefois aussi en masses mamelonnées, qui paraissent renfermer plus ou moins d'hydrate de bi-oxide.

10° Le *phosphate d'urane*, également peu abondant, se présente en lames carrées, souvent groupées confusément les unes sur les autres, quelquefois jaunes, comme à Autun, quelquefois vertes, comme en Angleterre et en Sibérie : dans le premier cas, il est uni au phosphate de chaux; dans le second, il l'est au phosphate de cuivre.

11° Le *phosphate d'alumine* existe aussi dans la nature; il paraît qu'il s'en trouve de diverses espèces. La wawellite est l'une d'elles : c'est une substance qu'on rencontre le plus communément en petits globules composés de fibres qui divergent du centre à la circonférence; mais à la surface de ces globules, il y a quelquefois des cristaux en prismes rhomboïdaux à sommets dièdres.

La wawelite est, suivant M. Berzelius, un phosphate bi-basique $(4Al^2O^3, 3P^2O^5)$, qui est presque toujours mélangé de fluorure d'aluminium, quelquefois même d'oxide de fer et de manganèse. (*Système de Minéralogie.*)

M. Vauquelin a fait l'analyse d'une substance de l'île Bourbon qui , comme la wavellite , était aussi composée de sous-phosphate d'alumine. (*Ann. de Chimie et de Phys.*, XXI, 188.)

12° Le *phosphate d'alumine et d'ammoniaque* a été rencontré également dans l'île Bourbon : il s'y est trouvé sous forme terreuse , dans une grotte volcanique.

13° Le *phosphate d'alumine et de lithine*, *l'amblygonite*, est une substance verte , vitreuse , cristalline, fort rare , qui a été découverte à Chursdorff, en Saxe. Sa formule est $(4LiO, P^2O^5) + (4Al^2O^3, 3P^2O^5)$.

14° Le *phosphate d'alumine et de magnésie* forme la *kla-prothine* des minéralogistes : il est coloré en bleu, probablement par un peu de phosphate de fer; il existe en divers lieux. Sa composition est mal connue.

15° Le *phosphate d'yttria* s'est trouvé à Lindesness en Norwège , en cristaux complètement insolubles dans les acides.

1457. *Usages.* — Les phosphates ou sous-phosphates de chaux , de cobalt, de soude , d'ammoniaque sont les seuls employés. (*Voyez* ces divers phosphates.)

Occupons-nous actuellement des phosphates neutres en particulier : nous n'examinerons que ceux de soude, de potasse, de baryte , de strontiane , de chaux , de plomb.

Phosphate neutre de soude.

1458. Le phosphate neutre de soude a une faible saveur qui n'a rien d'amer; il verdit le sirop de violettes , éprouve la fusion ignée , au degré de la chaleur rouge-cerise, en passant à l'état de para-phosphate, et donne lieu à un verre qui reste transparent tant qu'il est liquide, et qui devient opaque en se solidifiant; il se dissout dans l'eau beaucoup plus à chaud qu'à froid , cristallise par le refroidissement en prismes obliques à bases rhombes, qui contiennent un peu plus des 64 centièmes de leur poids d'eau de cristallisation, et qui s'effleurissent rapidement, etc. (1289 et 1445)

Lorsque, au lieu de laisser refroidir la liqueur, on la maintient à 31° ou plus, le phosphate affecte une autre forme, et contient beaucoup moins d'eau de cristallisation. En effet, celui-ci a pour formule $(2NaO, P^2O^5) + 8H^2O$, tandis que celle du phosphate à base rhomboïdale est $(2NaO, P^2O^5) + 25H^2O$.

Le phosphate de soude existe dans quelques liquides animaux, et particulièrement dans l'urine humaine, où il est uni au phosphate d'ammoniaque.

On l'obtient en décomposant le phosphate acide de chaux par le carbonate de soude (1454) : à cet effet, l'on verse dans une dissolution de ce phosphate acide du carbonate de soude lui-même en dissolution, jusqu'à ce que la liqueur verdisse fortement le sirop de violettes, ce qui donne lieu à une grande effervescence et à un précipité gélatineux de phosphate calcaire; on filtre, on lave, on fait évaporer convenablement la liqueur, et le phosphate de soude cristallise du jour au lendemain, souvent même en quelques heures. Avant de procéder à la séparation des eaux-mères, il faut examiner l'état où elles sont : elles pourraient rougir la teinture de tournesol, quoique le sel cristallisé fût capable de ramener au bleu cette teinture rougie par les acides : dans ce cas, il faudrait y ajouter une nouvelle portion de carbonate de soude. Si, au contraire, l'on avait versé primitivement trop de carbonate de soude, il faudrait, après les avoir étendues d'eau, les mêler avec une certaine quantité de phosphate acide de chaux, filtrer, etc. : de cette manière on sera sûr d'en retirer du phosphate de soude jusqu'à la fin de leur évaporation.

Pour l'analyser, il faut prendre une certaine quantité de ce sel bien sec, le dissoudre dans l'eau, y ajouter un excès de chlorure de barium, rassembler sur un filtre le dépôt qui se forme, le laver soigneusement, réunir les eaux de lavage à la liqueur, verser dans celle-ci un excès de carbonate d'ammoniaque, la filtrer de nouveau, l'évaporer en même temps que les nouvelles eaux de lavage que l'on obtiendra, dessécher, calciner et peser le résidu. Voici ce qui se passe dans cette opération. Le chlorure de barium forme avec le phosphate de soude du phosphate de baryte insoluble et du chlorure de sodium soluble. Le carbonate d'ammoniaque décompose l'excès de chlorure de barium; et de là résultent du carbonate de baryte qui se dépose, et un chlorhydrate d'ammoniaque qui reste dissous avec le chlorure de sodium et l'excès du carbonate ammoniacal. Par l'évaporation, l'on volatilise l'eau et le carbonate d'ammoniaque, et par la calcination l'on sublime le chlorhydrate d'ammoniaque, et l'on obtient le chlorure de sodium pour résidu.

Or, l'on sait combien le chlorure de sodium contient de métal, et combien le sodium absorbe d'oxigène pour passer à l'état de protoxide (735); conséquemment le poids du chlorure de sodium indique la quantité d'oxide du phosphate de soude, et celle de l'oxide étant connue, l'on en conclut celle de l'acide, puisque celle du phosphate est une des données de l'expérience (Berzelius).

Le phosphate de soude ne s'emploie que rarement, quelquefois en médecine comme un léger purgatif, et quelquefois comme réactif dans les laboratoires. (1)

Phosphate de potasse.

1459. Ce sel n'est bien neutre au papier qu'en dissolu-

---

(1) Lorsque l'on sature exactement l'acide phosphorique par la soude, et que l'on fait évaporer la liqueur convenablement, il en résulte, comme je l'ai observé depuis long-temps, des cristaux qui verdissent le sirop de violettes, et une liqueur acide qui refuse de cristalliser (*Ann. de Chimie*, t. xxxix). Il semble donc qu'il doit y avoir un phosphate acide et un sous-phosphate de soude, et qu'il ne doit point y avoir de phosphate neutre cristallisé : cependant M. Berzelius considère comme neutre, d'après l'analyse qu'il en a faite, celui que nous venons d'examiner, et qui a été considéré jusqu'à présent comme un sous-phosphate.

tion ; car, si l'on essaie de le concentrer, il se transforme en bi-phosphate qui cristallise, et en phosphate qui verdit le sirop de violettes, et qui par l'évaporation, se prend en *magma*, et correspond au phosphate de soude cristallisé.

Il a peu de saveur. Soumis à l'action du feu dans un creuset, il éprouve bientôt la fusion ignée. Mêlé avec 20 ou 3o fois son volume d'eau de chaux, il conserve toute sa transparence. Suivant M. Théodore de Saussure, il ne commence à se troubler qu'en y ajoutant une plus grande quantité de chaux, et le précipité qui se forme alors est un phosphate-potassé de chaux. M. Théodore de Saussure observe d'ailleurs que l'on parvient à dissoudre une assez grande quantité de phosphate de chaux, en faisant bouillir ce sel en gelée avec la potasse et l'eau. (*Recherches chimiques sur la végétation*, pag. 321.)

Le phosphate de potasse possède les autres propriétés indiquées 1289 et 1445.

Les graines céréales en contiennent une certaine quantité.

On l'obtient, comme celui de soude, en décomposant le phosphate acide de chaux par le carbonate de potasse, ou bien en unissant directement cette base avec l'acide phosphorique.

Phosphate de lithine.

1459 *bis*. Si peu soluble, qu'en ajoutant de l'acide phosphorique à une dissolution d'acétate de lithine, presque tout le phosphate formé, se précipite au bout de quelque temps.

Phosphate de lithine et de soude.

146o. Ce sel est insoluble dans une dissolution qui renferme un phosphate : il se dissout en quantité extrêmement faible dans l'eau pure et froide ; il est un peu plus soluble dans l'eau bouillante. Sa formule est : (2 Na O, P² O⁵ + (2 Li O, P² O⁵).

Il ressemble par son aspect aux phosphates de chaux et de magnésie ; mais il est facile de l'en distinguer en l'essayant au chalumeau avec le carbonate de soude. En effet, l'on obtient alors avec le phosphate double de lithine et de soude une masse vitreuse, qui perd sa limpidité en se solidifiant : elle est absorbée par le charbon, si l'on se sert de cette substance pour support. Le phosphate de chaux ou de magnésie, au contraire, n'entre point en fusion avec le carbonate de soude, et ne s'introduit point dans le charbon avec lui.

L'insolubilité presque complète du phosphate double de lithine et de soude est mise à profit par les chimistes pour le dosage de la lithine et pour constater la présence d'une petite quantité de cette base dans une dissolution. Lorsqu'on se propose de précipiter la lithine à cet état, il faut verser dans la liqueur du phosphate de soude pur, évaporer à siccité, et reprendre le résidu par l'eau : l'évaporation paraît indispensable pour faire passer la totalité de cette base à l'état de phosphate ou pour rendre le sel double insoluble.

Phosphate neutre de baryte.

1460 *bis*. Ce sel se prépare en versant peu-à-peu dans une dissolution de chlorure de barium neutre une dissolution de cristaux de phosphate de soude, lavant le précipité à grande eau, le recueillant, le séchant et le chauffant dans un creuset jusqu'au rouge. Il ne faudrait pas faire le contraire, c'est-à-dire, verser le chlorure de barium dans le phosphate de soude, parce qu'en raison de l'excès de base de celui-ci, une partie du phosphate de baryte pourrait passer à l'état de phosphate sesqui-basique.

Il est blanc, pulvérulent, insipide, insoluble dans l'eau, soluble dans les acides azotique, chlorhydrique.

Mis en contact avec l'acide phosphorique, il se transforme successivement en sesqui-phosphate et en bi-phosphate.

L'analyse de ce sel n'offre aucune difficulté : en effet, qu'on en dissolve une certaine quantité dans de l'acide azotique, et que l'on y ajoute un petit excès d'acide sulfurique, il en résultera du sulfate de baryte qui, étant insoluble, se déposera, et de l'acide phosphorique qui restera dissous avec l'excès d'acide sulfurique. Mais les proportions du sulfate de baryte sont bien connues ; il suffira donc de laver ce sel, de le sécher et de le peser pour en conclure le poids de la base du phosphate et par suite celui de l'acide. L'on trouvera ainsi que le phosphate est formé de 100 d'acide et de 214,616 de baryte, ce qui donne la formule ($2\,BaO$, P^2O^5).

Indépendamment du phosphate neutre de baryte, il existe quatre autres phosphates. Un *bi-phosphate*, un *phosphate sesqui-basique*, et deux autres qui s'écartent de la loi de composition des phosphates ; l'un de ceux-ci est acide et représenté par ($3\,BaO$, $2\,P^2O^5$) $= 1$ at. de phosphate neutre ($2\,BaO$, P^2O^5) $+ 1$ at. de bi-phosphate (BaO, P^2O^5), et l'autre avec excès de base a pour formule ($5\,BaO$, $2\,P^2O^5$) $=$ 1 at. de phosphate neutre ($2\,BaO$, P^2O^5) $+ 1$ at. de phosphate sesqui-basique ($3\,BaO$, P^2O^5).

Phosphate de strontiane.

1461. Le phosphate neutre de strontiane s'obtient comme celui de baryte, et possède probablement des propriétés analogues.

Phosphate neutre de chaux.

1462. La chaux, d'après M. Berzelius, se combine en cinq proportions différentes avec l'acide phosphorique, et forme un *phosphate neutre*, un *sesqui-phosphate*, un *bi-phosphate*, un *phosphate sesqui-basique*, et un autre sous-phosphate, qui a pour formule $(8CaO, 3P^2O^5) = 1$ at. de phosphate neutre $(2CaO, P^2O^5) + 2$ at. de phosphate sesqui-basique $(6CaO, 2P^2O^5)$; le dernier est celui des os, sa composition est toute particulière et s'écarte de la loi précitée (1444).

Nous ne devons parler ici que du phosphate neutre : pour l'obtenir, suivant Berzelius, il faut verser une dissolution de chlorure de calcium neutre dans une solution de phosphate de soude cristallisé : le sel se précipite à l'instant même en flocons blancs. Il ne faudrait pas faire l'inverse, c'est-à-dire, verser le phosphate de soude dans le chlorure de calcium; il se formerait alors plus ou moins de phosphate de chaux avec excès de base, et la liqueur deviendrait acide. Cependant, M. Mitscherlich assure qu'il se produit toujours un phosphate sesqui-basique; et que si, dans la première manière d'opérer, la liqueur ne devient point acide, c'est parce que le phosphate de soude contient réellement un excès d'alcali.

Ce sel, neutre, est composé de 100 d'acide et de 79,838 de base $= (2CaO, P^2O^5)$.

L'analyse du phosphate de chaux se fait de la manière suivante : l'on prend une certaine quantité de ce phosphate bien lavé et bien sec, on le dissout dans de l'acide chlorhydrique, et l'on y ajoute assez d'alcool pour troubler légèrement la liqueur. Alors l'on y verse un mélange d'alcool et d'acide sulfurique, jusqu'à ce que celle-ci cesse de se troubler. Par ce moyen, toute la chaux du phosphate se combine avec l'acide sulfurique et forme un sulfate insoluble, tandis que l'acide chlorhydrique, l'acide phosphorique et l'excès de l'acide sulfurique restent en dissolution. Le sulfate de chaux est lavé ensuite avec de l'alcool, séché, calciné et pesé. Comme on sait que, sur 100 parties, il contient 41,588 de base, il est facile de déduire de son poids celui de la chaux du phosphate. L'alcool a principalement pour objet, dans cette expérience, d'empêcher qu'il ne se dissolve du sulfate de chaux.

Phosphate neutre de magnésie.

1463. Ce sel, qui se trouve dans la nature (1456), se prépare, en mêlant des dissolutions chaudes et concentrées de phosphate de soude et de sulfate de magnésie; il se dépose sous forme de cristaux, quelques heures après le mélange des deux liqueurs. Ils sont composés de 1 at. d'acide phosphorique, 2 at. de magnésie et de 14 at. d'eau $(2\,MgO, P^2O^5) + 14\,H^2O$. A l'air, ils s'effleurissent lentement. Quinze parties d'eau froide suffisent à la dissolution d'une partie de phosphate de magnésie; l'eau bouillante le décompose en un sous-sel insoluble et un sel acide qu'elle dissout.

Phosphate neutre de magnésie et d'ammoniaque.

1464. C'est en faisant un mélange de dissolutions chaudes et peu étendues de sulfate de magnésie et de phosphate d'ammoniaque, que l'on se procure ce sel double : il se dépose en petits cristaux aiguillés, à mesure que la liqueur se refroidit; il est composé d'un atome de chacun des deux phosphates, ce qui donne pour sa formule $(2\,MgO, P^2O^5) + (4\,AzH^3, P^2O^5) + 8\,H^2O$.

Phosphate neutre de plomb.

1465. Ce sel doit être préparé à la manière du phosphate de baryte, en versant peu-à-peu dans une solution de chlorure de plomb une solution de cristaux de phosphate de soude : le phosphate neutre de plomb se précipite tout de suite. L'azotate de plomb ne doit point être employé; il s'unit au phosphate de plomb.

Ce phosphate est blanc, pulvérulent, insipide, insoluble; chauffé au chalumeau, il fond promptement, devient incandescent au moment où il se solidifie, et donne lieu à des cris-

taux dont les facettes sont grandes et bien prononcées, etc.
(1289 et 1445).

On le trouve quelquefois dans la nature, comme nous l'avons dit en parlant des phosphates naturels.

Mis en contact avec l'ammoniaque, il passe à l'état de sous-phosphate. Uni avec un excès d'acide, il se transforme en phosphate acide.

On l'analyse facilement en le faisant chauffer avec de l'acide sulfurique étendu : il en résulte de l'acide phosphorique soluble dans l'eau, et du proto-sulfate de plomb insoluble, qui, sur 100 parties, contient 73,608 de protoxide. M. Berzelius ayant retiré, de 10 grammes de phosphate neutre de plomb ainsi traité, 10 gram., 31 de sulfate, ce phosphate doit être composé de 100 d'acide et de 314,765 de protoxide de plomb; mais, par le calcul, on trouve que la quantité d'oxide ne doit être que de 312,738. Sa formule est $(2 PbO, P^2O^5)$. (*Voyez* le Mémoire de M. Berzelius sur les phosphates, *Ann. de Chim. et de Phys.*, 11, pag. 151; et celui de Mitscherlich; xix, 350.)

Art. II. *Phosphates sesqui-basiques; phosphates à $1\frac{1}{3}$ de base; phosphates à $1\frac{1}{4}$.*

1466. *Phosphates sesqui-basiques.*—Les phosphates sesqui-basiques, pour la même quantité d'acide, contiennent une fois et demie autant de base que les phosphates neutres, comme l'indiquent leurs noms; par conséquent, dans ces sous-phosphates, la quantité d'oxigène de l'oxide est à la quantité d'oxigène de l'acide comme 3 à 5, et à la quantité d'acide comme 1 à 2,973. (Berzelius, *Annales de Chimie et de Physique*, t. 11, p. 151.)

Les phosphates sesqui-basiques sont probablement en grand nombre. Ils ont des propriétés analogues à celles des phosphates neutres. Tous sont insolubles et peuvent être obtenus par la voie des doubles décompositions, excepté ceux de potasse, de soude, s'ils existent. Nous n'en examinerons que quelques-uns.

1467. *Phosphate sesqui-calcaire.*—($3\,CaO$, P^2O^5). On le trouve dans la nature : c'est le phosphate fossile ; on l'obtient facilement en versant une dissolution de phosphate de soude dans une dissolution de chlorure de calcium : la liqueur filtrée est acide.

Sous-phosphate de chaux des os. — Le phosphate de chaux des os n'est point un *phosphate sesqui-basique*, mais un phosphate à $1\frac{1}{3}$ de base ; il a pour formule ($8\,CaO$, $3P^2O^5$), d'où il suit qu'il peut être représenté par 1 at. de phosphate neutre ($2\,CaO$, P^2O^5) $+$ 2 at. de phosphate sesqui-basique ($6\,CaO$, $2\,P^2O^5$). Nous allons en tracer l'histoire comme étant une annexe de celle du *sesqui-calcaire*.

Ce sous-phosphate, qui fait presque les deux cinquièmes des os des animaux, et qui fait partie d'ailleurs de beaucoup d'autres composés, s'obtient, soit en prenant des os calcinés, qui ne sont, pour ainsi dire, qu'un mélange de sous-phosphate de chaux et de carbonate de chaux, les dissolvant dans l'acide azotique ou dans l'acide chlorhydrique, et y versant un excès d'ammoniaque ; soit en versant cet excès d'alcali dans une dissolution de phosphate acide de chaux. Dans les deux cas, le phosphate se précipite en gelée blanche, qu'on lave par décantation, que l'on recueille sur un filtre, et que l'on calcine après l'avoir desséchée par une douce chaleur.

Le sous-phosphate de chaux est pulvérulent, insipide, capable de se fritter légèrement à un feu de forge, insoluble dans l'eau, soluble dans les acides chlorhydrique, azotique, phosphorique, etc. (1445-1455).

M. Berzelius, en procédant à l'analyse de ce sel, de même qu'à celle du phosphate neutre de chaux, l'a trouvé formé de 100 d'acide et de 106,451 de chaux ; d'où l'on voit que la composition de ce sous-phosphate ne s'accorde point avec celle des sous-phosphates ordinaires, et est telle que nous l'avons annoncée.

Le rôle que ce sel joue dans l'économie animale est très grand, puisqu'il existe en plus ōu moins grande quantité dans toutes les parties liquides, molles et solides des animaux.

Il est employé tout à-la-fois en médecine, dans les laboratoires et dans les arts.

En médecine, on l'administre dans les diarrhées chroniques; il entre dans la décoction blanche de Sydenham.

Dans les laboratoires, on s'en sert pour faire les phosphates de soude, de potasse et d'ammoniaque, et par suite tous les autres phosphates (1454).

1468. *Phosphate de baryte à* $1\frac{1}{4}$ *de base.* — Il se précipite tout-à-coup en flocons blancs d'une dissolution de phosphate acide de baryte, à laquelle on ajoute un excès d'ammoniaque. Sa formule étant (5 BaO, 2 P^2O^5), on voit que l'oxigène de la base est à celle de l'acide comme 1 à 2, et qu'il peut être représenté dans sa composition par 1 at. de phosphate sesqui-basique (3 BaO, P^2O^5) $+$ 1 at. de phosphate neutre de (2 BaO, P^2O^5).

1469. *Phosphate de magnésie sesqui-basique.* — Il forme le minéral nommé *wagnérite* (1456), et s'obtient, comme nous venons de dire, en faisant bouillir le phosphate neutre avec l'eau.

1470. *Phosphate de cobalt sesqui-basique.* — C'est en décomposant l'azotate de cobalt par le phosphate de soude que l'on obtient ce sel. Calciné avec l'alumine, il donne lieu à une couleur bleue qui peut remplacer l'outremer. La préparation de cette couleur se fait de la manière suivante: on traite, à l'aide de la chaleur, le minerai de cobalt de Tunaberg grillé (993) par un excès d'acide azotique faible; on fait évaporer la dissolution presque jusqu'à siccité; on fait chauffer le résidu avec de l'eau; on filtre la liqueur pour en séparer une certaine quantité d'arséniate de fer qui se dépose : alors on y verse une dissolution de phosphate de soude, et l'on obtient un précipité violet de sous-phosphate de cobalt et une liqueur acide. Ce précipité étant lavé, rassemblé sur un filtre et encore en gelée, on en prend une partie que l'on mêle le plus exactement possible avec 8 parties d'hydrate d'alumine en gelée (827). On reconnaîtra que le mélange sera bien fait, lorsqu'il sera également coloré, ou qu'on n'y apercevra plus de petits points de phosphate isolé; dans cet état, on le fera sécher à l'étuve ou sur un fourneau, et, lorsqu'il sera assez sec pour être cassant, on le calcinera dans un creuset de terre ordinaire. A cet effet, on remplira le creuset de matière, on le recouvrira de son couvercle, on le chauffera peu-à-peu jusqu'au-dessus du rouge cerise, et on le tiendra exposé à ce degré de chaleur pendant une demi-heure; on retirera le creuset, et l'on y trouvera une belle couleur bleue qu'on conservera dans un flacon. L'opération réussira constamment, si on a le soin d'employer un suffisant excès d'ammoniaque pour préparer l'alumine, de la laver à plusieurs reprises avec des eaux très limpides, par exemple, filtrées au charbon.

Le phosphate de cobalt peut être remplacé, dans la préparation de cette couleur, par l'arséniate de cobalt : seulement, au lieu d'employer 1 partie d'arséniate sur 8 d'alumine, il ne faudra en employer qu'une demi-partie. On obtiendra d'ailleurs ce sel de même que le phosphate, c'est-à-dire, en versant dans la solution de cobalt, préparée comme nous venons de le dire, une dissolution d'arséniate de potasse.

En mêlant intimement, et en proportions convenables, de l'alumine en gelée, ou de l'alun à base d'ammoniaque, avec une solution d'azotate de cobalt, desséchant et calcinant le mélange, il se produit encore une couleur bleue analogue à la précédente, ce qui tend à prouver que cette couleur n'est qu'un composé d'alumine et d'oxide de cobalt. Celle que donne l'alumine est assez belle; mais celle qui provient de l'alun est pâle.

1470 *bis. Phosphate de plomb sesqui-basique.* — Le sous-phosphate de plomb s'obtient facilement en faisant digérer le phosphate neutre de plomb avec une dissolution d'ammoniaque, et lavant au bout d'un certain temps le dépôt à grande eau.

L'analyse s'en fait comme il a été dit (1466). Il est composé de 100 d'acide et de 469,107 d'oxide = (3 PbO, P^2O^5). On l'obtient également par voie de double décomposition, en versant de l'acétate de plomb dans une dissolution neutre de phosphate de soude. Cependant, suivant M. Karsten, le phosphate ainsi préparé serait un phosphate à 1 et $\frac{1}{3}$ de base seulement.

1471. *Phosphate d'argent sesqui-basique.* — Lorsqu'on mêle une dissolution d'azotate d'argent neutre avec une dissolution de phosphate de soude cristallisé, la liqueur devient acide, et il se produit un précipité d'un jaune clair, qui est le sous-phosphate d'argent. Ce précipité se dissout dans l'acide phosphorique ; mais il se sépare de cet acide par l'évaporation, ce qui porte à croire qu'il n'existe point de phosphate neutre d'argent.

Pour en déterminer la proportion des principes constituans, il faut le dissoudre dans l'acide azotique et y ajouter ensuite un excès de chlorure de sodium : il en résulte de l'azotate de soude et du chlorure d'argent. Celui-ci se dépose ; on le lave, on le recueille, on le sèche, on le pèse, et de son poids l'on conclut la quantité d'oxide du phosphate. On trouve ainsi que le sous-phosphate d'argent est dans le même cas que le sous-phosphate de plomb, c'est-à-dire, qu'il contient une fois et demie autant d'oxide que le phosphate neutre et que sa formule est (3 AgO, P^2O^5). (*Voyez,* pour les sous-phosphates, le Mémoire de M. Berzelius, *Ann. de Chim. et de Phys.*, 11, 151 ; et celui de M. Mitscherlich, *id.*, XIX, 360.)

Art. III. *Phosphates bi-basiques.*

1472. Les phosphates bi-basiques, connus jusqu'ici, sont seulement au nombre de cinq, savoir :

1° Le phosphate double de magnésie et d'ammoniaque, 2° le phosphate d'alumine (*wavellite*), 3° le phosphate d'alumine et de lithine (*amblygonite*), 4° le phosphate de fer et de manganèse, 5° le phosphate de bi-oxide de cuivre.

Les quatre derniers ont déjà été étudiés (1456). Nous n'avons donc à nous occuper que du premier.

Phosphate bi-basique de magnésie et d'ammoniaque.—Le phosphate ammoniaco-magnésien bi-basique, presque insoluble dans l'eau pure, l'est complètement dans l'eau chargée de phosphate d'ammoniaque. On a souvent recours à la formation de ce sel, pour séparer la magnésie de ses dissolutions. Il se précipite en petits grains cristallins, dont la totalité ne se dépose pas immédiatement. La précipitation n'est complète qu'au bout de quelques heures, et qu'autant que le réactif employé est en excès. On peut, pour cet objet, se servir avec le même avantage, soit du sous-phosphate d'ammoniaque, soit d'un mélange d'ammoniaque et de phosphate de soude.

Le phosphate bi-basique d'ammoniaque et de magnésie fait partie de quelques pierres urinaires et de quelques concrétions intestinales ; c'est également ce sel qui se sépare, sous forme de petites aiguilles, de l'urine en putréfaction.

ART. IV. *Sesqui-phosphates et phosphates acides à* $1\frac{1}{2}$ *d'acide.*

1473. *Sesqui-phosphates.*— Les sesqui-phosphates contiennent une fois et demie autant d'acide que les phosphates neutres, d'où il suit que la quantité d'oxigène de l'oxide est à la quantité d'oxigène de l'acide, comme 2 à 7,50 et à la quantité d'acide comme 1 à 6,689.

Nous ne parlerons que du sesqui-phosphate de chaux, qui au reste est pour ainsi dire le seul qui soit bien connu.

Ce sesqui-phosphate s'obtient en dissolvant du phosphate de chaux dans l'acide phosphorique pur, et versant de l'alcool dans la dissolution ; il se précipite en poudre blanche, qui rougit le papier de tournesol, même après avoir été bien lavé à l'alcool. L'eau décompose le sesquiphosphate calcaire, et le transforme en bi-phosphate soluble et en phosphate neutre insoluble.

1474. *Phosphates acides à* $1\frac{1}{2}$ *d'acide.*— Ces phosphates, au lieu de contenir, 1 fois et demie autant d'acide que les phosphates neutres, n'en contiennent qu'une fois et un tiers. Ils pourraient être regardés comme des composés de 1 at. de phosphate neutre et 1 at. de bi-phosphate. Tels sont les phosphates acidules de baryte et de plomb.

1475. *Phosphate acidule de baryte à* $1\frac{1}{3}$ *d'acide.* — Ce sel, qui peut être représenté par la formule $(2\,BaO, P_2O^5)$ $+ (BaO, P^2O^5)$, s'obtient en versant, dans de l'alcool, de l'acide phosphorique étendu de six fois son poids d'eau, et saturé de phosphate de baryte humide : à l'instant même, il se dépose sous forme d'un précipité volumineux. Pour le purifier, il faut le recueillir sur un filtre et le laver avec un excès d'alcool. Desséché, il donne lieu à une poudre blanche et légère.

C'est en le traitant par l'acide sulfurique, comme le phosphate neutre, qu'on l'analyse (1460 *bis*).

Phosphate acidule de plomb à $1\frac{1}{3}$ *d'acide.* — Lorsqu'on verse une dissolution de chlorure de plomb concentrée et bouillante dans une dissolution de bi-phosphate de soude, il en résulte un précipité blanc qui, lavé à grande eau et même à l'eau bouillante, conserve toujours la propriété de rougir le papier de tournesol. Ce précipité est le phosphate acidule de plomb, qui a pour formule $(3\,PbO, 2\,P^2O^5)$ ou $(2\,PbO, P^2O^5) + (PbO, P^2O^5)$.

Art. V. *Bi-phosphates.*

1476. Les bi-phosphates contiennent deux fois autant d'acide que les phosphates neutres, c'est-à-dire, que la quantité d'oxigène de l'oxide est à la quantité d'oxigène de l'acide comme 1 à 5, et à la quantité d'acide même comme 1 à 8,918. Tous ces sels sont solubles dans l'eau, de telle manière qu'aucun ne peut être obtenu par la voie des doubles décompositions.

Bi-phosphate de baryte. — Pour l'obtenir, il faut saturer de phosphate de baryte encore tout humide de l'acide phosphorique étendu de six fois son poids d'eau, filtrer la liqueur, la faire évaporer doucement dans une capsule de platine, et la laisser refroidir lorsqu'elle est convenablement concentrée : dans l'espace d'un à deux jours, il s'y forme une grande quantité de cristaux blancs; alors on verse toute la masse dans un entonnoir de verre pour faire écouler l'eau-mère, puis on comprime le sel entre plusieurs doubles de papier joseph, jusqu'à ce qu'il cesse de l'humecter. Dans cet état, on peut le regarder comme pur. Sa saveur est piquante, âcre et un peu acide. Il rougit le papier de tournesol humecté. L'air ne l'altère point. Exposé à l'action d'une chaleur rouge, il se boursoufle à la manière de l'alun : probablement qu'il se vitrifierait à une température plus élevée. L'eau le transforme en phosphate plus acide qui se dissout, et en phosphate neutre qui se précipite : d'ailleurs, il est complètement soluble dans les acides azotique, chlorhydrique. Il contient 11 centièmes d'eau de cristallisation, et l'acide est à la base dans le rapport de 100 à 107,31. Il est facile de déterminer la quantité d'eau en desséchant une portion du sel; et la quantité d'oxide et d'acide, en le traitant par l'acide sulfurique, de même que le phosphate neutre (1460 *bis*). Sa formule est (Ba O, P^2 O^5) $+$ 2 H^{2}O.

Bi-phosphate de soude. — Le meilleur procédé pour obtenir le bi-phosphate de soude est d'ajouter de l'acide phosphorique à une solution de phosphate neutre, jusqu'à ce qu'elle ne précipite plus le chlorure de barium. La solution de ce bi-phosphate doit être très concentrée pour qu'elle cristallise; car ce sel est très soluble; il faut même un long temps pour avoir de grands cristaux. M. Mitscherlich l'a trouvé composé de 51,49 d'acide, de 22,56 de soude, et de 25,55 d'eau, résultats d'où l'on déduit la formule (NaO, P^{2}O^5) $+$ 4 H^{2}O. Saturé de potasse, il forme un sel double susceptible de cristallisation et qui contient 50,5 pour 100 d'eau.

Bi-phosphate de potasse. — Ce sel n'a encore été que très peu examiné : on sait seulement que, de toutes les

combinaisons de l'acide phosphorique avec la potasse, c'est
la seule qui puisse cristalliser.

Il s'obtient aisément en versant une solution de carbonate de potasse dans l'acide phosphorique, jusqu'à ce que
le papier de tournesol, rougi par la liqueur, redevienne
bleu après avoir été séché, et concentrant ensuite le sel
convenablement; il cristallise en prismes à bases carrées,
terminés par des faces octaédriques : il est formé de 25,26
d'acide; 34,56 de base; 13,18 d'eau $= (KO, P^2O^5) + 2H^2O$
(Mitscherlich).

Bi-phosphate de chaux. — Ce phosphate se prépare en
délayant dans de l'eau les os calcinés et pulvérisés, et en
les traitant par l'acide sulfurique concentré, comme nous
l'avons dit (62) : seulement, dans ce cas, l'acide sulfurique
ne doit former que le tiers du poids des os, pour qu'il ne soit
point en excès.

Le bi-phosphate de chaux, évaporé presqu'en consistance sirupeuse, cristallise en petites lames micacées et
presque sans aucune consistance. Il rougit fortement le
papier bleu, et se dissout dans l'eau sans se décomposer.
Soumis à l'action du feu, il se boursoufle considérablement, et se transforme, au degré de la chaleur rouge, en
un verre blanc, insipide, insoluble, sans action sur la
teinture de tournesol, et qui, calciné avec le charbon,
donne beaucoup de phosphore. (*Voyez* les Mémoires de
M. Berzelius sur les phosphates acides, *Ann. de Chim.
et de Phys.*, II, 151; et XI, 114; et celui de Mitscherlich, XIX, 350.)

GENRE V. — *Para-phosphates.*

1477. Les caractères qui distinguent les para-phosphates
des phosphates ont été exposés en traitant de l'acide para-
phosphorique (213 et 214). Nous avons fait connaître en
même temps la plupart des observations générales faites

jusqu'à présent sur ce nouveau genre de sels. Nous ajouterons seulement : 1° qu'aucun para-phosphate n'a encore été trouvé dans la nature ; 2° que les para-phosphates se préparent, soit en saturant l'acide para-phosphorique par les bases ou leurs carbonates, soit en calcinant les phosphates correspondans, soit par voie de double décomposition, quand les para-phosphates sont insolubles, ce qui paraît avoir lieu toutes les fois que les phosphates le sont eux-mêmes ; 3° que l'acide phosphorique, d'après M. Stromeyer, a une capacité de saturation plus grande que celle de l'acide para-phosphorique ; ce qu'il y a de certain, c'est qu'en évaporant jusqu'à siccité une dissolution de phosphate de soude neutre au papier, calcinant le sel et dissolvant le résidu dans l'eau, il en résulte une dissolution de para-phosphate, qui possède une forte réaction alcaline.

Nous n'examinerons en particulier que deux para-phosphates : celui de soude et celui d'argent.

Ce sont les seuls sels de ce genre qui aient été étudiés avec quelque soin. Le premier offrira l'exemple d'un para-phosphate soluble ; la connaissance des propriétés du deuxième, permettra de prévoir, jusqu'à un certain point, celles que présentent les autres para-phosphates insolubles.

Para-phosphate de soude.

1478. Le para-phosphate de soude a une faible saveur alcaline et verdit le sirop de violettes. Il est bien moins soluble dans l'eau que le phosphate, et cristallise tout autrement que lui. Ses cristaux renferment 40 centièmes de leur poids d'eau, ne s'effleurissent point à l'air, se dessèchent complétement par la calcination, donnent lieu au degré de la chaleur rouge-cerise à un verre, qui reste transparent tant qu'il est liquide, et qui devient opaque en se solidifiant. La composition du para-phosphate de soude cristallisé, est représentée par la formule $(2NaO, P^2O^5) + 20H^2O$.

Ce sel s'obtient en calcinant le phosphate.

Para-phosphate d'argent.

1479. C'est ce sel qui se précipite, quand on mêle des dissolutions neutres d'azotate d'argent et de para-phosphate de soude. Il semble retenir de l'eau au moment même de sa précipitation, et l'abandonner presque aussitôt après. Il forme un précipité blanc plus volumineux que le phosphate, à poids égal. La lumière le colore en rouge. La chaleur le fait passer au brun jaunâtre bien au-dessous du rouge : à cette température, il forme un liquide brun foncé, qui par le refroidissement donne des cristaux aiguillés légèrement nuancés en jaune.

L'ammoniaque le dissout en assez grande quantité ; l'acide azotique le précipite de cette dissolution sans l'altérer : un excès de cet acide le fait de nouveau disparaître, car il y est soluble. L'acide chlorhydrique, l'acide sulfurique mettent en liberté l'acide para-phosphorique du para-phosphate d'argent, et donnent lieu, le premier, à un chlorure, le deuxième, à un sulfate.

Le para-phosphate d'argent se dissout dans une grande quantité de para-phosphate de soude. Le phosphate de cette base le change en phosphate sesqui-basique de couleur jaune.

GENRE VI. — *Hypo-phosphites.*

1480. Nous ne savons, sur les hypo-phosphites, que ce que nous ont appris, d'une part, M. Dulong, à qui la découverte de ces sels est due (3ᵉ vol. des *Mémoires d'Arcueil*, p. 413), et, d'autre part, M. H. Rose (*Ann. de Chim. et de Phys.*, XXXVIII, 258).

La plupart sont susceptibles de cristalliser. Leur composition, sous cette forme, est représentée, suivant M. H. Rose, par la formule $2(P^2O, RO) + 3H^2O$, en désignant le radical ou le métal de l'oxide par R ; d'où l'on voit que ces sels contiennent une quantité proportionnelle de phosphore, double de celle que renferment les phosphates et les phosphites. De là, l'explication des phénomènes que nous présentent les hypo-phosphites.

Projetés sur des charbons incandescens , les hypo-phosphites produisent une belle flamme jaune, et passent à l'état de phosphates.

Soumis à l'action du feu dans des tubes de verre , ils laissent dégager du gaz phosphure d'hydrogène , qui presque toujours s'enflamme spontanément, et ils donnent lieu en même temps à un résidu de phosphate, coloré en jaune rougeâtre par un peu d'oxide de phosphore, lorsque l'hypo-phosphite est alcalin ou terreux , et le plus souvent en brun par un peu de phosphure, lorsque l'hypo-phosphite appartient à l'une des quatre dernières sections. (1)

Les hypo-phosphites neutres absorbent lentement le gaz oxigène de l'air et deviennent bi-phosphates.

L'acide azotique les transforme également en ces sortes de sels, ou du moins, par la suroxigénation de leur acide, produit le double de la quantité d'acide phosphorique nécessaire pour neutraliser leurs oxides. Il en est de même du chlore, qui alors décompose l'eau et passe à l'état d'acide chlorhydrique.

L'iode n'a aucune action sur eux.

Tous sont solubles. Ceux de baryte et de strontiane le sont tellement, qu'on ne peut les obtenir cristallisés régulièrement. Ceux de potasse et de soude le sont même dans l'alcool en toutes proportions, et celui de potasse est plus déliquescent que le chlorure de calcium.

Tous décolorent subitement la dissolution de sulfate rouge de manganèse.

(1) Quelquefois, en outre, il se dégage une petite quantité de phosphore, ce qui dépend sans doute de ce que l'hypo-phosphite contient plus ou moins d'eau.

Tous enfin précipitent de leurs dissolutions le mercure, l'or et l'argent à l'état métallique.

Aucun ne se trouve dans la nature.

Tous peuvent être préparés directement, en combinant l'acide hypo-phosphoreux avec les bases : on peut encore obtenir :

1°. Ceux de baryte, de strontiane et de chaux, en faisant bouillir ces bases avec de l'eau et du phosphore, jusqu'à ce qu'il ne se dégage plus de phosphure d'hydrogène, filtrant la dissolution, saturant l'excès de base par un courant d'acide carbonique, portant de nouveau la liqueur à l'ébullition pour précipiter la portion de carbonate dissoute, et la concentrant convenablement, après l'avoir soigneusement filtrée.

2° Ceux de potasse et de soude, en décomposant la dissolution d'hypo-phosphite de chaux par les carbonates de potasse ou de soude, ou la dissolution d'hypo-phosphite de baryte par les sulfates de ces deux bases alcalines.

3° Ceux de magnésie et de protoxide de manganèse, en faisant bouillir une dissolution d'hypo-phosphite de chaux avec un excès d'oxalate de magnésie ou de protoxide de manganèse, qui tous deux sont insolubles.

4° Ceux de zinc et de fer, en traitant le zinc en grenaille et le fer en fils par l'acide hypo-phosphoreux ; il y a dégagement d'hydrogène.

GENRE VII. — *Phosphites*.

1481. Les phosphites ont été un peu plus examinés que les hypo-phosphites ; mais il s'en faut beaucoup que l'on en connaisse toutes les propriétés.

Les phosphites sont tantôt neutres, tantôt acides et tantôt avec excès de base.

Projetés sur des charbons incandescens, ceux qui sont acides produisent une belle flamme jaune ; ceux qui sont neutres en produisent une d'un jaune moins intense, et ceux qui sont avec excès de base en produisent une moins intense encore.

Chauffés en vases clos, les sous-phosphites laissent dégager du phosphure d'hydrogène, du phosphore en petite quantité ; et, quelle que soit la base du sel, l'on obtient pour résidu un sous-phosphate d'un jaune fauve, dont la couleur est inaltérable. Ce résidu se dissout dans les acides, à l'exception d'une petite quantité de matière rouge. (1)

Le phosphite neutre de potasse donne aussi, lorsqu'on le calcine, un résidu jaune, mais qui produit avec les acides une faible effervescence de gaz phosphure d'hydrogène.

Les phosphites de potasse, de soude et d'ammoniaque sont très solubles dans l'eau ; ils sont même déliquescens : toutefois ils ne se dissolvent pas dans l'alcool. Le phosphite de soude cristallise en rhomboïdes qui diffèrent peu du cube. Il est difficile de déterminer la forme qu'affecte le phosphite d'ammoniaque. Celui de potasse est incristallisable, ceux de baryte et de strontiane ne cristallisent bien que par évaporation spontanée ; car, lorsque l'on emploie la chaleur pour concentrer leurs dissolutions, ils se décomposent, et donnent lieu à un sous-phosphite insoluble de baryte ou de strontiane qui se précipite en petits cristaux nacrés, et à un phosphite acide de ces bases qui reste dissous.

Les autres phosphites métalliques sont insolubles, ou du moins très peu solubles ; ceux de baryte et de strontiane ne le sont eux-mêmes que fort peu ; quoique doués de la propriété de cristalliser. Il y a donc à cet égard une très grande différence entre les phosphites et les hypo-phosphites. (M. Dulong, 3e vol. des *Mémoires d'Arcueil*, p. 420.)

(1) M. Dulong, à qui ces observations sont dues, avait pensé que cette matière rouge était de l'oxide de phosphore ; mais comme elle n'est altérée ni par l'air, ni par le gaz oxigène, même au rouge blanc, sa nature doit être tout autre.

Il en est des phosphites neutres comme des sulfites : en absorbant assez d'oxigène pour passer à l'état de phosphates, ils ne changent point d'état de saturation, ainsi que l'a observé, le premier, M. Gay-Lussac. Pour s'en convaincre, il suffit de les faire bouillir avec un excès d'acide azotique et d'évaporer la liqueur à siccité : l'on obtiendra un phosphate neutre.

Aucun phosphite ne se trouve dans la nature.

Tous s'obtiennent, soit en combinant directement l'acide phosphoreux avec les bases salifiables, soit par la voie des doubles décompositions.

Les phosphites neutres devant être considérés, d'après ce que nous venons de dire, comme des phosphates neutres eux-mêmes, dont l'acide serait ramené à l'état d'acide phosphoreux, ces sels sont évidemment composés de telle manière que la quantité d'oxigène de l'oxide est à la quantité d'oxigène de l'acide comme 2 à 3, et par conséquent à la quantité d'acide même comme 1 à 2,676, puisque l'acide phosphoreux contient les $\frac{4}{5}$ de l'oxigène de l'acide phosphorique, et que dans les phosphates la quantité d'oxigène de l'oxide est à la quantité d'oxigène de l'acide, comme 2 à 5 (1444).

Il paraît que l'acide phosphoreux ne peut être combiné avec les oxides facilement réductibles : du moins il réduit, ainsi que l'ont observé MM. Brancamp et Siqueira-Oliva, les oxides de mercure, et même tous les sels mercuriels.

GENRE VIII. — *Sulfates.*

Des sulfates neutres.

1482. *Action du feu.* — Nous avons vu qu'en exposant la combinaison de l'acide sulfurique et de l'eau à une température très élevée, on la décomposait, et qu'on transformait cet acide en acide sulfureux et en oxigène dans le rapport de 2 à 1 (235). Il en est de même à plus forte raison de l'acide sulfurique sec. Ces observations vont nous mettre à même de concevoir et même de prévoir l'action du feu sur les sulfates.

Si, dans un sulfate, l'oxide a une très grande affinité pour l'acide sulfurique, et si cette affinité est telle qu'elle ne puisse être vaincue par la chaleur, il est évident que le sel sera indécomposable à une température quelconque; les sulfates de la première section et les sulfates de magnésie sont dans ce cas. Mais si l'oxide et l'acide d'un sulfate peuvent être portés par l'action du feu hors de leur sphère d'affinité, ce sel se décomposera nécessairement à une température plus ou moins élevée; l'acide, d'après ce qui vient d'être dit, devra se transformer en 2 volumes de gaz sulfureux et 1 volume d'oxigène, et l'oxide devenu libre devra se comporter comme quand on l'expose seul au feu avec le contact du gaz oxigène : par conséquent, cet oxide s'oxidera davantage, s'il est susceptible de combinaison avec une nouvelle quantité d'oxigène, à la température à laquelle on opérera; il se désoxidera ou se réduira si, à cette température, il a la propriété d'abandonner une portion d'oxigène ou tout l'oxigène qu'il contiendra, et il ne changera point de nature s'il ne peut s'oxider ni se désoxider : tels sont tous les sulfates des cinq dernières sections, moins celui de magnésie (1); tous se décomposent au-dessus ou au-dessous du rouge cerise, en donnant lieu aux résultats précédens; seulement tous laissent en même temps dégager de l'acide sulfurique anhydre qui sans doute est entraîné par les gaz oxigène et sulfureux et peut-être même combiné avec celui-ci (235). (Bussy, *Ann. de Chim. et de Phys.*, XXVI, 411.)

1483. *Action des métalloïdes.* — Le carbone, à une tem-

---

(1) On prétend que le sulfate de plomb est également indécomposable par la chaleur; mais nous sommes portés à croire que la température à laquelle on l'a élevé, n'était pas la plus forte possible.

pérature élevée, décompose l'acide de tous les sulfates ;
mais il ne décompose et ne réduit que les oxides de ceux
qui appartiennent à la première ou aux quatre dernières
sections : il en résulte du gaz acide carbonique ou du gaz
oxide de carbone avec tous, et l'on obtient en outre : 1° avec
les sulfates de la première, un proto-sulfure métallique au
degré de la chaleur blanche (Berthier) et un mélange ou
plutôt un composé de polysulfure métallique et d'oxide à
un degré de chaleur un peu inférieure (Gay-Lussac, *Ann.
de Chim. et de Phys.*, xxx, 24); 2° avec les sulfates de la
deuxième, l'oxide du sel, du sulfure de carbone et du soufre; 3° enfin, avec les sulfates des autres sections, un sulfure métallique plus ou moins sulfuré, et le plus souvent
du sulfure de carbone. Quelquefois même le soufre est enlevé tout entier par le charbon; c'est ce qui a lieu avec les
sulfates de zinc, d'antimoine, de plomb, lorsque le contact est de longue durée et que la température est très
élevée.

Nous avons supposé, dans ce qui précède, que le charbon
était en excès, par rapport au sulfate; mais si c'était le contraire, de nouveaux produits prendraient naissance. Les sulfates des cinq dernières sections laisseraient dégager du gaz
sulfureux : il n'y aurait que les sulfates alcalins qui se con-
duiraient encore, comme nous l'avons dit plus haut : seulement le sulfate serait en partie décomposé. Pourquoi
cette différence d'action? C'est que la chaleur ne chasse
point l'acide sulfureux des sulfites alcalins, et le sépare des
autres sulfites.

1484. Il semble que l'action de l'hydrogène sur les sulfates devrait être la même que celle du carbone, et qu'elle
ne devrait en différer qu'en ce que, au lieu d'acide carbonique ou d'oxide de carbone et de soufre carburé, on obtiendrait de l'eau et de l'acide sulfhydrique.

Je crois bien en effet qu'il se formerait de semblables produits à une haute température, si l'hydrogène était en excès; si, par exemple, on introduisait une couche très

mince de sulfate dans un tube de porcelaine plein de ce gaz, et porté au rouge blanc. Mais ce qu'il y a de certain, c'est qu'il s'en forme quelques autres au degré de chaleur de la lampe : M. Arfwedson s'est assuré qu'alors les sulfates de manganèse, de cobalt, de zinc, de nickel, de protoxide de fer, de plomb, de cuivre, de bismuth, d'étain et d'antimoine, placés dans un tube de verre et exposés à un courant de gaz hydrogène sec, donnaient de l'eau et du gaz sulfureux ; que ceux de manganèse et de cobalt donnaient de plus un oxi-sulfure ; celui de zinc, un oxi-sulfuré et un sublimé de métal ; ceux de nickel et de fer, du gaz sulfhydrique et un sulfure métallique ; celui de plomb, du gaz sulfhydrique, du plomb et du sulfure de plomb qui constituent probablement un sous-sulfure ; ceux de cuivre et de bismuth, du gaz sulfhydrique, et le métal pur ; celui d'étain, de l'acide sulfhydrique, du métal avec un peu de sulfure ; celui d'antimoine, de l'acide sulfhydrique, de l'antimoine et de l'oxi-sulfure d'antimoine (*Ann. de Chim. et de Phys.*, XXVII, 177). Ces deux derniers par un courant de gaz long-temps continué seraient sans doute complètement réduits en sulfures.

De là il est permis de croire que l'hydrogène avec les sulfates d'alumine, d'yttria, de glucine, produirait de l'eau, du gaz sulfureux, peut-être de l'acide sulfhydrique, et que l'oxide deviendrait libre ; tandis qu'avec les sulfates alcalins il donnerait lieu à de l'eau et des oxi-sulfures, ou bien encore à de l'eau et à des sulfures métalliques.

Si, dans ces diverses expériences, on se servait de gaz sulfhydrique au lieu d'hydrogène, il n'en résulterait plus avec les sulfates de la seconde section que de l'eau, du soufre et un oxide terreux, et avec tous les autres que de l'eau et un sulfure métallique.

1485. Le bore et le phosphore décomposent sans doute tous les sulfates ; mais il ne doit point résulter de cette décomposition les mêmes produits que des précédentes, parce que ces deux métalloïdes, passant à l'état d'acide fixe, tendent à se combiner avec l'oxide métallique du sulfate, et s'opposent ainsi le plus souvent à sa réduction.

Les sulfates des première et deuxième sections forment un boraté avec le bore, et un phosphate avec le phosphore : dans le premier cas, le soufre du sulfate se dégage pur; dans le deuxième cas, il ne doit se dégager qu'en combinaison avec le phosphore. Observons toutefois qu'il se pourrait que dans plusieurs cas l'acide sulfurique passât seulement à l'état de gaz sulfureux.

Les autres sulfates dont les oxides seront difficiles à réduire, et qui auront beaucoup d'affinité pour l'acide phosphorique ou borique, se comporteront sans doute avec le bore et le phosphore comme les oxides des première et deuxième sections; mais ceux dont les oxides seront faciles à réduire, et qui n'auront pas beaucoup d'affinité pour les acides borique et phosphorique, se comporteront d'une autre manière avec ces deux corps combustibles : il est probable que leurs oxides et leurs acides seront réduits, et qu'ils formeront de l'acide borique et un sulfure avec le bore, et de l'acide phosphorique et un sulfure ou phosphure avec le phosphore. *Exemple* : sulfates d'argent, de platine.

1486. Il paraît que le soufre n'agit point sur les sulfates indécomposables par le feu, c'est-à-dire, sur ceux de la première section et sur le sulfate de magnésie; mais il est évident qu'il doit agir sur tous les autres, puisque tous sont décomposables à une température plus ou moins élevée, de telle manière qu'une partie de leur acide est transformée en acide sulfureux et en oxigène, et que leur oxide est mis en liberté ou réduit. Or, si l'on observe, d'une part, que les oxides de la seconde section sont irréductibles et ne se combinent point avec le soufre, on verra qu'en calcinant les sulfates de cette section avec ce corps, il en devra résulter de l'acide sulfureux et un oxide pur; et, si l'on observe, d'une autre part, que les oxides métalliques des quatre dernières sections sont réductibles par le soufre et capables de former avec lui de l'acide sulfureux et un sulfure métallique, il deviendra certain qu'en calcinant les sulfates de ces quatre sections avec le soufre, on obtiendra de l'acide sulfureux et un sulfure métallique, en supposant toutefois que la température ne soit pas assez élevée pour vaporiser le soufre.

Probablement que le chlore, le brôme et l'iode sont sans action sur les sulfates indécomposables à une haute température, et qu'ils se comportent avec les autres comme si l'acide et l'oxide de ces sels étaient libres.

Aucun sulfate n'est altéré par l'azote.

1487. Pour constater tous les résultats qui proviennent de l'action des métalloïdes sur les sulfates, il faut s'y prendre de la même manière que pour traiter les oxides de ces sels par ces sortes de corps (528 – 553).

1488. Le potassium et le sodium décomposent tous les sulfates au degré de la chaleur rouge-cerise, et donnent lieu aux phénomènes qui ont été précédemment exposés (1303 *bis*).

Les métaux de la troisième section et plusieurs de ceux de la quatrième, tels que l'antimoine, etc., ont aussi la propriété de décomposer tous les sulfates à la température rouge. Dans ces diverses décompositions, les métaux passent en partie à l'état d'oxide et en partie à l'état de sulfure; les autres produits varient en raison du métal et du sulfate, et n'ont point été jusqu'ici l'objet d'un examen attentif.

Il est évident que le mercure, l'osmium et tous les métaux des deux dernières sections doivent être sans action sur les sulfates, puisque, quand ils sont eux-mêmes unis à l'oxigène et à l'acide sulfurique, ils sont réduits facilement par la seule action de la chaleur; ils ne pourraient agir tout au plus que sur le métal du sel.

1489. *Action de l'eau.* — Il est essentiel de connaître quels sont les sulfates solubles dans l'eau et quels sont ceux qui ne peuvent s'y dissoudre.

Les sulfates métalliques les plus solubles sont ceux de potasse, de soude, de lithine, de magnésie, de glucine, d'alumine, de manganèse, de fer, de zinc, de cadmium, de chrôme, d'urane, de cobalt, de cuivre, de nickel, de palladium, de rhodium, d'iridium, de platine.

Les sulfates insolubles sont ceux de baryte, d'étain, d'antimoine, de bismuth, de plomb.

Les sulfates très peu solubles sont ceux de strontiane, de chaux, d'yttria, de sesqui-oxide de cérium, de mercure, d'argent : ceux de strontiane et de mercure sont même presque insolubles.

Il suit de là que l'acide sulfurique doit toujours troubler l'eau de baryte, et ne doit point au contraire troubler l'eau de strontiane et l'eau de chaux quand elles sont suffisamment étendues ; c'est ce qui a lieu, en effet : l'acide sulfurique ne forme même pas de précipité dans l'eau de chaux ordinaire, parce que la chaux est moins soluble que ne l'est le sulfate de chaux. Ce qu'il y a de remarquable, c'est que cet acide ne diminue que très peu l'insolubilité de la plupart des sulfates insolubles, et qu'il ne diminue même celle des sulfates de baryte et de plomb, qu'autant qu'il est concentré ; tandis qu'au contraire, si l'on en excepte quelques arséniates et très peu d'autres espèces, tous les sels insolubles se dissolvent dans un excès de leur acide pour peu qu'il ait de force.

1490. *Action des bases.* — Les bases salifiables ne suivent pas précisément le même ordre dans leur tendance à se combiner avec l'acide sulfurique par l'intermède de l'eau, que dans celle qu'elles ont à s'unir aux acides phosphorique, etc. La baryte est au premier rang, la strontiane au second ; viennent ensuite la potasse et la soude, et probablement l'oxide de lithium ; puis successivement la chaux, l'ammoniaque, la magnésie, etc. (1305). L'eau de baryte doit donc précipiter tous les sulfates sensiblement solubles.

1491. *Action des acides.* — Comme l'acide sulfurique a la propriété, sans qu'il ait besoin d'être employé en grand excès, de décomposer facilement tous les sels, à froid, ou du moins à une chaleur qui n'excède pas beaucoup celle de l'eau bouillante, il s'ensuit qu'à cette température les sulfates ne pourront céder tout au plus qu'une portion de leurs bases aux autres acides, excepté aux hydracides dans quelques cas, et surtout à l'acide sulfhydrique, à l'acide sélénhydrique et à l'acide tellurhydrique (1307). Cependant, à la chaleur rouge, tous les sulfates, même ceux de la première section, seront complètement décomposés par les acides fixes ou peu volatils, c'est-à-dire, par les acides borique, silicique et phosphorique : il résultera de cette décomposition de l'acide sulfureux, du gaz oxigène, et un borate, ou un silicate, ou un phosphate, pourvu toutefois que les oxides ne soient pas très faciles à réduire (1308 *bis*).

1492. *Action des sels.* — Tout ce qu'on sait de l'action des sels sur les sulfates se trouve compris dans les généralités qui ont été exposées (1309). Nous ferons observer seulement que le sulfate de baryte étant absolument insoluble, et n'étant point susceptible d'union avec les autres sels, doit se former constamment et se précipiter tout-à-coup, lorsqu'on mêle la dissolution d'un sulfate, même très étendue d'eau, avec une dissolution quelconque d'un sel de baryte.

1493. *État naturel.* — On trouve vingt-deux sulfates dans la nature ; savoir les sulfates d'alumine, de magnésie, de chaux avec eau et sans eau, de strontiane, de baryte, de potasse, de soude, d'ammoniaque, de zinc, de fer plus ou moins oxidé, de cobalt, de cuivre, de nickel, de plomb ; les sulfates doubles d'alumine et de potasse, neutres ou avec excès d'alumine, et ceux d'alumine et d'ammoniaque, de chaux et de soude, de soude et de magnésie, d'alumine et de fer : les plus abondans sont les sulfates de chaux, de baryte, d'alumine et de potasse. Nous ne ferons l'histoire naturelle de ces sulfates qu'en parlant de chacun d'eux en particulier.

1494. *Préparation.* — Les sulfates qu'on ne trouve pas dans la nature, ou ceux qu'on y trouve, soit en trop petite quantité, soit mêlés avec d'autres sels dont il est difficile de les séparer, s'obtiennent par l'un des quatre procédés suivans :

Le premier ne s'applique qu'à la préparation des sulfates solubles, et consiste à traiter les oxides ou les carbonates par l'acide sulfurique étendu d'eau : on met l'oxide ou le carbonate en poudre dans une capsule, et l'on y verse un peu moins d'acide qu'il n'en faut pour le dissoudre, même à l'aide de la chaleur; on porte la liqueur à l'ébullition, on la filtre, et on la fait évaporer de manière à faire cristalliser le sel; ce n'est que dans le cas où l'oxide et le carbonate sont solubles, ce qui n'a presque jamais lieu, qu'on fait l'opération à la température ordinaire, et qu'alors on verse l'acide jusqu'à parfaite saturation.

Le second ne s'applique qu'à la préparation des sulfates insolubles; il repose sur les doubles décompositions (1310).

Le troisième s'applique à la préparation des sulfates solubles et insolubles; il consiste à traiter à chaud les métaux par l'acide sulfurique; mais on ne l'emploie qu'autant que les métaux sont communs et attaquables par cet acide. (*Voy.* l'histoire de chaque métal pour connaître l'action de l'acide sulfurique concentré et de l'acide sulfurique étendu d'eau sur les métaux.)

Enfin, quelquefois on se procure aussi les sulfates en grillant leurs sulfures, ou en les exposant à l'air humide, à la température ordinaire. C'est ainsi qu'on fabrique, pour le besoin des arts, le sulfate de protoxide de fer, le sulfate de zinc et le sulfate de bi-oxide de cuivre. (*Voyez* l'action de l'air sur les sulfures) (599).

Les sulfates naturels que l'on extrait du sein de la terre ou des eaux, sont ceux

De magnésie.	L'alun (1),
De chaux,	Et quelquefois les sulfates de potasse
De baryte,	et de soude.
De strontiane,	

____

(1) L'alun s'obtient aussi artificiellement par des procédés qui seront exposés plus loin.

Quant aux autres, on les obtient, savoir :

<table>
<tr><td align="center">Par double décomposition.</td><td align="center">Par acide et métal. (1)</td></tr>
<tr><td>

Le sulfate de baryte.
— de strontiane.
— de chaux.
— de plomb.
— de protoxide de mercure.
— d'argent.

</td><td>

Le sulfate de zinc.
— de fer.
— d'étain.
— d'antimoine.
— de bismuth.
— de bi-oxide de mercure.
— d'argent.

</td></tr>
<tr><td align="center">En exposant le sulfure à l'air.</td><td align="center">Par acide et oxide ou carbonate.</td></tr>
<tr><td>

Le sulfate de fer.
— de zinc.
— de bi-oxide de cuivre.

</td><td>

Tous les sulfates. (2)

</td></tr>
</table>

1495. *Composition.* — Dans les sulfates neutres la quantité d'oxigène de l'oxide est à la quantité d'oxigène de l'acide comme 1 à 3, et à la quantité d'acide même comme 1 à 5,0116. Or, l'on connaît la composition des oxides (*Voyez* les oxides de chaque métal); l'on en peut donc conclure celle des sulfates. Nous rapporterons, dans le tableau suivant, la composition de onze sulfates, déterminée d'après ce rapport:

(1) L'on doit se servir d'acide étendu d'eau pour traiter le fer et le zinc, et d'acide concentré pour traiter tous les autres métaux.

(2) Nous devons faire observer en outre que c'est en traitant le sel marin par l'acide sulfurique qu'on obtient presque tout le sulfate de soude qui se consomme dans les arts.

SULFATES.	BASE pour 100 d'acide.	EN PROPORTIONS.			FORMULES ATOMIQUES.
		BASE.	ACIDE.	EAU.	
De potasse..	117,72	1=589,92	1=501,16	....	(KO,SO^3).
De soude...	77,69	1=390,92	1=501,16	10=1124,79	$(NaO,SO^3)+$ 10 H^2O.
De protoxide de fer....	87,65	1=439,21	1=501,16	7=787,35	$(FeO,SO^5)+$ 7 H^2O.
De zinc....	100,40	1=503,21	1=501,16	5=562,39	$(ZnO,SO^5)+$ 5 H^2O.
De bi-oxide de cuivre..	98,92	1=991,39	2=1002,32	10=1124,79	$(CuO,SO^3)+$ 5 H^2O.
De protoxide de plomb..	278,21	1=1394,50	1=501,16	....	(PbO_2SO^3).
De protoxide de mercure,	525,00	1=2631,60	1=501,16	....	(Hg^2O,SO^5).
De baryte...	190,95	1=956,93	1=501,16	....	(BaO,SO^5).
De strontiane	12,915	1=647,30	1=501,16	....	(SrO,SO^5).
De chaux...	71,83	1=356,03	1=501,16	....	(CaO,SO^3).
De magnésie.	49,23	1=147,13	1=501,16	7=787,35	$(Mg\,O,S\,O^5)$ $+$ 7 H^2O.

Mais puisque dans les sulfates neutres la quantité d'oxigène de l'oxide est à la quantité d'oxigène de l'acide comme 1 à 3, et à la quantité d'acide comme 1 à 5,0116, il est évident qu'elle doit être aussi à la quantité de soufre de l'acide du sel comme 1 à 2,0116, et que par conséquent, dans un sulfate neutre quelconque, les proportions de métal et de soufre sont les mêmes que celles qui constituent les sulfures proprement dits (593).

L'on peut presque toujours déterminer par expérience la quantité d'acide sulfurique et d'oxide que contiennent les sulfates.

S'agit-il par exemple, du sulfate de baryte, qui est fixe, insoluble dans l'eau et dans les acides : l'on pèsera avec soin et à l'abri du contact de l'air une certaine quantité de baryte récemment faite et très pure ; on la mettra dans un creuset de platine pesé d'avance ; après quoi l'on fera déliter la baryte en la mouillant peu-à-peu, et on la délaiera dans l'eau; puis l'on versera dessus un excès d'acide sulfurique; l'on fera évaporer la liqueur avec précaution dans le vase de platine même; on le chauffera jusqu'au rouge, et on le pèsera de nouveau. En retranchant du poids du creuset vide le poids du creuset contenant le sulfate, on aura la quantité de sulfate qui se sera formé; et comme la quantité de base sera connue directement, l'on connaîtra par cela même la quantité d'acide. Il sera bon d'ajouter un peu d'acide azotique : cet acide, en dissolvant la baryte, favorisera sa combinaison, et se dégagera à la fin de l'opération. Cependant au lieu de baryte qu'il est difficile d'avoir pure, et qui attire l'humidité de l'air, mieux vaudrait se servir d'azotate bien desséché et dont on aurait déterminé la quantité de base en le calcinant fortement dans un vase pesé avant et après l'opération.

Veut-on maintenant analyser tout autre sulfate que celui de baryte, l'on prendra un poids donné de ce sulfate bien sec ou de ce sulfate cristallisé, mais dont la quantité d'eau de cristallisation sera parfaitement déterminée. S'il est soluble dans l'eau, on l'y dissoudra, et l'on y versera un excès d'azotate acide de baryte ou de chlorure de barium mêlé à l'acide chlorhydrique; s'il est insoluble on le fera bouillir pendant quelque temps avec une dissolution très acide de l'un de ces deux sels (1). Dans tous les cas, il y aura échange de principes et il se formera un azo-

---

(1) L'on emploie l'azotate ou le chlorure, lorsque l'oxide du sel soumis à l'analyse est soluble dans l'acide azotique ou l'acide chlorhydrique; mais lorsqu'il n'est soluble que dans l'un d'eux, il faut employer le sel dont cet acide fait partie : bien entendu, d'ailleurs, que si l'oxide, tel que ceux d'antimoine, et de bismuth, pouvait être séparé de son dissolvant par l'eau, les premiers lavages du sulfate de baryte devraient être faits avec de l'acide azotique ou chlorhydrique convenablement étendu. Observons toutefois, d'après M. Longchamp, que, autant que possible, il faut se servir de chlorure, parce que le sulfate de baryte obtenu avec l'azotate retient une quantité très sensible des matières au milieu desquelles il est formé.

tate ou un chlorure soluble et un sulfate de baryte qui, étant tout-à-fait insoluble dans l'eau et dans les acides étendus, se déposera en poudre. On recueillera celui-ci sur un filtre, on le lavera à grande eau, on le fera sécher complètement et on le pesera. De son poids l'on conclura la quantité d'acide sulfurique, et du poids de l'acide l'on pourra conclure la quantité de base, puisque la quantité du sulfate que l'on analyse est une des données de l'expérience.

La première méthode n'est pas seulement applicable à l'analyse du sulfate de baryte, elle l'est encore à celle de plusieurs autres sulfates, et particulièrement des sulfates de strontiane, de chaux, de magnésie, qui sont indécomposables par le feu, et dont les bases peuvent être obtenues sans être unies à l'eau. L'on trouve ainsi que 100 d'acide sulfurique neutralisent 190,95 de baryte, 71,03 de chaux, 49,23 de magnésie.

1495 *bis. Caractères génériques des sulfates.*—On les distingue des sulfites, des hyposulfites et des hyposulfates, en ce que traités par l'acide sulfurique étendu d'eau, soit à froid, soit à chaud, ils ne laissent dégager aucune odeur d'acide sulfureux, et de tous les autres sels en ce que, si l'on fait bouillir 1 partie d'un sulfate quelconque avec 1 partie et demie à 2 parties d'azotate de baryte même acide et 8 à 10 parties d'eau pendant quelque temps, il se fera un dépôt de sulfate de baryte qui, lavé, séché et calciné jusqu'au rouge avec un poids de charbon égal au sien, se transformera en sulfure dont la saveur est la même que celle des œufs pourris, et dont la dissolution abandonnée au contact de l'air, reste limpide, jaunit, mais ne se couvre point d'une couche rougeâtre, comme le font les séléniures alcalins.

1496. *Usages.*—Les sulfates employés dans les arts ou dans la médecine sont au nombre de onze ; savoir : les sulfates de magnésie, de chaux, de baryte, de potasse, de soude, d'ammoniaque, de zinc, de protoxide de fer, de bi-oxide de cuivre, de bi-oxide de mercure, l'alun, c'est-à-dire, le sulfate double d'alumine et de potasse ou d'ammoniaque. Ceux dont on fait le plus d'usage sont : le sulfate de soude, dont on extrait la soude artificielle du commerce (1419); le sulfate de chaux, avec lequel on fait le plâtre; l'alun, qui sert principalement à fixer les couleurs sur les étoffes, et le sulfate de fer, qui est la base de toutes les couleurs noires. (*Voyez* tous ces sulfates en particulier.)

Sulfates de potasse.

1497. *Sulfate neutre.* — Blanc, légèrement amer; cristallise en prismes à six ou à quatre pans très courts, terminés par des pyramides à six ou quatre faces; n'éprouve rien à l'air; ne contient que de l'eau interposée; décrépite au feu; s'y fond au-dessus du rouge cerise; cède une portion de sa base à la plupart des acides et passe à l'état de bi-sulfate; forme de l'alun en se combinant avec le sulfate d'alumine; se transforme par le gaz sulfhydrique, à une température élevée, en eau et sulfure de potassium, etc.

100 parties d'eau en dissolvent $10^{part.}$,57 à $12°$,72; et $26^{part.}$,33 à $101°$ 50 (Gay-Lussac). Sa formule est (KO, SO^3).

Le sulfate de potasse n'existe pas en grande quantité dans la nature. On le trouve particulièrement mêlé avec l'acétate de potasse et le chlorure de potassium dans les végétaux ligneux, et combiné avec le sulfate d'alumine dans les minerais d'alun de Tolfa et de Piombino en Italie.

On l'obtient, soit en versant de l'acide sulfurique étendu d'eau dans une dissolution de carbonate de potasse jusqu'à parfaite saturation, et évaporant convenablement la liqueur, soit en calcinant jusqu'au rouge, dans un creuset, le sulfate acide de potasse qui provient de la décomposition du nitre par l'acide sulfurique (294).

Ses usages sont importans : on l'unit au sulfate d'alumine pour faire une partie de l'alun du commerce. Les salpétriers s'en servent pour convertir l'azotate de chaux en azotate de potasse. Quelques médecins l'emploient comme un léger purgatif.

Autrefois il était connu sous les noms de *sel de duobus*, de *sel polychreste de Glaser*, d'*arcanum duplicatum*, de *potasse vitriolée*.

1597 bis. *Bi-sulfate.*—Le bi-sulfate de potasse se prépare en ajoutant au sulfate neutre réduit en poudre la moitié de son poids d'acide sulfurique, chauffant le mélange dans un creuset de platine jusqu'à ce qu'il ne se dégage plus de vapeurs acides au degré de chaleur du rouge naissant, laissant refroidir le creuset, traitant le résidu par l'eau, et concentrant la liqueur convenablement : le bi-sulfate cristallise en prismes.

Une température peu élevée suffit pour le fondre et le rendre liquide comme de l'huile; une haute température en chasse l'excès d'acide. Exposé à l'air, il s'effleurit légèrement. L'eau froide en dissout la $\frac{1}{2}$ de son poids; l'eau bouillante, un peu plus que le sien. L'alcool lui enlève son excès d'acide et en précipite le sulfate de potasse ordinaire.

Le résidu de la décomposition du nitre par l'acide sulfurique dans la préparation de l'acide azotique est ordinairement un bi-sulfate. Lorsqu'on le dissout dans l'eau et qu'on le conserve en dissolution concentrée dans une terrine, il arrive souvent qu'il se forme peu-à-peu de petites aiguilles, qui d'abord grimpent le long des parois du vase, s'attachent ensuite les unes aux autres, et forment au-dessus de la liqueur une houppe de cristaux remarquables par leur finesse et leur blancheur.

Sulfates de soude.

1498. *Sulfate neutre.*—Le sulfate de soude est sans couleur, très amer, fusible au-dessus de la chaleur rouge; il cristallise lorsque la température est inférieure à 33°, en longs prismes à quatre pans, d'une grande transparence, terminés par un sommet dièdre ou par des pyramides à quatre pans, renfermant 0,56 d'eau de cristallisation, et susceptibles d'une prompte efflorescence. A une chaleur de 33 à 40°, il forme des cristaux anhydres, volumineux. C'est en cet état qu'on l'extrait des salines d'Espartines, près Aranjuez en Espagne, par une évaporation spontanée.

Sa solubilité dans l'eau croît avec la température jusqu'à 33°; mais, à partir de là, elle va en diminuant jusqu'à 103°,17, température à laquelle la dissolution bout sous la pression ordinaire. (Gay-Lussac, *Ann. de Ch. et Ph.*, XI, 312.)

100 parties d'eau dissolvent

5p.,02 de sel à zéro.	50p.,65 de sel à 32°,73.
16 ,73 — à 17°,91.	44 ,35 — à 70°,61.
43 ,05 — à 30°,75.	42 ,65 — à 103°,17.

Sa formule est (NaO, SO^3) + 10H^{2}O.

1499. Le sulfate de soude se trouve : 1° en dissolution dans les eaux de quelques fontaines, particulièrement de celles qui contiennent du sel marin, telles que les sources de Dieuze, Château-Salins, etc. ; 2° combiné avec le sulfate de chaux, en Espagne, etc.; 3° dans les plantes qui croissent sur le bord de la mer : là, il est mêlé avec beaucoup de matières étrangères.

1500. On se procure le sulfate de soude par deux procédés différens: l'un consiste à extraire ce sel des eaux des sources salées qui le tiennent en dissolution, en même temps qu'on en extrait le sel marin. Lorsque ces eaux sont soumises à l'ébullition, et qu'elles sont convenablement concentrées, il s'y forme des flocons qu'on appelle *schlot*, qui sont rejetés sur les bords, et qui ne sont autre chose qu'un sel double de sulfate de chaux et de soude. Ces flocons sont ramassés, lavés avec un peu d'eau froide pour emporter le sel marin adhérent à leur surface, puis traités par de l'eau bouillante : de cette manière, le sulfate de soude se dissout; on filtre ou l'on décante la dissolution, et, par l'évaporation, on obtient le sel cristallisé en petites aiguilles. Rien ne s'opposerait à ce que l'on retirât ainsi le sulfate de soude du sulfate double naturel de soude et de chaux. Mais le sulfate de soude provenant des sources salées ne fait qu'une très petite partie de celui dont on a be-

capsule ; on y verse peu-à-peu de l'acide sulfurique étendu de deux fois son poids d'eau et en quantité telle que l'alumine, à l'aide de la chaleur, se dissolve presque tout entière ; on porte la liqueur à l'ébullition, on la filtre, on la fait évaporer jusqu'en consistance sirupeuse, et on la verse dans un flacon que l'on bouche avec soin : du jour au lendemain, la cristallisation s'opère ordinairement ; les cristaux qui se forment ne sont jamais très prononcés, et n'ont que très peu de consistance. Si l'on employait un grand excès d'alumine, et si l'on faisait bouillir la liqueur pendant long-temps, l'on n'obtiendrait qu'un sous-sulfate tribasique, insoluble. On se sert du sulfate d'alumine pour faire l'alun ; mais on se le procure par un autre procédé que celui que nous venons d'indiquer (1513 *ter*).

Sulfates basiques. — Il en existe deux : l'un bi-basique, l'autre tri-basique. Le premier se prépare en faisant digérer l'alumine en gelée avec une dissolution concentrée de sulfate neutre, décantant la liqueur et la soumettant à une douce évaporation. Il ne faudrait pas la porter à l'ébullition, car le sel se transformerait en sulfate neutre qui resterait dissous et en sulfate tri-basique qui se précipiterait ; c'est aussi ce que produirait une grande quantité d'eau, et c'est même par ce moyen qu'on se procure le sulfate tri-basique pur. Suivant M. Berzelius, on se le procure également en versant un excès d'ammoniaque dans le sulfate neutre d'alumine. Cependant il est certain que par l'ammoniaque on précipite l'alumine pure d'une dissolution d'alun.

Le sous-sulfate d'alumine, connu par les minéralogistes sous le nom d'*aluminite*, a été trouvé, pour la première fois, sur la Saale, près de Halle, puis dans les rochers crayeux de Newhaven, près de Brighton, dans le midi de l'Angleterre, etc. Le sous-sulfate de Halle est composé, d'après Stromeyer, de 30,263 d'alumine, de 23,365 d'acide sulfurique, de 46,372 d'eau = sensiblement $(Al^2O^3, SO^3) + 6H^2O$. Il en est de même du sous-sulfate découvert dans les autres lieux, si l'on en excepte celui d'Épernay, analysé

pierre qui contient l'oxide de ce métal, comme nous l'avons dit précédemment (743), soit en combinant directement cet oxide avec l'acide sulfurique étendu d'eau, soit en décomposant le carbonate de lithine par celui-ci ; mais lorsqu'on emploie ce dernier procédé, il est nécessaire de verser de l'ammoniaque dans la liqueur pour saturer l'excès d'acide qu'elle retient, de l'évaporer ensuite, et de calciner le résidu pour chasser le sulfate d'ammoniaque : sans cela, il serait difficile d'avoir un sulfate neutre.

Ce sulfate a une saveur franche, et est très soluble dans l'eau, peu soluble dans l'alcool, cristallisable en prismes plats ou en tables, inaltérables à l'air. Il ne fond qu'à une haute température quand il est pur, tandis que, mêlé avec un peu de gypse ou sulfate de chaux, il entre en fusion au-dessous de la chaleur rouge.

Il paraît que le sulfate de lithine peut, comme les sulfates de potasse, de soude, d'ammoniaque, etc., s'unir au sulfate d'alumine, et que le sel double qui en résulte a la saveur de l'alun et cristallise tantôt en octaèdres, tantôt en dodécaèdres. L'analyse du sulfate de lithine desséché, faite avec beaucoup de soins, a donné, pour terme moyen de deux expériences, 68,41 d'acide, et 31,59 d'oxide (M. Arfwedson, *Ann. de Chim. et de Phys.*, x, 89, et xxi, 110) : d'où il suit que la capacité de cet oxide pour les acides est très grande, et que sa formule est (LiO, SO^3) à l'état anhydre. Cristallisé, il contient un atome d'eau pour la même quantité d'acide et de base.

Sulfate de baryte.

1502. Ce sel, appelé autrefois *spath pesant*, et dont la formule est (BaO, SO^3), est blanc, insipide, absolument insoluble dans l'eau : aussi l'acide sulfurique forme-t-il un précipité subit et très sensible dans de l'eau qui ne contient que $\frac{1}{20,000}$ de baryte, ou même d'un sel barytique quelconque. Il se dissout sensiblement dans l'acide sulfurique concentré; mais il ne se dissout pas dans l'acide sulfurique faible. Exposé à une température très élevée, le sulfate de baryte entre en fusion. Lorsqu'on en forme des gâteaux minces avec de l'eau et de la farine, et qu'on les chauffe au rouge, on obtient un produit qui luit dans l'obscurité ; ce produit, qu'on nomme ordinairement *phosphore de Bologne*, et qui a été découvert par un cordonnier de cette ville, est probablement un sulfure ou un sulfite : on ne connaît pas la cause qui le rend lumineux. Ne le serait-il que par l'effet d'une combustion lente ? Mais le sulfure ou le sulfite de baryte provenant du sulfate, décomposé par le charbon devrait aussi être phosphorescent, et c'est ce qui n'est pas, etc.

1503. Le sulfate de baryte existe en assez grande quantité dans la nature, tantôt en rognons, en stalactites, en masses fibreuses, lamellaires, grenues ou compactes, tantôt en espèces de tables rectangulaires biselées sur les bords, quelquefois en octaèdres cunéiformes. Ses cristaux dérivent toujours d'un prisme rhomboïdal de 101° 4', et 78° 18'. Sa pesanteur spécifique est 4,08. Jamais il ne constitue de montagnes : le plus souvent il se trouve comme partie accidentelle dans les filons et amas métallifères, particulièrement dans ceux d'argent, d'antimoine, de cuivre, de mercure (Massiac, Hartz, Hongrie). Il forme quelques filons à lui seul dans les terrains anciens (Royat, Puy-de-Dôme); on l'observe aussi en veines, en rognons dans les terrains secondaires, comme au *Monte Paterno*, près de Bologne ; c'est de celui-ci qu'on se sert pour faire le *phosphore* de Bologne : il est formé, selon M. Arfwedson, de 62 de sulfate de baryte, et de 38 de silice, alumine, sulfate de chaux, oxide de fer et eau. M. Barruel, préparateur des cours de chimie de la Sorbonne, a trouvé une quantité très notable de sulfate de strontiane dans le sulfate de baryte qui nous vient d'Auvergne en cristaux isolés. (*Ann. de Chim. et de Phys.*, xxxi, 219.)

On se procure le sulfate de baryte artificiel en versant une dissolution de sulfate de potasse, ou de soude, ou d'acide sulfurique, dans une dissolution d'azotate de baryte, ou de chlorure de barium.

Le sulfate de baryte est employé en Angleterre comme mort-aux-rats ; on s'en sert aussi comme fondant dans les fonderies de cuivre de Birmingham : dans les laboratoires, on en fait usage pour préparer la baryte et tous les sels de baryte.

Sulfate de strontiane.

1504. Blanc, insipide, pesant spécifiquement près de 4, fusible à une haute température, insoluble ou du moins ne se dissolvant que dans 3500 à 4000 parties d'eau ; beaucoup plus soluble dans l'acide sulfurique concentré ; formule (SrO, SO^3), etc.; s'obtient artificiellement en versant une dissolution de sulfate de soude ou de potasse dans une dissolution d'azotate de strontiane, ou de chlorure de strontium; existe dans la nature, mais en bien moins grande quantité que le sulfate de baryte.

Souvent il est cristallisé. Ses formes ressemblent beaucoup à celles du sulfate de baryte avec lequel il est quelquefois combiné ; mais elles dérivent d'un prisme rhomboïdal de 104° et 76°. On le trouve aussi en stalactites, en petites masses fibreuses et en rognons dont la structure est plus ou moins compacte. Il paraît appartenir plus particulièrement aux terrains secondaires et tertiaires. Fréquemment il se rencontre dans le voisinage des dépôts salifères. On le connaît en France, à Saint-Médard et Beuvron, département de la Meurthe ; à Meudon près Paris, dans la craie, avec le silex ; à Montmartre et Ménilmontant; en Sicile, aux Vals de Noto et de Mazzara ; en Pensylvanie, à Franckstown, etc. Celui de Montmartre et de Ménilmontant est en masse opaque et à cassure compacte ; il est formé, d'après M. Vauquelin, de 8,33 de carbonate de chaux; de 91,42 de sulfate de strontiane, et de 0,25 d'oxide de fer. Celui de Noto et de Mazzara est en cristaux prismatiques : c'est de là que nous viennent les plus beaux échantillons.

Le sulfate de strontiane n'est employé que dans les laboratoires ; on s'en sert pour extraire la strontiane, et faire tous les sels de strontiane.

Sulfate de chaux.

1505. Le sulfate de chaux est insipide et sans couleur. Soumis à l'action d'un grand feu, il se fond en un émail blanc. Desséché et exposé à l'air, il en absorbe l'humidité sans tomber en déliquescence. Cependant il ne se dissout que dans 460 fois son poids d'eau ; il est plus soluble dans celle qui est chargée d'acide sulfurique, et s'en sépare, par l'évaporation, sous forme d'aiguilles satinées, qui ont peu de consistance.

1506. Le sulfate de chaux peut être obtenu artificiellement, en délayant la chaux dans l'eau, la traitant par un excès d'acide sulfurique, évaporant la masse jusqu'à siccité et calcinant cette masse jusqu'au rouge.

1507. Ce sel existe en assez grande quantité dans la nature ; il s'y trouve sous deux états, anhydre (CaO, SO^3), et uni à 20,78 pour 100 d'eau $(CaO, SO^3) + 2 H^2O$.

Celui-ci ou le sulfate de chaux hydraté se présente fréquemment en tables *biselées* de diverses manières, à bases de parallélogrammes obliquangles, qui dérivent d'un prisme de même genre d'environ 113° et 67°. On le rencontre aussi sous la forme de lentilles plus ou moins volumineuses, ordinairement jaunes, isolées ou groupées en roses, en fer de lance.

Ces cristaux sont quelquefois limpides comme l'eau, quelquefois opaques ou colorés en rouge par des argiles ferrugineuses. Dans les grandes masses auxquelles il donne lieu çà et là, on observe, d'ailleurs, plusieurs variétés de structure : la structure fibreuse souvent douée d'un éclat nacré, la structure lamellaire à très petites lames, la structure compacte, etc. Dans tous les cas, sa pesanteur spécifique est d'environ 2,31. Exposé au feu, il durcit et blanchit en per-

dant son eau, qu'il reprend ensuite avec avidité dans son
contact avec elle. Lorsqu'il est en cristaux bien prononcés,
il se gonfle en outre, et s'exfolie par l'eau, qui, en se vaporisant, sépare et soulève les lames dont il est composé : tel
est surtout le sulfate de chaux en fer de lance, etc.

Le sulfate de chaux hydraté appartient, en général, aux
parties supérieures des terrains secondaires et aux terrains
tertiaires; il forme dans les premiers des couches puissantes, intercalées avec des couches calcaires. Dans les seconds,
il constitue des dépôts plus ou moins étendus, accompagnés
de matière argileuse ou marne : c'est ainsi qu'il se présente
dans les environs de Paris, à Montmartre, Ménilmontant, etc., où il est exploité comme pierre à plâtre.

Le sulfate anhydre, beaucoup plus dur que le sulfate hydraté, pèse spécifiquement 2,964, ne blanchit pas au feu,
se trouve très rarement cristallisé : sous cet état, il affecte la
forme de prismes rectangulaires. En grandes masses, il présente une structure lamellaire, souvent à grandes lames; il
est ordinairement blanc ou grisâtre, quelquefois violacé.

Ce sulfate donne lieu à des couches puissantes dans les
terrains intermédiaires, et dans les premières parties des dépôts secondaires, où il accompagne les dépôts salifères; rarement on le trouve dans le voisinage des dépôts métallifères : cependant il en est un exemple à la mine de plomb de
Pezai en Savoie. On n'en voit plus d'indices dans les terrains
secondaires supérieurs, ni dans les terrains tertiaires.

Nous devons ajouter à tout ce que nous venons de dire de
l'état naturel du sulfate de chaux, qu'on trouve encore assez
souvent ce sel en dissolution dans certaines eaux : celles des
puits de Paris en sont saturées, ce qui les rend purgatives,
impropres à la cuisson des légumes, et ce qui leur donne la
propriété de former un précipité blanc, floconneux et très
léger dans la dissolution de savon. (1)

______

(1) Je présume qu'il serait facile de rendre ces sortes d'eaux propres au sa-
vonnage et à la cuisson des légumes : il suffirait, pour cela, d'y ajouter assez

1508. Le sulfate de chaux hydraté sert principalement à faire le plâtre : à cet effet on le calcine ou on le cuit jusqu'à ce que toute son eau de cristallisation soit vaporisée, puis on le bat, on le passe à travers une claie pour séparer les morceaux qui ne sont pas cuits, et enfin on le tamise. On distingue deux espèces de plâtre : l'un se fait avec le sulfate de chaux pur, et l'autre avec le sulfate de chaux qui contient environ 0,12 de son poids de carbonate de chaux, et qui est connu, autour de Paris, sous le nom de *pierre à plâtre*. Le premier, plus fin et plus blanc, est employé pour les objets de sculpture ; le second, susceptible de plus de dureté, est employé de préférence pour les objets de construction : tout le monde connaît la manière de s'en servir ; on sait qu'il faut le délayer dans un volume d'eau à-peu-près égal au sien, le gâcher et l'appliquer au moment où il est sur le point de se solidifier. Cette solidification, qui produit toujours un dégagement de calorique, est due à ce que le plâtre absorbe, en cristallisant, toute l'eau avec laquelle il est en contact ; les cristaux s'entrelacent, contractent de l'adhérence, et de là résulte le degré de ténacité qu'il prend. On assure qu'en ajoutant une certaine quantité de carbonate de chaux au plâtre fin, environ 12 pour 100, on le convertit en plâtre ordinaire, d'où il suit que la présence de ce carbonate aurait une influence réelle sur la consistance du plâtre. Cependant M. Gay-Lussac pense qu'il en est tout autrement. Suivant lui, la différence des divers degrés de consistance que prennent avec l'eau les plâtres cuits, ne dépendent que de la dureté qu'ils présentent à l'état cru, dureté, ajoute-t-il, qu'on ne peut expliquer et qu'on doit prendre comme un fait. (*Ann. Chim. et Phys.* XL, 436.)

---

de carbonate de soude pour précipiter la chaux, et de décanter l'eau lorsqu'elle serait devenue claire. La quantité de carbonate à ajouter devrait être de 342 grammes pour 200 litres d'eau, en supposant que l'eau fût saturée de sulfate de chaux, ou qu'elle en contînt la 460e partie de son poids.

Quoi qu'il en soit, on fait perdre au plâtre la propriété de se gâcher en l'exposant à l'air ou en le chauffant fortement, parce que, dans le premier cas, il reprend peu-à-peu son eau de cristallisation, et que, dans le second, il éprouve une demi-vitrification.

En gâchant le plâtre avec une dissolution de colle forte, introduisant ensuite des matières colorées dans la masse lorsqu'elle est encore en bouillie, et la polissant lorsqu'elle est solide et appliquée sur les objets que l'on veut en recouvrir, on fait un enduit qui imite parfaitement le marbre, et qu'on connaît sous le nom de *stuc*. On fait aussi du stuc avec de la chaux et du marbre pulvérisés.

Le plâtre n'est pas seulement employé en construction ; il l'est encore avec le plus grand succès pour amender les prairies artificielles.

On emploie le sulfate de chaux hydraté, blanc ou présentant des zones de couleur jaunâtre, pour faire des vases, des pendules, etc. Il est alors connu sous le nom d'*albâtre*, sans doute à cause de sa couleur blanche ; mais il ne faut pas confondre cet albâtre, que les minéralogistes nomment souvent *albâtre gypseux*, avec l'albâtre des anciens, qui est le carbonate de chaux d'un jaune de miel veiné, et dont le nom vient du mot *alabastrum*, insaisissable, parce qu'on en faisait des vases sans anses et difficiles à prendre.

Le sulfate anhydre est presque sans usages : une seule variété silicifère, bleue, qu'on trouve en Italie, sert à faire des chambranles de cheminées, etc.

Sulfate de magnésie.

1509. Le sulfate de magnésie est blanc et très amer. 100 parties d'eau en dissolvent 32 p., 76 à 14° 58, et 72 p., 30 à 97° 03. Il cristallise en prismes rectrangulaires à quatre pans, au-dessous de 15° ; vers 25 à 30°, les cristaux qu'il forme appartiennent au système hemi-prismatique. Cependant la quantité d'eau de cristallisation est la même dans les deux cas; mais lorsqu'on chauffe jusqu'à 51°,5 les cristaux obtenus à 3o°, ils passent à la forme des premiers, en devenant tout-à-coup opaques et très friables, sans toutefois perdre d'eau (Haidinger et Mitscherlich). Il contient de 51,414 à 51,527 pour 100 d'eau de cristallisation; s'effleurit lentement à l'air; éprouve la fusion aqueuse par l'action du feu, mais n'éprouve point la fusion ignée; est complètement décomposé par la potasse, la soude; ne l'est qu'en partie par l'ammoniaque (1305); n'est précipité par les dissolutions de bi-carbonates de potasse et de soude qu'à l'aide de la chaleur; existe dans les eaux des fontaines d'Epsom, de Sedlitz, d'Egra, de Seydchutz, etc.; s'obtient, pour le commerce, par trois procédés différens.

Tantôt on l'extrait des eaux qui le tiennent en dissolution, en les évaporant jusqu'à pellicule et les laissant refroidir; le sel s'en précipite sous forme de petites aiguilles qu'on fait égoutter et qu'on livre au commerce.

Tantôt, et c'est ce procédé surtout qu'on pratique en Italie, on fait le sulfate de magnésie avec des schistes qui contiennent de la magnésie et du sulfure de fer. Pour cela, on les expose à l'air pendant plusieurs mois, en les arrosant de temps en temps; peu-à-peu le soufre et le fer se brûlent; il en résulte de l'acide sulfurique et de l'oxide de fer; mais l'acide sulfurique se combine presque tout entier avec la magnésie, de sorte qu'il ne se forme que très peu de sulfate de fer. Lorsque l'amas de schistes est recouvert d'une efflorescence saline due particulièrement au sulfate de magnésie, on procède à la lixiviation : on met dans la liqueur un peu d'eau de chaux ou plutôt de la chaux hydratée, pour décomposer le sulfate de fer qui peut s'y trouver, et en précipiter l'oxide; on filtre ou l'on décante, et, par des cristallisations répétées, l'on parvient à obtenir le sulfate de magnésie aussi blanc et aussi pur que celui d'Epsom, etc.: il est, comme celui-ci, sous formes de petites aiguilles.

Le troisième procédé consiste à calciner la pierre calcaire magnésifère (double carbonate de chaux et de magnésie), jusqu'au point d'en dégager l'acide carbonique ; à l'arroser ensuite avec la quantité d'eau nécessaire pour transformer en hydrates le résidu composé presque entièrement de chaux et de magnésie, puis à traiter successivement ce résidu par l'acide chlorhydrique, et par l'acide sulfurique, ou le sulfate de fer. L'acide chlorhydrique est employé en proportions telles qu'il ne dissout que la chaux, et dès-lors le nouveau résidu étant bien lavé, il n'y a plus qu'à verser dessus de l'acide sulfurique pour le convertir en sulfate de magnésie, qu'on fait cristalliser comme celui qui provient des deux premiers procédés. M. William Henry, qui a pris une patente en Angleterre pour ce procédé, fait observer qu'on peut employer l'acide azotique, l'acide acétique, et même le chlore, au lieu d'acide chlorhydrique, et le sulfate de fer, que la magnésie décompose facilement, au lieu d'acide sulfurique. (*Ann. de Chim. et de Phys.*, VI, 86.)

La plupart du temps, le sulfate de magnésie du commerce n'est point pur; il contient presque toujours une petite quantité de matières salines avec lesquelles il était naturellement mêlé : c'est pourquoi, avant de s'en servir dans les laboratoires, on le purifie en le faisant cristalliser de nouveau. Lorsque cette cristallisation se fait spontanément, on obtient quelquefois des cristaux d'un volume considérable et très réguliers. (1)

M. Gay-Lussac l'a trouvé composé, en prenant le terme moyen de deux expériences; savoir : d'acide, 5,790; de magnésie, 2,855; d'eau, 9,154; d'où l'on déduit la formule $(MgO, SO^3) + 7H^2O$. Il a observé en même temps que pendant la calcination il y avait toujours une très petite quantité de sulfate décomposé. (*Ann. de Chim. et de Phys.*, XIII, 308.)

(1) Quelquefois le sulfate de magnésie renferme même un peu d'oxides de manganèse, de fer et de cuivre. On les précipite aisément en faisant bouillir le sel en dissolution avec de la magnésie en poudre ou en gelée.

Les usages du sulfate de magnésie sont très bornés : l'on en extrait la magnésie, et l'on se sert de ce sel comme purgatif, sous les noms de *sel d'Epsom, de sel de Sedlitz.*

Sulfates doubles de magnésie et de potasse, de magnésie et de soude, de magnésie et d'ammoniaque. — Ils s'obtiennent en prenant 1 proportion de chacun des sels qui constituent le sel double, les dissolvant dans l'eau, les mêlant et évaporant convenablement les liqueurs. Les cristaux qu'ils forment n'ont pas encore été bien examinés.

Sulfate d'yttria.

1510. Blanc, sucré, soluble seulement dans 30 ou 40 parties d'eau à la température ordinaire ; plus soluble au moyen d'un excès d'acide ; cristallisable en petits grains brillans, etc. ; n'existe point dans la nature ; s'obtient en traitant l'yttria ou le carbonate d'yttria par l'acide sulfurique étendu. La chaleur rouge lui fait perdre les deux tiers de son acide : un feu violent le lui enlève complètement. Un excès d'ammoniaque le transforme, comme la chaleur rouge, en sulfate tri-basique.

Sulfates de glucine.

1511. *Sulfate neutre.* — Blanc, sucré, légèrement déliquescent ; ne cristallise qu'avec peine en petites aiguilles, etc. ; n'existe point dans la nature ; s'obtient en traitant dans une capsule un excès de glucine ou de carbonate de glucine, par de l'acide sulfurique étendu de trois fois son poids d'eau. Sans usages. Formule $(G^2O^3, 3SO^3)$.

Bi-sulfate. — Lorsque, au lieu de mettre un excès de glucine, on emploie un excès d'acide, et qu'on fait évaporer la dissolution, jusqu'à ce qu'il se manifeste des vapeurs blanches d'acide, et qu'on fait digérer le résidu avec l'alcool, celui-ci s'empare de l'acide libre, et laisse précipiter un bi-sulfate susceptible de cristalliser.

Sulfates basiques. — Si l'on fait digérer le sulfate de glucine en dissolution concentrée avec un excès de glucine en gelée, il se forme un sulfate basique, dont l'oxigène de la base est les deux tiers de celui de l'acide. Décanté et évaporé, il se dessèche en une masse transparente, gommeuse, qui devient dure par le refroidissement. Mis en contact avec beaucoup d'eau, il se décompose et de là résulte un sulfate neutre qui reste dissous et un sulfate tri-basique.

Sulfates d'alumine.

1512. *Sulfate neutre.* — Blanc, très styptique; rougit la teinture de tournesol; très soluble dans l'eau; cristallise, mais difficilement, en houppes soyeuses, ou en lames flexibles nacrées; donne lieu, en s'unissant avec le sulfate de potasse ou le sulfate d'ammoniaque, à l'alun, sel qui n'est pas très soluble à la température ordinaire : aussi, lorsqu'on verse de l'eau saturée de sulfate d'ammoniaque ou de potasse dans une dissolution concentrée de sulfate d'alumine, se précipite-t-il presque tout-à-coup un grand nombre de petits cristaux de ce sel double. Le sulfate d'alumine possède d'ailleurs les autres propriétés indiquées (831, 1289 et 1482). Sa formule est $(Al^2O^3, 3SO^3) + 18H^2O$.

Jusqu'à présent il n'a été trouvé pur dans aucun lieu. Il existe, à la vérité, dans les produits de la soufrière de la solfatare de la Guadeloupe; mais il est mélangé ou combiné avec du sulfate de manganèse, du sulfate de fer. On l'a également observé dans les schistes noirs de transition des Andes de Colombia, etc., etc. M. Boussingault a analysé celui du Rio-Saldana. Abstraction faite d'un peu de fer, de chaux, d'argile, sa composition est la même que celle du sulfate artificiel. (*Ann. de Chim. et de Phys*, XXX, 109.)

Le sulfate d'alumine s'obtient en traitant l'alumine par l'acide sulfurique : on met de l'alumine en gelée dans une capsule ; on y verse peu-à-peu de l'acide sulfurique étendu de deux fois son poids d'eau et en quantité telle que l'alumine, à l'aide de la chaleur, se dissolve presque tout entière ; on porte la liqueur à l'ébullition, on la filtre, on la fait évaporer jusqu'en consistance sirupeuse, et on la verse dans un flacon que l'on bouche avec soin : du jour au lendemain, la cristallisation s'opère ordinairement ; les cristaux qui se forment ne sont jamais très prononcés, et n'ont que très peu de consistance. Si l'on employait un grand excès d'alumine, et si l'on faisait bouillir la liqueur pendant long-temps, l'on n'obtiendrait qu'un sous-sulfate tribasique, insoluble. On se sert du sulfate d'alumine pour faire l'alun ; mais on se le procure par un autre procédé que celui que nous venons d'indiquer (1513 *ter*).

Sulfates basiques. — Il en existe deux : l'un bi-basique, l'autre tri-basique. Le premier se prépare en faisant digérer l'alumine en gelée avec une dissolution concentrée de sulfate neutre, décantant la liqueur et la soumettant à une douce évaporation. Il ne faudrait pas la porter à l'ébullition, car le sel se transformerait en sulfate neutre qui resterait dissous et en sulfate tri-basique qui se précipiterait ; c'est aussi ce que produirait une grande quantité d'eau, et c'est même par ce moyen qu'on se procure le sulfate tri-basique pur. Suivant M. Berzelius, on se le procure également en versant un excès d'ammoniaque dans le sulfate neutre d'alumine. Cependant il est certain que par l'ammoniaque on précipite l'alumine pure d'une dissolution d'alun.

Le sous-sulfate d'alumine, connu par les minéralogistes sous le nom d'*aluminite*, a été trouvé, pour la première fois, sur la Saale, près de Halle, puis dans les rochers crayeux de Newhaven, près de Brighton, dans le midi de l'Angleterre, etc. Le sous-sulfate de Halle est composé, d'après Stromeyer, de 30,263 d'alumine, de 23,365 d'acide sulfurique, de 46,372 d'eau = sensiblement $(Al^2O^3, SO^3) + 6H^2O$. Il en est de même du sous-sulfate découvert dans les autres lieux, si l'on en excepte celui d'Épernay, analysé par M. Lassaigne. (*Ann. de Chim. et de Phys.*, t. VII, p. 10; et t. XXIV, p. 97.)

Sulfates doubles. — Non-seulement le sulfate d'alumine s'unit au sulfate de potasse et au sulfate d'ammoniaque, mais il s'unit aussi, 1° au sulfate de soude (*Annales des Mines*, t. VI, p. 111); 2° à celui de lithine; 3° d'après le docteur Ficinus, au sulfate de magnésie (*Ann. de Chim. et de Phys.*, t. IX, p. 106); 4° au sulfate de protoxide de fer; ce dernier composé constitue l'alun de plume. (Berthier, *Annales des Mines*, tom. V, p. 259.)

Tous ces sels, comme les sulfates d'alumine et de potasse, d'alumine et d'ammoniaque, ont la propriété remarquable de cristalliser en octaèdres; c'est que la soude, la lithine, la magnésie, le protoxide de fer sont des bases qui, comme la potasse, contiennent 1 atome d'oxigène, et que, d'après les observations importantes de M. Mitscherlich, quand, dans un composé, une base peut se substituer à une autre, la forme du composé ne change point, si elles renferment le même nombre d'atomes d'oxigène: alors elles sont *isomorphes*. Voilà pourquoi le sulfate d'alumine, dont la base renferme trois atomes d'oxigène, peut être lui-même remplacé par les sulfates de sesqui-oxide de fer, de sesqui-oxide de manganèse, de protoxide de chrôme. En effet ces trois sels, en s'unissant séparément, soit avec le sulfate de potasse, soit avec le sulfate d'ammoniaque, forment autant de sels doubles dont la cristallisation est octaédrique. (*Ann. de Chim. et de Phys.*, XIX, 381.)

On voit par cela même aussi que l'ammoniaque est *isomorphe* avec les bases à 1 atome d'oxigène.

De ces divers sels doubles, nous n'examinerons en particulier que l'alun proprement dit.

Alun.

1513. *Historique.* — Pendant long-temps ce sel a été regardé comme du sulfate d'alumine. Ce sont MM. Descroizilles, Vauquelin et Chaptal qui ont prouvé que c'était un sel double, et qu'il contenait du sulfate de potasse ou d'ammoniaque outre le sulfate d'alumine : aussi le trouve-t-on, dans le commerce, tantôt à base de potasse, tantôt à base d'ammoniaque, et quelquefois à base de l'une et de l'autre.

Il y a environ seize à dix-sept ans que, dans le commerce, l'on accordait à l'alun de Rome une préférence presque exclusive; on le payait double du nôtre : cette préférence était fondée. Alors les autres aluns contenaient trop de sulfate de fer pour donner d'aussi belles teintes que celui de Rome sur la soie et sur le coton; mais aujourd'hui que l'on connaît le moyen d'obtenir d'excellens aluns, même avec ceux qui sont les plus ferrugineux, l'alun de Rome est tombé de prix, et ne vaut pas plus pour les manufacturiers instruits que tout autre que l'on a purifié. C'est ce que nous avons prouvé, M. Roard et moi, dans un Mémoire imprimé, *Annales de Chimie*, t. LIX, p. 58.

1513 *bis. Propriétés de l'alun à base de potasse.* — L'alun rougit le tournesol; il est astringent, incolore, soluble dans un poids d'eau bouillante moindre que le sien, et seulement dans quatorze à quinze fois son poids d'eau à 15°. La forme qu'il affecte le plus ordinairement est celle d'octaèdres, qui sont transparens, et susceptibles d'une légère efflorescence; quelquefois il cristallise en cubes; mais alors il paraît contenir un peu plus d'alumine que dans son état ordinaire. Exposé, sous forme de cristaux, à une chaleur qui n'excède pas beaucoup celle de l'eau bouillante, il éprouve la fusion-aqueuse, et donne lieu à une masse qu'on appelait autrefois *alun de roche*. Un peu au-dessus de ce degré de chaleur, il perd son eau de cristallisation, se soulève, se boursoufle considérablement, devient blanc et opaque, très cohérent, capable de résister pendant quelque temps à l'action de l'eau, et prend alors le nom d'*alun calciné*, matière dont on se sert pour ronger les chairs baveuses. Soumis enfin à une chaleur rouge, il laisse dégager du gaz oxigène, du gaz acide sulfureux qui entraîne de l'acide sulfurique anhydre, et l'on obtient pour résidu de l'alumine et du sulfate de potasse, d'où il suit que la portion d'acide sulfurique combinée avec l'alumine est la seule qui soit décomposée ou vaporisée; mais il faut observer que, si la température était très élevée, l'acide sulfurique du sulfate de potasse le serait peut-être lui-même, à cause de l'affinité réciproque de la potasse et de l'alumine. Si l'on verse, dans une dissolution bouillante d'alun, de la potasse, de la soude ou de l'ammoniaque, jusqu'à ce que la liqueur ne rougisse presque plus le tournesol, il s'en précipite un sous-sulfate double reconnu par M. Vauquelin, et qui, d'après l'analyse de M. Anatole Riffault, est formé de 36,187 d'acide sulfurique, 35,165 d'alumine, 10,824 de potasse, 17,824 d'eau, ou de 20,019 de sulfate de potasse, 52,157 de sous-sulfate d'alumine, 17,824 d'eau (*Ann. de Chim. et de Phys.*, t. XVI, pag. 355); composition qui fait voir que le sous-sulfate artificiel se rapproche beaucoup, pour ne pas dire plus, de celui de la nature.

Calciné avec du charbon dans des vaisseaux fermés, il donne un produit qui s'enflamme à l'air, et que l'on appelle *pyrophore* en raison de cette propriété. Le pyrophore ainsi obtenu, n'est qu'un mélange de poly-sulfure de potassium, d'alumine et de charbon. Son inflammation spontanée est due au poly-sulfure; mais, pour cela, il faut qu'il soit très divisé. Tel est le rôle que jouent le charbon et l'alumine; c'est ce que prouvent les observations suivantes de M. Gay-Lussac; il a reconnu:

1° Qu'un mélange de 75$^{\text{gram.}}$ d'alun calciné, et de 3$^{\text{gr.}}$,33 de noir de fumée, ou de 1 atome du premier, et 7 du second (1), donnait une matière d'un rouge brun, dans la-

(1) Le poids atomique du carbone que nous avons adopté, est 38,216: dans cette hypothèse, l'acide carbonique a pour formule Co, et l'oxide de carbone C^2O.

quelle on n'apercevait aucune trace de charbon et qui s'enflammait très bien à l'air en laissant un résidu d'un blanc gris;

2° Que, dans cette expérience, le sulfate d'alumine de l'alun pouvait être remplacé par le sulfate de magnésie;

3° Qu'avec un mélange de 27^{gr},3 de sulfate de potasse, et 7^{gr},5 de noir de fumée, ou de 1 atome du premier et 8 atomes du second, on n'obtenait qu'un sulfure agglutiné non inflammable; mais qu'en doublant la dose de charbon, le résidu était pulvérulent et d'une inflammabilité extrême, au point qu'il est difficile de le verser de la cornue dans un flacon : la moindre parcelle brûle de l'éclat le plus vif, à l'instant où elle tombe dans l'air;

4° Que de la décomposition du sulfate de soude par le charbon résultait un pyrophore à-peu-près aussi inflammable que de celle du sulfate de potasse.

Observons toutefois qu'avant M. Gay-Lussac, Descotils avait vu que le sulfate de potasse calciné avec le noir de fumée se transformait en une matière inflammable par le contact de l'air et de l'eau, et que cette matière ne pouvait être qu'un mélange de sulfure de potassium et de charbon.

Pour obtenir le pyrophore, il faut mêler intimement les matières qui servent à sa préparation, dans les proportions ci-dessus indiquées, introduire le mélange dans une cornue de grès, la chauffer fortement dans un fourneau à réverbère, jusqu'à ce qu'il ne se dégage plus de gaz, et surtout la laisser refroidir sans que l'air puisse y rentrer. Il est encore possible de le préparer de la manière suivante; c'est même par ce procédé qu'on le préparait autrefois.

On prend trois parties d'alun du commerce à base de potasse, et une partie d'amidon, ou de farine. On met le sel et la matière végétale dans une cuiller de fer, etc., et on les expose à l'action d'une légère chaleur, en les agitant continuellement pour les mêler le mieux possible, jusqu'à ce qu'ils soient bien secs, et même qu'ils commencent à brunir : alors on les détache du vase; on les pulvérise; on en remplit à moitié ou au trois quarts une fiole recouverte de lut; on place cette fiole dans un fourneau, sur une tourte; on l'entoure peu-à-peu de feu, on la chauffe de manière à la faire rougir légèrement, et on la maintient à cette température jusqu'à ce qu'une flamme qui apparaît au col de la fiole, et qui est due à la combustion du carbure gazeux d'hydrogène et du gaz oxide de carbone qui se forment, commence à disparaître, ou bien ne se montre plus que par intervalle. Lorsque ce signe se manifeste, on enlève la fiole de dessus le feu, on la bouche avec un bouchon de liége préparé, et on la laisse refroidir. On peut conserver le pyrophore dans cette fiole ou dans un autre vase, mais en ayant soin, lorsqu'on l'y verse, de le préserver du contact de l'air. On l'éprouve en le mettant, par petite portion, en contact avec l'air, sur du papier : il sera bien fait s'il prend feu tout de suite ou dans l'espace de quelques secondes; mais on devra regarder l'opération comme manquée s'il ne fait que s'échauffer ou s'il prend feu difficilement. Beaucoup mieux vaudrait faire la calcination dans une cornue de grès et opérer, comme nous l'avons dit plus haut. Dans cette opération, l'hydrogène, le carbone et l'oxigène, élémens de la matière végétale, réagissent entre eux, et les deux premiers réagissent en même temps sur l'oxigène de l'acide sulfurique et de la potasse de l'alun. De là résultent de l'eau, de l'acide carbonique, du gaz oxide de carbone et du carbure d'hydrogène qui se dégagent, du soufre qui se sublime; tandis que l'excès de charbon de la matière végétale reste intimement mêlé dans la fiole avec de l'alumine et du sulfure de potassium plus ou moins sulfuré.

Le pyrophore fourni par l'alun est brun-noirâtre ou jaunâtre, selon qu'il contient plus ou moins de charbon. On aperçoit souvent à sa surface des taches jaunes qui ont l'apparence du soufre. Sa saveur est analogue à celle des œufs pourris ou des sulfures alcalins. Projeté dans un flacon plein de gaz oxigène ou de protoxide d'azote, il prend feu plus rapidement que dans l'air. Plus les gaz sont humides et chauds, plus cet effet est prompt : aussi facilite-t-on singulièrement l'inflammation du pyrophore en dirigeant, dessus, l'air qu'on expire. Dans tous les cas, pendant sa combustion, il se forme beaucoup de gaz acide sulfureux, de l'acide carbonique s'il contient du charbon, et du sulfate de potasse. L'eau en dissout le poly-sulfure de potassium et contracte une saveur d'œufs pourris.

Le pyrophore, provenant de la calcination du sulfate de potasse ou de soude avec le charbon, diffère du précédent, en ce qu'il est toujours noir, qu'il est extrêmement inflammable, qu'en brûlant il ne donne point de gaz sulfureux et se transforme seulement en sulfate de potasse et gaz carbonique, et qu'en ce qu'il ne doit être composé que de mono-sulfure et de charbon. Cependant, lorsqu'on le traite par l'eau, le sulfure qui se dissout, précipite légèrement par l'acide chlorhydrique, ce qui prouve, qu'il y a du soufre en excès, et que par conséquent une portion d'alcali échappe à la réduction : sans doute que cet alcali s'unit au sulfure métallique.

La vapeur aqueuse contenue dans l'air, paraît jouer un grand rôle dans l'inflammation du pyrophore : elle est sans doute absorbée rapidement et décomposée par le sulfure de potassium qui fait partie de ce singulier composé, et elle produit ainsi un dégagement de calorique au moyen duquel la masse prend feu. La porosité de la matière doit favoriser cette absorption; peut-être même que, comme le pense M. Magnus, elle détermine celle de l'air et se trouve être ainsi la principale cause du phénomène.

Propriété de l'alun à base d'ammoniaque. — L'alun à base d'ammoniaque ressemble tellement à l'alun à base de potasse qu'il est impossible de l'en distinguer, si ce n'est en le calcinant ou le traitant par les alcalis. Lorsqu'on le calcine fortement dans un creuset de platine, on n'obtient pour résidu que de l'alumine; lorsqu'on le broie avec de la potasse ou de la chaux, etc., et un peu d'eau, il s'en dégage une odeur ammonicale très vive.

1513 *ter. État.*—L'alun tout formé est rare dans la nature. On le trouve en petite quantité dans les fissures de certains schistes qu'on nomme pour cela *schistes alumineux*, dans les produits des solfatares, dans les dépôts de lignites de Tsherming en Bohême, et en dissolution dans quelques eaux. Il existe au contraire beaucoup de sous-sulfate d'alumine uni au sulfate de potasse. Ce sous-sel constitue des collines tout entières à Tolfa, près de Civita-Vecchia, et à Piombino, en Italie; dans le comitat de Beregh, en Hongrie; dans l'Archipel grec. On en trouve, mais des indices seulement, au pied du Mont-d'Or en Auvergne. Il contient souvent de la silice et de l'oxide de fer à l'état de mélange, et est presque toujours sous forme de pierre ou de roche assez dure. Ce n'est que dans des circonstances très rares qu'il se présente cristallisé. Ses cristaux sont très petits, et ont tous la forme de rhomboèdres de 92° 50' et 87° 10'.

M. Cordier, en soumettant ce sous-sel pur à l'analyse, l'a trouvé formé de 35,263 d'acide sulfurique, de 39,533 d'alumine, de 10,377 de potasse, de 14,827 d'eau; d'où il a conclu qu'on pouvait le regarder comme un composé de 56,937 d'alun anhydre et de 43,063 d'hydrate d'alumine. Il suit de là que la silice et l'oxide de fer ne font pas partie essentielle de la pierre d'alun : c'est, au reste, ce qu'avait déjà reconnu M. Descostils sur celle de Montioné; il avait conclu de ses observations publiées *Ann. des Mines*, 1816, pag. 374, que cette pierre était un véritable sous-sel.

Préparation. — Ce sel, dont on consomme plusieurs millions de kilogrammes dans le commerce, se prépare par quatre procédés différens : tantôt on l'extrait des matières qui le contiennent tout formé; tantôt on le fabrique au moyen de pierres qui en contiennent les élémens combinés ensemble, comme dans les mines de Tolfa et de Piombino; plus souvent on l'obtient en exposant à l'air des mélanges naturels de pyrite et d'alumine, les lessivant et ajoutant du sulfate de potasse ou d'ammoniaque à la liqueur; où se trouve alors beaucoup de sulfate d'alumine; enfin , tantôt on le fait directement en combinant ensemble les corps qui le constituent.

Premier procédé. — Ce procédé se pratique particulièrement à la Solfatare, près Pouzzole, dans le royaume de Naples. Là, le terrain étant volcanique et échauffé par des feux souterrains qui en élèvent la température jusqu'à 40 degrés, il se forme à sa surface des efflorescences presque entièrement dues à l'alun; on les recueille , on les lessive, et on les fait évaporer au moyen de chaudières de plomb enfoncées dans le sol; l'on en retire, par cette évaporation lente , de l'alun qu'on verse dans le commerce.

Deuxième procédé. — Le deuxième procédé se pratique à Tolfa, près de Civita-Vecchia, à Piombino , et même à la Solfatare. Après avoir extrait la mine , qui est pierreuse et en masse compacte, on la calcine, ensuite on l'expose à l'air pendant trois mois , en l'arrosant de temps en temps pour la diviser et la réduire en une sorte de bouillie ; puis on la lessive, on fait évaporer la liqueur, et on obtient ainsi de l'alun d'une grande pureté , même des dernières eaux-mères. Recherchons ce qui se passe dans cette opération. On sait, d'après les expériences de M. Descostils, que la mine pure ne contient que de l'alumine, de la potasse, de l'acide sulfurique et de l'eau, et qu'elle se transforme, par la calcination, tout aussi bien en alun que celle qui est mêlée à la silice et à l'oxide de fer. M. Cordier, par une analyse plus récente , et dont les résultats sont publiés *Annales des Mines*, tom. v, pag. 305 , nous a fait voir de plus qu'on pouvait considérer cette mine comme de l'alun uni à l'alumine hydratée; il suit donc de là que la calcination a pour objet d'opérer la séparation d'une certaine quantité d'alumine. En admettant la manière de voir de M. Cordier, cette séparation se ferait par cela même que l'hydrate d'alumine perdrait l'eau qui lui est propre ; l'alumine sèche n'aurait pas la propriété de rester unie à l'alun. Quoi qu'il en soit, ce qu'il y a de certain , c'est qu'il faut porter la pierre à un certain degré de chaleur pour en retirer de l'alun, et en retirer le plus possible. En effet, traitée par l'eau dans son état naturel, elle ne s'y dissout pas sensiblement; une légère chaleur n'en change pas la nature; une chaleur trop forte en décompose l'acide sulfurique uni à l'alumine, et le transforme en gaz oxigène et en acide sulfureux : il y a donc un milieu à saisir. Il suit de là que cette calcination doit être égale, et par conséquent ne peut bien s'opérer que dans des fours, et non point en plein air, comme on l'a fait à Tolfa et à Piombino pendant long-temps. (*Voy.* le Mémoire de Descostils sur l'alun de Tolfa et de Montioné. (*Annales des Mines*, tom. 1, pag. 319 et 369.)

Troisième procédé. — Ce procédé peut s'exécuter partout où se trouve du sulfure de fer mêlé à l'argile ou aux schistes.

Lorsque le sulfure de fer, au lieu d'être mêlé avec de l'argile, est mêlé avec des schistes très compactes, comme à Liège, il n'est point possible de le faire effleurir en l'exposant à l'air, ou du moins son efflorescence n'est que superficielle, même au bout d'un très long temps : il faut nécessairement employer le grillage; mais alors on ne peut obtenir que du sulfate d'alumine, et par conséquent que de l'alun (p.° 246 de ce vol.). A Liège, on laisse d'abord les schistes en contact avec l'air pendant environ un mois; ensuite on les dispose, lit sur lit, avec du bois auquel on met le feu. La combustion est lente et dure très long-temps; il se fait beaucoup d'acide sulfureux qui se dégage, du sulfate d'alumine, une certaine quantité d'alun; en raison de la potasse contenue dans le bois, du sulfate de magnésie, et très peu de sulfate de fer. On lessive la matière, on fait évaporer la liqueur, et l'on obtient une première cristallisation d'alun; on décante les eaux-mères, qui contiennent beaucoup de sulfate d'alumine, et on les traite par le sulfate de potasse ou d'ammoniaque pour obtenir une nouvelle quantité de sel.

Quatrième procédé.—On prend des argiles le moins chargées possible de carbonate de chaux et de fer ; on les calcine
afin de faire passer l'oxide de fer qu'elles contiennent au
summum d'oxidation, et surtout de pouvoir les pulvériser ;
on les réduit en poudre, on les met dans des chaudières en
plomb peu profondes, avec de l'acide sulfurique étendu
d'eau, et l'on chauffe le mélange en le remuant de temps en
temps. Lorsque le sulfate d'alumine est formé, on le lessive
et on le traite par le sulfate d'ammoniaque, le sulfate de
potasse, etc. Si, au lieu d'argile, on emploie des résidus
provenant d'eau-forte faite avec l'argile et le nitre, ou
ce qui est la même chose, une combinaison d'argile et de
potasse, on obtiendra évidemment de l'alun sans addition
d'alcali ou de sels alcalins.

L'alun se trouve le plus souvent, dans le commerce, en
masses transparentes. Cependant on en trouve aussi sous
la forme de petits fragmens : tel est particulièrement celui
de Tolfa, connu sous le nom d'*alun de Rome*, qui est légèrement rose à la surface, et qui doit cette couleur à un peu
d'oxide de fer dont il se recouvre, sans doute parce que les
eaux d'où on le retire renferment une certaine quantité de
cet oxide en suspension.

Les aluns du commerce contiennent tous plus ou moins
de sulfate de fer, et sont d'autant plus estimés qu'ils en
contiennent moins, parce qu'en effet ce sel est nuisible dans
la teinture sur soie et coton. Celui de Rome est un des
plus purs : il en contient environ $\frac{1}{2200}$. Celui de Liège est
un des plus impurs : il en contient environ $\frac{1}{10000}$; mais il est
facile de ramener celui-ci au degré de pureté du premier,
et même de le rendre plus pur encore : il suffit pour cela de
le faire cristalliser de nouveau. C'est ce qu'on fait dans plusieurs fabriques, en raison des besoins du commerce ; c'est
aussi ce qu'on fait dans les laboratoires. Au reste, le cyanure ferrugineux de potassium est un excellent réactif pour
reconnaître la pureté de l'alun : si quelques gouttes de cyanure versées dans une dissolution d'alun y déterminent tout

de suite une teinte d'un bleu verdâtre, l'alun sera ferrugineux; il ne le sera pas sensiblement si la liqueur reste incolore.

Composition.—L'alun à base de potasse est formé, d'après M. Berzelius,

d'acide sulfurique.....34,23	ou de sulfate d'alumine.....36,85
d'alumine...........10,86	sulfate de potasse,.....18,15
de potasse..........,.. 9,81	eau.................45,00
d'eau................45,00	

d'où il suit que sa formule est $(KO, SO^3) + (Al^2O^3, 3SO^3) + 24 H^2O$.

Quant à l'alun à base d'ammoniaque, il résulte, d'après M. Anatole Riffault (*Annales de Chimie et de Physique*, XIV, 441),

De sulfate d'alumine.......................... 38,885
sulfate d'ammoniaque.................... 12,961
eau.................................. 48,154

Usages.—Les usages de l'alun sont nombreux. Les passementiers l'emploient pour passer les peaux et les préserver des vers. Les chandeliers s'en servent pour rendre le suif plus ferme. Incorporé à la pâte du papier, il l'empêche de boire. On a proposé d'en imprégner les bois pour les rendre presque incombustibles. En médecine, on l'ordonne comme astringent à l'intérieur, et, lorsqu'il est calciné, comme escarrotique à l'extérieur. Mais c'est surtout dans la teinture qu'on en fait usage, car c'est avec ce sel qu'on fixe toutes les couleurs solubles dans l'eau.

Sulfates de manganèse.

1514. *Sulfate de protoxide.*—Blanc, styptique, amer, très soluble dans l'eau, plus à chaud qu'à froid; cristallise en prismes rhomboïdaux transparens, dont la formule est $(MnO, SO^3) + 4 H^2O$. Il se décompose au-dessus de la chaleur rouge-cerise, en donnant lieu à de l'acide sulfureux, à de l'oxigène et à l'oxide composé $(2 MnO, MnO^2)$; laisse précipiter de sa solution neutre une certaine quantité de sesqui-oxide par un courant de chlore, etc.; n'existe point dans la nature, et se prépare de la manière suivante : on prend du peroxide de manganèse naturel, on le pulvérise, on en fait une pâte avec de l'acide sulfurique; on chauffe cette pâte dans un creuset presque jusqu'au rouge, pendant une demi-heure; il s'en dégage beaucoup de gaz oxigène, et l'on obtient pour résidu un mélange de sous-sulfate de protoxide insoluble et de sulfate neutre de protoxide, dont on extrait celui-ci par la lixiviation et l'évaporation.

Sulfate de sesqui-oxide. — Ce sulfate, qui a pour formule $(Mn^2O^3, 3SO^3)$, a été à peine examiné : nous ne ferons que le nommer.

Sulfate acide de bi-oxide de manganèse. — Il paraît qu'en mettant en contact à froid le bi-oxide de manganèse en poudre très fine avec de l'acide sulfurique concentré ou peu étendu d'eau, l'on obtient un sulfate très acide, coloré en rouge, que l'eau décompose complètement par l'action qu'elle exerce sur l'acide sulfurique, et dont elle précipite tout l'oxide. A chaud, il y aurait dégagement de gaz oxigène et formation de sulfate de protoxide (841).

Sulfate de zinc.

1515. Le sulfate de zinc est âcre, styptique, blanc, soluble dans à-peu-près deux fois et demie son poids d'eau à 15° et dans beaucoup moins d'eau bouillante; il cristallise au-dessous de 15° en prismes rectangulaires à quatre pans, qui contiennent 43,92 pour 100 d'eau de cristallisation; s'effleurissent à l'air, éprouvent la fusion aqueuse, et dont la formule est $(ZnO_2, SO^3) + 7 H^2O$; mais lorsque la disso-

Sulfates de fer.

1516. *Sulfate de protoxide de fer.* — Ce sel est styptique, non vénéneux, soluble à-peu-près dans les trois quarts de son poids d'eau bouillante, et seulement dans deux fois son poids d'eau à la température ordinaire. Il cristallise en prismes rhomboïdaux obliques, d'un léger vert émeraude, transparens, qui contiennent 42,08 pour 100 d'eau de cristallisation, s'effleurissent, éprouvent la fusion aqueuse, deviennent blancs par la dessiccation, et dont la formule est $(FeO, SO^3) + 6H^2O$. Toutefois, si la dissolution était saturée au point d'ébullition et abandonnée au repos à 80 degrés, on obtiendrait des cristaux qui différeraient des précédens par leur forme et la quantité d'eau qu'ils contiendraient.

Privé d'eau et soumis à l'action d'une chaleur rouge, le sulfate de fer se décompose, et l'on en retire d'abord du gaz sulfureux, puis en même temps du gaz oxigène, du gaz sulfureux et de l'acide sulfurique anhydre, et enfin du sesqui-oxide de fer. Si au moment où le gaz oxigène va se dégager, on suspend l'opération, et qu'on examine le résidu, on verra qu'il est composé de $\frac{1}{2}$ de l'acide du sulfate distillé et de tout le protoxide devenu peroxide : de là l'explication des phénomènes. Il est évident que deux atomes de sulfate de protoxide $2 (FeO, SO^3)$ commencent par se transformer en un atome de sous-sulfate de sesqui-oxide (Fe^2O^3, SO^3) et un atome d'acide sulfureux SO^2, et que ce sont les nouveaux atomes de sous-sulfate de sesqui-oxide (Fe^2O^3, SO^3), qui, par la décomposition qu'ils éprouvent à une température plus élevée, donnent lieu aux produits qui se forment en second lieu. L'expérience est facile à faire dans une cornue de verre lutée dont le col se rend dans un récipient entouré d'un mélange de glace et de sel, et qui porte à sa tubulure un tube propre à recevoir les gaz sous des éprouvettes pleines de mercure. Le gaz oxigène se rend dans les éprouvettes ; l'acide sulfureux se condense dans le récipient avec l'acide sulfurique anhydre en un liquide limpide très fumant à l'air; aussi en exposant ce liquide à une température de $+3$ à $4°$, le gaz sulfureux se dégage et l'acide anhydre cristallise; quant à l'oxide de fer, il reste dans la cornue. C'est en distillant le sulfate de fer desséché que l'on prépare l'acide sulfurique de Saxe ou de *Nordhausen*; mais comme la dessiccation du sel n'est pas complète, l'acide qu'on obtient est de l'acide sulfurique hydraté tenant en dissolution de l'acide anhydre et du gaz sulfureux. Voilà pourquoi en recevant les produits de la distillation du sulfate sec dans de l'acide sulfurique concentré, il en résulte bientôt un acide semblable à celui de *Nordhausen*. (*Voyez* pour plus de détails le mémoire de M. Bussy, *Ann. de Chim. et de Phys.*, XXVI, 411.)

Lorsqu'on dissout le sulfate de fer, et qu'on l'expose à l'air, à la température ordinaire, il en absorbe lentement le gaz oxigène, et il en résulte du *sulfate se-basique* de sesqui-oxide qui se précipite sous forme de poudre jaune, et un composé double de sulfate de protoxide et de sulfate de sesqui-oxide qui reste en dissolution dans la liqueur et la colore en rouge foncé jaunâtre.

Lorsque, au lieu d'exposer à l'air le sulfate de fer en dissolution, on l'y expose en cristaux, surtout légèrement humides, il absorbe également l'oxigène, mais seulement à sa surface : aussi se couvre-t-il peu-à-peu de taches *ocreuses*. Tous ces phénomènes seront faciles à concevoir, en se rappelant qu'un oxide sature d'autant plus d'acide, et en exige par conséquent d'autant plus pour se dissoudre, qu'il contient plus d'oxigène.

Le chlore liquide ou gazeux agit d'une manière remarquable sur le sulfate de fer protoxidé; il enlève au sel le tiers du fer avec lequel il forme du chlorure et transforme le reste en sesqui-oxide.

Les acides azotique et hypo-azotique, à l'aide d'une légère chaleur, oxident aussi le fer de ce sulfate; mais c'est en se décomposant eux-mêmes et passant à l'état de bi-oxide d'azote. Il est probable que l'oxide de chlore et les acides chlorique, bromique et iodique se comporteraient également de cette manière. Dans tous les cas, il se forme du sulfate de sesqui-oxide ; de là vient que la liqueur dont l'oxide est blanc, du moins à l'état d'hydrate, acquiert la propriété de précipiter en rouge par les alcalis ou seulement en vert si le sulfate n'est peroxidé qu'aux 2/3.

Le sulfate cristallisé nous présente encore, dans son contact avec l'acide sulfurique concentré, quelques phénomènes dignes de remarque. Une partie du sel se déshydrate et se précipite en poudre blanche, tandis que l'autre se dissout et colore l'acide en rose et même en pourpre. D'ailleurs la couleur disparaît, soit qu'on étende l'acide d'eau, soit qu'on fasse passer le sulfate à l'état de peroxide par l'addition du peroxide de manganèse, ou du peroxide de plomb, ou de quelques gouttes d'acide azotique, ou bien encore par l'action de la chaleur; et comme le sulfate peroxidé est insoluble dans l'acide sulfurique concentré, il s'ensuit qu'à mesure qu'il se forme il se précipite, etc. (697 et 797).

On savait, d'après les expériences de Priestley et de Davy, que les dissolutions de sels de fer au *minimum* possédaient la propriété d'absorber le bi-oxide d'azote à la température ordinaire et le laissaient dégager par la chaleur. Davy avait même vu qu'une dissolution de sulfate de protoxide de fer de 1,4 de densité absorbait les $\frac{58}{1000}$ de son poids de ce bi-oxide. M. Péligot, dans un mémoire publié (*Ann. Chim. et Phys.*, LIV, 17), a observé de plus : 1° que tous les sels de fer au *minimum* absorbent une quantité de bi-oxide d'azote telle, que leur protoxide serait porté à l'état de sesqui-oxide par l'oxigène du bi-oxide; 2° que le bi-oxide de la dissolution peut être dégagé par l'évaporation dans le vide, sans que le sel change de nature; qu'il en est de même lorsqu'on la chauffe, si ce n'est qu'alors il y a une très petite quantité de bi-oxide décomposé et de fer qui se per-oxide; 3° qu'en décomposant les sels de fer chargés de bi-oxide, par voie de double décomposition, le bi-oxide fait partie du nouveau sel ferrugineux qui se précipite; qu'il reste même uni à l'hydrate de protoxide de fer, lorsqu'on sépare celui-ci de son acide par l'addition d'un alcali; qu'il change quelquefois l'aspect et les propriétés des composés; que c'est ainsi, par exemple, qu'en versant du cyano-ferrure de potassium dans les sels de fer saturés de bi-oxide, il se fait un dépôt brun rougeâtre, floconneux, qui, à la vérité, devient bleu à l'instant par le contact de l'air.

1516 *bis*. On trouve le sulfate de fer partout où il existe du sulfure de fer en contact avec l'air : il est en efflorescence à la surface du sulfure; mais dans ce cas il est presque toujours mêlé de sulfate de peroxide.

Ce sel se prépare par deux procédés différens, en traitant le fer par l'acide sulfurique étendu d'eau, ou en exposant les pyrites à l'air humide. Le premier procédé se pratique dans les laboratoires, et le second dans les manufactures. Cependant on pratique aussi le premier dans celles-ci, lorsque le sulfate de fer est à un prix élevé et l'acide sulfurique à bon marché.

Premier procédé. — Dans les laboratoires, on met de la tournure de fer ou du fil de fer bien pur dans un matras, et l'on verse dessus peu-à-peu de l'acide sulfurique étendu de huit à dix fois son poids d'eau, en telle quantité que tout le fer ne puisse être attaqué. L'eau est décomposée; il se dégage beaucoup de gaz hydrogène, beaucoup de calorique, et il se forme un sulfate acide de protoxide de fer qui se dissout. Lorsque l'effervescence est presque arrêtée, on fait bouillir la liqueur avec l'excès de fer qu'elle contient, afin d'avoir le sulfate le moins acide possible; on la concentre convenablement, puis on la décante dans un flacon, et on la laisse refroidir sans le contact de l'air.

Deuxième procédé. — Ce procédé peut s'exécuter partout où l'on trouve du sulfure de fer; on le pratique en France, dans les départemens de l'Oise, de l'Aisne et de l'Aveyron. Comme le sulfure de fer y existe mêlé avec l'argile, on s'y prend de telle manière qu'on obtient tout à-la-fois du sulfate de fer et de l'alun. Après avoir extrait le sulfure du sein de la terre, où il est ordinairement en couches minces à une profondeur de dix, vingt, trente, cinquante pieds, on l'expose à l'air en tas qui sont plus ou moins longs et plus ou moins larges, et dont l'épaisseur est d'environ trois pieds : quelquefois on les arrose légèrement. Peu-à-peu le sulfure de fer absorbe l'oxigène de l'air, et passe à l'état de sulfate, qui vient s'effleurir à la surface du tas, et qui est très reconnaissable à sa saveur styptique. Mais à mesure que le soufre se brûle, une portion d'acide sulfurique se combine avec l'alumine qui fait partie du sulfure employé ; d'où il suit qu'il se forme tout à-la-fois du sulfate d'alumine et du sulfate de fer. Au bout d'un an environ, on lessive la matière ; on dissout ainsi le sulfate d'alumine et le sulfate de fer, et on concentre convenablement la liqueur dans des chaudières de plomb ; le sulfate de fer cristallise presque tout entier, tandis que le sulfate d'alumine, qui est déliquescent, reste dans les eaux-mères : on décante celles-ci, on lave le sulfate de fer avec une petite quantité d'eau, on le fait égoutter et sécher, et on l'expédie dans des tonneaux pour le commerce. (1)

Les eaux-mères du sulfate de fer ainsi obtenu, contenant une grande quantité de sulfate d'alumine, on s'en sert pour faire de l'alun, qui, comme on le sait, n'est que du sulfate d'alumine et de potasse ou d'ammoniaque. A cet effet, l'on dissout dans ces eaux-mères, à l'aide de la chaleur, une certaine quantité de sulfate de potasse ou d'ammoniaque en poudre ; puis on les laisse refroidir : l'alun, qui est peu soluble à froid, ne tarde point à s'en séparer sous forme de cristaux. Lorsque la cristallisation est entièrement opérée, on décante la liqueur qui surnage, et

(1) Le sulfate de fer a par lui-même une teinte d'un léger vert émeraude ; mais la plupart du temps il perdrait de son prix dans le commerce si on ne lui en donnait pas une d'un vert bouteille. C'est ce qu'on fait, dans les manufactures, par la noix de galle.

on purifie le sel en le faisant cristalliser de nouveau. Ensuite on en sature de l'eau bouillante; on verse cette eau dans un tonneau, où par le refroidissement, elle se prend presqu'en masse cristalline; on retire cette masse en enlevant les cercles du tonneau, et désassemblant les douves, qui, étant épaisses, se prêtent facilement à cette opération sans être endommagées; on concasse la masse saline, et on l'expédie dans des tonneaux de bois, comme le sulfate de fer, pour le commerce. Les eaux-mères de l'alun et du sulfate de fer sont traitées chacune à part pour en retirer de nouveaux produits.

Lorsqu'on expose les pyrites à l'air, comme on l'a dit précédemment, on peut à volonté n'obtenir, pour ainsi dire, que du sulfate d'alumine. Il suffit pour cela de mettre le feu au sulfure, en creusant çà et là quelques cavités, et y jetant un corps embrasé : en effet, peu-à-peu, le sulfure brûle, la combustion se communique de proche en proche, et l'acide sulfurique, à cette température, se porte presque tout entier sur l'alumine. Après huit à neuf mois d'exposition à l'air, on lessive la matière, on concentre la liqueur, on ajoute le sulfate d'ammoniaque, et l'on purifie, à la manière ordinaire, l'alun qui se forme et se précipite facilement.

Cependant on ne pratique ce procédé qu'autant que l'alun est cher et le sulfate de fer à bon marché, ou bien qu'autant qu'on a des pyrites qui d'elles-mêmes s'effleurissent mal : par exemple, c'est ce qu'on fait presque toujours sur les résidus qu'on obtient après avoir exposé le minerai à l'air et l'avoir lessivé. Ce minerai contient encore du sulfure de fer, mais engagé dans tant de terre, que son efflorescence serait très longue; au lieu qu'en y mettant le feu, on le brûle, et l'on forme tout de suite beaucoup de sulfate d'alumine que l'on peut extraire en peu de temps.

Le sulfate de protoxide de fer entre dans la composition des teintures en noir et en gris. On l'emploie pour faire l'encre, le bleu de Prusse, et pour dissoudre l'indigo. C'est en calcinant ce sel qu'on obtient le *colchotar* ou le sesqui-oxide de fer (864), et c'est en le versant en dissolution dans le chlorure d'or qu'on se procure l'or très divisé qui sert à dorer la porcelaine (1268).

Lorsqu'on le mêle en poudre sèche avec un poids égal au sien de sel marin, que l'on tient le mélange exposé au degré de la chaleur rouge-cerise pendant quelque temps, puis qu'on pulvérise le résidu, qu'on l'agite dans l'eau, et qu'on décante la liqueur presque tout de suite, il s'en dépose une poudre micacée de peroxide de fer extrêmement douce au toucher, d'un brun violet, très propre à repasser les rasoirs. Le résidu peut être converti presque tout entier en cette sorte de poudre, en reprenant la portion qui ne reste pas suspendue dans l'eau, la pulvérisant et la lavant de nouveau, etc.

Sulfate de sesqui-oxide de fer.—Jaune-orangé, très acerbe, très styptique, soluble; rougit la teinture de tournesol, ne cristallise point et se réduit en poudre par évaporation; décompose l'acide sulfhydrique en donnant lieu à de l'eau, à un dépôt de soufre, à de l'acide sulfurique libre et à un sulfate de protoxide; devient plus soluble et presque blanc par un excès d'acide, et au contraire insoluble et plus jaune par un excès d'oxide; se transforme, par l'addition d'une quantité convenable d'alcali, en sous-sulfate qui se précipite; s'obtient en combinant l'hydrate de peroxide de fer avec l'acide sulfurique, ou bien en ajoutant à 1 proportion de sulfate de protoxide dissous dans l'eau, 1 proportion d'acide sulfurique, un petit excès d'acide azotique, et faisant évaporer le tout jusqu'à siccité.

Sa formule est (Fe^2O^3, $3SO^3$).

1517. Il paraît qu'en combinant l'oxide composé ($FeO + Fe^2O^3$) avec l'acide sulfurique, il en résulte un sulfate double que l'on peut obtenir également, soit en combinant 1 atome de sulfate de protoxide et 1 atome de sulfate de sesqui-oxide, soit en exposant à l'air une dissolution neutre de sulfate de protoxide; mais ce sel n'a été que trop peu examiné pour qu'il en soit question ici. L'une de ses propriétés les plus remarquables est de laisser précipiter successivement le sesqui-oxide et le protoxide par l'addition ménagée d'un alcali.

Sulfate bi-basique de sesqui-oxide de fer. — M. Maus le prépare en faisant digérer pendant long-temps de l'hydrate de sesqui-oxide de fer avec une dissolution concentrée du sulfate neutre. Il reste dans la liqueur et la colore en rouge foncé. Lorsqu'on la fait bouillir il se décompose ; il se décompose également, lorsqu'on l'étend d'une grande quantité d'eau : dans les deux cas, il se transforme en sulfate neutre soluble, et en *sulfate se-basique* insoluble.

Sulfate se-basique. — Il contient six fois autant de base que le sel neutre ; il ressemble à une poudre ocreuse ; il paraît qu'il contient 21,7 d'eau pour 100.

Sulfate d'étain.

1518. Lorsque l'on traite à chaud l'étain par l'acide sulfurique concentré, il en résulte ordinairement un dégagement de gaz sulfureux et un sulfate d'étain, blanc, insoluble dans l'eau, et même très peu soluble dans un excès d'acide. Cependant Berthollet fils dit : 1° que l'acide sulfurique concentré, versé dans du proto-chlorure peu étendu d'eau, en dégage de l'acide chlorhydrique, et forme un précipité blanc floconneux de sulfate de protoxide, qui a la propriété de se dissoudre dans l'eau et de cristalliser en longs prismes très minces par une évaporation lente ; 2° que ce même acide, chauffé avec le sulfate protoxidé, ainsi obtenu, fait passer ce sel à l'état de sulfate de bi-oxide, le dissout et produit un sulfate acide incristallisable, qui, concentré par la chaleur, se prend en une masse sirupeuse dont l'eau précipite une certaine quantité d'oxide (*Statique chimique*, t. II, p. 464). J'ai bien de la peine à croire que le précipité ne soit pas au moins un sous-sulfate. Quoi qu'il en soit, suivant Berzelius, le meilleur moyen d'obtenir le sulfate de protoxide est de chauffer, dans une cornue, un mélange de proto-sulfure d'étain et de bi-oxide de mercure : il se formerait ainsi un sulfate qui pourrait même résister à la chaleur du rouge obscur.

Sulfate de cadmium.

1519. Le sulfate de cadmium s'obtient aisément en traitant l'oxide ou le carbonate de cadmium par l'acide sulfurique étendu d'eau. Ce sel est très soluble dans l'eau, cristallise en gros prismes droits, rectangulaires, transparens, incolores, semblables à ceux de sulfate de zinc, très efflorescens par le contact de l'air, qui contiennent 25,5 pour 100 d'eau de cristallisation, et dont la formule est $(CdO, SO^3) + 4 H^2O$. Exposé au degré de chaleur du rouge naissant, il n'abandonne aucune portion de son acide; il ne commence à en laisser dégager qu'à une température un peu plus élevée, et ne se décompose complètement que quand la chaleur est très forte : le sous-sulfate qui résulte d'un commencement de décomposition est très peu soluble et affecte la forme de paillettes. Une analyse directe a prouvé à M. Stromeyer que le sulfate neutre de cadmium était composé de 100 d'acide et de 161,12 d'oxide. (*Ann. de Chim. et de Phys.*, t. XI.)

Sulfate de cobalt.

1520. Rouge de groseilles; rougit la teinture de tournesol; soluble dans 24 fois son poids d'eau, à la température ordinaire; cristallise en prismes rhomboïdaux obliques qui ressemblent, au premier abord, à des rhomboèdres, et dont la formule est $(CoO, SO^3) + 6H^2O$; forme avec l'ammoniaque un sulfate ammoniaco de cobalt, et un précipité qu'un grand excès d'ammoniaque redissout; passe à l'état de sous-sel insoluble et rose par l'addition d'une petite quantité d'alcali caustique; s'obtient en traitant le carbonate de cobalt par l'acide sulfurique étendu, etc.; existe en très petite quantité dans les eaux qui circulent dans les galeries de certaines mines où se trouvent de l'arséniure de cobalt et quelques sulfures.

Sulfates doubles. — Le sulfate de cobalt s'unit facilement au sulfate de potasse et au sulfate d'ammoniaque : il en résulte des sels doubles roses tout-à-fait analogues aux sels doubles que forment les sulfates de potasse et d'ammoniaque avec les sulfates de magnésie, de protoxide de manganèse et de protoxide de fer : aussi, lorsqu'on verse de l'ammoniaque dans un sulfate de cobalt suffisamment acide, ne se forme-t-il point de précipité.

Sulfate de nickel.

1521. *Sulfate neutre.*—Ce sel est sucré et astringent, puis âcre. Trois parties d'eau à $+$ 10° en dissolvent une. Il cristallise, au dessous de 15°, en prismes obliques, à bases rhombes, très allongés, transparens, vert d'émeraude, efflorescens, susceptibles de la fusion aqueuse, qui ont pour formule $(NiO, SO^3) + 7 H^2O$. Exposés pendant quelque temps à une douce chaleur, par exemple à celle du soleil, ces prismes éprouvent un changement fort remarquable, sans que leur surface perde son éclat. Les particules cristallines prennent d'autres positions, de telle sorte qu'au bout de quelques jours, lorsqu'on les casse, on trouve leur intérieur composé d'un amas de cristaux octaédriques à bases carrées, souvent de quelques lignes de diamètre; ils se forment directement dans une liqueur dont la température est de $+$ 15 à 20°, et, dans tous les cas, la quantité d'eau de cristallisation qu'ils contiennent est la même.

Le sulfate de nickel existe en très petite quantité dans les eaux de quelques mines.

On l'obtient en traitant l'oxide de nickel par l'acide sulfurique étendu.

Sous-sulfate. — Une calcination ménagée du sulfate neutre donne naissance à un sous-sulfate très légèrement soluble, suivant M. Tupputi, et, doué d'une réaction alcaline. Le même sous-sel se forme aussi en décomposant incomplètement le sulfate neutre par une dissolution alcaline.

Sulfates de molybdène.

1522. *Sulfate de protoxide.* — Peu examiné ; il s'obtient en dissolvant l'hydrate de protoxide dans l'acide sulfurique : la dissolution est noire et incristallisable. (*Voy.* 1035.)

Sulfate de bi-oxide. — Peu examiné comme le précédent : on se le procure en dissolvant l'hydrate de bi-oxide dans l'acide sulfurique ; il est noir, lorsqu'il est desséché ; rouge quand il est dissout, et passe au bleu, ou au pourpre foncé, lorsque, en concentrant la dissolution, elle se trouve exposée à une température trop élevée. (*Voy.* 1035.)

Sulfate de chrôme.

1523. C'est en mettant, non l'oxide anhydre, mais l'oxide hydraté en contact avec l'acide sulfurique étendu, que l'on obtient ce sulfate ; il est d'un vert jaunâtre et très soluble.

Le sulfate de chrôme s'unit à divers sels, surtout au sulfate de potasse et au sulfate d'ammoniaque, avec lesquels il forme des sels susceptibles de cristalliser en octaèdres, et dans lesquels le sulfate de chrôme joue le même rôle que le sulfate d'alumine dans l'alun.

Ces sels doubles sont vert intense au reflet, améthystes par transparence, et décomposables par le feu, de même que le sulfate simple.

Il suffirait même, suivant M. Fischer, d'exposer la dissolution de sulfate de chrôme et de potasse à une chaleur de 60 à 80° pour la décomposer. Tant qu'elle serait au-dessous de cette température, elle serait bleue et donnerait par évaporation spontanée le sel double pur ; mais aussitôt qu'elle aurait atteint ce degré de chaleur, elle deviendrait verte, les deux sels seraient séparés, et la liqueur abandonnée à elle-même ou évaporée peu-à-peu ne donnerait que du sulfate de potasse cristallisé et entouré d'une masse gommeuse verte.

Suivant lui aussi, le meilleur moyen pour obtenir le sulfate double de chrôme et de potasse est de mêler 3 parties d'une dissolution saturée de chrômate neutre de potasse, d'abord avec 1 partie d'acide sulfurique concentré, puis avec 2 parties d'alcool, en ayant soin d'ajouter celui-ci peu-à-peu. Le mélange s'échauffe de lui-même, il se produit de l'éther, et le sel double cristallise par refroidissement.

M. Fischer observe encore : 1° que le sel double, lorsqu'on le chauffe, éprouve la fusion aqueuse ; 2° qu'il se prend en une masse verte qui tourne au lilas, à mesure que l'eau se dégage ; 3° qu'après avoir été ainsi exposé à une légère chaleur rouge, il est insoluble dans l'eau, et même dans les acides.

Sulfates de vanadium.

1524. *Sulfate neutre de bi-oxide de vanadium.* — Ce sel est d'un beau bleu foncé; il se dissout promptement et abondamment dans l'eau bouillante, mais avec une extrême lenteur dans l'eau froide ; cependant il se résout en liqueur dans un air un peu humide ; ses cristaux, qui ne se forment que difficilement, sont des prismes droits, groupés et à bases rhombes, dont les arêtes aiguës présentent à leur sommet de petites facettes triangulaires obliques, et dont la formule est $(VaO^2, 2SO^3) + 4H^2O$. Lorsqu'on les calcine, ils abandonnent d'abord leur eau de cristallisation, puis se décomposent, laissent dégager du gaz sulfureux, des vapeurs d'acide sulfurique, et se transforment en acide vanadique.

Le sulfate de vanadium se prépare en dissolvant l'oxide de vanadium dans l'acide sulfurique, étendu d'une fois son poids d'eau, ou en faisant bouillir avec cet acide le résidu de la calcination du vanadate d'ammoniaque, et détruisant les dernières traces d'acide vanadique, soit par de l'acide oxalique, soit par un courant de gaz sulfhydrique.

Sous-sulfate de bi-oxide. — L'hydrate de bi-oxide de vanadium se dissout dans la solution du sulfate neutre un peu concentrée; mais la liqueur verdit sous l'influence de l'air long-temps prolongée, laisse précipiter du vanadate de vanadium, et finit par revenir à l'état de sulfate neutre.

Sulfate d'acide vanadique. — Ce composé se forme en dissolvant l'acide vanadique dans l'acide sulfurique étendu de son poids d'eau à une douce chaleur, et évaporant l'acide excédant à la température la moins élevée possible. Il se dépose en paillettes cristallines, d'un brun rougeâtre, fortement déliquescentes, très solubles dans l'eau et l'alcool. Leur dissolution aqueuse est d'un jaune pâle; elle se trouble par l'ébullition et donne lieu à un dépôt en masse rouge d'une sorte de sous-sel.

En évaporant à sec la dissolution du sulfate neutre de bi-oxide de vanadium dans l'acide azotique, l'on obtient un autre composé d'acide sulfurique et d'acide vanadique, dans lequel le premier acide renferme deux fois autant d'oxigène que le deuxième : ce produit est déliquescent; sa dissolution est presque incolore.

Sulfate double d'acide vanadique et de potasse. — Il se prépare en ajoutant de l'acide sulfurique à la dissolution du vanadate de potasse, et soumettant la liqueur à une lente évaporation. Le sel se dépose en petits grains mamelonnés, jaunes, peu solubles dans l'eau et insolubles dans l'alcool.

Sulfate d'antimoine.

1525. A peine étudié : on sait seulement qu'en traitant à chaud l'antimoine en poudre par 3 à 4 fois son poids d'acide sulfurique concentré, il en résulte un dégagement de gaz sulfureux et une masse saline d'un blanc jaunâtre; lorsqu'on met cette masse en contact avec l'eau, on obtient pour résidu un sulfate tri-basique (Soubeyran), et dans la liqueur une grande quantité d'acide, retenant un peu d'oxide.

Sulfates de titane.

1526. *Sulfate de protoxide.*—A peine connu. (*Voy.* Ce qui en a été dit 1097 et 1101.)

Sulfate d'acide titanique. — Pour obtenir ce composé, il faut faire digérer l'acide titanique hydraté avec de l'acide sulfurique étendu de la moitié de son poids d'eau, puis chasser l'excès d'acide sulfurique en exposant dans un creuset de platine la masse à une température moindre que celle de la chaleur rouge. Le résidu est tellement composé, que l'acide sulfurique contient sensiblement 3 fois autant d'oxigène que l'acide titanique. Mis en contact avec une quantité convenable d'eau tiède, il se dissout totalement, mais peu-à-peu. Étendue d'une grande quantité d'eau, la dissolution se trouble, et laisse déposer tout l'acide titanique à la température de l'ébullition. (*Voy.* les propriétés de ce sel 1101.)

Sulfate de tellure.

1527. Ce sel s'obtient en traitant l'oxide de tellure par l'acide sulfurique étendu. Il n'a encore été que très peu étudié. On sait qu'il est sans couleur, facilement décomposable par le feu, soluble dans l'eau, et que celle-ci, en agissant sur l'acide, n'en sépare point l'oxide.

Sulfates d'urane.

1528. *Sulfate de protoxide.*—Pour l'obtenir, il faut traiter le protoxide par l'acide sulfurique concentré et évaporer la dissolution dans le vide par l'intermède de l'acide sulfurique: elle se prend en une masse d'un vert léger, au milieu de la-

quelle on distingue des cristaux prismatiques. Si elle restait
long-temps exposée au contact de l'air, elle passerait peu-
à-peu du vert-bouteille à une teinte plus claire, puis au
jaune grisâtre, ce qui proviendrait de ce qu'une partie du
protoxide se transformerait en deutoxide : aussi les cristaux
que l'on obtiendrait alors seraient-ils mêlés de sulfate de
deutoxide.

Sulfate de deutoxide. — C'est aussi en traitant le protoxide
d'urane par l'acide sulfurique que l'on obtient le sulfate de
deutoxide uranique. Seulement on ajoute à la dissolution
un petit excès d'acide azotique que l'on expulse par la chaleur; redissolvant ensuite le sel dans l'eau et abandonnant
la liqueur à une évaporation spontanée, il cristallise en prismes d'un jaune pur, qui, selon Bucholz, s'effleurissent à l'air,
se réduisent en poudre jaune et perdent 14 pour 100 d'eau.

Ce sel se dissout dans la moitié de son poids d'eau bouillante, dans les $\frac{5}{8}$ de son poids d'eau froide, et dans 20 à 25
fois son poids d'alcool. La dissolution alcoolique devient
verte au soleil, prend une odeur d'éther et laisse déposer
un précipité vert-grisâtre qui paraît être un sulfate de protoxide. Ce qu'il y a de certain du moins, c'est que l'alcool
ne retient plus d'urane, et qu'on n'y retrouve que de l'éther
et de l'acide sulfurique.

Desséché et chauffé jusqu'à un certain point, le sulfate
d'urane laisse dégager de l'oxigène et passe à l'état de sulfate de protoxide.

Sulfates doubles. — Le sulfate de deutoxide d'urane forme
un assez grand nombre de sels doubles; mais les seuls qui
méritent quelque attention sont ceux d'urane et de potasse,
d'urane et d'ammoniaque. Ils se préparent en unissant directement chacun des deux sels qui constituent les sels doubles.

Le sulfate d'urane et de potasse est jaune, soluble dans
l'eau, cristallisable : l'alcool le décompose en dissolvant le sulfate d'urane pur. M. Arfwedson l'a trouvé composé de 28,68
d'acide; 58,06 de deutoxide d'urane; 13,26 de potasse.

Le sulfate d'urane et d'ammoniaque ressemble beaucoup

au précédent : le feu le décompose et ne donne pour résidu que du protoxide.

Sulfates de cérium.

1529. *Sulfate de protoxide.* — Ce sel s'obtient en dissolvant le carbonate de protoxide dans l'acide sulfurique étendu d'eau et évaporant convenablement la liqueur. Le sulfate se dépose en petits cristaux qui ressemblent beaucoup à ceux d'yttria et qui sont peu solubles dans l'eau (1). Chauffé jusqu'à un certain point à l'air libre, il passe à l'état de sous-sulfate de sesqui-oxide, qui est d'un rouge de brique; lorsque la calcination s'opère dans des vaisseaux fermés, le résidu est un sous-sel de protoxide que l'on peut également former en précipitant la dissolution de sulfate neutre de protoxide par l'ammoniaque. Berzelius assure même, chose digne de remarque, que la potasse caustique n'enlève pas tout l'acide au protoxide de cérium.

Sulfate double de protoxide et de potasse. — Lorsqu'on met le sulfate de potasse sous forme solide en contact avec une dissolution d'un sel de protoxide de cérium, même acide, tout l'oxide de cérium finit par se précipiter en poudre à l'état de sulfate double. Seulement pour que l'expérience s'achève d'elle-même sans être obligé d'agiter, il faut suspendre le sulfate de potasse dans la liqueur, de manière à l'y tenir plongé en partie : de là un moyen excellent pour séparer l'oxide de cérium des autres oxides. Il est vrai que le sulfate double est par lui-même soluble dans l'eau; mais il cesse de s'y dissoudre, dès qu'elle est saturée de sulfate de potasse avec la dissolution duquel il peut être lavé.

---

(1) Suivant M. Berzelius, ils seraient d'un rouge améthyste pâle, ainsi que ceux d'yttria. Cependant les autres sels de protoxide de cérium sont blancs, et l'on sait que les oxides blancs donnent des sels blancs avec les oxides incolores.

Dissous dans l'eau bouillante, le sulfate double se dépose par le refroidissement en petits cristaux qui, d'après Berzelius, tirent sur l'améthiste. (1)

Sulfate de sesqui-oxide.—Jaune-citron, soluble dans l'eau cristallisable en prismes aiguillés qui s'effleurissent lentement à l'air et se décolorent peu-à-peu; s'obtient en traitant à l'aide de la chaleur le sesqui-oxide par l'acide sulfurique étendu, et concentrant la liqueur. Lorsqu'on verse de l'ammoniaque dans la dissolution de ce sel, il s'en précipite un sous-sulfate qui paraît être encore plus basique que celui qui résulte de la calcination du sulfate de protoxide au contact de l'air, de sorte que le sesqui-oxide pourrait produire des sous-sels à deux degrés de saturation, propriété qui lui est commune avec plusieurs autres oxides et entre autres avec le sesqui-oxide de fer.

Sulfate double de sesqui-oxide de cerium et de potasse.— Jaune-citron, peu soluble à froid, plus soluble à chaud, insoluble dans l'eau saturée de sulfate de potasse, s'obtient comme le sulfate double de protoxide; l'ammoniaque en précipite un sous-sel de sesqui-oxide; la potasse le décompose complètement.

Sulfate de bismuth.

1530. A peine étudié: on sait seulement qu'en traitant le bismuth à chaud par l'acide sulfurique concentré, il en résulte un dégagement de gaz acide sulfureux et une masse blanche de sulfate; lorsqu'on met cette masse en contact avec l'eau, on obtient pour résidu du sulfate tri-basique, et dans la liqueur un sulfate acide.

(1) Nous devons faire sur la couleur de ces cristaux la même observation que celle que nous avons faite sur le sulfate de protoxide de cerium dans [la note de la page précédente.

M. Lagerhielm, qui a analysé le sulfate de bismuth, l'a trouvé formé de 100 d'oxide et de 50,71 d'acide = (BiO, SO³). (*Ann. de Chim.*, xcix, 168.)

Sulfates de cuivre. (1)

1531. *Sulfate de protoxide.*—Il paraît qu'il est impossible d'obtenir ce sel; du moins, d'après Proust, en traitant le protoxide de cuivre par l'acide sulfurique, il en résulte du sulfate de bi-oxide de cuivre qui se dissout, et du cuivre réduit qui apparaît sous forme de poudre rouge.

Sulfate de bi-oxide. — Ce sel, connu dans le commerce sous les noms de *couperose* ou *vitriol bleu* à cause de sa couleur, *vitriol de Chypre*, *vitriol de cuivre*, est très styptique, soluble à-peu-près dans 2 parties d'eau bouillante, et seulement dans 4 parties d'eau à la température de 15°; il cristallise en prismes obliques à base de parallélogramme obliquangle, d'un assez gros volume, d'un beau bleu, transparens,

(1) Il avait paru vraisemblable à quelques chimistes, que le résidu brunâtre auquel donne lieu l'acide sulfurique concentré bouilli avec de la tournure de cuivre sans le contact de l'air, était un sulfate de protoxide. Cependant M. Barruel fils assure qu'il ne consiste qu'en sulfure de cuivre.

Il a observé en outre les phénomènes suivans, en laissant en contact le cuivre en tournure avec l'acide sulfurique pur, concentré et froid :

Au bout de huit à dix jours, le liquide s'est légèrement coloré en rose : au bout de trois semaines, la coloration avait disparu, le cuivre conservait son éclat métallique; il ne se dégageait point d'odeur d'acide sulfureux.

Deux mois environ après le commencement de l'expérience, il se déposa du sulfure de cuivre, sous forme de poudre brunâtre, sans qu'il se dégageât de gaz sulfureux. La quantité de la matière brune augmenta pendant les troisième, quatrième, cinquième mois, et de petits cristaux transparens, incolores, vinrent tapisser les parois du flacon.

La liqueur examinée le sixième mois, exhalait une forte odeur sulfureuse. Elle était presque incolore, mais prenait une belle couleur bleue par l'addition de l'eau. C'était une dissolution de sulfate de cuivre anhydre dans l'acide sulfurique. (*Journal de pharmacie*, xx, 17.)

qui contiennent 36 centièmes d'eau, s'effleurissent légèrement, éprouvent, par l'action d'une légère chaleur, la
fusion aqueuse, blanchissent par la dessiccation, et dont la
formule est $(CuO, SO^3) + 5 H^2O$. La potasse, la soude,
l'ammoniaque, etc., le décomposent; celle-ci redissout sur-
le-champ le précipité, qui est d'un blanc bleuâtre, et forme
une liqueur d'un bleu vif, qu'on appelle en pharmacie *eau
céleste*, etc.

Le sulfate de cuivre existe dans la nature, mais ordinairement en dissolution dans les eaux qui coulent à travers les
galeries des mines de cuivre : on cite plusieurs ruisseaux, formés sans doute en partie par ces eaux, qui contiennent assez de
sulfate de cuivre pour qu'on en retire le métal par le moyen
du fer.

On fait le sulfate de cuivre par trois procédés :

1° Dans certains pays, on l'extrait par l'évaporation des
eaux qui le tiennent en dissolution.

2° Dans d'autres, on grille le sulfure de cuivre au
fourneau à réverbère; il passe à l'état de sulfate (598); on
lessive la masse, on fait évaporer la liqueur, et l'on obtient
le sel par cristallisation : tel est le procédé qu'on suit à Ma-
rienberg, où l'on exploite une mine d'oxide d'étain contenant des sulfures de cuivre et de fer. Par conséquent, le
grillage de cette mine se fait non-seulement pour obtenir
du sulfate de cuivre, mais surtout pour se débarrasser des
sulfures métalliques et avoir l'oxide d'étain le moins impur possible : cet oxide, dans les lavages, se précipite sous
forme de poudre.

Le sulfate obtenu par ce procédé, ainsi que par le précédent, contient toujours un peu de sulfate de sesqui-oxide
de fer; il est facile de l'obtenir pur : il suffit pour cela
de mettre un excès de bi-oxide de cuivre dans la dissolution saline : tout l'oxide de fer se précipite en peu de
temps.

3° En France, on saupoudre de soufre des lames de cuivre
qu'on a mouillées auparavant pour rendre ce corps combus-

tible adhérent; on les porte dans un four chauffé au rouge où on les laisse pendant quelque temps, et on les plonge toutes chaudes dans l'eau; ensuite on les saupoudre de nouveau d'une petite quantité de soufre, on les remet dans le four, et ainsi de suite. Dans cette opération, l'on forme un sulfure de cuivre artificiel qui absorbe l'oxigène de l'air et passe à l'état de sulfate : celui-ci se dissout dans l'eau; on l'en retire sous forme de cristaux par l'évaporation.

On pourrait encore préparer ce sel en traitant le carbonate de cuivre naturel par l'acide sulfurique étendu d'eau : l'on obtiendrait même ainsi très facilement et à bon marché une grande quantité d'une excellente couperose.

Le sulfate de cuivre est employé, en médecine, comme un léger escarrotique; mais on en fait principalement usage dans les arts pour préparer deux couleurs, le vert de Schéele et les cendres bleues (arsénite et carbonate de cuivre).

Sous-sulfate. — En faisant digérer de l'hydrate de bi-oxide de cuivre, avec une dissolution de sulfate neutre, on obtient une poudre verte, dont la composition est représenté par $(3\,CuO, SO^3) + 3\,H^2O$.

C'est encore un sous-sulfate qui se produit et qui se précipite, lorsqu'on verse peu-à-peu de la potasse ou de la soude dans une dissolution de sulfate de bi-oxide de cuivre, et que ce sel reste en excès dans la liqueur.

Sulfate double de bi-oxide de cuivre et de potasse. — Ce sel double se dissout dans l'eau froide, mais la dissolution se trouble quand on porte sa température au-dessus de 60°, en donnant lieu à un dépôt de sous-sulfate double, qui s'altère par les lavages. Il forme de gros cristaux bleus, dont la composition est représentée par la formule : $(KO, SO^3) + (CuO, SO^3) + 6H^2O$. Desséché et fondu, il se réduit en poudre fine avec bouillonnement, au moment où il reprend l'état solide.

Sulfate double de bi-oxide de cuivre et d'ammoniaque. —

Bleu, très soluble dans l'eau, cristallisable ; il a pour formule : $(Az^2 H^6, SO^3) + (CuO, SO^3) + 8 H^2 O$.

Sulfate tri-basique de bi-oxide de cuivre et d'ammoniaque. — Bleu-foncé, très soluble dans l'eau, dont une grande quantité le décompose et produit un précipité d'hydrate de cuivre ; s'altère à l'air en dégageant de l'ammoniaque ; s'obtient en ajoutant, à la dissolution du sulfate de cuivre dans l'ammoniaque liquide, de l'alcool, qui sépare de la liqueur le sous-sel double à l'état cristallin. Sa formule est : $(12 AzH^3, 2 SO^3) + (3 CuO, SO^3) + 3 H^2 O$. Il est employé en médecine et porte dans les pharmacies le nom de *cuivre ammoniacal.*

Sulfate double de cuivre et de cobalt. — Ce sel observé par M. Liebig, se prépare en dissolvant ensemble les deux sels simples, et évaporant la liqueur jusqu'au point de cristallisation. Il a pour formule $2 (CoO, SO^3) + (CuO, SO^3) + 18 H^2 O$. Sa forme cristalline est la même que celle du sulfate de cobalt.

Sulfate de plomb.

1532. Ce sel (PbO, SO^3) est blanc, insipide, pulvérulent, incristallisable, insoluble dans l'eau, peu soluble dans un excès d'acide sulfurique, un peu plus soluble dans l'acide azotique, beaucoup plus soluble dans l'acide chlorhydrique concentré, susceptible de se dissoudre dans 47 parties d'une dissolution d'azotate d'ammoniaque d'une densité de 1,036, infusible, presque indécomposable par la chaleur. L'acide chlorhydrique concentré, le décompose en partie, lorsqu'il le dissout, car la dissolution peut donner du chlorure ; mais par l'addition de l'eau, le sulfate se reforme tout entier et se précipite, etc. (1289) ; on l'obtient dans les laboratoires en versant de l'acide sulfurique ou une solution de sulfates de soude, de potasse, dans une solution d'azotate ou d'acétate de plomb.

Dans les arts, on le fait en assez grande quantité à l'occasion de la préparation de l'acétate d'alumine qui provient d'un mélange d'acétate de plomb et d'alun. Le sulfate de plomb qui résulte de ce mélange et qui se rassemble en poudre blanche est pur. Pendant long-temps on n'a su quel parti en tirer. M. Berthier, pour l'utiliser, l'a soumis à diverses épreuves qui lui ont fourni les résultats suivans :

1° Lorsqu'on chauffe à la simple chaleur rouge du sulfate de plomb pur dans un creuset brasqué, ou du sulfate de plomb mêlé à une suffisante quantité de charbon en poudre dans un creuset ou une cornue de terre, par exemple, 100 de sulfate et 9 de charbon, il se décompose de telle manière que la moitié de l'acide sulfurique se transforme en acide sulfureux, et que le plomb forme un sous-sulfure avec le soufre de l'autre moitié. Lorsque, dans les mêmes circonstances, on élève la température au-dessus de la chaleur rouge, le sous-sulfure se décompose lui-même et se change en un autre sulfure qui se volatilise, et en plomb qui reste avec le sous-sulfure non décomposé.

2° En chauffant jusqu'à la chaleur blanche, dans une cornue de terre, 20 grammes de sulfate et 29 grammes de sous-sulfure, il s'en dégage une quantité considérable de gaz sulfureux, et l'on obtient un culot de plomb ductile pesant 38 gr. recouvert seulement d'une couche mince d'oxide : cette quantité de plomb représente à $\frac{1}{20}$ près celle du sulfate et du sulfure. Si l'on substitue la galène ou le proto-sulfure au sous-sulfure, et si l'on compose le mélange de 100 de sulfate et de 79 de galène, on obtient des résultats analogues, et la quantité de plomb qui en provient s'élève, comme l'a fait voir M. Puvis, à 137.

3° L'on peut facilement convertir le sulfate de plomb en oxide pur : c'est de mêler ce sel avec les trois centièmes de son poids de charbon, et de chauffer le mélange à la chaleur blanche : alors l'acide sulfurique passe seulement à l'état de gaz sulfureux.

4° La silice opère très bien, à l'aide de la chaleur, la décomposition du sulfate de plomb : il en résulte de l'oxigène, du gaz sulfureux et un verre à base de plomb. M. Berthier pense, d'après cela, et d'après quelques essais qui lui sont propres, que non-seulement le sulfate de plomb pourrait être employé, au lieu d'alquifoux de première qualité ou galène pure, pour vernir les poteries, mais encore pour faire du cristal. (*Ann. de Chim. et de Phys.*, tome xx, page 275.)

L'acide sulfurique ne se combine ni avec le minium, ni avec le bi-oxide de plomb; il en dégage de l'oxigène et les ramène tous deux à l'état de protoxide.

Ce sel existe dans la nature, particulièrement dans les mines de sulfure de plomb en Angleterre, en Russie, etc. Il cristallise en espèces d'octaèdres ou tables biselées qui ont beaucoup d'analogie avec les cristaux de sulfate de baryte, et qui dérivent d'un prisme rhomboïdal de $103°\ 42'$ et $76°\ 18'$. Il se trouve aussi en petites masses compactes.

On s'en sert souvent dans les analyses pour doser le plomb.

Sulfates de mercure.

1533. *Sulfate de protoxide* (Hg^2O, SO^3). — Blanc, pulvérulent, insoluble pour ainsi dire dans l'eau, inaltérable à l'air, etc.; s'obtient en versant de l'acide sulfurique ou une solution de sulfate de soude ou de potasse dans une solution d'azotate de protoxide de mercure; sans usages.

Sulfate de bi-oxide. — Lorsqu'on fait bouillir pendant long-temps le mercure avec trois fois son poids d'acide sulfurique concentré, il en résulte du gaz acide sulfureux qui se dégage, et une masse blanche de sulfate acide de bi-oxide de mercure; l'eau froide ou chaude transforme cette masse en deux nouvelles variétés de sel, en sous-sulfate tri-basique qui est insoluble, et se précipite sous forme de poudre jaune, et en sulfate très acide, qui est blanc, se dissout dans la liqueur, et cristallise en aiguilles par évaporation. On peut aussi obtenir le sous-sulfate en versant une dissolution de sulfate de soude dans une dissolution d'azotate de bi-oxide de mercure saturé autant que possible. Calciné dans une cornue de verre, le sous-sulfate de bi-oxide de mercure donne pour produit du gaz oxigène, du gaz sulfureux, du mercure, et du sulfate de protoxide qui se sublime à la faveur de ce gaz. Les anciens chimistes l'appelaient *turbith minéral*, parce qu'on supposait qu'il produisait en médecine des effets analogues à ceux d'une racine autrefois employée comme médicament, et connue sous le nom de *convolvulus turpethum*.

Le sulfate de bi-oxide de mercure forme avec celui d'ammoniaque un sel double, peu soluble dans l'eau, mais qui se dissout bien dans l'ammoniaque.

Sulfates d'osmium.

1534. *Sulfate de protoxide.* — On ne peut l'obtenir qu'en traitant l'oxide hydraté par l'acide sulfurique ; mais comme celui-ci est toujours uni à un peu d'alcali, le sel n'est point parfaitement pur. L'eau le dissout abondamment, et la dissolution évaporée laisse pour résidu une masse d'un brun verdâtre, presque noir, qui présente des excroissances dentritiques.

Sulfate de sesqui-oxide. — Inconnu à l'état de pureté : il forme avec le sulfate d'ammoniaque un sel double, qui se prépare en mettant l'ammoniure d'osmium (1203) en contact avec l'acide sulfurique. Ce composé se dessèche en un vernis brun, brillant, que l'eau dissout partiellement en laissant un résidu floconneux de sous-sel.

Sulfate de bi-oxide. — Jaune, très soluble, d'une saveur purement astringente ; ne montre aucune tendance à cristalliser ; rougit fortement le papier ; ne se trouble point par la potasse ou la soude ; donne un précipité jaunâtre avec le chlorure de barium ; résulte de l'action de l'acide azotique froid sur le quadri-sulfure d'osmium.

Sulfates d'iridium.

1535. *Sulfate de protoxide.* — Le *sulfate de protoxide d'iridium* se prépare en traitant l'oxide hydraté par l'acide sulfurique. Evaporé doucement jusqu'à siccité, il reste sous forme d'une masse d'un vert brunâtre, brillante, qui se dissout dans l'eau et la colore en vert jaunâtre foncé.

Sulfate de bi-oxide. — Le *sulfate neutre de bi-oxide d'iridium* est le résultat de l'action de l'acide azotique sur le sulfure correspondant ; l'excès d'acide doit être chassé par une douce évaporation. On obtient ainsi un sirop, épais, incristallisable, de couleur jaune. Une légère calcination du sulfate neutre le transforme en *sous-sulfate.* Le grillage du sulfure donne un semblable produit.

Le sulfate de bi-oxide d'iridium est très soluble, tant dans l'eau que dans l'alcool. Sa dissolution n'est troublée ni par la potasse, ni la soude ; mais le chlorure de barium y forme un précipité couleur de rouille qui paraît être un sulfate double.

Sulfates de palladium.

1536. *Sulfate neutre de protoxide.* — Il s'obtient en chauffant l'azotate de palladium avec l'acide sulfurique, et évaporant doucement l'excès d'acide ; il est rouge et très soluble.

Il existe un *sous-sulfate* ; il forme la croûte rouge foncée qui recouvre le sulfure de palladium, doucement calciné à l'air.

Il paraît qu'il existe aussi un sulfate double de protoxide de palladium et de potasse, et que c'est ce sel qui se produit, lorsqu'on chauffe dans un creuset le palladium avec le bi-sulfate de potasse.

Sulfate de rhodium.

1537. *Sulfate de sesqui-oxide.* — C'est en dissolvant dans l'acide azotique fumant le sesqui-sulfure, préparé par voie humide, que l'on obtient ce sel : il se dépose sous forme d'une poudre brune au fond de la liqueur, qui doit être décantée. La poudre est mise ensuite en contact avec l'eau, qui la dissout. La dissolution, qui est d'un rouge sombre, refuse de cristalliser; lorsqu'on l'évapore et qu'on essaie de chasser toute l'eau par la chaleur, elle laisse une masse poreuse, boursouflée, comme l'alun calciné, dont l'eau n'opère plus la dissolution qu'avec lenteur, et qui cependant, exposée à l'air, en attire peu-à-peu l'humidité.

Sulfate double de sesqui-oxide de rhodium et de potasse. — Il se forme, comme nous l'avons dit (1240), en calcinant jusqu'au rouge un mélange intime de rhodium en poudre fine et de bi-sulfate de potasse. Le sel est plus ou moins jaune, rarement rose, se dissout avec beaucoup de lenteur dans l'eau froide, et rapidement dans l'eau bouillante. Les alcalis et le gaz sulfhydrique lui-même n'en précipitent pas tout l'oxide de rhodium. Pour l'en extraire tout entier, il faut faire rougir le sel avec un excès de carbonate de potasse ou de soude, et traiter le produit par l'eau.

L'acide sulfureux, ajouté à la dissolution du chlorure double de rhodium et de potassium, y forme au bout de quelques heures un précipité blanc, tirant à peine sur le jaune, presque insoluble dans l'eau, très peu soluble dans l'acide sulfurique, contenant 28 centièmes de son poids de rhodium, et qui paraît être un sulfate double, d'une composition semblable à celle de l'alun (M. Berzelius).

Sulfate d'argent.

1538. Ce sel est blanc et a une saveur métallique prononcée; soumis à l'action du feu, il se fond d'abord, se décompose ensuite, et se transforme en acide sulfureux, en oxigène et en argent; il est peu soluble dans l'eau : bouillante, elle en dissout la 88e partie de son poids ; froide, elle en dissout beaucoup moins, de sorte que par le refroidissement il se dépose en petites aiguilles de la liqueur chaude; l'acide sulfurique et l'acide azotique en favorisent la dissolution. L'ammoniaque le dissout avec la plus grande facilité. Dissous dans l'eau ou dans l'un des acides précédens, il forme avec l'acide chlorhydrique et les chlorures, un précipité de chlorure d'argent, blanc et floconneux, etc.

On l'obtient, soit en chauffant l'argent, soit en chauffant l'azotate d'argent avec l'acide sulfurique, soit encore en unissant directement celui-ci avec l'oxide d'argent, soit enfin par la voie des doubles décompositions, en versant une dissolution de sulfate de potasse ou de soude dans une dissolution d'azotate d'argent.

Sa formule est (AgO, SO^3).

Sulfate ammoniacal d'argent. — Lorsqu'on met le sulfate d'argent en contact avec assez d'ammoniaque chaude et concentrée pour le dissoudre seulement, et qu'on laisse refroidir la liqueur, le sulfate se dépose en beaux prismes droits, à bases carrées, qui se redissolvent facilement dans l'eau. Ce sel est formé de 1 proportion d'acide, 1 proportion d'oxide, et 2 proportions d'ammoniaque; il peut donc être considéré comme tri-basique. M. Mitscherlich, qui l'a observé le premier, suppose qu'il peut être composé de sulfate neutre d'ammoniaque et d'ammoniure d'argent. Le séléniate et le chromate d'argent produisent des composés analogues avec l'ammoniaque.

Sulfates de platine.

1539. *Sulfate de protoxide de platine.* — Pour se le procurer, il faut d'abord saturer par l'acide sulfurique la dissolution du protoxide de platine dans la potasse, puis décanter la liqueur et redissoudre le précipité qui se forme dans l'acide sulfurique lui-même. La dissolution a une couleur brune extrêmement foncée. En l'étendant d'eau, elle prend une couleur rouge. La potasse caustique y forme un précipité noir, mais seulement au bout de quelques jours.

Sulfate de bi-oxide. — Il paraît que ce sulfate ne peut se former en chauffant le chlorure de platine en dissolution avec le sulfate d'argent. Le seul procédé qui réussisse, suivant M. Edmond Davy, consiste à traiter par l'acide hypoazotique, ou par l'acide azotique fumant, le bi-sulfure de platine préparé par la voie humide. Cependant, s'il est possible de le former par ce procédé, il semble qu'on devrait l'obtenir en traitant l'oxide de platine à une douce chaleur, par l'acide sulfurique étendu d'eau; ce qu'il y a de certain, c'est qu'on peut l'obtenir aussi en décomposant le bi-chlorure de platine par l'acide sulfurique.

Le sulfate de bi-oxide de platine est soluble, jaune-orangé, très styptique; il rougit le tournesol, ne cristallise que très difficilement, se décompose avec facilité, car, évaporé jusqu'à siccité et soumis à une chaleur bien inférieure à celle du rouge cerise, il s'en dégage de l'acide sulfurique en combinaison avec l'eau, de l'oxigène, et le platine est mis en liberté, etc.

D'après M. E. Davy, ce sel n'est décomposé par le sel ammoniac qu'autant que la solution mixte des deux sels est évaporée à siccité.

Sulfates doubles.— Lorsqu'on mêle du sulfate de platine avec de la potasse ou de la soude caustique, et qu'on chauffe le mélange jusqu'à l'ébullition, il en résulte un précipité brun foncé, qui devient noir par la dessiccation, et qui, d'après M. Ed. Davy, est un sulfate basique; celui de potasse équivaudrait à 10,84 de sulfate de potasse; 10,84 d'eau, et à 78,32 d'oxide de platine; celui de soude serait représenté par 7,11 de sulfate de soude; 8,73 d'eau, et 84,16 d'oxide de platine. Les acides sont sans action sur ces sels, si ce n'est l'acide chlorhydrique bouillant, qui les dissout aisément. La potasse caustique ne les altère qu'autant qu'elle est très concentrée.

Le sulfate de platine forme aussi avec l'ammoniaque un sulfate basique analogue aux précédens, lorsque l'on porte la liqueur à l'ébullition. Le sulfate ammoniacal de platine est insipide, d'un brun pâle, pulvérulent, insoluble. Chauffé, il détone légèrement. La potasse bouillante le décompose. Les acides sulfurique et chlorhydrique le dissolvent à chaud.

Enfin, il paraît qu'en versant une dissolution de chlorure de barium dans le sulfate de platine, il se produit encore un sulfate double basique : s'il en est ainsi, la liqueur doit rester acide. (E. Davy.)

Sulfate de tri-oxide d'or.

1540. L'acide sulfurique faible est sans action sur le tri-oxide d'or : il n'y a que l'acide sulfurique concentré qui puisse dissoudre cet oxide. Lorsqu'on vient à verser de l'eau dans la dissolution, qui est très acide, il s'y produit un précipité noir, ayant des reflets métalliques, et qui n'est formé, pour ainsi dire, que d'or réduit par la chaleur qui se développe au moment de l'union de l'acide et de l'eau. (Pelletier, *Ann. de Chim. et de Phys.*, tom. xv, pag. 5.)

Art. III. — *Sous-sulfates.*

1541. Les alcalis ne forment pas de sous-sulfates; mais, parmi les autres bases salifiables, qui toutes sont insolubles, il en est un grand nombre qui peuvent en former. Le plus souvent les sous-sulfates sont tri-basiques. L'on en connaît cependant de sesqui-basiques, de *bi-basiques* et de *se-basiques*; exemple, sulfate *sesqui-basique* de glucine, sulfate *bi-basique* d'alumine; sulfate *se-basique* de sesqui-oxide de fer. Presque tous ces sous-sulfates sont insolubles. Ceux

dont les sulfates neutres sont solubles, s'obtiennent en dissolvant ceux-ci dans l'eau, y versant de la potasse, de la
soude ou de l'ammoniaque en quantité convenable, c'est-à-
dire beaucoup moins qu'il n'en faut pour précipiter tout
le sel, et agitant la liqueur. (*Voyez* les *sous-sulfates* à l'article des *sulfates neutres.*)

Art. IV. — *Sulfates acides.*

1542. Les sulfates acides, connus jusqu'ici, sont bien
moins nombreux que les sous-sulfates. Tous paraissent être
des bi-sels : nous citerons comme exemples les bi-sulfates
de potasse, de soude, d'ammoniaque. *Voyez* les *bi-sulfates*
à l'article des *sulfates neutres.*)

Genre IX. — *Hypo-sulfates.*

Art. I. *Hypo-sulfates neutres.*

1543. Il paraît que tous les hypo-sulfates neutres sont
solubles dans l'eau : tels sont du moins ceux de potasse, de
soude, d'ammoniaque, de baryte, de strontiane, de chaux,
de manganèse, de plomb, d'argent.

Une température peu élevée suffit pour les décomposer;
ils se transforment en sulfates neutres et en gaz sulfureux.
L'acide sulfurique du sulfate forme tout près des cinq neuvièmes, et l'acide sulfureux tout près des quatre neuvièmes
de l'acide de l'hypo-sulfate; ce qui doit être, d'après la
composition de l'acide hypo-sulfurique, comparée à celle
des deux acides précédens (t. 1, p. 333).

Lorsqu'on verse de l'acide sulfurique étendu d'eau sur
un hypo-sulfate, l'acide hypo-sulfurique est mis en liberté
sans éprouver d'altération; mais lorsque l'acide sulfurique
est concentré, ou lorsque étant faible on chauffe la liqueur,
l'acide hypo-sulfurique est décomposé, comme lorsqu'on
expose les hypo-sulfates à l'action du feu; il s'en dégage

tout de suite beaucoup de gaz sulfureux. Cette propriété est tellement caractéristique, qu'elle permet toujours de les reconnaître.

Les hypo-sulfates n'absorbent point ou n'absorbent que très lentement l'oxigène de l'air.

Leur composition peut facilement se conclure de leur transformation en sulfates neutres et en gaz sulfureux par la chaleur : elle est telle que la quantité d'oxigène de l'oxide est à la quantité de l'oxigène de l'acide, comme 1 à 5, et à la quantité d'acide lui-même, comme 1 à 9,0232.

Aucun d'eux ne se trouve dans la nature.

L'hypo-sulfate de baryte se prépare en faisant passer un courant de gaz sulfureux dans de l'eau tenant en suspension du bi-oxide de manganèse, filtrant la liqueur, y ajoutant de la baryte ou du sulfure de barium, comme il a été dit (255).

Il en est de même de ceux de chaux et de strontiane.

Quant aux autres, ils se préparent, soit en combinant directement l'acide avec les bases, soit par la double décomposition de l'hypo-sulfate de baryte et des sulfates solubles. Cependant ceux de potasse et de soude pourraient encore être obtenus en précipitant l'hypo-sulfate de chaux par les carbonates qui ont pour bases ces alcalis.

Hypo-sulfate de baryte. — Ce sel cristallise en prismes quadrangulaires, doués d'un éclat assez vif, et terminés par un grand nombre de facettes. Il contient 10,78 pour 100 d'eau de cristallisation. Projeté sur les charbons incandescens, il décrépite fortement. 100 parties d'eau à 8°,14 en dissolvent 13 part., 94. Le chlore ni l'air n'en altèrent la dissolution ; l'acide sulfurique en précipite tout-à-coup la baryte.

Hypo-sulfate de chaux. — Il se présente en lames hexagonales régulières, groupées ordinairement de manière à former des rosaces, et qui renferment 26,24 pour 100 d'eau de cristallisation ou 4 proportions ; ils se dissolvent dans 0,8 de leur poids d'eau bouillante et dans 2,46 d'eau à 19°.

Hypo-sulfate de strontiane. — Les cristaux de cet hypo-sulfate sont très petits. MM. Gay-Lussac et Welter les regardent comme des lames hexaèdres, à bords alternativement inclinés en sens contraires, semblables à celles qu'on formerait dans un octaèdre par des sections parallèles à deux de ses faces opposées. Il contient 4 proportions d'eau ou 22,10 pour 100; 1 partie de ce sel exige, pour se dissoudre, 1 partie et demie d'eau bouillante et 4 et demie d'eau à 16°.

Hypo-sulfate de potasse.—Celui-ci affecte la forme d'un prisme cylindroïde, terminé par un plan perpendiculaire à sa longueur. Ses cristaux sont anhydres, inaltérables à l'air, insolubles dans l'alcool, solubles dans 16 fois et demie leur poids d'eau à 16°, et dans 1,58 d'eau bouillante.

Hypo-sulfate de soude. — Il cristallise en beaux prismes quadrangulaires, limpides, inaltérables à l'air, solubles dans un peu plus de 2 fois son poids d'eau froide et de 1 fois son poids d'eau bouillante, insolubles dans l'alcool, d'une saveur amère particulière, dont la composition est représentée par $(NaO, S^2O^5) + 2 H^2O$.

Hypo-sulfate de magnésie. — Ce sel forme des cristaux prismatiques hexagones, qui renferment 6 proportions d'eau ou 37,69 pour 100, ne s'altèrent point à l'air, se dissolvent dans les $\frac{27}{20}$ de leur poids d'eau, se fondent dans leur eau de cristallisation à une température élevée.

Hypo-sulfate de manganèse.—C'est un des hypo-sulfates les plus solubles; il est même assez déliquescent pour qu'on en puisse séparer par cristallisation presque tout le sulfate de manganèse avec lequel il se trouve mêlé, lorsque, après avoir agité le bi-oxide de manganèse dans l'eau, on y fait passer du gaz sulfureux. (*Voyez* le mémoire de MM. Gay-Lussac et Welter, *Ann. de Chim. et de Phys.*, t. x, p. 312; et celui du docteur Heeren, *Ann. de Chim. et de Phys.*, xl, 30.) (1)

(1) La cause pour laquelle il se forme tout à-la-fois du sulfate et de l'hyposulfate a été examinée (255).

Art. II. — *Hypo-sulfates basiques.*

1544. L'acide hypo-sulfurique est susceptible de former des sels avec excès de base, à divers degrés de saturation. M. Heeren en a obtenu à bases de sesqui-oxide de fer, de protoxide de plomb, de bi-oxide de cuivre, de bi-oxide de cuivre et d'ammoniaque.

Pour 1 proportion d'acide, ils renferment, suivant lui, savoir : celui de sesqui-oxide de fer, 21 proportions d'oxide (1); celui de plomb, provenant de l'ammoniaque versée dans la dissolution de l'hypo-sulfate neutre de ce métal, en assez petite quantité pour ne pas décomposer tout le sel neutre, 2 proportions d'oxide; celui de plomb, obtenu en décomposant le sel neutre par l'ammoniaque en excès, 10 proportions d'oxide; celui de bi-oxide de cuivre, tel qu'il est précipité de la dissolution du sel neutre par une petite quantité d'ammoniaque, 4 proportions d'oxide; enfin celui de cuivre et d'ammoniaque, qui s'obtient en versant un excès d'ammoniaque dans la dissolution de l'hypo-sulfate neutre de cuivre, 1 proportion de bi-oxide et 2 proportions d'ammoniaque. Ils sont en outre tous hydratés.

Ces hypo-sulfates basiques sont, ou très légèrement solubles dans l'eau, ou complètement dépourvus de solubilité.

Genre X. *Sulfites.*

Art. Ier. — *Sulfites neutres.*

1545. *Action du feu.* — Lorsqu'on soumet les sulfites de la première section et le sulfite de magnésie à l'action du

____

(1) Cette quantité d'oxide est bien considérable. Cependant l'auteur dit que le sous-sel avait été préparé en mettant en contact l'hydrate ferrugineux avec un excès d'acide.

III. *Sixième édition.* 18

feu, il s'en dégage du soufre, et l'on obtient pour résidu un sulfate alcalin; mais lorsqu'on soumet tout autre sulfite à l'action de cet agent, on en dégage l'acide sulfureux à l'état de gaz, et l'on en retire le métal à l'état d'oxide ou bien à l'état métallique, selon que ce métal a plus ou moins d'affinité pour l'oxigène, résultat qui s'accorde parfaitement avec ce que nous avons dit; savoir : que les sulfates de la première section et celui de magnésie étaient indécomposables par le feu, et que tous les autres l'étaient de manière à être transformés en gaz acide sulfureux, gaz oxigène, etc. (1482). Cependant il serait possible que quelques-uns de ces sulfites formassent, à une température qui ne serait pas très élevée, un sulfure métallique et un sulfate : il faudrait pour cela que, d'une part, le soufre eût une grande affinité pour le métal du sulfite, et que, de l'autre, l'acide sulfurique en eût lui-même une assez grande pour l'oxide de ce métal. C'est un phénomène de ce genre que nous présente le sulfite de plomb, d'après Thomson : aussi les élémens du sulfure de plomb sont-ils fortement unis, et le sulfate de plomb n'est-il décomposable qu'à une très haute température.

On traite tous les sulfites par le feu, comme les sulfates, c'est-à-dire, dans une cornue de grès.

1546. *Action du gaz oxigène et de l'air.* — Les sulfites, mis en contact avec le gaz oxigène ou l'air, passent peu-à-peu à l'état de sulfates; ceux qui sont insolubles y passent très lentement, et souvent même l'effet se borne aux parties extérieures; ceux qui sont solubles et dissous dans l'eau y passent assez promptement : un peu de chaleur favorise l'action. Ce qu'il y a de remarquable, c'est que, dans tous les cas, d'après l'observation de M. Gay-Lussac, l'état de saturation ne change point : si le sulfite est neutre, le sulfate le sera lui-même.

1547. *Action des métalloïdes et des métaux.* — L'action des métalloïdes et des métaux sur les sulfites n'a point encore été déterminée par expérience; mais il sera facile de la connaître d'après celle qu'exerce ces sortes de corps sur les sulfates (1483—1488).

1548. *Action des oxides.* —Parmi les sulfites métalliques connus, il n'y a que ceux à base de potasse, de soude, que l'on puisse dissoudre. Ceux de baryte, de strontiane, de chaux sont insolubles.

C'est avec ces trois dernières bases que l'acide sulfureux a le plus de tendance à se combiner par l'intermède de l'eau; viennent ensuite la lithine, la potasse et la soude, puis l'ammoniaque et la magnésie (1305). Par conséquent, soit qu'on verse de l'eau de baryte, de l'eau de strontiane ou de l'eau de chaux dans une dissolution de gaz sulfureux ou de sulfite de potasse, de soude ou d'ammoniaque, il doit se former un sulfite insoluble. Dans tous les cas, le sulfite qui se précipite se dissout dans un excès d'acide sulfureux.

1549. *Action des acides.* —Les acides sulfurique, chlorhydrique, phosphorique, arsénique, liquides, décomposent les sulfites avec effervescence, le plus souvent même à la température ordinaire; ils s'emparent de leurs bases et en dégagent l'acide sulfureux. L'acide azotique est, au contraire, décomposé par eux, surtout à chaud; il leur cède une portion de son oxigène, passe à l'état de bi-oxide d'azote, et les fait passer à l'état de sulfates : il en est de même de l'acide hypo-azotique. Le chlore n'agit point sur les sulfites, lorsqu'il est sec et qu'eux-mêmes le sont aussi ; mais, pour peu qu'il y ait d'humidité de part ou d'autre, l'action se manifeste, et de là résultent un sulfate, un chlorure et un dégagement de gaz acide sulfureux.

1550. *Action des sels.* — Les sulfites de baryte, de strontiane, de chaux, etc., étant insolubles, il s'ensuit qu'ils se formeront et se précipiteront tout-à-coup en versant une solution de sulfites de potasse, de soude, d'ammoniaque, dans une solution d'un sel de baryte, de chaux, etc., par exemple, d'un azotate (1310).

1551. *État naturel.* —On ne rencontre aucun sulfite dans la nature, si ce n'est peut-être aux environs des volcans: dans ces lieux même, leur existence n'est que passagère; ils doivent être peu-à-peu transformés en sulfates par l'action de l'air.

1552. *Préparation.* — On prépare tous les sulfites insolubles par la voie des doubles décompositions (1314, 3ᵉ procédé); mais on obtient directement ceux qui sont solubles, c'est-à-dire, en faisant passer un excès de gaz acide sulfureux à travers leurs bases pures ou carbonatées : c'est surtout ce procédé que l'on pratique pour se procurer les sulfites de potasse, de soude ou d'ammoniaque.

On met un ou deux kilogrammes d'acide sulfurique concentré ou peu étendu d'eau avec 200 à 300 grammes de sciure de bois, ou de paille hachée, ou de charbon en poudre, dans une cornue de verre; on place cette cornue dans un fourneau, et on la fait communiquer avec cinq flacons de Woolf, par le moyen de tubes intermédiaires; on met dans le premier un peu d'eau, afin de laver le gaz acide sulfureux qui se dégage de la cornue, et de dissoudre les petites portions d'acide sulfurique qu'il pourrait entraîner; dans le second, du carbonate de potasse dissous dans deux fois et demie son poids d'eau; dans le troisième, du carbonate de soude dissous seulement dans deux fois son poids d'eau ; dans le quatrième, de l'ammoniaque liquide et concentrée, et dans le cinquième on ne met que de l'eau : ce dernier flacon est destiné à empêcher le contact entre l'air et l'ammoniaque.

Ces flacons doivent d'ailleurs être munis de tubes de sûreté convenablement disposés, tels qu'on l'a dit en parlant de l'appareil de Woolf. Les tubulures étant bien lutées et l'appareil bien assujéti, on met le feu sous la cornue. Bientôt l'acide sulfurique est décomposé par l'hydrogène et le charbon des matières qu'on emploie; il en résulte de l'eau, du gaz acide carbonique et du gaz acide sulfureux. Ces deux gaz ne tardent point à arriver dans la dissolution de carbonate de potasse. L'acide sulfureux s'empare de la base de ce carbonate et en dégage l'acide carbonique, qui dès-lors passe avec celui qui provient de la décomposition de l'acide sulfurique dans les carbonates de soude et d'ammoniaque, où il se fixe en partie; et de là enfin à travers l'eau du dernier flacon dans l'air atmosphérique. Lorsque tout le carbonate de potasse est transformé en sulfite, l'acide sulfureux arrive jusque dans le troisième flacon, où se trouve le carbonate de soude, et produit avec ce carbonate les mêmes phénomènes qu'avec celui de potasse; ensuite il arrive de même dans le quatrième, et enfin dans le cinquième, où il se manifeste par l'odeur qui lui est propre. A cette époque, on cesse le feu, et l'on démonte l'appareil. On trouve ordinairement les sulfites en partie cristallisés dans les flacons, et c'est même ce qui arrive toujours, à moins qu'on ait employé les carbonates ou l'ammoniaque trop étendus d'eau. On retire ces sulfites des flacons en brisant les cristaux; on les verse dans des matras; on les fait chauffer pour les fondre; on en sature l'excès d'acide, qui est assez considérable : alors on les introduit dans un flacon bouché à l'émeri, et on les laisse refroidir : ils cristallisent par le refroidissement.

On pourrait aussi préparer les sulfites de baryte, de strontiane, de chaux, etc., en délayant ces bases dans l'eau, et faisant passer, à travers le mélange, du gaz acide sulfureux au moyen de l'appareil qui précède; mais comme ces sulfites sont insolubles, il vaut mieux les préparer par la voie des doubles décompositions (1314).

On ne peut se procurer aucun sulfite des quatre dernières sections en traitant un métal par l'acide sulfureux : quand bien même ce métal serait attaquable par cet acide, il se formerait un sulfite sulfuré ou un hypo-sulfite (1558).

1553. *Composition.* — S'il est vrai que les sulfites neutres, en absorbant l'oxigène et passant à l'état de sulfates, ne changent point d'état de saturation, il est évident, d'après la composition des sulfates et celles de l'acide sulfurique et de l'acide sulfureux, que dans les sulfites la quantité d'oxigène de l'oxide est à la quantité d'oxigène de l'acide comme 1 à 2 et à la quantité d'acide comme 1 à 4,0116. L'on pourra donc, au moyen de la composition des oxides (*Voyez les oxides de chaque métal en particulier*), connaître celle des sulfites. Un sulfite quelconque contiendra d'ailleurs, comme un sulfate, des quantités de soufre et de métal convenables pour former un sulfure correspondant à l'oxide du sulfite.

1554. *Caractères génériques.* — Rien de plus facile que de reconnaître les sulfites. Ils font une vive effervescence avec l'acide sulfurique concentré, en répandant une forte odeur de soufre qui brûle, et laissent exhaler cette odeur avec l'acide sulfurique étendu, sans précipitation de soufre. Les hypo-sulfites, au contraire, laissent précipiter du soufre, en même temps qu'il s'en dégage du gaz sulfureux.

Historique. — Les sulfites ont été étudiés principalement par M. Berthollet (*Ann. de Chim.*, t. II, p. 54), et par MM. Vauquelin et Fourcroy. (*Ann. de Chimie*, tom. XXIV, pag. 229.)

Ils sont sans usages.

Nous n'examinerons en particulier que ceux de potasse et de soude. Les autres étant insolubles, leur histoire se trouve toute tracée dans celle de la famille et du genre.

Sulfite de potasse.

1554 *bis*. Blanc, transparent, piquant et comme sulfureux; cristallise en petites aiguilles ou en lames, décrépite, se dissout à-peu-près dans son poids d'eau à la température ordinaire, et dans beaucoup moins d'eau bouillante; se recouvre en très peu de temps, lorsqu'il est dissous et exposé à l'air, d'une petite croûte cristalline de sulfate de potasse; se comporte avec les autres corps et se prépare comme il a été dit dans l'histoire du genre (1545—1552).

Formule (KO, SO²).

Sulfite de soude.

1555. Blanc, transparent, d'une saveur fraîche et ensuite sulfureuse; cristallise en prismes à quatre pans terminés

par un sommet dièdre, et quelquefois en prismes à 6 pans;
s'effleurit et éprouve la fusion aqueuse, se dissout à-peu-près
dans quatre fois son poids d'eau à 15°, et dans un poids
d'eau bouillante moindre que le sien; se prépare et se comporte avec les autres corps comme il a été dit (1545-1552).

Formule (NaO, SO²).

Art. II. — *Bi-sulfites.*

1556. Il existe des sulfites qui contiennent, pour la même quantité de base, deux fois autant d'acide que les précédens : ce sont donc des bi-sulfites par rapport à ceux-ci.
Mais, d'une part, ces bi-sulfites ne rougissent point le tournesol; et de l'autre, les sulfites simples ramènent au bleu le
tournesol rougi par les acides (Welter et Gay-Lussac, *Ann.
de Chim. et de Phys.*, tom. XIII, pag. 212). Ne devrait-on
pas conclure de là que ces derniers sont avec excès de base
et que les autres sont neutres? Pour moi, je le pense, d'autant plus que cette manière de voir est d'accord avec les
idées que nous nous sommes faites jusqu'à présent de la
neutralité.

Quoi qu'il en soit, parmi les bi-sulfites connus de même
que parmi les sulfites simples, il n'y a que ceux qui sont
à base de potasse ou de soude qui soient bien solubles dans
l'eau; la plupart des autres sont insolubles. On obtient les
premiers en faisant passer un excès de gaz sulfureux à travers une dissolution alcaline concentrée; les autres sont le
résultat de doubles décompositions.

Il sera facile de tracer l'histoire des propriétés des bi-sulfites d'après celles des sulfites. Par exemple, les bi-sulfites
alcalins doivent donner, à une haute température, du gaz
sulfureux outre tous les produits qui proviennent des sulfites
neutres. Dans leur contact avec l'air, en absorbant l'oxigène,
ils deviennent nécessairement acides, etc., etc.

Genre XI. *Des hypo-sulfites.*

1557. On appelle *hypo-sulfites* des composés résultant de l'union de l'acide hypo-sulfureux avec les bases salifiables: il en existe à deux degrés de saturation différens.

Les uns peuvent être considérés comme des hypo-sulfites neutres : les autres comme des bi-hypo-sulfites.

1558. *Hypo-sulfites neutres.* — Ce sont ceux que l'on obtient en traitant le fer, le zinc et le manganèse, par l'acide sulfureux liquide. Dans ces hypo-sulfites, la quantité d'oxigène de l'oxide est égale à celle de l'oxigène de l'acide; car le métal pour s'oxider enlève la moitié de l'oxigène à l'acide sulfureux qui devient ainsi acide hypo-sulfureux, comme le fait voir la formule $Fe + SO^2 = (FeO, SO)$. Ces sortes d'hypo-sulfites n'ont point été examinés.

1559. *Bi-hypo-sulfites.* — Ils se produisent, en faisant bouillir, pendant quelque temps, un sulfite neutre soluble, ou un bi-sulfite avec de la fleur de soufre : dans le premier cas, le sulfite neutre dissout autant de soufre qu'il en contient; dans le second, le bi-sulfite laisse dégager la moitié de son acide qui se trouve remplacé par une quantité de soufre absolument égale à celle de l'acide devenu libre. Par conséquent (KO, SO^2) ou 1 atome de sulfite de potasse, devient (KO, S^2O^2); et $(KO, 2 SO^2)$ ou 1 atome de bi-sulfite de potasse, devient $(KO, S^2O^2) + SO^2$; d'où il suit que, dans les bi-hypo-sulfites, la quantité d'oxigène de l'acide est le double de celle de l'oxide. Telle est en effet la composition de l'hypo-sulfite de chaux analysé par M. J. P. W. Herschell. Telle est aussi celle de l'hypo-sulfite de strontiane, d'après M. Gay-Lussac. (*Ann. de Chim. et de Phys.* xiv, 356 et 361.)

Les bi-hypo-sulfites sont plus stables que les sulfites proprement dits : aussi ne passent-ils que très difficilement à l'état de sulfate par leur contact avec l'air. Tous peuvent être décomposés par le feu; quelques-uns seulement ne le sont qu'à une haute température. Dans cette décomposition, ceux de la première section doivent donner pour produit du soufre, un sulfate avec excès de base, et peut-être un peu de sulfure; celui de magnésie, un sulfate avec excès de base et du soufre; et tous les autres, de l'acide sulfureux et un produit analogue à celui qu'on obtient en traitant leurs oxides par le soufre : c'est ce qu'on concevra facilement en se rappelant l'action du feu sur les sulfites (1545), et considérant la composition des hypo-sulfites.

1560. Les bi-hypo-sulfites de potasse, de soude, d'ammoniaque, de strontiane, de chaux, de magnésie, de zinc, de fer, sont très solubles. Ceux de baryte, de plomb, de cuivre, d'argent, sont au contraire peu solubles.

1561. Traités par les acides sulfurique, phosphorique, arsénique, chlorhydrique, fluorhydrique, en dissolution dans l'eau, les hypo-sulfites se décomposent; il s'en dégage du gaz acide sulfureux, il s'en précipite du soufre, et il se forme un nouveau sel, résultats faciles à expliquer en observant que l'acide hypo-sulfureux ne peut exister par lui-même, et que aussitôt qu'il est dégagé de ses combinaisons, il se transforme en 1 atome de soufre et 1 atome de gaz sulfureux.

Les bi-hypo-sulfites solubles, et surtout celui de soude, dissolvent le chlorure d'argent récemment préparé, et produisent une liqueur douce comme le miel, plus douce même, et dénuée de saveur métallique : ils dissolvent aussi, mais en moindre quantité, le chlorure de plomb : de là, selon toute apparence, résultent des hypo-sulfites doubles et une quantité de chlorure de sodium proportionnelle à la quantité de chlorure d'argent ou de plomb décomposé.

Enfin, les bi-hypo-sulfites paraissent avoir une grande tendance à se combiner entre eux. (Herschell, *Ann. de Chim., et de Phys.*, tom. XIV, pag. 353.)

1562. *Hypo-sulfite de potasse.* — Déliquescent, cristallise en aiguilles déliées, s'obtient en faisant bouillir le sulfite de potasse avec la fleur de soufre.

Hypo-sulfite de soude. — S'obtient comme celui de potasse. Le bi-oxide de mercure s'y dissout promptement; il en met l'alcali à nu; la dissolution se trouble par le repos et laisse déposer du cinabre ou bi-sulfure de mercure en abondance.

Hypo-sulfite de chaux. — Pour le préparer, il faut faire passer un courant de gaz sulfureux à travers la dissolution de sulfure de calcium, qui résulte d'un mélange de 20 parties d'eau, 3 de chaux éteinte et 1 de soufre, soumis à l'ébullition pendant une heure. La liqueur étant tirée à clair, on la décante, puis on la concentre doucement et bientôt le sel cristallise en beaux prismes hexaèdres, dont deux faces sont ordinairement plus petites que les quatre autres. Lorsque la liqueur approche du point de saturation, il est nécessaire de ne point élever la température au-dessus de 60°., car l'hypo-sulfite se transformerait rapidement en soufre et en sulfite de chaux. L'eau à 3° en dissout à-peu-près son poids. M. Herschell l'a trouvé formé de 21,71 de chaux, de 36,71 d'acide, de 41,58 d'eau.

Hypo-sulfite de strontiane. — Soluble dans environ 4 fois son poids d'eau à 13° et dans 1,75 d'eau bouillante; cristallise en rhomboïdes aplatis; s'obtient comme celui de chaux, mais ne se décompose pas comme lui, lorsqu'on expose la dissolution à une température supérieure à 60°.

Hypo-sulfite de magnésie. — Il est très soluble, et il suffit, pour l'obtenir, de faire bouillir du sulfite de magnésie avec de la fleur de soufre.

Hypo-sulfite de plomb. — Blanc, presque insoluble, se décompose au degré de la chaleur de l'eau bouillante, et devient noir, ce qui dépend évidemment de la formation d'une certaine quantité de sulfure de plomb; s'enflamme à une température plus élevée; se transforme, lorsqu'on le chauffe dans une cornue, en plomb sous-sulfuré et en gaz sulfureux; s'obtient en versant une dissolution d'azotate de plomb dans celle d'hypo-sulfite de chaux.

Hypo-sulfite d'argent. — Il est remarquable en ce que,

exposé à l'air, il se décompose spontanément avec rapidité, exhale de l'acide sulfureux et laisse un résidu de sulfure ; il est peu soluble dans l'eau et s'obtient par la voie des doubles décompositions en versant de l'azotate d'argent dans l'hypo-sulfite de chaux; mais comme le précipité qui se forme contient un peu de sulfure d'argent et est noir, il faut, après avoir lavé le précipité, le mettre en digestion avec l'ammoniaque, qui dissout seulement l'hypo-sulfite. La liqueur, étant ensuite exactement neutralisée par l'acide azotique, le laisse déposer en poudre d'un blanc de neige. Sa saveur est sucrée. Il forme avec l'hypo-sulfite de soude un sel double très soluble, dont il a été question (page précédente); il s'unit très bien aussi à l'hypo-sulfite de potasse; pour l'obtenir, il suffit même de verser de la potasse ou une dissolution concentrée d'un sel de potasse dans la dissolution d'hypo-sulfite de soude, chargée de chlorure d'argent : le nouveau sel double se dépose en petites écailles nacrées, semblables à celles de l'acide borique.

GENRE XII. — *Sélénites.*

1563. Il existe des sous-sélénites, des sélénites neutres, des sélénites acidules, et des sélénites acides.

Composition. — Les sélénites neutres sont composés de telle manière que la quantité d'oxigène de l'oxide est à la quantité d'oxigène de l'acide comme 1 à 2, et à la quantité d'acide même comme 1 à 6,959. La neutralisation dans ces sels n'est pas absolue, car ceux de potasse et de soude verdissent légèrement le sirop de violettes.

Les sélénites acidules contiennent pour la même quantité de base deux fois autant d'acide que les sélénites neutres : ils doivent donc prendre le nom de *bi-sélénites*. La plupart des bases peuvent en produire; il ne faut excepter, pour ainsi dire, que les oxides de plomb, d'argent, de cuivre, et le protoxide de mercure.

Il paraît que les sélénites acides sont des quadri-sélénites;
on n'en a examiné que trois : les sélénites acides de potasse,
de soude et d'ammoniaque.

Quant aux sous-sélénites, ils n'ont point encore été analy-
sés : peu de bases d'ailleurs sont capables d'en former.

1564. *Action de l'eau.* — Tous les sélénites acidules et
acides sont solubles dans l'eau; tous les sélénites neutres,
et à plus forte raison tous les sous-sélénites, y sont insolubles
ou très peu solubles, à part ceux de potasse, de soude,
d'ammoniaque.

1565. *Action des corps combustibles.* — Le carbone, au
degré de la chaleur rouge, décompose tous les sélénites; il
forme avec tous du gaz acide carbonique ou du gaz oxide
de carbone, et donne de plus : avec les sélénites de la
première section, un séléniure métallique et un peu de sélénium; avec les sélénites terreux, du sélénium et l'oxide du
sélénite ; enfin avec les autres, un séléniure métallique.

Probablement que l'hydrogène, le bore, le phosphore,
le soufre et le plus grand nombre des métaux des quatre
premières sections, produiraient aussi, comme le carbone,
à l'aide de la chaleur, la décomposition des sélénites.

1566. *Action du feu.* — La chaleur par elle-même ne
décompose point ou ne décompose que très difficilement les
sélénites des quatre premières sections. M. Berzelius attri-
bue même à la présence d'un peu de corps combustible
provenant du filtre la décomposition partielle qu'ils éprouvent : elle cesse d'avoir lieu par l'addition d'une petite
quantité d'azotate.

1567. *Action des acides.* — L'acide sélénieux est un
acide assez fort. A la vérité, il est séparé de ses combinaisons par l'acide sulfurique; il l'est même, à l'aide de la
chaleur, par les acides phosphorique, arsénique et borique,
qui sont plus fixes que lui; mais il s'empare de l'oxide des
dissolutions d'azotates d'argent, de plomb, et déplace, par
la distillation, l'acide azotique de la plupart des azotates;
il décompose également le plus grand nombre des chlorures,

et en dégage de l'acide chlorhydrique. D'après cela, l'on voit que les sélénites doivent résister à l'action décomposante d'un grand nombre d'acides : seulement, ceux-ci tendent à les transformer en sélénites acides, qui tous sont solubles.

1568. *Action des sels.* — Puisque tous les sélénites métalliques neutres sont insolubles, excepté ceux de potasse et de soude, ceux-ci, dissous dans l'eau, doivent former des précipités dans les solutions de tous les sels dont la base est autre que l'un de ces deux alcalis.

De là le moyen de faire presque tous les sélénites.

1569. *État naturel, préparation.* — Aucun sélénite n'existe dans la nature.

Ceux de potasse, de soude se préparent directement; les autres, à l'état neutre, peuvent s'obtenir, comme nous venons de le dire, par la voie des doubles décompositions.

Quant aux sélénites acidules et acides, on les obtiendrait sans doute le plus souvent en essayant de combiner, par l'intermède de l'eau et de la chaleur, les sélénites neutres très divisés, avec des quantités convenables d'acide sélénieux.

Nous n'examinerons point les sélénites d'une manière particulière. Ce que nous venons de dire du genre, joint aux considérations générales que nous avons présentées, suffira pour se faire une idée assez précise de la plupart des propriétés des espèces : nous ajouterons seulement : 1° qu'en chauffant le sélénite de potasse avec le chlorhydrate d'ammoniaque, ces deux sels se décomposent d'abord, et que bientôt ensuite, par l'action de l'hydrogène d'une portion de l'ammoniaque du sélénite ammoniacal sur l'oxigène de l'acide sélénieux, le sélénium est mis en liberté; 2° que les sélénites en dissolution dans l'eau ou dans un acide donnent, par l'addition de l'acide sulfureux, ou du sulfite d'ammoniaque, un dépôt de sélénium qui apparaît avec sa couleur rouge, et répand l'odeur de raifort pourri,

quand on le chauffe au chalumeau. Cette dernière observation offre le moyen de caractériser les sélénites. (*Voy.*
pour plus de détails sur les sélénites, le mémoire de M. Berzelius, *Ann. de Chim. et de Phys.*, t. IX, p. 160, 225
et337.)

GENRE XIII. — *Séléniates.*

1570. Les séléniates n'ont été jusqu'ici que fort peu étudiés. C'est à M. Mitscherlich qu'est due la connaissance de
tout ce que l'on sait sur ces sels. (Voy. *Ann. de Chim. et de
Phys.* XXXVI, 100, et XXXVIII, 54.)

Propriétés. — Les séléniates sont isomorphes avec les sulfates et les chromates, d'où il suit qu'ils ont la même composition, qu'ils affectent les mêmes formes cristallines,
qu'ils contiennent les mêmes quantités d'eau de cristallisation, qu'ils sont à très peu de chose près également solubles, que leur préparation doit être analogue, et qu'ils ont
la même composition.

C'est ce qui a lieu en effet, si bien que les séléniates de
soude et de zinc offrent en cristallisant à diverses tempé-
ratures les phénomènes si singuliers que nous avons observés, dans les sulfates de soude et de zinc, et que le séléniate
d'argent se comporte avec l'ammoniaque, absolument
comme le sulfate de ce métal.

D'ailleurs, l'acide sélénique étant beaucoup moins stable
que l'acide sulfurique, il s'ensuit que les séléniates sont
plus faciles à décomposer que les sulfates. Aussi les séléniates alcalins projetés sur des charbons incandescens, les font-
ils brûler avec vivacité.

Telle est encore la cause pour laquelle les séléniates donnent lieu à un dégagement de chlore avec l'acide chlorhydrique bouillant, tandis que rien de semblable n'a lieu
avec les sulfates.

Probablement que les bases, dans leur tendance à se combiner avec l'acide sélénique par l'intermède de l'eau, suivent le même ordre que dans leurs combinaisons avec l'acide sulfurique. Ce qu'il y a de certain du moins, c'est que la baryte occupe le premier rang. L'affinité de l'acide sélénique pour cette base est même si grande, qu'en faisant chauffer 1 proportion de séléniate de baryte avec $\frac{1}{2}$ proportion d'acide sulfurique, celui-ci, quoique en quantité moitié moins grande que celle qui est nécessaire pour neutraliser la baryte, n'est point absorbé tout entier; il en reste toujours dans la liqueur : aussi ne peut-on séparer l'acide sulfurique de l'acide sélénique, qu'en décomposant celui-ci. (*Voy.* la note au bas de la page.)

1571. *Composition.* — Les séléniates étant isomorphes avec les sulfates, sont composés de manière que la quantité d'oxigène de l'oxide est à la quantité d'oxigène de l'acide comme 1 à 3 dans les séléniates neutres; comme 1 à 6 dans les bi-séléniates; comme 1 à 1 dans les séléniates tribasiques.

1572. *État naturel.* — Aucun séléniate n'existe dans la nature : tous sont le produit de l'art.

1573. *Préparation.* — Le séléniate de potasse s'obtient en chauffant ensemble du nitre avec du sélénium ou un séléniure métallique exempt de soufre (260). Il suffit ensuite de lessiver le produit et de faire cristalliser la liqueur pour avoir le sel pur (1). Le séléniate de soude pourrait être obtenu sans doute par un procédé analogue.

Les séléniates de baryte, de strontiane, de plomb, et tous

---

(1) Si l'on n'avait que du séléniure contenant du soufre, il faudrait, après avoir transformé le sélénium et le soufre en séléniate et sulfate, mêler ces deux sels avec du chlorhydrate d'ammoniaque et calciner le mélange dans une cornue : le sélénium se sublimerait, en même temps qu'il se dégagerait de l'azote et de l'eau. On pourrait encore faire bouillir le séléniate et le sulfate avec de l'acide chlorhydrique, qui transformerait le séléniate en sélénite, et ajouter de l'acide sulfureux ou du sulfite d'ammoniaque, qui précipiterait le sélénium, en réduisant l'acide sélénieux.

les séléniates insolubles se préparent par la voie des doubles décompositions, en se servant à cet effet d'une dissolution de séléniate de potasse ou de soude.

Quant aux autres, on se les procure directement, c'est-à-dire en combinant l'acide sélénique avec les bases.

1574. *Caractères génériques.* —Chauffés sur un charbon avec de la soude, à la flamme intérieure du chalumeau, les séléniates exhalent l'odeur de raifort ou choux pourri. Mis en contact avec l'acide chlorhydrique bouillant, ils se transforment en sélénites, avec dégagement de chlore, du moins quand ils sont solubles : ramenés à cet état, ils laissent précipiter du sélénium par l'action de l'acide sulfureux ou du sulfite d'ammoniaque. Lorsqu'ils sont insolubles, il suffit, pour produire facilement le même effet, d'ajouter de l'acide sulfurique à la liqueur.

Genre XIV. — *Chlorates.*

Art. I. — *Des Chlorates neutres.*

1575. Tous les chlorates peuvent être décomposés par le feu, même au-dessous de la chaleur rouge, et être transformés, savoir : les chlorates terreux, en oxigène, en chlore et en oxide; et ceux des autres sections, du moins les chlorates dont l'on s'est occupé jusqu'à présent, en oxigène et en chlorure (1). Ces résultats sont faciles à constater en calcinant les sels dans une petite cornue de verre, au col de laquelle se trouve adapté un tube recourbé.

Mais, puisque tous les chlorates sont décomposés par le feu, que tous laissent dégager l'oxigène de leur acide, et

---

(1) M. Vauquelin assure qu'ils donnent en outre un peu de chlore, et que l'on retire même de quelques-uns un peu d'oxide (*Ann. de Chim.* t. xciv). Les chlorates éprouvés par M. Vauquelin ne contenaient-ils pas un petit excès d'acide ou un peu de chlorite? Je le crois.

que la plupart laissent même dégager celui de leur oxide, ils doivent brûler, à une température élevée, tous les corps combustibles, excepté le silicium, le chlore, le brôme, l'iode, l'azote et les métaux de la dernière section : c'est en effet ce qui a lieu. Plusieurs de ces combustions se font avec un grand dégagement de lumière : telles sont surtout celles des métalloïdes, et celles des métaux très fusibles qui ont beaucoup d'affinité pour l'oxigène.

1576. Il n'est pas nécessaire d'exposer à l'action du feu tous les mélanges de chlorates et de corps combustibles pour les décomposer; il en est plusieurs qu'un choc subit enflamme et fait détoner plus ou moins fortement : voilà ce que l'on observe dans ceux qui sont composés de chlorate de potasse et de soufre, ou de sulfure d'arsénic, sulfure d'antimoine, phosphore, charbon, matières végétales et matières animales : aussi les désigne-t-on sous le nom de *poudres fulminantes* par le choc. Voyons quelles sont les précautions que l'on doit employer dans la préparation de ces poudres, et comment il faut en produire la détonation pour ne pas courir la chance de se blesser. D'abord on pulvérise successivement, dans un mortier, le chlorate et le corps combustible; ensuite on prend environ 3 parties du premier et 1 partie du second; on les mêle doucement, en les retournant sens dessus dessous avec une barbe de plume ou un couteau; puis on en place une pincée sur une enclume, et l'on frappe assez fortement dessus avec un marteau : à l'instant même la détonation se fait entendre. Ce n'est que quand la poudre est à base de phosphore qu'on doit s'y prendre autrement : alors on réduit le phosphore en poudre en le mettant dans un flacon avec de l'eau chaude, et agitant ce flacon jusqu'à ce que l'eau soit froide; on prend une certaine quantité de phosphore ainsi divisé, on le recouvre d'essence de térébenthine, on le mêle avec le chlorate, et l'on partage la masse par petites portions que l'on fait détoner immédiatement et successivement.

1577. Dans tous les cas, le choc rapproche les élémens

du mélange, élève leur température et leur permet d'agir les uns sur les autres. Il en résulte une certaine quantité de gaz; ceux-ci se dégagent instantanément; les molécules de l'air entrent dans une forte vibration : de là l'explosion qui est produite, et qui doit être d'autant plus considérable, toutes choses égales d'ailleurs, qu'il se forme plus de gaz, et que leur formation est plus rapide.

La poudre à base de soufre détone fortement et se transforme en gaz sulfureux et en chlorure de potassium; lorsqu'on en met çà et là dans un mortier de métal, et qu'on la triture avec le pilon, il se produit des détonations successives qui sont comme autant de coups de fouet qui se succèdent rapidement.

La poudre à base de sulfure d'antimoine ou de sulfure d'arsénic détone aussi avec force, et donne lieu non-seulement à du gaz sulfureux et à du chlorure de potassium, mais encore à de l'oxide d'antimoine ou à de l'acide arsénieux.

Le poudre à base de charbon produit une explosion beaucoup moins considérable que les précédentes : pour la faire bien détoner, il faut même la renfermer dans un peu de papier et frapper fortement dessus. Le mélange d'ailleurs doit être bien sec. Elle se transforme sans doute en chlorure de potassium et en gaz acide carbonique.

Les poudres qui sont à base de matières végétales ou animales ont le plus souvent aussi besoin d'être renfermées dans du papier et d'être exposées à un choc violent pour faire une forte explosion. Il en doit résulter du chlorure de potassium, de l'eau qui se réduit en vapeur, du gaz acide carbonique ou du gaz oxide de carbone.

Il n'en est pas de même de celle qui est à base de phosphore; elle fulmine avec la plus grande force par un faible choc; souvent même elle fulmine spontanément : aussi sa préparation n'est-elle point sans danger. On peut présumer qu'en détonant cette poudre donne lieu à du phosphate de potasse et à du chlorure de phosphore qui est très volatil.

1578. D'après la théorie admise jusqu'ici, la majeure partie du calorique et de la lumière qui accompagnent ces détonations proviendrait de ce que l'oxigène serait moins condensé dans l'acide du chlorate que dans le nouveau composé où il entre; mais probablement que l'électricité a la plus grande part à la production du phénomène.

1579. *Action de l'eau.* — Tous les chlorates connus jusqu'ici, le chlorate de protoxide de mercure excepté, sont solubles dans l'eau. Leur dissolution n'est point troublée par l'azotate d'argent.

1580. *Action des bases salifiables.* — L'ordre suivant lequel les bases salifiables tendent à s'unir à l'acide chlorique par l'intermède de l'eau, est probablement le même que celui suivant lequel elles tendent à s'unir à l'acide azotique.

1581. *Action des acides.* — Il paraît que tous les acides forts ont la propriété de décomposer les chlorates, mais en donnant lieu à divers phénomènes, suivant la manière dont on fait l'expérience. Si l'on verse dans une dissolution de chlorate, de l'acide sulfurique, ou de l'acide azotique, de l'acide phosphorique, et qu'on la porte promptement à l'ébullition, il en résultera un sulfate, ou un phosphate, ou un azotate, et un hyper-chlorate, du gaz oxigène et du chlore; de sorte que la portion d'acide chlorique mise en liberté sera décomposée complètement, ce qui doit être, à cause de l'élévation de température (264). Mais si l'on expose le mélange à une douce chaleur, il s'en dégagera beaucoup de gaz oxide de chlore, et à peine du chlore, et de l'oxigène (262). De semblables phénomènes auront lieu avec l'acide chlorhydrique, pourvu qu'il ne soit point en excès, ou qu'on en fasse une pâte molle avec le chlorate; c'est ce que nous avons vu précédemment (261 et 264) : seulement il ne se produira point d'hyper-chlorate. En-fin, si l'on verse de l'acide sulfurique concentré sur une quantité de chlorate un peu considérable, par exemple, sur 8 à 10 grammes, il y aura décrépitation, et même quelquefois une sorte de détonation, chaleur produite, dégagement de lumière et de vapeurs jaunâtres, phénomène facile à expliquer, en observant que l'acide chlorique se décompose très facilement.

1582. *État, préparation.* — Aucun chlorate ne se trouve dans la nature. Ils se préparent en faisant passer à travers leurs bases, dissoutes ou délayées dans l'eau, un grand excès de chlore, ou en combinant directement ces bases avec l'acide chlorique. Dans ce dernier cas, l'on n'obtient que du chlorate; mais dans le premier il se forme ordinairement trois sortes de produits, un chlorure d'oxide ou un chlorite, un chlorate et un chlorure métallique : d'où l'on voit que le chlore se partage en trois parties; que les deux premières s'acidifient aux dépens de l'oxigène d'une quantité proportionnelle de base, et que les acides chlorique et chloreux qui en résultent s'unissent à la base non attaquée, tandis que le chlore, resté libre, se combine avec le métal de celle qui est réduite.

Quelquefois encore l'on obtient du gaz oxigène, comme l'a le premier observé M. Berthollet : c'est ce qui a lieu surtout quand l'appareil est trop fortement éclairé : alors une certaine quantité d'oxigène de l'acide chlorique est rendue à l'état de liberté par l'action de la lumière. (*Voy.* les *Chlorates* en particulier.)

1583. *Composition.* — Nous avons vu (263 *bis*) que le chlorate de potasse était formé en poids de 32,196 de potassium uni à 6,576 d'oxigène, et de 32,304 d'oxigène uni à 28,924 de chlore. Par conséquent, dans les chlorates neutres la quantité d'oxigène de l'oxide est à la quantité d'acide comme 1 à 9,31, et à la quantité d'oxigène de l'acide sensiblement comme 1 à 5. En regardant comme exact ce dernier rapport, qui est d'accord avec la théorie, l'autre, au lieu d'être de 1 à 9,31, sera de 1 à 9,401. Nous retrouverons le rapport de 1 à 5 entre la quantité d'oxigène de l'oxide et celle de l'acide, dans les bromates, les iodates et les azotates.

1584. *Caractères génériques.* — Toutes les fois qu'un sel projeté sur les charbons incandescens en augmente la combustion, que dissous et exposé à l'air, il ne laisse exhaler aucune odeur de chlore, qu'au contraire il en laisse exhaler une très forte et se colore en jaune par l'addition de l'acide sulfurique ou chlorhydrique, enfin que sa dissolution n'est point troublée par l'azotate d'argent, ce sel est un chlorate.

1584 *bis. Usages.* — Un seul chlorate est employé : c'est celui de potasse.

1585. *Historique.* — Les chlorates ont été découverts en 1786 par M. Berthollet (*Jour. de Phys.*, t. XXXIII, p. 217); et c'est à lui que nous devons en même temps la connaissance de leurs principales propriétés. Cependant, comme il n'avait examiné avec beaucoup de soins que le chlorate de potasse, il était à desirer qu'on en examinât d'autres : c'est ce que MM. Chenevix, Gay-Lussac et Vauquelin ont fait successivement, etc. (*Transactions philosophiques*, 1802; ou *Journal de Physique*, t. LV, p. 85; *Annales de Chimie*, t. XCI, p. 108; et t. XCV, p. 91 et 113).

Chlorate de potasse.

1586. Le chlorate de potasse est blanc. Sa saveur est fraîche et un peu acerbe. Il cristallise en lames rhomboïdales. Il entre en fusion bien au-dessous de la chaleur rouge. Quelque temps après qu'il est fondu, à 400° environ, il se décompose, bout, laisse dégager beaucoup de gaz oxigène, s'épaissit, et se trouve alors transformé en chlorure de potassium, et en hyper-chlorate moins facile à décomposer que le chlorate proprement dit. Aussi, observe-t-on qu'à mesure que le sel devient moins liquide, le dégagement du gaz se ralentit, et que lorsque la matière est solidifiée, il est nécessaire d'augmenter le feu pour la convertir tout entière en chlorure, qui reste dans la cornue où se fait l'expérience, sous forme d'une masse fondue et opaque. Le chlorate de potasse est inaltérable à l'air. 100 parties d'eau en dissolvent 3 $^{part.}$,33 à zéro; 18 $^{part.}$,96 à 49°; et 60 $^{part.}$,4 à 104°,78 (Gay-Lussac). Projeté sur les charbons incandescens, il en augmente singulièrement la combustion. Lorsqu'on le mêle avec un poids égal au sien de soufre, ou d'un corps résineux, par exemple, de benjoin, et qu'on laisse tomber quelques gouttes d'acide sulfurique concentré sur le mélange, il en résulte une vive combustion due à la décomposition subite de l'acide chlorique. C'est même sur cette propriété qu'est fondé l'art de faire des briquets, nommés *briquets oxigénés* : on prend une allumette dont l'extrémité est soufrée et imprégnée d'un mélange de 1 partie de soufre et 2 parties de chlorate de potasse légèrement gommé; on touche avec l'extrémité de cette allumette de l'amiante placée dans un flacon et imbibée d'acide sulfurique concentré; bientôt l'allumette prend feu. Le flacon doit être exactement fermé, pour que l'acide n'attire pas l'humidité de l'air.

On obtient ce sel en faisant passer un grand excès de chlore à travers une dissolution de potasse caustique à la chaux, ou de potasse du commerce, ordinairement d'Amérique : comme il est peu soluble à froid, il se dépose presque tout entier au fond du vase, en écailles brillantes, à mesure qu'il se forme; il s'en produit d'autant plus que la dissolution alcaline est plus concentrée. L'opération étant finie, ce qui n'a lieu qu'au bout de quelques jours, même en n'opérant que sur deux à trois kilogrammes de potasse, on décante la liqueur, on rassemble le précipité sur un filtre, et on le lave avec un peu d'eau à la température ordinaire pour enlever le chlorure de potassium et le chlorite de potasse qu'il pourrait retenir. Mais comme, malgré cette précaution, il pourrait en retenir encore, et que, d'ailleurs, il pourrait être mêlé avec un peu de silice que contient souvent la potasse, il vaut mieux le faire cristalliser de nouveau. Avec un kilogramme de potasse du commerce on ne peut guère se procurer que quatre-vingt-dix à cent grammes de ce sel. (*Voyez* à ce sujet une note de M. Robiquet, *Journal de Pharmacie*, x, 93.)

M. Liebig conseille, pour se procurer ce sel, d'employer le chlorite de chaux; il commence par convertir le chlorite en chlorure de calcium et en chlorate de chaux, en faisant une bouillie avec le chlorite sec et l'eau, et évaporant le tout à siccité; il redissout ensuite la matière dans de l'eau chaude, la filtre, concentre la dissolution, y ajoute du chlorure de potassium, et laisse refroidir. On obtient ainsi par le refroidissement et en abandonnant la liqueur à elle-même pendant quelques jours, une assez grande quantité de cristaux de chlorate de potasse, que l'on purifie par une seconde cristallisation. 12 parties de chlorite, d'une si mauvaise qualité qu'il a laissé 65 pour 100 de résidu insoluble, a fourni 1 partie de chlorate de potasse. (*Ann. de Chim. et de Phys.*; XLIX, 300.)

1587. Si l'on distille 100 parties de chlorate de potasse, l'on obtiendra 38,88 d'oxigène et 61,12 de chlorure de potassium. Ces 61,12 de chlorure étant composés de 28,92 de chlore et de 32,20 de potassium, et cette quantité de potassium ayant la propriété d'absorber 6,57 d'oxigène pour passer à l'état de protoxide ou de potasse, il est évident que les 100 parties de chlorate de potasse sont formées de 61,23 d'acide chlorique et de 38,77 de potasse, d'où l'on tire (KO, Ch^2O^5).

1588. Le chlorate de potasse a divers usages. On s'en sert pour se procurer du gaz oxigène parfaitement pur : à cet effet, on le distille dans une petite cornue, du col de laquelle part un tube qui s'engage sous des flacons pleins d'eau; mais il est nécessaire qu'il ait été bien séparé du chlorite alcalin avec lequel il est souvent mêlé. On l'emploie pour la préparation des briquets oxigénés. Plusieurs médecins l'administrent avec succès dans quelques maladies syphilitiques. C'est du chlorate de potasse qu'on retire l'oxide de chlore. Mêlé avec 0,55 d'azotate de potasse, 0,33 de soufre, 0,17 de bois de bourdaine râpé et passé au tamis de soie, et 0,17 de lycopode, il forme une poudre dont on s'est servi pendant quelque temps comme amorce dans les fusils à piston. On a proposé, dans le cours de la révolution, de le substituer à l'azotate de potasse dans la poudre à canon; on a même fait, à la poudrerie d'Essonne, des essais assez en grand à cet égard; il en est résulté, à la vérité, une poudre plus forte que la poudre ordinaire, c'est-à-dire, qui portait le mobile beaucoup plus loin à charge égale et même inférieure; mais elle s'enflamme si facilement par le choc ou le frottement, que la fabrication, la conservation et le transport en sont très dangereux : aussi a-t-on renoncé tout-à-fait à l'idée de s'en servir.

Chlorate de soude.

1589. Le chlorate de soude (NaO, Ch²O⁵), dont la saveur est fraîche et un peu piquante, s'obtient en saturant l'acide chlorique par le carbonate de soude. Il est très soluble, sans être déliquescent, ne cristallise que quand sa solution a une consistance presque sirupeuse, et affecte toujours la forme de lames carrées. Soumis à l'action du feu dans une cornue, il entre en fusion, et passe à l'état de chlorure de sodium en laissant dégager beaucoup d'oxigène; il possède d'ailleurs la plupart des propriétés qui caractérisent le chlorate de potasse. Peut-être parviendrait-on, en ménageant la chaleur, à le transformer comme celui-ci en hyper-chlorate.

Chlorate de baryte.

1590. Le chlorate de baryte (BaO, Ch²O⁵) a une saveur âcre; il cristallise en prismes carrés, terminés par une surface oblique et quelquefois perpendiculaire à l'axe du cristal; il est insoluble dans l'alcool, et se dissout dans environ 4 parties d'eau à 10°, et dans une moindre quantité d'eau bouillante. Sa dissolution n'est point troublée par l'azotate d'argent. Lorsqu'on le décompose par le feu, il s'en dégage de l'oxigène, du chlore, et il se forme un chlorure métallique mêlé à de la baryte. (Vauquelin, *Ann. de Chim.*, XCIV.)

Le meilleur procédé que l'on puisse employer pour obtenir ce sel est le suivant, qui a été indiqué par M. James Lowe Vheeler (*Annales de Chim. et de Phys.*, t. VII, p. 74). L'on fait une dissolution de chlorate de potasse dans l'eau chaude, l'on y ajoute un petit excès d'une solution de fluorhydrate de fluorure de silicium (347), et l'on expose le mélange pendant quelques minutes à l'action du feu. Toute la potasse est précipitée par le fluorhydrate sous forme gélatineuse, à l'état de fluorure double de silicium et de potassium, tandis que tout l'acide chlorique reste en dissolution dans la liqueur, avec l'excès de ce fluorhydrate; alors on filtre la liqueur, on la neutralise avec le carbonate de baryte, qui précipite tout le fluorhydrate qu'elle retient; on la filtre de nouveau, et on la fait cristalliser : les cristaux sont du chlorate de baryte très pur.

Chlorate de strontiane.

1591. Acre, déliquescent, très soluble dans l'eau; ne cristallise que difficilement; fait brûler les charbons incandescens avec beaucoup de rapidité, en produisant une flamme purpurine très belle; s'obtient en combinant l'acide chlorique avec la strontiane.

Formule (SrO, Ch^{2}O^5).

Chlorate de chaux.

1592. Acre, amer, très déliquescent, par conséquent très soluble dans l'eau; cristallise difficilement, etc.; s'obtient en unissant directement la chaux avec l'acide chlorique. Formule (CaO, Ch^{2}O^5).

Chlorate de magnésie.

1593. Amer, déliquescent, très soluble dans l'eau, cristallise difficilement, etc.; s'obtient en saturant l'acide chlorique par le carbonate de magnésie.

Chlorate de zinc.

1594. Très astringent, très soluble dans l'eau; cristallise en octaèdres surbaissés; ne forme point de précipité dans la dissolution d'azotate d'argent; laisse dégager beaucoup d'oxigène à une température peu élevée; fuse sur les charbons ardens en produisant une lumière jaune et un résidu de même couleur; se prépare en versant de l'acide chlorique sur le carbonate de zinc. Formule (ZnO, Ch^2O^5).

Il paraît qu'on ne saurait l'obtenir en mettant l'acide en contact avec le zinc : à la vérité, celui-ci se dissout, mais sans effervescence. L'acide est sans doute décomposé, et de là résulte probablement du chlorate de zinc et du chlorure ou du chlorite de zinc : ce qu'il y a de certain, c'est que la dissolution saline est fortement troublée par l'azotate d'argent. (M. Vauquelin.)

Chlorate de cuivre.

1595. Ce sel est bleu-verdâtre, déliquescent, rougit faiblement la teinture de tournesol, ne cristallise que difficilement, fuse d'une manière sensible sur les charbons allumés, communique à un papier imprégné de sa dissolution concentrée la propriété de s'enflammer aisément et de brûler avec une lumière verte très remarquable; s'obtient en mettant en contact le bi-oxide de cuivre avec l'acide chlorique (Vauquelin).

Chlorate de plomb.

1596. Facile à préparer en versant de la litharge porphyrisée dans l'acide chlorique, sans couleur, sucré et astringent; cristallisable, par une évaporation spontanée, en lames brillantes; ne rougissant point la teinture de tournesol; fusant sur les charbons allumés; laissant dégager beaucoup de gaz oxigène et un peu de chlore par la chaleur, et passant alors à l'état de chlorure, etc. (Vauquelin). Formule $(PbO, Ch^2 O^5)$.

Chlorate de protoxide de mercure.

1597. Pour obtenir ce sel, il faut verser de l'acide chlorique sur l'oxide précipité récemment de l'azotate de protoxide de mercure par la potasse et bien lavé. Le sel semble d'abord se dissoudre; mais bientôt il se dépose presque tout entier sous forme de matière concrète, grenue et jaune-verdâtre.

Sa saveur n'est pas très forte; il n'est que peu soluble, même dans l'eau chaude; projeté dans une cuiller de platine légèrement chauffée, il se décompose brusquement, en produisant une flamme rouge, des fumées blanches de sublimé corrosif, un dégagement de gaz oxigène, et du bi-oxide de mercure. (Vauquelin.)

Chlorate de bi-oxide de mercure.

1598. C'est en faisant chauffer doucement de l'acide chlorique avec le bi-oxide de mercure que l'on prépare ce sel. Sa saveur est très forte et analogue à celle du sublimé corrosif; il cristallise en petites aiguilles, rougit toujours la teinture de tournesol, et se décompose par la chaleur en donnant lieu à un dégagement d'oxigène; mêlé en dissolution concentrée avec la fleur de soufre, il en résulte bientôt un dégagement de chlore et une production de sulfate de bi-oxide. Il est sans usages. Il serait curieux d'en examiner l'action sur l'économie animale : tout nous porte à croire qu'elle serait très grande.

Chlorate d'argent.

1599. Le procédé le plus simple que l'on puisse employer pour se procurer ce sel, dont la découverte est due à M. Chenevix, consiste à verser jusqu'à parfaite saturation de l'oxide d'argent nouvellement précipité, lavé et encore humide, dans de l'acide chlorique. La combinaison s'opère à l'instant même; il en résulte une liqueur incolore, neutre, qui, par l'évaporation, donne des cristaux dont la forme est celle d'un prisme carré, terminé par une section oblique, dans le sens des deux angles solides du prisme.

Sa saveur est analogue à celle de l'azotate d'argent; mis sur du papier, et sans doute sur toute autre substance organique avec un peu d'eau, il y produit bientôt une tache jaune-brunâtre; il est assez soluble dans l'eau; soumis à l'action du feu, il se décompose promptement, laisse dégager beaucoup d'oxigène, et passe à l'état de chlorure; il fuse vivement sur les charbons allumés; mêlé au tiers de son poids de soufre et frappé légèrement, il donne lieu à une forte détonation; le chlore en trouble tout-à-coup la dissolution, ce qui prouve qu'il vaut mieux se servir du procédé indiqué précédemment pour faire ce sel, que de chercher à l'obtenir par le chlore et l'oxide d'argent (Chenevix et Vauquelin). Formule (AgO, $Ch^2 O^5$).

GENRE XV.— *Des hyper-chlorates.* (1)

1600. Les hyper-chlorates, découverts en 1818, par M. le comte Frédéric Stadion, ont été examinés d'une

---

(1) Nous avons omis, en faisant l'histoire de l'acide hyperchlorique, de faire observer qu'il pouvait être obtenu à l'état solide. Pour cela, il doit être d'abord concentré par l'évaporation directe, jusqu'à ce qu'il répande des vapeurs blanches assez abondantes, puis mêlé avec 4 à 5 fois son volume d'acide

manière plus spéciale en 1831 par Sérullas. M. le comte Stadion ne s'était occupé pour ainsi dire que de l'hyper-chlorate de potasse. Sérullas, au contraire, en a préparé et étudié un assez grand nombre d'autres.

1601. Les hyper-chlorates affectent en général la forme prismatique. Lorsqu'ils sont déliquescens, ce qui a souvent lieu, il faut, pour les obtenir plus aisément cristallisés, les dessécher, les dissoudre dans l'alcool, filtrer la liqueur et la placer dans une étuve.

Soumis à l'action du feu dans une cornue, les hyper-chlorates se décomposent et donnent les mêmes produits que les chlorates correspondans : seulement, la quantité de gaz oxigène qui s'en dégage, est plus considérable.

Projetés sur des charbons incandescens, ils fusent ou les font brûler plus ou moins vivement.

Tous les hyper-chlorates connus jusqu'ici sont déliques-cens, excepté ceux de potasse, de plomb, de protoxide de mercure et d'ammoniaque.

Mis en contact à la température d'environ 140°, avec l'acide sulfurique étendu du tiers de son poids d'eau, ils abandonnent leur acide que l'on peut receuillir par la dis-tillation dans un ballon (266).

sulfurique concentré, dans une petite cornue à laquelle ait été adapté un réci-pient qu'il faut avoir soin de refroidir. On porte le mélange à l'ébullition et l'on ménage bien la chaleur. Le liquide se colore en jaune en dégageant du chlore et de l'oxigène, par suite de la décomposition de la majeure partie de l'acide hyperchlorique ; mais en même temps, une petite quantité de cet acide passe dans le récipient, où il se solidifie. L'opération doit être arrêtée aussitôt qu'une goutte de liquide passe sans se figer sur la partie solidifiée.

Ainsi obtenu, l'acide hyperchlorique entre en fusion à 45° : il peut se pré-senter sous deux aspects, en masse et en longs cristaux qui, suivant M. Sérul-las, paraissent être des prismes quadrangulaires, terminés par un sommet dié-dre, et doivent renfermer la moindre quantité d'eau possible. Exposé à l'air, il en attire promptement l'humidité en répandant d'épaisses vapeurs blanches. Lorsqu'on le verse dans l'eau, après l'avoir fondu, chaque goutte en tombant produit un bruit semblable à celui qui résulte de l'immersion d'un fer rouge. (Sérullas, *Ann. de Chim. et de Phys.*, XLIX, 294.)

1602. Aucun hyper-chlorate ne se trouve dans la nature.

1603. L'hyper-chlorate de potasse s'obtient en chauffant modérément le chlorate de potasse (*voy*. cet hyper-chlorate); les autres se préparent, soit en unissant directement l'acide avec l'oxide, soit par voie de double décomposition en versant une dissolution d'hyper-chlorate de baryte dans une dissolution de sulfate.

1604. L'analyse des hyper-chlorates se fait comme celle des chlorates : on trouve ainsi que la quantité d'oxigène de l'oxide, est à la quantité d'oxigène de l'acide comme 1 à 7, et à la quantité d'acide même comme 1 à 11, 401.

1605. Les hyper-chlorates se distinguent des chlorates, avec lesquels ils ont tant de rapports, en ce que les hyper-chlorates, mis en contact avec les acides sulfurique et chlorhydrique concentrés, restent incolores, tandis que les chlorates prennent une couleur jaune foncée, et laissent exhaler une forte odeur de chlore.

1606. Nous n'examinerons en particulier que les hyper-chlorates alcalins, et ceux de magnésie, d'alumine, de manganèse, de protoxide de fer, de zinc, de cadmium, de bioxide de cuivre, de plomb, de mercure et d'argent; ce sont les seuls connus jusqu'ici. Nous tirerons ce que nous en dirons du mémoire de Sérullas, imprimé dans les *Ann. de Chim. et de Phys.*, XLVI, 297.

Hyper-chlorate de potasse.—Ce sel s'obtient en chauffant à environ 400° le chlorate de potasse dans un creuset; bientôt le chlorate entre en fusion, laisse dégager de l'oxigène, se transforme en chlorure de potassium et en hyper-chlorate et s'épaissit. Alors on retire le creuset du feu, on dissout le résidu dans l'eau bouillante, et on filtre la dissolution qui, par le refroidissement, laisse déposer une grande quantité d'hyper-chlorate en petits cristaux brillans. De 40 parties de chlorate, on peut retirer ainsi jusqu'à 18 parties d'hyper-chlorate.

Ce sel est insoluble dans l'alcool et soluble seulement dans 65 fois son poids d'eau à + 15°. Il est indécomposable à froid par les divers acides : aussi, lorsqu'on verse de l'acide hyper-chlorique dans une dissolution convenablement concentrée d'un sel quelconque de potasse, se précipite-t-il tout de suite de l'hyper-chlorate de potasse en poudre blanche. Ce caractère sert même à distinguer les sels de potasse des sels de soude.

Hyper-chlorate de soude. —Déliquescent, très soluble dans l'alcool le plus concentré, d'où il se sépare peu-à-peu, à la chaleur de l'étuve, en lames transparentes; s'obtient directement.

La propriété qu'a l'hyper-chlorate de soude, de se dissoudre dans l'alcool, offre un excellent moyen pour séparer la soude de la potasse.

Hyper-chlorate de lithine.—Déliquescent, soluble dans l'alcool, cristallisable en longues aiguilles transparentes, s'obtient en unissant l'acide hyper-chlorique à la lithine. Dans le cas où celle-ci contiendrait de la potasse, il suffirait de traiter la matière saline par l'alcool pour l'épurer.

Hyper-chlorate de baryte. — Très soluble dans l'eau et l'alcool, déliquescent, cristallisable en longs prismes, se prépare en unissant l'acide à la base. Le papier qu'on imbibe de sa dissolution et qu'on a fait sécher, brûle avec une belle flamme verte. L'hyper-chlorate de baryte peut être employé avec un grand avantage pour déterminer la quantité de sulfates de potasse et de soude qui pourraient se trouver mêlés ensemble. En effet il suffira de verser de l'hyper-chlorate de baryte dans la dissolution jusqu'à cessation de précipité, sans toutefois mettre un excès d'hyper-chlorate, de filtrer la liqueur, de la faire évaporer et de traiter le résidu par l'alcool, qui dissoudra l'hyper-chlorate de soude et n'attaquera point celui de potasse. Calcinant ensuite séparément ces hyper-chlorates, on les transformera en chlorures, du poids desquels on déduira facilement les quantités de sulfates de potasse et de soude.

Hyper-chlorate de strontiane. Très soluble dans l'eau et l'alcool, déliquescent, se prend par l'évaporation en consistance sirupeuse, et par le refroidissement en une masse d'un aspect cristallin, mais qui ne tarde pas à attirer l'humidité de l'air et à se dissoudre, même lorsqu'il est placé dans l'étuve; s'obtient directement; sa dissolution alcoolique brûle avec une flamme d'un beau pourpre.

Hyper-chlorate de chaux. — Aussi déliquescent que celui de strontiane; s'obtient de même, et fait brûler l'alcool avec une flamme rougeâtre.

Hyper-chlorate de magnésie. — Déliquescent, soluble dans l'alcool, cristallisable en longs prismes; s'obtient directement.

Hyper-chlorate d'alumine. — Déliquescent, soluble dans l'alcool, incristallisable; s'obtient directement, rougit toujours le tournesol, quelle que soit la quantité d'alumine en gelée qu'on emploie pour le préparer.

Hyper-chlorate de protoxide de manganèse. — Déliquescent, soluble dans l'alcool le plus concentré, cristallisable en longues aiguilles; s'obtient en décomposant l'hyper-chlorate de baryte par une quantité proportionnelle de sulfate de protoxide de manganèse, ne se produit point lorsqu'on essaie de faire réagir l'acide hyper-chlorique sur le peroxide de manganèse.

Hyper-chlorate de protoxide de fer. — Très soluble; se prépare comme le précédent en décomposant l'hyper-chlorate de baryte par le sulfate de protoxide de fer; cristallise en longues aiguilles incolores, qui fusent à peine sur les charbons incandescens, et finissent par éprouver au contact de l'air une altération analogue à celle du sulfate de protoxide de fer. On observe aussi qu'en concentrant la dissolution de cet hyper-chlorate, une partie se transforme en hyper-chlorate de sesqui-oxide, et qu'en même temps il se forme un petit dépôt ocreux.

Hyper-chlorate de zinc. — Déliquescent, soluble dans l'alcool, cristallisable en un faisceau de prismes, s'obtient par voie de double décomposition en mêlant le sulfate de zinc et l'hyper-chlorate de baryte dans les proportions convenables.

Hyper-chlorate de cadmium. — Déliquescent, soluble

dans l'alcool, se prend à la chaleur de l'étuve en une masse transparente et cristalline, s'obtient directement.

Hyper-chlorate de bi-oxide de cuivre.—Soluble dans l'eau et dans l'alcool, déliquescent, donne à la chaleur de l'étuve des cristaux bleus, volumineux et sans forme bien déterminée, rougit le papier de tournesol, s'obtient directement. Du papier imbibé de sa dissolution aqueuse et séché, fulmine sur des charbons ardens avec des jets de lumière d'un très beau bleu : quand il brûle avec flamme, celle-ci est verte.

Hyper-chlorate de plomb. — Soluble dans un poids d'eau à-peu-près égal au sien, non déliquescent, cristallise en une masse formée de petits prismes, légèrement sucré, et beaucoup plus acerbe que l'acétate de plomb.

Hyper-chlorate de protoxide de mercure. — Soluble dans l'eau, non déliquescent; s'obtient en dissolvant dans l'acide hyper-chlorique l'oxide noir de mercure récemment précipité par la potasse, et lavé; cristallise par évaporation en une masse de petits cristaux prismatiques partant d'un centre commun. L'ammoniaque le décompose tout-à-coup, et en sépare l'oxide noir.

Hyper-chlorate de bi-oxide de mercure. — Très soluble dans l'eau, déliquescent, cristallisable à la chaleur de l'étuve, tantôt en longs prismes confus, tantôt en prismes droits qui ont la forme de tables, mais qui, dans tous les cas, exposés à l'air ne tardent point à attirer l'humidité et à se dissoudre; s'obtient en chauffant le bi-oxide de mercure avec l'acide hyper-chlorique, et rougit toujours le tournesol, quel que soit l'excès de bi-oxide employé pour sa préparation. La potasse y forme un précipité jaune, et l'ammoniaque un précipité blanc. L'alcool y produit un dépôt floconneux blanc, qui en se réunissant devient rougeâtre: c'est du bi-oxide de mercure; mais lorsque la liqueur alcoolique a été filtrée et concentrée par l'évaporation, elle précipite en noir rougeâtre par la potasse, et en blanc noirâtre par l'ammoniaque, ce qui indique un mélange de protoxide et de bi-oxide.

Hyper-chlorate d'argent.—Déliquescent, soluble dans l'al-

cool concentré, incristallisable, brunit à la lumière, se décompose tout-à-coup un peu au-dessous de la chaleur rouge,
entre en fusion auparavant et se prend en masse par le refroidissement, s'obtient directement. Du papier imbibé de
sa dissolution, puis séché à une très douce chaleur, détone
violemment lorsqu'on l'expose de 195 à 200°; phénomène facile à constater en plaçant des parcelles de papier sur du
mercure chauffé graduellement, et dans lequel plonge un
thermomètre.

L'hyper-chlorate d'argent est un excellent réactif pour
déterminer la quantité de chlorure de potassium et de sodium qui peuvent se trouver mêlés ensemble. Pour cela, il
faut les dissoudre, verser dans la dissolution un petit excès
d'hyper-chlorate, recueillir le chlorure d'argent sur un filtre, le laver à l'eau chaude, évaporer la liqueur jusqu'à siccité, puis traiter le résidu par l'alcool qui laissera intact
l'hyperchlorate de potasse et dissoudra l'hyper-chlorate
de soude et l'hyper-chlorate d'argent ajouté en excès.
Évaporant la dissolution alcoolique, et calcinant les deux
hyper-chlorates de soude et d'argent, on les transformera en chlorure de sodium soluble dans l'eau, et en chlorure d'argent insoluble. On calcinera également l'hyper-
chlorate de potasse pour le ramener à l'état de chlorure de
potassium. On aura donc ainsi isolé les deux chlorures alcalins qui primitivement étaient mêlés.

GENRE XVI. — *Chlorites.*

1607. Existe-il des composés d'acide chloreux et d'oxide,
ou les corps auxquels on donne le nom de chlorites ne seraient-ils, comme quelques chimistes l'ont pensé jusque
dans ces derniers temps, que des chlorures d'oxides? Telle
est la question que nous devons d'abord résoudre. Pour
cela, examinons les produits qui se forment en faisant passer du chlore à travers une dissolution alcaline.

1° Si l'on fait dissoudre du chlorure de potassium jus-
u'à saturation dans une dissolution de carbonate de potasse,

et si l'on y fait passer un courant de chlore, mais de manière à saturer seulement le quart du carbonate, il se précipitera du chlorure de potassium sans qu'il se dégage d'oxigène et qu'il se produise de chlorate. (M. Berzelius.)

La même expérience réussit également bien avec une dissolution de carbonate de soude, saturée de sel marin : du sel se dépose à mesure qu'on fait arriver le chlore dans la liqueur. (M. Soubeyran.)

2° Que l'on sature peu-à-peu la chaux en suspension dans l'eau par un courant de chlore, en ayant soin que la température ne puisse s'élever pour prévenir toute formation de chlorate; que l'on décompose ensuite la liqueur filtrée par une quantité convenable de carbonate de soude, qu'on la filtre de nouveau, et qu'on la soumette à un essai chlorométrique: puis, sa force décolorante étant ainsi déterminée, qu'on l'évapore à siccité dans le vide, qu'on redissolve le résidu dans la même quantité d'eau que celle qui se sera vaporisée, et l'on trouvera qu'essayée de nouveau au chloromètre, elle aura la même vertu décolorante qu'auparavant.

D'un autre part, que l'on prenne une nouvelle partie du résidu obtenu par la dessiccation dans le vide, qu'on le lave avec une solution saturée de sel marin jusqu'à ce que celle-ci ait emporté toute l'odeur qui caractérise ces sortes de composés, et l'on obtiendra pour reste plus ou moins de chlorure de sodium. (M. Soubeyran.)

Il est impossible de se rendre compte de ces résultats sans admettre la décomposition des oxides par le chlore et la production simultanée d'un chlorure métallique et d'un *chlorite*.

Maintenant l'acide chloreux est-il le gaz désigné sous le nom de deutoxide de chlore, ou forme-t-il un corps nouveau.

Si l'acide chloreux était identique avec le deutoxide de chlore, il semble, que celui-ci, dissous dans l'eau, devrait se combiner avec les bases et reproduire les chlorites. Or, lorsqu'on le met en contact avec les bases, par exemple avec la potasse, il se produit tout à-la-fois du chlorure de potassium, du chlorite et du chlorate de potasse. L'identité n'est donc point probable. Mais, au moment où le chlore et les bases réagissent, il se forme une telle quantité de chlorure que l'acide chloreux qui se produit en même temps doit contenir 2 atomes de chlore pour 3 atomes d'oxigène. (M. Soubeyran.)

Par conséquent, l'acide chloreux doit être analogue dans sa composition à l'acide azoteux, et le deutoxide de chlore doit ressembler dans la sienne à l'acide hypo-azotique. En supposant qu'il en soit ainsi, on aurait alors 5 combinaisons de chlore et d'oxigène, savoir : Ch^2O (protoxide), Ch^2O^3 (acide chloreux), Ch^2O^4 ou ChO^2 (deutoxide de chlore, ou plutôt acide hypo-chlorique non susceptible de se combiner avec les bases), Ch^2O^5 (acide chlorique), Ch^2O^7 (acide hyper-chlorique).

1608. Aucun chlorite n'a encore été obtenu, ni cristallisé, ni pur; on ne les connaît qu'en dissolution, ou en poudre; toujours ils sont mêlés, en raison du procédé par lequel on les prépare, à du chlorure métallique, quelquefois même à du chlorate.

Les chlorites ont tous une légère odeur de chlore. Dissous et évaporés dans le vide à la température ordinaire, ils n'éprouvent que très peu d'altération; mais si on les soumet à l'ébullition, il s'en dégage un peu de chlore, beaucoup plus d'oxigène surtout à mesure que le chlorite se concentre, et l'on trouve qu'au bout de quelque temps il s'est produit une assez grande quantité de chlorate. L'expérience est facile à faire sur le chlorite de chaux; l'on peut même se servir de ce moyen pour se procurer le chlorate de potasse : il suffit d'évaporer la dissolution de chlorite jusqu'à siccité, de redissoudre le résidu dans l'eau, de décomposer la liqueur par le carbonate de potasse, de la filtrer et de la faire cristalliser. Le chlorite de soude et le chlorite de potasse sont plus stables que le chlorite de chaux : suivant M. Soubeyran, leur conversion totale en chlorures et en chlorates, n'aurait lieu qu'au moyen de trois ou quatre dissolutions et évaporations successives. Il paraîtrait donc que les deux conditions nécessaires pour opérer ce changement seraient la présence de l'eau et l'élévation de la température; cependant nous devons faire observer qu'en faisant passer du chlore à travers une dissolution de potasse à la température ordinaire, il se dépose du chlorate en cristaux aussitôt que la liqueur est saturée. J'avais toujours pensé que la production de ce chlorate provenait du degré de concentration du chlorite et de la cohésion du chlorate; mais s'il en était ainsi, le chlorite neutre devrait donner du chlorate par l'évaporation dans le vide. S'il n'en donne réellement pas, ou s'il en donne à peine, comme l'assure M. Soubeyran, il existe quelques causes encore inaperçues qui exercent une grande influence sur les réactions.

Quoi qu'il en soit, voici l'expression atomique de la réaction, d'après M. Morin, qui suppose que le dégagement de chlore est nul.

Atomes employés.		Atomes produits.	
9 at. chlo- rite = { 9 at. oxide = { 9 at. métal. / 9 at. oxig.	9 at. acide = { 18 at. chlor. / 27 at. oxig.	7 at. chloru- re = { 24 at. oxig. / 7 at. métal. / 14 at. chlore	2 at. chlo- rate = { 2 at. oxide = { 2 at. métal. / 2 at. oxig. } 2 at. acide = { 4 at. chlore / 10 at. oxig.

Les chlorites se conservent très bien dans des vaisseaux fermés; mais exposés à l'air, ils se décomposent peu-à-peu: l'oxigène de l'acide chloreux s'unit au métal du chlorure qui accompagne le chlorite; le chlore de l'acide et celui du chlorure sont mis en liberté, et la base se combine avec le gaz carbonique de l'atmosphère; voilà pourquoi sans doute les chlorites sont odorans.

L'acide carbonique pouvant décomposer les chlorites mê-lés de chlorure, à plus forte raison les autres acides doivent-ils posséder cette propriété. Aussi, lorsqu'on verse des acides sulfurique, azotique, phosphorique, etc., sur les chlorites, y a-t-il tout-à-coup un grand dégagement de chlore (1). La

(1) Cependant M. Liebig a observé que le chlore pouvait dégager l'acide

décomposition par ces acides aurait encore lieu, quand bien même les chlorites seraient purs : l'acide chloreux deviendrait libre. Mais alors l'acide carbonique pourrait-il l'opérer ; c'est ce que nous ne savons pas.

Est-il besoin d'ajouter que les acides sulfureux, phosphoreux passeraient à l'état d'acide sulfurique, phosphorique, et que l'on obtiendrait de l'eau, du chlore, et un chlorure avec l'acide chlorhydrique, de l'eau, un chlorure et du brôme ou de l'iode, du soufre, du sélénium, du tellure avec les acides bromhydrique ou iodhydrique, sulfhydrique, sélénhydrique, tellurhydrique.

Les chlorites attaquent à la température ordinaire, la plupart des corps combustibles, et les oxident ou même les acidifient. C'est surtout avec le chlorite de chaux que ces phénomènes ont été observés.

1609. *Chlorite de chaux.* — Le chlorite de chaux est employé avec un grand succès et en grande quantité, pour le blanchiment des toiles. Les fabricans l'exportent au loin dans des barriques sous le nom de chlorure de chaux. Ils le préparent directement en mettant le chlore en contact avec la chaux hydratée. L'un des meilleurs appareils dont on puisse faire usage, consiste à étendre des couches peu épaisses d'hydrate de chaux sur des tablettes à rebord, placées les unes au-dessus des autres, de manière à laisser un intervalle de quelques pouces entre elles. Le courant de chlore pénètre d'abord entre la première et la seconde tablettes, puis par une échancrure pratiquée à l'extrémité de celle-ci, entre la seconde et la troisième, etc. Ces tablettes peuvent être montées dans des chambres bâties en pierre siliceuse. Dans tous les cas, il faut avoir soin de ne pas rendre le dégagement de chlore trop fort. Autrement, il se produirait de la chaleur, et par cela même beaucoup

---

acétique de l'acétate de potasse : probablement que dans ce cas, il se forme d'abord de l'acide chlorhydrique, qui agit ensuite sur l'acétate.

de chlorate. Le chlore étant beaucoup plus dense que l'air, il faut aussi faire arriver le chlore, non par la partie inférieure, mais par la partie supérieure, d'où il se répand facilement entre les tablettes, en raison de la grande densité qu'il possède.

Dans les laboratoires, on se contente de faire passer le chlore à travers un lait de chaux en suspension dans l'eau, d'agiter de temps en temps la liqueur, et de la filtrer, lorsqu'elle contient un petit excès de chlore, ou que la chaux est presque entièrement dissoute.

La réaction doit avoir lieu comme il suit :

<pre>
        Atomes employés.   Atomes produits.

Chlore. 72 at.   9 at. de chlo- ⎰ 9 at. ac. chloreux= ⎰ 18 at. chlor.
Chaux. 36= ⎰ oxigène 36 at.   rite =   ⎱   ⎱ 27 at. oxig.
           ⎱ calcium 36 at.   ⎰ 9 at. chaux... = ⎰ 9 at. oxig.
                                               ⎱   ⎱ 9 at. calci.
                                                 27 at. chlorure = ⎰ 54 at. chlor.
                                                                    ⎱ 27 at. calci.
</pre>

Mais, s'il en est ainsi, s'il se forme une si grande quantité de chlorure de calcium au moment de la rédaction de l'hydrate de chaux et du chlore, comment se fait-il que la dissolution du chlorure ait une force décolorante précisément égale à celle du chlore uni primitivement à la chaux? C'est qu'alors, en vertu de l'acide carbonique de l'air ou d'un autre acide que l'on pourrait ajouter, tout le chlore du chlorite et du chlorure se trouve mis en liberté, comme nous l'avons fait voir précédemment. Ajoutons toutefois que, dans le blanchîment, à mesure que le chlore devient libre, il s'unit à l'hydrogène du tissu à blanchir, et passe à l'état d'acide chlorhydrique qui, mettant à nu de nouvelles quantités de chlore, hâte l'opération.

Mis en contact avec l'iode, le chlorite de chaux donne lieu à de l'iodate de chaux et à un dégagement de chlore; il en est de même avec le phosphore, le soufre, l'arsénic, qui s'emparent du chlore, lorsqu'ils sont en excès.

La plupart des métaux sont également attaqués par la dissolution de chlorite de chaux. Le fer passe à l'état d'oxide rouge; le zinc, l'antimoine, l'étain et le cuivre, à l'état d'oxido-chlorure; de plus avec l'étain et surtout le cuivre, il y a dégagement d'oxigène. Le mercure donne une poudre grise qui paraît être un mélange d'oxide et de mercure. L'argent lui-même, lorsqu'il est très divisé, finit par être transformé en chlorure contenant quelques parcelles d'oxide : la chaux devient libre comme avec le zinc, l'antimoine, l'étain et le cuivre. (M. Soubeyran, *Journal de Pharmacie*, XVII et XVIII.)

Le chlorite de chaux est décomposé, comme tous les sels de chaux solubles, par le carbonate de potasse ou de soude. Si donc l'on mêle ces sels en dissolution dans des proportions convenables, il en résultera du carbonate de chaux insoluble, du chlorite de potasse ou de soude, et une quantité de chlorure de potassium ou de sodium, équivalente à celle du chlorure de calcium qui accompagne toujours le chlorite de chaux. C'est même par ce procédé que l'on se procure le plus ordinairement ces chlorites.

Le chlorite de chaux n'est pas seulement employé pour le blanchîment des toiles; il l'est encore pour détruire les miasmes putrides qui peuvent exister dans l'air ou s'exhaler des matières en putréfaction, etc. (Vol. IV, art. *Fumigations.*)

1610. *Chlorite de soude.*—Le chlorite de soude s'obtient dans les laboratoires par voie de double décomposition, en se servant à cet effet de chlorite de chaux et de carbonate de soude. Cependant on peut se le procurer aussi en faisant agir directement le chlore sur le carbonate de soude. C'est ainsi qu'est préparé celui dont M. Labarraque fait usage; il dissout 15 parties de carbonate de soude dans 40 parties d'eau et fait passer dans la liqueur tout le chlore qui provient d'un mélange de 2 parties de bi-oxide de manganèse et de 6 d'acide chlorhydrique du commerce. Ce chlorite est préférable au chlorite de chaux pour les fumigations, parce qu'il ne se couvre pas comme celui-ci, dans les vases où on le place, d'une croûte de carbonate qui s'oppose au contact entre l'air et la liqueur.

Quelques chimistes assurent que, évaporé rapidement, il peut être obtenu en rayons.

1611. *Chlorite de potasse.* — C'est ce sel en dissolution qui constitue *l'eau de Javelle*, que l'on emploie souvent pour enlever les taches de fruits, etc. sur le linge; il s'obtient comme le précédent, soit par double décomposition, soit par l'action directe du chlore sur la potasse.

GENRE XVII. — *Brômates.*

1612. Les brômates n'ont encore été que peu étudiés. M. Balard n'a même examiné d'une manière spéciale que ceux de potasse et de baryte, et depuis M. Philippe Cassola, professeur de chimie à Naples, a fait seulement quelques observations isolées sur un certain nombre d'autres. Mais, comme le brôme participe des propriétés du chlore et de l'iode, et qu'il se trouve placé entre ces deux corps dans l'action qu'il exerce sur tous les autres, de telle manière, par exemple, que son affinité pour l'hydrogène est moins grande que celle du chlore et plus grande que celle de l'iode, tandis que son affinité pour l'oxigène est au contraire plus faible que celle de l'iode et moins faible que celle de l'oxigène, il serait facile d'en tracer l'histoire générale. Cependant, nous ne croyons pas devoir le faire : ce que nous dirons de quelques brômates, et surtout du brômate de potasse, suffira pour mettre les lecteurs dans le cas de la tracer eux-mêmes.

Nous observerons seulement :

1° Que tous les brômates sont décomposables par le feu;

2° Que, projetés sur les charbons incandescens, il les font brûler plus vivement;

3° Qu'ils sont tous très peu solubles dans l'eau, et insolubles dans l'alcool;

4° Qu'aucun brômate ne se trouve dans la nature;

5° Que tous peuvent être faits directement; que les brômates alcalins, en raison de leur peu de solubilité, peuvent être aussi obtenus par l'action directe du brôme sur les alcalis;

6° Que les brômates neutres sont, comme les chlorates et les iodates, formés d'une telle quantité d'oxide et d'acide, que l'oxigène de l'oxide est à l'oxigène de l'acide comme 1 à 5, et qu'ils ont pour formule (RO, Br^2O^5), en désignant le radical de l'oxide par R;

7° Qu'ils sont faciles à distinguer ou à reconnaître en ce que, traités par l'acide sulfureux, l'acide sulfhydrique, ils sont tout-à-coup décomposés avec dégagement de brôme, et que mis en contact avec l'acide sulfurique concentré, il se dégage tout à-la-fois du brôme et de l'oxigène. (*Ann. de Chim. et de Phys.*, xxxii, 365.)

Brômate de potasse. — Peu soluble dans l'eau froide; beaucoup plus soluble dans l'eau bouillante; ne se dissout pas dans l'alcool concentré; cristallise en aiguilles ou en lames; se transforme par l'action de la chaleur en oxigène et en brômure de potassium; déflagre sur les charbons incandescens, et donne, par son mélange avec le soufre, une poudre qui détone par le choc; se décompose par les acides sulfureux, sulfhydrique, bromhydrique, chlorhydrique, en donnant lieu, avec les trois premiers, à un dégagement de brôme, et, avec le dernier, à une combinaison de chlore et de brôme; dégage avec l'acide sulfurique affaibli de l'oxigène et des vapeurs de brôme, à la chaleur de l'ébullition; se prépare en agitant du brôme ou du chlorure de brôme avec une dissolution très concentrée de potasse, et lavant à l'alcool le précipité de brômate qui se forme.

Dissous dans l'eau, le brômate de potasse ne trouble point les sels de plomb, forme avec l'azotate de protoxide de mercure un précipité blanc jaunâtre, soluble dans l'acide azotique, et précipite de la dissolution d'azotate d'argent une poudre blanche, qui noircit à peine au contact de la lumière.

Brômate de baryte. — Insoluble dans l'alcool, très peu soluble dans l'eau froide, plus soluble dans l'eau bouillante, formant des cristaux aciculaires, fusant avec une flamme verte sur les charbons ardens; s'obtient comme celui de potasse.

Brômate de strontiane.—Presque insoluble dans l'eau; s'obtient en décomposant le brômate de potasse par le chlorure de strontium en excès, et lavant le précipité avec de l'alcool.

Brômate de magnésie. — La dissolution de brômate de potasse ne forme point de précipité dans celle de sulfate de magnésie; mais le mélange des deux liqueurs abandonné à l'évaporation spontanée, laisse déposer des cristaux en petites aiguilles pyramidales, isolées. Ces cristaux donnent les réactions de l'acide brômique et de la magnésie. Il s'en produit d'autres en même temps, sous forme de prismes allongés au fond de la capsule. En substituant le chlorure de magnésium au sulfate de magnésie, l'on n'obtient par l'évaporation qu'une masse n'offrant aucune trace de cristallisation et présentant l'aspect d'un vernis.

Brômate de fer. — La dissolution du brômate de potasse produit, avec le sulfate de protoxide de fer cristallisé, un brômate correspondant, qui apparaît, au moment même de l'immersion du cristal, sous forme d'un précipité blanc verdâtre. Mais, au bout de quelques secondes, il passe au rouge jaunâtre, tandis que la liqueur, se colorant en jaune, exhale l'odeur du brôme. L'oxide de fer se sur-oxide donc aux dépens de l'acide brômique, et donne naissance à un sous-brômate de peroxide. Les mêmes effets se manifestent, mais seulement avec un peu moins de promptitude, lorsque les deux sels sont mis en présence à l'état de dissolutions un peu étendues.

Brômate de protoxide d'étain. — Il se précipite en versant goutte à goutte la dissolution filtrée du proto-chlorure d'étain dans celle de brômate de potasse, et forme des flocons blancs, qui passent au jaune au bout de quelque temps, puis au jaune orangé, et finissent à la longue par se changer en une poudre blanche de bi-oxide d'étain. Pendant que ces phénomènes se produisent, il y a du brôme mis en liberté, et qui se manifeste par son odeur.

Brômate d'or.—Ce sel, suivant M. Cassola, s'obtient sous forme de longues aiguilles, d'un rouge pourpre magnifique, en soumettant à l'évaporation spontanée un mélange de dissolutions de brômate de potasse et de chlorure d'or. Les cristaux de brômate d'or, qui se forment au-dessus de ceux de chlorure de potassium, dont ils sont parfaitement séparés, offrent la forme de prismes à 4 pans dont la base est tronquée. Ils se dissolvent dans l'eau, et la liqueur prend une couleur d'un beau pourpre, ou une teinte d'hyacinthe, suivant sa concentration. M. Cassola a observé que cette coloration, en raison de son intensité, pouvait servir à attester la présence de l'or, même en fort petite quantité, dans une dissolution; et que la liqueur obtenue, en mettant, par exemple, deux gouttes de dissolution de chlorure d'or dans six onces d'eau, passait au jaune très légèrement rosé par l'action du brômate de potasse, tandis que le chlorure d'étain, essayé comparativement, la troublait à peine.

Le brômate d'or est du reste détruit, comme les autres sels du même genre, par l'acide chlorhydrique, qui en dégage du brôme.

GENRE XVIII. — *Iodates.*

1614. Exposés à une chaleur d'un rouge obscur, tous les iodates sont décomposés; la plupart laissent dégager de l'oxigène et de l'iode; les autres, de l'oxigène seulement. Très peu fusent sur les charbons incandescens. Ils sont tous insolubles ou très peu solubles dans l'eau, excepté l'iodate de potasse et l'iodate de soude; ceux-ci-même exigent une assez grande quantité d'eau pour se dissoudre. Aucun ne se dissout dans l'alcool, dont la densité est de 0,82.

Les iodates pouvant être décomposés par le feu, le sont, à plus forte raison, par les combustibles avides d'oxigène.

L'acide sulfureux et l'acide sulfhydrique s'emparent tout-à-coup de l'oxigène de l'acide iodique de ces sels et en séparent l'iode. Un excès d'acide sulfureux fait disparaître le précipité en décomposant l'eau, et donnant lieu à de l'a-

cide sulfurique et à de l'acide iodhydrique. L'acide chlorhydrique en opère aussi la décomposition : de là, de l'eau
comme avec l'acide sulfhydrique, un dégagement de chlore,
du sous-chlorure d'iode et un chlorure. Le chlore est sans
action sur eux. Les acides sulfurique, azotique et phosphorique n'en exercent, à la température ordinaire, qu'autant
qu'ils leur enlèvent une portion de base. C'est ainsi qu'ils
peuvent faire passer l'iodate neutre de potasse à l'état de
tri-iodate.

Les iodates sont toujours des produits de l'art. On les
obtient, soit en combinant directement l'acide iodique
avec les bases, soit par la voie des doubles décompositions,
soit en mettant en contact de l'iode avec l'eau et l'oxide :
ce dernier procédé ne s'applique qu'à la préparation des
iodates alcalins. (*Voyez* ces iodates.)

Nous avons vu précédemment (1er vol. pag. 355) que 100
parties d'iodate de potasse étaient formées de 18,473 de
potassium uni à 3,773 d'oxigène, et de 18,817 d'oxigène
uni à 58,937 d'iode. Par conséquent, dans les iodates, la
quantité d'oxigène de l'oxide est à la quantité d'oxigène de
l'acide comme 1 à 5, de même que dans les azotates, les
brômates et les chlorates, et à la quantité d'acide, comme
1 à 20,61 (Gay-Lussac).

On les reconnaît par la propriété qu'ils ont d'être décomposés par l'acide sulfureux liquide, et de donner lieu à un
précipité brun-noir qui, recueilli sur un filtre, séché et projeté sur des charbons incandescens, laisse dégager des vapeurs violettes d'iode. Il est vrai que les hyper-iodates produisent des phénomènes semblables; mais tandis que l'iodate d'argent est blanc et inaltérable par l'eau, l'hyper-iodate d'argent est jaune orangé et se transforme, dans son
contact avec l'eau, en acide hyper-iodique soluble et en
sous-hyper-iodate bi-basique, qui est jaune paille si l'eau
est froide, et rouge brun si l'eau est chaude.

Iodates de potasse.

1615. *Iodate neutre.*—Ce sel se prépare en agitant l'iode
avec une dissolution de potasse caustique : l'alcali se décompose en partie et donne lieu à de l'iodure très soluble, et à de
l'iodate au contraire peu soluble. Celui-ci se précipite donc
en grande partie ; mais pour l'obtenir tout entier et pur, il
faut, 1° évaporer la liqueur à siccité, et traiter à plusieurs
reprises le résidu par l'alcool à 0,82 de densité, qui enlève
l'iodure formé ; 2° dissoudre l'iodate dans l'eau, saturer
l'excès d'alcali par l'acide acétique, évaporer de nouveau
la dissolution, et séparer par de nouvel alcool l'acétate provenant de cette saturation : l'iodate reste alors en petits
cristaux blancs et grenus.

Projeté sur des charbons incandescens, il en augmente la
combustion d'une manière très sensible ; chauffé dans une
petite cornue de verre, il se décompose promptement, et
de 100 parties de sel l'on retire 22,59 d'oxigène, et 77,41
d'iodure de potassium qui donne avec l'eau une dissolution
neutre ; mêlé au soufre, il forme une poudre qui détone
faiblement par la percussion ; il exige près de treize fois et
demie son poids d'eau pour se dissoudre à la température
de 14° $\frac{1}{4}$; l'air ne l'altère pas, etc. Il est formé de 77,754
d'acide iodique, et de 22,246 de potasse ; ce qui donne
(KO, I²O⁵).

Bi-iodate.— On l'obtient à l'état de combinaison avec le
chlorure de potassium, lorsqu'on sature incomplètement la
dissolution de chlorure d'iode dans l'eau au moyen de la
potasse caustique ou de son carbonate. Cette sorte de sel
double, observée par M. Sérullas et appelée par lui *chloro-
iodate de potasse*, se dépose pendant le refroidissement de
la liqueur qui s'échauffe d'elle-même au moment de la
combinaison. Ce composé paraît résulter de l'union d'atomes égaux de chaque composant.

Dissous dans l'eau, filtré et placé dans une étuve à 25°, il
donne en 24 heures des cristaux de bi-iodate pur, qui sont

des prismes droits, rhomboïdaux, terminés par deux sommets dièdres, solubles dans 75 fois leur poids d'eau à 15°.

Tri-iodate.—Soluble dans 25 fois son poids d'eau à 15°,
donnant des cristaux rhomboïdaux d'une transparence parfaite et d'une grande régularité, prenant à la longue une
légère couleur rougeâtre; se prépare en chauffant une dissolution d'iodate neutre avec un grand excès d'acide sulfurique, filtrant et faisant cristalliser à l'étuve la liqueur qui
ne doit pas être très concentrée; peut s'obtenir aussi en
mettant ensemble de la potasse et un grand excès d'acide
iodique, ou en décomposant l'iodate neutre par l'acide
phosphorique, l'acide azotique, l'acide chlorhydrique,
le fluorhydrate de fluorure de silicium. (Sérullas, *Ann. de
Chim. et de Phys.*, XLIII, 113.)

Iodate de soude.

1616. Facile à obtenir, par le procédé qui vient d'être
décrit, pour la préparation de l'iodate de potasse, sous
forme de petits prismes ordinairement réunis en houppes, ou de petits grains qui semblent être cubiques et
qui ne contiennent point d'eau de cristallisation; décomposable par la chaleur, et donnant, sur 100 parties, 24,43
d'oxigène, un peu d'iode et un iodure de sodium; fusant
sur les charbons à la manière du nitre, mais avec beaucoup
moins de force; à-peu-près aussi soluble que l'iodate de
potasse à la température de 14°,4; inaltérable à l'air; détonant faiblement avec le soufre par la percussion; formant
avec un excès de soude un sous-iodate très soluble qui cristallise en prismes hexaèdres coupés perpendiculairement à
leur axe; composé enfin de 84,1 d'acide iodique et de 15,9
de protoxide de sodium, ce qui donne (NaO, I^2O^5).

Iodate de lithine.

1617. Très peu soluble dans l'eau, insoluble dans l'alcool;
se change en iodure de lithium, en abandonnant tout son
oxigène, par l'action de la chaleur rouge; s'obtient, en trai-

tant par l'iode la dissolution de lithine, sous forme d'une poudre blanche cristalline, qu'on lave avec de l'alcool. (M. Cassola.)

Iodate de baryte.

1618. Cet iodate est à-peu-près insoluble; 100 parties d'eau n'en dissolvent que $0^{\text{part.}},03$ à $18°$, et que $0^{\text{part.}},16$ à $100°$: aussi l'obtient-on facilement par la voie des doubles décompositions, ou en mettant de l'iode dans de l'eau de baryte; il se précipite tout-à-coup en une poudre blanche que quelques lavages suffisent pour purifier. Une chaleur de $100°$ ne le dessèche pas complètement; car, lorsqu'on l'expose ensuite à l'action du feu dans une cornue de verre, il donne toujours de l'eau avant de se décomposer : les produits de cette décomposition sont de l'oxigène, de l'iode, et de la baryte probablement un peu *hydratée*. Ce sel, inaltérable à l'air, ne fuse point sur les charbons incandescens, et est composé de 100 d'acide et de 46,34 de baryte, d'où l'on déduit (BaO, I^2O^5).

De quelques autres iodates.

1619. Les iodates de strontiane et de chaux exigent, comme le précédent, plusieurs centaines de fois leurs poids d'eau pour se dissoudre à la température ordinaire ; comme lui aussi, ils donnent en se décomposant par la chaleur, de l'oxigène, de l'iode, et leurs bases pour résidu : c'est aussi par le même procédé qu'on les obtient.

Lorsqu'on verse une dissolution d'iodate de potasse, et même de l'acide iodique, dans l'azotate d'argent, il en résulte tout-à-coup un précipité blanc d'iodate d'argent : ce précipité est très soluble dans l'ammoniaque; il cesse de s'y dissoudre en le traitant par l'acide sulfureux, parce qu'alors il se transforme en iodure.

La dissolution d'iodate de potasse produit également des précipités d'iodates dans celles de plomb, d'azotate de protoxide de mercure, de fer peroxidé, de bismuth, de cuivre, de sulfate de zinc; mais elle ne trouble point les dissolutions de mercure peroxidé et de manganèse.

Il paraît qu'il n'existe point d'iodates iodurés ou chargés d'iode : du moins M. Gay-Lussac, d'après lequel nous venons de tracer l'histoire des iodates, n'est point parvenu à en former. Les iodates et l'acide iodique ne dissolvent même pas plus d'iode que l'eau. (*Voy.* le *Mémoire* de M. Gay-Lussac, *Ann. de Chim.*, t. xci, p. 73, et celui de Sérullas, *id.* xliii, 113.)

Genre XIX.—*Des hyper-iodates et de leur acide.*

1619 *bis.* Les hyper-iodates ont été découverts tout récemment par MM. Ammermuler et Magnus (*Ann. de Chim. et de Phys.* liii, 92). Aucun autre travail sur ces sels et sur leur acide n'a été publié depuis. Ces chimistes ont trouvé : 1° que l'acide hyper-iodique avait une composition analogue à celle de l'acide hyperchlorique, et résultait de la combinaison de 2 at. d'iode et de 7 at. d'oxigène; 2° qu'il pouvait se combiner aux bases en deux proportions, et former deux séries de sels, les hyper-iodates neutres dans lesquels le rapport des quantités d'oxigène de l'oxide et de l'acide, est celui de 1 à 7, et les hyper-iodates bi-basiques dont l'oxide renferme les $\frac{2}{7}$ de l'oxigène de l'acide.

Nous allons examiner en particulier l'acide hyper-iodique et les hyper-iodates de potasse, de soude et d'argent eu ls sels de ce genre qui aient été étudiés.

1620. *Acide hyper-iodique* (1).—En traitant par l'eau l'hyper-iodate neutre d'argent, on obtient l'acide hyper-iodique pur en dissolution; par l'évaporation, il cristallise : ses cristaux ne sont pas déliquescens. A une température

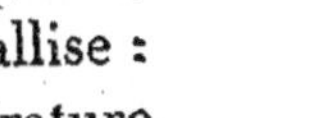

____

(1) Le mémoire duquel est extrait ce qui suit, n'était point encore publié, lorsque la partie de cet ouvrage, où nous eussions dû faire l'histoire de cet acide, a été imprimée.

élevée, ils abandonnent une partie de leur oxigène, et se changent en acide iodique : sous l'influence d'une chaleur encore plus forte, l'on n'obtiendrait que de l'oxigène et de l'iode. L'acide chlorhydrique ne le ramène jamais qu'à l'état d'acide iodique et toujours avec dégagement de chlore.

1621. *Hyper-iodate neutre de potasse.* — On l'obtient en ajoutant à l'iodate de potasse de la potasse caustique ou du carbonate de potasse, et faisant passer un courant de chlore dans la dissolution. Il se précipite en petits cristaux peu solubles dans l'eau, et qui par leur aspect ressemblent beaucoup à l'hyper-chlorate. Cet hyper-iodate est anhydre, et représenté par la formule $(KO, I^2 O^7)$. La chaleur en dégage l'oxigène et le change en iodure de potassium.

Hyper-iodate basique. — En ajoutant de la potasse caustique à l'hyper-iodate neutre de cette base et évaporant la dissolution, il se forme des cristaux blancs d'hyper-iodate bi-basique $(2KO, I^2 O^7)$. Ce sel jouit à-peu-près du même degré de solubilité que le précédent. Le résidu de sa calcination est un mélange de potasse et d'iodure de potassium.

1622. *Hyper-iodate neutre de soude.* — Blanc, bien soluble dans l'eau, inaltérable à l'air; se transforme par l'action de la chaleur en iodure de sodium et en oxigène; se prépare en saturant le sel basique par l'acide hyperiod-ique, et concentrant la liqueur pour la faire cristalliser.

Hyper-iodate basique. — Le chlore en agissant sur un mélange des dissolutions d'iodate de soude et de soude caustique ou de son carbonate, donne naissance à de l'hyper-iodate bi-basique de soude, qui se dépose sous forme d'une poudre cristalline, pesante. L'alcali doit sans doute être employé en excès : la chaleur favorise l'action du chlore, et doit même être portée presque jusqu'à l'ébullition, si l'on fait usage de carbonate alcalin.

L'hyper-iodate bi-basique de soude est un peu soluble dans l'eau chaude et presque insoluble dans l'eau bouillante. La chaleur blanche naissante le convertit en un mélange d'iodure et d'oxide; mais au degré de la chaleur rouge cerise, il ne perd que les trois quarts de son oxigène : le résidu que l'on obtient alors attire avec beaucoup d'avidité l'humidité atmosphérique, et au bout de quelque temps laisse voir de l'iode à sa surface; toutefois il ne se dissout que très difficilement dans l'eau. La dissolution colore en bleu le papier de tournesol, et le blanchit peu-à-peu : l'ébullition lui fait perdre cette dernière propriété; on peut ensuite en précipiter de l'iodate par l'alcool. MM. Ammermuler et Magnus soupçonnent dans ce résidu la présence de l'acide iodeux.

1623. *Hyper-iodate d'argent.* —Les hyper-iodates alcalins, même un peu acidifiés par l'acide azotique, ne donnent par l'azotate d'argent qu'un précipité d'hyper-iodate bi-basique, de couleur jaune-clair un peu verdâtre. Mais en dissolvant ce sel à l'aide de la chaleur dans l'acide azotique peu concentré, et évaporant la liqueur jusqu'à ce que la cristallisation s'y produise à chaud, on obtient l'hyper-iodate neutre sous forme de petits cristaux jaune orangé: ils ne renferment pas d'eau de cristallisation, et sont représentés par la formule (AgO, $I^2 O^7$).

L'eau les décompose et leur enlève la moitié de leur acide. Si elle est froide, le sel qui reste prend une couleur jaune paille, et contient trois proportions d'eau, ($2\,AgO$, $I^2 O^7$) $+3\,H^2O$. C'est ce même sel qui se précipite par la réaction de l'azotate d'argent sur les hyper-iodates alcalins, rendus faiblement acides. C'est encore lui qui se forme, quand on fait cristalliser, à une basse température, la dissolution d'un des hyper-iodates d'argent dans l'acide azotique faible.

Traités par l'eau chaude, l'hyper-iodate d'argent neutre et l'hyper-iodate basique dont nous venons de parler, laissent un résidu d'un rouge brun tellement foncé qu'il est presque noir, et dont la poudre est d'un beau rouge. Ce résidu est un sel également bi-basique, mais il ne renferme qu'une proportion d'eau, et a pour formule ($2\,AgO$, I^2O^7) $+H^2O$.

MM. Ammermuler et Magnus font observer qu'en traitant ces trois sortes de sels par l'acide azotique, ils ont obtenu des traces d'iodâte d'argent qui restait sans se dissoudre.

Genre XX. — *Azotates.*

Art. I. — *Des azotates neutres.*

1624. *Action du feu.*— Tous les azotates se décomposent à une température plus ou moins élevée. Les uns donnent d'abord de l'oxigène et se transforment en azotites; ensuite, lorsque la chaleur devient plus forte, ils donnent tout à-la-fois de l'oxigène, du gaz azote, un peu d'acide hypo-azotique, et passent à l'état l'oxide (1): tels sont les azotates dont les bases ont une grande affinité pour l'acide azotique, particulièrement les azotates de potasse et de soude (2). Les autres, c'est-à-dire, ceux qui sont faciles à décomposer, laissent dégager en même temps du gaz oxigène, du gaz acide hypo-azotique, et l'on obtient leur oxide pour résidu, pourvu que cet oxide ne soit susceptible d'aucune altération. Cette restriction est importante à noter.

En effet, il arrive quelquefois que l'oxide de l'azotate absorbe une portion de l'oxigène de l'acide azotique près de se dégager : voilà ce qui a lieu quand on calcine les azotates de protoxides de cérium, de mercure.

Quelquefois aussi la calcination étant trop forte, l'oxide se réduit, ou au moins est ramené à un moindre degré d'oxidation (521).

Enfin, dans quelques circonstances, l'acide azotique se

____

(1) On assure que, avant de passer à l'état d'oxide, les azotites donnent lieu à des composés peu connus de bases et de bi-oxide d'azote, lesquels sont des espèces de sels que l'on pourrait appeler hypo-azotites. (*Voyez* ces sels, dont il sera question après les azotites.)

(2) Observons toutefois que les azotates de baryte, de strontiane et de chaux, après avoir été transformés en azotites, laissent dégager une assez grande quantité d'acide hypo-azotique.

vaporise sans se décomposer : c'est lorsque cet acide a très peu d'affinité pour l'oxide, et que le sel ne peut être obtenu sans eau. Les azotates de platine, de palladium, de rhodium et d'iridium, sont probablement dans ce cas. Certains azotates acides cristallisés y sont aussi, du moins en partie ; l'eau, en se dégageant, emporte une portion de l'acide, et fait passer le sel à l'état neutre ou de sous-sel, qui ensuite se comporte à la manière ordinaire.

L'expérience, d'ailleurs, se fait toujours comme il suit : l'on introduit l'azotate dans une cornue; on adapte au col de cette cornue un tube qui va plonger au fond d'un flacon plein d'eau; de ce flacon part un autre tube recourbé qui s'engage sous des cloches pleines de ce liquide; on place la cornue dans un fourneau , et on la chauffe plus ou moins, selon que l'azotate est plus ou moins facilement décomposable. Ceux de la première section ne le sont qu'au-dessus de la chaleur rouge; ceux des cinq dernières le sont au-dessous pour la plupart.

1625. *Action des corps combustibles.*—Les azotates étant décomposables par l'action du feu, le seront à plus forte raison par les corps combustibles qui, à une haute température, peuvent s'unir avec l'oxigène; mais les produits varieront nécessairement en raison de la nature de l'azotate et du corps combustible, de la quantité respective de ces deux corps et de l'élévation de la température. 1° L'acide azotique passera à l'état de bi-oxide d'azote ou d'acide hypoazotique, si le corps combustible a peu d'affinité pour l'oxigène, quelle que soit d'ailleurs la quantité de ce corps, ou bien si, cette affinité étant grande, l'azotate est en excès. 2° L'acide azotique sera complètement décomposé si le corps combustible est en excès, et s'il a beaucoup d'affinité pour l'oxigène. 3° Dans tous les cas, le corps combustible s'oxidera ou s'acidifiera, et l'oxide ou l'acide formé se combinera avec l'oxide d'azotate, s'il en est susceptible. Deux causes pourront s'opposer à cette combinaison; savoir : l'élévation de la température et la présence d'une certaine quantité de corps combustible non brûlé. L'influence de ces causes s'appréciera en se rappelant ce qui a été dit relativement à l'action de la chaleur et des corps combustibles sur les oxides composés et sur les sels.

1626. On n'a point encore essayé l'action de l'hydrogène sur les azotates; mais il est évident qu'en les traitant par un excès d'hydrogène, à un certaine température, on obtiendrait de l'eau, de l'azote et un oxide métallique, à moins que cet oxide ne fût réductible par ce corps combustible à cette température (528). Cette expérience serait très difficile à faire, car, comme l'on serait obligé de mettre l'azotate dans un tube et d'y faire passer le gaz hydrogène, il serait possible qu'il se produisît une détonation; c'est ce qui arriverait constamment si l'on élevait trop fortement la température, puisque alors le sel se décomposerait par lui-même et avec rapidité, et qu'il en résulterait nécessairement un mélange de gaz hydrogène et de gaz oxigène.

1627. Le bore n'a été mis jusqu'ici en contact qu'avec l'azotate de potasse. Lorsqu'on projette un mélange intime de ces deux corps dans un creuset incandescent, il en résulte une vive combustion, dont l'un des produits est un composé d'acide borique et de potasse, qui reste dans le creuset, et dont l'autre doit être du gaz azote, si toutefois le bore est en excès. Il est probable que le bore nous offrirait des résultats semblables avec les azotates des première et seconde sections, et en général avec tous les azotates dont l'oxide peut rester en combinaison avec l'acide borique, à une haute température (Voy. *Borates*, 1317). Cependant il serait possible que l'oxide du borate fût réduit, dans quelques circonstances, par l'excès de bore : alors on obtiendrait ce métal mêlé avec l'acide borique.

1627 *bis*. Le silicium, de même que le bore, n'a encore été mis en contact qu'avec l'azotate de potasse. L'action n'est bien sensible qu'à une température élevée, elle ne devient très vive qu'au degré de la chaleur blanche.

1628. Lorsqu'on expose subitement à une haute température un mélange intime d'azotate et d'un excès de carbone, on obtient du gaz oxide de carbone ou du gaz carbonique, du gaz azote, un dégagement plus ou moins grand de calorique et de lumière; l'oxide métallique est mis en liberté, et se comporte avec le carbone comme on l'a vu (531). Les produits ne seront plus les mêmes dans le cas ou l'azotate sera en excès; il se dégagera toujours, à la vérité, plus ou moins de calorique et de lumière; mais au lieu de gaz azote et d'oxide de carbone, on obtiendra de l'acide carbonique et de l'acide hypo-azotique ou du bi-oxide d'azote; d'ailleurs, l'oxide métallique mis à nu se réduira, s'il est facilement décomposable par le feu; il s'unira à l'acide carbonique s'il est à base de potasse, de soude ou de baryte, et restera libre dans toute autre circonstance (531).

1628 *bis.* Le phosphore agit très vivement sur les azotates à l'aide de la chaleur; l'acide est ramené à l'état d'acide hypo-azotique ou de bi-oxide d'azote, ou d'azote, et il se forme un phosphate, à moins que l'excès de phosphore ou la chaleur ne s'y oppose (533 et 1449).

1629. Lorsqu'on projette un mélange intime d'azotate et de soufre dans un creuset rouge, ils s'enflamme tout-à-coup; la combustion est très vive, surtout avec les azotates de potasse et de soude; l'acide azotique passe à l'état d'acide hypo-azotique ou de bi-oxide d'azote, et l'on obtient constamment, 1° un sulfate avec les azotates de la première section et l'azotate de magnésie; 2° de l'acide sulfureux et un oxide avec les azotates de la seconde section moins celui de magnésie; 3° de l'acide sulfureux et un sulfure métallique avec les azotates des quatre autres sections, pourvu toutefois que la température soit assez élevée, que le soufre soit en excès, et que le métal à cette température puisse retenir ce métalloïde : phénomènes divers qu'on concevra très bien en se rappelant l'action du feu sur les sulfates, et celle du soufre sur les oxides métalliques (1486 et 538). En effet, les sulfates de la première section, plus celui de magnésie, sont indécomposables à la plus haute température, seuls ou mêlés avec le soufre; par conséquent, ils devront se former dans le cas que nous venons d'indiquer. Tous les autres sulfates sont, au contraire, décomposés par la chaleur, de manière que leur acide est transformé en oxigène et en gaz acide sulfureux; ils ne pourront donc pas se former dans le même cas, et l'on voit dès-lors que l'oxide de l'azotate sera mis à nu et se comportera avec le soufre comme s'il était libre. Or, à une très haute température, le soufre n'a aucune action sur les oxides de la première section, tandis qu'il réduit ceux des quatre dernières en donnant lieu à du gaz acide sulfureux, et le plus souvent à un sulfure. Donc, etc.

1630. Le sélénium avec les azotates alcalins se comporte d'une manière analogue au soufre : du moins chauffé avec l'azotate de potasse, il donne lieu à un séléniate; c'est même ainsi que l'on produit l'acide sélénique.

1631. Il est très probable que le gaz azote n'a aucune espéce d'action sur les azotates; car, jusqu'ici, l'on n'a pu combiner ce gaz avec l'oxigène, si ce n'est par l'étincelle électrique.

Le chlore, le brôme et l'iode ne sont point tout-à-fait dans ce cas : en effet, l'acide azotique étant décomposé par la chaleur, ces deux corps doivent agir sur la base d'un azotate comme nous l'avons dit en traitant de l'histoire générale des oxides.

1632. *Action des métaux.*—Tous les métaux des quatre premières sections peuvent être attaqués par tous les azotates à l'aide de la chaleur; ils s'oxident, font passer l'acide azotique à l'état d'acide hypo-azotique ou de bi-oxide d'azote ou d'azote, et se comportent avec l'oxide de l'azotate comme nous l'avons dit précédemment (554): l'arsénic, le chrôme, le molybdène, le vanadium, le tungstène, le colombium, l'antimoine, le titane, le tellure, s'acidifient même presque toujours en donnant lieu à des arséniates, chrômates, etc., surtout avec les azotates de potasse, de soude, de baryte, de strontiane et de chaux. Plusieurs de ces décompositions se font avec dégagement de lumière, savoir : celles de tous les azotates par le potassium et le sodium, et celles de l'azotate de potasse ou de soude par la plupart des autres métaux des quatre premières sections. On peut les opérer toutes en projetant le mélange du métal et de l'azotate dans un creuset incandescent.

Parmi les métaux des deux dernières sections, il en es également plusieurs que les azotates de potasse et de soude peuvent oxider : tels sont l'osmium, l'iridium, le palladium, le rhodium et même le platine : il en résulte des espèces d'osmiate, d'iridiate, etc., alcalins; aussi ne peut-on décomposer du nitre dans un creuset de platine, sans avoir de la potasse chargée d'oxide de platine qui la colore en brun foncé.

Tous les phosphures et sulfures métalliques sont également attaqués par tous les azotates, pourvu que la température soit suffisamment élevée; ils le sont même, en général, plus facilement que les métaux. Les produits qui en résultent sont très compliqués; néanmoins, il sera facile d'en prévoir la nature en considérant l'action de ces divers sels sur les métaux, le phosphore et le soufre. Le phosphore passera sans doute à l'état d'acide phosphorique, et s'unira en cet état, soit à l'oxide de l'azotate, soit à l'oxide qui peut provenir de la combustion du métal du phosphure : ce ne serait qu'autant que le phosphure et l'azotate appartiendraient tous deux à la dernière section, que leurs métaux, loin de s'oxigéner, se réduiraient peut-être, et qu'alors l'acide phosphorique resterait libre. Quant au soufre, il passera à l'état d'acide sulfurique toutes les fois que le sulfure ou l'azotate fera partie de la seconde section, ou bien encore lorsque l'azotate sera à base de magnésie, parce qu'alors il pourra se former un sulfate indécomposable par le feu (1509); mais dans tout autre cas, si la température est très élevée, ce corps combustible passera seulement à l'état de gaz sulfureux, et le métal du sulfure se comportera d'ailleurs avec l'azotate comme nous venons de le dire.

Nous ne parlerons point de l'action des azotates sur les autres composés combustibles; l'on s'en fera sans doute une idée assez exacte d'après ce qui précède.

1633. *Azotates solubles.* — En général, tous les azotates sont solubles dans l'eau : seulement il en est quelques-uns que ne s'y dissolvent bien qu'autant qu'ils sont avec excès d'acide.

1634. *Action des bases.* — Il paraît que la potasse et la soude tendent plus à se combiner avec l'acide azotique, par l'intermède de l'eau, que les autres bases salifiables; viennent ensuite la lithine, la baryte et la strontiane, la chaux, l'ammoniaque, la magnésie, etc. (1305). La potasse et la soude doivent donc décomposer tous les azotates et en précipiter l'oxide, lorsqu'il est insoluble.

1635. *Action des acides.* — Les acides sulfurique, phosphorique, arsénique, fluorhydrique, chlorhydrique, etc. liquides, décomposent tous les azotates à froid, ou au moins à la température de l'eau bouillante (1) : les trois premiers se substituent à l'acide azotique et le dégagent à l'état de vapeurs; les acides fluorhydrique et chlorhydrique mettent également l'acide azotique en liberté, en formant, avec l'oxide, de l'eau et un fluorure ou un chlorure. L'acide chlorhydrique réagit même sur l'acide de l'azotate, et donne lieu à du chlore et à de l'acide hypo-azotique (291). Les acides faibles n'en opèrent point la décomposition, ou du moins ne la favorisent, qu'autant qu'ils sont fixes et que la chaleur est portée presque jusqu'au rouge. (*V.* pour plus de détails la note de la page 39 de ce volume.)

1636. *Action des sels.* — Lorsqu'on verse dans une solution d'un azotate métallique qui n'est point à base de potasse ou de soude, une solution de carbonate, de phosphate, et la plupart du temps de sulfite, arséniate, arsénite, chrômate, molybdate, tungstate, à base de potasse ou de soude, il en résulte une décomposition des deux sels, parce qu'il peut

______

(1) La décomposition à froid n'est bien sensible qu'avec l'acide sulfurique.

se former, d'une part, un azotate soluble, et d'une autre part, un carbonate, un phosphate, etc., insolubles. Ce ne serait que dans le cas où l'azotate serait très acide qu'en général la décomposition n'aurait pas lieu, parce que le borate, ou le phosphate, etc., qui pourrait se former, serait acide et soluble : alors il faudrait ajouter peu-à-peu de la potasse ou de la soude au mélange pour saturer l'excès d'acide.

1637. *État naturel.* — Il n'existe dans la nature que quatre azotates, ceux de soude, de potasse, de chaux et de magnésie. Le premier, que l'on a découvert au Pérou, depuis quelques années, se trouve en petites couches dans les sables, à la surface du sol. Les trois autres se rencontrent presque toujours ensemble, quelquefois en dissolution dans l'eau, mais bien plus souvent en efflorescence, soit à la surface des plaines ou des roches calcarifères, soit dans les murailles ou les terres exposées aux émanations des animaux. Les plâtras ou débris des vieux bâtimens, le sol des écuries, des bergeries, etc., en contiennent des quantités plus ou moins grandes ; le sol des caves en contient aussi, sans doute à cause d'une matière animale que renferme le vin. Tous les matériaux ne sont pas également propres à la *nitrification.* Ceux qui se *nitrifient* le mieux sont les pierres calcaires, surtout celles qui sont tendres et poreuses, probablement parce qu'elles sont plus perméables aux matières animales et à l'air que les autres. Et en effet, les roches de granit, etc., ne se nitrifient jamais. Les divers pays ne sont point non plus également riches en salpêtre. Il est si abondant en Égypte et surtout dans l'Inde, qu'il cristallise à la surface du sol, et qu'on peut le recueillir avec des houssoirs ou des balais : celui qu'on se procure ainsi s'appelle *salpêtre de houssage.* En France, il est beaucoup moins commun ; les matériaux salpêtrés ne renferment même, pour ainsi dire, que des azotates de chaux et de magnésie : cependant on rencontre aussi çà et là, à la surface des murs humides, du salpêtre de houssage, ou cristallisé en filamens soyeux.

Puisque les terres ou les pierres poreuses qui s'imprègnent naturellement de matières animales se nitrifient plus ou moins promptement, on voit qu'il doit être possible, en imitant la nature à cet égard, c'est-à-dire, en faisant des mélanges de terres et de matières animales ou végétales azotées, de former des azotates. C'est ce qui a lieu, et ce que l'on a mis à profit pour la formation des nitrières artificielles.

En Prusse, par exemple, on fait un mélange de 5 parties de terre noire végétale et de 1 partie de cendres lessivées et de paille d'orge; on gâche le tout ensemble, en y ajoutant de l'eau de fumier : après quoi on en élève des murs de vingt pieds de long sur six à sept de haut; on met des bâtons dans la couche, et on les retire lorsqu'elle a pris assez de consistance. Ces murs, placés dans des lieux humides, à l'abri du soleil, et couverts d'un toit de paille, sont arrosés de temps en temps et lessivés au bout de l'année. (Chaptal, *Chimie appliquée aux arts*, t. IV.)

En Suède, où le sol ne se nitrifie point naturellement parce qu'il est granitique, les nitrières artificielles se font de la manière suivante, d'après M. Berzelius : « Dans une « petite cabane en bois, et dont le plancher est aussi en « bois et quelquefois en argile bien comprimée et bien « compacte, on met un mélange de terre ordinaire, de « sable calcaire ou de marne, et de cendres lessivées, et « on arrose ce mélange avec de l'urine de bœufs ou de « vaches. Pendant l'été on remue cette masse une fois par « semaine, et pendant l'hiver une fois chaque deux ou « trois semaines. Cela se fait en ménageant un petit es- « pace le long d'un côté de la cabane, rejetant la terre « une fois vers le côté gauche, l'autre fois vers le côté droit, « et prenant soin de ne pas comprimer la terre dans le « nouveau monceau que l'on forme. Le monceau a ordi- « nairement deux pieds et demi à trois pieds de hauteur sur « toute l'étendue que la cabane comporte. La cabane est « pourvue de volets que l'on ferme pour empêcher le soleil

« d'y pénétrer. » (*Voyez*, pour plus de détails sur les nitrères naturelles et artificielles, l'*Instruction sur la fabrication du salpêtre*, publiée en 1820 par le Comité consultatif des poudres et salpêtres de France.)

1638. Recherchons maintenant comment il est possible d'expliquer la formation de ces azotates. On observe que la présence des substances animales ou des substances végétales azotées favorise singulièrement la nitrification : or, les substances végétales et animales doivent surtout y contribuer par leur azote ; il faut donc admettre que cet azote se combine avec l'oxigène de ces substances mêmes ou celui de l'air, qu'il en résulte de l'acide azotique, et que cet acide s'unit à la chaux dont on fait usage dans toutes les constructions, et qui appartient à beaucoup de terrains, ou bien à la potasse et à la magnésie qui proviennent originairement du sol, et qui sont contenues d'ailleurs dans la plupart des substances végétales et animales. (1)

Mais, les matières azotées sont-elles indispensables à la production du nitre ? non ; du moins il paraît démontré, d'après les observations de Proust, de John Davy, de Longchamp, de Gaultier-Claubry, etc., que le nitre peut se former dans beaucoup de terrains où l'on ne trouve aucune trace de ces matières, et que cette formation est due aux principes de l'air dont l'oxigène et l'azote s'unissent sous l'influence des

____

(1) J'ai fait, il y a environ trente ans, une observation qui vient à l'appui de cette théorie. J'ai trouvé, dans le produit de la distillation de la chair musculaire, une substance animale insipide, qui délayée dans l'eau et chauffée avec le contact de l'air, donna lieu tout-à-coup à une si grande quantité d'acide azotique, que la liqueur en devint corrosive. (*Ann. de chim.* t. XLIII, p. 181.)

A la vérité, comme on parvient à unir le gaz oxigène et le gaz azote, et à les acidifier en faisant passer des étincelles électriques à travers ces gaz humides (Cavendish), on pourrait supposer que la plus grande partie de l'acide des azotates se forme dans l'air de cette manière ; mais on sera convaincu du contraire en observant qu'il faut un grand nombre d'étincelles pour former une quantité sensible d'acide.

pierres calcaires, poreuses et humides (Longchamp, *Ann. de Chim. et de Phys.*, XXXIII, 5; Gaültier-Claubry. Seulement alors la nitrification est extrêmement lente, et je présume que la porosité des *calcaires* favorise l'union des deux élémens de l'acide azotique en les condensant à la manière du charbon.

1639. *Préparation.* — En général, on se procure tous les azotates, savoir : l'azotate de potasse, en l'extrayant du sein de la terre, ou en décomposant les azotates de chaux et de magnésie par le carbonate et le sulfate de potasse; l'azotate de soude en l'extrayant du sein de la terre, comme celui de potasse, ou le préparant avec le carbonate de soude et l'acide azotique.

Par l'action de l'acide azotique sur les métaux.	*Par l'action de l'acide azotique sur les sulfures.*	*Par l'action de l'acide azotique sur les oxides ou les carbonates.*
Les azotates de zinc. — de cadmium. — de bismuth. — de bi-oxide de cuivre — de plomb. — d'argent. — de mercure. — de sesqui-oxide de fer.	Les azotates de baryte. — de strontiane.	Tous les autres azotates.

Rien de plus facile à exécuter que le troisième procédé. On met le métal en lames ou en grenaille dans une capsule ou un matras; on verse dessus un petit excès d'acide azotique pur, plus ou moins étendu d'eau, suivant que le métal est plus ou moins combustible ou attaquable par l'acide: il en résulte une grande effervescence due à un dégagement de bi-oxide ou de protoxide d'azote ou bien d'azote; lorsqu'elle commence à cesser, on chauffe la liqueur pour en chasser l'excès d'acide, et la concentrer de manière qu'elle cristallise par le refroidissement. Ce n'est que quand on veut obtenir de l'azotate de protoxide de mercure que le métal doit être en excès.

Rien de plus facile aussi que d'exécuter le dernier procédé. On met un léger excès d'oxide ou de carbonate dans une capsule; on verse dessus de l'acide azotique étendu d'eau; on chauffe, on filtre la liqueur, on la concentre convenablement, et on la laisse refroidir. Ce procédé ne doit être modifié que pour obtenir l'azotate de soude : alors on dissout le carbonate de soude dans l'eau, et on y verse de l'acide jusqu'à saturation, etc. : du reste, on fait évaporer comme nous venons de le dire.

Nous ne parlerons de l'exécution des autres procédés que dans l'histoire particulière des azotates.

1640. *Composition.* — Dans les azotates neutres, la quantité d'oxigène de l'oxide est à la quantité d'oxigène de l'acide comme 1 à 5, et par conséquent à la quantité d'acide comme 1 à 6,770. Or, comme l'on connaît la composition des oxides, il sera facile de calculer celle des azotates. Nous citerons seulement la composition de huit de ces sels, déterminée de cette manière.

AZOTATES.	BASE pour 100 d'acide.	EN PROPORTIONS.		FORMULES ATOMIQUES.
		BASE.	ACIDE.	
De potasse....	87,15	1 = 589,81	1 = 677,02	(KO,Az^{2}O^5).
De soude.....	57,74	1 = 390,92	1 = 677,02	(NaO,Az^{2}O^5).
De baryte.....	141,35	1 = 956,93	1 = 677,02	(BaO,Az^{2}O^5).
De chaux.....	52,59	1 = 356,03	1 = 677,02	(CaO,Az^{2}O^5).
De magnésie...	38,16	1 = 147,13	1 = 677,02	(MgO,Az^{2}O^5).
De plomb.....	205 98	1 = 1394,50	1 = 677,02	(PbO,Az^{2}O^5).
D'argent.......	214,38	1 = 1451,60	1 = 677,02	(AgO,Az^{2}O^5).
De protoxide de mercure....	388,73	1 = 2631,60	1 = 677,02	(Hg^{2}O,Az^{2}O^5).
De bi-oxide de mercure....	194,36	1 = 2631,60	2 = 1354,04	(HgO,Az^{2}O^5).

Pour prouver que telle est la loi de composition des azotates neutres, il nous suffira d'en analyser quelques-uns, et de faire voir que les résultats de l'analyse sont d'accord avec la loi même, puisque, dans tous les sels du même genre et au même état de saturation, la quantité d'oxigène de l'oxide est à la quantité d'acide dans un rapport constant (1285). Donnons comme exemple l'azotate de baryte et l'azotate de plomb.

Que l'on prenne de l'azotate de plomb que l'on aura fait cristalliser, plusieurs fois, afin d'être certain de l'avoir bien neutre; qu'on le pulvérise et qu'on le dessèche en l'exposant à la température de l'eau bouillante pendant sept à huit heures, et le remuant de temps en temps; qu'on en calcine ensuite 25 grammes dans un creuset de platine dont le poids sera connu, et qu'on chauffe l'azotate jusqu'à ce que l'acide soit complètement décomposé, ou plutôt jusqu'à ce qu'il ne se dégage plus de vapeurs rouges et que l'oxide commence à entrer en fusion; qu'on retire alors le creuset du feu et l'on trouvera qu'il aura augmenté en poids de 16,805: conséquemment les 25 grammes d'azotate de plomb contiennent donc 25 moins 16,805 ou 8,195 d'acide; par conséquent aussi 100 d'acide azotique doivent exiger 205,98 d'oxide de plomb pour être neutralisés. Mais dans 100 d'acide azotique il y a 73,855 d'oxigène, et dans 205,98 d'oxide de plomb il y en a 14,705: or, 14,705 multipliés par 5 égalent 73,525 : donc, dans l'azotate de plomb, la quantité d'oxigène de l'oxide fait sensiblement la cinquième partie de la quantité d'oxigène de l'acide.

L'analyse de l'azotate de baryte est tout aussi facile à faire que la précédente : en effet, il ne faut pour cela que prendre de l'azotate de baryte cristallisé et bien pur, le pulvériser, le dessécher comme l'azotate de plomb, dissoudre dans l'eau une certaine quantité du sel bien sec, y ajouter un petit excès d'acide sulfurique qui s'emparera de la baryte, faire évaporer la liqueur jusqu'à siccité, calciner le résidu, qui ne sera composé que de sulfate de baryte, et le peser. Du poids du sulfate on conclura celui de la base; celui-ci donnera la quantité d'acide, puisque la quantité d'azotate est connue. 12 grammes d'azotate de baryte ainsi traité, ayant donné 10 gram.,67 de sulfate de baryte qui contiennent 7,008 de base, il s'ensuit que les 12 grammes d'azotate sont composés de 4,992 d'acide et de 7,008 de baryte, et que par conséquent 100 parties d'acide azotique exigent 140,38 de baryte pour être neutralisées. Mais, dans 100 parties d'acide azotique, il y a 73,855 d'oxigène; dans 140,38 de base, il y en a 14,669 : or, 14,669 multipliés par 5 égalent 73,345 : donc, dans l'azotate de baryte, la quantité d'oxigène de l'oxide est à la quantité d'oxigène de l'acide sensiblement comme 1 à 5.

1641. *Caractères génériques.* — Toutes les fois qu'un sel rend plus active la combustion des charbons incandescens, que mis en contact avec l'acide sulfurique concentré à froid ou à chaud, il laisse dégager des vapeurs blanches, piquantes, et qu'en ajoutant au mélange de l'eau et de la tournure de cuivre, il y a production de vapeurs rouges, ce sel est un azotate.

1642. *Usages.* — On n'emploie dans les arts ou dans la médecine que les azotates de potasse, de soude, de bismuth, de mercure et d'argent : les usages du premier sont bien plus importans et bien plus étendus que ceux des autres. On emploie beaucoup d'autres azotates dans les laboratoires, soit comme réactifs, soit pour se procurer les oxides qu'ils contiennent : ceux dont on se sert le plus fréquemment sont les azotates de baryte, de plomb et d'argent. (*Voyez* ces divers azotates en particulier.)

Azotate de potasse.

1643. L'azotate de potasse ou *nitre* ou *salpêtre* (KO, Az^2O^5) est blanc, et a une saveur fraîche et piquante; il cristallise en longs prismes à six pans, terminés par des sommets dièdres. Ses cristaux ne sont jamais que demi-transparens; ils ne contiennent point d'eau de cristallisation; souvent ils s'accolent de manière à former des cannelures. Ce sel n'éprouve rien à l'air, à moins que celui-ci ne soit très humide : alors il en attire l'humidité et tombe en déliquescence. Exposé au feu, il fond vers le 350° degré centigrade ; coulé dans cet état de fusion et refroidi, il forme ce qu'on appelle en pharmacie le *cristal minéral*. Exposé à une chaleur rouge, il s'en dégage du gaz oxigène, et il passe à l'état d'azotite ; ensuite, en élevant davantage la température, l'azotite se décompose, et donne du gaz oxigène, du gaz azote, un peu d'acide hypo-azotique, et de la potasse pour résidu. Il est beaucoup moins soluble dans l'eau froide que dans l'eau chaude : 100 parties d'eau en dissolvent 13 part., 32 à zéro; 85 part. à 50°; 170 part., 80 à 80°; et 246 part., 15 à 100 (Gay-Lussac). Projeté sur des charbons incandescens, il les fait brûler vivement. Mêlé avec la moitié de son poids de soufre, et versé dans un creuset chauffé au rouge, il en résulte une combustion instantanée et accompagnée d'un grand dégagement de calorique et de lumière (1). Il fait également brûler avec beaucoup de force tous les autres corps solides très combustibles. Calciné jusqu'au rouge avec le tiers de son poids de peroxide de manganèse, on obtient un composé vert très fusible, qui est doué de propriétés remarquables : c'est le caméléon découvert par Schéele, et dont il a été question précédemment (844).

En pulvérisant l'azotate de potasse avec le tiers de son poids de soufre et les deux tiers de son poids de potasse du commerce, il donne lieu à une poudre qui, chauffée convenablement, fulmine avec la plus grande force. On réussit constamment à la faire détoner en mettant 10 à 12 grammes de cette poudre dans un cuiller à projection, et plaçant cette cuiller sur quelques charbons incandescens : le soufre fond, et, quelque temps après, l'explosion se produit; il se forme probablement, d'abord, un poly-sulfure de potassium

____

(1) On verra bientôt que c'est parce que le soufre produit tant de chaleur avec le salpêtre, qu'on l'emploie dans la fabrication de la poudre, et que même 'est l'un des élémens sans lesquels on ne saurait en obtenir de bonne.

qui se répand dans toute la masse; ensuite l'oxigène de l'acide azotique s'unit tout-à-coup au potassium et au soufre de ce sulfure, et de là résultent une combustion vive, du gaz oxide d'azote ou du gaz azote, du sulfate de potasse et du gaz acide carbonique : ce sont ces gaz qui, en se dégageant instantanément, excitent de grandes vibrations dans les molécules de l'air.

La poudre de guerre, de chasse ou de mine a aussi pour base le nitre; il en est de même de celle à laquelle on a donné le nom de *poudre de fusion*. La première est formé e de nitre, de soufre, et de charbon (1646); la seconde l'est de 3 parties de nitre, de 1 de soufre, et de 1 de sciure de bois : on était étonné autrefois de voir qu'en entourant une pièce de cuivre de cette poudre, et y mettant le feu, la pièce fondait à l'instant; mais c'est que, d'une part, la combustion est très vive, et que, de l'autre, il se forme un sulfure plus fusible que ne l'est le métal.

Enfin, en projetant dans un creuset chauffé au rouge des mélanges de nitre et de sulfure d'antimoine, de nitre et d'antimoine, il en résulte des combustions plus ou moins vives, et des composés solides dont on fait usage en médecine sous divers noms (1645).

1644. *Préparation.* — L'art de se procurer le salpêtre n'est point le même pour tous les pays. Lorsque ce sel est en très grande quantité dans une terre, il suffit de la lessiver et d'en concentrer la lessive convenablement pour l'obtenir cristallisé : tel est le procédé que l'on peu t suivre dans l'Inde, où les terres sont très riches en salpêtre. Lorsque au contraire elles ne contiennent qu'une petite quantité d'azotate de potasse, et qu'elles renferment d'ailleurs des quantités remarquables d'azotates de chaux et de magnésie, il faut commencer par transformer ceux-ci en azotate de potasse : c'est ce que l'on fait en Europe, et particulièrement en France, au moyen de la potasse du commerce : il faut se garder d'en employer un grand excès. Voici le procédé que l'on suit à Paris.

On se procure les plâtras provenant de la démolition des vieux bâtimens; mais on les choisit avec soin, car ils ne sont point également bons. Ceux qui proviennent de la partie supérieure sont à peine salpêtrés : on les rejette ; il n'y a que ceux de la partie inférieure, située au-dessus du sol, qui, en général, le soient suffisamment. On reconnaît facilement, au reste, les bons plâtras, soit par leur aspect, soit par leur saveur, qui doit être fraîche, âcre et piquante. Les plus riches contiennent au plus cinq pour cent de leur poids d'azotates.

Les plâtras, étant transportés dans l'atelier, sont écrasés avec une batte, passés à travers une claie et lessivés; on dissout ainsi tous les sels solubles, qui sont au nombre de sept : l'azotate de chaux et le chlorure de calcium, l'azotate de magnésie et le chlorure de magnésium, l'azotate de potasse et le chlorure de potassium, le chlorure de sodium ou sel marin. Ces sels sont à-peu-près dans un rapport tel, que leur mélange contient, sur 100 parties, 10 d'azotate de potasse et de chlorure de potassium, 70 d'azotates de chaux et de magnésie, 15 de sel marin, et 5 seulement de chlorures calcaire et magnésien. La lixiviation s'en fait de la manière suivante : On prend un certain nombre de tonneaux ou cuviers, par exemple, trente-six, et on les place sur trois rangs, à chacun desquels on donne le nom de *bande*. Ces tonneaux sont percés latéralement, près de leur fond, d'un trou d'environ un demi-pouce de diamètre, fermé par un robinet ou une chante-pleure, et situé au-dessus d'une rigole ou conduit aboutissant à un réservoir. On met d'abord dans chaque tonneau un seau des fragmens de plâtras qui n'ont pas pu passer à travers la claie, en les maintenant, à l'aide d'une douve, à une certaine distance du trou, pour qu'ils ne puissent point l'obstruer; ensuite on y ajoute un boisseau de cendres, et on achève de remplir chacun d'eux avec des plâtras en poudre. Cela étant fait, on verse de l'eau dans les tonneaux de la première bande; après quelques heures de contact, on la laisse couler peu-à-peu en tournant convenablement le robinet; de temps en temps on en verse d'autre, et on continue d'en verser jusqu'à ce que celle qui filtre ne marque plus, pour ainsi dire, que zéro à l'aréomètre de Beaumé. Les eaux salines que l'on obtient ainsi sont partagées en trois parties, en raison de leur pesanteur spécifique ou de la quantité des sels qu'elles contiennent. On met à part celles qui marquent plus de 5°, pour les travailler comme on le dira tout-à-l'heure : elles sont connues sous le nom *d'eaux de cuite*; on met également à part celles qui marquent entre 3 et 5° : elles prennent le nom *d'eaux fortes*; et l'on réunit, sous le nom *d'eaux faibles* ou *d'eaux de lessivage*, celles qui sont au-dessous de 3°. A mesure que les eaux fortes et faibles s'écoulent, on les fait passer successivement à travers la seconde bande, pour les convertir; savoir : les premières en eaux de cuite, et les secondes en eaux fortes; mais comme cette seconde bande n'est point épuisée, on la lave jusqu'à ce qu'elle le soit avec de l'eau ordinaire, ce qui donne de nouvelles eaux faibles. Enfin l'on fait passer de la même manière les eaux fortes et les eaux faibles provenant de la seconde bande à travers la troisième, puis celles qui proviennent de celle-ci à travers la première, après en avoir toutefois renouvelé les terres, etc. Par conséquent, la lixiviation n'est jamais interrompue, et l'on voit, qu'une fois en activité, elle peut se faire de manière que l'on obtienne en même temps, par exemple, des *eaux faibles* dans la seconde bande, des *eaux fortes* dans la troisième, et des *eaux de cuite* dans la première. (1)

Lorsqu'on s'est procuré une suffisante quantité *d'eaux de cuite*, on les porte dans une chaudière de cuivre, et on les fait évaporer. Pendant l'évaporation, il se forme des écumes que l'on enlève, et un dépôt assez abondant qu'on

(1) Il serait possible d'obtenir les eaux de cuite à 12 ou 14°, en mettant celles qui sont à 5° en contact avec des terres neuves; et c'est ce que font avec avantage plusieurs salpêtriers.

appelle *boues*. Ces boues composées de carbonate de chaux, de carbonate de magnésie, de sulfate de chaux, se recueillent dans un chaudron qu'on place au fond de la chaudière, et qu'on enlève de temps en temps au moyen d'une corde qui se meut sur une poulie, et qui est attachée à une chaîne partant de l'anse du chaudron. On concentre ainsi les eaux jusqu'à 25° de l'aréomètre de Beaumé; alors on les mêle dans la chaudière même avec les *eaux-mères* de la cuite précédente, et on y verse de la potasse du commerce en dissolution concentrée, jusqu'à ce que la liqueur cesse de précipiter (1). Le sulfate de potasse peut être employé avec le même succès, du moins pour décomposer les sels calcaires; mais on le met en premier lieu, et l'on achève la décomposition par la potasse, à la manière ordinaire; l'on peut même employer aussi le chlorure de potassium pour décomposer l'azotate de chaux, pourvu qu'on le mêle d'abord avec du sulfate de soude dans le rapport de 93 à 89 : il se produit alors, par la réaction des trois sels, du sulfate de chaux, du sel marin et de l'azotate de potasse (2). La précipitation étant

---

(1) Le lessivage des matériaux salpêtrés donne des eaux qui, comme nous venons de le dire, contiennent peu de salpêtre, d'azotate de chaux, etc. On conseillait de ne point verser dans ces eaux la quantité de potasse nécessaire à l'entière décomposition des sels calcaires, parce que l'on pensait que l'alcali se portait uniquement sur l'azotate de chaux et que le chlorure restait indécomposé dans la liqueur; mais M. Longchamp a fait voir qu'il n'en était point ainsi; car s'étant procuré une dissolution d'azotate de chaux et de chlorure de calcium, qui contenaient ces sels dans des rapports tels, que l'acide azotique et le chlore y étaient saturés par des quantités proportionnelles de base et de métal, et y ayant versé la quantité de carbonate de potasse précisément nécessaire pour décomposer l'un des sels calcaires, la cristallisation a fourni 24 parties d'azotate de potasse et 9 parties de chlorure de potassium. Ce résultat était important à connaître pour l'art du salpêtrier; car du moment où l'on ne peut point éviter la décomposition du chlorure de calcium, il faut, dès le principe, verser dans les eaux salpêtrées la quantité de potasse nécessaire à l'entière décomposition de tous les sels calcaires; de cette sorte l'on évitera le travail subséquent que l'on faisait éprouver aux eaux-mères, opérations qui étaient longues et laborieuses, et dans lesquelles on perdait une assez grande quantité de salpêtre.

(2) Au lieu de sulfate de soude, il est évident que, pour utiliser le chlorure

faite, c'est-à-dire, les azotates de chaux et de magnésie étant transformés en azotate de potasse, on porte la liqueur toute chaude dans un grand cuvier appelé *réservoir*, et situé sur le bord de la chaudière. Aussitôt que les sels insolubles qu'elle contient y sont déposés, ce qui a promptement lieu, on la tire à clair par des robinets adaptés au cuvier; on la reçoit dans la chaudière, qu'on a dû nettoyer pendant la formation du dépôt, et on lave le dépôt avec une certaine quantité d'*eaux de cuite*, qui s'éclaircissent en peu de temps, et qu'on réunit à la liqueur précédente.

D'après ce que nous venons de dire, on voit que la liqueur doit contenir beaucoup d'azotate de potasse, un peu de chlorure de potassium, un peu de sel de chaux ou de magnésie lorsque la quantité de potasse ajoutée n'est pas assez grande, tout le sel marin provenant des plâtras, et de plus celui qui résulterait de la décomposition du sulfate de soude dans le cas ou l'on ferait usage d'un mélange de ce sulfate et de chlorure de potassium.

On y rencontre aussi le plus souvent un peu de sulfate de chaux. Quoi qu'il en soit, on la soumet de nouveau à l'évaporation. Lorsqu'elle est à 42° de concentration, il s'en sépare du sel marin, qu'on enlève avec des écumoirs, et qu'on fait égoutter dans un panier d'osier placé au-dessus de la chaudière. Parvenue à 45°, on la porte dans des vases en cuivre, où, par le refroidissement, elle cristallise. On décante les eaux-mères, on fait égoutter le sel, on l'écrase, on le lave dans une certaine quantité d'eau de cuite, et c'est alors qu'on le livre à l'administration centrale, sous le nom

de potassium renfermé en plus ou moins grande quantité dans toutes les potasses du commerce, et qui se trouve mêlé pour un tiers au sel marin obtenu dans le travail du salpêtrier; on pourrait se servir directement de l'azotate de soude. Le résultat de cette opération serait de l'azotate de potasse et du sel marin. Quant à l'azotate de soude, le sol de l'Amérique en contient de grandes quantités, puis il pourrait être préparé en grand, comme l'a proposé M. Longchamp, en décomposant par le sulfate de soude des matières salpêtrées de la Touraine, qui ne contiennent, pour ainsi dire, que de l'azotate de chaux.

de *salpêtre brut* ou de première cuite. Le salpêtre brut contient actuellement 85 à 88 pour 100 d'azotate de potasse. On en détermine la richesse en le traitant à froid par une dissolution saturée d'azotate de potasse pur, qui ne peut dissoudre aucune portion de cet azotate, mais qui peut dissoudre les substances étrangères. Les 12 à 15 centièmes de ces substances contenues dans le salpêtre brut, se composent d'une grande quantité de sel marin ou chlorure de sodium, d'un peu de chlorure de potassium et de sels déliquescens : il est nécessaire de les séparer. L'opération qui a pour objet cette séparation s'appelle *raffinage du salpêtre*. (*Voy.*, pour plus de détails, l'*instruction* publiée par le comité consultatif des poudres et salpêtres sur la fabrication du salpêtre.)

Le raffinage du salpêtre est fondé principalement sur la propriété qu'a le nitre d'être bien plus soluble dans l'eau chaude que les chlorures de sodium et de potassium.

On met dans une chaudière 30 parties de salpêtre et 6 parties d'eau; on porte peu-à-peu la liqueur à l'ébullition; par ce moyen, il se précipite au fond de la chaudière une grande quantité de sel marin mêlé de chlorure de potassium; on enlève ce sel avec soin, et de temps en temps on ajoute une petite quantité d'eau pour maintenir le nitre en dissolution. Lorsqu'il ne se fait plus de dépôt dans la liqueur, on la clarifie par la colle, on continue d'y ajouter de l'eau jusqu'à ce qu'il y en ait 10 parties, y compris celle qu'on a déjà versée, et l'on porte la nouvelle liqueur, lorsqu'elle est bien claire et moins chaude, dans de grands bassins en cuivre peu profonds, où l'on promène des rabots pour hâter le refroidissement, troubler la cristallisation, et obtenir le salpêtre divisé et presque en poudre.

Le salpêtre ainsi obtenu n'est point encore assez pur; on achève de le purifier en le lavant avec de l'eau ordinaire, ou avec des eaux saturées de nitre, qui dissolvent les substances étrangères. Ce lavage se fait dans des trémies dont le fond est percé de trous qu'on bouche avec des chevilles.

On laisse le nitre en contact avec les eaux de lavage pendant quelques heures, puis on les laisse écouler en ôtant les chevilles. Lorsque la liqueur qui s'écoule marque le même degré que la dissolution saturée de nitre, l'opération est faite; alors on sèche le nitre et on le porte en magasin. Les eaux de lavage et les eaux-mères sont traitées à part.

M. Longchamp a conseillé avec raison d'ajouter une certaine quantité de sulfate de soude dans celles-ci, dans le cas où elles contiennent trop de chlorure de calcium pour pouvoir cristalliser : ces deux sels, en se décomposant réciproquement, donnent lieu à du sulfate de chaux qui se précipite, et à du sel marin qui reste en dissolution. Si l'on fait alors concentrer la liqueur, l'on en extraira non-seulement ce sel, mais encore celui qui était tout formé, et la portion du nitre dont les eaux-mères étaient saturées. (*Ann. de Chim. et de Phys*, t. v, p. 173.)

Suivant M. Longchamp aussi, il y aura un grand avantage à laver le salpêtre brut à l'eau froide, avant de le redissoudre dans l'eau. (*Ann. Chim. et de Phys.*, t. ix, page 200.)

1645. *Usages.*—C'est de l'azotate de potasse qu'on retire l'acide azotique (294.)

En le brûlant lentement avec 8 parties de soufre dans une chambre de plomb, dont le sol est couvert d'eau, on obtient l'acide sulfurique du commerce. (1)

Les médecins le prescrivent comme diurétique et rafraîchissant.

On s'en sert dans les officines pour préparer les composés que l'on connaît sous les noms *d'antimoine diaphorétique non lavé et lavé, de fondant de Rotrou.*

L'antimoine diaphorétique non lavé est un composé d'acide antimonique et de potasse; sa préparation est simple : elle consiste à projeter une partie d'antimoine en poudre et 2

______

(1) Au lieu d'azotate de potasse, dans ces deux opérations, l'on emploie maintenant l'azotate de soude qui est moins cher et qui contient plus d'acide azotique.

parties de nitre dans un creuset chauffé au rouge. Ce composé est blanc et contient de la potasse en excès : en le broyant et le traitant par l'eau, on dissout l'excès d'alcali ; on dissout en même temps une certaine quantité d'acide antimonique, et l'on obtient pour résidu l'*antimoine diaphorétique lavé.* Ce nouveau composé est blanc comme le premier, et est formé de 78,17 d'acide antimonique et de 21,83 de potasse; il est légèrement soluble dans l'eau. Si l'on verse de l'acide azotique dans les eaux de lavage de l'antimoine diaphorétique non lavé, il se forme sur-le-champ un précipité blanc d'acide antimonique : c'est à ce précipité que l'on donnait autrefois le nom de *matière perlée de Kerkringius.*

Le *fondant de Rotrou* est formé de sulfate de potasse et d'antimoniate de potasse : on l'obtient en mêlant 3 parties de nitre et 1 de sulfure d'antimoine, versant le mélange dans un chaudron de fonte bien propre, et y mettant le feu avec un charbon incandescent. La combustion est très vive, tandis que celle qui accompagne la production du foie d'antimoine est très faible. Il sera facile de concevoir tout ce qui se passe dans ces préparations, en observant qu'il ne se dégage que du bi-oxide d'azote dû à la décomposition de l'acide azotique, en se rappelant la manière d'agir des azotates sur le soufre et les métaux, et en considérant la nature des produits formés.

On emploie encore le nitre mêlé au tartre pour se procurer l'hydrate de potasse (675), et pour obtenir ce qu'on appelle *flux blanc et flux noir* (V. *Chimie végétale, bi-tartrate de potasse*). On l'emploie aussi quelquefois pour brûler certaines matières combustibles, et particulièrement l'arsénic et le soufre, dans le traitement des mines métalliques; mais c'est surtout dans la fabrication de la poudre qu'on en fait usage.

De la poudre.

1646. La poudre est un mélange de salpêtre, de charbon et de soufre; elle est d'autant meilleure, toutes choses égales d'ailleurs, que le mélange est plus intime, que le choix des ingrédiens est mieux fait, et qu'ils sont employés dans les proportions qui donnent le plus de gaz. Le salpêtre doit être parfaitement raffiné, et ne doit point contenir surtout de sels déliquescens. Le soufre doit être aussi le plus pur possible, et, par cette raison, l'on doit donner la préférence à celui qu'on obtient par distillation. Il faut que le charbon brûle presque sans résidu, qu'il soit sec, sonore, léger et facile à pulvériser : tels sont les charbons de bourdaine, de peuplier, de tilleul, de marronnier, de châtaignier, de coudrier, de fusain, et en général de tous les bois tendres et légers. Dans nos poudreries, l'on se sert principalement de celui de bourdaine : on le fait avec des branches ou des parties de branches refendues, d'environ deux centimètres de diamètre, dépouillées de leurs écorces, et de l'âge de cinq à six ans. La carbonisation s'exécute dans des fosses ou des fours, quelquefois encore par distillation dans des cylindres en fonte : celui-ci n'est employé que pour la confection de la poudre superfine de chasse.

Indépendamment des causes qui précèdent et qui ont une grande influence sur la qualité de la poudre, il en est quelques autres dont les effets sont bien constatés : telles sont la forme et la ténuité du grain, le lustre ou lissage qu'il peut recevoir, et surtout la densité qu'on donne à la pâte.

De là quatre espèces de poudre : la poudre de guerre, la poudre de mine, la poudre de chasse, la poudre de traite. Les proportions adoptées en France sont pour la poudre

	de guerre.	de chasse.	de mine (1).	de traite.
Salpêtre........	75,0	78	65	62
Charbon........	12,5	12	15	18
Soufre.........	12,5	10	20	20

(1) On appelle ainsi la poudre qu'on emploie pour l'exploitation des mines

Ces quatre espèces de poudre se font par le *procédé des pilons*, qui est de beaucoup le plus ancien, par le *procédé de la poudre ronde* et par *le procédé des meules*.

Procédé des pilons. — C'est par ce procédé que l'on fait la poudre de guerre, la poudre de chasse ordinaire, la poudre de mine et la poudre de traite.

Après avoir fait choix des matières, on passe le nitre à travers un tamis de laiton ; on pulvérise le soufre sous des bocards, et on le tamise dans un blutoir ; puis on pèse des quantités convenables de ces deux substances, ainsi que de charbon.

La pesée étant faite, on procède au mélange.

Ce mélange s'opère dans des mortiers creusés dans l'épaisseur d'une forte pièce de bois de chêne, à l'aide de pilons qu'on met en mouvement par un courant d'eau, et dont l'extrémité inférieure est garnie d'une boîte pyriforme en alliage de cuivre et d'étain. L'atelier dans lequel se fait l'opération porte le nom de *moulin à pilons* : ce moulin a ordinairement deux batteries de dix pilons chacune. On y apporte la charge de chaque mortier, qui est de dix kilogrammes, dans deux boisseaux, l'un contenant le nitre et le soufre, et l'autre le charbon.

On met d'abord le charbon dans chaque mortier avec un kilogramme d'eau, et on le retourne bien, afin qu'il soit humecté partout également ; ensuite on fait agir les pilons pendant vingt à trente minutes ; au bout de ce temps, on les arrête pour verser le salpêtre et le soufre, on remue le tout avec la main, puis on ajoute une nouvelle quantité d'eau, environ un demi-kilogramme ; on remue de nouveau et l'on recommence le battage. (1)

---

et carrières : elle contient moins de nitre que les trois autres, parce qu'il n'est pas nécessaire qu'elle soit aussi forte.

(1) L'eau a pour objet d'empêcher la *volatilisation* des matières soumises à l'action des pilons, et de donner la consistance d'une pâte ferme au mélange.

Après une demi-heure de battage, l'on fait l'opération que l'on nomme *rechange* : les pilons étant arrêtés, deux ouvriers, avec des curettes en cuivre appelées *mains*, enlèvent la poudre du premier mortier, et la déposent dans une espèce de caisse appelée *layette*; ils ont soin surtout de rompre le culot qui se forme au fond du mortier, là où tombe le pilon, et de détacher, en grattant, toutes les parties qui pourraient être adhérentes. Lorsque le premier mortier est bien nettoyé, ils y mettent la poudre du second; puis ils mettent successivement celle du troisième dans le deuxième, celle du quatrième dans le troisième, et enfin celle du premier ou de la layette dans le dernier. On fait ainsi douze rechanges pour la poudre à canon et surtout pour la poudre de chasse, en mettant une heure d'intervalle entre-deux, et arrosant de temps en temps le mélange, surtout dans l'été; après quoi l'on fait encore mouvoir les pilons pendant deux heures, et le battage est terminé. La poudre de mine et la poudre de traite, toutes deux de qualité inférieure, sont battues beaucoup moins long-temps, environ 5 à 6 heures.

La poudre, ayant été ainsi battue, est sous forme de pâte ou de gâteaux humides : c'est alors qu'on la grène. Pour cela, on la retire des mortiers, on la porte au grenoir dans des tines où elle reste pendant un à deux jours, afin qu'il s'en évapore une portion d'humidité nuisible au grenage, et on la verse dans de grandes caisses ou mayes. De là elle est mise par partie dans un tamis de peau appelé *guillaume*, que l'on fait mouvoir d'une manière particulière sur une barre horizontale placée presque à fleur de la maye, et dans lequel se trouve un tourteau ou un plateau de forme lenticulaire, qui brise les portions de gâteaux trop compactes, et qui force la poudre à se tamiser. La poudre ainsi tamisée est reprise et passée, à l'aide du tourteau, dans un deuxième tamis appelé *grenoir*, dont les trous sont précisément du même diamètre que la poudre qu'on veut obtenir. Ensuite elle est versée dans un troisième tamis nommé *égalisoir*, qui laisse passer le poussier et le fin grain, et qui retient la poudre grenée. Mais comme, dans cet état, la poudre contient presque toujours quelques grains trop gros ou quelques fragmens de matières échappées du grenoir par l'action du tourteau, on la sépare de ces grains ou fragmens par un quatrième tamis de dimension convenable. Enfin, le poussier et le fin grain sont rapportés au moulin pour être remis en gâteaux et soumis de nouveau à l'opération du grenage.

Lorsque la poudre que l'on fait est de la poudre de guerre ou de mine ou de traite, on la sèche immédiatement après avoir été grenée.

Autrefois l'on faisait sécher la poudre en plein air, en l'étendant en couches minces sur des tables garnies de toiles; mais il en résultait de graves inconvéniens : on ne pouvait opérer que lorsque le soleil était sur l'horizon, que l'air était calme et sec; souvent on était obligé de suspendre la dessiccation : dans les plus beaux jours même elle durait vingt-quatre heures.

M. Champy fils a obvié à tous ces inconvéniens par un procédé très avantageux. Ce procédé consiste à faire arriver de l'air dans une chambre dont la température est de 50 à 60°, et à le faire passer de cette chambre à travers des toiles sur lesquelles on a étendu une couche de poudre d'une certaine épaisseur. Par ce moyen on parvient à dessécher de très grandes quantités de poudre dans toutes les saisons de l'année, en peu de temps et à peu de frais.

Toutefois, quelques soins qu'on prenne dans le séchage, et de quelque manière qu'on le fasse, il se forme toujours une petite quantité de *poussier* qu'il faut séparer pour avoir un grain net, qui ne salisse ni les mains ni les armes; on emploie à cet effet un tamis de toile de crin très fin : cette opération s'appelle *époussetage* : c'est la dernière qu'on pratique dans la confection de la poudre de guerre, de mine ou de traite.

La poudre de chasse est soumise à une manipulation de

plus que les autres: on la lisse avant de la sécher : du reste, on la fait de la même manière, si ce n'est qu'on emploie un tamis plus fin pour la grener.

Le lissage a pour but de rompre les aspérités du grain, de l'empêcher de se réduire en poussière et de salir les mains. Pour lisser la poudre, on l'expose d'abord environ une heure au soleil, sur une toile pendant l'hiver, et entre deux toiles pendant l'été, afin d'enlever une portion de l'humidité qui se trouve à la surface et qui nuirait au lissage; on l'époussette ensuite pour en ôter le poussier; puis on la met dans des tonnes tournant horizontalement sur leur axe au moyen d'un courant d'eau, et contenant quatre liteaux ou barres carrées de six centimètres d'épaisseur, qui s'étendent d'un fond à l'autre, et qui sont destinées à augmenter les frottemens du grain. Les tonnes reçoivent chacune environ cent cinquante kilogrammes de poudre; on les fait tourner lentement pour éviter de briser le grain : ce n'est qu'au bout de huit heures, et quelquefois de douze, que le lissage est terminé : au reste, on continue l'opération jusqu'à ce que le grain ait pris un lustre mat. Alors on retire la poudre des tonnes, on la fait sécher et on l'époussette; mais auparavant il faut l'égaliser ou la séparer de quelques croûtes qui se forment pendant le lissage, et qui proviennent de ce qu'une certaine quantité de poussier se fixe aux parois des tonnes, et s'en détache par le mouvement.

La poudre, ainsi confectionnée, est mise dans des barils, et conservée dans des magasins qui doivent être très secs et isolés : s'ils étaient humides, la poudre serait bientôt avariée. M. Champy fils a proposé avec raison de les doubler de plomb et d'en garnir l'entrée de chaux que l'on renouvellerait de temps en temps, et que l'on disposerait d'ailleurs de telle manière que l'air qui pourrait s'y introduire par les variations de température et de pression fût toujours sec.

Procédé de la poudre ronde. — Le procédé que nous

venons de décrire, et que l'on suit encore dans les poudreries de France, est extrêmement long et n'est point exempt
de dangers. En effet, l'on obtient sans cesse des résidus
qu'il faut remettre dans les mortiers, et l'on a vu plus d'une
fois les moulins sauter pendant le battage du mélange. Il
est un autre procédé beaucoup plus économique et en
même temps beaucoup plus sûr, qui a été pratiqué pour
la première fois par M. Champy fils en 1814; il est à quelques
modifications près le même que celui qu'on suit à Berne :
la poudre qui en résulte est parfaitement ronde. Nous ne
pourrons en donner ici qu'une idée sommaire.

1° Le nitre, le soufre et le charbon sont d'abord réduits
séparément en poudre très fine. Cette opération se fait dans
un tonneau garni intérieurement de côtes longitudinales
d'un bois très dur, et contenant une certaine quantité de
balles d'un alliage d'étain et de cuivre. On fait tourner le
tonneau sur son axe; on y introduit la matière par petites
parties; les balles, qui sans cesse sautent et retombent, la
divisent; et par le moyen d'un ventilateur, la partie la plus
tenue est portée dans une chambre voisine d'où elle est
retirée pour être soumise aux opérations subséquentes : bien
entendu que le tonneau doit avoir plusieurs ouvertures, et
être convenablement disposé, afin que la pulvérisation s'exécute facilement et sans perte. (1)

2° La deuxième opération a pour objet le mélange intime
des matières; elle s'exécute en pesant les quantités qui doivent être mêlées, les mettant dans un tambour avec de la
grenaille fine de plomb, et faisant tourner le tambour pendant environ une heure et un quart, lorsqu'on opère sur
3oo à 35o livres de mélange.

3° Ensuite, l'on mouille bien également une certaine

____

(1) Cette méthode de pulvérisation a été pratiquée pour la première fois
dans la révolution française pour la confection de la poudre : seulement on n'a-
daptait point de ventilateur au tonneau. C'est celle que l'on suit actuellement
au Bouchet.

quantité du mélange à 14 pour 100 d'eau; on le passe à travers un tamis à trous ronds; puis on le porte dans un tambour, où il est soumis pendant une demi-heure à un mouvement de rotation : il en résulte une foule de petits grains ronds que l'on sépare du reste de la matière au moyen d'un tamis dont les trous sont eux-mêmes très petits. Ces petits grains sont connus sous le nom de *noyau*.

4° Lorsqu'on s'est procuré une suffisante quantité de noyau, on le met dans un nouveau tambour d'une grandeur convenable, avec une fois et demie son poids de mélange; le tambour étant en mouvement, on arrose un peu la matière avec de l'eau qui, à cet effet, doit être projetée dessus en pluie fine; le noyau grossit en se couvrant sans cesse de nouvelles couches, de sorte que, au bout d'un certain temps, le tout se trouve converti en grains parfaitement ronds et plus ou moins gros.

La densité que les grains prennent dépend de la quantité du mélange et du temps pendant lequel il reste en mouvement. L'on peut donc, d'après cela, la faire varier à volonté : plus ce temps sera long et la quantité de mélange grande, et plus la densité sera considérable.

5° La poudre étant grenée, on la passe à travers des tamis de *diverses grosseurs*, et on la partage ainsi en trois espèces de grains : les plus gros forment la poudre à canon; les moyens, la poudre à fusil; et les plus petits servent de noyau pour l'opération suivante.

6° Enfin la poudre est séchée à la manière ordinaire et conservée de même.

On peut la lustrer au point de lui donner le poli du plomb ; mais il faut se garder d'aller jusque-là; elle ne prendrait feu que difficilement.

Quoique ce procédé nous paraisse sûr et économique, il n'est point employé; on ne s'en sert qu'au Bouchet pour la confection de la poudre de mine, en procédant toutefois à la pulvérisation et au mélange du soufre, du charbon et du nitre comme dans le *procédé des meules*.

Procédé des meules. — Ce procédé est celui dont on se sert au Bouchet pour faire de la poudre superfine de chasse, qui ne le cède en rien à la poudre anglaise. La qualité qu'acquiert la poudre dépend sans doute de ce qu'on lui donne une plus grande densité, et en même temps du charbon que l'on emploie. Ce charbon provient du bois distillé dans un cylindre en fonte, à la température le moins élevée possible : aussi la carbonisation ne se termine-t-elle qu'en 12 heures, obtient-on du charbon qui est brun-jaunâtre et qui est à l'état de fumerons, et le produit s'élève-t-il à 40 pour 100 du bois sec. Ce charbon est donc très hydrogéné, et de là vient sans doute la cause pour laquelle il donne tant de force à la poudre.

Nous ne décrirons pas les nombreuses manipulations dont le procédé se compose. Nous dirons seulement :

1° Que la pulvérisation du soufre et du charbon s'opère ensemble dans des tonneaux avec des balles en bronze.

2° Que le soufre et le charbon pulvérisés sont ensuite mêlés dans un autre tonneau avec des gobilles en étain, en ajoutant 2 pour 100 d'eau pour prévenir toute crainte d'inflammation.

3° Que le mélange mouillé de 4 pour 100 d'eau est comprimé sous des meules verticales du poids de 3000 à 6000 kilogrammes, et qui tournent dans une auge circulaire; que par ce moyen on lui donne beaucoup de densité, et qu'on parvient à lui en donner davantage encore en le passant entre des laminoirs d'une grande puissance.

4° Que le grenage se fait dans des tamis, mais disposés d'une manière très ingénieuse, et qui abrège beaucoup le grenage.

5° Que le lissage et les autres opérations se font comme à l'ordinaire.

1649. Après avoir fait connaître la composition et la préparation de la poudre, nous devons nous occuper des produits de sa détonation ou de sa combustion instantanée : nous concevrons ensuite avec la plus grande facilité la cause de ses effets. Les produits de la détonation sont en grand nombre : les uns sont gazeux et les autres solides. Les premiers se composent de beaucoup de gaz carbonique, d'une assez grande quantité d'azote, et d'un peu d'oxide de carbone, de vapeur d'eau, de gaz carbure d'hydrogène, de gaz sulfhydrique : quant aux produits solides, ils sont toujours formés de sulfure de potassium; quelquefois ils contiennent une petite quantité de carbonate de potasse. Si la poudre, au lieu de brûler instantanément, ne faisait que fuser, l'on obtiendrait, en outre, du bi-oxide d'azote, et même, suivant M. Proust, de l'acide hypo-azotique, de l'azotite de potasse et du cyanure de potassium. Il est facile, dans tous les cas, de se rendre compte de la formation de tous ces produits, en se rappelant l'action des corps combustibles sur les azotatés, et en observant que le charbon ordinaire est toujours hydrogéné, et que le cyanogène est un véritable azote carboné. Il est facile aussi de recueillir tous les gaz de manière à pouvoir les examiner. Pour se procurer ceux de la combustion lente, il suffit de remplir de poudre pulvérisée et tassée un petit tube de cuivre long et étroit, fermé par l'une de ses extrémités, d'enflammer la poudre, et de plonger le tube sous une cloche pleine de mercure. L'appareil dont nous nous servirons par la suite pour analyser les substances végétales et animales par le chlorate de potasse (5ᵉ vol.), remplit toutes les conditions desirables, lorsqu'il s'agit d'obtenir les gaz de la combustion vive ou de la détonation. C'est de cet appareil que M. Gay-Lussac s'est servi pour faire cette épreuve : il a trouvé, ainsi, que, de 1 litre de poudre pesant 900 grammes, on retire 450 litres de gaz à zéro et à 76 centimètres de pression, et que ces gaz pour 100 contenaient 53 d'acide carbonique, 5 d'oxide de carbone, et 42 d'azote.

Voyons maintenant ce qui devrait arriver, si la réaction était complète, et si l'on employait les dosages suivans que le calcul donne et qui diffèrent très peu de ceux que nous avons indiqués.

23.

	Poudre de guerre.	de chasse.	de mine.
Nitre....	75,0 ou 1 atome.	77,7 ou 4 at.	63,3 ou 1 at.
Soufre....	11,9 ou 1 at.	9,3 ou 3 at.	20,0 ou 2 at.
Charbon..	13,1 ou 6 at.	16,7 ou 23 at.	13,2 ou 9 at.

Il en résulterait que l'on devrait obtenir, au moyen de ces quantités atomiques, savoir :

1° Avec la poudre de guerre, 1 atome de sulfure de potassium, 2 at. d'azote, 6 at. de gaz carbonique ;

2° Avec la poudre de chasse, 3 at. de sulfure de potassium, 1 at. de carbonate de potasse, 8 at. d'azote, 21 at. d'acide carbonique ;

3° Avec la poudre de mine, 1 atome de bi-sulfure de potassium, 2 at. d'azote, 3 at. de gaz carbonique, 6 at. d'oxide de carbone.

Il est à remarquer que les doses de charbon calculées sont toujours plus grandes que celles du charbon employé dans la pratique ; mais la raison en est simple : c'est que le charbon dont on se sert renferme plus ou moins d'hydrogène.

Puisque, pendant la combustion de la poudre, il se forme des corps qui passent de l'état solide à l'état gazeux, c'est-à-dire, dont le volume se trouve tout-à-coup plusieurs fois centuplé, il en doit résulter une force plus ou moins considérable. C'est précisément cette force qui, dans les armes à feu, porte le mobile à une plus ou moins grande distance ; mais il est évident qu'il n'y a que les gaz développés pour ainsi dire instantanément, ou du moins avant que le projectile ne soit sorti de l'arme, qui contribuent à la projection. La poudre sera donc d'autant plus forte qu'elle sera susceptible de produire plus de gaz pendant cet espace de temps, et que ces gaz acquerront un plus grand ressort par la chaleur à laquelle ils seront exposés. De là, on conçoit pourquoi certaines proportions de nitre, de soufre et de charbon sont meilleures que les autres ; pourquoi le mélange de ces trois corps doit être intime ; pourquoi le nitre doit être pur, et surtout exempt de sels déliquescens ; pourquoi le soufre fait par distillation est préférable à celui qu'on obtient par fusion et décantation; pourquoi le charbon doit être hydrogéné et très léger; pourquoi la poudre doit être séchée avec tant de soins; pourquoi elle s'avarie à l'air; pourquoi la poudre de mine, dont la combustion élève moins la température que celle des autres poudres, a moins de force que celle-ci.

On a essayé de faire de la poudre avec du nitre et du charbon, on a également essayé d'en faire avec du nitre et du soufre, et l'on a vu que ces sortes de poudres étaient de mauvaise qualité : le charbon est nécessaire pour produire beaucoup de gaz, et le soufre l'est surtout pour rendre la combustion rapide. Néanmoins cette combustion, quelque rapide, quelque vive qu'elle soit, ne s'opère jamais complètement; un grand nombre de grains sont toujours entraînés sans être brûlés, et tombent à quelque distance de l'arme.

Par conséquent aussi une partie de la poudre doit se brûler dans le trajet du tonnerre à l'extrémité de l'arme; et de là la cause pour laquelle un fusil porte beaucoup plus loin qu'un pistolet, à charges égales.

L'on croyait autrefois que plus la combustion de la poudre était rapide, et plus elle avait de portée : c'était une erreur bien reconnue aujourd'hui. Lorsqu'une poudre se décompose tout-à-coup, elle est *brisante* comme le sont les fulminates de mercure et d'argent; elle tend à faire éclater l'arme sans porter très loin. La meilleure est celle dont il se brûle le plus de grains avant que le projectile ne soit hors de l'arme.

1650. La poudre, avant d'être versée dans les magasins, est ordinairement essayée; on en détermine la force dans des mortiers qu'on appelle *mortiers-éprouvettes*, etc. On trouvera la description de ces mortiers, ainsi que de plusieurs autres éprouvettes, dans divers ouvrages, et particulièrement dans le traité de MM. Bottée et Riffault, sur l'art de fabriquer la poudre à canon. Ceux qui voudront acquérir des connaissances plus étendues sur cet art pourront consulter ce Traité; ils devront en outre lire les Mémoires de M. Proust, insérés dans le *Journal de Physique* (t. LXXI et suiv.); Mémoires dans lesquels ce savant chimiste considère la poudre sous le rapport de sa fabrication et de la théorie de ses effets, et où il se propose de prouver : 1° que le charbon de chenevotte est préférable à tous les autres, soit parce qu'il coûte moins cher, soit parce qu'il est bien plus facile de le mêler avec le nitre et le soufre; 2° qu'en employant même le charbon ordinaire, deux heures de battage suffisent pour obtenir un mélange parfait.

1651. La poudre n'est pas seulement susceptible de s'enflammer par le contact des corps en combustion; elle peut aussi prendre feu par l'étincelle électrique et même par le choc. Il est donc nécessaire d'établir des paratonnerres sur les magasins à poudre, et d'éviter dans la fabrication de la poudre le choc subit de deux corps durs.

1651 *bis.* Rien de plus facile d'ailleurs que d'en faire l'analyse par le procédé qu'a publié M. Gay-Lussac, procédé qui ne laisse rien à desirer et que nous croyons devoir rapporter ici. (*Ann. de Chim. et de Phys.* XVI, 434.)

« On commence par dessécher une certaine quantité de poudre pour connaître le degré d'humidité qu'elle contient, et pouvoir déterminer avec le plus de certitude la proportion du charbon qu'on n'obtient dans ce procédé que par soustraction. On évalue le nitre en lessivant la poudre, évaporant l'eau de lavage, et faisant fondre le résidu salin.

« Pour obtenir le soufre, on mêle 5 grammes de poudre avec un poids égal de carbonate de potasse pur, ou au moins ne contenant pas d'acide sulfurique; on pulvérise exactement le mélange dans un mortier, et on ajoute ensuite 5 grammes de nitre et 20 de chlorure de sodium. Le mélange étant rendu bien intime, on l'expose dans une capsule de platine sur des charbons ardens; la combustion du soufre se fait tranquillement, et bientôt la masse devient blanche.

L'opération est alors terminée; on retire la capsule du feu, et quand elle est refroidie, on dissout la masse saline dans l'eau, on sature la dissolution avec de l'acide azotique ou de l'acide chlorhydrique, et on précipite l'acide sulfurique qu'elle contient par le chlorure de barium.

« Il y a deux manières de faire cette précipitation : la première, qui est généralement suivie, consiste à mettre dans la dissolution un léger excès de chlorure de barium, et à recueillir le sulfate de baryte produit. Ce procédé exige de nombreux lavages, qu'on ne peut faire qu'à de longs intervalles, parce que le sulfate de baryte ne se dépose que lentement, surtout vers la fin de l'opération, époque à laquelle ce sel reste souvent en suspension, et passe même à travers les filtres les plus épais. Si on lave le sulfate de baryte sur un filtre, nouvel inconvénient; il faut détacher le sulfate du filtre, ou les peser ensemble; et dans l'un ou l'autre cas, on peut commettre facilement une erreur, surtout si l'on n'est pas très exercé.

« L'autre manière de précipiter l'acide sulfurique, que l'on propose ici d'adopter, consiste à prendre une dissolution titrée de chlorure de barium, c'est-à-dire, dont on connaît la proportion exacte en poids de chlorure de barium et d'eau, et de verser cette dissolution dans celle qui contient l'acide sulfurique jusqu'à ce qu'il ne se fasse plus de précipité. Quand la précipitation approche de son terme, on doit ajouter le chlorure de barium par gouttes seulement; on attend que le liquide soit éclairci avant d'en ajouter une nouvelle quantité, ou bien si l'on veut accélérer l'opération, on filtre une portion de la liqueur dans une petite éprouvette très nette, et l'on verse une goutte de chlorure de barium dans la liqueur filtrée. Le même filtre peut servir pendant toute l'opération. Il n'est pas à craindre ici que le sulfate de baryte passe à travers le filtre; cela n'a lieu que lorsque l'eau ne contient plus en dissolution, ou presque plus, de matières salines; car les sels s'excluent en général les uns et les autres de la même dissolution, le sulfate de baryte se trouve exclu du liquide et précipité, quand celui-ci contient une certaine quantité de substances salines. La plupart des sels peuvent servir pour cet objet; mais quand on doit peser le sulfate de baryte, il faut prendre un sel volatil qu'on puisse expulser par la chaleur, comme l'azotate ou le chlorhydrate d'ammoniaque.

« La quantité d'acide sulfurique, et conséquemment celle du soufre, est donnée par le poids du chlorure de barium employé; car le nombre équivalent, ou le poids de l'atome du soufre étant 201,16, et celui du chlorure de barium cristallisé, 1524,4, il suffira de faire cette proportion : 1524,4 : 201,16 : : le poids du chlorure de barium employé est à un quatrième terme, qui sera la quantité de soufre cherchée. Ce procédé, qui peut être généralisé, et dont l'utilité se fera facilement sentir dans le cas où le sulfate de baryte, ou tout autre précipité entraîne avec lui quelque substance étrangère, peut donner un résultat exact à un cinq centième près, et même à un millième; mais comme on doit verser la dissolution de chlorure de barium goutte à goutte, et qu'avec un flacon cela est très difficile, d'autant plus que les bords du goulot resteraient chaque fois mouillés de la dissolution, il est nécessaire de se servir d'une pipette formée par une petite boule portant deux tubes droits opposés, et dont l'un est effilé, pour qu'on puisse modérer plus facilement l'écoulement du liquide en appliquant l'index sur l'ouverture de l'autre tube. Le tube effilé traverse un bouchon de liège destiné à fermer le petit flacon qui contient la dissolution, afin d'empêcher toute évaporation; on remplit la pipette par aspiration; on applique aussitôt le doigt sur son extrémité supérieure, et on la retire avec la précaution de ne jamais lui faire toucher le goulot du flacon, pour ne pas y déposer de liquide : le flacon contenant la dissolution doit être léger, et ne contenir au plus que le double de la quantité de dissolution présumée nécessaire pour opérer la précipitation, afin de moins charger la balance qui doit en faire connaître le poids, et obtenir, par conséquent, plus de précision. On pèse le flacon avec sa pipette et son bouchon avant la précipitation; on le pèse de nouveau après. On ne doit pas compter la dernière goutte, et on doit même prendre la moitié de celle ajoutée avant, et qui a terminé la précipitation. Pour faire cette correction, on fait tomber de la pipette cinquante gouttes, par exemple, on en prend le poids, et on divise par cinquante pour avoir celui d'une goutte.

« Le nitre et le soufre étant déterminés l'un et l'autre avec précision, on obtient le charbon en retranchant leur poids de celui de la poudre soumise à l'analyse. »

Toutefois, rien ne s'opposerait, selon nous, à ce qu'on déterminât directement la quantité de ce corps : il suffirait pour cela de mêler un poids donné de poudre avec une égale quantité de potasse et un peu d'eau, et de chauffer le mélange : le soufre se dissoudrait et l'action serait telle qu'en filtrant la dissolution, lavant et séchant convenablement, on obtiendrait pour résidu le charbon, que l'on peserait.

Azotate de soude.

1652. L'azotate de soude (NaO, Az^2O^5) a une saveur fraîche, piquante et amère; d'après Marc, 100 parties d'eau en dissoudraient 63,1 parties à —6 degrés; 80 parties à o degrés; 22,7 parties à + 10 degrés; 55 parties à + 16 degrés, et 218,5 parties à + 119 degrés. Ces résultats nous semblent trop extraordinaires pour les admettre; nous savons en effet que, quand un sel est plus soluble à 100 degrés qu'à 80 degrés, il l'est plus à 16 degrés, à 10 degrés, qu'à zéro et à —6 degrés. Quoi qu'il en soit, l'azotate de soude cristallise en prismes rhomboïdaux, qui projetés sur les charbons incandescens, font brûler ceux-ci avec une flamme jaune-orange, etc.; on l'obtient, dans les laboratoires, en traitant le carbonate de soude par l'acide azotique (1639).

Ce sel a été découvert, il y a quelques années, au Pérou, dans le district d'Atacama, près du port de Yquique; on le trouve sous l'argile, en couches d'une épaisseur variable, mais d'une étendue de plus de cinquante lieues; il est pur dans quelques endroits. Le propriétaire en avait déjà retiré plus de 40,000 quintaux en 1824. (*Ann. de Chim. et de Phys.*, XVIII, 442.)

Azotate de lithine.

1653. Très déliquescent, frais et piquant comme le nitre, très fusible au feu; cristallise tantôt en grands rhomboïdes réguliers, tantôt en aiguilles; s'obtient en traitant par l'acide azotique le carbonate de la même base (Arfwedson). Formule $(LO, Az^2 O^5)$.

Azotate de baryte.

1654. Ce sel est âcre et inaltérable à l'air; il cristallise en octaèdres demi transparens qui ne contiennent point d'eau de cristallisation; 100 parties d'eau en dissolvent 5 parties à zéro; 8 parties à 15 degrés; 17 parties à 49 degrés; 29,6 parties à 56 degrés, et 35,18 parties à 101,65 degrés. Il est à peine soluble dans l'acide azotique. Exposé au feu, il décrépite, entre en fusion à une chaleur rouge; se décompose, et donne du gaz oxigène, du gaz azote, du gaz acide hypo-azotique, et de la baryte en masse poreuse, mêlée ordinairement à du bi-oxide de barium. Une dissolution d'une partie de ce sel dans 20000 parties d'eau est troublée tout-à-coup par une goutte d'acide sulfurique ou d'un sulfate, phénomène dû à l'insolubilité extrême du sulfate de baryte qui se forme, etc.

Cet azotate s'obtient de la manière suivante : on prend du sulfate de baryte chargé le moins possible de matières étrangères; après l'avoir pulvérisé et tamisé, on le mêle avec la sixième partie de son poids de charbon; on verse le mélange dans un creuset de terre, on l'en remplit, on recouvre le creuset de son couvercle; et on expose le tout dans un fourneau à réverbère, ou mieux dans une forge, à l'action d'un feu violent, pendant deux heures au moins, si l'on opère sur quelques livres : au bout de ce temps, le sulfate est converti en sulfure ou oxido-sulfure de barium. Alors on pulvérise le sulfure, on le met dans une terrine avec huit à dix fois son poids d'eau : il s'y dissout. Lorsque la matière est bien délayée, on y verse peu-à-peu de l'acide azotique étendu de son poids d'eau, jusqu'à ce qu'il y en ait un excès très sensible, et en même temps l'on agite avec un tube de verre. Tout-à-coup le gaz sulfhydrique, provenant de la décomposition mutuelle de l'eau et du sulfure, sous l'influence de l'acide, se dégage en donnant lieu à une vive effervescence; l'excès de soufre se précipite, et la baryte se combine avec l'acide azotique. Mais comme l'air chargé d'un millième d'acide sulfhydrique est très dangereux à respirer (305), on ne doit faire cette expérience qu'en prenant de grandes précautions : il faut se placer, autant que possible, dans un courant d'air et au-dessus de ce courant, et enflammer le gaz sulfhydrique avec une torche, à mesure que le dégagement s'en opère. Ensuite on fait bouillir la liqueur dans une chaudière de fonte; et quand elle est rapprochée au point de cristalliser par refroidissement, on y verse un petit excès d'eau de baryte pour précipiter le peu de fer oxidé; puis on filtre immédiatement la liqueur ainsi traitée, et l'on sature la baryte excédante par l'addition de quelques gouttes d'acide azotique. Bientôt l'azotate, en cristaux très blancs, se dépose; après quoi les eaux-mères, rendues légèrement alcalines, sont remises dans la chaudière pour être concentrées et filtrées de nouveau, etc., de manière que, par des évaporations et des filtrations successives, on extrait promptement tout l'azotate de la dissolution.

C'est de l'azotate de baryte qu'on extrait la baryte ; on s'en sert aussi pour reconnaître la présence de l'acide sulfurique dans les eaux où on le soupçonne.

Formule (BaO, Az^2O^5).

Azotate de strontiane.

1655. L'azotate de strontiane est âpre, piquant, soluble dans la moitié de son poids d'eau bouillante, beaucoup moins soluble dans l'eau à zéro, insoluble dans l'alcool anhydre, ce qui permet de le séparer de l'azotate de chaux; il cristallise en octaèdres, quelquefois en prismes irréguliers contenant 5 atomes ou 30 pour cent d'eau de cristallisation (1), s'effleurit à l'air, entre en fusion au degré de la chaleur rouge, se décompose ensuite, et donne du gaz oxigène, du gaz azote, du gaz acide hypo-azotique, et de la strontiane en masse poreuse. Mis en contact avec la flamme d'une bougie, etc., il la colore en pourpre, propriété que possèdent plus ou moins tous les autres sels de strontiane, etc. (782).

On prépare ce sel de la même manière que l'azotate de baryte : seulement, avant de traiter par le charbon le sulfate de strontiane pulvérisé, il faut le faire digérer pendant quelque temps avec son poids d'acide chlorhydrique étendu d'eau, pour dissoudre le carbonate de chaux dont les couches de sulfate sont entremêlées. Sa préparation est accompagnée des mêmes phénomènes, si ce n'est qu'il cristallise beaucoup plus lentement.

C'est en calcinant l'azotate de strontiane qu'on se procure cette base salifiable. Formule (SrO, Az^2O^5).

Azotate de chaux.

1656. L'azotate de chaux est très âcre et très déliques-

______

(1) Il paraît toutefois qu'il y a des cristaux qui ne contiennent point d'eau de cristallisation.

cent; c'est un des sels les plus solubles; il se dissout dans le quart de son poids d'eau froide et presque en toutes proportions dans l'eau bouillante : aussi ne l'obtient-on que difficilement cristallisé, à moins qu'on ne le dissolve dans l'alcool; ses cristaux sont de longs prismes hexagones. Calciné jusqu'à un certain point, il acquiert, dit-on, la propriété de luire dans l'obscurité, et constitue la matière connue autrefois sous le nom de *phosphore de Baudoin*. L'eau qui en est saturée se prend en masse par une dissolution concentrée de potasse, parce que la chaux qui se précipite absorbe toute l'eau de la liqueur : c'est ce phénomène que quelques chimistes anciens ont appelé *miraculum chimicum*.

Ce sel existe dans les matériaux salpêtrés, etc., mais mêlé à beaucoup d'autres sels : on l'obtient pur en traitant le marbre en fragmens par l'acide azotique étendu d'eau (1639). L'azotate de chaux artificiel est sans usages; on convertit le naturel en azotate de potasse.

Formule (CaO, Az^2O^5).

Azotate de magnésie.

1657. L'azotate de magnésie est très amer, déliquescent, soluble dans 9 parties d'alcool à $0°,84$, très peu soluble dans l'alcool anhydre. Il cristallise en petites aiguilles, quelquefois en prismes rhomboïdaux; se réduit en poudre par la dessiccation, et perd en même temps une partie de son acide; cède en partie sa base à l'ammoniaque, la cède tout entière aux autres alcalis, etc. (1305).

Ce sel existe dans la nature, mais mêlé avec beaucoup d'autres sels (1644) : c'est pourquoi, dans les laboratoires, on le prépare en traitant le carbonate de magnésie par l'acide azotique (1639, dernier procédé).

L'azotate de magnésie artificiel n'a point d'usage; on convertit le naturel en azotate de potasse (1644). Formule (MgO, Az^2O).

Le sel double qu'il forme avec l'azotate d'ammoniaque est déliquescent et par conséquent très soluble dans l'eau.

Azotate d'yttria.

1658. Ce sel ressemble beaucoup à l'azotate de glucine : comme lui, il est sucré et légèrement astringent, facilement décomposé par le feu, déliquescent, très soluble dans l'eau; comme lui encore, il rougit le tournesol; il cristallise très difficilement, quoique avec le temps sa dissolution concentrée puisse donner des cristaux assez volumineux; comme lui enfin il forme avec le carbonate d'ammoniaque un précipité qui se redissout dans un excès de ce sel. Il en diffère en ce qu'il produit avec l'acide sulfurique un précipité cristallin de sulfate d'yttria, et qu'il en produit un avec la potasse et la soude qui est insoluble dans un excès d'alcali, etc. On l'obtient en traitant l'yttria ou le carbonate d'yttria par l'acide azotique (1639, dernier procédé). Formule (YO, Az^2O^5).

Azotate de glucine.

1659. Sucré et légèrement astringent, facilement décomposable par le feu, déliquescent, très soluble dans l'eau; rougit le tournesol; ne cristallise que difficilement; forme avec le carbonate d'ammoniaque un précipité qu'un excès de ce sel fait disparaître; forme aussi avec la potasse et la soude un précipité soluble dans un excès d'alcali, etc.; s'obtient en traitant la glucine ou le carbonate de glucine par l'acide azotique (1639, dernier procédé). Formule $(G^2O^3, 3 Az^2O^5)$.

Azotate d'alumine.

1660. Très astringent, déliquescent, facilement décomposé par le feu, très soluble dans l'eau; rougit le tournesol; donne des cristaux rayonnés, lorsqu'on l'évapore en consistance sirupeuse, et qu'on abandonne la dissolution à elle-même, mais se prend en masse gommeuse en poussant l'évaporation plus loin, etc.; s'obtient en traitant l'alumine en gelée par l'acide azotique, filtrant et concentrant la liqueur. Formule ($Al^2O^3, 3Az^2O^5$).

M. Berzelius assure que l'ammoniaque, versée en excès dans une dissolution d'azotate d'alumine, n'en précipite qu'un sous-azotate; cependant il est certain qu'elle décompose complètement le sulfate d'alumine de l'alun.

Azotate de manganèse.

1661. Le protoxide de manganèse se combine facilement avec l'acide azotique : de là résulte un azotate très soluble et difficilement cristallisable ($Mn\,O, Az^2\,O^5$). Le peroxide ne s'y unit point : toutefois, lorsqu'on le fait chauffer avec de l'acide azotique étendu d'eau, et qu'on verse de la gomme ou du sucre, dans la liqueur, la dissolution ne tarde point à s'opérer; mais c'est qu'alors le peroxide est ramené à un moindre degré d'oxidation par la décomposition de la matière végétale : aussi se forme-t-il beaucoup de gaz acide carbonique. Quant au sesqui-oxide, il est transformé par l'acide azotique en protoxide qui se dissout, et en peroxide qui se précipite.

Schéele, qui le premier a parlé de l'action du sucre et de la gomme dans l'expérience précédente, a fait une autre observation sur l'azotate de manganèse. Lorsqu'on le calcine en vase clos et qu'on en expose ensuite l'oxide à l'air, il absorbe l'oxigène avec dégagement de lumière.

Azotates de fer.

1662. Toutes les fois qu'on traite le fer par l'acide azotique, ce métal passe au moins à l'état d'oxide composé $FeO + Fe^2O^3$. Mais peut-être serait-il possible d'obtenir un azotate de protoxide, en mêlant 1 proportion d'azotate de plomb avec 1 proportion de sulfate de protoxide de fer.

Azotate de l'oxide (FeO, Fe^2O^3). Ce sel se prépare, soit en combinant l'oxide composé avec l'acide azotique faible, soit en faisant agir cet acide très étendu sur le fer. Il absorbe facilement le bi-oxide d'azote, ce qui explique pourquoi l'acide d'une densité de 1,16 dissout en partie le fer, sans qu'il y ait effervescence. En le chauffant ou même l'exposant à l'air, le protoxide qu'il contient passe à l'état de sesqui-oxide.

1662 *bis. Azotate de sesqui-oxide de fer.*—L'azotate de sesqui-oxide s'obtient en traitant de la limaille, de la tournure ou du fil de fer, à la température ordinaire, par de l'acide azotique étendu d'environ une fois son poids d'eau. On verse l'acide azotique peu-à-peu sur le fer : une grande effervescence se produit, un grand dégagement de calorique a lieu, et le fer, à l'état de sesqui-oxide, se dissout en partie. On laisse ainsi l'acide en digestion pendant quelque temps avec le fer, afin de lui permettre de réagir autant que possible sur ce métal; puis l'on filtre ou l'on décante la liqueur. Elle est brun rougeâtre et acide. Portée à un degré quelconque de concentration, elle ne cristallise que difficilement. Lorsqu'on l'évapore jusqu'à siccité, elle se décompose; son acide se dégage, et son oxide se précipite sous forme de poudre d'un brun rouge. Lorsqu'on l'étend d'eau et qu'on y ajoute un excès de carbonate de potasse en dissolution, le précipité formé d'abord se redissout en totalité ou en partie, *et* donne lieu à une liqueur qui était connue autrefois sous le nom de *teinture martiale alcaline de Stahl.*

1663. Lorsque, au lieu de suivre le procédé que nous venons d'indiquer pour obtenir l'azotate de fer, on projette le fer dans 6 fois son poids d'acide azotique du commerce, et que l'on opère sur de grandes quantités de matières, il en résulte un azotate qui, suivant l'observation de M. Hausmann (confirmée par M. Houton Labilladière), cristallise en partie par le refroidissement de la liqueur, laquelle s'échauffe d'elle-même pendant la réaction. Les cristaux sont d'un brun jaunâtre : l'eau les transforme en sesqui-oxide ou peut-être en un sous-sel et en azotate acide.

Quelques pharmaciens mettent à profit l'action de l'acide azotique sur le fer pour se procurer l'*éthiops martial* (865); ils l'obtiennent en faisant une pâte de limaille de fer et d'eau, et l'arrosant avec la 16ᵉ partie de son poids d'acide azotique à 36°. La masse s'échauffe, l'acide et l'eau se décomposent; de là du gaz azote, de l'oxide d'azote et de l'ammoniaque : au bout de vingt-quatre heures, on humecte la matière d'huile, on la chauffe au rouge, on la broie, et l'opération est terminée.

1664. Des observations très curieuses, importantes même, viennent d'être faites, par M. Herschel relativement à l'action de l'acide azotique sur le fer (*Ann. de Chim. et de Phys.* LIV, 87). Il a vu, comme l'avaient déjà observé Keir et Braconnot, que le fer plongé dans de l'acide azotique concentré brunit sur-le-champ, donne lieu à une effervescence plus ou moins vive de bi-oxide d'azote; que cette effervescence, se calme bientôt et cesse entièrement; qu'alors le fer a repris tout son brillant et reste tranquille et intact au fond de l'acide aussi long-temps qu'on veut l'y conserver; il a vu de plus que, retiré de l'acide, il pouvait être exposé à l'air, ou plongé soit dans l'eau, soit dans l'ammoniaque, sans reprendre la propriété d'être attaqué par l'acide azotique; qu'on ne la lui rendait pas en le touchant légèrement avec de l'or, de l'argent, du platine, du mercure, du verre, mais qu'elle reparaissait à l'instant par son contact avec le cuivre, le zinc, l'étain, le bismuth, l'antimoine, le plomb, le fer ordinaire; que, selon toute apparence, cette propriété dépendait d'un certain état électrique dans lequel se trouvait la surface du fer. (*V.* le 5ᵉ vol.)

Azotate de zinc.

1665. Incolore, très styptique, très déliquescent, très soluble dans l'eau, soluble dans l'alcool; cristallise en prismes aplatis, à quatre pans terminés par des pyramides quadrangulaires; s'obtient en traitant le zinc par l'acide azotique étendu d'eau (1639, 1er procédé) : l'action est des plus vives et l'azotate se produit à l'instant. Formule (ZnO, $Az^2 O^5$).

Il paraît qu'il existe un sous-azotate en poudre blanche, que l'on peut obtenir en versant de la potasse ou de la soude dans un excès de dissolution d'azotate neutre.

Azotate de cadmium.

1666. Déliquescent; cristallise en prismes ou en aiguilles, ordinairement groupés en rayons; contient 22 pour 100 d'eau de cristallisation ; se prépare en traitant le cadmium par l'acide azotique (1639, 1er procédé). Formule (CdO, $Az^2 O^5$) $+ 4 H^2 O$.

Azotates d'étain.

1667. *Azotate de protoxide.* — On obtient l'azotate de protoxide d'étain en jetant successivement des portions d'étain en grenaille dans de l'acide azotique, dont la pesanteur spécifique est d'environ 1,114. L'acide est décomposé, il se dégage de la chaleur, il y a effervescence, et l'étain se dissout; mais en même temps il se forme aussi une certaine quantité d'azotate d'ammoniaque, phénomène qu'on a expliqué précédemment (643). La dissolution de ce sel est jaunâtre, très acide, ne cristallise point; concentrée par la chaleur elle se trouble, son acide se décompose, et son oxide passe à l'état de bi-oxide; évaporée jusqu'à siccité, elle donne lieu à un résidu d'où l'on retire par l'eau la petite quantité d'azotate d'ammoniaque qui a pu se former.

Pour avoir pur l'azotate de protoxide d'étain, il faudrait le préparer directement en dissolvant sa base hydratée dans l'acide azotique faible.

Azotate de bi-oxide. — On se procure ce composé en saturant à froid l'acide azotique d'hydrate de bi-oxide d'étain précipité du bi-chlorure (960); il finit par se déposer en paillettes cristallines soyeuses, lorsque l'acide mis en digestion avec l'hydrate n'est pas trop étendu. Sa dissolution se décompose par l'action de la chaleur, et laisse précipiter du bi-oxide d'étain dans le même état qu'avant sa dissolution.

Azotate de cobalt.

1668. Cet azotate est rouge violet, légèrement déliquescent, très soluble dans l'eau, plus à chaud qu'à froid; se dépose, par le refroidissement ou par une douce évaporation, en cristaux susceptibles d'éprouver la fusion aqueuse; passe à l'état de sesqui-oxide, lorsqu'on le chauffe convenablement; s'obtient en traitant par l'acide azotique le carbonate de cobalt préparé comme il a été dit (994) : formule $(CoO, Az^2 O^5)$.

Azotate de nickel.

1669. L'azotate de nickel est vert, sucré, astringent, soluble dans l'alcool et dans deux parties d'eau à 12°; il cristallise en prismes octogones réguliers qui renferment 37,03 pour 100 d'eau, s'effleurissent à l'air sec, tombent en déliquescence à l'air humide, et dont la formule est $(NiO, Az^2 O^5) + 6 H^2 O$.

Exposé à une chaleur progressive, l'azotate de nickel donne d'abord un sous-sel vert-jaunâtre, puis un sur-oxide noir, et enfin du protoxide.

Il s'obtient en traitant par l'acide azotique, l'oxide de nickel provenant de la décomposition du sulfate (1005).

Le sel double qu'il forme avec l'azotate d'ammoniaque cristallise en prismes verts, solubles dans trois fois leur poids d'eau.

Azotates de molybdène.

1670. *Azotate de protoxide.* — S'obtient en saturant l'acide azotique par la quantité convenable d'hydrate de protoxide de molybdène. La dissolution a une couleur noirâtre foncée, qui ne tarde pas à devenir pourpre : elle se décolore peu-à-peu, avec formation d'acide molybdique aux dépens de l'acide azotique.

Un excès d'oxide donne un sous-sel qui se détruit de même en produisant de l'acide molybdique.

Azotate de bi-oxide. — Se prépare directement, ou en faisant digérer le molybdène avec l'acide azotique étendu ; il ne peut être obtenu sous forme solide, car la dissolution bleuit par l'évaporation, se décolore par la dessiccation, dégage du bi-oxide d'azote et laisse pour résidu de l'acide molybdique.

Azotate d'acide molybdique. — L'acide molybdique hydraté se dissout dans l'acide azotique; mais le composé ne peut être obtenu sous forme solide.

Azotate de chrôme.

1671. L'azotate de chrôme est vert et très soluble dans l'eau; soumis à l'action de la chaleur, il se transforme d'abord en chrômate d'oxide (1040), puis donne un résidu de protoxide pur.

Il se prépare en dissolvant l'hydrate de protoxide dans l'acide azotique. Une ébullition soutenue n'acidifie pas le chrôme; ce ne serait qu'autant que le sel contiendrait un alcali et surtout de l'ammoniaque qu'il se produirait, comme par la calcination, du chrômate d'oxide de chrôme : alors la liqueur, de verte, deviendrait rouge.

Azotates de vanadium.

1672. *Azotate de bi-oxide.* — Ce sel s'obtient en dissolution en traitant par l'acide azotique, le bi-oxide ou le protoxide de vanadium ou le métal lui-même. La liqueur a une couleur bleue, que n'altère point l'ébullition; mais la concentration, même produite par l'évaporation spontanée, la fait passer au vert : après une dessiccation complète, le résidu ne consiste plus qu'en acide vanadique combiné avec une petite quantité d'acide azotique.

Azotate d'acide vanadique. — L'acide vanadique ne se dissout qu'en petite quantité dans l'acide azotique, et le colore en jaune pâle : il l'abandonne presque entièrement par l'évaporation spontanée.

Azotate d'antimoine.

1673. Lorsqu'on fait chauffer l'acide azotique avec l'antimoine en poudre, il en résulte un sous-azotate d'acide antimonieux, qui est blanc et que l'eau ne décompose que très incomplètement : la liqueur ne contient que des traces d'antimoine.

Azotate de tellure.

1674. Ce sel s'obtient en dissolvant le tellure dans l'acide azotique, et évaporant convenablement la dissolution (1639, 1er procédé) : cette dissolution est limpide, et donne lieu à de longs prismes qui se rassemblent en barbe de plume.

Azotates d'urane.

1675. *Azotate de protoxide.* — Jusqu'ici cet azotate n'a point été examiné.

Azotate de deutoxide. — Cet azotate s'obtient en mettant le protoxide d'urane (1114) en contact avec l'acide azotique et favorisant l'action par un peu de chaleur : il en résulte un grand dégagement de bi-oxide d'azote, et une liqueur qui, par l'évaporation, donne naissance à des cristaux en tables d'une couleur jaune tirant un peu sur le vert.

Exposé à l'action de la chaleur, l'azotate d'urane éprouve la fusion aqueuse, se dessèche, se transforme ensuite en oxigène et en azotite, d'après M. Arfwedson; puis au degré de la chaleur rouge, l'azotite est décomposé, de manière qu'il ne reste que du protoxide d'urane (1). Dans un air froid et humide, il se résout promptement en liqueur. Versées dans la dissolution de ce sel, la potasse, la soude en précipitent l'oxide sans le redissoudre; il n'en est pas de même de leurs carbonates : un excès de ceux-ci fait disparaître le précipité tout-à-coup : cette propriété peut même servir à purifier l'oxide d'urane.

L'azotate d'urane est soluble dans la moitié de son poids d'eau, à la température ordinaire; il se dissout très bien aussi dans l'alcool et dans l'éther. Chauffée modérément, la dissolution alcoolique donne de l'éther azoteux et un précipité jaune dont la composition n'a pas été examinée. Quant à la dissolution éthérée, elle verdit peu-à-peu à la lumière solaire; bientôt ensuite une liqueur vert-pré se rassemble à la partie supérieure, et beaucoup d'oxide noir se précipite.

Azotate acide de deutoxide.—Le deutoxide d'urane forme avec l'acide azotique un sel acide moins soluble que le sel neutre, qui cristallise facilement et s'effleurit à l'air.

Sous-azotate de deutoxide.—D'après Bucholz, le résidu de la calcination de l'azotate neutre poussée seulement jusqu'à ce que de l'acide hypo-azotique commence à se dégager, serait un mélange d'azotite soluble et d'un sous-azotate insoluble, formé de 92 parties de deutoxide d'urane et de 8 parties d'acide azotique.

Azotates de cérium.

1676. *Azotate de protoxide* (CeO, Az^2O^5). — Piquant, sucré, sans couleur, déliquescent; cristallise en tables solubles dans l'alcool, lorsqu'on l'évapore en consistance siru-

---

(1) Le deutoxide d'urane n'ayant que peu d'affinité pour les acides, il est extraordinaire qu'il se produise un azotite.

peuse; rougit le tournesol, etc.; s'obtient en traitant l'hydrate de protoxide de cérium par l'acide azotique (1639, 3e procédé).

Azotate de sesqui-oxide. — Jaune-rougeâtre, piquant, sucré, déliquescent, incristallisable, à moins qu'il ne contienne un assez grand excès d'acide, etc.; s'obtient en traitant le sesqui-oxide par l'acide azotique bouillant.

Azotates de bismuth.

1677. L'azotate de bismuth est sans couleur, très styptique, caustique, décomposé sur-le-champ par l'eau (*voy.* plus bas); il rougit le tournesol, et cristallise facilement en prismes quadrilatères d'un assez gros volume, qui contiennent 16,85 pour 100 d'eau, et qui ont pour formule $(BiO, Az^2O^5) + 3H^2O$, etc. On l'obtient en traitant le bismuth en poudre par l'acide azotique et évaporant convenablement la dissolution (1639, 1er procédé). Si l'on verse peu-à-peu cette dissolution dans une grande quantité d'eau, l'on en précipitera, sous forme de flocons blancs, et quelfois sous forme de paillettes nacrées, presque tout l'oxide à l'état de sous-azotate; l'acide au contraire, restera presque tout entier dans la liqueur : c'est à ce précipité bien lavé qu'on donne le nom de *blanc de fard.* L'emploi de ce blanc n'est pas sans inconvénient : il rend la peau légèrement rugueuse; d'ailleurs, il a la propriété de brunir et même de noircir, lorsqu'on l'expose à l'action de l'acide sulfhydrique ou de matières qui, contenant du soufre, peuvent en former.

Le sous-azotate de bismuth peut encore s'obtenir en calcinant convenablement l'azotate neutre : une partie de l'acide se dégage; il se dégagerait tout entier si la chaleur était trop forte. Le sous-azotate est sensiblement soluble dans l'eau, et se dépose de sa dissolution en cristaux brillans, demi transparens, lorsqu'on la chauffe.

Azotates de plomb.

1678. *Azotate neutre.* — Ce sel (PbO, Az²O⁵) s'obtient
en traitant la litharge en poudre (1148) par l'acide azotique
étendu de trois à quatre fois son poids d'eau (1639, 3° procédé). Il est blanc, opaque, sucré et âpre, inaltérable à l'air,
insoluble dans l'alcool, soluble dans huit fois son poids
d'eau à 15°, et dans une moindre quantité d'eau bouillante; il cristallise en octaèdres, réguliers, anhydres et opaques; placé sur des charbons incandescens, il décrépite;
chauffé dans une cornue, il se transforme en gaz oxigène
et en acide hypo-azotique qu'il est facile de recueillir, etc.
(301).

Lorsqu'on le fait bouillir en dissolution sur des lames
de plomb très minces, son acide cède une certaine quantité d'oxigène au plomb, et de là résulte un sous-azotite
de plomb : il se dégage en même temps une petite quantité de bi-oxide d'azote. Le sous-azotite peut être au
minimum ou au *maximum*. Le premier s'obtient en dissolvant 62 parties de plomb dans 100 parties d'azotate de
plomb; il est jaune, peu soluble, cristallise en lames feuilletées, et ramène au bleu le tournesol rougi par les acides.
L'autre se prépare de la même manière, si ce n'est qu'on
emploie beaucoup plus de plomb; il se dépose en écailles
de couleur de brique, et est moins soluble encore que le
précédent. Si l'on verse peu-à-peu dans une dissolution
chaude de sous-azotite au *minimum*, assez d'acide sulfurique faible pour en précipiter la moitié de l'oxide, le sous-
azotite deviendra neutre. L'azotite neutre est très soluble
dans l'eau; il absorbe l'oxigène à la température de l'eau
bouillante, et passe à l'état d'azotate; évaporé spontanément, il cristallise en octaèdres d'un jaune citron. (*Voyez*
les recherches très étendues de M. Berzelius et de M. Chevreul sur cet objet, *Ann. de Chim.*, t. LXXXIII.)

Azotate bi-basique. (2PbO, Az² O⁵).—Ce sel se précipite

sous forme de poudre blanche, lorsqu'on verse dans la dissolution d'azotate neutre de plomb, une quantité d'ammoniaque insuffisante pour le décomposer en totalité; on l'obtient également en faisant bouillir avec de l'oxide de plomb bien pulvérisé l'azotate neutre dissous dans une très grande quantité d'eau.

Sa saveur est plutôt astringente que sucrée; il est très peu soluble dans l'eau froide, plus soluble dans l'eau bouillante, et se dépose de sa dissolution, lentement évaporée, à l'état de petits grains cristallins opaques, anhydres, qui décrépitent très fortement, quand on les chauffe, et se décomposent au degré de la chaleur rouge.

Azotate tri-basique. — S'obtient à l'état pulvérulent en ajoutant à la dissolution du sel neutre, un très léger excès d'ammoniaque; se dissout en fort petite quantité dans l'eau pure, à laquelle il communique une légère saveur astringente, et dont il est précipité sans altération par les sels solubles qui ne le décomposent pas; laisse dégager 3,5 pour 100 de son poids d'eau par une légère calcination, en prenant une couleur jaune qu'il perd à mesure qu'il se refroidit; abandonne tout l'acide qu'il renferme vers le rouge naissant: formule $2 (3 PbO, Az^2 O^5) + 3 H^2 O$.

Azotate se-basique. — Résulte de l'action d'un grand excès d'ammoniaque sur le sel neutre en dissolution dans l'eau; se présente sous forme d'une poudre d'un blanc de neige, presque insoluble, faiblement astringente. Soumis à la dissolution, il perd d'abord 1,85 pour 100 d'eau, et prend une couleur jaune qui ne disparaît point par le refroidissement, puis se décompose complètement et laisse pour résidu 90,8 pour 100 de protoxide : d'où l'on voit que la composition de ce sous-sel est représentée par la formule $2 (6PbO, Az^2 O^5) + 3 H^2O$.

Azotates de cuivre.

1679. *Azotate neutre.* — Ce sel est bleu, âcre, caustique, légèrement déliquescent, soluble dans l'alcool, très soluble dans l'eau, un peu plus à chaud qu'à froid; il cristallise en parallélipipèdes allongés; sa dissolution qui est d'un beau bleu, devient bleu-verdâtre par un excès d'acide; projeté sur les charbons ardens, il les fait brûler vivement. Lorsqu'on l'enveloppe solidement dans une feuille d'étain très mince, il arrive souvent que, sous l'influence d'une douce chaleur, l'étain s'oxide assez rapidement pour entrer en ignition. Imprégné d'alcool saturé de ce sel, le papier s'enflamme au-dessous de 210 degrés.

L'azotate de cuivre s'obtient en traitant la tournure de cuivre par de l'acide azotique étendu d'environ une fois son poids d'eau (1639). Formule ($Cu\,O, Az^2\,O^5$).

Azotate tri-basique.—Une calcination modérée de l'azotate neutre le change en un azotate tri-basique, qui est insoluble et d'un vert clair. C'est également un sous-sel tribasique, que l'on obtient, en ajoutant à la dissolution de l'azotate neutre, un alcali caustique en quantité insuffisante pour en décomposer la totalité, ou en la faisant bouillir avec du cuivre métallique : sa formule est ($3\,CuO, Az^2O^5$) $+ H^2O$.

Azotate de cuivre et d'ammoniaque.—Très soluble, cristallisable, facile à obtenir en unissant directement les deux sels, décomposable par la chaleur en donnant lieu à une véritable détonation.

Lorsqu'on place sous une cloche de verre dans des capsules deux dissolutions concentrées, l'une d'azotate de cuivre, l'autre d'ammoniaque, il se dépose en quelques heures, au fond de la première, un sel double basique sous forme d'une poudre cristalline d'un bleu pourpré semblable à de l'indigo trituré. Ce sel est très soluble dans l'eau : sa dissolution saturée à chaud laisse déposer, par le refroidissement, des cristaux qui se décomposent au feu en produisant un bruit semblable à celui d'une fusée.

Il est question d'un *cuivre fulminant* dans la chimie de Newman. M. Richard Phillips, en le rappelant aux chimistes, à la fin d'un mémoire sur les *Carbonates de cuivre,* s'exprime ainsi : « le mélange d'azotate de cuivre avec l'ammoniaque donne des cristaux de couleur de saphir, solubles dans l'esprit-de-vin. Si, au lieu de faire cristalliser la liqueur, on l'évapore à siccité, le résidu fait explosion à une chaleur modérée, comme l'or fulminant. » (*Ann. de Chim. et de Phys.*, VII, 48.)

Azotates de mercure.

1680. *Azotate neutre de protoxide.* — Ce sel se prépare en mettant le mercure en contact, à froid, avec un excès d'acide azotique étendu d'eau; il se dépose peu-à-peu en cristaux, incolores, très âcres, très styptiques, qui excitent fortement la salive, rougissent le tournesol, et renferment, d'après M. Mitscherlich le jeune, 6,37 pour 100 d'eau : d'où il suit qu'ils doivent avoir pour formule $(Hg^2O, Az^2O^5) + 2 H^2 O$. Soumis à l'action du feu dans une fiole, ils laissent dégager de l'acide hypo-azotique, et passent à l'état de bi-oxide rouge qu'une température plus élevée ne tarde point à réduire. Broyés et chauffés avec peu d'eau, ils s'y dissolvent sans s'altérer; mais, mis en contact avec une grande quantité d'eau froide ou chaude, ils se décomposent et se transforment en sous-azotate et en azotate acide : celui-ci reste dans la liqueur, tandis que le sous-azotate se précipite en poudre d'un jaune verdâtre.

En substituant à l'eau une dissolution de chlorure de sodium, de potassium, etc., le sel mercuriel se décompose également; mais on obtient alors du proto-chlorure de mercure blanc et insoluble même dans un excès d'acide, de l'eau et de l'azotate de potasse ou de soude soluble : aussi peut-on précipiter, par le sel marin ou l'acide chlorhydrique, tout l'oxide d'une dissolution d'azotate acide de protoxide de mercure. Si cette dissolution contenait du bi-oxide de mercure, ce qui arrive souvent, ce bi-oxide resterait dans la liqueur; on pourrait l'en séparer par la potasse à l'état d'hydrate jaune.

Azotate sesqui-basique de protoxide de mercure. — Il se forme, d'après M. Mitscherlich, toutes les fois que l'on traite un grand excès de mercure, à la température ordinaire, par de l'acide azotique étendu ; le sel, qui d'abord est neutre, passe ensuite à l'état de sous-sel, et cristallise en assez gros prismes transparens qui contiennent 3,52 pour 100 d'eau et ont pour formule $(3\,Hg^2\,O,\ 2\,Az^2\,O^5) + 3\,H^2\,O$. L'eau agit sur lui comme sur le précédent; elle le décompose, et le transforme en azotate acide et en sous-azotate plus basique; mais il est impossible de saisir le nouveau sous-azotate, qui doit se produire, parce que en continuant les lavages, on finit par enlever tout l'acide. Aussi les teintes du dépôt changent-elles : elles varient du blanc au gris clair et au gris foncé; assez souvent même sa poudre est d'un gris jaunâtre.

Mercure soluble de Hahnemann. — On appelle ainsi le précipité gris-noir qui se forme en versant peu-à-peu de l'ammoniaque étendue d'eau dans une dissolution d'azotate de protoxide de mercure : le sel doit être dissous dans de l'eau chargée le moins possible d'acide azotique, et l'on doit éviter d'ajouter un excès d'alcali.

Suivant M. Mitscherlich jeune, le mercure soluble serait un sel formé de :

Protoxide............	88,95 ou 3 atomes.
Ammoniaque..........	2,46 ou 2 atomes.
Acide	7,32 ou 1 atome.

d'où il suit que sa composition pourrait être représentée par 1 atome d'azotate d'ammoniaque et 3 atomes de protoxide de mercure ou bien encore par un sous-azotate quadri-basique. (*Ann. de Chim. et de Phys.*, XXXV, 421.)

M. Soubeiran, qui s'est beaucoup occupé de l'examen de ce composé, est arrivé à d'autres résultats qu'il avait fait connaître avant la publication des recherches de M. Mitscherlich, et qu'il a constatés depuis, par de nouvelles expériences. Il admet que le précipité gris-noir que forme

d'abord l'ammoniaque, quand on l'ajoute goutte à goutte à
l'azotate de mercure, est un sous-azotate de protoxide pur ;
mais que le précipité que l'on obtient en dernier lieu est
blanc, et consiste un sous-azotate ammoniaco-mercuriel ;
de telle sorte que le mercure soluble de Hahnemann est un
mélange variable de ces deux sels et contient d'autant plus
de sel ammoniaco-mercuriel, que l'azotate de protoxide
de mercure dont on se sert est plus acide. Pour séparer ces
deux sels, il se sert d'acide azotique faible qui dissout facilement le premier, et dissout à peine quelques centièmes
du second. Il regarde celui-ci comme formé de :

Protoxide............	92,2 ou 4 atomes.
Ammoniaque.........	1,9 ou 2 atomes.
Acide................	5,9 ou 1 atome.

proportions équivalentes à 1 atome d'azotate d'ammoniaque
et à 4 at. de protoxide de mercure : ce sel serait donc un
sous-azotate quinti-basique.

Quoi qu'il en soit, le précipité blanc est insipide, inodore, insoluble dans l'eau froide et dans l'eau bouillante.
La potasse et la soude sont sans action sur lui. L'ammoniaque en opère assez facilement la dissolution : il en est de
même de l'acide chlorhydrique , surtout à chaud; et lorsqu'on vient à saturer l'acide par un alcali, le précipité répa-
raît avec toutes ses propriétés primitives. Les acides sulfurique et azotique ne le décomposent point : ils ne le dissolvent qu'en très petite quantité, même à la chaleur de l'ébullition. L'acide sulfhydrique le colore en noir en produisant
du sulfure de mercure. Lorsqu'on le calcine dans un tube
de verre avec le contact de l'air, il s'en dégage des vapeurs
rutilantes, souvent il y a production de lumière, et pour
résidu l'on obtient du bi-oxide de mercure. L'on voit
donc, du moins par toutes ces expériences, que le sous-
azotate ammoniacal de protoxide de mercure est un composé très stable. (*Jour. de Pharm.* XII, 465 et 509, et *Ann.
de Chim. et de Phys.* XXXVI, 220.)

1681. *Azotate de bi-oxide* ($HgO, Az^2 O^5$).—Pour obtenir ce sel, on fait bouillir dans un matras un excès d'acide azotique faible sur du mercure, jusqu'à ce que la liqueur cesse de se troubler par l'acide chlorhydrique ou le sel marin, puis on la réduit presqu'en consistance sirupeuse : dans cet état, elle est aussi neutre que possible. Concentrée davantage et abandonnée à elle-même, il s'en dépose des aiguilles cristallines qui sont un azotate bi-basique; d'où il suit que l'azotate neutre ne peut être obtenu sous forme solide.

L'azotate de bi-oxide a une saveur plus insupportable encore que l'azotate de protoxide. Il rougit le tournesol. Broyé et mis en contact avec de l'eau chaude, il se transforme en sous-azotate et en azotate acide : celui-ci reste en dissolution; l'autre, au contraire, se précipite sous forme d'une poudre jaune qu'on appelait autrefois *turbith nitreux*. Si l'eau était froide, le précipité formé d'abord serait blanc, et passerait au rose par des lavages successifs : on enleverait, dans chaque lavage, beaucoup plus d'acide que d'oxide, de sorte que le résidu finirait par ne plus être que de l'oxide pur.

En versant de l'eau dans une dissolution très concentrée d'azotate de bi-oxide de mercure, elle se trouble sensiblement, et le précipité qui se forme est analogue à la poudre dans laquelle se transforme le sous-azotate (*V.* plus bas). En y versant de l'acide chlorhydrique ou du sel marin, il s'y forme des aiguilles blanches qui sont un véritable bichlorure, et que l'eau dissout sur-le-champ, etc. (878).

La potasse, la soude, etc., en séparent l'oxide à l'état d'hydrate jaune; l'ammoniaque y produit un précipité blanc (*V.* plus bas).

Lorsqu'on ajoute peu-à-peu de l'acide sulfhydrique ou quelques gouttes de sulfhydrate alcalin à de l'azotate de deutoxide, il se produit un précipité orangé ou noir, qui devient blanc très promptement et qui paraît être un composé de 2 atomes de bi-sulfure de mercure et de 1 at. d'azo-

tate de bi-oxide. Un excès d'acide sulfhydrique ou de sulfhydrate le rend noir sur-le-champ. Il en est de même de
la chaleur qui le décompose, en dégage du mercure, de
l'acide hypo-azotique, de l'acide sulfurique et laisse un
résidu de sulfure mercuriel. Les alcalis finissent aussi par
le rendre noir; de nombreux lavages le font passer au
jaune; mais l'acide sulfurique concentré ne l'attaque pas,
même à chaud.

Azotate bi-basique de bi-oxide de mercure.—Nous venons
de voir comment on se procurait ce sel. Examinons-en maintenant les principales propriétés. Il a la saveur de l'azotate
neutre, la chaleur le décompose aisément, en dégage de
l'oxigène et de l'acide hypo-azotique, et le fait passer ainsi
à l'état de bi-oxide rouge qui ne tarde point à se réduire.
Broyé et mis en contact avec de l'eau froide, il se transforme en sous-azotate plus basique et en azotate acide:
celui-ci reste en dissolution; l'autre, au contraire, se dépose
sous forme d'une poudre blanche, passe au rose par des
lavages successifs et finit par ne plus être que de l'oxide
pur. Trituré avec une dissolution de sel marin, il donne
une poudre insoluble couleur de brique, et du bi-chlorure
mercuriel qui reste en dissolution. Sa formule est (2 HgO,
Az^2O^5) $+$ 2 H^2O.

L'azotate de bi-oxide tache la peau en noir; l'azotite
de la même base en rouge; les azotates et azotites protoxidés
ne la tachent pas.

C'est en calcinant ces sels qu'on fait le précipité rouge
(1179); c'est en les faisant chauffer avec la graisse qu'on
obtient la pommade citrine; on s'en sert aussi pour le feu-
trage des poils de lièvre et de lapin, opération qui finit par
avoir une influence dangereuse sur la santé de ceux qui la
pratiquent.

Sous-azotate de bi-oxide de mercure et d'ammoniaque.—
C'est le précipité blanc que forme un léger excès d'ammo-
niaque dans une dissolution d'azotate de bi-oxide de mercure.
M. Mitscherlich jeune y admet :

Bi-oxide........... 81,53 ou 3 atomes
Ammoniaque........ 4,68 ou 4 atomes.
Acide............. 14,33 ou 2 atomes.

composition qui peut être représentée par 2 at. d'azotate d'ammoniaque et 3 at. de bi-oxide.

Mais suivant M. Soubeiran, ce sous-sel double serait formé de :

Bi-oxide........... 86,4 ou 4 atomes.
Ammoniaque........ 3,27 ou 2 atomes.
Acide............. 10,33 ou 1 atome.

Ce qui donne 1 at. d'azotate d'ammoniaque et 4 at. de bi-oxide de mercure ou un sous-azotate quinti-basique.

Ce sous-azotate ammoniacal de bi-oxide de mercure a des propriétés analogues à celles du sous-azotate ammoniacal de protoxide. En effet, il est insipide, inodore, insoluble dans l'eau froide ou bouillante, inattaquable par la potasse et la soude, soluble dans l'ammoniaque et l'acide chlorhydrique; il se comporte enfin avec les acides sulfurique, azotique et sulfhydrique comme le sous-azotate ammoniacal de protoxide. Quoique bien soluble dans l'ammoniaque, il l'est plus encore dans un mélange d'ammoniaque et d'azotate d'ammoniaque, et si alors on laisse vaporiser l'ammoniaque, il se dépose des cristaux de couleur jaunâtre, très peu solubles, qui sont représentés dans leur composition par 1 atome d'azotate d'ammoniaque et 2 atomes de bi-oxide.

Azotates d'osmium.

1628. *Azotate de protoxide.* — S'obtient en dissolvant l'hydrate de protoxide dans l'acide azotique; à peine connu. On n'en fait que ce qui a été dit (1209) dans l'examen des caractères des sels d'osmium.

Autres azotates. — On n'en connaît aucun autre, si ce n'est celui de sesqui-oxide d'osmium et d'ammoniaque que l'on prépare en traitant le sesqui-oxide ammoniacal par l'acide azotique : il est brun, peu soluble dans l'eau froide, beaucoup plus soluble dans l'eau chaude; par l'évaporation de la liqueur, il se prend en une masse qui a la consistance d'un extrait, et à laquelle la dessiccation donne l'aspect terreux; il s'enflamme aisément, quand on le chauffe, en raison de l'azotate d'ammoniaque qu'il contient, et fuse comme de la poudre mouillée.

Azotates d'iridium.

1683. Il en est des azotates d'iridium comme de ceux d'osmium : ils ont été à peine examinés. Nous ajouterons seulement à ce que nous avons dit des sels d'iridium en général (1213), que les azotates d'iridium sont incristallisables; que l'azotate de protoxide se prépare directement; qu'il est vert-brunâtre; qu'exposé à l'air, il devient quelquefois pourpre, mais qu'il reprend sa couleur verte, en l'évaporant jusqu'à siccité; que calciné avec le nitre, et traité ensuite par l'acide azotique, l'iridium donne une liqueur d'une couleur pourpre peu intense, qui, lorsqu'on l'évapore comme la précédente, devient d'un vert si foncé qu'elle en paraît presque noire.

Azotates de palladium.

1684. *Azotate de protoxide.* — C'est en traitant à chaud le palladium par l'acide azotique, que l'on se procure ce sel : il en résulte une dissolution rouge qui, par l'évaporation, se prend en masse, et possède les propriétés dont il a été question d'une manière générale (1232).

Azotate de bi-oxide. — Inconnu.

Azotates de rhodium.

1685. *Azotate de protoxide.* — Inconnu.

Azotate de sesqui-oxide. — Pour l'obtenir, il faut dissoudre le sesqui-oxide dans l'acide azotique et concentrer la liqueur. Ce sel est déliquescent et d'un rouge foncé.

Il s'unit facilement à l'azotate de soude, et forme un sel double de même couleur, cristallisable, soluble dans l'eau, mais insoluble dans l'alcool.

Azotates d'argent.

1686. *Azotate neutre.*—L'azotate d'argent (AgO,Az^2O^5) se prépare en traitant, à une douce chaleur, de l'argent pur et en grenaille par un léger excès d'acide azotique pur et étendu d'environ une fois son poids d'eau. L'action est vive; il se dégage du bi-oxide d'azote; le métal s'oxide et se dissout dans l'acide; on évapore la dissolution jusqu'à siccité, puis l'on chauffe le sel de manière à le fondre : il perd ainsi tout son excès d'acide, devient beaucoup plus soluble dans l'eau et incristallisable, il acquiert même la propriété de se dissoudre en assez grande quantité dans l'alcool, et possède d'ailleurs les autres propriétés de l'azotate acide.

Azotate acide.— Ce sel est incolore, amer, âcre, très caustique, inaltérable à l'air, soluble à-peu-près dans son poids d'eau à 15 degrés, et dans une moindre quantité d'eau bouillante. Il cristallise en lames minces, très larges, dont les formes sont très variées. Exposé à une chaleur peu intense, il se boursoufle, éprouve la fusion ignée, et se prend, par refroidissement, en une masse remplie d'aiguilles cristallines. Exposé à une chaleur rouge, il se décompose et se réduit. Sa dissolution produit, sur la peau et sur toutes les matières animales, des taches violettes qui ne se détruisent que par le renouvellement de la partie affectée; le chlore en précipite sur-le-champ du chlorure d'argent en flocons blancs; mise en contact avec le charbon, et soumise à la température de l'eau bouillante ou à l'action de la lumière solaire, elle est réduite en peu de temps; il se forme sans doute du gaz acide carbonique : le phosphore la réduit également. Ces réductions dépendent de la faible affinité des principes qui constituent l'azotate d'argent : aussi, quand on frappe sur un mélange de 1 partie de phosphore et de 3 à 4 parties d'azotate d'argent, y a-t-il une combustion vive et une véritable détonation, etc. (878).

Un grand nombre de substances organiques, celles, par exemple, que le bois, le terreau, le fibrine, etc., cèdent à l'eau avec laquelle on les met en contact, donnent à l'azotate d'argent dissous la propriété de prendre une couleur rougeâtre à la lumière solaire : toutefois l'alcool pur ne produit point cet effet. Le chlore et l'iode font disparaître la coloration immédiatement (Vogel, *Jour. de Ph.* xv, 124). Le brôme agirait sans doute de la même manière.

L'azotate d'argent peut, par son mélange avec une dissolution d'un sel de protoxide d'étain, donner un précipité pourpre semblable à celui qui est produit par le proto-chlorure d'étain dans le chlorure d'or (*V.* ce composé). Ce précipité, suivant M. Frick, s'obtient facilement en versant une dissolution d'azotate de protoxide d'étain bien pur dans de l'azotate d'argent, et ajoutant aussitôt de l'acide sulfurique étendu. (*Ann. des mines*, 3e série, ii, 343.)

L'azotate acide se prépare comme l'azotate neutre : seulement, après avoir concentré convenablement la dissolution, on la laisse refroidir : elle ne tarde point à cristalliser; évaporant ensuite les eaux-mères, on en retire de nouveaux cristaux, et ainsi de suite, jusqu'à ce qu'il ne reste plus de liqueur.

L'azotate acide peut encore s'obtenir en versant de l'acide azotique dans la dissolution de l'azotate neutre; elle se prend même en masse cristalline, lorsqu'elle est concentrée.

L'azotate d'argent est employé comme réactif pour reconnaître, dans un liquide quelconque, la présence de l'acide chlorhydrique libre ou combiné; il y forme un précipité de chlorure d'argent blanc, floconneux, qu'un grand excès d'acide azotique ne peut point dissoudre, et qu'une très petite quantité d'ammoniaque dissout au contraire sur-le-champ. On l'emploie aussi en pharmacie pour préparer la *pierre infernale*, qui n'est que de l'azotate d'argent neutre fondu, et avec laquelle on ronge les chairs baveuses et on ranime les ulcères indolens : pour cela, on met de l'azotate en cristaux dans un creuset d'argent, on le fond, en ménageant autant que possible la chaleur ; et, quand il est en fusion tranquille, on le coule dans une lingotière, où il prend la forme de petits cylindres brun-noirâtre ; on conserve ces cylindres dans un flacon bouché à l'émeri, au milieu de la graine de lin, pour que, par l'agitation, ils ne se brisent pas. La couleur est due à un peu d'argent réduit par le fer de la lingotière qui sert de moule.

Sous-azotate d'argent et d'ammoniaque. — En ajoutant de l'ammoniaque à la dissolution d'azotate d'argent, on obtient un sel double, qui cristallise assez facilement, se dissout abondamment dans l'eau, et se trouve composé de 26,4 d'acide azotique ; 55,o d'oxide d'argent ; 18,o d'ammoniaque ; ou de 1 proportion d'acide, 1 d'oxide et 2 d'ammoniaque (M. Mitscherlich, *Ann. des mines*, 2ᵉ série, v, 175). Ce sel ne s'altère pas à l'air, dans l'obscurité ; mais à la lumière, il noircit et dégage de l'ammoniaque.

Azotate de bi-oxide de mercure et d'argent. — Soluble dans l'eau sans se décomposer, cristallise en prismes, contient des quantités atomiques égales des deux sels simples qui le constituent.

Azotate d'or.

1687. Pour que l'acide azotique dissolve le tri-oxide d'or, il faut qu'il soit concentré. La dissolution est d'un brun jaunâtre ; si on la fait évaporer, elle abandonne une partie de son oxide pendant le cours de l'évaporation même ; et si on la réduit à siccité, le résidu, qui est noir et qui reste appliqué sur la capsule comme un vernis, se trouve être un mélange d'oxide et d'or réduit ; à peine est-elle étendue d'eau que tout l'oxide s'en précipite. Cependant, lorsque l'oxide d'or est mêlé avec l'oxide de zinc ou de magnésium, il devient sensiblement soluble dans l'acide azotique étendu de trois à quatre fois son poids d'eau.

L'azotate d'or ne peut pas être obtenu en versant une dissolution d'azotate d'argent dans une dissolution de chlorure d'or, en quantités proportionnelles : car, en opérant de cette manière, l'oxide d'or se précipite en même temps que le chlorure d'argent, et la liqueur ne retient que de l'acide azotique. (Vauquelin. *Annales de Chim.*, t. LXXVII, p. 321; Pelletier, *Ann. de Chim. et de Phys.* t. XV, p. 12.)

Azotate de bi-oxide de platine.

1688. On obtient ce sel, soit en dissolvant l'hydrate de bi-oxide de platine, dans l'acide azotique; soit en précipitant le sulfate de platine par l'azotate de baryte; soit en versant dans le chlorure de platine de l'azotate de potasse, jusqu'à ce qu'il cesse de se précipiter du chlorure double des deux métaux. La dissolution d'azotate de platine est d'un brun foncé, et donne par la concentration une masse sirupeuse. L'évaporation à siccité le décompose, et, quand on traite le résidu par l'eau, il reste un sel basique insoluble.

La potasse caustique, versée dans la dissolution de l'azotate de platine, en sépare la moitié de l'oxide à l'état d'hydrate, et l'autre moitié à l'état de sel double, d'une couleur beaucoup plus claire que celle de l'hydrate. (M. Berzelius.)

ART. II.—*Des sous-azotates.*

1689. Les oxides solubles ne peuvent se combiner avec l'acide azotique de manière à former des sous-azotates; mais plusieurs oxides insolubles possèdent cette propriété : aussi tous les sous-azotates sont-ils insolubles eux-mêmes ou très peu solubles.

Il paraît qu'ils contiennent tantôt deux fois, tantôt trois fois, tantôt cinq fois, tantôt six fois, autant d'oxides que les azotates neutres, pour la même quantité d'acide. Suivant M. Grouvelle, il en existerait aussi de quadri-basiques : tels seraient ceux de zinc et de sesqui-oxide de fer. (*Ann. de Chim. et de Phys.*, xix, 137.)

Dans ces sels, la quantité d'oxigène de l'acide n'est donc point en rapport simple avec celle de l'oxide.

Genre. XXI. — *Azotites.*

1690. Il en est des azotites comme des sous-azotates; ils sont à peine connus. Quoi qu'il en soit, il est possible de préssentir, jusqu'à un certain point, leurs propriétés, en se rappelant celles des azotates.

1691. *Action du feu.* — Il est évident que tous les azotites doivent être décomposés par le feu, puisque tous les azotates le sont eux-mêmes, et que leur acide se dégage en se transformant en oxigène et en acide hypo-azotique ou azote. Les produits provenant de cette décomposition varieront : on les connaîtra facilement d'après ceux qui proviennent de la décomposition des azotates.

1692. *Action du gaz oxigène.* — Lorsqu'on fait chauffer dans un vaisseau ouvert une dissolution d'azotite de plomb neutre, l'oxigène de l'air atmosphérique est absorbé. A la température ordinaire, il n'y a pas d'absorption sensible. M. Berzelius, à qui cette observation est due, admet que tous les azotites doivent être dans le même cas. D'abord ce savant chimiste avait cru que les azotites se transformaient en azotates et sous-azotates, d'où il aurait fallu conclure que l'acide azoteux, en passant à l'état d'acide azotique, eût acquis la propriété de neutraliser une moins grande quantité d'oxide; mais il paraît que ce sel reste neutre, ce qui doit être d'après la loi de composition des azotites.

1693. *Action des corps combustibles.* — Les azotites

se comportent avec les corps combustibles de même que les azotates; il n'y a de différence dans la réaction, qu'en ce que ceux-ci, contenant plus d'oxigène que ceux-là, donnent lieu à une combustion un peu plus vive. (*V.* l'action des azotates sur les corps combustibles (1625).

1697. *Action de l'eau.* — Les divers azotites neutres connus jusqu'à présent sont solubles dans l'eau; il est probable que tous les autres le seraient aussi : du moins, c'est ce que nous porte à croire l'analogie qui existe entre les azotates et les azotites. Les azotites avec excès de base sont sans doute peu solubles ou insolubles.

1698. *Action des oxides.* — On ne sait rien de positif sur l'ordre de la plus grande tendance des oxides salifiables à se combiner avec l'acide azoteux : il est probablement le même que celui qu'ils suivent dans leur union avec l'acide azotique.

1699. *Action des acides.* — Les acides sulfurique, azotique, phosphorique, chlorhydrique, fluorhydrique, etc., liquides, décomposent tout-à-coup les azotites, même à la température ordinaire. L'acide azoteux se trouvant mis en liberté, se transforme en acide azotique qui reste dans la liqueur, et en bi-oxide d'azote que l'on peut recueillir, si la décomposition se fait en vases clos, et qui produit des vapeurs rouges, si elle se fait dans des vases ouverts. 3 at. d'acide azoteux, dans cette décomposition, donnent lieu à 2 at. de bi-oxide d'azote et à 1 at. d'acide azotique.

1700. *Action des sels.* — Nous n'avons rien à ajouter à ce que nous avons dit de l'action des sels en général (1309).

1701. *État, préparation.* — On ne trouve aucun azotite dans la nature. Le procédé par lequel on les a préparés pendant long-temps, et qui consiste à calciner les azotates jusqu'à un certain point, doit être abandonné. En effet, d'une part, il s'en faut beaucoup que ce procédé puisse s'appliquer à la préparation de tous les azotites, puisque le plus grand nombre des azotates, dans leur décomposition, laissent dégager l'acide azoteux en même temps que le gaz oxigène; et, d'une autre part, il est évident que, en l'employant, on ne pourra jamais se procurer d'azotite pur, puisqu'on ne sait jamais à quelle époque il faut suspendre la calcination : si l'on ne calcine point assez, l'azotite sera mêlé d'azotate; si l'on calcine trop, l'azotite sera avec excès de base, ou contiendra même, selon M. Hess, un composé particulier de bi-oxide d'azote et de base. Il est impossible d'ailleurs de faire ces sels directement, l'acide azoteux n'existant point par lui-même (302).

Presque tous peuvent être obtenus en décomposant la dissolution d'azotite de plomb, par les sulfates des bases qu'il s'agit d'unir à l'acide azoteux : dans cette opération, le sulfate de plomb se précipite, et le nouvel azotite reste dans la liqueur. Il n'y aurait guère que ceux de baryte et de strontiane, qui feraient exception : la double décomposition, en raison de l'insolubilité des sulfates de ces sortes de bases, ne s'opérerait pas; mais on parviendrait sans doute à obtenir ces azotites, en décomposant directement la dissolution d'azotite de plomb par la baryte ou la strontiane, filtrant la liqueur, et précipitant l'excès de base alcaline, par un courant de gaz carbonique.

Quant aux azotites de plomb neutre et avec excès de base, on les obtient de la manière suivante :

L'azotite au *maximum* de plomb ou l'azotite quadri-basique s'obtient toujours en faisant bouillir pendant quelques heures une dissolution d'azotate de plomb avec un excès de plomb en lames minces. Il est d'un rouge tendre, tirant un peu sur le jaune, verdit le sirop de violettes, exige au moins cent fois son poids d'eau pour se dissoudre à la température de 20° à 25°, et cristallise en petites aiguilles qui se réunissent en étoiles.

M. Berzelius prépare l'azotite au *minimum* de plomb ou l'azotite bi-basique en faisant bouillir, dans un matras dont le col est effilé, une dissolution d'azotate de plomb avec la quantité de plomb convenable; cette quantité est de 12,4 grammes de plomb pour 20 d'azotate. (*Ann. de Ch.*, LXXXIII.)

M. Chevreul préfère de faire passer du gaz carbonique à travers la dissolution d'azotite quadri-basique : il en précipite ainsi une portion de l'oxide à l'état de carbonate; puis filtrant la liqueur et la concentrant, il en retire de l'azotite bi-basique en lames feuilletées jaunes. Ce sous-azotite, que M. Chevreul désigne par le simple nom d'*azotite*, a une saveur légèrement astringente et sucrée; il verdit le sirop de violettes comme le précédent, se dissout dans presque dix fois son poids d'eau bouillante, et la colore en jaune. (*Ann. de Chim.*, LXXXIII.)

Pour obtenir l'azotite neutre, il faut verser peu-à-peu dans la dissolution de l'azotite bi-basique, assez d'acide sulfurique pour précipiter seulement la moitié de l'oxide qu'elle contient. L'azotite reste dans la liqueur. Sa saveur est sucrée et astringente. Il est beaucoup plus soluble que l'azotate, et cristallise par l'évaporation spontanée en octaèdres de couleur de citron.

Composition.—D'après M. Berzelius, les azotites neutres sont composés de telle manière que la quantité d'oxigène de l'oxide est à la quantité d'oxigène de l'acide comme 1 à 3. Ceux où l'oxide prédomine contiennent tantôt deux fois et tantôt quatre fois autant de base que les azotites neutres, pour la même quantité d'acide. Par conséquent, dans ces sous-sels, l'oxigène de l'oxide n'est pas plus en rapport simple avec celui de l'acide que dans les sous-azotates de plomb.

On ne fait usage d'aucun azotite.

De la combinaison de l'acide hypo-azotique avec les bases salifiables.

1702. Il paraît que l'acide hypo-azotique n'est pas susceptible d'union avec les bases salifiables : du moins, lorsqu'on le met en contact avec elles, on trouve ordinairement qu'il se produit un azotate et un azotite.

M. Dulong, dans ses recherches sur cet acide, a eu l'occasion d'observer un phénomène remarquable : il a vu qu'en faisant passer de l'acide hypo-azotique en vapeur sur de la baryte caustique et sèche, placée dans un tube, à la température ordinaire, l'acide était lentement absorbé; mais qu'à une température de 200° environ, son absorption était rapide, et que la baryte devenait subitement incandescente sans qu'il se dégageât aucun fluide élastique; que le composé qui se formait entrait en fusion, et que par l'eau on pouvait en retirer de l'azotate et de l'azotite (*Ann. de Chim. et de Phys.*, 11,326). Sans doute qu'alors l'acide hypo-azotique est décomposé, et que sous l'influence de la baryte, 2 at. de cet acide sont transformés en 1 at. d'acide azoteux et 1 at. d'acide azotique.

Des composés que forment les alcalis avec le protoxide et le bi-oxide d'azote.

1703. M. Hermann Hess a fait des expériences d'après lesquelles il a conclu que les alcalis sont susceptibles de s'unir au bi-oxide d'azote.

On obtient des composés de cette nature en calcinant les azotates de potasse, de soude, de baryte et de chaux dans un creuset d'argent à la chaleur rouge, jusqu'à ce qu'il ne s'élève plus de fumées au-dessus du creuset ou plutôt jusqu'à ce que les corps enflammés qu'on y plonge s'éteignent.

Composé à base de potasse.—Il est très fusible, se prend en masse rayonnée par le refroidissement, ne s'altère pas à l'air, se dissout dans l'eau plus à chaud qu'à froid, et cristallise comme le nitre. Ses cristaux sont anhydres, insolubles dans l'alcool, et formés de 61,14 de potasse et 38,86 de bi-oxide.

Composé à base de soude.—Soluble dans l'eau, insoluble dans l'alcool; cristallise en beaux rhombes, qu'on ne saurait priver par la fusion de leur eau de cristallisation; contient 44,52 de soude; 42,67 de bi-oxide; 12,81 d'eau.

Composé à base de baryte.—Soluble dans l'eau, insoluble dans l'alcool; cristallise comme l'azotate de baryte; ne peut être privé, par la chaleur, de son eau de cristallisation, sans se décomposer : il est formé de 61,47 de baryte; 24,07 de bi-oxide; 14,46 d'eau.

Composé à base de chaux. —Il est formé de 27,58 de chaux; 28,92 de bi-oxide; 43,48 d'eau. (M. Hermann Hess, *Ann. des mines*, 2e série, v, 88.)

Composés de protoxide d'azote et d'oxides métalliques. —Suivant Davy, lorsque l'on met en contact un mélange de potasse ou de soude caustique et de sulfite de l'une de ces bases avec le bi-oxide d'azote, celui-ci cède une partie de son oxigène à l'acide sulfureux et passe à l'état de protoxide qui s'unit à l'alcali. La combinaison est susceptible de cristalliser et d'être décomposée par les acides les plus faibles, même par l'acide carbonique, qui mettent en liberté le protoxide.

M. Berzelius, de son côté, regarde comme une combinaison de baryte et de protoxide d'azote le résidu qu'on obtient en calcinant de l'azotate de baryte, et que M. Quesneville fils a pris pour du bi-oxide de barium. Ce que je puis assurer, c'est que l'azotate de baryte qui n'a point été trop fortement chauffé renferme une certaine quantité de bi-oxide de barium.

DES COMPOSÉS

QUE FORMENT LES ACIDES MÉTALLOÏDIQUES DANS LEUR CONTACT

AVEC LES OXIDES MÉTALLIQUES.

1704. Les acides métalloïdiques s'unissent-ils aux oxides de même que les oxacides, ou bien sont-ils décomposés par les oxides, de telle manière que leurs élémens se combinent, savoir : l'élément négatif avec le métal, et l'élément positif avec l'oxigène de l'oxide. Par exemple, lorsqu'on met l'acide chlorydrique en contact avec la soude, se forme-t-il un chlorhydrate de soude, ou un chlorure de sodium et de l'eau ? C'est une question fort importante que nous n'examinerons que dans le cinquième volume (art. *Philosophie chimique*). Nous nous contenterons d'étudier aujourd'hui tous les phénomènes dans l'hypothèse d'après laquelle il y aurait toujours décomposition réciproque. Toutefois nous croyons devoir *annexer* aux sels les nouveaux composés qui prennent naissance, parce qu'il se pourrait que telle fût leur réelle composition, lorsqu'ils sont dissous ou hydratés, ou du moins, parce qu'ils offrent alors, dans leur réaction, la plus grande analogie avec les sels.

Genre XXII.—*Chlorures.*

1705. La plupart des chlorures sont solides à la température ordinaire et susceptibles de cristallisation. Quelques-uns seulement sont liquides : tels sont les per-chlorures de manganèse, d'étain, de chrôme, de vanadium, d'antimoine, de titane, le proto-chlorure d'arsénic; et parmi ceux-ci, il en est de si volatils, comme les per-chlorures de manganèse et de chrôme, qu'on est obligé, lorsqu'on les prépare, de les recueillir dans un vase entouré de glace.

1706. *Action du feu.* — Exposés à l'action du feu, les chlorures se comportent diversement : plusieurs se décomposent complètement; ce sont les chlorures d'or, de platine, de rhodium; d'autres sont ramenés à un moindre degré de *chloruration*, en laissant dégager du chlore, savoir le bi-chlorure de cuivre, le per-chlorure de tellure; d'autres se fondent et se prennent en masse cristalline par le refroidissement : voilà ce qu'on observe dans les chlorures alcalins, le chlorure de magnésium, le proto-chlorure de manganèse, le proto-chlorure de cérium, de plomb, d'argent. Presque tous les autres, après qu'ils sont fondus, s'ils ne sont liquides par eux-mêmes, se vaporisent.

1707. *Action de l'air, de l'oxigène.* — L'oxigène pur ou l'oxigène de l'air n'agit que sur un petit nombre de chlorures. Il les transforme, à la température ordinaire, en oxides et en per-chlorures, qui se combinent ordinairement ensemble. C'est ce que nous offrent les proto-chlorures d'étain, de cuivre et de fer. L'action serait autre, au degré de la chaleur rouge, du moins sur le proto-chlorure de fer: l'oxigène s'emparerait de tout le fer et mettrait le chlore en liberté. Plusieurs autres chlorures sont dans le même cas : ils font généralement partie de ceux dont les métaux, en s'unissant à l'oxigène, ne produisent que des bases faibles.

1708. *Action des métalloïdes.* — L'hydrogène est le seul métalloïde dont on ait assez bien examiné l'action sur les chlorures. On sait qu'il n'attaque point les chlorures alcalins et terreux; mais qu'à l'exception d'un très petit nombre, entre autres du chlorure de manganèse, il s'empare, à l'aide d'une chaleur plus ou moins intense, du chlore de ceux des quatre dernières sections. De là même, un moyen de se procurer plusieurs métaux parfaitement purs.

Le phosphore, le soufre, le sélénium, par leur tendance à s'unir au chlore et au métal des chlorures, décomposent aussi un certain nombre de ceux des quatre dernières sections. Peut-être en est-il de même du bore et du silicium. Le brôme et l'iode n'agissent que sur quelques chlorures qu'ils font passer à un degré plus grand de *chloruration* en s'emparant d'une partie du métal. Le carbone et l'azote doivent être sans action. Le chlore porte à l'état de per-chlorure un grand nombre de ceux qui ne sont que proto-chlorurés.

1709. *Action de l'eau.* — L'eau est décomposée, à la température ordinaire, par les per-chlorures de manganèse, de chrôme, de colombium, de tungstène et par le proto-chlorure d'arsénic. Il en résulte, tout-à-coup, de l'acide chlorhydrique et un acide métallique qui reste en dissolution dans les deux premiers cas, et se précipite dans les trois derniers en totalité ou en partie. Elle l'est même par le proto-chlorure de tungstène, avec un précipitation d'oxide violet; elle l'est aussi par les chlorures d'antimoine, de bismuth, de tellure, mais alors il se forme des oxido-chlorures qui apparaissent en floccns blancs et des *chlorhydrates de chlorures* solubles : l'on observe, en même temps, qu'en opérant sur le sous-chlorure de tellure, l'oxido-chlorure se trouve mêlé de métal réduit. Le proto et le bi-chlorure d'osmium, sous l'influence d'une grande quantité d'eau, donnent lieu également à une réaction qui a quelque analogie avec la précédente : il se produit de l'acide osmique, un dépôt d'osmium et de l'acide chlorhydrique.

L'eau dissout d'ailleurs, à la température ordinaire, tous les autres chlorures, excepté le chlorure d'argent, et les protochlorures de cuivre, de mercure, d'iridium, d'or et de platine. Celui d'argent est même si insoluble, qu'il est facile, au moyen de l'azotate d'argent, de déceler dans une liqueur la présence de $\frac{1}{30000}$ d'acide chlorhydrique.

Il n'en serait pas de même, si la température était élevée. Plusieurs des chlorures que l'eau est susceptible de dissoudre, se trouveraient décomposés : il y aurait tout de suite production de gaz chlorhydrique et d'oxide métallique. Tels sont entre autres les chlorures des métaux terreux; que l'on fasse chauffer, par exemple, du chlorure de magnésium dans un creuset jusqu'à environ 150°, et qu'on laisse tomber de l'eau dessus goutte à goutte, il s'en dégagera tout aussitôt d'abondantes vapeurs de gaz chlorhydrique, et bientôt il ne restera plus dans le creuset que de la magnésie.

1710. *Action des bases.*—La potasse et la soude en dissolution décomposent les chlorures de lithium, de barium, de strontium, de calcium, et en général tous les chlorures des cinq dernières sections : il se produit du chlorure de potassium ou de sodium soluble, et un nouvel oxide qui presque toujours est insoluble et se précipite; c'est aussi de cette manière qu'agissent la lithine, le baryte, la strontiane et la chaux, sur presque tous les chlorures autres que les chlorures alcalins : d'où l'on voit que la base alcaline et le chlorure décomposé échangent réciproquement l'oxigène et le chlore qu'ils contiennent. La magnésie elle-même donne lieu à des décompositions de cette nature avec les chlorures d'yttrium, de glucinium, d'aluminium, et un assez grand nombre de chlorures appartenant aux quatre dernières sections.

On en peut donc conclure que les bases agissent sur les chlorures comme sur les sels, et qu'elles suivent à-peu-près dans les décompositions qu'elles opèrent, le même ordre que dans les azotates.

1710 *bis. Action du gaz ammoniaque et du gaz phosphure d'hydrogène.* — M. H. Rose a confirmé par de nouvelles expériences, la propriété qu'ont la plupart des chlorures de s'unir au gaz ammoniaque (379); mais il a vu de plus que le phosphure gazeux d'hydrogène, possédait aussi cette propriété relativement à plusieurs d'entre eux. Voilà ce qu'il a observé du moins avec le chlorure d'aluminium, le bi-chlorure d'étain, et le chlorure de titane. Il a trouvé en effet : 1° que 1 atome de phosphure d'hydrogène (PH^3) pouvait se combiner d'une part avec 3 et 6 atomes de chlorure d'aluminium, et de l'autre avec 1 at. de bi-chlorure d'étain; 2° que l'eau décomposait tous ces corps, et en dégageait du phosphure d'hydrogène non inflammable, que l'ammoniaque en opérait également la décomposition, mais en dégageant du gaz phosphure d'hydrogène toujours inflammable; de sorte que, par ce moyen, l'on convertissait à volonté le phosphure d'hydrogène inflammable en phosphure non inflammable, et réciproquement (1); 3° que dans ces composés, le phosphure d'hydrogène semblait jouer le rôle que le gaz ammoniaque joue dans les chlorures ammoniacaux; et que si le phosphure d'hydrogène ne formait pas de combinaisons avec tous les chlorures susceptibles de s'unir à l'ammoniaque, c'était parce qu'alors il se produi-

____

(1) Suivant M. H. Rose, ces deux gaz sont isomères.

sait du gaz chlorhydrique et un phosphure métallique. (*Ann. de Chim. et de Phys.* LI, 6.)

1711. *Action des acides.*—Presque tous les chlorures peuvent être décomposés par l'acide sulfurique concentré, à la température ordinaire, ou à l'aide de la chaleur : il en résulte un sulfate et une effervescence plus ou moins vive.

L'on opère facilement aussi la décomposition des chlorures par l'acide phosphorique et l'acide arsénique en dissolution dans l'eau : il suffit de porter le mélange à l'ébullition ou d'évaporer la liqueur à siccité.

L'on parviendrait même encore à décomposer les chlorures en les mêlant intimement avec leur poids d'acide borique, plaçant le mélange dans un tube de verre luté, élevant la température de celui-ci jusqu'au rouge, et faisant passer de la vapeur d'eau dans son intérieur. Le chlorure d'argent lui-même ne résiste pas à cette épreuve.

Quant à l'acide azotique, il produit sur presque tous les chlorures le même effet que l'acide chlorhydrique produit sur les azotates, c'est-à-dire que, mêlé en excès avec ces sels, il les décompose à l'aide d'une légère chaleur, et qu'il en résulte d'une part un azotate, et de l'autre de l'acide hypo-azotique et du chlore (1635); peu de chlorures font exception : de ce nombre est celui d'argent, que l'acide sulfurique bouillant n'attaque lui-même qu'avec difficulté.

1712. *Action des sels.*—Lorsqu'on verse une dissolution de chlorure dans une dissolution saline, il en résulte des phénomènes semblables à ceux que nous avons décrits, en traitant de l'action réciproque des sels solubles et insolubles (1310). Si donc il peut se former un nouveau chlorure ou un nouveau sel insoluble, la décomposition aura lieu : aussi les dissolutions d'azotate d'argent, d'azotate de protoxide de mercure, sont-elles précipitées par le sel marin, etc; et le chlorure de barium trouble-t-il tout de suite les dissolutions de sulfates.

1713. *État.*—On ne trouve que huit chlorures métalliques dans la nature : ce sont ceux de sodium, de potassium, de calcium, de magnésium, de plomb, d'argent, le bi-chlorure de cuivre et le proto-chlorure de mercure. Le premier est très abondant ; les autres sont assez rares.

1714. *Préparation.* — Le sel marin, ou chlorure de sodium, est le seul de ces composés que l'on extrait toujours des eaux ou des mines qui le contiennent.

On obtiendra les autres, savoir :

<table>
<tr><td>

1er

Par acide chlorhydrique liquide et métal.

Le chlorure de zinc.
Le proto-chlorure de fer.
Le proto-chlorure d'étain.

2e

Par eau régale (291) et métal.

Les chlorures d'or.
Les chlorures de platine.
Le bi-chlorure d'étain.
Le proto-chlorure d'antimoine.
Les chlorures de palladium.
Le chlorure de bismuth.

</td><td>

3e

Par acide chlorhydrique liquide et sulfure métallique.

Le chlorure de barium.
Le chlorure de strontium.
Le proto-chlorure d'antimoine.

4e

Par acide chlorhydrique liquide et oxide ou carbonate.

Presque tous les chlorures.

5e

Les chlorures d'argent, de mercure, de barium, de strontium.

Par la voie des doubles décompositions.

</td><td>

6e

Presque tous les chlorures volatils, tels que le proto-chlorure d'antimoine, le bi-chlorure d'étain, etc., etc.

En chauffant les métaux avec le bi-chlorure de mercure, ou en les traitant par le chlore sec, ou bien encore en traitant leurs oxides secs par ce corps, mais ordinairement après les avoir mêlés avec une quantité convenable de charbon calciné.

7e

Les per-chlorures de manganèse et de chrôme.

En chauffant un mélange de sel marin, d'acide sulfurique concentré et d'hyper-manganate ou de chrômate de potasse.

</td></tr>
</table>

1° Le premier procédé s'exécute en versant l'acide convenablement concentré sur un excès de métal, dans une capsule ou un matras. Lorsque toute l'action qui peut être produite à la température ordinaire a eu lieu, on la ranime par la chaleur. L'acide se trouve décomposé ; il en résulte un dégagement de gaz hydrogène et un chlorure qui se dissout, et qu'on obtient en le faisant cristalliser ou en le desséchant. On ne prépare ainsi que le chlorure de zinc et les proto-chlorures de fer et d'étain, parce que les autres métaux ne sont point attaqués par l'acide chlorhydrique, ou parce qu'ils sont trop rares.

2° Le second procédé s'exécute de même que le premier, si ce n'est qu'au lieu d'employer un excès de métal, on emploie un excès d'acide. Ici c'est au chlore, mis en liberté par la réaction de l'acide azotique, que se combine le métal ; aussi se dégage-t-il beaucoup de bi-oxide d'azote ou d'acide hypo-azotique. La dissolution étant achevée, on doit évaporer la liqueur pour en chasser la plus grande partie d'acide excédant, et la concentrer de manière à obtenir des cristaux par le refroidissement, ou l'évaporer jusqu'à siccité lorsque l'on veut obtenir le chlorure anhydre : pour la préparation des proto-chlorures d'or et de platine, il faut même chauffer au point de décomposer les per-chlorures, maintenir la chaleur au même degré et terminer l'opération lorsqu'il ne se dégage plus de chlore. L'eau régale dont on se sert est ordinairement composée d'une partie d'acide azotique à 36° et de 3 parties d'acide chlorhydrique à 22° : quelquefois on l'étend d'eau.

3° Les sulfures de barium et de strontium doivent être traités par l'acide chlorhydrique pour être transformés en chlorures, absolument de même que par l'acide azotique pour être transformés en azotates : seulement, lorsque les liqueurs sont filtrées, il faut les concentrer pour favoriser la cristallisation. Dans cette opération, les deux principes de l'acide s'unissent à ceux du sulfure, savoir le chlore au métal, et l'hydrogène au soufre ; aussi, y a-t-il un grand dégagement de gaz sulfhydrique. Des phénomènes semblables s'observent dans la réaction du sulfure d'antimoine et de l'acide chlorhydrique : le protochlorure qui en résulte reste d'abord en dissolution dans un excès d'acide ; mais, comme il est beaucoup moins volatil que l'acide chlorhydrique, on le sépare facilement en le chauffant dans une cornue et changeant de récipient au moment où il commence à se distiller.

4° C'est aussi en traitant les oxides et les carbonates par l'acide chlorhydrique comme par l'acide azotique (892, 5ᵉ procédé), qu'on se procure un grand nombre de chlorures.

5° Les chlorures d'argent, de mercure, de barium et de strontium se font : celui d'argent, qui est insoluble, en versant une dissolution de sel marin ou d'acide chlorhydrique dans une dissolution d'azotate d'argent; le proto-chlorure de mercure, qui est également insoluble, mais volatil, par un procédé analogue, ou en calcinant le sulfate de protoxide de mercure avec le sel marin; le bi-chlorure de mercure, en calcinant avec le sel marin, non plus le sulfate de protoxide, mais le sulfate de bi-oxide mercuriel; enfin les chlorures de barium et de strontium, en calcinant les sulfates de baryte et de strontiane avec le chlorure de calcium.

6° La décomposition du bi-chlorure de mercure par les métaux s'exécute facilement dans une cornue de verre : l'on introduit dans cette cornue un mélange de bi-chlorure et d'un petit excès de métal très divisé; on adapte un récipient au col de la cornue; on place cette cornue dans un fourneau muni de son laboratoire, et l'on chauffe plus ou moins fortement la cornue jusqu'à ce que l'opération soit terminée : lorsque le nouveau chlorure est volatil, il se rend et se condense dans le récipient, d'où on le retire pour le conserver dans un flacon.

7° La préparation des chlorures par le chlore et les oxides s'opère en plaçant ceux-ci dans un tube exposé à une chaleur rouge, et y faisant arriver un courant de chlore sec.

Quant à celle des chlorures par un mélange de proportions convenables de charbon calciné et d'oxides secs, on la fait comme la précédente. C'est ainsi qu'on peut se procurer les chlorures d'aluminium, de glucinium, d'yttrium et de titane, procédé que nous avions conseillé, M. Gay-Lussac et moi, dans nos recherches physico-chimiques, et que

M. OErstedt a exécuté le premier sur le chlorure d'aluminium. Ces chlorures étant volatils, sont reçus dans un tube
de verre recourbé que l'on adapte d'une part au tube de porcelaine, et qui communique de l'autre avec un petit fla_
con, etc.

8° Les per-chlorures de chrôme et de manganèse s'obtiennent en chauffant dans une cornue des mélanges de
sel marin, d'acide sulfurique concentré, de chrômate ou
d'hyper-manganate de potasse, et les recueillant dans un
tube recourbé en forme d'U et entouré de glace.

1715. *Composition.* — Deux atomes de chlore équivalant à 1 atome d'oxigène, il s'ensuit que, la composition
d'un oxide étant donnée, il sera toujours facile de connaître celle du chlorure correspondant. Or, comme nous avons
indiqué précédemment la proportion des principes con-
tituans de tous les oxides, la composition générale des
chlorures se trouve par cela même déterminée.

1716. *Caractères génériques.* — Les chlorures se reconnaissent en général aux trois propriétés suivantes: 1° mis en contact avec l'acide sulfurique concentré à la température ordinaire ou du moins à une température peu élevée, ils font
effervescence et répandent dans l'air des vapeurs blanches et
piquantes; 2° traités par l'acide sulfurique, étendu d'eau,
ils laissent dégager du chlore lorsqu'on les a mêlés préalablement avec du per-oxide de manganèse en poudre; 3° pour
peu qu'ils soient solubles dans l'eau, l'azotate d'argent produit dans leur dissolution filtrée un précipité blanc de chlorure d'argent, que l'ammoniaque redissout facilement et
sur lequel l'acide azotique est sans action.

Cependant comme certains chlorures, en très petit nombre à la vérité, résistent jusqu'à un certain point à ces épreuves (peut-être même n'existe-t-il que le chlorure d'argent,
qui soit dans ce cas), une quatrième épreuve devient
quelquefois nécessaire : elle consiste à traiter par l'acide
sulfhydrique le composé dont on veut reconnaître la
nature, à filtrer la liqueur, à en dégager l'excès de gaz sulf-

hydrique par la chaleur, à neutraliser ensuite par le carbonate de soude la nouvelle liqueur qui devra être acide, et à l'évaporer jusqu'à siccité : on obtiendra ainsi un chlorure de sodium, facile à distinguer, comme nous l'avons dit d'abord, dans le cas même où le chlorure primitif n'eût point donné de chlore avec l'acide sulfurique et l'oxide de manganèse, etc.

1717. *Usages.*—Les chlorures de sodium, de barium, de calcium, d'étain, d'antimoine, de bismuth, de mercure, d'or, de platine, sont les seuls qui soient employés. (*V.* en particulier chacun de ces chlorures.)

Chlorure de potassium.

1718. Solide, incolore, piquant, amer; fusible au rouge brun, susceptible de répandre des vapeurs, lorsqu'on le chauffe fortement avec le contact de l'air; cristallisable en cubes ou en prismes rectangulaires qui décrépitent au feu. ● 100 parties d'eau dissolvent à zéro 29 part., 21 de ce chlorure, et 59 part., 26 à 109°, 60 (Gay-Lussac). Au moment de sa dissolution, le chlorure de potassium abaissé assez fortement la température de l'eau : par exemple, 50 grammes bien réduits en poudre, en se dissolvant dans 200 grammes d'eau contenue dans un vase de verre de la capacité de 320 grammes d'eau et du poids de 185 grammes, produisent un abaissement de 11°,4 centigrades. La même quantité de chlorure de sodium donne seulement, dans les mêmes circonstances, un abaissement de 1°,9. M. Gay-Lussac a fondé sur cette grande inégalité, dans le froid produit par chacun de ces deux chlorures, un moyen de déterminer très approximativement les quantités de l'un et de l'autre dont un mélange pourrait être composé. (*Ann. de Chim. et de Phys.* XII, 41.)

Le chlorure de potassium existe en petite quantité dans les matériaux salpêtrés, dans les végétaux ainsi que dans quelques humeurs animales. Il fait partie des potasses du commerce, de la soude de Warech, des sels qu'on retire pendant la cuite du salpêtre. On l'obtient en traitant le carbonate de potasse par l'acide chlorhydrique (1704, 4ᵉ procédé).

Ce sel était employé autrefois comme fébrifuge, et était connu alors sous le nom de *sel fébrifuge de Sylvius*.

Il pourrait servir à la fabrication du salpêtre et de l'alun.

Form. du chlorure K Ch².

Chlorure de sodium ou sel marin.

1719. Ce chlorure (Na Ch²) a une saveur franche qui plaît non-seulement à l'homme, mais encore à la plupart des animaux; il cristallise ordinairement en cubes. Exposé au feu, il décrépite fortement, entre ensuite en fusion un peu au-dessus de la chaleur rouge, répand dans l'air des vapeurs épaisses à une haute température, et se prend par le refroidissement en une masse d'apparence cristalline. 100 parts d'eau dissolvent 35ᵖ,81 de sel à 13°,89, et 40ᵖ,38 à 109°,7; de sorte que l'eau, en s'abaissant alors de 95°, laisse déposer à peine quelques cristaux : ceux-ci ne contiennent jamais que de l'eau interposée.

Il n'en est pas de même de ceux qui se forment, lorsqu'on expose de —10 à —15 degrés une dissolution saturée à la température ordinaire : cette dissolution donne des cristaux hydratés, en tables hexagonales, qui pour 1 atome de chlorure renferment 4 atomes d'eau, d'après Mitscherlich , et même 6 atomes, d'après Fusch.

Il paraît que 7 à 8 parties de protoxide de plomb peuvent décomposer une partie de sel marin par l'intermède de l'eau : il en résulte une dissolution de soude et un oxido-chlorure; l'oxide d'argent peut opérer aussi cette décomposition, mais en donnant lieu seulement à un nouveau chlorure. Toutefois, la décomposition ne se fait bien qu'autant que l'oxide est très divisé, privé d'acide carbonique, et qu'il reste en contact avec la dissolution bouillante du sel pendant un temps suffisant, etc.

Lorsqu'on chauffe au rouge cerise, dans un tube de porcelaine ou de terre, un mélange de chlorure de sodium et de silice, et qu'on fait passer de la vapeur d'eau à travers, il se produit de l'acide chlorhydrique et une fritte qui contient tout à-la-fois du silicate de soude et du sel marin : le sel est donc décomposé sous l'influence de l'eau et de la silice. Il peut également l'être à une haute température, sous l'influence de la silice ou de l'alumine et de l'oxide de fer. On obtient dans ce cas du chlorure de fer, et du silicate ou de l'aluminate de soude. C'est même sur ce fait qu'est fondé l'emploi du sel marin pour vernir les poteries.

Le sel marin est un des corps les plus répandus dans la nature. On l'y trouve, tantôt à l'état solide, sous forme de couches très considérables, tantôt à l'état liquide ou en dissolution dans l'eau. Lorsqu'il est à l'état solide, il prend un nom particulier : on l'appelle *sel gemme*.

Mines de sel gemme. — Il en existe 1° en Pologne, où elles s'étendent depuis Williczka et Bochnia jusqu'à Rymnick en Moldavie, au pied septentrional des monts Carpaths; leur longueur est de plus de 200 lieues et leur largeur est quelquefois de 40 ; on en retire une immense quantité de sel. 2° En Hongrie, au pied méridional de la même chaîne, et surtout en Transylvanie, où elles donnent lieu à différentes exploitations. 3° Dans presque toutes les parties de l'Allemagne : les plus remarquables sont celles du Tyrol; d'Hallein sur la Salza, électorat de Saltzbourg; de Berchtesgaden. 4° En Angleterre, à Northwich, dans le comté de Chester. 4° En Espagne, à Cardonna dans la Catalogne; à Poza, près Burgos en Castille. 6° Dans plusieurs parties de la Russie.

L'Italie, la Suède, la Norwège ne possèdent point de mines de sel gemme. On n'en connaît qu'une en Suisse, à Bex, canton de Vaud. Mais on en trouve de très riches en

Asie, en Amérique, particulièrement au Pérou; on en trouve de plus riches et de plus nombreuses encore en Afrique. L'on en a découvert une près de Vic, arrondissement de Château-Salins, département de la Meurthe : c'est la seule qui soit connue en France. (*Ann. de Chim. et de phys.* XII, 48.)

Les grands dépôts de sel gemme n'appartiennent pas indifféremment à tous les terrains; quelques-uns font partie des couches moyennes de terrains intermédiaires; mais la plupart sont placés vers la base des terrains secondaires, très près des grands dépôts qui renferment la houille; au-dessus, ils sont moins abondans et bientôt disparaissent entièrement, en sorte qu'on n'en voit plus dès qu'on a dépassé les premières assises analogues à celles qui forment le mont Jura. Cependant on a soupçonné que quelques amas considérables de sel étaient plus modernes encore, et se rattachaient même au commencement des terrains tertiaires.

C'est ordinairement au milieu de vastes dépôts d'argile grise que se rencontrent les dépôts de sel gemme : aussi sont-ils toujours plus ou moins imprégnés de cette matière. Presque toujours aussi le sulfate de chaux les accompagne : ce sulfate est généralement sans eau dans les dépôts les plus anciens, et hydraté dans les dépôts plus modernes. Il est rare d'y rencontrer des débris organiquess; on n'en a même rencontré que dans les saline de Pologne.

Quelquefois on y trouve du gaz hydrogène presque pur et très condensé : du moins, c'est ce que M. Dumas a observé dans une variété de sel de la mine de Williczka. Ce gaz y est si condensé qu'il produit une véritable décrépitation, quand on dissout le sel dans l'eau. (*Ann. de Chim. et de Phys.* XLIII, 316).

M. Wollaston, le premier, et ensuite M. Vogel, ont reconnu du chlorure de potassium dans du sel gemme. (*Jour. de Phar.* t. VI, p. 378. *Ann. de Chim. et de Phys.*, XIV, 320.)

Les mines de sel gemme sont quelquefois situées à d'assez grandes profondeurs. Nous citerons pour exemple celles de Pologne, qui sont à plus de 3oo mètres sous le sol, et dans lesquelles, si cette observation est exacte, on doit être descendu à 5o mètres environ au-dessous du niveau actuel des mers. Quelquefois, au contraire, elles sont à la surface de la terre : témoin celles d'Afrique ; il en existe aussi à des hauteurs considérables : telles sont les mines des Cordillières en Amérique, et de Narbonne en Savoie. Cependant, en général, les mines de sel se trouvent au pied des hautes chaînes de montagnes, et quelquefois dans l'espace qui les sépare.

Le sel gemme est toujours transparent, ou au moins translucide. Assez souvent il est coloré; il y en a de rouge, de jaunâtre, de brun, de violet, de bleuâtre, et même de vert. Ces diverses couleurs sont probablement dues aux oxides de fer et de manganèse.

Sel marin à l'état liquide. —On trouve du sel marin en dissolution dans presque toutes les eaux; il en est qui en contiennent une si grande quantité qu'elles sont très salées au goût : telles sont celles de la mer, de certains lacs et de beaucoup de sources. Le nombre des sources salées est très considérable. D'abord il en existe dans tous les lieux où l'on connaît des dépôts salifères, et en outre dans un grand nombre d'endroits où ces dépôts n'ont pas encore été observés. La France, l'Italie, la Sicile nous en offrent un grand nombre d'exemples. Quelques-unes de ces eaux ne contiennent que la 3o^e ou 4o^e partie de leur poids de sel : celles de le mer sont dans ce cas. D'autres en contiennent la 6e ou 7e partie : celles de Château-Salins, de Montmorot, de Dieuze, sont dans celui-ci. D'autres enfin en sont presque saturées. La plupart du temps, on trouve dans ces eaux, outre le sel marin, du sulfate de soude, du sulfate de chaux, du chlorure de magnésium et du sulfate de magnésie.

Suivant M. Mathieu de Dombasle, l'eau du puits salé de Château-Salins contient, par 1ooo grammes (*Ann. de Chim. et de Phys.*, t. XII, p. 56) :

Chlorure de sodium...................... 132gr,17
Chlorure de magnésium................   4 ,61
Sulfate de chaux.......................   5 ,63
Sulfate de magnésie....................   3 ,99
Carbonate de chaux.....................   0 ,25
Eau................................... 853 ,35

Tout nous porte à croire que les sources salées sont le produit de l'action des eaux souterraines sur les dépôts salifères situés à des profondeurs plus ou moins grandes.

Préparation.—Tout le sel dont on a besoin est extrait, soit des eaux qui le tiennent en dissolution, soit des mines de sel gemme : jamais on n'en fabrique d'artificiel pour les besoins du commerce.

On exploite les mines de sel gemme de deux manières. Lorsque le sel est pur, comme à Cardona en Catalogne et à Williczka en Pologne, on l'arrache du sein de la terre et on le verse dans le commerce. Lorsqu'il est impur, il faut le dissoudre dans l'eau, et faire évaporer la dissolution saline : c'est ce qui se pratique dans les mines du Tyrol, situées sur une montagne très élevée; dans la saline d'Hallein, sur la Salza, électorat de Saltzbourg; à Berchtesgaden; en Angleterre, etc. On creuse des galeries dans la masse du sel même, quand le sol le permet; on y fait arriver de l'eau, qu'on laisse séjourner pendant quinze jours, un mois, et quelquefois plus; ensuite on la porte par des conduits dans de grandes chaudières, où elle s'évapore en présentant ordinairement les phénomènes que nous offre l'évaporation des eaux salées dont il va être question.

L'art d'extraire le sel des eaux salées varie selon qu'elles sont plus ou moins chargées de matières salines, et en même temps selon la température des lieux où elles se trouvent.

Lorsque les eaux contiennent 14 à 15 centièmes de sel, ou plus, on l'extrait en concentrant ces eaux par le feu dans de grandes chaudières de fer. D'abord, il se précipite ordinairement une matière appelée *schlot*, qui est formée de sulfate double de chaux et de soude : cette matière est enlevée et mise dans des augelots ou de petites poêles plates de fer, placées à cet effet le long des bords des chaudières. Quelque temps après, la cristallisation se manifeste : alors on met les *augelots* de côté, on continue l'évaporation presque jusqu'à siccité, puis on retire le sel et on le porte à l'étuve, où il achève de se sécher. On répète quatorze ou quinze fois de suite la même opération dans une même chaudière, après quoi l'on suspend le travail pour enlever une incrustation saline qui se forme sur les parois de celle-ci, et qui est presque entièrement composée de *schlot*.

Mais lorsque les eaux salées ne contiennent que 2, 3, 4, 5 centièmes de sel, on ne peut pas l'extraire avec avantage par le feu. On a recours aux deux procédés suivans : l'un est employé dans les climats chauds, et consiste dans une évaporation spontanée ; l'autre est mis en usage dans les climats tempérés, et se compose d'une évaporation spontanée, exécutée d'une manière particulière, et d'une évaporation par le feu.

Premier procédé. — C'est par ce procédé que, dans les contrées méridionales, on extrait le sel des eaux de la mer. On creuse sur le rivage, des bassins qu'on tapisse d'argile, et qu'on appelle *marais salans*. Le premier de ces bassins est un vaste réservoir ; on y fait arriver l'eau par un canal, au moyen d'une écluse ; de là on la distribue par une pente douce dans d'autres bassins : ceux-ci sont très larges, très peu profonds, offrent par conséquent une grande surface à l'air, ce qui favorise singulièrement l'évaporation, et ils communiquent entre eux, mais de telle manière que, pour passer de l'un dans l'autre, l'eau est obligée de parcourir une grande étendue, jusqu'à 3000 ou 4000 mètres. Presque toujours le travail commence au mois d'avril, et se termine en septembre. A mesure que l'eau s'évapore, on la renouvelle par celle du réservoir. Ordinairement on remarque qu'elle est teinte en rouge au moment où elle est sur le point de donner des cristaux. Une fois que la cristallisation

est bien établie, on retire le sel de temps en temps du fond
des bassins, on le met en tas sur leurs bords, pendant plusieurs mois ; il s'égoutte, se dépouille ainsi des sels déliquescens qu'il retenait, et se sèche : plus il y reste de
temps et plus il acquiert de prix, parce que moins ensuite il
fait de déchets. Jusqu'à présent l'on n'a tiré aucun parti
des eaux-mères qui restent dans les bassins, et qui contiennent une petite quantité de sel marin, et beaucoup de
chlorures terreux : on les fait écouler.

Le sel ainsi obtenu doit nécessairement prendre des
teintes diverses en raison de la couleur de l'argile dont on
se sert pour tapisser les marais, parce qu'une portion de
cette argile reste toujours intimement mêlée avec le sel. Il
y en a de blanc, de gris et de rougeâtre. La quantité qu'on
obtient varie en raison de la température et des vents qui
règnent.

Le nombre des marais salans est très considérable : il en
existe en France, sur les bords de l'Océan, dans le département de la Charente-Inférieure, à Brouage, au Croisic, à
la baie de Bourg-Neuf, à le Tremblade et à Marennes ; il en
existe aussi sur les côtes de la Méditerranée, dans le département des Bouches-du-Rhône, et dans le département de
l'Hérault, à Peccais, près d'Aigues-Mortes.

On suit un procédé différent de celui que nous venons
d'indiquer pour extraire le sel des eaux de la mer, près
d'Avranches, dans le département de la Manche.

On recouvre de sable, sur les bords de la mer, une
grande étendue de terrain, de manière à former une aire
bien unie qui puisse être baignée dans les hautes marées
des nouvelles et des pleines lunes. Les eaux s'étant retirées,
le sable ne tarde point à se dessécher; mais alors il est couvert d'efflorescences salines ; on l'enlève et on le met dans
des fosses avec de l'eau de la mer. Par ce moyen, on sature
cette eau de sel, et ensuite on la fait évaporer jusqu'à un
certain degré en la chauffant dans des bassins de plomb. On
obtient ainsi du sel blanc.

Il paraît aussi que, dans certains pays, on profite du froid pour rendre l'eau de la mer plus salée. Ce procédé est fondé sur la propriété qu'a l'eau de se congeler à zéro quand elle est pure, et de ne se congeler que bien au-dessous quand elle est chargée d'un sel quelconque. Il suit de là qu'en exposant l'eau de la mer à un grand froid, on obtiendra, d'une part, de la glace qui sera à peine salée, et de l'eau qui le sera fortement, et qui soumise à l'action du feu, ne tardera point à donner du sel.

2ᵉ Procédé. — *Extraction du sel, dans les climats tempérés, des eaux qui ne sont point très salées.* — Sous un hangar qui a 10 à 11 mètres de hauteur, 5 à 6 de largeur et 300 à 400 de longueur, on construit, avec des fagots d'épines, un parallélipipède rectangle, dont les dimensions sont un peu moins grandes que celles de ce hangar. Ensuite on élève l'eau salée, à l'aide de pompes, dans des conduits ou des rigoles placés sur le parallélipipède et percés de trous; ces conduits la versent sur les fagots; elle les traverse, se divise à l'infini, se concentre en raison du courant d'air auquel elle est exposée, et se rassemble dans un réservoir d'où elle est reprise, élevée de nouveau, versée une seconde fois sur les fagots, et ainsi de suite jusqu'à ce qu'elle marque environ 25° ou qu'elle contienne 25 centièmes de sel. Cette opération s'appelle *graduer l'eau*, et le hangar sous lequel elle se fait, *bâtiment de graduation*. Comme l'évaporation n'a lieu que par l'air qui passe de toutes parts à travers les fagots, il faut que les côtés du bâtiment soient exposés aux vents qui règnent le plus fréquemment; il faut aussi renouveler de temps en temps les fagots, parce qu'il se forme à leur surface une couche de sulfate de chaux nommée *schlot*, qui, au bout d'un certain temps, devient très épaisse.

L'eau concentrée par ce moyen jusqu'à 25°, est ensuite évaporée comme nous l'avons dit précédemment. Cependant à Moutiers (Tarentaise) on la fait couler le long d'un grand nombre de cordes verticales: ces cordes finissent par se couvrir d'une couche de sel qu'on enlève lorsqu'elle a cinq centimètres d'épaisseur. On fait une récolte semblable deux ou trois fois par an.

Le sel qu'on obtient par ces divers moyens est rarement pur; il contient toujours quelques sels déliquescens, et particulièrement des chlorures de calcium et de magnésium, et du sulfate de magnésie. On le purifie dans les laboratoires, en le faisant cristalliser de nouveau. A cet effet, on le dissout dans l'eau, on filtre la dissolution, et on la soumet à une douce évaporation dans une terrine de grès. Cette évaporation présente, dans sa cristallisation, un phénomène remarquable : il se forme une multitude de petits cubes à la surface de la liqueur. Ces petits cubes, en grossissant, s'enfoncent peu-à-peu : alors d'autres cubes viennent s'implanter sur leurs côtés supérieurs; la petite masse cristalline s'enfonce de plus en plus; les cristaux implantés sur le premier en reçoivent d'autres comme celui-ci ; il résulte de là des pyramides quadrangulaires creuses qui présentent autant de petits gradins, intérieurement et extérieurement, qu'il y a de rangées de cubes, et qui finissent, quand on ne les enlève pas, par se remplir en partie et se précipiter.

Les usages du sel marin sont nombreux : nous nous en servons pour corriger l'insipidité de nos mets, pour saler et conserver les viandes, fabriquer la soude artificielle, extraire l'acide chlorhydrique (331), préparer le chlore, faire le sel ammoniac. Quelquefois on l'emploie comme couverte ou vernis sur certaines poteries; quelquefois aussi, mais à très petites doses, pour engraisser les bestiaux et amender certaines terres.

Chlorure de lithium.

1720. Très soluble dans l'eau et même dans l'alcool, anhydre, déliquescent; cristallise en cubes, quand on concentre sa dissolution par la chaleur, et, suivant Hermann, en gros cristaux réguliers (LiCh, 4 H²O), quand on abandonne à elle-même la liqueur, qu'il donne en tombant en déliquescence (1); entre en fusion au-dessous de la chaleur rouge, et répand des fumées blanches dans l'air à une température plus élevée ; s'obtient en traitant l'oxide ou le carbonate de lithine par l'acide chlorhydrique, etc. (Arfwedson.)

Chlorure de barium.

1721. Le chlorure de barium (BaCh²) est âcre, très piquant, vénéneux. 100 parties d'eau en dissolvent, sous forme de cristaux, 34 part.,86 à 15°,64, et 59 part,58 à 105°,48 (Gay-Lussac). Évaporé convenablement, il cristallise en prismes à quatre pans, très larges, peu épais, qui, exposés au feu, décrépitent, se dessèchent, se fondent, et ont pour formule (BaCh² + 2H²O). L'alcool anhydre n'en prend que $\frac{1}{400}$ de son poids.

Pour peu qu'un liquide contienne d'acide sulfurique libre ou combiné, il y forme un précipité blanc de sulfate de baryte, insoluble dans un excès d'acide. L'acide chlorhydrique concentré, en raison de son affinité pour l'eau, trouble tout-à-coup celle qui est saturée de chlorure de barium, et en sépare une portion de ce sel.

Pour obtenir ce chlorure, on prend 1 proportion de sulfate de baryte en poudre et 1 proportion de chlorure

(1) Il est singulier qu'une liqueur due à la déliquescence d'un sel puisse cristalliser spontanément; mais sans doute que l'air, au contact duquel l'avait exposée Hermann, était moins chargé d'humidité et plus élevé en température que celui qui avait produit la liquéfaction. Quoi qu'il en soit, il paraît que les cristaux ainsi obtenus, étant pris avec les doigts et placés sur du papier joseph, deviennent à l'instant même opaques, là où on les a touchés ; que l'opacité se propage dans toute la masse, et qu'alors, en les touchant de nouveau, ils se réduisent en une poudre cristalline.

de calcium également en poudre ; on les mêle bien, et l'on en remplit presque entièrement un creuset de Hesse, que l'on bouche et que l'on expose pendant environ une heure à l'action du feu dans un fourneau à réverbère. Ces deux corps fondent, et produisent, en se décomposant, du sulfate de chaux et du chlorure de barium. La masse est ensuite pilée et jetée dans une bassine pleine d'eau bouillante, où se dissout tout de suite le chlorure ; alors on l'agite un instant, on laisse déposer la liqueur, on la décante, on la filtre, et on la fait évaporer : bientôt le chlorure cristallise. Il ne faut pas que le mélange soit en contact avec l'eau trop long-temps : autrement tout le sulfate de baryte se recomposerait.

Les usages du chlorure de barium sont très bornés. On l'emploie en médecine contre les scrophules, et l'on s'en sert dans les laboratoires, de même que de l'azotate de baryte, pour reconnaître la présence de l'acide sulfurique libre ou combiné.

Chlorure de strontium.

1722. Incolore, âcre, piquant, fusible en un émail blanc à une haute température, soluble environ dans une fois et demie son poids d'eau à 15°, dans une quantité bien moindre d'eau chaude, dans six fois son poids d'alcool froid à 0,833, et 19 fois son poids d'alcool anhydre et bouillant ; remarquable par la propriété qu'il a de cristalliser en longues aiguilles qui sont des prismes hexaèdres, lesquels colorent en pourpre la flamme des corps combustibles, de même que l'azotate de strontiane, etc., et ont pour formule $(SrCh^2 + 6H^2O)$. C'est surtout en imbibant une mèche de coton d'une dissolution de chlorure dans l'alcool ordinaire et y mettant le feu, que la flamme purpurine s'observe bien.

On prépare le chlorure de strontium comme l'azotate de strontiane ou bien comme le chlorure de barium, c'est-à-dire, en calcinant le chlorure de calcium avec le sulfate de strontiane. Pour l'obtenir en beaux cristaux, il faut en saturer l'alcool ordinaire bouillant, et laisser refroidir lentement la liqueur dans un flacon.

Chlorure de calcium.

1723. Ce sel est âcre, très piquant et amer, très déliquescent, soluble à-peu-près dans la moitié de son poids d'eau à 0°, dans le quart de son poids d'eau à 15°, et, pour ainsi dire, en toutes proportions dans l'eau à 50 ou 60°. Il cristallise, mais difficilement, en prismes à six pans striés et terminés par des pyramides aiguës, représentés, dans leur composition, par la formule ($CaCh^2$, $6H^2O$). Exposé au feu, il se fond d'abord dans son eau de cristallisation, se dessèche ensuite, éprouve la fusion ignée, laisse dégager un peu d'acide chlorhydrique, sans doute par la décomposition d'une petite quantité d'eau qu'il retient encore, et devient anhydre. Coulé dans cet état de fusion, et frotté dans l'obscurité lorsqu'il a repris l'état solide, il paraît lumineux, ainsi que Homberg l'a le premier observé : de là le nom de *phosphore de Homberg*, que le chlorure de calcium fondu portait autrefois.

Lorsqu'on verse de l'acide sulfurique dans une dissolution concentrée de chlorure de calcium, il en résulte beaucoup de chaleur, un grand dégagement de gaz acide chlorhydrique, et un *magma* produit par le sulfate de chaux qui se forme. Lorsqu'on y verse une dissolution concentrée de potasse, les deux liqueurs se prennent en masse en raison de la chaux qui se précipite, etc.

Le chlorure de calcium existe à l'état solide dans les matériaux salpêtrés, et en dissolution dans les eaux de plusieurs fontaines ; mais la plupart du temps, il est mêlé avec du sel marin et du chlorure de magnésium, dont il est difficile de le séparer.

On l'obtient en traitant le carbonate de chaux, par

exemple, le marbre concassé, par l'acide chlorhydrique liquide (1714, 4e procédé), faisant évaporer la liqueur jusqu'à pellicule, et l'exposant à une température de quelques degrés au-dessus de zéro : par ce moyen, le chlorure hydraté cristallise. On l'extrait aussi des résidus de la distillation du sel ammoniac avec la chaux ou le carbonate de chaux (355 et 385), en les concassant, les mettant en digestion dans de l'eau, filtrant la dissolution, et l'évaporant comme nous venons de le dire. Ces résidus sont toujours formés de chlorure de calcium et de chaux unis et à l'état d'oxido-chlorure.

Le chlorure de calcium est employé en médecine contre les scrophules, et dans les laboratoires pour faire des froids artificiels, dessécher les gaz et obtenir l'alcool anhydre.

Oxido-chlorure de calcium. — Ce composé se prépare en faisant bouillir une dissolution de chlorure de calcium, avec un excès de chaux, filtrant la liqueur chaude, et la faisant refroidir lentement; il se dépose, sous forme de longs cristaux, étroits et minces, dont la formule est (3 CaO, Ca Ch²)+15 H² O. L'eau et l'alcool le décomposent, dissolvent le chlorure, et laissent la chaux à l'état d'hydrate.

Chlorure de magnésium.

1724. Incolore, amer, très soluble dans l'eau froide, beaucoup plus soluble encore dans l'eau bouillante, susceptible de se dissoudre dans 2 fois son poids d'alcool, déliquescent; cristallise mais difficilement et sous forme d'aiguilles, qui renferment 39,43 pour 100 d'eau et ont pour formule (Mg Ch², 5 H²O); ne rougit point le tournesol, etc.; se trouve en petite quantité dans les eaux de quelques fontaines et dans les matériaux salpêtrés, avec les chlorures de calcium, de sodium, et les azotates de chaux et de magnésie.

Ce sel s'obtient uni à l'eau, en traitant la magnésie ou le carbonate de magnésie par l'acide chlorhydrique (1714, 4e procédé). On ne saurait l'obtenir anhydre de cette manière, car lorsqu'on l'évapore à siccité et qu'on le calcine, il en résulte un dégagement d'acide chlorhydrique et un résidu composé d'oxide et d'un peu de chlorure. Pour se le procurer en cet état, il faut avant d'évaporer sa dissolution, y ajouter 1 à 2 fois son poids de chlorhydrate d'ammoniaque, qui le préserve, par suite de la formation d'un composé double, de la décomposition que l'eau tend à lui faire éprouver. Le chlorure anhydre produit beaucoup de chaleur avec l'eau.

Chlorure de magnésium et de potassium. — C'est en dissolvant dans l'eau 2 atomes de chlorure de magnésium et 1 atome de chlorure de potassium, concentrant la dissolution et l'abandonnant à elle-même, qu'on obtient ce composé double; il cristallise en octaèdres irréguliers, dont la composition est représentée par $(KCh^2, 2MgCh^2) + 18H^2O$. Exposé à l'air, il se décompose; le chlorure de magnésium en attire l'humidité et se fond, tandis que celui de potassium reste à l'état pulvérulent. L'eau produit le même effet.

Le chlorure de magnésium peut aussi s'unir au chlorhydrate d'ammoniaque: le composé qui en résulte est inaltérable à l'air, et se dissout dans 6 fois son poids d'eau.

Chlorure d'yttrium.

1725. Sucré, incolore, fusible, susceptible de se sublimer en aiguilles blanches et brillantes, déliquescent, produisant beaucoup de chaleur avec l'eau; ne cristallise que très difficilement par voie de dissolution, et se prend ordinairement en gelée par l'évaporation; se comporte avec les réactifs comme il a été dit (816), etc.; s'obtient à l'état anhydre en faisant rougir, dans un courant de chlore, un mélange intime d'yttria et de charbon (1714).

On peut aussi le préparer en dissolvant l'yttria ou le carbonate d'yttria dans l'acide chlorhydrique; mais lorsqu'on vient à l'évaporer et à le dessécher, il se décompose ainsi que l'eau qui s'était d'abord produite, et régénère l'acide qui se dégage et la base terreuse qui reste en poudre blanche.

Il se combine, par voie de fusion, avec le chlorure de potassium, et perd, en s'y unissant, sa tendance à se volatiliser.

Chlorure de glucinium.

1726. Incolore, sucré, très fusible, très volatil; se sublime facilement en aiguilles blanches et brillantes; se résout promptement en liqueur, à l'air; se dissout dans l'eau en grande quantité et avec dégagement de chaleur; se dessèche, par une douce évaporation, en une masse gommeuse, qui renferme de l'eau, et se décompose par la calcination en glucine et acide chlorhydrique; se comporte avec la potasse, la soude, le carbonate d'ammoniaque, comme il a été dit (822), etc.; s'obtient par les mêmes procédés que celui d'yttrium.

Chlorhydrate de chlorure de glucinium.—Ce composé cristallise facilement, et n'attire point l'humidité de l'air. Il est très soluble dans l'eau et dans l'alcool.

Oxido-chlorure de glucinium.—Il se dépose, sous forme d'une masse blanche, volumineuse, insoluble dans l'eau, quand on verse, dans la dissolution du chlorure, une quantité d'ammoniaque insuffisante pour le décomposer entièrement. Il prend également naissance, quand on fait bouillir la dissolution du chlorure sur de l'hydrate de glucine, et même quand on soumet cette dissolution seule à l'ébullition.

Chlorure d'aluminium.

1727. C'est également en faisant passer un courant de chlore, à une haute température, à travers un mélange intime d'alumine et de charbon, que l'on obtient le chlorure d'aluminium anhydre.

Ce chlorure est un peu translucide, astringent, d'une couleur jaune verdâtre très pâle, d'une texture lamelleuse. Il rougit la teinture du tournesol. Il se sublime bien au-dessous de la chaleur rouge, après s'être ramolli et affaissé, mais sans subir de fusion apparente. Exposé à l'air, il attire avec avidité la vapeur aqueuse, répand quelques fumées blanches en même temps que l'odeur de l'acide chlorhydrique, et se liquéfie. Mis en contact avec l'eau, il produit un bruit semblable à celui d'un fer incandescent qu'on y plongerait, et s'y dissout rapidement. La dissolution très concentrée dépose, mais avec difficulté, des cristaux de chlorure hydraté, qui se décomposent lorsqu'on les dessèche et dégagent de l'acide chlorhydrique, en laissant un résidu d'alumine : aussi ne peut-on pas se procurer le chlorure d'aluminium anhydre en traitant l'alumine par l'acide chlorhydrique. C'est un des chlorures les plus solubles dans l'alcool; deux parties d'alcool en dissolvent une.

L'ammoniaque forme un *oxido-chlorure d'aluminium*, dans la dissolution du chlorure, si l'on en verse assez peu pour ne décomposer ce chlorure qu'en partie. Jeté sur un filtre et lavé, le précipité devient peu-à-peu translucide, se dissout en petite quantité, et obstrue les pores du filtre. Un excès d'ammoniaque ne laisse que de l'oxide.

Le chlorure d'aluminium chauffé avec du chlorure de potassium ou de sodium, donne lieu à un composé double, qui résiste à l'action de la chaleur rouge.

Suivant M. Wohler, le chlorure d'aluminium, sublimé dans un courant rapide de gaz sulfhydrique, se combinerait avec lui. Le composé cristalliserait en paillettes nacrées; une nouvelle sublimation le décomposerait en partie, avec dégagement de gaz-sulfhydrique; il serait entièrement détruit par l'eau qui dissoudrait le chlorure et mettrait en liberté l'acide sulfhydrique.

Chlorures de manganèse.

1728. *Proto-chlorure* ($MnCh^2$).—Blanc, styptique, déliquescent, par conséquent très soluble dans l'eau, soluble aussi dans l'alcool auquel il communique la propriété de brûler avec une flamme rouge scintillante, susceptible de cristalliser en tables longitudinales quadrilatères qui contiennent beaucoup d'eau de cristallisation, et passent à l'état d'oxido-chlorure par l'action de la chaleur et de l'air; indécomposable par un courant de gaz hydrogène au degré de la chaleur rouge, etc.

On l'obtient en faisant bouillir le bi-oxide de manganèse avec un excès d'acide chlorhydrique liquide et concentrant la dissolution, etc. Il s'emploie dans les fabriques pour teindre les toiles en couleur brune, dite solitaire.

Il forme avec le chlorhydrate d'ammoniaque un composé double dont l'ammoniaque ne précipite pas l'oxide de manganèse.

Deuto-chlorure. — Il paraît que ce sel est rose, et s'obtient cristallisé en traitant à l'aide d'une douce chaleur un excès de bi-oxide de manganèse en poudre par l'acide chlorhydrique liquide, laissant ces matières en contact pendant plusieurs jours, filtrant la liqueur et l'abandonnant à elle-même. Ce chlorure doit être une combinaison de proto-chlorure et de sesqui-chlorure. L'ébullition dégage du chlore de sa dissolution, et le ramène à l'état de proto-chlorure.

Sesqui-chlorure.—John le prépare en faisant passer à la température de $+5°$ un courant de chlore à travers le proto-chlorure dissous dans environ vingt fois son poids d'eau. La liqueur se prend alors en une masse jaune, formée de petits cristaux qui se liquéfient promptement à l'air.

En dissolvant à froid le sesqui-oxide de manganèse dans l'acide chlorhydrique liquide, on obtient le même chlorure, mais seulement à l'état liquide.

La dissolution de sesqui-chlorure de manganèse est noire ou d'un jaune brunâtre, suivant qu'elle est plus ou moins concentrée. Il s'en dégage du chlore, quand on l'expose à une légère chaleur; elle se convertit entièrement en proto-chlorure par une ébullition prolongée ou l'évaporation à siccité.

Per-chlorure de manganèse (Mn Ch⁷). — Ce composé remarquable s'obtient en mettant dans une cornue de verre tubulée de l'hyper-manganate de potasse (845) et de l'acide sulfurique concentré, chauffant légèrement, puis projetant, par la tubulure, du sel marin fondu. Le chlorure se dégage sous forme de vapeurs violâtres qui se condensent, au moyen de la glace ou mieux d'un mélange réfrigérant, en un liquide d'une belle couleur olive. Ce chlorure décompose l'eau tout-à-coup, et produit de l'acide chlorhydrique et de l'acide hyper-manganique. (M. Dumas, *Ann. de Ch. et de Phys.*, xxxvi.)

Chlorures de fer.

1729. *Proto-chlorure.* — Ce chlorure (FeCh²) est vert pâle, très styptique, très soluble dans l'eau, plus à chaud qu'à froid; il cristallise facilement. Soumis à l'action du feu dans une cornue de grès, il abandonne l'eau avec laquelle il était combiné, puis se sublime en petites paillettes blanches. On remarque toutefois qu'il se dégage un peu de gaz chlorhydrique, qui ne peut être attribué qu'à la décomposition d'une partie de l'eau : aussi obtient-on toujours un résidu qui renferme de l'oxide. Mis en contact avec l'air, à la température ordinaire, à l'état solide ou à l'état liquide, il en absorbe l'oxigène et passe à l'état de sesqui-oxido-chlorure rougeâtre et insoluble. Si la température était élevée jusqu'au rouge naissant, il serait entièrement décomposé, le chlore deviendrait libre, et le métal serait transformé en sesqui-oxide. Il se comporte comme le sulfate de protoxide avec le bi-oxide d'azote.

On l'obtient par le premier procédé (1714), c'est-à-dire, en versant sur de la tournure ou du fil de fer de l'acide chlorhydrique liquide.

Pour l'avoir anhydre, il vaut mieux le préparer en mettant de la tournure de fer dans un canon de fusil, faisant chauffer le canon jusqu'au rouge, adaptant à l'une de ses extrémités une cornue d'où se dégage du chlore sec, et adaptant à l'autre une allonge terminée par un bouchon légèrement troué. C'est dans cette allonge que vient se rendre le chlorure, pourvu toutefois que, de ce côté, le canon de fusil sorte à peine du fourneau; précaution nécessaire à prendre, car, sans cela, le chlorure resterait dans le tube même et l'obstruerait. Si le chlore était en excès, il se produirait du per-chlorure, comme cela a lieu sans doute en faisant rougir l'extrémité d'une spirale de fer et plongeant la spirale dans un flacon plein de chlore sec.

On pourrait substituer le gaz chlorhydrique au chlore, pourvu que la température fût élevée jusqu'au rouge cerise; l'acide serait décomposé et l'hydrogène serait mis en liberté : ce mode d'opération offre même l'avantage de ne donner lieu qu'à du proto-chlorure ferrugineux.

C'est en dissolvant dans l'eau 3 parties de chlorhydrate d'ammoniaque et 1 partie de proto-chlorure de fer, évaporant la liqueur jusqu'à siccité, et calcinant le résidu dans un matras, que se prépare le produit connu en médecine sous le nom de *fleurs martiales* : le composé se sublime et prend une teinte jaune par l'action de l'air qui fait passer une partie du fer à l'état de sesqui-oxide.

Sesqui-chlorure. — Pour l'avoir anhydre, il faut faire passer un excès de chlore sur de la tournure ou du fil de fer dans un tube de verre ou de porcelaine à une température inférieure au degré de la chaleur rouge : le chlore est rapidement absorbé, le fer devient incandescent, et de là des vapeurs abondantes de sesqui-chlorure qui se condensent dans les parties froides du tube, en paillettes lamelleuses d'un violet foncé. On peut encore l'obtenir en dissolvant le sesqui-oxide de fer dans l'acide chlorhydrique, évaporant la dissolution jusqu'en consistance sirupeuse et la laissant refroidir; il se dépose en assez beaux cristaux rouges qui tombent facilement en déliquescence; mais alors il est toujours hydraté, et lorsqu'on veut le calciner pour le dessécher, l'eau se décompose en partie : aussi, l'eau et le sesqui-chlorure de fer, à une température élevée, donnent-ils du gaz chlorhydrique et du sesqui-oxide de fer : le premier apparaît sous forme de vapeurs; le sesqui-oxide cristallise. M. Mitscherlich prétend même que c'est de cette manière que se forment les cristaux de sesqui-oxide qu'on observe dans les volcans et qui semblent avoir été sublimés.

Le sesqui-chlorure étant déliquescent est très soluble dans l'eau; il se dissout aussi dans l'alcool et sensiblement même dans l'éther. Il est susceptible de s'unir au sesqui-oxide de fer et de former un composé insoluble dans l'eau chargée de sel, mais soluble dans beaucoup d'eau pure. Tel est celui qui se produit et qui se dépose, soit lorsqu'on expose à l'air une dissolution de proto-chlorure, soit en décomposant incomplètement le sesqui-chlorure par les alcalis caustiques : une chaleur rouge transforme le *sesqui-oxido-chlorure de fer*, en sesqui-chlorure volatil, et en sesqui-oxide fixe.

Mêlé à une dissolution de chlorhydrate d'ammoniaque, il lui donne la propriété de cristalliser en beaux cubes, rouge-rubis; mais il paraît qu'il n'y a pas combinaison, car la quantité de chlorure s'élève au plus à 2 pour 100, et peut être complètement séparée par une nouvelle cristallisation.

Chlorure de zinc.

1730. Le chlorure de zinc ($ZnCh^2$), appelé autrefois *beurre de zinc*, est solide, blanc-grisâtre, translucide, onctueux, fusible vers 100°, volatil au degré de la chaleur rouge, très styptique, émétique à la dose de quelques grains, déliquescent, très soluble dans l'eau.

On l'obtient à l'état d'hydrate en dissolvant le zinc dans l'acide chlorhydrique, évaporant la dissolution en consistance sirupeuse et la laissant refroidir; on se le procure anhydre en soumettant à la distillation un mélange intime de sel marin décrépité et de sulfate de zinc. Le chlorure anhydre se sublime en aiguilles prismatiques, lorsqu'on le chauffe dans une cornue; le chlorure hydraté donne de la vapeur d'eau, de l'acide chlorhydrique, du chlorure anhydre et un résidu d'oxide.

Le mélange de ce chlorure en dissolution concentrée, avec une forte dissolution de colle forte, possède, d'après M. Black, les propriétés principales de la glu, et a sur elle l'avantage de ne pas sécher à l'air et de pouvoir être facilement enlevé par le lavage à l'eau.

Chlorure de cadmium.

1731. Ce chlorure, qui est très soluble, se prépare en traitant l'oxide de cadmium par l'acide chlorhydrique (1714, 4ᵉ procédé).

Il cristallise en petits prismes à 4 pans, rectangulaires, transparens, qui s'effleurissent avec facilité à l'air sec et chaud. Exposé au feu, ces cristaux perdent leur eau de cristallisation; le chlorure entre ensuite en fusion au-dessous du degré de la chaleur rouge; une chaleur plus forte le fait sublimer en petites lames transparentes, micacées, dont l'éclat est un peu métallique et nacré : en laissant refroidir le chlorure, après avoir été fondu, il se prend en une masse composée d'une multitude de lames semblables, qui absorbent une partie de la vapeur de l'air humide, et se réduisent en poudre (M. Stromeyer).

Chlorures d'Étain.

1732. *Proto-chlorure* ($SnCh^2$).—Le proto-chlorure d'étain s'obtient hydraté, en traitant l'étain pur et en grenaille très divisée, par l'acide chlorhydrique liquide. On met l'étain dans une cornue tubulée, que l'on place sur un fourneau, et dont on fait rendre le col dans un récipient lui-même tubulé. On adapte au récipient un tube recourbé qu'on fait plonger dans l'eau, et à la cornue, un tube en S. On verse par celui-ci l'acide chlorhydrique en dissolution concentrée, et l'on en favorise l'action par une légère chaleur. L'acide est décomposé : de là, du gaz hydrogène très infect qui se dégage et du proto-chlorure qui se dissout. A mesure qu'il en est besoin, on verse de nouvel acide, et l'on continue ainsi jusqu'à ce que la majeure partie de l'étain soit dissoute ; alors on fait évaporer la dissolution dans la cornue même ; on la décante dans un flacon que l'on bouche avec soin, et on l'abandonne à elle-même : elle cristallise en prismes aiguillés incolores, par le refroidissement. Les cristaux doivent être conservés à l'abri du contact de l'air.

La préparation du proto-chlorure hydraté se fait en grand dans des vases de cuivre bien décapés ; tant qu'il y a excès d'étain, la dissolution ne contient point de cuivre, attendu que celui-ci est négatif par rapport à l'étain.

Quant au proto-chlorure anhydre, on peut se le procurer en chauffant peu-à-peu jusqu'au rouge, dans une petite cornue de verre, un mélange intime de parties égales de limaille d'étain et de bi-chlorure de mercure : le proto-chlorure stanneux se produit à mesure que la température s'élève ; se sublime et se prend par le refroidissement, en une masse grise, brillante, à cassure vitreuse.

Le proto-chlorure peut être aussi obtenu en faisant passer du gaz chlorhydrique à travers un tube de verre rempli de grenaille d'étain, et exposé à l'action du feu.

Enfin, un troisième procédé consiste à chauffer le proto-chlorure hydraté dans une cornue ; on en dégage d'abord l'eau ; il se forme un peu d'acide chlorhydrique et d'oxide d'étain ; mais la presque totalité du proto-chlorure se vaporise sans altération au degré de la chaleur rouge.

Le proto-chlorure est très styptique, plus soluble à chaud qu'à froid ; cristallise en aiguilles, si la liqueur est trop concentrée ; en octaèdres volumineux, si la cristallisation se fait lentement. Il enlève l'oxigène à une foule de corps, passe alors à l'état d'oxido-chlorure insoluble, et nous offre avec plusieurs autres des phénomènes variés, que nous devons considérer successivement.

C'est surtout en l'employant en dissolution dans l'eau que la plupart de ces phénomènes sont très sensibles. Mise en contact avec l'air, cette dissolution se trouble, parce qu'il se forme un bi-oxido-chlorure blanc, qui est insoluble. Mise en contact avec l'acide azotique ou l'acide hypoazotique, elle en opère sur-le-champ la décomposition, même à froid ; il se produit, comme par le contact de l'air, mais tout-à-coup, un composé de bi-oxide et de bi-chlorure d'étain qui se précipite, et il se dégage une très grande quantité de bi-oxide d'azote. Elle décompose l'acide sulfureux, et en précipite le soufre. Elle décompose aussi les acides molybdique, tungstique, chrômique, manganique, hyper-manganique, arsénique, et les précipite : les deux premiers, à l'état d'oxides bleus ; le troisième, à l'état d'oxide vert ; le quatrième et le cinquième, à l'état de protoxide ; et l'acide arsénique à l'état d'acide arsénieux, et même d'arsénic. Elle ramène le minium, le bi-oxide de plomb, le bi-oxide de cuivre à l'état de protoxide ; le bi-oxide de manganèse, à un degré d'oxidation inférieur, etc. ; les sels de fer et de cuivre très oxidés, à l'état de sels peu oxidés. Elle réduit les oxides de la dernière section, et de plus ceux de mercure, d'iridium, de palladium et d'osmium ; elle réduit même les oxides d'antimoine. Dans tous ces cas, il y a toujours production de plus ou moins de *bi-oxido-chlorure* d'étain ; de telle sorte que ces divers corps agissent comme oxigénans, etc. Enfin, le proto-chlorure d'étain en disso-

lution a la propriété d'enlever le chlore à plusieurs chlorures, particulièrement aux chlorures d'or, de mercure, etc.
En effet, 1° lorsqu'on verse du proto-chlorure d'étain dans
une dissolution de bi-chlorure de mercure, il se fait tout-
à-coup un précipité blanc, formé de proto-chlorure de
mercure, qui se décompose lui-même à mesure que le premier de ces corps devient prédominant, de sorte qu'on finit
par obtenir du mercure coulant : ce dernier phénomène se
manifeste bien plus promptement, si l'on fait l'expérience
d'une manière inverse, c'est-à-dire, si l'on verse une petite quantité de bi-chlorure de mercure dans une grande
quantité de proto-chlorure d'étain ; 2° lorsqu'on verse celui-ci goutte à goutte dans une dissolution d'or très étendue, il se fait un précipité d'un brun noirâtre, qui paraît
devoir sa couleur à de l'or très divisé (*V. chlorure d'or*);
3° enfin, lorsqu'on verse le même chlorure dans une dissolution de bi-chlorure de cuivre, il s'en précipite sur-le-
champ du proto-chlorure de cuivre.

Le proto-chlorure d'étain n'est point décomposé par le
soufre à la température ordinaire, mais il l'est à l'aide
de la chaleur : il se forme du bi-chlorure et du bi-sulfure
d'étain.

Lorsqu'on verse de l'acide sulfurique concentré sur ce
chlorure cristallisé, il se produit un faible dégagement de
gaz chlorhydrique ; l'effervescence ne devient vive qu'en
élevant la température; mais alors il se volatilise tout à-la-
fois du gaz chlorhydrique, du gaz sulfureux et du gaz sulfhydrique ; un peu de soufre devient libre, et l'on obtient
pour résidu du sulfate de bi-oxide d'étain (Vogel, *Journ.
de Pharmacie*, VII, 495). L'acide chlorhydrique provient
du chlorure et de l'eau décomposés simultanément sous
l'influence de l'acide sulfurique; l'acide sulfureux d'une
partie de celui-ci, qui est décomposé pour fournir, conjoin-
tement avec l'eau, l'oxigène nécessaire au passage de l'étain
à l'état de bi-oxide; le sulfate de bi-oxide, de l'union d'une
autre partie d'acide sulfurique avec le métal bi-oxidé. Quant

à l'acide sulfhydrique, pour en concevoir la formation, il faut admettre, outre la décomposition de l'eau, la désoxigénation complète d'une certaine quantité de l'acide sulfurique même; l'oxigène de ces deux corps se portant sur une quantité correspondante d'étain, l'hydrogène, qui ne servira point à former l'acide chlorhydrique donnera lieu à de l'acide sulfhydrique, en s'unissant au soufre : ce sera ensuite cet acide sulfhydrique et l'acide sulfureux qui, venant à se rencontrer, se décomposeront réciproquement, et formeront un dépôt de soufre.

Usages. — Le proto-chlorure d'étain est employé, dans les fabriques de toiles peintes, pour enlever certaines couleurs sur les toiles. On l'emploie aussi dans les manufactures de porcelaine, pour décomposer le tri-chlorure d'or, et obtenir le précipité pourpre de Cassius. Enfin, on s'en sert comme mordant dans la teinture écarlate; mais on doit lui préférer pour cet objet, le bi-chlorure d'étain.

1732 *bis. Bi-chlorure.* — Le bi-chlorure d'étain (Sn Ch⁴) pur ou anhydre est un liquide transparent, très limpide, très volatil, dont l'odeur est piquante et insupportable, et dont la saveur est comme caustique. Exposé à l'air, il se vaporise, s'unit à la vapeur aqueuse que ce fluide contient, et retombe sous forme de fumées très épaisses. Mis en contact avec une petite quantité d'eau, il s'en empare avec avidité, cristallise en donnant lieu à un petit bruit et à un dégagement de chaleur, et perd la propriété de fumer. Traité par une plus grande quantité de ce liquide, il se dissout et forme une dissolution incolore. On le connaissait autrefois sous le nom de *liqueur fumante de Libavius*, chimiste à qui la découverte en est due.

Le bi-chlorure hydraté est blanc, très styptique, point fumant. Il cristallise en petites aiguilles. Soumis à l'action du feu dans une cornue, on en retire de l'eau, de l'acide chlorhydrique, du chlorure anhydre qui se volatilise, et de l'oxide qui est fixe. Il n'enlève d'oxigène à aucun corps, de sorte que, sous ce rapport, il diffère complétement du proto-chlorure. Il s'obtient facilement, soit en faisant passer du chlore à travers la dissolution de proto-chlorure et concentrant la liqueur, soit en traitant l'étain par l'eau régale (1714).

Quant au bi-chlorure anhydre, on le prépare en alliant 3 parties d'étain à 1 de mercure, pulvérisant l'alliage, le mêlant avec trois fois son poids de bi-chlorure de mercure, introduisant le mélange dans une cornue et se conformant d'ailleurs à ce qui a été dit (1714). La réaction a lieu à une basse température en produisant des vapeurs très épaisses. Le mercure a pour objet de rendre l'étain cassant.

Chlorure de cobalt.

1733. Le chlorure de cobalt s'obtient anhydre en faisant passer un courant de chlore sur le cobalt chauffé au rouge, ou même sur le sulfo-arséniure de cobalt pur ou ferrugineux (993), chauffé seulement à la lampe à esprit de vin. Dans ce dernier cas, le soufre, l'arsénic et le fer, s'il y en a, se changent en chlorures qui se volatilisent, tandis que la température étant insuffisante pour vaporiser le chlorure de cobalt, celui-ci reste à l'état de pureté.

Pour l'avoir hydraté, on dissout le carbonate de cobalt dans l'acide chlorhydrique ; l'on concentre la dissolution saturée autant que possible, et on l'abandonne à elle-même; peu-à-peu le chlorure se dépose en petits cristaux d'un rouge groseille. Si la dissolution était concentrée au point de cristalliser à chaud, les cristaux contiendraient probablement moins d'eau de cristallisation, et seraient bleus.

Exposé au degré de la chaleur rouge, le chlorure anhydre se sublime en écailles cristallines d'un gris de lin, qui, au contact de l'air, s'hydratent et deviennent rosé; celui qui est hydraté se tranforme en eau et acide chlorhydrique qui se dégagent, et en *oxido-chlorure* qu'une plus haute température décompose en vaporisant le chlorure.

Le chlorure de cobalt est très styptique, très soluble dans l'eau. Lorsque sa dissolution est concentrée, elle est bleue; lorsqu'elle est étendue d'eau, elle est rose. La couleur en est bien plus foncée dans le premier cas que dans le second : de là l'usage qu'on en fait comme encre de sympathie. On étend la dissolution du chlorure de cobalt d'une assez grande quantité d'eau pour qu'elle n'ait plus qu'une légère teinte rose; on trace sur le papier, avec cette dissolution, des caractères qui, en séchant, cessent d'être visibles. Vient-on à les chauffer, ils apparaissent sur-le-champ, et deviennent bleus; mais les soustrait-on à l'action du feu, ils disparaissent peu-à-peu pour reparaître lorsqu'on les y exposera de nouveau, et disparaître ensuite, etc. : phénomène facile à expliquer, puisqu'à une température élevée le chlorure se concentre et devient bleu, et qu'à la température ordinaire il attire un peu l'humidité de l'air, et prend une teinte rose insensible.

Hellot a fait à cet égard une expérience qui mérite d'être citée : après avoir mis dans un tube du papier sur lequel il avait tracé des caractères avec une dissolution de cobalt, il l'a effilé et l'a chauffé de manière à chasser une partie de l'eau et à rendre les caractères bleus; puis il a scellé le tube et l'a laissé refroidir : les caractères ne se sont point effacés; mais en les exposant à l'air humide ils ont promptement disparu.

Toutefois, pour que l'encre conserve la propriété d'apparaître et de disparaître, il est une précaution à prendre, c'est de ne pas trop la chauffer : autrement une portion du chlore s'unirait à l'hydrogène du papier, et le chlorure passerait à l'état d'*oxido-chlorure* brun et permanent.

Il est facile de faire varier les nuances de l'encre en ajoutant diverses matières salines au chlorure de cobalt.

Le chlorure de fer la rend d'un vert-céladon à chaud; le chlorure de nickel, le chlorhydrate d'ammoniaque la rendent d'un brun vert; le sulfate de zinc d'un violet rosé, et le chlorure de cuivre d'un beau jaune : la première laisse par le refroidissement une teinte feuille morte; la dernière ne s'efface que difficilement; les autres disparaissent complètement.

Chlorure de Nickel.

1734. Ce chlorure s'obtient en dissolvant dans l'acide chlorhydrique l'oxide de nickel obtenu comme il a été dit (1005). Par l'évaporation, il cristallise en aiguilles confuses, vert-pomme, solubles dans une fois et demie leur poids d'eau à 10°, légèrement solubles dans l'alcool, dont elles colorent la flamme en bleu pâle, déliquescentes dans un air un peu humide, efflorescentes dans un air très sec, et représentées dans leur composition par la formule $(NiCh^2, 8H^2O)$. A une température assez élevée, ces cristaux perdent complètement leur eau de cristallisation, et laissent une masse jaune, ocreuse, de chlorure anhydre, qui repasse au vert en attirant l'humidité atmosphérique. Au rouge, le chlorure de nickel donne un sublimé de paillettes brillantes, d'un jaune d'or, qui seraient du proto-chlorure d'après Proust, un sous-chlorure d'après Bucholz, et un sesqui-chlorure d'après M. Lassaigne. L'air paraît susceptible de décomposer le chlorure de nickel à l'aide de la chaleur et d'en dégager du chlore. Il peut se combiner à l'oxide du même métal, et produire un oxido-chlorure, légèrement soluble, qui ramène au bleu le tournesol rougi. Il forme avec le clorhydrate d'ammoniaque un sel double cristallisable.

Chlorure d'arsénic.

1735. Liquide, épais, incolore, très vénéneux, fumant à l'air; ne se solidifie pas à un froid de 29° au-dessous de zéro; entre en ébullition à 132°; se transforme, au contact de l'eau, en acide chlorhydrique et acide arsénieux ; se dissout dans l'acide chlorhydrique liquide.

On peut l'obtenir directement (1714, 6e procédé) : l'action du chlore sur l'arsénic est si vive que le métal prend feu dans le gaz. Il peut aussi être préparé en distillant ensemble r partie d'arsénic et 6 parties de bi-chlorure de mercure. Enfin, d'après M. Dumas, on se le procure facilement en mettant dans une cornue tubulée de l'acide arsénieux avec environ 10 fois son poids d'acide sulfurique concentré, élevant la température du mélange jusqu'à 80° ou 100°, projetant, par la tubulure, des fragmens de sel marin fondu, et continuant de chauffer. Le chlorure d'arsénic coule goutte à goutte du bec de la cornue : on le recueille dans un vase refroidi. Souvent, vers la fin de l'opération, il se produit de l'hydrate ou du chlorhydrate de chlorure d'arsénic, qui reste à la surface du chlorure pur, sous forme d'un liquide pareillement incolore, mais plus visqueux, et qu'il suffit de distiller avec un excès d'acide sulfurique concentré, pour en retirer le chlorure à l'état de pureté.

Le chlorure d'arsénic, ainsi préparé, correspond toujours à l'acide arsénieux : sa formule est $AsCh^3$.

Suivant M. Berzelius, il en existerait un autre moins chloruré, que l'on obtiendrait mêlé ou combiné à du proto-chlorure de mercure, en distillant celui-ci avec de l'arsénic.

D'un autre côté, M. Dumas a observé qu'en faisant passer du chlore en excès sur l'arsénic, il se produisait quelquefois des cristaux blancs, qui pourraient bien être un perchlorure de ce métal.

Chlorures de molybdène.

1736. *Proto-chlorure* ($MoCh^2$). Il s'obtient en dissolution, par l'acide chlorhydrique et l'hydrate de protoxide de molybdène ; et à l'état anhydre, en faisant passer du bi-chlorure de molybdène en vapeur sur du molybdène pulvérulent chauffé presqu'au rouge. La dissolution est d'une couleur rouge-brun très foncée. En l'évaporant jusqu'à siccité, il s'en dégage de l'acide chlorhydrique, et elle laisse un résidu noir d'oxido-chlorure. Le chlorure anhydre est rouge-brique ; il se volatilise au degré de la chaleur rouge; et ce qu'il présente surtout de remarquable, c'est qu'après sa sublimation, il est dépourvu de solubilité dans l'eau. La potasse caustique en sépare de l'hydrate de protoxide de molybdène.

Le proto-chlorure de molybdène produit avec le chlorure de potassium et le chlorhydrate d'ammoniaque, des composés doubles, solubles, cristallisables, de couleur foncée.

Bi-chlorure (Mo, Ch⁴). — Solide, très fusible; passe sous l'influence d'une douce chaleur, à l'état de vapeurs d'un rouge très intense, et se sublime en cristaux brillans et noirâtres, semblables à ceux de l'iode; absorbe peu-à-peu l'oxigène, quand on le conserve dans un vase plein d'air, en donnant naissance à du tri-chlorure; fume d'abord au contact de l'air, puis ne tarde pas à se résoudre en une liqueur qui est noire, et devient ensuite bleu-verdâtre, vert-jaunâtre, rouge, ou enfin jaune, suivant qu'elle est plus ou moins concentrée; s'unit à l'eau avec tant de violence que ce liquide entre en ébullition; se transforme en bi-oxidochlorure soluble en saturant d'hydrate de bi-oxide la dissolution de bi-chlorure; s'obtient à l'état anhydre en chauffant doucement du molybdène en poudre, dans un courant de chlore, exempt d'air atmosphérique, et en dissolution dans l'eau, en traitant l'hydrate de bi-oxide de molybdène par l'acide chlorhydrique.

Lorsqu'on verse de l'ammoniaque dans une dissolution de bi-chlorure, jusqu'à ce que le précipité cesse de se redissoudre, et qu'on abandonne la liqueur à une évaporation spontanée, elle se prend en une masse noire cristalline qui consiste en un composé double basique dont la dissolution aqueuse est rouge.

Tri-chlorure (Mo⁺ Ch³—)⁺ Blanc légèrement jaunâtre, très soluble dans l'eau, soluble dans l'alcool, d'une saveur âcre, astringente, qui laisse un arrière-goût acide; se sublime, au-dessous du rouge, en paillettes cristallines, sans éprouver de fusion apparente; se décompose quand on évapore sa dissolution aqueuse; prend naissance, en même temps que de l'acide molybdique, en chauffant doucement le bi-oxide de molybdène au milieu d'un courant de gaz chlore, et s'obtient en dissolution, en traitant l'acide molybdique hydraté par l'acide chlorhydrique.

Chlorures de chrôme.

1737. *Proto-chlorure* (Chr Ch³). — L'acide chlorhydrique n'a point d'action sur le protoxide de chrôme sec; mais il dissout bien le protoxide hydraté, en donnant lieu à du proto-chlorure : on peut aussi l'obtenir en traitant, à l'aide d'une douce chaleur, le *deutoxide* de chrôme ou l'acide chromique par l'acide chlorhydrique; il se produit en même temps de l'eau et un dégagement de chlore.

En substituant à l'acide chromique le chromate de plomb, il se formera simultanément du chlorure de chrôme et du chlorure de plomb; mais en évaporant à sec, et reprenant le résidu par l'alcool, on ne dissoudra que celui de chrôme. Enfin ce chlorure peut être obtenu en chauffant au rouge, dans un courant de chlore, un mélange d'oxide de chrôme et de charbon.

Le proto-chlorure de chrôme est très soluble dans l'eau et l'alcool; il se sublime, à la chaleur rouge, en écailles couleur de fleurs de pêcher. Sa dissolution est vert-émeraude. On en retire le chlorure intact, par une évaporation ménagée à l'abri du contact de l'air; mais une dessiccation rapide en fait dégager de l'acide chlorhydrique, et donne naissance à une quantité correspondante d'oxide.

Per-chlorure de chrôme (Chr Ch⁶). — Se prépare de la même manière que le per-chlorure de manganèse, en substituant le chrômate de plomb ou de potasse à l'hyper-manganate de potasse; c'est un liquide d'un rouge de sang, très volatil, répandant à l'air des fumées abondantes, qui, mis en contact avec l'eau, dégage beaucoup de chaleur, et se décompose, du moins en partie, en produisant avec les élémens de l'eau de l'acide chlorhydrique et de l'acide chromique. Il détone avec le phosphore, attaque vivement le mercure et le soufre, absorbe le gaz ammoniaque avec production de lumière. Il dissout l'iode et le gaz chlore. (M. Dumas.)

Chlorure intermédiaire. — Ce composé paraît devoir être considéré plutôt comme résultant d'une combinaison entre les deux chlorures précédens que comme un chlorure à part. Il s'obtient en dissolvant à froid dans l'acide chlorhydrique le *deutoxide* de chrôme (1040) : la liqueur a une couleur rouge ; elle dégage du chlore par l'ébullition ou l'évaporation spontanée, et laisse du proto-chlorure.

Chlorures de vanadium.

1738. *Bi-chlorure.* — Le chlorure de vanadium le moins chloruré que l'on connaisse correspond au bi-oxide, et a pour formule $(Va\,Ch^4)$. Il n'a encore été obtenu qu'en dissolution. Il se forme quand on traite le bi-oxide par l'acide chlorhydrique. En faisant bouillir cet acide avec l'acide vanadique, il se dégage du chlore, et presque tout le vanadium passe à l'état de bi-chlorure. La petite quantité de per-chlorure, dont peut être souillé le bi-chlorure, sera aisément détruite par la digestion avec du vanadium, du protoxide de vanadium, du sucre, de l'alcool, ou par un courant de gaz sulfhydrique. La dissolution de bi-chlorure de vanadium a une couleur brune ou d'un beau bleu ; l'alcool anhydre n'y produit pas de précipité. L'ammoniaque y fait naître un précipité gris verdâtre, qu'on peut laver sans le dissoudre, et qui paraît contenir de l'ammoniaque. L'évaporation à une chaleur modérée fait passer le chlorure de vanadium à l'état d'oxido-chlorure, sans donner lieu à aucune trace de cristallisation.

Per-chlorure $(Va\,Ch^6)$. — Il s'obtient en faisant passer du chlore sec sur du protoxide de vanadium, mêlé avec un peu de charbon et chauffé au rouge ; mais il contient du chlore qui y reste dissous : on l'en débarrasse en le faisant traverser pendant quelque temps par un courant d'air préalablement desséché. Il est probable que le procédé, au moyen duquel on se procure les per-chlorures de manganèse et de chrôme, pourrait lui être pareillement appliqué avec succès. C'est un liquide d'un jaune très pâle, d'une grande volatilité, mais qui toutefois n'entre point en ébullition à 100°. Exposé à l'air, il répand une fumée jaune-rougeâtre, en déposant de l'acide vanadique sous forme d'une poussière très fine, condense la vapeur aqueuse, devient rouge, et se coagule ensuite en déposant une combinaison d'acide et de chlorure. L'eau le dissout en prenant une couleur jaune pâle et une saveur purement astringente. La dissolution concentrée exhale du chlore, verdit quand on la chauffe, et passe peu-à-peu à l'état du chlorure précédent (*Voyez* celui-ci). Le potassium n'altère pas le per-chlorure de vanadium anhydre, mais il prend feu dans sa vapeur. L'ammoniaque s'y combine avec dégagement de chaleur, et produit un composé volatil, qui se décompose au-dessous du rouge dans un courant d'ammoniaque, en donnant lieu à du chlorhydrate d'ammoniaque, à de l'azote et à du vanadium métallique.

Chlorures de tungstène.

1739. Suivant M. Wohler, le chlore forme avec le tungstène trois chlorures : l'un WCh^6 en chauffant l'oxide noir de tungstène dans du chlore; l'autre WCh^4 en substituant le métal à l'oxide : dans les deux cas, il y a dégagement de lumière; le troisième, dont il ne donne point la composition, se produirait en chauffant le proto-sulfure de tungstène dans le gaz chlore, en même temps que le premier. Tous trois sont volatils, mais celui-ci l'est plus que les deux autres ; il se sublime, en paillettes blanches, légèrement jaunâtres, sans entrer en fusion apparente; sa vapeur est d'un jaune foncé. Le second et le troisième sont fusibles et remarquables par leur couleur rouge, ainsi que par la vapeur rouge-foncé à laquelle ils donnent lieu quand on les fait bouillir. Ils sont tous les trois décomposables par l'eau : le per-chlorure se convertit en acides tungstique et chlorhydrique (1709); celui dont la composition est inconnue, donnerait, d'après M. Wohler, les mêmes produits par son contact avec l'eau ou son exposition à l'air. Serait-il donc isomère avec le précédent? Le proto-chlorure cède à l'eau de l'acide chlorhydrique, et forme un dépôt d'oxide, dont la couleur est d'un beau brun violet. Il est décomposé par la potasse, avec dégagement d'hydrogène et production de tungstate de cette base. L'ammoniaque le dissout pareillement en développant une petite quantité de gaz : la dissolution est jaunâtre; à une chaleur très douce, elle se décolore et dépose de l'oxide brun.

Chlorure de colombium.

1740. Le colombium chauffé dans le chlore y brûle avec vivacité, et donne naissance à des vapeurs jaunes qui se condensent en un produit blanc, tirant un peu sur le jaune, farineux et nullement cristallin. Jeté dans l'eau, le chlorure de colombium produit un sifflement, et se change en acide chlorhydrique qui reste dissous, et en acide colombique qui se précipite, à l'exception d'une petite quantité que l'acide chlorhydrique retient en dissolution. Il devient jaune, lorsqu'on l'humecte avec la dissolution du cyanure jaune de potassium et de fer.

Il ne paraît pas douteux qu'on n'obtienne du chlorure de colombium par la réaction du chlore, de l'acide colombique et du charbon.

Chlorures d'antimoine.

1741. *Proto-chlorure* (Sb Ch^3). — Ce chlorure, que l'on connaît vulgairement sous le nom de *beurre d'antimoine*, est blanc, demi-transparent, très caustique, onctueux en apparence, fusible au-dessous de la chaleur de l'eau bouillante, et cristallisable en tétraèdres par le refroidissement, volatil bien au-dessous de la chaleur rouge, légèrement déliquescent : aussi se résout-il peu-à-peu en liqueur, lorsqu'on l'expose à l'air. Cependant il se décompose tout-à-coup par l'addition de l'eau en quantité suffisante : il en résulte un précipité blanc et flocouneux de protoxide d'antimoine, et une liqueur qui retient encore un peu de proto-chlorure, lequel résiste à la décomposition en raison de son affinité pour l'acide chlorhydrique. Cela est si vrai que le proto-chlorure se dissout facilement dans l'acide chlorhydrique liquide en formant un chlorhydrate de chlorure, que les anciens chimistes appelaient *beurre d'antimoine liquide*, et que l'eau même versée en très grande quantité ne décompose jamais qu'incomplétement.

Le proto-chlorure n'existe point dans la nature ; il s'obtient par l'un des trois procédés suivans :

Le premier consiste à chauffer dans une cornue de verre un mélange intime de 1 partie d'antimoine et de 3 parties de bi-chlorure de mercure ou sublimé corrosif, et à se conformer à ce qui a été dit (1714, 6ᵉ procédé).

Le second s'exécute en traitant l'antimoine en poudre par cinq fois son poids d'eau régale faite avec 1 partie d'acide azotique à 32°, et 4 parties d'acide chlorhydrique à 22° (1714, 2ᵉ procédé), distillant la liqueur dans une cornue, et recueillant le produit dans un nouveau récipient lorsqu'il a la consistance oléagineuse. Ces proportions fournissent une partie et demie de chlorure d'antimoine. L'opération n'est pas toujours très facile à conduire : si l'action de l'eau régale est lente, la dissolution contient un excès de chlore, et le chlorure ne se sublime que difficilement ; si, au contraire, elle est vive, la dissolution contient un excès d'acide azotique, se trouble en l'évaporant, et il s'y forme un grand dépôt qui occasionne des soubresauts dans le cours de la distillation. L'on remédie au premier inconvénient en concentrant la dissolution, la mettant dans un flacon, l'agitant peu-à-peu dans de l'antimoine en poudre et la décantant quelque temps après. Pour remédier au deuxième, il faut encore la traiter de la même manière, si ce n'est qu'auparavant l'on y doit ajouter une certaine quantité d'acide chlorhydrique. (Robiquet, *Ann. de Chim. et de Phys.*, t. iv).

Le second procédé est sans doute plus économique que le premier; mais je crois le troisième encore préférable. Mettez 2 kilogrammes de sulfure d'antimoine en petits grains dans un matras à long col, d'environ 7 à 8 litres; placez le vase sur un fourneau; adaptez-y deux tubes par le moyen d'un bouchon troué, l'un à trois branches parallèles, et l'autre recourbé de manière que son extrémité se rende dans le foyer d'un fourneau allumé; versez environ 500 grammes d'acide chlorhydrique presque fumant par le premier, et mettez dans le fourneau deux à trois charbons incandescens; le sulfure sera attaqué avec la plus grande facilité; il en résultera du gaz sulfhydrique qui se brûlera dans le fourneau, et du chlorhydrate de chlorure qui restera dans le ballon. Lorsque l'action se ralentira, même en élevant la température, vous ajouterez de nouvel acide, et ainsi de suite jusqu'à la dissolution presque totale du sulfure. Alors il suffira de décanter la liqueur, de la concentrer comme la précédente dans une cornue, et de recueillir le produit à l'époque où sa consistance sera oléagineuse. Ce produit sera de très beau chlorure antimonial.

Enfin le proto-chlorure pourrait encore être obtenu en distillant dans une cornue un mélange intime de 1 partie de sulfate de protoxide d'antimoine et de 2 parties de sel marin; il se formerait, outre le proto-chlorure, du sulfate de soude qui resterait dans la cornue avec un excès de sel.

Le proto-chlorure d'antimoine est employé en médecine comme caustique pour désorganiser la peau ou la chair : il l'est en outre dans les arts, pour bronzer les métaux et particulièrement les canons de fusils, effet qui paraît dû à la décomposition du chlorure par le fer et à la précipitation de l'antimoine en couches très minces à la surface du canon. La *poudre d'algaroth*, qui s'obtenait en traitant le proto-chlorure d'antimoine par 8 fois son poids d'eau, et qui n'est autre chose que de l'oxido-chlorure, était autrefois employée comme vomitif. La liqueur acide séparée par le filtre de l'oxido-chlorure, portait le nom d'*esprit de vitriol des philosophes*, et avait aussi des usages médicinaux. Elle peut servir à nettoyer le cuir jaune ciré, par exemple, les revers de bottes.

Chlorhydrate de deuto-chlorure. — Peu connu; s'obtient en traitant l'antimoine en poudre par un excès d'eau régale, et faisant d'ailleurs l'expérience comme nous l'avons dit (1714) ou mieux encore en dissolvant l'acide antimonieux dans l'acide chlorhydrique. Ce chlorhydrate est très acide, jaunâtre; il ne cristallise point. Exposé au feu, il laisse dégager beaucoup d'acide chlorhydrique et donne un résidu blanc qui contient beaucoup d'oxide. L'eau en opère la décomposition, comme celle du proto-chlorure.

On ne connaît point le deuto-chlorure d'antimoine à l'état de pureté.

Per-chlorure (Sb Ch⁵). — C'est celui qu'on obtient en faisant passer un courant de chlore sec dans un tube de verre à travers des fragmens d'antimoine convenablement chauffés. Qu'on se rappelle que l'antimoine en poudre, projeté dans un flacon plein de chlore, y forme une pluie de feu, et l'on ne pourra élever aucun doute sur le succès de l'opération.

Le per-chlorure, observé et bien décrit pour la première fois, par H. Rose, est un liquide jaunâtre, d'une odeur forte et désagréable, répandant d'épaisses fumées dans l'air, attirant l'humidité de l'atmosphère et se prenant en masse blanche cristalline, puis se résolvant en liqueur et devenant de nouveau limpide, doué de la même propriété par l'addition de très peu d'eau, décomposable avec beaucoup de chaleur par une plus grande quantité de celle-ci, et laissant déposer de l'acide antimonique hydraté : de tous les procédés, c'est même le meilleur pour se procurer cet hydrate. (*Ann. de Chim. et de Phys.*, XXIX, 243.)

Chlorure de titane.

1742. *Chlorure.*—En faisant passer du chlore sec à travers un mélange bien sec lui-même de parties égales de charbon et d'acide titanique naturel de Saint-Yrieix, exposé dans un tube à une température élevée, M. Dumas est parvenu à obtenir une grande quantité de chlorure de titane, liquide, sans couleur, très volatil et très fumant. Il le recueille par le moyen d'une allonge dans un récipient entouré de glace; puis il le distille dans une petite cornue avec du mercure bien sec, pour le séparer de l'excès de chlore et d'un peu de chlorure de fer qu'il tient en suspension.

Le chlorure de titane entre en ébullition à 135°; le potassium ne le décompose pas à ce degré de chaleur. Il est plus dense que l'eau. Exposé à l'air, il en attire l'humidité et forme un hydrate cristallin qui ne tarde pas à se dissoudre en absorbant une nouvelle quantité de vapeurs. Si alors on l'étend d'eau et si on l'abandonne à lui-même, il devient laiteux peu-à-peu par suite d'un dépôt d'acide titanique, qui, en même temps que de l'acide chlorhydrique, résulte de la décomposition mutuelle de l'eau et du chlorure. L'ébullition favorise cette décomposition : aussi, quand on verse tout-à-coup le chlorure de titane dans l'eau, comme il y a production d'un dégagement très considérable de chaleur, la liqueur devient blanche sur-le-champ. Dans tous les cas, lorsque le chlorure s'est troublé d'une manière quelconque, l'acide chlorhydrique ne le rend pas limpide.

Le chlorure de titane forme des composés doubles solubles, incolores et cristallisables avec les chlorures alcalins. Il s'unit également avec le gaz ammoniaque et le gaz phosphure d'hydrogène. (H. Rose, *Ann. de Chim. et de Phys.* LI, 15 et 18.)

Chlorures de tellure.

1743. Le tellure traité par le chlore peut donner naissance à deux chlorures différens : l'un, qui correspond à l'oxide de tellure et dont la formule est $(Te\,Ch^4)$, se produit lorsque le métal est mis en contact avec le gaz à une douce chaleur; l'autre qui renferme moitié moins de chlore $(TeCh^2)$, se forme sous l'influence d'une température plus élevée : l'action est vive et accompagnée de lumière.

Le premier est solide, blanc, fusible à une douce chaleur en prenant une couleur brunâtre, volatil à une température plus élevée et cristallisable. Exposé à l'air, il en attire l'humidité. L'eau le transforme en oxido-chlorure très peu soluble, et en acide chlorhydrique, qui préserve une partie du chlorure de la décomposition; mêlée à un poids d'alcool égal au sien, elle ne dissout point l'oxido-chlorure et précipite tout le tellure à cet état de combinaison.

Le chlorure de tellure peut être obtenu en dissolution, en traitant l'oxido-chlorure (1111) par l'acide chlorhydrique, ou le métal par l'eau régale.

Le chlorure de tellure bi-telluré est solide, noir, fusible, volatil. Sa vapeur est violette. Il attire l'humidité de l'air. Fondu et soumis à un courant de chlore, il ne tarde pas à se convertir en chlorure plus chloruré. Il éprouve de la part de l'eau une décomposition, de laquelle résultent les mêmes produits qu'avec le chlorure précédent, plus un dépôt de tellure.

Il est difficile d'obtenir pur le chlorure bi-telluré : la distillation sur du tellure métallique est insuffisante pour détruire le chlorure plus chloruré dont il peut être souillé. Il a été découvert par M. H. Rose. (*Ann. de Chim. et de Phys.*, L, 105.)

Chlorures d'urane.

1744. *Proto-chlorure.*—Il s'obtient en dissolvant le protoxide d'urane dans l'acide chlorhydrique; sa couleur est le vert-bouteille; il est déliquescent et incristallisable; il absorbe facilement l'oxigène de l'air en passant au vert grisâtre.

Per-chlorure.—Jaune-verdâtre, très soluble dans l'eau, susceptible de se dissoudre aussi dans l'alcool et l'éther sulfurique, déliquescent, incristallisable, s'obtient en traitant le protoxide d'urane par l'acide chlorhydrique, et ajoutant de l'acide azotique (Arfwedson), (1714, 4ᵉ procédé).

Sa dissolution éthérée, exposée au soleil, passe au vert-pré, devient acide, se trouble et laisse déposer au bout de quelques semaines une liqueur épaisse, vert-noirâtre, saturée de proto-chlorure.

Le per-chlorure d'urane forme avec le chlorure de potassium un composé double hydraté, soluble dans l'eau et l'alcool, cristallisable, qui peut supporter, sans se décomposer, une légère chaleur rouge, se dessèche alors complètement et peut servir ensuite à préparer le métal (1114).

Chlorures de cérium.

1745. *Proto-chlorure* (Ce Ch²).—Il a été obtenu, par Mosander, à l'état anhydre, en chauffant le proto-sulfure de cérium dans un courant de chlore sec : sa formation est accompagnée de chlorure de soufre, qui se dégage en vapeurs. Pour se le procurer à l'état d'hydrate, il ne faut que traiter le sesqui-oxide par de l'acide chlorhydrique bouillant, parce que le sesqui-oxide est ramené facilement à l'état de proto-chlorure par l'acide chlorhydrique, avec dégagement de chlore.

Le proto-chlorure de cérium anhydre est solide, blanc, sucré, fusible au rouge naissant, fixe, déliquescent et par conséquent très soluble dans l'eau; il ne cristallise que confusément : sa dissolution absorbe l'oxigène de l'air. L'alcool le dissout aussi et brûle ensuite avec une flamme verte scintillante. Exposé à l'action de la chaleur, le proto-chlorure hydraté abandonne de l'eau de cristallisation, puis éprouve une décomposition partielle, de laquelle résultent de l'acide chlorhydrique qui se dégage, et du protoxide qui reste combiné au chlorure non détruit. On obtient dans la préparation du chlorure anhydre le même oxido-chlorure, lorsque le gaz chlore est mêlé d'oxigène. Ce dernier composé est presque insoluble dans les acides.

Sesqui-chlorure.—N'est connu qu'en dissolution ; s'obtient en saturant à froid l'acide chlorhydrique, de sesquioxide de cérium ; donne lieu à une liqueur d'un jaune rougeâtre ; dégage du chlore, sous l'influence d'une légère chaleur, et se change en une combinaison des deux chlorures ; passe tout entier à l'état de proto-chlorure par une ébullition prolongée.

Chlorure de bismuth.

1746. Ce chlorure ($Bi Ch^2$) est solide, blanc, caustique ; il se vaporise bien au-dessous de la chaleur rouge, fond et coule comme une masse butyreuse : de là le nom de *beurre de bismuth* qu'on lui donnait autrefois. Exposé à l'air, il en attire l'humidité ; cependant il n'est point soluble dans l'eau : celle-ci en précipite tout-à-coup un oxido-chlorure blanc, comme du proto-chlorure d'antimoine ; il ne s'y dissout qu'à la faveur d'un grand excès d'acide chlorhydrique : cette dissolution donne assez facilement par l'évaporation, des cristaux de chlorure hydraté.

Soumis à l'action du feu, le chlorure hydraté se décompose : les produits sont de l'acide chlorhydrique, de l'eau, du chlorure anhydre qui se sublime et un résidu fixe qui contient beaucoup d'oxide.

On obtient le chlorure hydraté en traitant le bismuth par l'eau régale (1714, 2ᵉ procédé).

Mais ce n'est qu'en chauffant un mélange de 1 partie de bismuth en poudre et de 3 parties de bi-chlorure de mercure, ou en faisant agir le chlore sec sur le bismuth, à

une température convenable, qu'on peut se procurer facilement le chlorure de bismuth anhydre et parfaitement pur
(1714, 6ᵉ procédé).

Chlorure de plomb.

1747. On obtient ce chlorure ($PbCh^2$) en traitant la litharge en poudre par l'acide chlorhydrique étendu de sept
à huit fois son poids d'eau, faisant bouillir la liqueur, la
décantant, et la faisant refroidir.

Il est blanc, sucré, astringent, inaltérable à l'air, soluble
dans trente fois son poids d'eau froide, plus soluble dans
l'eau bouillante, insoluble dans l'alcool même étendu d'une
assez grande quantité d'eau. Il cristallise en petits prismes
hexaèdres brillans et satinés. Exposé au feu, il se fond
promptement, et se prend, par le refroidissement, en
une masse d'un blanc gris, transparente et flexible, appelée
autrefois *plomb corné*. Lorsque la chaleur est rouge et
qu'on débouche le creuset qui le contient, il se vaporise et
apparaît sous forme de fumées épaisses : le résidu renferme de l'oxide, d'où il suit que l'air doit alors décomposer en partie le chlorure et le transformer en *oxido-chlorure*. Sa dissolution dans l'eau est singulièrement favorisée
par l'acide chlorhydrique et l'acide azotique. L'acide sulfurique et les sulfates solubles y forment un précipité
blanc de sulfate de plomb.

1748. *Oxido-chlorures de plomb*. Il existe plusieurs
composés de cette nature.

La combinaison de quantités atomiques égales de l'oxide
et du chlorure de plomb forme un minéral cristallisé, incolore, très fusible, qui s'est rencontré en Angleterre, près de
Mendipp en Sommersetshire.

Le précipité produit par l'ammoniaque dans la dissolution
bouillante de chlorure de plomb, ou par les sels solubles
de plomb tri-basiques dans les dissolutions de chlorures,
est représenté dans sa composition par la formule (2 PbO,

$PbCh^2)+3H^2O$. Au degré de la chaleur rouge, ce composé abandonne l'eau qu'il renferme et prend une couleur jaune-pâle. Il entre en fusion au rouge vif.

Le *jaune de Cassel* que l'on appelle encore *jaune minéral*, *jaune de Paris*, *jaune de Vérone*, *jaune de Turner*, est aussi un *oxido-chlorure*. Sa composition est variable; mais il renferme toujours une grande quantité d'oxide de plomb. Il peut être préparé en fondant ensemble l'oxide et le chlorure qui le constituent. Toutefois, par ce procédé, on n'obtient pas un jaune d'une bien belle couleur. On réussit mieux en faisant réagir par fusion le chlorhydrate d'ammoniaque sur 4 fois au moins et 11 fois au plus son poids de minium, ou bien sur des quantités proportionnelles de céruse ou de litharge; l'hydrogène du chlorhydrate d'ammoniaque produit de l'eau avec l'oxigène d'une portion de l'oxide de plomb, l'azote est mis en liberté, et le métal passe en partie à l'état de chlorure : souvent en outre il y en a de réduit, qui se dépose au fond du creuset. Le chlorure formé et l'oxide restant s'unissent, et donnent naissance au jaune de *Cassel*.

Enfin, si l'on fait une pâte avec 1 p. de sel marin, 4 p. d'eau et 4 à 7 p. de litharge, que l'on agite la masse, et que l'on y ajoute de l'eau à mesure qu'elle s'épaissira, elle blanchira peu-à-peu, et se trouvera convertie en soude caustique à l'état de dissolution et en oxido-chlorure hydraté, blanc, pulvérulent et insoluble. Lavé et fondu, ce composé donne un très beau jaune.

1749. *Composés de chlorure de plomb et de sels de plomb.*—Le chlorure de plomb peut entrer en combinaison avec différens sels du même métal. Près de Matlock, en Angleterre, on a trouvé des cristaux formés d'atomes égaux de carbonate et de chlorure de plomb $(PbO,C^2O^2)+PbCh^2$. Cette combinaison peut être produite artificiellement en faisant digérer la dissolution de chlorure de plomb avec du carbonate de plomb, et faisant bouillir à diverses reprises le dépôt avec de nouvelles quantités de chlorure jusqu'à ce que celui-ci cesse d'être absorbé. Le composé est insoluble, se fond avec facilité, laisse bientôt après dégager du gaz carbonique et entre en une sorte d'ébullition.

M. Wohler a reconnu dans un minéral cristallisé en prismes hexaèdres, une composition telle qu'il renferme les quantités de phosphate sesqui-basique et de chlorure de plomb indiquées par la formule $3(3PbO,P^2O^5)+PbCh^2$.

Il existe aussi un composé de chlorure et de phosphite de plomb, qui se précipite en agitant du proto-chlorure de phosphore avec de l'eau, saturant la liqueur par un alcali et la mêlant avec une dissolution saline de plomb. L'eau bouillante le décompose, en dissolvant le chlorure de plomb qu'il contient.

Chlorures de cuivre.

1750. *Proto-chlorure.*—Ce composé a une couleur fauve-clair; il entre facilement en fusion, mais il ne se volatilise que très difficilement. Il absorbe promptement l'oxigène de l'air, surtout à l'état d'hydrate, prend une couleur verte, et se transforme en bi-oxido-chlorure. Il est insoluble dans l'eau pure; il se dissout au contraire abondamment dans l'ammoniaque : la liqueur est incolore, et bleuit rapidement au contact de l'air.

Le proto-chlorure de cuivre se dépose en petits cristaux incolores et transparens, quand le cuivre métallique est mis en digestion avec une dissolution de bi-chlorure mêlée d'un peu d'acide chlorhydrique, et en poudre blanche, par l'ébullition de cette dissolution avec du sucre. Il peut s'obtenir encore soit en calcinant le bi-chlorure, à l'abri du contact de l'air, soit en précipitant par l'eau la dissolution de chlorhydrate de proto-chlorure qui se prépare, comme il suit : on prend 120 parties de cuivre très divisé, provenant d'une dissolution de sulfate de cuivre décomposé par une lame de fer (1305), et 100 parties de bi-oxide de cuivre; on les mêle intimement dans un mortier; ensuite on les introduit dans un flacon, et on verse dessus trois à quatre fois leur poids d'acide chlorhydrique concentré. On bouche bien le flacon, qui, autant que possible, doit être rempli par le mélange pour éviter le contact de l'air, et on l'abandonne à lui-même en l'agitant de temps à autre. L'opération ne doit être regardée comme achevée qu'à l'époque où la liqueur, qui d'abord devient brune, est complètement décolorée.

1751. *Bi-chlorure.*—Ce chlorure est bleu-verdâtre, très styptique; il cristallise en petites aiguilles. Lorsqu'on le fait rougir dans une cornue, il s'en dégage du chlore, de l'eau, et il passe à l'état de proto-chlorure. Exposé à l'air, il en attire l'humidité. Il est très soluble dans l'eau. Si l'on ajoute à sa dissolution, qui est bleuâtre, de l'acide chlorhydrique, elle prend une couleur vert-gazon, et donne, par l'évaporation, des cristaux de la même nuance.

On obtient ce chlorure en traitant le bi-oxide de cuivre par l'acide chlorhydrique liquide (1714, 4° procédé). Lorsque l'acide est en grand excès et concentré, la liqueur devient brune d'abord; elle devient verte par une addition d'eau, et bleue par la saturation de l'acide.

On peut aussi l'obtenir directement : que l'on tourne un gros fil de cuivre en spirale; qu'on fasse entrer l'un des bouts de la spirale dans un bouchon, et qu'après avoir chauffé l'autre on la plonge tout entière dans un flacon plein de chlore, le cuivre s'embrasera en produisant du chlorure sous forme de tourbillons de vapeurs épaisses, qui seront d'un brun jaunâtre, et qui seront sillonnés de temps à autre par des étincelles d'une vive lumière. Il suffirait donc, pour préparer ce chlorure, de mettre des fils de cuivre dans un tube de verre, de chauffer celui-ci jusqu'à 200 à 300° et d'y faire arriver du chlore sec.

1752. *Bi-oxido-chlorure de cuivre hydraté,* $(CuCh^2, 4 CuO) + 3 H^2O$. — Ce composé est d'un très beau vert, insoluble dans l'eau, décomposable par une légère calcination qui le rend anhydre et d'un brun de foie. Il se rencontre dans la nature cristallisé en prismes hexaèdres. On en trouve au Chili des masses dont le centre est occupé par du sulfate de cuivre. Au Pérou, il existe, sous forme pulvérulente et même en filons assez puissans dont la gangue est quarzeuse.

Le bi-oxido-chlorure de cuivre est employé en peinture. Il porte ordinairement le nom de vert de Brunswick. Pour cet usage, on le prépare en humectant de temps en temps avec de l'acide chlorhydrique ou une dissolution de sel ammoniac des feuilles de cuivre coupées en morceaux. On l'enlève dès qu'il s'en est formé une quantité suffisante. Le contact de l'air est nécessaire; il agit par son oxigène sur l'acide auquel il enlève l'hydrogène et sur une partie du cuivre qu'il oxide.

Il peut être aussi obtenu en décomposant le sulfate de bi-oxide de cuivre par le chlorure de calcium, décantant la liqueur claire après que le sulfate de chaux s'est déposé, et ajoutant dans cette dissolution, qui se trouve chargée de bi-chlorure de cuivre, une quantité convenable de lait de chaux.

Combinaisons du bi-chlorure de cuivre avec le chlorure de potassium et le chlorhydrate d'ammoniaque.—Ces composés doubles sont bruns à l'état anhydre, se dissolvent dans l'eau, et se séparent du dissolvant en cristaux bleus hydratés.

Chlorures de mercure.

1753. *Proto-chlorure de mercure, mercure doux, calomel* (Hg Ch). — Blanc, insipide, indécomposable par le feu, volatil, mais moins facilement que le bi-chlorure (1); inaltérable à l'air; insoluble dans l'eau; cristallise par voie de sublimation, en prismes quadrilatères terminés par des

(1) On prétend toutefois que la sublimation donne toujours lieu à des traces de bi-chlorure et de mercure.

pyramides à quatre faces ; noircit à la lumière ; se comporte avec le soufre et le phosphore comme le bi-chlorure ; ne se dissout point dans l'acide chlorhydrique (1) ; se dissout dans le chlore, surtout quand il est récemment précipité, et passe à l'état de bi-chlorure ; produit, avec l'acide sulfurique concentré bouillant, du gaz sulfureux, du sulfate de bi-oxide de mercure et du bi-chlorure (Vogel, *Journal de Pharmacie*, tom. VII, pag. 496) ; ne se combine point avec le chlorhydrate d'ammoniaque ; devient noir dans son contact avec les alcalis, phénomène dû à ce qu'il se forme un chlorure alcalin, et un précipité de protoxide mercuriel, ou d'un mélange de bi-oxide et de mercure (1179).

On prépare le proto-chlorure de mercure par trois procédés : l'un consiste à verser une dissolution de sel marin dans une dissolution faible d'azotate acide de protoxide de mercure, jusqu'à ce qu'il ne se forme plus de précipité; à laver ce précipité à grande eau, et à le faire sécher à l'étuve. Le mercure doux ainsi obtenu s'appelait autrefois *précipité blanc* (2). Le second est entièrement semblable à celui par lequel on obtient le bi-chlorure, si ce n'est que, du nombre des matières employées, il faut retrancher l'oxide de manganèse, et peut-être un peu d'acide sulfurique. Enfin, le troisième consiste à broyer dans un mortier parties égales de mercure et de bi-chlorure légèrement humide, et à procéder à la sublimation du mélange dans un matras. Ce procédé est moins économique

---

(1) Quelques chimistes assurent que l'acide chlorhydrique bouillant finit par le convertir en bi-chlorure et en mercure : il se formerait alors un chlorhydrate de bi-chlorure.

(2) MM. Robiquet et Guibourt ont remarqué avec raison que quand l'azotate de protoxide était en dissolution concentrée, et qu'on employait pour le précipiter de l'acide chlorhydrique lui-même concentré, il se produisait beaucoup de sublimé corrosif par suite de l'action réciproque de l'acide azotique et de l'acide chlorhydrique (291).

que le précédent. Il est fondé sur ce que le mercure doux contient précisément la moitié de la quantité de chlore du bi-chlorure, la quantité de mercure étant la même de part et d'autre.

Le mercure doux est employé en médecine comme purgatif et comme anti-syphilitique. Son action sur l'économie animale est bien moindre que celle du sublimé corrosif, ce qui dépend sans doute de son insolubilité. La *panacée mercurielle*, à laquelle les anciens chimistes attribuaient des propriétés particulières, n'était que ce composé sublimé cinq à six fois.

1754. *Bi-chlorure de mercure* ou *sublimé corrosif* ($HgCh^2$). — Ce composé est blanc et inaltérable à l'air; sa saveur est styptique et très désagréable; son action sur l'économie animale est des plus grandes. Il est si vénéneux, qu'il serait dangereux de le prendre à la dose de quelques grains; il occasionnerait alors des douleurs très vives, produirait des érosions dans l'estomac et dans les intestins, et peut-être donnerait la mort. Soumis dans un matras à l'action du feu, il se vaporise et cristallise sur les parois du vase en petites aiguilles prismatiques. Traité par le phosphore à l'aide d'une légère chaleur, il en résulte du chlorure de phosphore et le mercure devient libre. Le charbon fortement calciné ne l'altère point. Il se dissout dans environ 16 parties d'eau à la température ordinaire, dans trois fois son poids d'eau bouillante, 2 1/3 d'alcool froid, 1/6 d'alcool bouillant, 1/3 d'éther froid. Une dissolution aqueuse qui en est saturée à chaud, cristallise en masse confuse par le refroidissement, tandis qu'une dissolution qui n'en contient que la huitième ou dixième partie de son poids, cristallise en belles aiguilles brillantes et satinées. Versés peu-à-peu dans cette dissolution, les oxides alcalins, c'est-à-dire, la potasse, la soude, la chaux, etc., y produisent un précipité qui d'abord est couleur de brique foncée, et qui ensuite devient jaune à mesure que l'alcali prédomine; l'ammoniaque y produit toujours, au contraire, un précipité blanc : le premier est un composé de bi-chlorure et de bi-oxide ; le second, un hydrate de bi-oxide, et le troisième, un oxido-chlorure ammoniacal (V. plus bas). L'acide sulfhydrique se comporte avec le bi-chlorure mercuriel comme avec l'azotate de bi-oxide ; il en résulte d'abord un précipité orangé, ou même noirâtre qui passe au blanc, et qui paraît être formé de 2 atomes de bi-sulfure et de 1 atome de bi-chlorure.

Le bi-chlorure peut se préparer par divers procédés; voici celui qu'on suit:

On prend 5 parties d'acide sulfurique concentré, 4 parties de mercure, 4 parties de sel marin ou de chlorure de sodium en poudre, et une partie de peroxide de manganèse également en poudre; on fait bouillir l'acide sur le mercure, et l'on chauffe jusqu'à ce que le sulfate qui se forme (5133) soit réduit à 5 parties : alors on mêle ce sulfate avec le sel marin et l'oxide de manganèse. Quelques jours après, on introduit le mélange par kilogramme et demi dans des matras de verre vert à fond plat, d'environ trois litres; on place ces matras dans un bain de sable, sous une cheminée tirant bien, on les enfonce jusqu'à la naissance de leur col, et on les ferme tous en appliquant sur leur ouverture un petit pot renversé; puis l'on fait du feu dessous. Le chlorure de sodium et le sulfate de mercure se décomposent réciproquement, et l'oxide de manganèse abandonne une portion de son oxigène; il en résulte, d'une part, du bi-chlorure qui se sublime et s'attache, sous forme d'une masse blanche, demi transparente et très pesante, sur les parois du matras, et, de l'autre, du sulfate de soude ou sulfate de protoxide de sodium qui reste au fond du vase, mêlé avec le manganèse en partie désoxigéné (1). L'opération dure quinze à dix-huit

(1) Si le sulfate de mercure était à l'état de sulfate de bi-oxide, l'on pourrait ne pas ajouter de manganèse : celui-ci agit donc en portant les portions de protoxide de mercure à l'état de bi-oxide.

heures; lorsqu'elle est terminée, il faut faire rougir légèrement le fond du bain de sable, afin de faire éprouver un commencement de fusion au sublimé, et de lui donner plus de densité : sans cela, il serait extrêmement poreux et se briserait par la plus légère pression. On le retire du matras en cassant celui-ci. (1)

Dans cette opération, il se forme aussi un peu de proto-chlorure de mercure, mais qui se trouve toujours au-dessous du sublimé corrosif, parce qu'il est moins volatil que ce composé.

Le sublimé corrosif est employé avec le plus grand succès contre les maladies syphilitiques. On commence aussi à en faire usage pour conserver les matières animales : ces sortes de matières, plongées dans la dissolution aqueuse de ce sel, acquièrent la dureté du bois et deviennent imputrescibles.

M. Orfila a conseillé l'emploi de l'albumine contre les empoisonnemens par le sublimé corrosif. Suivant le docteur Taddei, le gluten et la farine de blé pourraient être aussi administrés avec succès; il a reconnu, du moins, que les animaux pouvaient prendre des quantités considérables de sublimé mêlé à ces substances : le sublimé passe alors à l'état de mercure doux. (*Ann. de Chim. et de Phys.*, t. XIX, p. 76.)

1755. *Bi-oxido-chlorure.* — C'est ce composé qui se précipite en poudre d'un brun foncé, lorsqu'on verse peu-à-peu de l'eau de chaux ou de la potasse faible, dans un excès de bi-chlorure de mercure en dissolution. On peut l'obtenir aussi, en faisant bouillir de l'hydrate de bi-oxide mercuriel avec de l'eau et du bi-chlorure de mercure : il se présente même alors avec une apparence cristalline. L'oxido-chlorure est insoluble dans l'eau. Les oxides alcalins le décomposent et le font passer à l'état d'hydrate jaune de bi-oxide.

(1) Voir les proportions réagissantes et les proportions produites dans les exemples donnés à la suite des nombres proportionnels, 5e volume.

1756. *Chlorhydrate de bi-chlorure de mercure.*—Il paraît, d'après John Davy, qu'en faisant bouillir le bi-chlorure de mercure avec l'acide chlorhydrique, il se produit un composé, qui, par le refroidissement, se prend en une masse cristalline nacrée, se liquéfie à la chaleur de la main, et s'effleurit à l'air en abandonnant de l'acide chlorhydrique. Quelques chimistes assurent même qu'à froid et par l'évaporation dans le vide sec, il se forme un autre composé cristallin qui contiendrait le double d'acide, savoir : 2 atomes pour 1 atome de bi-chlorure.

1757. *Chlorhydrate ammoniacal de bi-chlorure de mercure.* —Ce sel que les anciens ont désigné par le nom de *sel alembroth, de sel de la sagesse*, se prépare en faisant dissoudre dans l'eau, 2 1/2 parties de bi-chlorure, et 1 part. de chlorhydrate d'ammoniaque, concentrant la liqueur peu-à-peu, et l'abandonnant à elle-même : il se dépose d'abord un peu de bi-chlorure que l'on sépare, puis quelque temps après il se forme de longs prismes rhomboïdaux comprimés qui souvent s'agglomèrent ensemble, et donnent lieu à des cristaux irréguliers plus ou moins cannelés. Ce sont ces cristaux qui constituent le sel dans son plus grand état de pureté. Ils sont transparens, mais deviennent opaques à une chaleur d'environ 36 à 40°. L'air est sans action sur eux. 100 parties d'eau à + 10° en dissolvent 151 parties; l'eau bouillante les dissout en toutes proportions. Les acides sulfurique, azotique, chlorhydrique, n'en opèrent point la décomposition. Il en est de même de l'ammoniaque; mais la potasse et la soude y forment un précipité blanc d'oxido-chlorure ammoniacal, si on ne les ajoute pas en grand excès, et si les liqueurs sont très étendues : le précipité serait jaune et serait formé d'hydrate de bi-oxide de mercure, si le sel était en poudre, et si les alcalis étaient concentrés. M. Soubeyran y admet 68,2 de bi-chlorure de mercure, 27,3 de chlorhydrate d'ammoniaque, et 4,5 d'eau d'où l'on tire la formule $(Az^2H^6, Ch^2H^4) + HgCh^2 + H^2O$.

1758. *Oxido-chlorure ammoniacal.* — C'est en versant un excès d'ammoniaque dans une dissolution de bi-chlorure de mercure qu'on l'obtient. Il se précipite sous forme de poudre blanche, complètement insoluble dans l'eau. M. Soubeyran l'a trouvé composé de 30 de bi-chlorure de mercure, 64,7 de bi-oxide de mercure et 5,3 d'ammoniaque ; composition qui peut être représentée par $HgCh^2 + 3\,HgO + 3\,AzH^3$. (*Journ. de Pharm.* XII, 184 et 238.)

1759. *Chlorures doubles.* — Le bi-chlorure de mercure se combine avec un très grand nombre de chlorures métalliques, et forme des chlorures doubles que M. Bonsdorff a examinés et dans lesquels le chlorure mercuriel joue toujours le rôle d'acide. (*Ann. de Chim. et de Phys.* t. XLIV, p. 192 et 244.)

Chlorures d'osmium.

1760. *Proto-chlorure.* ($OsCh^2$) — Ce composé prend naissance en même temps que le bi-chlorure, en chauffant l'osmium à la lampe à esprit-de-vin, au milieu d'un courant de chlore. L'opération doit être effectuée dans un tube long et un peu large. Le proto-chlorure étant moins volatil que le bi-chlorure, se dépose le plus près du métal, tandis que le second se condense au-delà.

Le proto-chlorure d'osmium se sublime en aiguilles entrecroisées, d'un beau vert foncé. Il attire l'humidité de l'air, et se dissout dans une très petite quantité d'eau, en lui donnant une belle couleur verte. La liqueur se décolore instantanément par l'addition d'une grande quantité d'eau, dépose de l'osmium métallique, et ne retient plus que de l'acide osmique et de l'acide chlorhydrique.

Le proto-chlorure d'osmium forme avec les chlorures alcalins des composés doubles, très solubles dans l'eau, qui donnent lieu, par évaporation spontanée, à des excroissances dendritiques, d'un vert foncé, et présentent bien plus de stabilité que le chlorure d'osmium pur.

Sesqui-chlorure. ($OsCh^3$).—Inconnu à l'état de pureté. On l'obtient combiné avec le chlorhydrate d'ammoniaque, eu dissolvant dans l'acide chlorhydrique l'ammoniure d'osmium (1203). Après l'évaporation à siccité, le composé reste sous forme d'une masse brun noirâtre, qui ne présente aucun indice de cristallisation.

Bi-chlorure ($OsCh^4$). —M. Berzelius pense que c'est ce composé qui constitue la poudre farineuse, non cristalline, d'un rouge foncé, qui se condense vers l'extrémité du tube dans lequel on soumet l'osmium à l'action du chlore. (*V. proto-chlorure*). Exposée à l'air, cette matière en attire l'humidité, et produit des cristaux dendritiques de même couleur. Sa dissolution est jaune. Il ne faut l'opérer qu'avec une petite quantité d'eau; un léger excès de ce liquide la ferait passer au vert, en formant du proto-chlorure et de l'acide osmique; puis elle se décolorerait complètement, en donnant lieu à un précipité gris d'osmium.

Chlorure double d'osmium bi-chloré et de potassium.—Ce chlorure double s'obtient en faisant passer un courant de chlore sur un mélange de parties égales d'osmium et de chlorure de potassium exposé à la chaleur de la lampe à esprit-de-vin. Sa couleur est variable; il est brun foncé en cristaux, *rouge-minium* en poudre, noir lorsqu'il est chaud, jaune-citron en dissolution. Quoique soluble dans l'eau pure, il ne se dissout pas dans l'eau chargée d'un sel bien soluble, non plus que dans l'alcool. Sa forme cristalline est octaédrique, et semblable à celle du chlorure de platine et de potassium. Il résiste à la chaleur du rouge naissant, mais à une température un peu plus élevée, il se décompose sans avoir subi de fusion. Aux rayons solaires, il éprouve une réduction de la part du papier que l'on a trempé dans sa dissolution; le papier prend peu-à-peu une teinte bleue, que les lavages ne font point disparaître. L'acide sulfureux n'exerce aucune action sur sa dissolution même bouillante.

Tri-chlorure d'osmium.—M. Berzelius croit que c'est le tri-chlorure d'osmium, qui se trouve combiné avec le chlorhydrate d'ammoniaque, dans le produit que l'on obtient en saturant d'ammoniaque l'acide osmique, y ajoutant au bout de quelque temps de l'acide chlorhydrique et du mercure, et l'abandonnant à lui-même, jusqu'à ce que toute odeur d'acide osmique ait disparu. La liqueur décantée et évaporée, laisse un sel dendritique, brun, soluble dans l'eau et l'alcool, qu'il colore en beau rouge. La dissolution aqueuse concentrée est d'un brun pourpre si intense, qu'elle en paraît opaque. L'alcool chargé de ce double chlorure peut être distillé sans opérer sur lui aucune réduction : par la calcination, l'osmium devient libre.

Chlorures d'iridium.

1761. *Proto-chlorure.* — Lorsque l'on fait chauffer jusqu'au rouge naissant de l'iridium très divisé dans un tube à travers lequel passe un courant de chlore, il en résulte un proto-chlorure qui se gonfle et donne lieu à une poudre légère, d'un vert olivâtre foncé. Exposé à une assez forte chaleur, le proto-chlorure se décompose, du chlore se dégage, un peu de sesqui-chlorure se sublime, et beaucoup d'iridium reste à l'état pulvérulent. Il est insoluble dans l'eau, et ne se dissout bien dans l'acide chlorhydrique, qu'autant qu'il a été préparé par la voie humide, c'est-à-dire qu'il provient de l'action de cet acide sur l'hydrate de protoxide. La dissolution est d'un brun verdâtre et donne, par l'évaporation, une sorte de vernis jaune et transparent qui paraît être un composé de proto-chlorure et d'acide chlorhydrique, que l'eau transforme en proto-chlorure insoluble et en chlorhydrate de proto-chlorure soluble : le dépôt est d'un brun verdâtre ; la liqueur d'un vert jaunâtre.

Le proto-chlorure d'iridium s'unit facilement aux chlorures de potassium, de sodium et au chlorhydrate d'ammoniaque ; il forme des composés dans lesquels le proto-chlorure joue le rôle d'acide.

Proto-chlorure d'iridium et de potassium. — Sa préparation est très simple : il suffit d'ajouter du chlorure de potassium à une dissolution de proto-chlorure d'iridium dans l'acide chlorhydrique, et de concentrer la liqueur. Il est d'un brun verdâtre foncé, à l'état d'hydrate, et d'un gris tirant sur le vert jaunâtre à l'état sec, soluble dans l'eau, insoluble dans l'alcool, et ne cristallise que difficilement.

Proto-chlorure d'iridium et de sodium. — Il s'obtient comme celui de potassium; il est vert, déliquescent, soluble dans l'alcool et incristallisable.

1762. *Sesqui-chlorure d'iridium.* — Le procédé par lequel on se le procure, consiste à calciner l'iridium avec l'azotate de potasse, à traiter par un excès d'acide azotique étendu le composé de sesqui-oxide et de potasse qui se forme, à laver le dépôt qui ne se compose que de sesqui-oxide, à le dissoudre dans l'acide chlorhydrique et à concentrer la dissolution. Si l'on craignait que le sesqui-oxide ne retînt un peu de potasse, il faudrait évaporer la dissolution jusqu'à siccité, et reprendre le résidu par l'alcool qui ne dissoudrait que le sesqui-chlorure et laisserait en poudre le double chlorure d'iridium et de potassium qui se serait produit.

Le sesqui-chlorure d'iridium est d'un brun foncé tirant sur le jaune, mais si intense, qu'une petite quantité de ce sel suffit pour rendre opaque l'eau dans laquelle il se dissout. Il est déliquescent, incristallisable, et se prend par l'évaporation en une masse noirâtre hydratée, que la chaleur transforme d'abord en gaz chlorhydrique et oxido-chlorure, et qu'elle réduit ensuite complètement.

Il s'unit aux chlorures de potassium et de sodium et au chlorhydrate d'ammoniaque.

Chlorure d'iridium sesqui-chloré et de potassium. — Ce chlorure double s'obtient directement. Sa couleur, qui tire sur le brun-jaunâtre, est plus foncée encore que celle du sesqui-chlorure simple. Il est très soluble dans l'eau et insoluble dans l'alcool. Lorsqu'il est mêlé à un excès de chlorure de potassium et qu'on fait chauffer la liqueur, il se transforme en double chlorure d'iridium bi-chloré qui se précipite presque entièrement et en double chlorure d'iridium proto-chloré qui reste dissous; on observe en même temps des changemens de couleur remarquables : pendant qu'elle est chaude et qu'il y a évaporation, la liqueur devient bleue, ou d'un bleu tirant sur le pourpre; elle ne devient verte que dans le cas où elle contient du fer. La couleur bleue paraît due à un composé de proto-chlorure et de sesqui-chlorure d'iridium, mais la combinaison est de peu de durée, et sa transformation en double chlorure bi-chloré et en double chlorure proto-chloré ne tarde pas à s'opérer: dès-lors la liqueur repasse au brun jaunâtre.

Chlorure d'iridium sesqui-chloré et de sodium. — Il se distingue du précédent, en ce qu'il est déliquescent et soluble dans l'alcool.

1763. *Bi-chlorure d'iridium.*— On se le procure en ajoutant de l'eau régale à une dissolution de sesqui-chlorure, et chauffant doucement la liqueur, ou bien en faisant passer un courant de chlore à travers un mélange d'eau et de chlorhydrate ammoniacal de bi-chorure d'iridium, jusqu'à ce que le sel soit dissous : l'ammoniaque se trouve alors entièrement décomposée. Ce chlorure est incristallisable; il se prend par l'évaporation, en une masse noirâtre, qui attire l'humidité de l'air et se résout en liqueur. Il est donc très soluble dans l'eau ; sa dissolution, vue en masse, est d'un beau rouge très foncé; elle est jaune, en couches minces. Elle peut être mêlée, en toutes proportions, à l'alcool ; aussi le double chlorure se dissout-il facilement dans ce liquide ; cependant, il paraît, qu'en peu de temps, il se décompose, qu'il passe à l'état de sesqui-chlorure, et qu'en même temps il y a formation d'acide chlorhydrique et dépôt d'iridium.

Le bi-chlorure d'iridium forme des chlorures doubles avec ceux de potassium et de sodium, et s'unit d'ailleurs facilement au chlorhydrate d'ammoniaque. Ces différens sels sont remarquables.

Chlorure d'iridium bi-chloré et de potassium. — Ce sel

s'obtient, soit en combinant directement les deux chlorures, soit en dissolvant dans l'eau régale le résidu de la calcination d'un mélange d'iridium et de nitre, soit en mêlant intimement de l'iridium en poudre avec un poids égal au sien de chlorure de potassium, plaçant le mélange dans un tube de verre et y faisant passer, au rouge naissant, un courant de chlore, jusqu'à ce qu'il n'y ait plus d'absorption de ce gaz : ce dernier procédé fournit une masse d'un brun noirâtre qui contient le double chlorure, du chlorure de potassium libre, et de l'iridium. Le chlorure de potassium est séparé par l'eau froide qui ne dissout pas le chlorure double, quand elle est chargée d'autres sels : traitant ensuite le résidu par l'eau bouillante, filtrant la liqueur toute chaude et la concentrant convenablement, le chlorure d'iridium et de potassium cristallise en octaèdres réguliers, anhydres, brillans et noirs, comme ceux de chlorure de platine et de potassium.

Réduit en poudre, ce sel est rouge et non pas noir, comme en cristaux. Il est peu soluble dans l'eau froide, beaucoup plus soluble dans l'eau bouillante. Sa dissolution est d'un beau rouge en masse, et jaune en couche mince; lorsqu'on y ajoute de l'alcool, le bi-chlorure s'en dépose en poudre rouge cerise foncé. Le rouge naissant ne le décompose pas ; une chaleur plus forte fait passer le bi-chlorure d'iridium à l'état de sesqui-chlorure; une haute température réduit l'iridium qui reste mêlé au chlorure de potassium.

Chlorure d'iridium bi-chloré et de sodium.—Il se prépare comme le précédent dont il se rapproche par ses propriétés : seulement il est beaucoup plus soluble dans l'eau et cristallise en prismes quadrangulaires hydratés, terminés par deux plans.

Chlorhydrate ammoniacal de bi-chlorure d'iridium.—Pour l'obtenir, il suffit de verser une dissolution de sel ammoniac dans une dissolution de bi-chlorure d'iridium ou de chlorure double d'iridium bi-chloré et de sodium. Il se dépose en poudre d'un rouge cerise si foncé, qu'une seule partie de ce sel peut colorer sensiblement 40,000 parties d'eau, et que l'eau saturée de ce chlorure est d'un rouge orangé très intense. Si l'on mêlait d'abord le bi-chlorure d'iridium avec de l'acide chlorhydrique, et si l'on ajoutait de l'ammoniaque peu-à-peu et en quantité à peine suffisante pour saturer l'excès d'acide, le sel double se précipiterait en petits grains brillans et noirs.

Ce sel double est soluble dans 20 fois son poids d'eau, insoluble dans l'alcool. C'est lui qui colore en rouge le précipité que forme le chlorhydrate d'ammoniaque dans la dissolution du minerai de platine. La chaleur le décompose aisément : on peut ainsi se procurer l'iridium pur.

L'ammoniaque décolore assez promptement la dissolution de ce sel, sans y produire de trouble. Le zinc, le fer, l'étain, produisent le même effet; l'ammoniaque, l'acide sulfhydrique la décolorent à l'instant. Le chlore rétablit la couleur.

Il est formé de 76 de bi-chlorure et de 24 de sel ammoniac, ou de 2 atomes de l'un, et de 1 atome de l'autre.

1764. *Tri-chlorure d'iridium.*—On ne le connaît que uni au chlorure de potassium, et même il est impossible de le préparer à volonté. On l'obtient quelquefois en calcinant l'iridium avec le nitre, dissolvant la masse entière dans l'eau régale, évaporant sa dissolution jusqu'à siccité, et traitant successivement le résidu par de petites quantités d'eau; les premières eaux de lavage n'enlèvent pour ainsi dire que du chlorure de potassium : elles sont incolores. Les secondes se chargent du chlorure double d'iridium trichloré, et d'un peu de chlorure de potassium : elles sont roses; il en est de même des troisièmes, de telle sorte que le chlorure *d'iridium bi-chloré* et de potassium qui a pu se produire, reste presque tout entier *indissous.* Alors on réunit les liqueurs roses, et quand l'eau en a été vaporisée et que le chlorure de potassium libre a été séparé de la masse saline par l'alcool, on redissout celle-ci dans l'eau, puis abandonnant la nouvelle dissolution à une évaporation spontanée, il s'y forme des prismes rhomboïdaux à sommets dièdres, et d'une couleur brun foncé; c'est le tri-chlorure double, pur.

Ce sel ressemble beaucoup au chlorure double de rhodium sesqui-chloré et de potassium: comme lui, il donne à l'eau une belle couleur rose, mais tirant un peu plus sur le pourpre que celle du rhodium. Sa couleur à l'état solide est aussi un peu plus foncée. L'alcool le précipite de l'eau, en poudre d'un rose pâle. (Berzelius.)

Chlorures de palladium.

1765. *Proto-chlorure.* — C'est en traitant le palladium par l'acide chlorhydrique, et y ajoutant un peu d'acide azotique que l'on obtient ce proto-chlorure. La liqueur, évaporée, se prend en une masse cristalline d'un brun foncé, qui se dissout dans l'eau et la colore en rouge jaunâtre.

Proto-chlorure de palladium et de potassium. — Il cristallise en prismes quadrilatères anhydres, d'un jaune pâle. Il est soluble dans l'eau plus à chaud qu'à froid. L'alcool le précipite d'une dissolution concentrée et chaude, en paillettes cristallines, jaunes et brillantes comme l'or.

Celui de palladium et de sodium, diffère surtout des précédens en ce qu'il est déliquescent et soluble dans l'alcool.

Chlorhydrate ammoniacal de proto-chlorure de palladium. —Il ressemble dans ses propriétés physiques au chlorure de palladium et de potassium: par la chaleur on en retire du palladium pur.

Lorsqu'on verse de l'ammoniaque dans le proto-chlorure de palladium, il se précipite en premier lieu un chlorure ammoniacal en poudre couleur de chair. Si l'on ajoute une plus grande quantité d'ammoniaque, le précipité se redissout, et la liqueur d'abord jaunâtre, puis devenue incolore, laisse déposer par l'évaporation spontanée des cristaux incolores eux-mêmes et rayonnés, qui sont un chlorure ammoniacal différent du premier.

1766. *Sesqui-chlorure de palladium.*—Il s'obtient en dissolvant, à l'aide d'une douce chaleur, le proto-chlorure de palladium sec dans de l'eau régale concentrée. On ne le connaît qu'en dissolution : elle est d'un brun si foncé qu'elle paraît noire. En l'évaporant ou même en l'étendant d'eau, elle laisse dégager du chlore et passe à l'état de proto-chlorure.

Chlorures doubles. —Le chlorure de palladium sesqui-chloré et de potassium se prépare, en traitant par l'eau régale le proto-chlorure de palladium et de potassium, et évaporant la liqueur jusqu'à siccité : le double chlorure reste en poudre rouge-cinabre, au milieu de laquelle la loupe fait apercevoir quelques petits cristaux octaédriques. On peut également l'obtenir en mettant le chlorure de potassium en contact avec le sesqui-chlorure de palladium à la température ordinaire.

Ce chlorure double chauffé au point où il entre en fusion, abandonne du chlore et passe à l'état de proto-chlorure. L'ammoniaque le ramène également à l'état de proto-chlorure, en donnant lieu à de l'acide chlorhydrique et à un dégagement d'azote. Il est un peu soluble dans l'acide chlorhydrique, il l'est moins dans l'eau froide et cesse de s'y dissoudre, dès qu'elle contient du chlorure de potassium ou de sodium ou du chlorhydrate d'ammoniaque. L'eau chaude le décompose en partie; une ébullition prolongée en opère la décomposition totale : de là résultent encore du proto-chlorure de palladium et de potassium, de l'acide chlorhydrique et de plus du chlorure de potassium simple, et un dépôt de sesqui-oxide de palladium.

Le chlorhydrate ammoniacal de sesqui-chlorure, ressemble beaucoup au chlorure double de potassium; il s'obtient de même et n'est pas plus soluble.

Chlorures de rhodium.

1767. *Sesqui-chlorure de rhodium.* — On le prépare en versant une dissolution de fluor-hydrate de fluorure de silicium dans une dissolution de chlorure de palladium sesqui-chloré et de potassium, et cessant d'ajouter du fluor-hydrate aussitôt qu'il ne se précipite plus de fluorure de silicium et de potassium. La dissolution, filtrée, est ensuite évaporée jusqu'à siccité, puis la masse restante est reprise par l'eau pour en séparer un peu de fluorure qui ne s'était pas déposé; ajoutant alors de l'acide chlorhydrique à la liqueur décantée, et évaporant de nouveau la liqueur à sec, l'on obtient pour résidu, le sesqui-chlorure de palladium.

Le sesqui-chlorure ainsi obtenu, est en masse d'un noir brun, qui attire l'humidité de l'air et se réduit en un sirop incristallisable, et de même nuance. Dissous dans une plus grande quantité d'eau, il lui donne une belle couleur rouge. Il ne se décompose qu'à une assez forte chaleur et se transforme immédiatement en chlore et en rhodium.

Chlorure de rhodium sesqui-chloré et de potassium. — Il se prépare en mêlant intimement du rhodium en poudre fine, avec un poids égal au sien de chlorure de potassium, et procédant, comme nous l'avons dit au sujet de la préparation du chlorure d'iridium bi-chloré et de potassium.

Il est soluble dans l'eau, insoluble dans l'alcool. Sa dissolution qui est d'une belle couleur rouge, cristallise en prismes rectangulaires terminés par des pyramides à 4 faces, d'un rouge foncé, qui contiennent 4,77 pour 100 d'eau, et ont pour formule $(KCh^2, RCh^3) + H^2O$.

Chlorure de rhodium sesqui-chloré et de sodium. — On l'obtient comme celui de potassium, mais en prenant 2 parties de chlorure de sodium, sur une de rhodium. Il cristallise en prismes d'un rouge foncé, qui contiennent 30 pour 100 d'eau de cristallisation, s'effleurissent à l'air et éprouvent la fusion aqueuse. L'alcool ne le dissout point. Il a pour formule. $(3\,NaCh^2, 2\,RCh^3) + 18\,H^2O)$.

Chlorhydrate ammoniacal de sesqui-chlorure de rhodium.—On se le procure en ajoutant du chlorhydrate ammoniacal à la dissolution de sesqui-chlorure de rhodium, et évaporant la liqueur. Le sel double ressemble beaucoup au chlorure de rhodium et de potassium : par la calcination, on en retire aisément du rhodium.

Chlorure double de rhodium proto-chloré et sesqui-chloré.—Il paraît qu'en chauffant du rhodium en poudre fine, tel qu'il provient de la réduction par l'hydrogène, dans un courant de chlore, il se produit un double chlorure représenté par la formule (RCh^2, RCh^3). Ce double chlorure est rose, insoluble dans l'eau et les acides.

Chlorures d'argent.

1768. *Chlorure d'argent* $(AgCh^2)$.— Le chlorure d'argent est blanc et insipide. Il entre en fusion bien au-dessous de la chaleur rouge, et se prend, par le refroidissement, en une masse demi transparente, grise, facile à couper, et comme cornée : de là le nom d'*argent corné* sous lequel ce composé a été connu pendant long-temps. Exposé à la lumière, surtout quand il est très divisé ou en flocons humides, il se colore presque sur-le-champ, passe à l'état de sous-chlorure et devient violet foncé. Il est absolument insoluble dans l'eau : aussi, pour peu qu'un liquide contienne d'acide chlorhydrique ou de chlorure, est-il troublé tout-à-coup par quelques gouttes d'azotate d'argent ; suivant Pfaff, l'acide chlorhydrique étendu de 113 millions de fois son poids d'eau, serait même encore sensible à ce réactif. L'ammoniaque le dissout à l'instant même, à moins qu'il n'ait beaucoup de cohésion : en abandonnant la dissolution à une évaporation spontanée, il s'y produit des cristaux de chlorure d'un brun jaunâtre. L'acide chlorhydrique concentré le dissout aussi, mais en bien moindre quantité que ne le fait l'ammoniaque : l'eau précipite le chlorure de la liqueur en flocons; l'évaporation l'en sépare sous forme de très petits octaèdres. L'acide azotique paraît être sans action sur le chlorure d'argent. L'acide sulfurique bouillant ne le décompose que très difficilement (Vogel).

Les dissolutions de carbonates alcalins ne l'attaquent point; les dissolutions alcalines elles-mêmes l'attaquent à peine : il n'est décomposé par ces matières que par la voie sèche. (*V.* plus bas.)

Le chlorure d'argent existe dans la nature : on le trouve en Saxe, dans les mines de Freyberg; en France, dans celles d'Allemont; en Sibérie, à Schlangenberg; dans le Hartz, à Andreasberg; et surtout au Pérou, dans les mines de Potosi, etc. On le rencontre ordinairement en petites masses ou en couches, à la surface de l'argent natif : on le rencontre aussi quelquefois en cubes. Sa pesanteur spécifique est de 4,74, etc. C'est un des minéraux les plus rares.

Le chlorure d'argent s'obtient en versant un excès d'acide chlorhydrique ou de chlorure de sodium liquide dans une dissolution d'azotate d'argent. On s'en sert quelquefois dans les laboratoires pour avoir de l'argent pur. A cet effet, on le chauffe fortement dans un creuset avec son poids de potasse à la chaux (2e vol., p. 130); la potasse s'empare du chlore qu'il contient en abandonnant l'oxigène qui lui est propre, et l'argent, mis en liberté, se rassemble au fond du creuset sous forme d'un culot que recouvre l'excès de potasse et le chlorure de potassium qui s'est formé. Le carbonate de soude pourrait être substitué à la potasse; mais bien mieux vaudrait suivre la méthode indiquée par M. Arfwedson : elle consiste à mettre ensemble dans un vase du chlorure d'argent encore humide, du zinc en limaille, et de l'acide sulfurique étendu d'eau : l'hydrogène qui provient de l'eau décomposée s'empare du chlore du chlorure; le zinc est dissous tout entier par l'acide, et par conséquent l'argent reste seul sous forme de poudre.

Sous-chlorure.—Ce sous-chlorure, au lieu d'être blanc comme le chlorure, est d'un violet foncé. Il se dissout dans l'ammoniaque en donnant lieu à un résidu d'argent métallique. L'acide azotique ne l'attaque pas. Les dissolutions de chlore, de sesqui-chlorure de fer, de bi-chlorure de cuivre, le transforment en chlorure blanc. C'est ce sous-chlorure qui se produit, lorsqu'on expose à la lumière le chlorure récemment précipité en flocons blancs : il y a alors dégagement de chlore. Il se produit encore en mettant divers chlorures en dissolution, et surtout les per-chlorures de cuivre et de fer, en contact avec des feuilles d'argent; celui-ci se réduit bientôt en paillettes noires; il ne faut pas que l'action soit trop prolongée, car, d'après ce que nous avons dit plus haut, le chlorure deviendrait blanc.

1769. *Chlorures doubles.*—Le chlorure d'argent, bouilli avec les dissolutions concentrées de chlorures de sodium et de potassium, donne naissance à des chlorures doubles, qui se déposent, pendant le refroidissement, en cristaux ordinairement cubiques. L'affinité qui réunit ces deux chlorures est très faible, car l'eau seule peut ensuite en opérer la décomposition; elle dissout le chlorure alcalin, et très peu de chlorure d'argent.

Le chlorure d'argent peut être encore uni par la fusion au chlorure de potassium : 1 part. de celui-ci et 2 de chlorure d'argent, se fondent en un liquide jaune.

1770. *Chlorure ammoniacal d'argent.*—Suivant M. Faraday, 1 gr. de chlorure d'argent est susceptible d'absorber 320 centim. cubes de gaz ammoniaque, et de former un chlorure ammoniacal, dont l'ammoniaque se dégage à une chaleur de 38°. On obtient un composé analogue en saturant à chaud l'ammoniaque liquide de chlorure d'argent, et laissant refroidir la liqueur dans un flacon fermé. Le chlorure cristallise en cubes et laisse dégager l'alcali à l'air libre, en conservant sa forme cristalline.

Chlorures d'or.

1771. *Proto-chlorure*.— Pour l'obtenir, il faut évaporer la dissolution de chlorhydrate de *tri-chlorure d'or* jusqu'à siccité, dans une capsule de porcelaine ou de verre, chauffer le résidu au bain de sable, l'agiter presque continuellement et le maintenir à environ 200 degrés jusqu'à ce qu'il ne se dégage plus de chlore : le proto-chlorure ainsi préparé est légèrement jaune. La chaleur en dégage tout le chlore. Il est insoluble dans l'eau froide. Mis en contact avec l'eau bouillante, il se transforme promptement en or et en tri-chlorure. Il correspond au protoxide de chlore et est formé de 89,9 d'or et 15, 1 de chlore (AuCh).

1772. *Tri-chlorure*.—Le tri-chlorure s'obtient de même que le proto-chlorure en évaporant la dissolution de chlorhydrate de tri-chlorure. Mais il faut cesser l'évaporation, lorsque le chlorure a pris une couleur rouge rubis-foncé : à ce signe on reconnaît que l'acide chlorhydrique est dégagé; la liqueur se prend par le refroidissement en une masse cristalline d'un rouge intense, qui est le tri-chlorure pur ou à peine acide. Exposé au feu, le tri-chlorure entre d'abord en fusion, puis à une température un peu plus élevée se décompose complètement. Il est déliquescent, par conséquent très soluble dans l'eau; il présente d'ailleurs avec les réactifs les mêmes phénomènes que le chlorhydrate de tri-chlorure qui constitue la dissolution d'or ordinaire et dont on fait habituellement usage.

1773. *Chlorhydrate de tri-chlorure*.— On obtient le chlorhydrate de tri-chlorure d'or en traitant l'or, sous forme de lames, par l'eau régale un peu étendue d'eau (1714, 2ᵉ procédé), ou bien en le mettant, en lames très-minces, dans un flacon, avec cinq ou six fois son poids d'eau, faisant passer à travers celle-ci, à la température ordinaire, du chlore bulle à bulle, et concentrant convenablement la dissolution.

Ce chlorhydrate est jaune pâle; sa saveur et très styptique et très désagréable; il cristallise en aiguilles qui paraissent être des prismes quadrangulaires. Desséché dans le vide, il prend une couleur verte, d'après M. Vogel. Soumis à l'action d'une douce chaleur, il laisse dégager l'acide chlorhydrique, et passe à l'état de tri-chlorure qui est d'un rouge foncé; chauffé un peu plus, il abandonne tout à-la-fois son acide et du chlore, et se transforme en protochlorure; chauffé plus fortement encore, il abandonne une nouvelle quantité de chlore et se réduit; il est très soluble dans l'eau, mais moins que le tri-chlorure. Dissous dans ce liquide, il est jaune d'or, et il nous offre des phénomènes très variés.

Il produit sur la peau des taches pourpres qui ne disparaissent que par le renouvellement de l'épiderme, et colore également en pourpre toutes les substances végétales et animales; phénomène qui peut être attribué à la réduction d'une partie de l'or.

Mis en contact avec le charbon ou le phosphore, surtout à la température de l'eau bouillante ou sous l'influence des rayons solaires, il est réduit, en très peu de temps ; il l'est également par le gaz hydrogène, il l'est encore par presque tous les métaux des cinq premières sections, par les acides sulfureux, phosphoreux, hypo-phosphoreux. Les métaux en opèrent la réduction en s'emparant du chlore; mais le charbon, le phosphore, l'hydrogène, les acides sulfureux, phosphoreux, hypo-phosphoreux, ne la produisent qu'en s'emparant de l'oxigène d'une quantité proportionnelle d'eau qui se trouve décomposée, et qu'en donnant lieu en même temps à de l'acide chlorhydrique. Dans tous les cas, l'or se précipite, doué plus ou moins du brillant qui lui est propre.

Plusieurs sels opèrent aussi la réduction du chlorhydrate de chlorure d'or. Lorsqu'on verse une dissolution de sulfate de protoxide de fer dans une dissolution de chlorhydrate de chlorure d'or, il en résulte tout-à-coup du sulfate de sesqui-oxide et du chlorure de fer qui restent dans la liqueur, et un précipité brun qui, par le frottement, prend l'éclat de l'or, et qui n'est que de l'or pur. Lorsqu'on y verse de l'azotate de protoxide de mercure, et que le chlorure est en excès, il ne se précipite encore que de l'or. Tel est enfin le résultat que l'on obtient avec le proto-chlorure d'étain : la liqueur se colore tout de suite en brun noir foncé et devient opaque.

Mais on observe des phénomènes très différens avec un mélange de proto-chlorure et de bi-chlorure d'étain : il se forme alors un *précipité pourpre*, que l'on connaît sous le nom de pourpre de *Cassius* et dont on se sert dans la peinture sur porcelaine et sur verre pour produire les pourpres, les violets et les roses. Beaucoup de recherches ont été faites sur la nature du *précipité pourpre de Cassius*, et cependant elle n'est point encore parfaitement connue; il contiendrait suivant :

	Proust. Beau pourpre.	Oberkampf. Beau ppre.	Très violet.	Buisson. Beau ppre.	Berzelius Beau ppre
Or............................	24	79,4	40	28,5	28,35
Bi-oxide d'étain ou acide stannique	76	20,6	60	65,9	64,00
Chlore.........................	0	0,0	0	5,2	0,00
Eau...........................	0	0,0	0	0,0	7,65
	100	100,0	100	99,6	100,00

Mais, comme le précipité pourpre est soluble dans l'ammoniaque, que broyé avec le mercure il ne donne point d'amalgame, il est évident que l'or ne peut s'y trouver à l'état de mélange. Or, on ne saurait admettre, d'une autre part, qu'il soit uni au bi-oxide d'étain, car jusqu'ici, du moins, on ne connaît pas de composé de cette sorte. L'on est donc conduit à penser que l'or est oxidé, et si l'on regarde comme exacte l'analyse de Berzelius, dont les résultats sont équivalens à :

Protoxide d'or...................... 3o,6o
Bi-oxide d'étain 42,68
Protoxide d'étain.................. 19,07
Eau. 7,65

il s'ensuivrait que le précipité pourpre pourrait être considéré comme un double stannate hydraté de protoxide d'or et de protoxide d'étain : c'est aussi le sentiment de M. Dumas et de M. Fuchs.

En admettant que telle est la composition du précipité pourpre, il sera facile d'expliquer sa production : l'eau devra se décomposer; son oxigène s'unira à l'or et à l'étain, tandis que son hydrogène formera de l'acide chlorhydrique avec le chlore.

Quoi qu'il en soit, il est beaucoup de précautions à prendre pour obtenir une teinte belle et qui soit toujours la même; elle varie selon que les dissolutions sont plus ou moins concentrées, plus ou moins acides, que l'une est en plus ou moins grande quantité que l'autre, et qu'il y a plus ou moins de proto et de bi-chlorure d'étain : par exemple, la présence d'une trop grande quantité de proto-chlorure d'étain détermine toujours la réduction d'une partie du chlorure d'or. Voici quel est en général le procédé que l'on suit :

On prend de l'eau régale formée de 1 partie d'acide chlorhydrique, et de 2 d'acide azotique pour dissoudre l'or. Lorsque la dissolution est opérée, on l'étend d'eau, puis après l'avoir filtrée, on l'étend d'eau de nouveau et en grande quantité.

D'une autre part, on opère la dissolution de l'étain, en se servant d'une eau régale faite avec 1 partie d'acide azotique du commerce, étendue de 2 parties d'eau pure, auquel on ajoute 3o grammes de sel par chaque kilog. d'acide affaibli. L'étain doit être bien pur; on en jette d'abord un petit fragment en grenaille ou en feuille dans l'acide, puis, quand il est dissous, on en jette un autre, et ainsi de suite jusqu'à ce que la dissolution soit d'un jaune clair. L'opération doit se faire bien lentement et dans un lieu frais : après quoi l'on filtre la liqueur, et on l'étend d'environ cent fois son volume d'eau.

Alors on fait tomber goutte à goutte la dissolution d'étain dans la dissolution d'or en agitant sans cesse, et jusqu'à ce que la liqueur prenne la teinte d'un vin rouge foncé. Bientôt le pourpre apparaît en gros flocons et se rassemble au fond du vase.

Le chlorure d'or étant susceptible d'une facile réduction, il est aisé de prévoir que plusieurs corps organiques devront aussi le décomposer et en précipiter le métal : c'est ce qu'on remarque avec les citrates, tartrates et oxalates neutres de potasse et de soude ; l'action des oxalates est plus lente à la vérité que celle des tartrates et citrates ; mais elle s'effectue en moins d'une heure, et toujours avec un dégagement de gaz carbonique que ne donnent pas les deux autres genres de sels.

L'éther produit également à la longue la réduction du chlorhydrate de chlorure d'or : agité avec ce sel, il se partage en deux parties, l'une inférieure qui ne renferme que de l'eau et de l'acide, l'autre supérieure qui contient tout l'or, et dont ce métal finit par se séparer, sous forme de petits cristaux. C'était cette liqueur qui constituait ce qu'on nommait autrefois *l'or potable*. On l'emploie quelquefois pour dorer l'acier ; il suffit pour cela d'y plonger la pièce à dorer, puis de la passer à l'eau, et de la polir : cette dorure est très peu solide.

L'alcool de même que l'éther dissout le chlorure d'or, mais il ne le décompose pas ; du moins, en distillant la liqueur, on retrouve le chlorure tel qu'il était d'abord.

A ces faits il faut ajouter les suivans, qui, pour la plupart, ont été observés par M. Pelletier.

1° Si, après avoir versé de l'acide sulfurique dans une dissolution de chlorhydrate d'or, on chauffe et l'on évapore la liqueur, il se fera un dégagement abondant d'acide chlorhydrique et de chlore, et il se précipitera en même temps du sous-chlorure d'or en poudre jaune, au moment où l'acide sulfurique sera assez concentré pour que la température approche de 150°. Comment expliquer ce phénomène?

En observant qu'à ce degré de chaleur le chlorhydrate seul éprouve la même transformation que par l'intermède de l'acide sulfurique, et que celui-ci ne peut s'unir à l'oxide d'or que concentré et à froid : il suit donc de là que cet acide n'agit qu'en retardant le terme de l'ébullition de l'eau.

Par conséquent tous les acides saturés d'oxigène produiront le même phénomène que l'acide sulfurique, quand, unis à l'eau, ils l'empêcheront de bouillir avant le 150° degré, et seront, au contraire, sans action sur la dissolution d'or, quand ils seront très volatils. C'est en effet ce que prouve l'expérience. Les acides phosphorique et arsénique sont dans le premier cas, et l'acide azotique dans le second. (Pelletier, *Ann. de Chim. et de Phys.*, tom. XV, pag. 5 et 113.)

2° En mêlant une quantité convenable de sulfate ou d'azotate d'argent avec la dissolution de chlorhydrate d'or, il se produit un précipité d'oxide d'or et de chlorure d'argent, et la liqueur filtrée ne contient que de l'acide azotique ou de l'acide sulfurique : qu'on ne perde point de vue que l'oxide d'or est insoluble dans les acides sulfurique, azotique, etc., faibles, et ce résultat sera facile à concevoir. (Pelletier, Mémoire cité.)

3° Lorsque l'on verse de la potasse dans une solution de chlorhydrate d'or, mais en quantité un peu moindre que celle que pourrait saturer l'acide chlorhydrique du chlorhydrate et celui auquel peut donner lieu la décomposition du chlorure, la liqueur n'éprouve d'abord d'autre altération visible que de passer de la couleur dorée au rouge brunâtre; ce n'est qu'au bout de deux heures qu'elle commence à se troubler. Elle se trouble tout de suite, au contraire, en la faisant chauffer; mais le précipité, qui est d'un

rouge jaunâtre, très léger, très volumineux, ne repré-
sente au plus que les $\frac{5}{6}$ de l'or de la dissolution (Pelletier).
Probablement qu'il est formé d'oxide d'or uni au dou-
ble chlorure d'or et de potassium. Des lavages à l'eau
bouillante en séparent une petite quantité de ce double
chlorure.

Lorsque au lieu d'un excès de chlorhydrate, on emploie
un grand excès d'alcali, la liqueur se décolore rapidement,
surtout par la chaleur, et ne conserve qu'une teinte jaune-
verdâtre qui disparaît par l'addition d'une certaine quantité d'eau; il se forme en même temps un précipité
pulvérulent et noirâtre, d'autant plus faible que l'excès
d'alcali est plus grand. Ce précipité est un oxide d'or non
hydraté et combiné avec un peu de potasse; il ne contient
qu'une très petite fraction de l'or appartenant au chlorhydrate.

Un acide quelconque ajouté à la liqueur fait reparaître la
couleur jaune primitive. A quoi tient cette différence entre
les résultats? M. Pelletier l'explique en disant que l'oxide
d'or joue le rôle d'acide par rapport aux bases, que l'*aurate
très alcalin* de potasse est soluble dans l'eau, que sa dissolution étendue n'est presque pas colorée, et qu'un acide
la rend jaune dans le cas où elle est en contact avec un
chlorhydrate, parce qu'il se produit un nouveau sel à base
de potasse et du chlorhydrate d'or : il ajoute que si
tout l'oxide ne se dissout pas malgré l'excès d'alcali, il faut
en attribuer la cause à ce qu'une portion de ce corps se *déshydrate*, et prend une telle cohésion, que la potasse n'a
plus d'action dissolvante sur lui. Nous admettons volon-
tiers avec M. Pelletier que l'excès de potasse est capable
de dissoudre l'oxide d'or à l'état d'hydrate, et que, sous
ce point de vue, l'oxide de ce métal fait bien plutôt fonction de base que d'acide; mais comme le chlorure d'or est
capable de s'unir au chlorure de potassium, et que le composé double qui en résulte n'est plus précipité par l'alcali,
il s'ensuit que cette cause doit être prise aussi en considé-

ration, et que l'effet observé doit être attribué tant à la formation de ce double sel qu'à la production de *l'aurate de potasse*. Cela est si vrai que les phénomènes se produisent mieux avec le chlorure neutre qu'avec le chlorhydrate de chlorure, et qu'ils ne seraient pas sensibles si le sel était trop acide. D'ailleurs, la chaleur favorise la précipitation, parce qu'elle porte les atomes d'oxide hors de leur sphère d'attraction d'avec le corps auquel ils étaient unis.

La soude se comporte avec la dissolution d'or comme la potasse.

La baryte produit aussi des phénomènes analogues : seulement on observe que le précipité retient toujours une certaine quantité de chlore et de base, quelle que soit la quantité de chlorure employé. Si la baryte est en excès et si on la fait agir à chaud, l'oxide qui se dépose est noir et non hydraté (1); on ne peut le purifier que par l'acide azotique; mais comme cet acide doit être assez concentré, il s'ensuit qu'en raison de la chaleur dégagée, il y a souvent un peu d'or réduit.

L'action de la magnésie a été examinée précédemment (1259). Il en est de même de celle de l'ammoniaque (1305).

1774. *Chlorures doubles.* — Le tri-chlorure d'or peut se combiner avec la plupart des autres chlorures et plus particulièrement avec les chlorures alcalins et les chlorures de magnésium, de maganèse, de zinc, de cadmium, de cobalt et de nickel. Dans ces chlorures doubles, le chlorure d'or, qui joue toujours le rôle d'acide, contient trois fois autant de chlore que l'autre chlorure. Tous sont susceptibles de cristalliser et de contenir de l'eau de cristallisation. A l'état

----

(1) En faisant bouillir de la baryte avec la dissolution d'or, il arrive aussi très souvent que le précipité est d'un brun verdâtre; l'acide azotique le rend viole.

cristallin, ils sont presque tous oranges ; mais à l'état anhy-dre, ils prennent une teinte d'un rouge intense. On les ob-tient en concentrant convenablement les dissolutions des chlorures qu'il s'agit d'unir. Nous n'examinerons en par-ticulier que ceux à bases de potassium et de sodium. (*V.* les mémoires de M. Bonsdorff, *Ann. de Chim. et de Phys.* XLIV).

Chlorure d'or et de potassium. — Ses cristaux sont des prismes striés à sommets droits ou des tables hexagonales minces. Ils contiennent sur 100 parties 71,84 de tri-chlo-rure d'or; 17,57 de chlorure de potassium; 10,59 d'eau. Leur couleur est jaune-orange. Exposés à l'air sec, ils s'effleurissent, deviennent d'un jaune citron et tombent en poussière, pour peu qu'on y touche. Chauffés peu-à-peu, ils perdent à 100° toute leur eau de cristallisation, éprouvent ensuite la fusion ignée, en laissant dégager du chlore et passant à l'état de proto-chlorure. Le nouveau sel résiste au rouge naissant, mais l'eau le décompose, en sépare de l'or à l'état métallique, et reproduit du tri-chlorure d'or qui se dissout avec tout le chlorure de potassium.

Chlorure d'or et de sodium. — Il cristallise en longs pris-mes quadrilatères formés de 76,32 de chlorure d'or; 14,68 de chlorure de sodium ; 9 d'eau. Ses cristaux sont d'un rouge orange, inaltérables à l'air; ils fondent dans leur eau de cristallisation et perdent très facilement une partie du chlore qu'ils contiennent.

Chlorures de platine.

1775. *Proto-chlorure.* — Il s'obtient de même que le proto-chlorure d'or, en évaporant la dissolution de platine dans l'eau régale, et exposant le résidu qui est du bi-chlo-rure, à une chaleur d'environ 200 degrés, jusqu'à ce qu'il ne se dégage plus de chlore. Le proto-chlorure, ainsi ob-tenu, est une poudre d'un gris verdâtre, insoluble dans l'eau, décomposable au degré de la chaleur rouge. Les acides sulfurique et azotique sont sans action sur lui. L'acide chlorhydrique concentré et bouillant le dissout et prend une couleur rouge.

Suivant Magnus, lorsque le bi-chlorure n'est pas suffisamment chauffé pour se transformer entièrement en proto-chlorure, le résidu contient plus ou moins de ces deux chlorures unis ensemble. Le double chlorure qu'ils forment, se dissout dans l'eau et lui donne une couleur si foncée, qu'elle paraît entièrement opaque, quoique claire. Il suffit de concentrer la dissolution pour qu'une partie du proto-chlorure se dépose. Il se séparerait presque tout entier, en évaporant complètement la liqueur, et traitant la masse restante par l'eau froide ; il se redissoudrait encore, si l'eau était bouillante, et si l'ébullition était soutenue pendant quelque temps.

Le proto-chlorure que donne ce mode de préparation a beaucoup moins de cohésion que celui qui provient de la calcination du bi-chlorure : aussi se dissout-il en très grande quantité dans l'acide chlorhydrique et semble-t-il former avec cet acide une sorte de chlorhydrate remarquable par la teinte rouge qui lui est propre.

Proto-chlorure de platine et de potassium. — C'est en ajoutant du chlorure de potassium à la dissolution de chlorhydrate de proto-chlorure, et en concentrant la liqueur, que l'on se procure le chlorure double. Il cristallise en prismes quadrilatères rouges, que l'eau dissout assez facilement, et dont il est précipité par l'alcool, sous forme de filamens cristallins roses. Il est formé de 64,71 parties de proto-chlorure de platine et de 35,79 de chlorure de potassium $(Pt\,Ch^2,\,KCh^2)$.

Proto-chlorure de platine et de sodium. — Il se prépare comme celui de potassium, mais on ne l'obtient que difficilement cristallisé ; il est très soluble dans l'eau, et se dissout aussi dans l'alcool.

Chlorhydrate ammoniacal de proto-chlorure de platine.—
Il se prépare encore comme celui de potassium, et a la même forme et la même solubilité dans l'eau. Si l'on verse un excès

d'ammoniaque dans sa dissolution, il s'en précipite au bout de quelque temps, d'après Magnus, un sel vert cristallin, insoluble dans l'eau, l'alcool, l'ammoniaque, l'acide chlorhydrique, qui est un chlorure ammoniacal de platine, et qui est composé de 88,66 parties de proto-chlorure de platine et de 11,34 d'ammoniaque.

1776. *Bi-chlorure de platine*. — Le bi-chlorure de platine se prépare en dissolvant à une douce chaleur le platine en éponge (1282), dans l'eau régale, et faisant évaporer la dissolution jusqu'à siccité. Lorsqu'on se contente de la concentrer, de manière à en obtenir des cristaux d'un jaune orangé par le refroidissement, il contient, en combinaison, de l'acide chlorhydrique, et doit être regardé comme un chlorhydrate de bi-chlorure de platine : d'une autre part, l'évaporation ne doit pas être poussée trop loin, car alors il se dégagerait du chlore et il se produirait plus ou moins de proto-chlorure.

Le bi-chlorure a une saveur très styptique et très désagréable. Privé d'eau et en masse, il est d'un brun noirâtre. Soumis à l'action du feu, il passe d'abord à l'état de proto-chlorure, puis se décompose complètement. L'eau le dissout facilement, et la liqueur prend une couleur d'un rouge intense, quand elle est saturée, et seulement une teinte jaune, lorsqu'elle est très étendue. L'alcool en opère aussi la dissolution. Il ne cristallise bien qu'à l'état de chlorhydrate. Sa tendance à jouer le rôle d'acide est très grande : aussi fait-il partie d'un grand nombre de chlorures doubles.

Chlorure de platine bi-chloré et de potassium. — Rien de plus facile à faire que ce double chlorure ; il se précipite en poudre aussitôt qu'on verse une dissolution concentrée de chlorure de potassium dans une dissolution de bi-chlorure de platine. Tous les sels à base de potasse donneraient lieu au même précipité. Sa couleur est le jaune citron. Il est peu soluble dans l'eau froide; plus soluble dans l'eau bouillante, d'où il se dépose peu-à-peu en cristaux octaédriques et anhydres; insoluble dans l'alcool et les acides. La potasse caustique en liqueur n'en opère pas la décomposition; elle le dissout et se colore en jaune.

Chlorure de platine bi-chloré et de sodium. — C'est en ajoutant du chlorure de sodium à la dissolution de bi-chlorure de platine et concentrant la liqueur qu'on se le procure : il cristallise en beaux prismes transparens d'un jaune intense, qui contiennent 19 3/4 pour 100 d'eau de cristallisation; il est très soluble dans l'eau, il se dissout aussi dans l'alcool. La soude n'en trouble pas la dissolution. La chaleur n'en met le platine à nu, qu'autant qu'elle est très intense.

Chlorhydrate ammoniacal de bi-chlorure de platine. — Il s'obtient, comme il a été dit (1282). Ce sel, ainsi préparé, est en poudre jaune, comme celui de potassium. Comme lui, il est très peu soluble dans l'eau et insoluble dans l'alcool. Dissous dans l'eau bouillante, il s'en dépose peu-à-peu en cristaux octaédriques, anhydres, isomorphes avec ceux de chlorure de platine et de potassium. La chaleur en opère facilement la décomposition : c'est même de cette manière qu'on se procure le platine pur, que l'on forge ensuite pour le besoin des arts et des laboratoires (1282). Mis en contact avec l'ammoniaque caustique, il paraît qu'il se forme un *chlorure de platine ammoniacal*, en poudre jaune clair, légèrement verdâtre.

Autres chlorures doubles. — Les chlorures de lithium, de barium, de strontium, de calcium, de magnésium, les proto-chlorures des métaux de la 3e section, le bi-chlorure de cuivre, se combinent également avec le bi-chlorure de platine. Tous ces doubles chlorures sont solubles, et tous sont jaunes, excepté ceux de nickel et de cuivre qui sont verdâtres. On observe de plus que ceux de la 3e section et celui de cuivre sont isomorphes avec celui de magnésium. (Bonsdorff, *Ann. de Chim et de Phys.*; LIV, 247.)

Chlorure de platine et d'argent. Lorsqu'on verse une dissolution d'argent dans une dissolution de chlorhydrate de bi-chlorure de platine, tout le platine se précipite uni au chlorure d'argent. L'eau seule n'enlève point le chlorure platinique; il faut pour cela qu'elle soit chargée d'acide chlorhydrique.

GENRE XXIII. — *Brômures.*

1777. Il existe une si grande analogie entre les propriétés des brômures et celles des chlorures, que connaissant les unes, il est facile de prévoir les autres.

Lorsqu'un chlorure est volatil, le brômure correspondant l'est aussi plus ou moins. Si l'un se dissout dans l'eau ou est sans action sur elle, l'autre y est lui-même soluble ou insoluble. La forme de l'un est celle de l'autre, à quelques exceptions près. Même manière d'être avec les métalloïdes, les métaux, les alcalis, les oxides en général, les acides sulfurique et azotique, etc., les sels : seulement on remarque qu'à l'aide de la chaleur, le chlore chasse le brôme de ses combinaisons avec les métaux, et que l'acide sulfurique concentré est en partie décomposé par les brômures, en donnant de l'acide brômhydrique, de la vapeur de brôme et du gaz sulfureux. On observe encore que tous les brômures sont solides, et moins volatils que les chlorures.

État naturel.—Les brômures de sodium, de calcium, et de magnésium, sont les seuls que l'on rencontre dans la nature; ils se trouvent en très petite quantité dans les eaux de la mer ou de quelques salins (106).

Composition.—Leur composition est la même que celle des chlorures.

Préparation.—Les brômures s'obtiennent par l'un des six procédés qui suivent :

1er	2e	5e
Par métal et vapeur de brôme. (1)	*Par acide brômhydrique liquide et métal.*	*Par double décomposition.*

Les proto-brômures
—d'arsénic.
—d'antimoine.
—de zinc.
—de cadmium.
—de nickel.
—de cobalt.
—de cuivre.
—de bismuth.
Le bi-brômure d'étain.
Le sesqui-brômure de fer.

Le brômure de zinc.
Les proto-brômures de fer.
—d'étain.

3e

Par acide brômhydrique et acide azotique.

Le bi-brômure de platine.
Le tri-brômure d'or.

4e

Par acide brômhydrique liquide et oxides ou carbonates. (2)

Presque tous les brômures.

Le brômure d'argent et le proto-brômure de mercure, tous deux insolubles.

Le proto-brômure de plomb, très peu soluble.

7e

Par éther chargé de brôme.

Les brômures de potassium.
—de sodium (107).

Ces divers procédés s'exécutent comme ceux qui sont relatifs à la préparation des chlorures et qui ont été décrits avec soin (1714).

Caractères génériques.—Lorsque l'on chauffe un mélange de bi-sulfate de potasse et de brômure dans un tube de verre, bientôt apparaissent des vapeurs rouges de brôme qui se trouvent mêlées d'acide sulfureux. A la vérité, les hypo-azotates traités de la même manière laissent aussi dégager des vapeurs rouges ; mais ces sels produisent également le même phénomène avec l'acide sulfurique étendu d'eau, et augmentent d'ailleurs la combustion des charbons ardens, propriétés que ne possèdent pas les brômures.

Examinons maintenant quelques brômures en particulier.

—

(1) L'action du brôme sur l'arsénic, l'antimoine, l'étain, est très vive à la température ordinaire : elle a lieu avec lumière. Il en est de même de celles du potassium et du sodium : celle du potassium est même si grande, qu'il y a comme explosion.

(2) Cet acide peut être préparé en mettant le brôme en contact avec l'eau et faisant passer du gaz sulfhydrique à travers la liqueur.

1778. *Brômures alcalins.*—Ils ressemblent aux chlorures, si ce n'est que le brômure de sodium cristallise au-desous de $+$ 30°, en tables hexagones qui contiennent 26,37 pour 100 d'eau; que le brômure de barium affecte toujours la forme de petits mamelons opaques, et est soluble dans l'alcool. Ceux de potassium et de sodium se font avec l'éther brômé et la potasse et la soude : on ne saurait les obtenir avec les métaux et le brôme, l'action est trop violente. Pour la préparation des autres, il faut se servir de bases et d'acide brômhydrique.

1779. *Brômures terreux.* — Ils ressemblent aussi beaucoup aux chlorures. Comme eux ils s'échauffent considérablement avec l'eau, et lorsqu'on évapore leurs dissolutions jusqu'à siccité et qu'on calcine le résidu, le brômure, par la décomposition de l'eau, se transforme en acide brômhydrique qui se vaporise, et en oxide métallique fixe. Pour les avoir anhydres, il faudrait faire passer de la vapeur de brôme sur le métal dans un tube exposé à l'action du feu : la combinaison aurait lieu avec dégagement de lumière; mais on se les procure ordinairement en traitant les oxides ou les carbonates par l'acide brômhydrique.

1780. *Proto-brômure d'arsénic* ($AsBr^3$).—La préparation peut s'en faire dans une petite cornue de verre tubulée; on y met du brôme et l'on y projette successivement de petites quantités d'arsénic, jusqu'à ce que le métal cesse de s'enflammer. Alors on chauffe la cornue : le brômure entre en ébullition, et se condense en un liquide transparent légèrement citrin que l'on recueille dans un petit flacon, et qui cristallise en longs prismes par le refroidissement.

Ce brômure est solide au-dessous de $+$ 20°, liquide de 20 à 25°, gazeux à 220°; il attire l'humidité de l'air : et toutefois, mis en contact avec l'eau, il la décompose et se transforme en oxi - brômure insoluble, et en un brômhydrate de brômure, soluble.

1781. *Proto-brômure d'antimoine.*—Ce brômure ($SbBr^3$) se fait de même que le précédent. Il est incolore, ne se li-

quéfie qu'à $+94°$, et ne bout qu'à 270°; il cristallise en aiguilles, attire l'humidité de l'air, et se transforme par l'eau
en protoxido-brômure et en acide brômhydrique qui
retient un peu de protoxide en dissolution.

1782. *Proto-brômure de plomb* ($PbBr^2$).—C'est en versant
du brômure de potassium ou de sodium dans l'azotate
de plomb qu'on l'obtient; il se précipite en poudre blanche,
cristalline, qui, par la chaleur, se fond en un liquide rouge
et se prend par le refroidissement en une masse d'un
beau jaune.

1783. *Proto-brômure de mercure.*—Blanc, pulvérulent,
insoluble, s'obtient en décomposant l'azotate de protoxide
de mercure par le brômure de potassium

Bi-brômure de mercure.—On se le procure en traitant le
mercure ou le proto-brômure mercuriel par l'eau et le brôme.
Il est soluble dans l'eau, l'alcool, l'éther, sans couleur,
cristallisable, fusible, susceptible de se sublimer et de former des brômures doubles, comme le bi-chlorure de mercure.

1784. *Brômure d'argent.* — Il se précipite en flocons
blancs d'abord, mais qui bientôt deviennent d'un jaune
pâle, lorsqu'on verse du brômure de potassium ou de
sodium dans l'azotate d'argent. Il est insoluble dans l'eau,
dans l'acide azotique faible, presque insoluble dans l'acide
concentré, très soluble au contraire dans l'ammoniaque. La
lumière le noircit. La chaleur en opère facilement la fusion;
il se prend par le refroidissement en une masse transparente
d'un jaune pur et intense.

1785. *Bi-brômure de platine.*—On l'obtient en dissolvant
le platine dans un mélange d'acide brômhydrique et d'acide
azotique. La dissolution est d'un brun rougeâtre, et se prend
en une masse cristalline, brune, par évaporation. Ce brômure s'unit aux brômures alcalins, comme le bi-chlorure
de platine. Celui de potassium est peu soluble et cristallise
en grains d'un rouge intense; les autres sont très solubles
et cristallisent en prismes d'un *rouge cinabre.*

1786. *Tri-brômure d'or.*—S'obtient comme celui de platine ; se prend comme lui par évaporation , en une masse saline, mais qui est d'un rouge foncé ; et forme, comme lui encore, des brômures doubles, analogues aux doubles chlorures. Celui de potassium cristallise en tables rouges qui s'effleurissent à l'air.

GENRE XXIV. — *Iodures.*

1787. Les iodures, de même que les brômures, nous offrent les plus grandes analogies avec les chlorures : aussi nous sera-t-il facile d'en tracer l'histoire générale.

Les iodures connus jusqu'ici sont cassans , inodores, solides. Plusieurs sont d'une teinte foncée. L'iodure de plomb est d'un jaune vif ; le proto-iodure de mercure, vert ; et le bi-iodure d'un rouge de vermillon.

Exposés au feu , dans des vaisseaux fermés, quelques iodures, comme ceux d'or et de platine, laissent dégager leur iode ; quelques autres , tels que les proto-iodures de potassium, de sodium, de zinc, de mercure, se subliment ; la plupart entrent seulement en fusion , et se prennent par le refroidissement, en masse cristalline.

Les phénomènes sont tout autres , lorsqu'on chauffe les iodures avec le contact de l'air : alors le métal s'oxide, s'il fait partie des quatre premières sections, et l'iode devient libre : du moins, il n'y a guère que les iodures de potassium, de sodium, de bismuth et de plomb qui ne soient point attaqués.

Le chlore et le brôme les décomposent tous : de là résultent des chlorures ou brômures, et de l'iode qui se dégage en vapeur violette, si l'opération se fait à chaud sur l'iodure en poudre, et qui se précipite si l'iodure est en dissolution.

L'eau est sans action, du moins bien sensible, sur les proto-iodures de plomb, de cuivre, de bismuth, d'argent et sur les deux iodures de mercure : elle transforme le bi-iodure d'étain et le proto-iodure d'antimoine en acide iodhydrique soluble et en oxides qui se précipitent ; elle dissout les autres iodures et les laisse déposer, sous forme de cristaux, par une douce évaporation. Les iodures alcalins, ainsi que celui de magnésium, etc., s'humectent même à l'air.

Les iodures se comportent avec les bases salifiables de la même manière que les chlorures (1710). Si donc on verse de la potasse ou de la soude caustique dans une dissolution d'iodure de calcium, ou de magnésium, etc., il se produira de l'iodure de potassium ou de sodium soluble et un dépôt de chaux ou de magnésie, etc.

Aucun des iodures alcalins ou terreux n'est altéré par les acides chlorhydrique, bromhydrique, sulfureux; mais ils sont facilement décomposés par l'acide sulfurique ou l'acide azotique concentré : le métal s'oxide, et l'iode se dégage. Il en est de même des iodures des 3e et 4e sections et de ceux de mercure et d'argent.

Quelques-uns s'unissent à l'acide iodhydrique et forment des iodhydrates analogues au fluor-hydrate de fluorure de potassium, au chlorhydrate de bi-chlorure de mercure, etc., etc.

Les iodures agissent sur les sels, de même que de véritables matières salines. Par conséquent, lorsqu'un iodure est insoluble, comme celui de plomb, d'argent, il se forme et se précipite tout-à-coup, en mêlant ensemble une dissolution d'iodure de potassium ou de sodium, etc., avec un sel soluble de plomb ou d'argent.

Enfin, les iodures se combinent entre eux à la manière des chlorures, et donnent lieu à des iodures doubles qui ressemblent aux chlorures doubles dans leur nature et leurs propriétés. Tous ces composés s'obtiennent directement; ils ont peu de stabilité. (Boullay, fils, *Ann. de Chim. et de Phys.* XXXIV, 337; et Bonsdorff, *Ann. de Chim. et de Phys.* XLIV, 189 et 244.)

État naturel. — Les iodures naturels sont très rares : on n'en connaît que deux, celui de sodium et celui d'argent (114).

Préparation. — Les iodures s'obtiennent par des procédés analogues à ceux dont on se sert pour obtenir les chlorures et les brômures, savoir :

Par métal et iode.—Presque tous les métaux étant susceptibles d'être attaqués par l'iode, du moins à une température peu élevée, il s'ensuit que beaucoup d'iodures peuvent être préparés directement. L'opération se fait facilement dans une petite cornue de verre ou même dans un tube fermé par un bout, et que l'on chauffe au besoin : bientôt la réaction a lieu; quelquefois elle est accompagnée de lumière.

2° *Par acide iodhydrique liquide et oxides ou carbonates.*—Ce procédé est, en quelque sorte, applicable à la préparation de tous les iodures; il s'exécute comme il a été dit, en parlant des chlorures (1714).

4° *Par iode, eau et métal.*—C'est ainsi qu'on se procure surtout les proto-iodures de zinc, d'étain, de fer : l'eau doit être portée jusqu'à l'ébullition, pour la préparation des deux premiers ; il faut à peine la chauffer pour celle de l'iodure de fer. Dans tous les cas, l'iodure se dissout à mesure qu'il prend naissance, etc.

4° *Par iodure de fer et bases alcalines.*—Ce mode d'opérer est spécialement suivi pour se procurer les iodures à radicaux alcalins : on verse un petit excès d'alcali dans la dissolution de l'iodure ferrugineux, on filtre la liqueur, puis on la sature par de l'acide iodhydrique, et on la concentre assez pour qu'elle puisse cristalliser par le refroidissement.

5° *Par la voie des doubles décompositions.*—Les iodures insolubles.

Composition.—Deux atomes d'iode équivalant à 1 atome d'oxigène, de même que deux atomes de chlore, fluor ou de brôme : il suit de là, que rien n'est plus facile que de connaître la composition des iodures, d'après celle des oxides.

Caractères génériques.— Pour reconnaître un iodure, il suffit, s'il est soluble, de verser peu-à-peu dans sa dissolution de l'eau chargée de chlore : l'iode s'en précipite à l'instant. S'il est insoluble, l'épreuve se fait encore de même, mais sur l'iodure en poudre. Dans tous les cas, il faut éviter de mettre un excès de chlore, car l'iode se redissoudrait sur-le-champ. Le précipité doit être ensuite recueilli sur un petit filtre, puis séché et projetée sur les charbons incandescens : des vapeurs violettes se manifestent à l'instant.

On peut encore délayer de l'empois avec l'iodure avant d'ajouter le chlore; l'empois devient d'un bleu plus ou moins foncé, en s'unissant à l'iode. Ce procédé est assez sensible pour reconnaître ainsi des traces d'iodure dans le sel marin.

Enfin, lorsqu'on chauffe un mélange d'iodure en poudre et de bi-sulfate de potasse, l'iode est mis en liberté et apparaît à l'instant même avec la couleur qui le caractérise.

1788. *Proto-iodure de potassium.*—Soumis à l'action du feu, il se fond bien au-dessous de la chaleur rouge, et se prend en masse d'apparence nacrée et cristalline, par le refroidissement; chauffé davantage, il se vaporise. Il s'humecte à l'air; l'eau doit donc le dissoudre facilement : toutefois, il s'en dépose, par une lente évaporation, en prismes rectangulaires à quatre pans et anhydres.

On l'obtient, soit comme il a été dit (1787), soit en dissolvant de l'iode dans de la potasse caustique, jusqu'à ce que celle-ci commence à se colorer : il se produit tout-à-la-fois de l'iodure soluble et de l'iodate presque insoluble; mais en évaporant la liqueur et calcinant le résidu, l'iodate tout entier se trouve transformé en iodure pur.

Ce sel est employé en médecine.

Bi-iodure de potassium.—Il se formerait, d'après Baup, en faisant macérer de l'iode dans une dissolution d'iodure de potassium étendu d'eau, et filtrant la liqueur au bout de quelques heures; il est d'un brun foncé; on ne saurait l'obtenir à l'état solide. Décomposé par un acide, il donne de l'acide iodhydrique bi-ioduré.

Tri-iodure de potassium.—Baup prétend qu'on l'obtient en dissolvant l'iodure de potassium dans un poids d'eau égal au sien, faisant macérer la dissolution avec un excès d'iode et la filtrant. Elle est noire ou d'un bleu noirâtre, abandonne de l'iode, lorsqu'on l'étend de 2 à 3 fois son poids d'eau, et passe à l'état de bi-iodure.

1789. *Iodure de sodium.*—Cristallise en cubes au-dessus de + 5o°, en tables hexagones qui contiennent 20, 23 pour cent d'eau au-dessous de ce degré de chaleur, fusible, volatil, légèrement déliquescent, sensiblement soluble dans l'alcool. Il s'obtient comme celui de potassium.

1790. *Iodure de barium.*—Il est très soluble dans l'eau, légèrement déliquescent; il cristallise en prismes striés, très fins. Exposé à l'air, il se transforme peu-à-peu en carbonate de baryte et en sur-iodure qui est brun, si la température n'est pas élevée, en vapeur d'iode et en baryte, si la température est portée jusqu'au rouge; il se fond sans se décomposer, en vases clos. On l'obtient par le 2° ou le 4° procédé.

1791. *Iodure de strontium.* — Il a beaucoup de ressemblance avec celui de barium.

1792. *Iodure de calcium.* — Déliquescent, fusible un peu au-dessus du rouge naissant dans des vaisseaux fermés, décomposable à cette température par le contact de l'air, en donnant lieu à des vapeurs d'iode et à de la chaux, susceptible, lorsqu'il est en dissolution concentrée, de s'unir à une plus grande quantité d'iode et de laisser déposer par l'évaporation dans le vide des prismes noirs, striés, doués de l'éclat métallique; s'obtient par le 2° et le 4° procédé.

1793. *Iodure de magnésium.* — Très déliquescent, difficilement cristallisable, toujours hydraté. Lorsqu'on le chauffe, il se transforme en acide iodhydrique et en magnésie. Lorsqu'on le dissout dans l'eau et qu'on y ajoute de l'iodate de magnésie, il se produit un précipité floconneux, semblable au kermès pour l'aspect, et qui paraît être un mélange de magnésie et de bi-iodure de magnésium : l'ébullition le fait disparaître; il se reforme de l'iodure simple et de l'iodate qui se dissolvent; seulement il reste un peu de magnésie non attaquée.

1794. *Iodure de plomb.* — Cet iodure s'obtient en versant de l'iodure de potassium dans une dissolution d'azotate de plomb; il se précipite tout-à-coup en une poudre jaune très brillante, mais qui recueillie et séchée perd beaucoup de son éclat, et qui, par le contact de la lumière, finit même par devenir d'un blanc sale. L'iodure ne conserve la belle teinte qui le distingue qu'en le faisant cristalliser. Pour cela on le traite par l'eau bouillante qui le dissout en petite quantité, et le laisse déposer, par le refroidissement, en écailles cristallines micacées de la plus belle couleur d'or.

M. Boullay a observé que cet iodure s'unit très bien à l'iodure de potassium : que l'on agite une dissolution concentrée d'iodure de potassium avec une quantité suffisante d'iodure de plomb, bientôt la liqueur se prendra en une masse d'aiguilles blanches et soyeuses qui ne seront autre chose que l'iodure double. C'est également ce qui a lieu, lorsqu'on verse un excès d'iodure de potassium dans l'azotate de plomb : d'abord l'iodure jaune apparaît, puis il se transforme en iodure double, assez abondant pour épaissir la liqueur.

L'eau décompose l'iodure double de plomb et de potassium ; elle s'empare de l'iodure de potassium et isole l'iodure de plomb qui reprend sa couleur jaune. Il en est de même de l'alcool. Tel est aussi l'effet d'une chaleur de 50 à 60 degrés sur la masse blanche d'iodure double. L'eau dont elle est imprégnée, dissout à cette température l'iodure alcalin ; mais, par le refroidissement, les deux iodures rentrent en combinaison.

Cet iodure se compose de 2 atomes d'iodure de plomb et de 1 atome d'iodure de potassium.

M. Boullay admet encore un autre iodure double qui serait formé de 1 atome d'iodure de plomb et de 2 atomes d'iodure de potassium ; et qui se produirait comme le précédent, en mettant l'iodure de plomb en contact avec l'iodure de potassium, mais en rendant celui-ci prépondérant. L'existence de cet iodure mérite un nouvel examen.

1795. *Proto-iodure de mercure* (HgI). — Cet iodure qui correspond au protoxide, est vert, pulvérulent, insoluble dans l'eau. Mis en contact à froid, soit avec les iodures al-

calins, soit avec l'acide iodhydrique, il se transforme tout-
à-coup en bi-iodure mercuriel et en mercure. On l'obtient
en versant de l'iodure de potassium dans une dissolution
neutre d'azotate de protoxide de mercure, ou plutôt en tri-
turant 1 atome de mercure avec 1 atome d'iode et quelques
gouttes d'alcool. Bientôt celui-ci s'évapore et laisse en poudre
l'iodure vert très pur. Le premier procédé, au contraire,
donne quelquefois un peu de sesqui-iodure jaune.

Sesqui-iodure. — C'est en versant du sesqui-iodure de
potassium dans un excès d'azotate neutre de mercure qu'on
se procure ce composé : il est jaune, insoluble, et paraît
être composé de 1 atome de proto-iodure et de 1 atome
de bi-iodure de mercure.

L'iodure de potassium en sépare d'abord celui-ci et le
fait passer au vert, puis il agit sur le proto-iodure, comme
nous venons de dire.

Bi-iodure. — Le bi-iodure est remarquable par sa belle
couleur rouge ; elle ne le cède en rien à celle du vermillon.
On le prépare en versant de l'iodure de potassium dans une
dissolution de sublimé corrosif. Il se forme d'abord un précipité rouge qui se redissout par l'agitation dans l'excès de bi-
chlorure ; en ajoutant un peu plus d'iodure de potassium,
le précipité devient stable : sa couleur est le rouge-pâle ; il
est formé de bi-iodure et de bi-chlorure. Une nouvelle
addition d'iodure de potassium produit un précipité
d'un rouge vif ; c'est le bi-iodure pur. Un excès d'iodure
alcalin le redissoudrait. Il suit de là que, pour obtenir le bi-
iodure de mercure, il faut n'employer que les quantités
convenables d'iodure de potassium et de bi-chlorure mercuriel, savoir : 1 at. de l'un (KI^2) et 1 at. de l'autre (Hg.Ch^2).

Le bi-iodure de mercure est fusible, volatil, insoluble dans
l'eau, soluble dans l'alcool, dans les acides chlorhydrique
et iodhydrique, dans les dissolutions de chlorures et
d'iodures, d'où il peut se déposer en cristaux plus ou
moins volumineux. Lorsqu'on le sublime, il se condense en
paillettes ou poussière jaune, mais le moindre frottement

lui restitue sa couleur rouge; et même il la reprend peu-à-peu spontanément.

Bi-iodures doubles. — Le bi-iodure de mercure s'unit à un grand nombre d'iodures, mais plus spécialement aux iodures alcalins, et aux iodures de magnésium, de zinc, de fer; il peut même se combiner en deux proportions avec ces divers iodures, et former des composés qui pour 1 atome de ceux-ci contiennent 1 ou 2 atomes d'iodure mercuriel.

Iodure de mercure bi-iodé et de potassium (KI^2, $2\,HgI^2$). — On l'obtient en saturant à froid d'iodure de mercure, une dissolution concentrée d'iodure de potassium, et soumettant une évaporation spontanée, sous une cloche garnie de chaux, la liqueur jaune qui en résulte : il se dépose peu-à-peu des aiguilles d'un beau jaune de soufre, déliquescentes à l'air humide, que l'alcool et l'éther dissolvent sans altération.

Si l'opération se faisait à chaud, il se dissoudrait environ 3 atomes d'iodure, et par le refroidissement il s'en séparerait 1 sous forme de cristaux d'apparence cubique, ou octaédrique, ou même prismatique.

Iodure de mercure bi-iodé et de potassium (KI^2, HgI^2). — Lorsqu'on dissout l'iodure qui précède dans beaucoup d'eau, il laisse déposer en poudre rouge la moitié de son iodure de mercure, et la liqueur filtrée et évaporée, donne pour résidu une masse jaune formée de 1 atome de chaque iodure.

Nous ne parlerons pas des autres iodures doubles que le bi-iodure de mercure est susceptible de former; ils sont plus ou moins analogues à ceux de potassium, et se préparent d'une manière semblable.

1706. *Iodhydrate de bi-iodure de mercure.* — Le bi-iodure de mercure est très soluble dans l'acide iodhydrique; il l'est plus à chaud qu'à la température ordinaire, de telle sorte qu'il s'en précipite en partie par le refroidissement. Étendue d'eau, la liqueur abandonne une nouvelle quantité d'iodure; mais soumise à une évaporation spontanée, il s'y forme peu-à-peu de longs prismes, jaunes et transparens, dont l'eau sépare une certaine quantité de bi-iodure, comme de la liqueur elle-même.

La liqueur concentrée paraît contenir 2 atomes d'acide pour 1 d'iodure; la liqueur étendue, 4 atomes d'acide pour 1 d'iodure, et les cristaux, 1 d'iodure pour 3 atomes d'acide.

1797. *Iodure d'argent.* —Jaune pâle, moins altérable à la lumière que le chlorure, fusible, insoluble dans l'eau, dans l'acide azotique, insoluble également dans l'ammoniaque, ce qui le distingue essentiellement du chlorure et du brômure; se trouve dans la nature aux environs de Mexico; s'obtient en versant de l'iodure de potassium dans une dissolution d'azotate d'argent.

L'iodure d'argent se dissout très bien dans une dissolution concentrée d'iodure de potassium; et l'on peut obtenir en mettant un excès d'iodure d'argent, un iodure double qui cristallise en aiguilles blanches formées de 1 atome de chaque iodure. (*Voy.* pour les iodures, le Mémoire de M. Boullay, *Ann. de Chim. et Phys.*, xxxiv, 337); celui de M. Bousdorff, xliv, 261; celui de M. Gregory, *Journ. de Pharm.*, vol. xviii, 24; et celui de M. Lassaigne, *Ann. de Chim. et de Phys*, li, 113.)

Genre XXV. — *Fluorures.*

1798. Presque tous les fluorures sont solides à la température ordinaire, et susceptibles de cristalliser. Deux seulement sont liquides, savoir : le fluorure d'arsénic et celui de titane. Deux aussi semblent être gazeux : le per-fluorure de manganèse qui est d'un jaune verdâtre, et le per-fluorure de chrôme qui est rouge comme la vapeur de brôme et l'acide hypo-azotique.

Action du feu. —Exposés à l'action du feu, les fluorures naturellement liquides se vaporisent; il en est de même de celui de mercure; la plupart des autres entrent en fusion; aucun ne se décompose. A la vérité, M. Berzelius rapporte dans son traité que le fluorure d'argent laisse dégager du fluor par la calcination au contact de l'air, et se couvre d'une pellicule d'argent; mais tout me porte à croire que le célèbre chimiste suédois a été induit en erreur, que c'est de l'acide fluor-hydrique qui se dégage, et que la décomposition n'a lieu que sous l'influence de la vapeur aqueuse de l'atmosphère.

Il n'en est pas des fluorures hydratés, comme des fluorures anhydres : lorsqu'on vient à les chauffer, beaucoup laissent dégager de l'acide fluor-hydrique et passent à l'état d'oxido-fluorures, dans le cas où le métal appartient aux 2ᵉ, 3ᵉ et 4ᵉ sections.

Action des métalloïdes. — Jusqu'ici l'on n'a fait presque aucune expérience sur la réaction des fluorures et des métalloïdes. Mais en consultant les analogies et en ne perdant point de vue que le fluor ne peut être obtenu libre, et qu'on ne peut tout au plus que le faire passer d'une combinaison dans une autre, il est permis de présumer; 1° que l'hydrogène doit décomposer plusieurs fluorures métalliques, en donnant lieu à de l'acide fluor-hydrique et rendant libre le métal; 2° que le bore et le silicium doivent être dans le même cas; 3° qu'au contraire le chlore, le brôme, l'iode doivent être sans action sur les fluorures, et que, si le chlore mis en contact avec le fluorure d'argent dans un tube de verre, s'empare de ce métal, c'est sans doute parce qu'il peut se former, et qu'en effet il se forme en même temps du fluorure de silicium et de sodium; aussi y a-t-il dégagement d'oxigène; 4° que les métaux alcalins et particulièrement le potassium et le sodium, possèdent la propriété d'enlever le fluor à l'aide de la chaleur à la plupart des autres métaux.

Action de l'eau. — Les fluorures qui se dissolvent bien dans l'eau, sont ceux de potassium, de sodium, de glucinium, d'aluminium, les sesqui-fluorures de manganèse, de fer, les proto-fluorures d'étain, de chrôme, les fluorures de molybdène, de vanadium, d'antimoine, le deuto-fluorure d'urane, le fluorure de bismuth et celui d'argent.

Ceux que l'on connaît comme étant peu solubles ou insolubles sont les fluorures de lithium, de barium, de strontium, de calcium, de magnésium, d'yttrium, les proto-fluorures de manganèse, de fer, le fluorure de zinc, de cadmium, les fluorures de cérium, de cuivre, celui de plomb. Mais, si l'on en excepte les fluorures de magnésium, d'yttrium, de cérium et de plomb, ils se dissolvent dans l'acide fluor-hydrique et constituent, jusqu'à un certain point, des fluor-hydrates de fluorure. Aussi, quand on verse de l'acide fluor-hydrique dans les eaux de baryte, de strontiane, de chaux, se fait-il un précipité blanc de fluorure, qu'un excès d'acide fait disparaître.

L'eau a la propriété de décomposer plusieurs fluorures et de les transformer, savoir : les per-fluorures de chrôme, de manganèse, en acide fluor-hydrique, et en acides chrômique et hyper-manganique solubles; les fluorures d'arsénic, en acide arsénieux qui se dépose en partie, et en acide fluor-hydrique; les fluorures de tungstène, de colombium et de titane, en fluor-hydrate de fluorure qui se dissout, et en acide métallique qui se précipite, uni à plus ou moins de fluorure ; le bi-florure de mercure, en fluor-hydrate de fluorure qui se dissout, et en bi-oxido-fluorure qui se dépose en petits cristaux jaunes et lamelleux.

Action des bases. — Lorsque l'on verse de l'eau de chaux, de strontiane, de baryte, dans les fluorures de potassium et de sodium, il en résulte des fluorures de calcium, de strontium ou de barium, insolubles, qui se précipitent, et de la potasse ou de la soude qui reste en dissolution. La lithine elle-même donne lieu, dans ce cas, à du fluorure de lithium; mais la potasse et la soude décomposent à leur tour la plupart des fluorures des cinq dernières sections.

Action des acides. — Les fluorures sont décomposés par les acides sulfurique, phosphorique, arsénique, etc., liquides, du moins à l'aide de la chaleur. En effet, lorsqu'on fait chauffer ces acides en dissolution concentrée avec un fluorure dans un vase de plomb, il en résulte un sulfate, un phosphate et un arséniate, etc., fixes, et de l'acide fluor-hydrique qui se dégage avec effervescence, et répand dans l'air des vapeurs blanches et piquantes : l'acide sulfurique a même la propriété de décomposer la plupart des fluorures à la température ordinaire.

Mais il en est tout autrement, lorsque les acides sont secs et que le fluorure l'est lui-même : alors, pour que la décomposition s'opère, il faut d'une part qu'à une température élevée, l'acide puisse s'unir avec le métal oxidé du fluorure, et d'autre part que le fluor puisse s'unir avec le radical de l'acide. Voilà pourquoi ces sortes de décompositions n'ont encore été tentées avec succès, qu'en se servant de l'acide borique et jusqu'à un certain point de la silice. Que l'on chauffe jusqu'au rouge, dans un canon de fusil légèrement courbé, un mélange de 2 part. de fluorure de calcium et de 1 d'acide borique, et l'on obtiendra du borate de chaux et du gaz fluo-borique. La silice possède aussi la propriété de favoriser la décomposition des fluorures, de la même manière que l'acide borique, à cause de sa tendance à former du gaz fluo-silicique. Nous en donnerons pour preuve les phénomènes que nous présente le fluorure de calcium calciné avec la silice et le phosphate acide de chaux vitreux, dans un tube de fer : le phosphate acide ne décompose point le fluorure de calcium pur, à la plus haute température; mais, si l'on y ajoute de la silice ou du sable, il le décomposera au rouge cerise, en donnant naissance d'une part à du phosphate de chaux et d'une autre part à une grande quantité de gaz fluo-silicique.

Action des sels.—Lorsqu'on verse du fluorure de potassium ou de sodium dans un sel soluble de baryte, de strontiane, de chaux, de magnésie, de plomb, et en général de tous ceux dont le métal en se combinant avec le fluor peut former un fluorure insoluble, il y a production et précipitation de ce fluorure. Il se produit même quelquefois des précipités dans le cas où l'eau serait capable de dissoudre le fluorure qui pourrait se former par voie d'échange; mais c'est qu'alors le précipité est un double fluorure insoluble résultant de l'union du fluorure de potassium ou de sodium, avec le fluorure du métal du sel. Voilà ce qui a lieu avec les sels de glucine, d'alumine, etc.

Fluorures doubles. — Les fluorures ont une grande tendance à produire des composés doubles. Il en est même un certain nombre qui se combinent avec presque tous les autres, et qui, jouent le rôle d'acide, dans leurs combinaisons. Ce sont les per-fluorures de tungstène et de molybdène, les fluorures de colombium et de titane. M. Berzelius a publié sur ce sujet des observations qu'on trouvera *Ann. de Chim. et de Phys.* XXIX, 295 et 365.

On sait même que quelques fluorures s'unissent à quelques chlorures; par exemple, le fluorure de barium se combine avec le chlorure de barium. C'est ce qui arrive quand on verse du fluorure de potassium ou de sodium dans un excès de chlorure de barium, ou qu'on ajoute de l'ammoniaque à la dissolution de fluorure de barium dans l'acide chlorhydrique : sans doute que dans ce dernier cas il se forme du fluor-hydrate d'ammoniaque; dans l'un comme dans l'autre, le nouveau composé qui est très peu soluble se précipite.

Préparation. — Presque tous les fluorures peuvent être obtenus en traitant les oxides ou les carbonates par l'acide fluor-hydrique étendu d'eau : lorsque l'acide est ajouté, il suffit d'évaporer la liqueur et de dessécher convenablement le produit : observons toutefois que la plupart de ceux qui sont insolubles, se préparent également par voie des doubles décompositions. Mais comme il en est plusieurs qui donnent naissance alors à des fluorures doubles, le premier procédé mérite la préférence. Il n'y a guère que les fluorures d'arsénic, de titane, et les per-fluorures de manganèse et de chrôme, que l'on obtient par un autre procédé qui consiste à faire un mélange de fluorure de calcium et d'acide arsénieux, ou d'acide titanique, ou d'hyper-manganate de potasse, ou de chromate de potasse, à introduire le mélange dans une cornue de plomb ou de platine; à verser dessus de l'acide sulfurique concentré ou fumant, et à chauffer légèrement le mélange.

Composition.—M. Berzelius a trouvé que le fluorure de calcium était composé de 47,732 de fluor et de 52,268 de calcium, ou de 2 atomes de fluor et de 1 atome de calcium. Or, les 2 atomes de fluor sont l'équivalent de 1 at. d'oxigène ; mais comme l'on connaît la composition de tous les oxides, il est donc facile d'en conclure celle de tous les fluorures.

État naturel.—Il existe six fluorures dans la nature : les fluorures de calcium, de sodium, de magnésium, d'aluminium, d'yttrium, de cérium. Le premier est très commun (1801), et les autres très rares.

Le fluorure de cérium et le fluorure d'yttrium ne se trouvent qu'à Brodbo et à Fimbo en Suède, dans les environs de Fahlun : le fluorure de cérium est quelquefois pur ; l'autre est toujours associé aux fluorures d'yttrium et de calcium.

Quant aux fluorures de sodium, de magnésium et d'aluminium, ils sont toujours combinés : savoir, le fluorure de sodium avec le fluorure d'aluminium : ce fluorure double constitue la *cryolite* qu'on rencontre au Groënland ; le fluorure de magnésium avec le silicate de magnésie : c'est ce composé que l'on connaît sous le nom de *condrodite* ; enfin le fluorure d'aluminium avec le fluorure de sodium comme nous venons de le dire, et parfois aussi avec le silicate d'alumine : cette dernière combinaison constitue la *topaze* et la *pycnite*.

Caractères génériques.—Rien de plus facile que de reconnaître un fluorure ; c'est d'en mettre une petite quantité dans un creuset de platine ou de plomb, de verser dessus de l'acide sulfurique concentré, de recouvrir le creuset d'une lame de verre, et de chauffer doucement le creuset au besoin : le verre sera promptement dépoli, à moins que le fluorure ne soit mêlé à de la silice ; mais alors, en répétant l'expérience dans un tube de plomb, et faisant passer le gaz à travers l'eau, il se fera un dépôt siliceux.

Usages.—Un seul fluorure est employé; c'est celui de calcium. On en fait usage dans les laboratoires, pour extraire l'acide fluor-hydrique, et les gaz fluo-borique et fluo-silicique. Quelquefois aussi on l'emploie comme fondant dans l'exploitation des minerais, auxquels il sert de gangue.

Voyez, pour plus de détails sur les fluorures, la première partie de la traduction des mémoires de Schéele; les *Recherches physico-chimiques* de MM. Gay-Lussac et Thenard, t. 11; les recherches de M. John Davy (*Ann. de Chim.*, LXXXVI, 178), et celles de M. Berzelius (*Ann. Chim. et Phys.*, XXVII, 53, 167, 287, 337; et XXIX, 295et 337.)

Fluorure de potassium.

1799. (KF².) Ce fluorure verdit fortement le sirop de violettes; il est très piquant, très soluble dans l'eau, très déliquescent, cristallisable, mais difficilement en cubes ou en prismes rectangulaires à 4 pans, qui présentent une croix diagonale, et qui se groupent en trémies à la manière du sel marin, fusible au-dessous de la chaleur rouge, décomposable à froid par l'acide sulfurique concentré avec une vive effervescence, etc. Sa dissolution rendue neutre par du vinaigre, devient fortement acide en l'étendant de beaucoup d'eau, et l'acide du vinaigre devient libre; elle attaque le verre et lui fait perdre son poli, même à froid, en un à deux jours : elle s'empare donc d'une portion de la silice de celui-ci. Le fluorure de potassium s'unit aussi par voie de fusion à la silice. La masse fondue et refroidie est d'un blanc d'émail; elle est déliquescente; l'eau en dissout le fluorure de potassium, et laisse un résidu de silice. (Berzelius, *Ann. de Chim. et de Phys.*, XXVII, 55.)

Le meilleur moyen d'obtenir ce sel est de saturer par l'acide fluor-hydrique la potasse ou le carbonate de potasse dans un vase de platine ou d'argent, d'évaporer la liqueur et de calciner le résidu pour chasser l'excès d'acide, puis de redissoudre au besoin celui-ci dans l'eau.

Fluorures doubles. —Le fluorure de potassium se combine avec un assez grand nombre de fluorures, et joue toujours le rôle de base. Les principaux fluorures avec lesquels il a été combiné sont ceux de glucinium, d'aluminium, de fer, de zinc, de cobalt, de nickel, de tungstène, de molybdène, de colombium, de titane, de cuivre bi-fluoré et de platine également bi-fluoré.

On remarque que les fluorures doubles de potassium et d'aluminium, de potassium et de glucinium sont presque insolubles, quoique les fluorures simples qui les constituent soient très solubles. Aussi les prépare-t-on facilement par double décomposition.

Fluor-hydrate de fluorure. —Lorsqu'on sature imparfaitement l'acide fluor-hydrique de potasse, et qu'on laisse évaporer spontanément la liqueur dans une capsule d'argent ou de platine à fond plat, on obtient des tables carrées dont les bords sont tronqués, ou même des cubes. Au moment où la combinaison a lieu, il se dégage beaucoup de calorique. Ces cristaux sont très solubles dans l'eau, mais difficilement dans l'acide fluor-hydrique. Exposés au feu, ils fondent, laissent dégager des vapeurs acides, se solidifient et donnent à une chaleur rouge, 74,9 pour 100 de résidu; de plus, calcinés avec six fois leur poids de litharge bien sèche, ils laissent dégager 11,6 d'eau pour 100. Cette eau n'existait pas toute formée dans le fluor-hydrate; elle provient de la réaction de l'acide fluor-hydrique sur l'oxide de plomb, et la formule du composé est celle-ci $(KF^2, 2HF)$ (Berzelius).

Fluorure de sodium.

1800. Ce sel s'obtient comme celui de potassium. Lorsque, après l'avoir dissous dans l'eau, on abandonne la liqueur à une évaporation spontanée, il cristallise en cubes transparens ou en octaèdres réguliers qui présentent souvent un éclat nacré. Par un excès de carbonate de soude, les cristaux seraient toujours octaédriques; par une évaporation artificielle, ils seraient constamment cubiques.

Les cristaux ainsi obtenus sont peu sapides, croquent sous la dent, verdissent le sirop de violettes. Exposés au feu, ils décrépitent, n'entrent en fusion qu'au-dessus de la chaleur qui détermine la fusion du verre, fondent plus facilement par l'addition d'un peu de silice, sans laisser dégager de gaz acide. L'air ne les altère pas. 100 d'eau en dissolvent 4,8 à 16°, et 4,3 à la température de l'ébullition. L'acide sulfurique les décompose avec une vive effervescence. Il paraissent isomorphes avec ceux de chlorure de sodium, tout comme aussi les cristaux qu'on obtient avec l'acide fluor-hydrique et la potasse, le sont avec ceux de chlorure de potassium.

Fluorures doubles. — Sans doute que le fluorure de sodium est susceptible de former beaucoup de fluorures doubles comme celui de potassium. Cependant il n'a encore été combiné jusqu'ici qu'avec le fluorure d'aluminium, les per-fluorures de tungstène, de molybdène, de titane, le fluorure de colombium, et le bi-fluorure de platine. Il est à remarquer que celui d'aluminium et de sodium est comme celui d'aluminium et de potassium, dépourvu de solubilité.

Fluor-hydrate de fluorure. — Il se prépare comme celui de potassium, et l'on retire de la liqueur, par évaporation spontanée, des cristaux rhomboïdaux d'une saveur piquante et franchement acide. Ces cristaux sont peu solubles dans l'eau froide, ils le sont beaucoup plus dans l'eau bouillante; la chaleur en dégage du gaz acide sans les déformer, et laisse un résidu de 68,1 pour 100. D'ailleurs 100 parties de ces cristaux calcinés avec un excès d'oxide de plomb, donnent 14,4 d'eau, qui proviennent de l'union de l'hydrogène de l'acide avec l'oxigène de l'oxide. Leur composition est représentée par la formule (NaF^2, H^2F^2).

Fluorure de calcium.

1801. Cette substance est l'une de celles qu'on rencontre dans l'intérieur des filons métallifères, principalement dans ceux de plomb et d'étain; elle constitue même de petits filons à elle seule. On la trouve presque toujours cristallisée régulièrement, ou bien en masses formées de cristaux entassés les uns sur les autres, rarement en petits dépôts compactes. Presque toujours aussi, elle offre des couleurs vives, le violet, le vert, le jaune, etc., qui sont fréquemment mélangées entre elles, et qui disparaissent toutes au feu.

Le fluorure de calcium est très commun dans les mines de plomb, en Angleterre, au Hartz, en Saxe, etc.; il est assez abondant en France, dans les départemens de l'Allier et du Puy-de-Dôme, etc.; mais il est rare aux environs de Paris.

Il est insipide; il cristallise en cubes. Chauffé légèrement sur une plaque, il devient lumineux dans l'obscurité, finit par décrépiter en laissant dégager son eau interposée, et perd alors la propriété de luire. On remarque toutefois que quelques variétés ne sont jamais phosphorescentes, ou le sont à peine, et que d'autres, comme la *chlorophane*, le deviennent très facilement toutes les fois qu'on les chauffe, pourvu que la chaleur ne soit pas trop élevée. D'ailleurs la couleur de la lumière varie : elle est tantôt verte, tantôt d'un violet foncé, et tantôt d'une teinte intermédiaire. Exposé dans un creuset à la chaleur d'un fourneau à réverbère, ou bien à la flamme du chalumeau, il se fond en un verre transparent : c'est pour cela qu'on l'appelait autrefois *spath* fusible. Il n'éprouve rien à l'air, et paraît être tout-à-fait insoluble dans l'eau. Il n'est facilement décomposé par l'acide sulfurique qu'à l'aide d'une légère chaleur, etc.

Le fluorure artificiel est toujours en gelée transparente

extrêmement difficile à laver, lorsqu'on le fait par la voie des doubles décompositions : aussi est-il nécessaire de le préparer en saturant l'acide fluor-hydrique par le carbonate de chaux récemment précipité et encore humide : il est alors sous forme de petits grains.

Le fluorure de calcium est susceptible de s'unir et de se fondre avec différens sels, par exemple, avec le carbonate de potasse (1312 *bis*), avec les sulfates de chaux, de baryte, de plomb, etc. Aussi, en fait-on usage comme fondant, dans plusieurs exploitations. (V. le *traité des essais par la voie sèche*, de M. Berthier, t. 1, p. 481.)

Fluorure d'aluminium.

1802. Ce fluorure est si soluble dans l'eau qu'on ne peut l'obtenir cristallisé. Évaporé jusqu'à siccité, il donne lieu à une masse qui a l'aspect de la gomme arabique. Il se transforme en *oxido-fluorure* insoluble, en le faisant bouillir avec de l'alumine en gelée; il s'y transforme également, lorsqu'on le calcine à l'état d'hydrate; alors il y a en outre formation et dégagement d'acide fluor-hydrique; sa dissolution ne saurait être conservée dans des vases de verre : elle les attaque. Pour l'obtenir, il faut dissoudre l'hydrate d'alumine dans cet acide étendu d'eau.

Fluorures doubles. — Le fluorure d'aluminium s'unit à plusieurs fluorures avec lesquels il joue le rôle d'acide.

Nous ne parlerons que des fluorures d'aluminium et de potassium, qui, comme celui de glucinium et de potassium, sont presque insolubles, quoique les fluorures simples qui les constituent soient très solubles. Il en existe au moins deux, l'un dans lequel les deux métaux sont unis à la même quantité de fluor, l'autre dans lequel le fluorure d'aluminium contient une fois et demie autant de fluor que le fluorure de potassium. Le premier se prépare en versant goutte à goutte le fluorure d'aluminium dans un excès de fluorure de potassium en dissolution; le second en versant au con-

traire le fluorure de potassium dans un excès de fluorure
d'aluminium. La tendance qu'a ce double fluorure à se former est telle qu'en faisant bouillir de l'hydrate d'alumine
avec le fluorure de potassium, celui-ci est en partie décomposé, qu'il y a du fluorure double produit, et que la liqueur
devient alcaline. Les dissolutions alcalines n'ont que peu
d'action sur le fluorure double d'aluminium et de potas-
tassium, mais l'acide sulfurique même étendu d'eau, en
dégage à chaud, tout le fluor à l'état d'acide fluor-
hydrique.

Fluorures de manganèse.

1803. *Proto-fluorure.*—Il est peu soluble dans l'eau
pure, et davantage dans celle qui renferme de l'acide
fluor-hydrique.

Sesqui-fluorure. — Rouge foncé, soluble dans une petite
quantité d'eau, se décompose quand sa dissolution est
étendue ou portée à l'ébullition et laisse déposer un sesqui-
oxido-fluorure.

Per-fluorure.—Ce composé se produit, d'après Wohler,
en mêlant le caméléon minéral avec du fluorure de calcium,
plaçant le tout dans un appareil de platine, y ajoutant de
l'acide sulfurique fumant, et élevant la température du
mélange. Il apparaît sous forme d'un gaz jaune-verdâtre,
qui se change à l'air en fumées d'un rouge pourpre. L'eau le
décompose en acide fluor-hydrique et en acide hyper-manganique qui la colore en pourpre. La dissolution évaporée
dégage de l'oxigène et de l'acide fluor-hydrique, et laisse
pour résidu du sesqui-fluorure.

Fluorures de chrôme.

1804. *Proto-fluorure.*—C'est en dissolvant le protoxide
de chrôme dans l'acide fluor-hydrique qu'on l'obtient : il se

prend par l'évaporation en une masse saline, cristalline, verte, qui se dissout complètement dans l'eau.

Il s'unit facilement aux fluorures de potassium, de sodium, et forme des fluorures doubles, pulvérulens, verts, peu solubles dans l'eau.

Per-fluorure. — Ce fluorure, qui correspond à l'acide chrômique, est remarquable parce qu'il est sous forme de gaz rutilant à la température ordinaire, que par le froid il se condense en un liquide rouge de sang, et que, dans son contact avec l'eau, il se transforme en acide chrômique et acide fluor-hydrique. Il attaque le verre, et de là résulte du gaz fluo-silicique et de l'acide chrômique. On l'obtient par le procédé qui a été indiqué (1798), en chauffant doucement la cornue et recueillant le produit dans un tube de plomb ou de platine entouré d'un mélange de glace et de sel.

Fluorure d'arsénic.

1805. Le fluorure d'arsénic (AsF^3) est un liquide incolore, volatil, plus pesant que l'eau, très vénéneux, qui produit sur les animaux les effets de l'acide fluor-hydrique concentré et de l'acide arsénieux, et dont la plus petite goutte cause une brûlure profonde, en même temps qu'elle fait naître sur la peau des ampoules épaisses, remplies d'un pus visqueux.

Mis en contact avec l'air, il y répand des vapeurs blanches dues à la décomposition que l'humidité occasionne. En effet l'eau le décompose tout-à-coup et le transforme en acide arsénieux et en acide fluor-hydrique.

Le verre lui-même peut aussi en opérer la décomposition, mais lentement, en donnant lieu à de l'acide arsénieux et à du gaz fluo-silicique. C'est pourquoi, lorsqu'on le renferme dans un flacon de verre, il en détermine la fracture au bout de quelque temps.

Sa préparation a déjà été indiquée d'une manière générale. Il faut prendre 4 part. d'acide arsénieux et 5 de fluorure de calcium, bien pulvérisés, les mêler intimement, les introduire dans une cornue de plomb, et y ajouter huit fois leur poids d'acide sulfurique le plus concentré possible, chauffer doucement et recueillir le produit dans un tube de plomb courbé en U, et entouré de glace. D'ailleurs l'appareil doit être disposé de manière que la vapeur qui ne se condenserait pas se rende dans un fourneau tirant bien.

Il faudrait bien se garder de n'employer que la quantité d'acide nécessaire pour décomposer le fluorure de calcium, car alors l'eau de l'acide en réagissant sur les élémens du fluorure d'arsénic, empêcherait qu'il ne se formât. Aussi M. Unverdorben, qui le premier a observé ce fluorure, conseille-t-il l'emploi de l'acide sulfurique anhydre.

Fluorure de titane.

1806. C'est aussi M. Unverdorben qui a obtenu le premier, le fluorure de titane (TiF^4). Il se l'est procuré de même que le fluorure d'arsénic en distillant de l'acide titanique dans un appareil de platine ou de plomb, avec du fluorure de calcium et de l'acide sulfurique anhydre. Probablement que l'acide sulfurique anhydre pourrait être remplacé par une grande quantité d'acide sulfurique ordinaire très concentré.

Le fluorure de titane est un liquide incolore, qui répand d'épaisses vapeurs à l'air. Mis en contact avec l'eau, il la décompose et donne lieu à du fluor-hydrate de fluorure de titane, qui reste dissous, et à de l'acide titanique qui se dépose uni à du fluorure. Toutefois, il est possible de se procurer le fluorure de titane hydraté en dissolvant l'acide titanique dans l'acide fluor-hydrique, et en évaporant la dissolution acide dans une capsule de platine jusqu'en consistance sirupeuse : une partie du fluorure cristallise. Mais, dès qu'on essaie de dissoudre les cristaux dans l'eau, ils éprouvent le même genre de décomposition que le fluorure anhydre.

Fluorure d'argent.

1807. Très âcre et très styptique, déliquescent, incristallisable ; tache la peau comme l'azotate d'argent ; se fond très facilement ; se dissout en grande quantité dans l'eau, et forme une dissolution incolore qui se prend en masse par l'acide chlorhydrique, etc. ; s'obtient directement en combinant, dans un vase d'argent ou de platine, l'oxide d'argent avec l'acide fluor-hydrique étendu d'eau : on verse sur l'oxide d'argent un petit excès d'acide, et l'on fait chauffer : la dissolution s'opère promptement ; on l'évapore, et le résidu est le fluorure neutre et pur.

GENRE XXVI. — *Des fluo-silicates.*

1808. Le gaz fluo-silicique ne s'unit point aux oxides métalliques, mais il s'unit très bien aux fluorures (348). Il n'existe donc pas de fluo-silicates d'oxides et il existe au contraire des fluo-silicates de fluorures : ceux-ci sont de véritables sels, dans lesquels le fluor joue le même rôle que l'oxigène dans les sels ordinaires.

Propriétés.—Exposés à l'action du feu, les fluo-silicates se transforment en gaz fluo-silicique, et en fluorures métalliques.

Parmi les fluo-silicates connus, les uns sont peu solubles dans l'eau : ce sont les fluo-silicates des fluorures de potassium, de sodium, de lithium, de barium ; et surtout les fluo-silicates de fluorure d'yttrium, de proto-fluorure de cuivre, de proto-fluorure et de bi-fluorure de mercure, des fluorures de molybdène et de per-fluorure d'antimoine. Ils ne se dissolvent d'une manière très notable qu'autant que l'acide est en excès, et encore ceux de barium, de sodium et de potassium font-ils exception. Celui de calcium se dissout pareillement dans l'eau à la faveur d'un excès d'acide ; mais l'eau pure le décompose, dissout un sur-sel et laisse un résidu qui renferme un excès de fluorure basique.

La plupart des autres, au contraire, sont très solubles par eux-mêmes : tels sont, du moins, ceux de strontium, de magnésium, d'aluminium, de glucinium, de zinc, de cadmium, d'argent, de proto-fluorure de maganèse, de fer, de cobalt, de vanadium, de nickel, de plomb, de bi-fluorures d'étain, de cuivre, de platine.

Lorsqu'on fait chauffer un fluo-silicate de fluorure avec l'acide sulfurique concentré, et que le métal est susceptible de décomposer facilement l'eau, comme les métaux des deux premières sections, il en résulte un sulfate à base d'oxide et un dégagement d'acide fluo-silicique. L'action des autres acides n'est point connue.

Les fluo-silicates sont généralement décomposés par les dissolutions bouillantes de potasse et de carbonate de potasse.

État naturel. — Aucun fluo-silicate n'a été, jusqu'à présent, trouvé dans la nature.

Préparation. — Presque tous les fluo-silicates se préparent en mettant la dissolution de fluor-hydrate de fluorure de silicium en contact avec les oxides ou les carbonates. Si le fluo-silicate est soluble, on peut aller jusqu'à saturer l'acide et employer un excès de base ; s'il est au contraire insoluble, il faut mettre un très léger excès d'acide. Il n'y a guère que celui de fer qu'on ne puisse pas se procurer ainsi : on doit le faire en traitant la limaille de fer par le fluor-hydrate de fluorure de silicium ; l'hydrogène de l'acide fluor-hydrique se dégage, le fluor s'unit au fer et le fluorure ferrugineux au fluorure de silicium ou acide fluo-silicique. Ceux de potassium et de barium peuvent encore être préparés en versant une dissolution de fluor-hydrate de fluorure de silicium, dans une dissolution de sel à base de potasse et à base de baryte. Le fluo-silicate se dépose en peu de temps.

Composition. — Les fluo-silicates sont composés de telle manière que la quantité de fluor de l'acide est le double de la quantité de fluor du fluorure métallique.

Caractères génériques. — Ils consistent dans la propriété qu'ils ont d'être transformés, par la chaleur, en gaz fluo-silicique et en fluorure.

1808 *bis.* Nous ne décrirons en particulier que ceux de potassium et de barium.

Fluo-silicate de potassium ($3KF^2, 2SiF^6$). — Que l'on verse peu-à-peu de la potasse dans le fluor-hydrate de fluorure de silicium, et ce composé se précipitera peu-à-peu en gelée presque transparente, qui se transformera par la dessiccation en une poudre blanche. Il est très peu soluble dans l'eau, un peu plus à chaud qu'à froid. L'hydrate et le carbonate de potasse ne le décomposent qu'à l'aide de la chaleur. Par la calcination, il laisse dégager du gaz fluo-silicique, et passe à l'état de fluorure de potassium.

Fluo-silicate de barium. — Insoluble, se prépare et se précipite sous forme de tout petits cristaux, en mêlant des dissolutions de chlorure de barium et de fluor-hydrate de silicium. Comme le fluo-silicate de strontium est très soluble, on peut se servir de fluor-hydrate de fluorure de silicium, pour séparer la baryte et la strontiane. (*V*. tom. v, *Analyse.*)

GENRE XXVII. — *Fluo-borates.*

1809. Il paraît que le gaz fluo-borique est sans action sur les oxides, de même que le gaz fluo-silicique; que la combinaison n'a lieu que par l'intermède de l'eau, et qu'alors il en résulte un fluo-borate de fluorure métallique, et un dépôt d'acide borique, ou un borate si l'oxide est en excès; phénomènes qui s'expliquent facilement, soit qu'on admette que l'acide fluo-borique se dissolve dans l'eau sans la décomposer, soit qu'on admette qu'il la décompose au moment de s'y dissoudre, et qu'il donne lieu à du fluor-hydrate de fluorure et à de l'acide borique : dans le premier cas, l'oxide sera réduit par une partie du bore; dans le second, il le sera par l'hydrogène de l'acide fluor-hydrique; dans les deux, le fluor, devenu libre, s'unira au métal réduit, et de là un fluorure qui, s'unissant lui-même au fluorure de bore ou acide fluo-borique, existant, constituera le fluo-borate.

Exposés à une haute température, les fluo-borates éprouvent le même genre de décomposition que les fluo-silicates: ils se transforment en gaz fluo-borique et en fluorures.

Parmi ceux qui sont connus, les uns sont très solubles dans l'eau, savoir: ceux de sodium, de lithium, de barium, de magnésium, de zinc, de bi-fluorure de cuivre.

D'autres ne s'y dissolvent bien, qu'autant que l'acide fluo-borique est en excès: tels sont les fluo-borates de fluorures de potassium, de calcium, d'yttrium, d'aluminium, de plomb.

Quelques-uns même, comme les fluo-borates neutres des fluorures de calcium et de plomb, sont transformés par l'eau en fluo-borates acides qui se dissolvent, et en fluo-borates basiques insolubles.

Traités par l'acide sulfurique, à chaud, ils se décomposent, laissent dégager du gaz fluo-borique, puis un mélange d'acide fluor-hydrique et de fluor-hydrate de fluorure de bore; du moins, c'est ainsi que se comportent les fluo-borates alcalins et terreux.

État naturel. — Il n'existe aucun fluo-borate dans la nature.

Préparation. — C'est en mettant la dissolution de fluor-hydrate de fluorure de bore en contact avec les oxides et les carbonates que l'on se procure les fluo-borates. L'opération doit être faite comme celle des fluo-silicates de fluorures (1808). Le fluor-hydrate de fluorure de bore s'obtient d'ailleurs, en mélant de l'acide borique avec de l'acide fluor-hydrique étendu, et distillant le mélange.

Composition. — Les fluo-borates sont composés de telle manière que la quantité de fluor de l'acide fluo-borique est le triple de celle du fluorure.

Nous n'en décrirons que deux en particulier, ceux de potassium et de sodium.

Fluo-borate de potassium.—On l'obtient, en versant peu-à-peu le fluor-hydrate de fluorure de bore, dans une dissolution de potasse ou d'un sel de potasse. Le fluo-borate se dépose en gelée transparente qui, recueillie sur un filtre et lavée, devient opaque, *crie* sous le doigt, comme l'amidon, lorsqu'on le comprime, et donne par la dessiccation une poudre farineuse et blanche. Sa saveur est légèrement amère. L'eau froide en dissout $\frac{1}{70}$ de son poids; l'eau bouillante en dissout beaucoup plus; il s'en sépare en petits cristaux anhydres et brillans, par le refroidissement. Il entre en fusion avant de rougir, bout en laissant dégager du gaz fluo-borique, mais ne se décompose totalement qu'à une haute température. Les bases alcalines ne lui font éprouver aucune altération. La potasse et la soude, caustiques ou carbonatées, ne font que le dissoudre à chaud; elles l'abandonnent, à froid.

Fluo-borate de sodium.—Ce sel est très soluble dans l'eau, et cristallise en gros prismes transparens, anhydres, rectangulaires et à sommets tronqués transversalement; il a une légère saveur amère et acidule; il rougit le tournesol, fond au-dessous de la chaleur rouge, et n'abandonne tout l'acide fluo-borique, qu'à une température très élevée et soutenue.

Genres XXVIII et XXIX. — *Des manganates et des hyper-manganates.*

1810. Tout ce qu'on sait sur ces deux genres de sels a été exposé (844-847).

Genre XXX. — *Des arséniates.*

1811. *Action du feu.* — Tous les arséniates se fondent ou éprouvent un commencement de fusion, à une température plus ou moins élevée, à moins qu'ils ne puissent se décomposer. Les plus fusibles sont ceux de potasse et de soude; l'un des moins fusibles est celui de manganèse.

Parmi les arséniates, il paraît qu'il n'y a que ceux dont les oxides sont faciles à réduire spontanément, ou ceux dont les oxides peuvent absorber une nouvelle quantité d'oxigène lorsqu'on les chauffe, qui soient susceptibles de décomposition par le feu. Dans le premier cas, l'oxide est réduit, et l'acide ramené à un moindre degré d'oxidation; de sorte qu'on obtient du gaz oxigène, le métal de l'oxide, et de l'acide arsénieux. Exemple : *arséniate d'argent*. Dans le second cas, l'acide cède une portion de son oxigène à l'oxide; et de là résultent un oxide plus oxidé, et, comme dans le premier cas, de l'acide arsénieux. Exemple : *arséniate de protoxide de fer*.

1812. *Action des métalloïdes.*—Lorsqu'on calcine un arséniate quelconque avec le charbon, l'acide arsénique est toujours réduit; mais l'oxide ne l'est qu'autant qu'il appartient aux quatre dernières sections, ou qu'il a pour radical le potassium ou le sodium. Il suit de là que les produits doivent varier en raison de l'arséniate calciné. Si l'arséniate est à base de chaux, de strontiane, de baryte, ou s'il fait partie des arséniates terreux, l'on obtiendra du gaz acide carbonique ou du gaz oxide de carbone, de l'arsénic et l'oxide de l'arséniate. Si ce sel appartient à l'une des quatre dernières sections, ou est à base de potasse, de soude, l'on obtiendra du gaz acide carbonique ou du gaz oxide de carbone, et de l'arsénic en partie libre et en partie combiné avec le métal de l'oxide, à moins que la température ne soit assez élevée pour volatiliser tout l'arsénic.

Jusqu'ici on n'a point traité les arséniates par les autres métalloïdes; mais, d'après l'action qu'exerce le charbon sur ces corps, on ne saurait douter que l'hydrogène, le bore, le phosphore, et peut-être le soufre, ne les décomposassent à une température plus ou moins élevée. En tenant compte de toutes les affinités, on trouvera facilement les produits qui doivent se former.

L'hydrogène se comportera comme le charbon, si ce

n'est qu'au lieu de gaz oxide de carbone et d'acide carbonique il se formera de l'eau.

Le bore s'emparera de l'oxigène de l'acide arsénique, mettra le métal de cet acide en liberté, passera à l'état d'acide borique qui se combinera avec l'oxide, pourvu que celui-ci ne soit pas très facile à réduire (1818).

Le phosphore donnera lieu à des produits analogues, et de plus, à du phosphure d'arsénic.

Quant au soufre, il ne décomposera peut-être point les arséniates des deux premières sections; mais il est bien probable qu'il décomposera les arséniates des quatre dernières sections, et qu'il en résultera du gaz acide sulfureux, du sulfure d'arsénic et du sulfure du métal de l'oxide de l'arséniate, c'est-à-dire, qu'il agira sur l'oxide et l'acide de l'arséniate comme s'ils étaient isolés (538).

1813. *Action de l'eau, des bases, des acides, des sels.* — Les phénomènes sont les mêmes que ceux qui ont lieu avec les phosphates (1444).

1814. *État naturel.* — On trouve six arséniates dans la nature, savoir: l'arséniate neutre de chaux qui est quelquefois uni à celui de magnésie; les arséniates sesqui-basiques de cobalt, de nickel, de plomb; les arséniates de fer, de bi-oxide de cuivre, à différens degrés de saturation. Ces arséniates, excepté celui de cobalt, sont assez rares.

L'arséniate de cobalt est tantôt en petites aiguilles aplaties qui partent toutes d'un centre commun, tantôt sous forme pulvérulente; il est toujours facile à reconnaître par sa couleur, qui est d'un rouge violet ou fleur de pêcher. On le trouve, non-seulement dans presque toutes les mines de cobalt, mais encore dans celles de cuivre, d'argent, etc. C'est l'un des minerais de cobalt les plus répandus.

2° L'arséniate de nickel se trouve ordinairement à la surface du nickel arsénical. Celui d'Allemont est tantôt compacte et d'un très beau vert-pomme, tantôt friable et d'un blanc verdâtre. M. Berthier, qui a analysé cette dernière variété, a trouvé qu'elle devait être considérée comme un arséniate de nickel mêlé à une petite quantité d'arséniate de cobalt et d'eau. (*Ann. de Chim. et de Phys.*, tom. XIII, pag. 57.)

3° L'arséniate de cuivre varie singulièrement dans ses propriétés physiques. Quelques variétés sont d'un vert émeraude ou d'un vert olive; d'autres d'un vert foncé qui les rend noires en apparence, et d'autres, au contraire, sont d'un brun clair, d'un gris cendré, ou d'un blanc tacheté. Les unes sont cristallisées, et les autres fibreuses. La texture de celles-ci est rayonnée, et leur surface soyeuse. On trouve l'arséniate de cuivre dans les mines de cuivre du comté de Cornouailles et surtout dans celles de Huel-Gorauld.

4° L'arséniate de chaux existe en poussière et en globules fibreux à Andreasberg au Hartz et à Riegelsdorf en Hesse.

5° Quant aux arséniates de fer et de plomb, on les rencontre plus particulièrement : le premier, dans des dépôts cobaltifères ou stannifères, et le second dans des dépôts cuivreux ou plombifères.

1815. *Préparation.* —Les arséniates de potasse et de soude, qui sont les seuls arséniates métalliques solubles, peuvent se faire en combinant l'acide arsénique avec ces bases; mais on préfère les préparer en calcinant un mélange d'azotate de potasse ou d'azotate de soude et d'acide arsénieux (1818), parce que ce procédé est plus économique. Quant aux autres qui sont insolubles, on les prépare à la manière des phosphates (1454).

1816. *Composition.* —L'acide arsénique se combine avec les bases salifiables de manière à former non-seulement des arséniates neutres, mais encore des arséniates acides et des sous-arséniates. Dans les arséniates neutres, la quantité d'oxigène de l'oxide est à la quantité d'oxigène de l'acide comme 2 à 5, et par conséquent à la quantité d'acide comme 1 à 7,2012.

Les arséniates acides contiennent deux fois autant d'acide que les arséniates neutres pour la même quantité de base : ils doivent donc s'appeler *bi-arséniates*.

Quant aux sous-arséniates, pour la même quantité d'acide, ils renferment une fois et demie autant de base : ce sont des *arséniates sesqui-basiques*.

Quelques arséniates seulement s'écartent de cette loi de composition; ils correspondent aux phosphates qui nous présentent la même anomalie.

1817. *Caractères génériques.* — Lorsqu'on expose les arséniates à la flamme intérieure du chalumeau, il s'en exhale une odeur arsénicale très prononcée. Lorsqu'on les mêle avec de l'acide borique et du charbon, et qu'on chauffe le mélange dans un petit tube de verre fermé par un bout, il se forme un sublimé d'arsénic métallique. Mais comme ces propriétés sont communes aux arsénites, il est nécessaire de faire quelques autres épreuves. La plus sûre consiste à transformer le sel en arséniate ou arsénite de potasse ou de soude en le traitant par le carbonate de l'une de ces *bases*, comme il a été dit (1455), et le ramenant d'abord, s'il en était besoin, à l'état d'arséniate neutre par l'addition d'un peu d'acide chlorhydrique. L'arsénite se reconnaît, parce qu'il précipite le sulfate de cuivre en vert, l'azotate d'argent en jaune clair qui devient peu-à-peu d'un gris foncé, et parce que mêlé avec un acide, il donne tout de suite par le gaz sulfhydrique, un beau précipité jaune; l'arséniate, parce qu'il précipite le sulfate de cuivre en blanc bleuâtre, l'azotate d'argent en brun, et qu'en y ajoutant de l'acide chlorhydrique et étendant la liqueur d'eau, le gaz sulfhydrique n'y forme de précipité jaune-clair, qu'au bout d'un temps assez long.

L'histoire des arséniates étant la même que celle des phosphates, nous ne parlerons en particulier que de ceux de potasse et de soude. (*V.* les *phosphates* 1444.)

Arséniates de potasse.

1818. *Arséniate neutre.* $(2KO,As^2O^5)$.—L'arséniate neutre de potasse paraît être incristallisable. Il doit être fait directement, ou en ajoutant au bi-arséniate autant de base qu'il en contient.

Bi-arséniate de potasse (KO, As^2O^5) $+ 2H^2O$. —Ce sel cristallise en prismes à 4 pans terminés par des pyramides à quatre faces. Exposé à une haute température, dans un creuset de platine, il fond, passe à l'état d'arséniate neutre, et par conséquent abandonne son excès d'acide, qui, sans doute, est transformé en gaz oxigène et en acide arsénieux.

L'arséniate acide de potasse est très soluble dans l'eau ; il l'est plus à chaud qu'à froid. Sa dissolution a la propriété de donner au papier de tournesol une couleur rouge, qui disparaît par la dessiccation et se trouve remplacée par la couleur bleue primitive. Elle est précipitée par les eaux de baryte, de strontiane, de chaux : elle ne l'est point par les dissolutions des sels de baryte, de strontiane, de chaux et de magnésie, parce qu'il peut se former des arséniates acides solubles.

On obtient ce sel cristallisé en mêlant ensemble 1 partie d'acide arsénieux et 1 1/3 partie de nitre, chauffant le mélange jusqu'au rouge dans un creuset, dissolvant le résidu dans l'eau, et faisant évaporer la liqueur convenablement. Dans cette opération, outre l'arséniate acide de potasse qui se forme et qui reste dans le creuset, il se dégage du bi-oxide d'azote qui, par l'air, passe à l'état d'acide hypoazotique ; d'où l'on voit que l'acide arsénieux se sur-oxigène en enlevant une portion d'oxigène à l'acide azotique, et qu'alors il se combine avec la potasse.

Arséniates de soude.

1819. *Arséniate neutre* ($2NaO, As^2O^5$). — Ce sel est très soluble dans l'eau, plus à chaud qu'à froid ; il cristallise sous diverses formes, en s'unissant à des quantités d'eau variables, comme le phosphate de soude ; on l'obtient par le même procédé que le bi-arséniate de potasse : seulement, au lieu d'acide arsénieux et de nitre, on emploie 6 parties d'acide arsénieux et 5 parties d'azotate de soude ; on dissout le produit dans l'eau , on y ajoute un léger excès de carbonate de soude , et on évapore convenablement la liqueur.

Bi-arséniate. — L'arséniate acide de soude est déliquescent et ne cristallise que difficilement , de sorte que, sous ce rapport, les proprités des arséniates de potasse et de soude sont opposées. On se le procure en ajoutant à l'arséniate autant d'acide qu'il en contient. Ses cristaux ont pour forme le prisme droit à base rhombe , et pour formule,
$(NaO, As^2O^5) + 4H^2O$.

GENRE XXXI. — *Des arsénites.*

1820. *Action du feu.* — Lorsqu'on soumet un arsénite à l'action de la chaleur dans des vaisseaux fermés, par exemple, dans une cornue, son acide se volatilise , et son oxide, mis en liberté, se comporte comme nous l'avons exposé précédemment (521) ; ou bien l'acide se décompose en partie , et de là résultent une certaine quantité d'arséniate et de l'arsénic : voilà ce que nous offrent particulièrement quelques arsénites alcalins, surtout ceux de potasse et de soude.

1821. *Action des métalloïdes.* — Tous les arsénites se comportent , avec tous les corps combustibles simples, de la même manière que les arséniates (1812). Cependant nous devons faire observer que la décomposition des arsénites par les corps combustibles est bien plus facile à opérer que celle des arséniates , ou a lieu à une température moins élevée.

1822. *Arsénites solubles.* — Parmi les arsénites métalliques connus, il n'y a que ceux de potasse et de soude qui soient bien solubles dans l'eau. Les arsénites de chaux , de baryte, de strontiane, les ont dans un excès d'acide arsénieux.

1823. *Action des oxides.* — La baryte , la strontiane et la chaux sont les trois bases salifiables qui ont le plus de

tendance à se combiner avec l'acide arsénieux par l'intermède de l'eau; viennent ensuite la lithine, la potasse, la
soude, l'ammoniaque, etc. (1305). M. Vauquelin a observé
qu'en traitant le *vert de Schweinfurth* (arsénite de bi-oxide
de cuivre) par une dissolution de potasse caustique, il
se produit bientôt de l'arséniate de potasse et du protoxide de cuivre qui est rouge. (*Ann. des Mines*, t. IX, 212).

1824. *Action des acides.* — L'acide arsénieux étant un
acide faible, il s'ensuit que l'affinité de l'acide arsénieux
pour les oxides, doit être moindre que celle de la plupart
des autres acides. Par conséquent, en mettant les acides
sulfurique, azotique, phosphorique, chlorhydrique, fluor-
hydrique, etc., etc., en contact avec un arsénite, cet arsénite sera décomposé; il en résultera un nouveau sel, et
l'acide arsénieux sera mis en liberté: par conséquent encore,
si l'arsénite est soluble, et si l'on verse l'un des acides précédens dans une solution concentrée de ce sel, on en
précipitera beaucoup d'acide arsénieux, puisque celui-ci
est presque insoluble; exemple : *arsénite de potasse.*

1825. *État naturel.* — On ne connaît que trois arsénites
naturels : ceux de cobalt, de nickel et de bi-oxide de cuivre. Les deux premiers sont rares et existent à la surface de
quelques arséniures de cobalt et de nickel. Celui de cuivre
s'est rencontré à Condurow en Cornwall, en quantité
assez considérable.

1826. *Préparation.* — Les deux arsénites métalliques
solubles se préparent directement : on met de l'acide arsénieux en poudre dans un ballon; on y verse une solution de
potasse ou de soude, mais en telle quantité que l'acide soit
en excès; on fait bouillir pendant 15 à 20 minutes, en agitant de temps en temps; ensuite on filtre, on lave, et on
fait rapprocher la liqueur.

Ces arsénites sont incolores, ne cristallisent point, et ne
peuvent s'obtenir par l'évaporation qu'en masse visqueuse.
On les conserve dans des flacons bouchés à l'émeri.

Il ne faudrait pas les évaporer jusqu'à siccité; car alors

ils se transformeraient en arséniates par la décomposition de l'eau : il y aurait dégagement d'hydrogène.

Tous les autres arsénites qui sont insolubles s'obtiennent par la voie des doubles décompositions : on se sert ordinairement à cet effet, de l'arsénite de potasse.

1827. *Composition.*—Les arsénites neutres sont composés de telle manière que la quantité d'oxigène de l'oxide est à la quantité d'oxigène de l'acide comme 2 à 3, et à la quantité d'acide même comme 1 à 6,2012. Leur composition correspond donc à celle des phosphites, comme la composition des arséniates à celle des phosphates.

1828. *Usages.*—L'arsénite de bi-oxide de cuivre est le seul arsénite qu'on emploie. On s'en sert souvent pour colorer les papiers en vert; on s'en sert aussi quelquefois dans la peinture à l'huile. Il est connu dans le commerce sous le nom de *vert de Schéele.*

Vert de Schéele. — Schéele, à qui l'on doit la découverte de cette couleur, conseille de la faire de la manière suivante.

On met sur le feu, dans une chaudière de cuivre, deux livres de vitriol de cuivre, avec six kannes d'eau pure (16 pintes et demie de Paris) ; la dissolution étant faite, on retire la chaudière du feu.

D'une autre part on fait fondre séparément, à l'aide de la chaleur, deux livres de potasse blanche sèche et 16 onces d'arsénic blanc pulvérisé, dans deux kannes d'eau pure; quand tout est dissous, on filtre la liqueur à travers un linge et on la reçoit dans un autre vaisseau.

Sur la dissolution arsénicale, on verse la dissolution de vitriol de cuivre encore chaude; on observe d'en mettre peu à-la-fois, et on remue continuellement avec une spatule de bois; le mélange étant fait, on le laisse reposer pendant quelques heures : alors la couleur verte se précipite; on décante la liqueur claire quand la couleur s'est déposée; on la lave une ou deux fois avec de l'eau chaude de la même manière; on verse enfin le tout sur une toile, et quand l'eau est passée et l'humidité évaporée, on met la couleur en trochisques sur le papier gris et on la fait sécher à une douce chaleur. Les quantités indiquées produisent une livre six onces et demie de belle couleur verte.

Je doute que cette recette donne une couleur qui convienne aux fabricans de papiers peints. Il faudrait, je crois, ne pas faire les lavages à chaud, rendre la potasse un peu prédominante, et je tiens de M. Berzelius, qu'elle doit être recueillie sur une toile, et ensuite fortement comprimée pour que la teinte ne s'altère pas, et reste d'un vert foncé.

Autre couleur verte. — On fabrique en Allemagne sous les noms de *vert de Schweinfurth*, de *vert de Mitis* ou de *vert de Vienne*, une couleur très vive et très belle; elle se rapproche, par sa nature, du *vert de Schéele*, car elle est composée, suivant M. Braconnot, d'acide arsénieux, de bi-oxide de cuivre hydraté, et d'acide acétique : c'est donc une sorte de sel double. Les manufactures de papiers peints l'emploient avec succès. Le docteur Liébig, avant M. Braconnot, avait publié dans un journal allemand, le procédé par lequel il est possible de la préparer, et l'a réimprimé dans les *Ann. de Chim. et de Phys.*, XXIII, 412.

Sur une partie de vert-de-gris, dissous dans suffisante quantité de vinaigre pur, on verse une dissolution aqueuse d'une partie d'acide arsénieux. Le mélange produit un précipité vert sale qu'on fait disparaître par l'addition de nouveau vinaigre. Portée à l'ébullition, la liqueur laisse déposer la couleur, au bout de quelque temps, sous forme de petits cristaux grenus, d'un vert de la plus grande beauté : il faut les laver et les sécher.

La couleur ainsi préparée est légèrement bleuâtre; pour en changer la teinte et la rapprocher de celle que le commerce demande, il suffit de chauffer à un feu modéré dix livres de la couleur avec une livre de potasse du commerce, en dissolution dans l'eau : bientôt on voit la masse prendre une nuance plus foncée et semblable à celle qu'on désire. D'ailleurs on met à profit les eaux-mères des deux opérations, comme il est dit dans la recette (*V.* le mémoire précité et les observations de M. Braconnot, *Ann. de Chim. et de Phys.*, xxi, 53.)

Genre XXXII. — *Des molybdates.*

1829. Jusqu'à présent, les molybdates n'ont été que peu étudiés : aussi l'histoire que nous en allons faire sera-t-elle fort incomplète.

Propriétés.—Le charbon paraît avoir la propriété d'opérer tout-à-la-fois la réduction de l'acide et de l'oxide des molybdates des quatre dernières sections à une haute température : probablement que l'hydrogène est dans le même cas. Leur action sur les molybdates alcalins et terreux n'est pas constatée.

Les molybdates neutres de potasse, de soude et d'ammoniaque sont très solubles. Celui de magnésie se dissout dans environ 15 fois son poids d'eau ; ceux de baryte, de strontiane, de chaux, d'yttria, d'alumine sont très peu solubles ou même insolubles ; il paraît en être de même des molybdates des quatre dernières sections. Tous sont solubles dans un excès d'acide azotique, sulfurique ou chlorhydrique, pourvu que l'oxide du molybdate puisse former avec ces acides des composés solubles.

L'ordre suivant lequel les oxides tendent à s'unir avec l'acide molybdique par l'intermède de l'eau est le suivant : baryte, potasse et soude, lithine, strontiane et chaux, ammoniaque et magnésie, etc. (1305).

Lorsqu'un molybdate est très soluble, et qu'on verse de l'acide sulfurique dans la dissolution de ce sel, on en précipite du molybdate acide très peu soluble dans l'eau froide. Cet effet est également produit par les acides phosphorique, azotique, chlorhydrique, fluor-hydrique. Cependant l'acide molybdique possède la propriété de précipiter plusieurs azotates et chlorures ; il précipite l'azotate de protoxide de mercure, l'azotate et le chlorure de plomb. Ces précipités, qui sont autant de molybdates, se dissolvent dans un excès d'acide azotique concentré, etc.

1830. *État naturel.* —On ne connaît qu'un molybdate naturel : c'est celui de plomb. Il est d'un jaune pâle. Sa pesanteur spécifique est de 5,486. La forme qu'il affecte le plus ordinairement est celle de tables à 8 pans. On le trouve à Bleyberg, en Carinthie; à Freudenstein, près de Freyberg; à Annaberg, en Saxe; à Zeezbanya, en Hongrie; à Zimapan, au Mexique.

1831. *Préparation.* —Les molybdates solubles se préparent directement, c'est-à-dire en combinant l'acide molybdique avec les bases salifiables. On prépare tous les autres de cette manière ou par la voie des doubles décompositions (1314).

1832. *Composition.* — Dans les molybdates neutres, la quantité d'oxigène de l'oxide est probablement à la quantité d'oxigène de l'acide comme 1 à 3, et à la quantité d'acide même comme 1 à 8,986, en admettant avec Berzelius que cet acide soit composé de 100 de métal et de 50,12 d'oxigène. (*Annales de Chimie et de Physique*, tom. XVII, pag. 5.)

Il existe des molybdates acides qui probablement contiennent deux fois autant d'acide que les molybdates neutres. On ne connaît point de sous-molybdates.

1833. *Caractères génériques.* —Rien de plus facile que de reconnaître les molybdates neutres, à bases de potasse, de soude, d'ammoniaque; c'est de verser dans leur dissolution d'abord un peu d'acide sulfurique, ou chlorhydrique etc., puis du sulfate de protoxide de fer, ou du proto-chlorure d'étain : la liqueur laisse déposer une poudre blanche par l'addition de l'acide, et devient bleue tout-à-coup par celle du sulfate ou du proto-chlorure. L'addition de l'acide sulfureux, produirait le même effet. Il suit de là que, pour reconnaître facilement un molybdate insoluble, il faut le transformer en molybdate à base de potasse ou de soude, et c'est à quoi l'on parvient en suivant le procédé indiqué pour les phosphates (1455).

1834. *Historique.* — Les molybdates ont été découverts et principalement étudiés par Schéele (*V*. ses *mémoires*, première partie, (p. 236). MM. Klaproth, Bucholz, Hatchett et Heyer n'ont ajouté à l'histoire des molybdates que quelques faits particuliers.

1835. *Molybdate de potasse.* — Styptique; plus soluble dans l'eau chaude que dans l'eau froide; cristallise en lames rhomboïdales luisantes, inaltérables à l'air; entre facilement en fusion, et n'est point décomposé à une très haute température ; s'obtient en saturant une dissolution de potasse par l'acide molybdique, et faisant ensuite évaporer convenablement la liqueur.

Les acides en précipitent un *sur-molybdate* en poudre blanche, peu soluble dans l'eau froide, mais soluble dans 4 parties d'eau bouillante.

1836. *Molybdate de soude.* — Styptique, très fusible, indécomposable par le feu, très soluble dans l'eau, d'où il se dépose par une évaporation lente en assez gros cristaux efflorescens à l'air. Ce sel s'obtient comme celui de potasse, et comme lui aussi est troublé par les acides qui en précipitent un sur-sel.

GENRE XXXIII. — *Des chrômates.*

1837. *Propriétés.* — Tous les chrômates dont l'oxide est blanc sont jaunes à l'état neutre ou de sous-sel, et d'un jaune rougeâtre à l'état acide. Leur couleur varie quand l'oxide est lui-même coloré; car le chrômate de plomb est jaune, celui de protoxide de mercure rouge, celui d'argent pourpre.

1838. La plupart des chrômates des cinq dernières sections se décomposent à une très haute température. L'acide chrômique passe à l'état d'oxide de chrôme, et, ramené à cet état, il se comporte avec l'oxide du chrômate comme nous l'avons dit précédemment (573); mais il est probable que ceux de la première section sont indécomposables de cette manière : du moins, lorsqu'on calcine fortement un mélange d'oxide de chrôme et de potasse avec le contact de l'air, il en résulte du chrômate de potasse.

1839. Si la chaleur seule suffit pour ramener l'acide chrômique de tous les chrômates des cinq dernières sections à l'état d'oxide, à plus forte raison doit-elle en opérer la décomposition sous l'influence de l'hydrogène, du bore, du carbone, du phosphore, du soufre, du sélénium; c'est ce qui a lieu en effet : les chrômates alcalins sont eux-mêmes décomposés; et si l'on ne perd point de vue l'action des métalloïdes sur les divers oxides métalliques, il sera possible de prévoir jusqu'à un certain point celle d'un métalloïde quelconque sur un chrômate, en tenant compte toutefois de la tendance que pourraient avoir à s'unir les nouveaux corps qui seraient en présence les uns des autres.

1840. Parmi les chrômates métalliques examinés jusqu'ici, il y en a onze qui sont solubles : ce sont les chrômates de potasse, de soude, de lithine, de strontiane, de chaux, de magnésie, d'yttria, de protoxide de manganèse, de protoxide de nickel, de peroxide d'urane, de bi-oxide de vanadium. Les chrômates de baryte, de glucine, d'alumine, de protoxide de cérium, de zinc, de bi-oxide d'étain, de cobalt, d'antimoine, de tellure, de bismuth, de plomb, de bi-oxide de cuivre, de mercure, d'argent, sont insolubles. Ceux de protoxide de fer, de protoxide d'étain n'existent pas : aussitôt que l'on met ces protoxides en contact avec l'acide chrômique, ils peviennent peroxides aux dépens de l'oxigène d'une partie de ce tacide.

1841. L'acide sulfurique concentré décompose tous les chrômates à la température ordinaire ou à une température peu élevée; il s'empare de l'oxide de ces sels, et met leur acide en liberté. Il paraît que les autres acides forts, tels que l'acide azotique, et surtout l'acide chlorhydrique, opèrent également la décomposition de ces sortes de sels. En effet, lorsqu'on verse de l'acide chlorhydrique dans une dissolution d'un chrômate, et qu'on fait chauffer la liqueur, on obtient deux chlorures, l'un qui a pour élément électro-positif le métal de la base du chrômate, et l'autre le chrôme; on obtient en outre du chlore : d'où l'on voit qu'il faut que le chrômate et l'acide chrômique soient décomposés, etc. Quelquefois même il se produit un bi-chrômate de chlorure, comme on le verra (1852).

1842. Nous ne dirons rien de l'action des autres corps sur les chrômates : l'on trouvera dans l'histoire de la famille tout ce qu'on sait à cet égard.

1843. *État naturel.*—Il n'existe que deux espèces de chrômate dans la nature. Tous deux sont rares. L'un est le chrômate de plomb : on le trouve en Sibérie sous forme de poudre ou de prismes rhomboïdaux obliques, etc.; il est connu vulgairement sous le nom de *plomb rouge*, en raison de sa couleur. L'autre est un double chrômate de cuivre et de plomb, qui accompagne ordinairement le chrômate de plomb; c'est ce minéral que l'on désigne par le nom de *vauquelinite*.

1844. *Préparation.*—C'est au moyen du chrômate de potasse qu'on se procure immédiatement ou médiatement tous les autres chrômates. Examinons donc comment on obtient celui-ci : on prend une partie de fer chrômé, qui est formé, comme nous l'avons dit, d'oxide de chrôme et d'oxide de fer (1045), et qui contient en outre, dans sa gangue, de la silice, de l'alumine et de la magnésie; on le pulvérise avec soin dans un mortier de fonte, et on le passe au tamis; ensuite on le mêle intimement avec un poids de nitre égal au sien. On introduit ce mélange dans un creuset que l'on remplit aux trois quarts; on recouvre le creuset de son couvercle; on le place dans un fourneau à réverbère, et on le chauffe peu-à-peu de manière à le faire rougir pendant au moins une demi-heure. Bientôt l'azotate de potasse se décompose; il en résulte du bi-oxide d'azote qui se dégage à l'état de gaz, beaucoup de chrômate de potasse, une petite quantité de silicate et d'aluminate de potasse, et de l'oxide de fer libre.

La calcination étant convenablement faite, on retire le creuset du feu; on le laisse refroidir, et on traite par l'eau la matière jaune poreuse et à demi fondue qu'il contient. Pour cela, on brise le creuset, et on en met les débris dans une casserole de cuivre avec la matière elle-même réduite en poudre; on verse dix à douze fois autant d'eau qu'il y a de matière; on fait bouillir pendant environ un quart d'heure; on laisse déposer; on filtre, et on fait bouillir de nouvelle eau sur le résidu jusqu'à ce qu'il ne la colore presque plus en jaune, signe auquel on reconnaît qu'il ne contient plus ou presque plus de chrômate de potasse. On dissout ainsi non-seulement le chrômate de potasse, mais encore une certaine quantité de silicate et d'aluminate de potasse. Alors on sature la liqueur par l'acide azotique, qui la rend rouge orangé et en précipite l'alumine. La nouvelle liqueur étant filtrée, etc., on y ajoute de l'alcali jusqu'à ce qu'elle redevienne jaune, après quoi on la concentre convenablement, et on l'abandonne à elle-même; tout le nitre ou presque tout le nitre cristallise successivement, n'entraînant que très peu de chrômate : il en contiendrait beaucoup, au contraire, à l'état acide, d'après l'observation de M. Tassaert fils, sans l'addition de l'alcali, qui, en s'unissant au chrômate, s'oppose à sa cristallisation (*V.* plus bas *Chrômate de potasse*). Le nitre étant cristallisé, le chrômate de potasse, par de nouvelles concentrations, commence à cristalliser à son tour; il est jaune et affecte la forme de petits prismes rhomboïdaux. (*Ann. de Chim. et de Phy.* XXII, pag. 51.)

Rien ne s'opposerait à ce qu'on fît le chrômate de soude par un procédé analogue.

1845. Le chrômate de potasse ou de soude étant donné, il est facile d'obtenir, par la voie des doubles décompositions, tous les chrômates insolubles; les autres s'obtiennent directement.

1846. *Composition.* — M. Berzelius a trouvé que, dans les chrômates neutres, l'acide contient trois fois autant d'oxigène que la base, et, par suite, que la quantité d'oxigène de l'oxide est à la quantité d'acide comme 1 à 6,5182. (*Ann. de Chim. et de Phys.*, XVII, 7.)

Il paraît, d'ailleurs, que les chrômates acides contiennent, pour la même quantité de base, deux fois autant d'acide que ceux qui sont neutres; ce sont donc de véritables bi-chrômates : tel est le chrômate acide de potasse.

Quant aux sous-chrômates, ils sont tantôt sesqui-basiques, tantôt bi-basiques.

1847. *Caractères génériques.*—Lorsqu'un chrômate est soluble, on peut toujours le reconnaître en éprouvant sa dissolution par l'azotate de plomb, l'azotate d'argent et l'azotate de protoxide de mercure. Le premier y fait naître un précipité jaune, le second un précipité pourpre, et le troisième un précipité d'un rouge orangé, qui chauffé jusqu'au rouge, donne de l'oxide vert de chrôme pour résidu. Par conséquent, lorsqu'il est insoluble, il faut le traiter par le carbonate de potasse ou de soude, comme nous l'avons dit au sujet des phosphates : on le transforme ainsi en chrômate soluble que l'on soumet aux épreuves qui viennent d'être indiquées.

1848. *Usages.*—On n'emploie jusqu'à présent, dans les arts, que le chrômate de plomb, qui est d'un très beau jaune à l'état neutre. On s'en sert dans la peinture sur toile et sur porcelaine. On en fait usage aussi pour faire des fonds jaunes, particulièrement sur les caisses des voitures, sur les papiers, et pour teindre quelques étoffes.

Comme tous les autres chrômates sont diversement colorés, il est probable qu'on en trouvera plusieurs qui pourront être employés avec succès pour obtenir des teintes qu'on chercherait en vain à faire avec d'autres corps.

1849. *Historique.*—Les chrômates ont été découverts en 1787, et étudiés, en même temps que le chrôme, par M. Vauquelin (*Ann. de Chim.*, t. XXVI, 194). Plusieurs autres chimistes s'en sont ensuite occupés, notamment M. Godon. (*Ann. de Chim.*, t. LII, 222.)

1850. *Chrômate de potasse.*—Une dissolution de chrômate neutre de potasse, évaporée convenablement, laisse déposer, par refroidissement, des cristaux rouge-orangé de chrômate acide : une seconde évaporation peut encore fournir des cristaux semblables. Les eaux-mères sont alors très alcalines; on en retire un sel jaune qu'on considère comme neutre, quoiqu'il verdisse le sirop de violettes : d'où l'on voit que les phénomènes produits sont analogues à ceux que nous offrent les phosphate et arséniate de potasse (Tassaert fils).

Chrômate considéré comme neutre (KO,ChO^3).—Ce sel cristallise en prismes rhomboïdaux, sans pyramides aux sommets, suivant M. Tassaert, et en prismes déliés ou en larges prismes à quatre pans, dont les angles sont de $110°$ et $70°$, selon Thomson. Les cristaux sont d'une couleur jaune-citron. Leur saveur est fraîche, amère et désagréable. Soumis à la chaleur rouge, ils perdent 0,32 d'eau; exposés à une température beaucoup plus élevée, ils fondent et prennent une légère teinte verte, ce qui provient sans doute d'un peu d'acide décomposé. L'eau à $+15°$ en dissout environ la moitié de son poids; l'eau bouillante, plusieurs fois son poids; l'alcool, une quantité imperceptible.

Lorsqu'on verse de l'acide chrômique dans une dissolution concentrée de chrômate de potasse, il s'en précipite du bi-chrômate. L'acide sulfurique, l'acide azotique, etc., donnent lieu plus ou moins promptement à un semblable précipité.

L'acide chlorhydrique, surtout à l'aide de la chaleur et de l'alcool, et l'acide sulfureux en ramènent l'acide à l'état d'oxide vert, si bien qu'en versant ensuite de l'ammoniaque dans la liqueur, l'oxide hydraté se précipite à l'instant.

D'ailleurs, le chrômate de potasse, dissous dans l'eau, décompose tous les sels dont l'oxide, en s'unissant à l'acide chrômique, forme des chrômates insolubles. Conséquemment il trouble tout-à-coup les azotates de baryte, de mercure, de plomb, d'argent, etc.; il trouble même ceux de strontiane et de chaux, pourvu qu'ils ne soient point étendus d'eau.

Ce chrômate est employé en grande quantité dans les fabriques de toiles peintes pour obtenir de beau jaune avec l'acétate de plomb. On le prépare alors en modifiant légèrement le procédé que nous avons décrit (1844). Le minerai de fer chrômé est mêlé seulement avec la moitié de son poids de nitre, afin d'éviter la fusion du mélange. La calcination s'opère dans un four à réverbère, la liqueur est neutralisée par l'acide sulfurique, et le résidu est traité par l'acide chorhydrique qui dissout l'oxide de fer, etc., après quoi on le traite de nouveau par le nitre. Le sulfate de potasse cristallise avec le chrômate.

1851. *Bi-chrômate de potasse* (KO, 2 Chr O³).—Sa couleur est d'un rouge orangé très intense, sa saveur fraîche, amère et métallique; il cristallise en larges tables rectangulaires, à bords aigus, anhydres, inaltérables à l'air, insolubles dans l'alcool très concentré, solubles seulement dans dix fois leur poids d'eau à 17°, laissant décomposer leur excès d'acide à une température élevée. Dissous et mis en contact avec les couleurs végétales ou animales, il les détruit : aussi a-t-on proposé de se servir de bi-chrômate ou d'un mélange d'acide et de chrômate neutre comme rongeur sur les toiles peintes. (*Voyez*, sur ces sels, les observations de Thomson; Grouvelle et Tassaert, *Annales des Mines*, t. VI, p. 132, et *Ann. de Chim. et de Phys.*, t. XVII, p. 349; XXII, 51.)

1852. *Bi-chrômate de chlorure de potassium.*—M. Peligot a fait une observation remarquable qui doit trouver place ici : c'est que plusieurs chlorures peuvent s'unir à l'acide chrômique ; voilà ce que nous offre surtout le chlorure de potassium.

Pour obtenir ce nouveau composé, il suffit de faire bouillir quelque temps une dissolution de bi-chrômate de potasse avec de l'acide chlorhydrique, et de laisser refroidir la liqueur; il s'en dépose bientôt des cristaux volumineux de bi-chrômate de chlorure de potassium. L'action de l'acide chlorhydrique a donc pour effet de décomposer d'abord la potasse; il ne faudrait pas que l'ébullition fût d'une trop longue durée, car alors l'acide chrômique serait lui-même décomposé. Voici ce qui a lieu.

Atomes employés.		Atomes produits.	
2 at. acide chrômique......	1304	2 at. acide chrômique........	1304
1 at. potasse...........	589	1 at. chlorure de potassium...	931
2 at. acide chlorhydrique...	454	1 at. eau................	112
	2347		2347

On voit donc que le bi-chrômate de chlorure est formé de 2 at. d'acide chrômique et de 1 at. de chlorure : aussi se produit-il tout-à-coup en mêlant l'acide chrômique et le chlorure de potassium dans ces proportions, pourvu qu'on ait le soin d'ajouter de l'acide chlorhydrique à la liqueur; il se forme encore, lorsqu'on traite le bi-chlorure de chrôme par l'eau saturée de chlorure de potassium; l'on peut même obtenir par ce procédé les bi-chrômates de chlorures de sodium, de calcium, de magnésium, etc., phénomène facile à concevoir en se rappelant que le bi-chlorure de chrôme est transformé par l'eau en acide chrômique et acide chlorhydrique.

Le bi-chrômate de chlorure de potassium cristallise facilement en prismes droits à base rectangulaire, dont la couleur est d'un rouge orangé très intense, comme celle du bi-chrômate de potasse. Exposé à l'air, il n'en attire pas l'humidité. Mis en contact avec l'eau, il la décompose, et de là résulte de l'acide chlorhydrique et du bi-chrômate de potasse; mais le bi-chrômate de chlorure reste intact, lorsque l'eau est chargée d'une quantité convenable d'acide chlorhydrique. (M. Peligot, *Ann. de Chim. et de Phys.*, LII, 267.)

1853. *Chrômate de soude.*—Jaune, très soluble dans l'eau, plus à chaud qu'à froid; cristallise assez facilement;

s'obtient en traitant le minerai de chrôme par l'azotate de soude de même que par l'azotate de potasse (1176). Formule (NaO, Chr O³).

Il se combine avec un excès d'acide comme celui de potasse et forme un bi-chrômate d'un rouge orangé.

1854. *Chrômate de baryte.*—D'un jaune pâle, insoluble dans l'eau; s'obtient en mêlant une solution de chlorure de barium ou d'azotate de baryte avec une solution de chrômate de potasse : c'est en traitant ce sel par l'acide azotique et l'acide sulfurique que l'on prépare l'acide chrômique. Formule (BaO, ChrO³)

1855. *Chrômate de chaux.*—Jaune, soluble dans l'eau, cristallisable; s'obtient en traitant, à l'aide de l'eau et de la chaleur, un excès de chrômate de plomb par l'hydrate de chaux, filtrant et faisant évaporer la liqueur. Formule (CaO, ChrO³).

1856. *Chrômate de strontiane.*—Ressemble au chrômate de chaux; s'obtient comme lui. Formule (SrO, ChrO³).

1857. *Chrômate de per-oxide d'urane.*—Il se prépare en dissolvant directement le carbonate de per-oxide d'urane dans l'acide chrômique. La dissolution, qui est jaune, donne, par une évaporation lente, des cristaux d'un rouge de feu. Chauffé doucement, il se fond, puis se décompose à une température plus élevée.

1858. *Chrômate neutre de plomb.*—Ce chrômate (PbO, ChrO³) est insoluble dans l'eau, et d'un jaune très riche et très brillant; mis en digestion avec un peu d'alcali, il se transforme en sous-chrômate, et devient d'un rouge orangé: les acides le ramènent au jaune. On l'obtient dans les laboratoires en versant une solution de chrômate neutre de potasse dans une solution d'acétate de plomb.

C'est aussi par ce procédé qu'on le prépare pour les besoins du commerce; mais on en fait varier la teinte du jaune-serin, au jaune-orangé foncé, en employant les dissolutions salines dans un état convenable de saturation. Lorsqu'elles sont légèrement acides, le précipité est jaune-serin ou citron. Il est jaune-orangé, lorsqu'elles sont neutres, et jaune-rouge lorsqu'elles sont avec excès de base.

Dans tous les cas, le chrômate de plomb du commerce contient toujours du sulfate de plomb, provenant de ce que le chrômate de potasse renferme du sulfate de potasse : on y trouve aussi du sulfate de chaux qui y est introduit à dessein, et qui, dit-on, rend le chrômate plus brillant. La variété, connue sous le nom de *jaune de Cologne*, est composée de 25 de chrômate de plomb, 15 de sulfate de plomb, 60 de sulfate de chaux.

Les usages du chrômate de plomb ont été exposés (1848).

1859. *Chrômate bi-basique.*—On le prépare, soit en versant de l'acétate de plomb dans une dissolution de chrômate de potasse, et employant l'un des deux sels avec excès de base, soit en traitant le chrômate neutre de plomb par une dissolution très faible d'alcali caustique. Le chrômate bi-basique est d'un rouge orangé assez beau. Il est employé comme le chrômate neutre dans la coloration des toiles peintes. Lorsque, au lieu de le préparer ainsi, on l'obtient en chauffant le chrômate neutre avec le nitre, il est d'un beau rouge de cinabre. Wöhler et Liebig recommandent de fondre le nitre à une faible chaleur rouge, d'y projeter le chrômate par petites portions, jusqu'à ce que le nitre soit presque entièrement décomposé, de laisser alors le creuset en repos, pendant quelques minutes, pour que le chrômate bi-basique ait le temps de se déposer, puis de décanter la masse saline encore liquide, composée de chrômate de potasse et de nitre, de traiter par l'eau le *rouge de chrôme* et de le sécher. (*Ann. de Chim. et de Phys.*, XLVII, 257.)

1860. *Chrômate de protoxide de mercure.*—On l'obtient en versant une dissolution de chrômate de potasse dans une dissolution d'azotate de protoxide de mercure. Il est rouge-orangé, insoluble dans l'eau, soluble dans les acides : aussi en reste-t-il dans la liqueur, quand le sel mercuriel est acide, ce qui doit être pour que la nuance du précipité soit belle.

C'est en décomposant ce chrômate par l'action du feu qu'on prépare l'oxide de chrôme (1040).

1861. *Chrômate de bi-oxide de mercure.*—Il est violet, cristallin, soluble dans les acides, et même légèrement soluble dans l'eau. Lorsqu'on le chauffe, il se décompose et donne un résidu d'oxide de chrôme : seulement il s'en sublime un peu en petites aiguilles. On se le procure par double décomposition.

1862. *Chrômate d'argent.*—On le prépare en mêlant la dissolution d'azotate d'argent avec celle de chrômate de potasse. Il est insoluble dans l'eau, pourpre foncé quand il est précipité à froid, brun rougeâtre quand il est précipité à chaud, rouge carmin quand les liqueurs sont acides. La lumière le brunit; la chaleur le fond d'abord, puis le transforme en gaz oxigène qui se dégage, et en un résidu d'argent et d'oxide de chrôme. L'acide azotique le dissout. Il en est de même de l'ammoniaque, et lorsqu'on l'emploie concentrée, chaude et seulement en quantité suffisante pour que la dissolution soit complète, il se dépose, par le refroidissement, de beaux cristaux. Ces cristaux sont jaunes; exposés à l'air, ils perdent promptement une partie de leur ammoniaque, et deviennent rouges. Ils se dissolvent dans l'eau sans altération, et si l'on verse de la potasse caustique dans la liqueur, il s'y forme un dépôt d'ammoniure d'argent, susceptible de détoner fortement. Ils sont représentés dans leur composition, par 1 at. de chrômate d'argent et 4 at. d'ammoniaque. M. Mitscherlich les croit formés de chrômate d'ammoniaque et d'argent fulminant. (*Ann. de Chim. et de Phys.*, XXXVIII, 62.)

GENRE XXXIV.—*Vanadates.*

1863. Il existe des vanadates neutres, des bi-vanadates, et des vanadates plus acides que les bi-vanadates. Dans les vanadates neutres, l'oxigène de la base est à celui de l'acide comme 1 à 3; dans les bi-vanadates, comme 1 à 6;

dans les autres, le rapport n'est pas déterminé. On ne connaît point encore de sous-vanadates.

Tous les vanadates neutres, au moment où ils viennent d'être obtenus, sont plus ou moins jaunes; mais, il en est quelques-uns qui peu-à-peu deviennent blancs : ce sont les vanadates alcalins, les vanadates de magnésie, de zinc, de cadmium, de plomb, dont les oxides ont beaucoup d'affinité pour les acides. Ceux de potasse et de soude éprouvent ce changement dans l'espace de quelques heures; les autres vanadates ne l'éprouvent que dans l'espace de 24 heures. Une chaleur de 100 degrés l'opère en peu d'instans. Sans doute que les vanadates blancs sont isomères avec les vanadates jaunes.

Les bi-vanadates sont d'un jaune plus ou moins orangé; quant aux vanadates plus acides, ils sont d'un rouge brun.

Les vanadates ne reçoivent aucune saveur particulière de leur acide.

Les vanadates des quatre premières sections, sont indécomposables par le feu. La plupart de ceux qui appartiennent aux quatre dernières, se décomposent au contraire, lorsqu'on les chauffe fortement avec le charbon; ils se réduisent et forment des alliages dépourvus de ductilité. Probablement que l'hydrogène, à une haute température, produirait le même effet.

Parmi tous les vanadates connus jusqu'ici, les uns, tels que les vanadates de potasse, de soude, de lithine, de magnésie, sont très solubles; d'autres, comme ceux de baryte, de strontiane, de chaux, d'alumine, d'yttria, de glucine, de manganèse, de fer, d'étain, de nickel, de plomb, de cuivre, de mercure, le sont beaucoup moins ou même le sont très peu; d'autres enfin, sont insolubles : savoir les vanadates de zinc, de cadmium, de cobalt, de per-oxide d'urane, d'argent.

Tous sont insolubles dans l'alcool.

L'infusion de noix de galle les colore en bleu si foncé que le liquide ressemble tout-à-fait à l'encre ordinaire.

Aucun vanadate ne se trouve dans la nature.

On les obtient, soit en unissant l'acide vanadique aux bases, soit en décomposant les dissolutions salines par les vanadates de potasse ou de soude. C'est ce dernier procédé que l'on suit, lorsque le vanadate est insoluble ou très peu soluble; mais lorsque l'eau le dissout d'une manière très sensible, il faut le préparer directement. Quelquefois cependant, l'on verse du vanadate neutre ou du bi-vanadate de potasse dans un excès de chlorure, et l'on ajoute ensuite de l'alcool qui précipite à l'instant même le vanadate : voilà ce que l'on fait pour la préparation du vanadate de protoxide de manganèse et de quelques autres.

Vanadate neutre de potasse.—Ce sel se prépare en neutralisant une dissolution de potasse, par l'acide vanadique et l'évaporant peu-à-peu (1); on observe que la liqueur ne se prend en masse cristalline que quand elle est presque sirupeuse; et cependant le vanadate de potasse ne se dissout que fort lentement dans l'eau froide; une partie du sel reste long-temps au milieu du liquide, avec l'apparence d'une terre blanche : la solution s'opère à la vérité plus facilement dans l'eau bouillante, mais pas aussi rapidement qu'on pourrait le croire d'abord.

Le vanadate de potasse ne cristallise donc que fort irrégulièrement; ses cristaux finissent même par devenir opaques et d'un blanc terne. Dans tous les cas, ils sont très fusibles au feu.

Bi-vanadate de potasse.—Il peut être obtenu en combi-

___

(1) Nous avons dit (421 et 1050) que c'était, en mettant le sel ammoniac en contact avec le vanadate de potasse que l'on préparait le vanadate d'ammoniaque, et que c'était en calcinant le vanadate d'ammoniaque que l'on se procurait l'acide vanadique. Il semble, d'après cela, que l'on ne devrait pas faire le vanadate de potasse en unissant directement la potasse à l'acide vanadique. Mais nous ferons observer que le vanadate de potasse dont on se sert pour la préparation du vanadate d'ammoniaque n'est pas pur, et qu'ainsi il n'y a pas contradiction (1057).

nant le vanadate neutre avec l'acide vanadique; mais on peut se le procurer aussi en versant dans la dissolution du vanadate neutre, un peu plus d'acide acétique qu'il n'en faut pour saturer la moitié de l'alcali, concentrant la liqueur, et y ajoutant de l'alcool qui en précipite le bi-vanadate. Celui-ci doit être lavé à l'alcool, puis redissous dans l'eau bouillante : par le refroidissement il se dépose en feuilles larges d'une couleur orangée très brillante; lors-qu'on trouble la cristallisation, le sel se prend en petites écailles jaunes, douées d'un éclat presque métallique. Il est peu soluble dans l'eau froide, très soluble dans l'eau chaude. Il contient 10,42 pour 100 d'eau de cristallisation. Après l'avoir perdue, il est terne et d'un rouge briqueté.

Vanadate neutre de soude.—Ce que l'on a dit du vana-date de potasse s'applique à celui-ci.

Bi-vanadate de soude.—Il s'obtient comme celui de potasse; mais il en diffère en ce qu'il est plus soluble, qu'il cristallise par évaporation spontanée, que ses cristaux sont volumineux, transparens, d'un beau rouge orangé, qu'ils s'effleurissent à l'air sec, et deviennent jaunes et opaques, sans perdre leur forme.

Genre XXXV.—*Vanadites.*

Nous désignons ainsi les composés que forme le bi-oxide de vanadium avec les alcalis et, en général, avec les oxides plus électro-positifs qu'il ne l'est lui-même (1049). Ils ont été à peine étudiés. On sait seulement que leur couleur est ordinairement brune; qu'à l'état humide ils s'oxident rapi-dement à l'air et se convertissent en vanadates; que les aci-des changent leur couleur en bleu, et donnent naissance à des sels doubles; que l'infusion de noix de galle les co-lore en bleu si foncé, qu'il paraît noir; que l'acide sulfhy-drique les transforme en un sulfure double de vanadium, et du métal de la base unie au bi-oxide de vanadium, et que ce double sulfure est d'une couleur pourpre superbe; que le vanadite de potassium s'obtient facilement en mêlant une dissolution chaude de sulfate de bi-oxide de vanadium ou de bi-chlorure de vanadium avec un léger excès de potasse caustique, et laissant la liqueur brune se refroidir lentement dans un vase plein et bien fermé. Le vanadite se dépose peu-à-peu en écailles brunâtres et brillantes, qu'on peut laver avec de l'alcool anhydre, et sécher en les comprimant entre des feuilles de papier joseph. Ainsi desséché, il ne s'altère point à l'air; sa couleur est très foncée; il colore fortement l'eau dans laquelle il se dissout et dont il est précipité par la potasse; il a beaucoup d'éclat.

Genre XXXVI. — *Des tungstates métalliques.*

1864. *Propriétés.*—Quoique l'acide tungstique soit jaune, les tungstates des deux premières sections sont incolores; la plupart des autres sont diversement colorés.

L'acide tungstique étant fixe et indécomposable par le feu, tous les tungstates doivent résister à l'action de cet agent, excepté ceux dont les oxides peuvent se réduire spontanément. Plusieurs et particulièrement les tungstates de potasse et de soude, sont très fusibles.

Il est probable que, à une haute température, les tungstates se comporteraient avec les corps combustibles comme les molybdates et les chrômates (1134).

Parmi les tungstates métalliques connus jusqu'à présent, les tungstates de potasse, de soude, de magnésie et de bi-oxide de molybdène sont les seuls qui se dissolvent dans l'eau; ceux dont l'insolubilité a été constatée sont ceux de baryte, de strontiane, de chaux, d'yttria, d'alumine, de protoxide de manganèse, de per-oxide d'urane, de plomb, de bi-oxide de cuivre, d'argent. Le tungstate de per-oxide d'urane se dissout dans les acides puissans et dans le carbonate d'ammoniaque.

Tout ce qu'on sait sur la tendance des oxides à s'unir avec l'acide tungstique par l'intermède de l'eau, a été exposé (1305).

L'acide tungstique n'ayant pas une très grande affinité pour les oxides métalliques, il s'ensuit que les acides puissans doivent décomposer les tungstates. Cependant cette décomposition n'est totale qu'à l'aide de la chaleur, du moins quand le tungstate est soluble dans l'eau. En effet, lorsqu'on verse à la température ordinaire de l'acide sulfurique, de l'acide azotique ou de l'acide chlorhydrique liquide, dans une solution de tungstates de potasse, de soude ou d'ammoniaque, on obtient du sulfate ou de l'azotate de potasse, ou bien du chlorure de potassium, etc., qui restent en dissolution dans la liqueur, et un précipité blanc de tungstate acide. Mais si les acides sulfurique, azotique ou chlorhydrique étant en excès, on fait bouillir la liqueur, bientôt le précipité devient jaune, et n'est plus que de l'acide tungstique retenant un peu de l'acide dont on s'est servi pour décomposer le tungstate (1061).

Nous n'ajouterons rien à ce que nous avons dit, d'une manière générale, de l'action des tungstates sur les sels (1309).

1865. *État naturel.* — On ne connaît que trois tungstates naturels : le tungstate de chaux, le tungstate double de fer et de manganèse et le tungstate de plomb.

1° Le tungstate de chaux se trouve à Bitberg, en Suède ; à Ehrenfriedersdorf, en Saxe ; à Zinwald et à Schlackenwald, en Bohême. Il est translucide, d'un blanc jaunâtre, a l'aspect gras, et ressemble entièrement à une pierre. Sa pesanteur spécifique est de 6,066. Il cristallise presque toujours en octaèdres. D'après M. Klaproth, lorsqu'il est cristallisé et translucide, il est formé de 78 d'acide tungstique, de 18 de chaux et de trois de silice. M. Berzelius n'y a trouvé que de la chaux et de l'acide tungstique dans le rapport de 19,400 à 80,417. (*Ann. de Chim. et de Phys.,* tom. III, pag. 162.)

2° Le tungstate double de fer et de manganèse est bien moins rare que le tungstate de chaux. On le trouve en assez grande quantité dans un filon de quarz, au lieu nommé *Puy-les-Mines,* près de Saint-Léonard, département de la Haute-Vienne. On le trouve aussi dans les mines d'étain de la Bohême, de la Saxe, dans celles de Poldice en Cornouailles. Il est noir, il a l'éclat et l'opacité des métaux; sa texture en longueur est lamelleuse. La forme qu'il affecte le plus souvent se rapporte au prisme droit à quatre pans, dont les arêtes ou les angles solides sont remplacés par des facettes linéaires. M. Berzelius l'a trouvé composé de 74,666 d'acide, de 17,594 de protoxide de fer, de 5,640 de protoxide de manganèse, de 2,100 de silice, ou plutôt d'une telle quantité d'acide et d'oxide, que l'oxigène de l'oxide de fer est le triple de celui de l'oxide de manganèse, et l'oxigène de l'acide tungstique le triple de celui des deux oxides réunis : il ne contient qu'accidentellement de la silice (*Ann. de Chim. et de Phys.*, III, 161). On le connaît ordinairement sous le nom de *wolfram.* Suivant M. Vauquelin, il existerait une autre double tungstate qui contiendrait moins d'oxide de fer et plus d'oxide de manganèse que le précédent. (*Id.* XXX, 194.)

3° Le tungstate de plomb forme un minéral, encore très rare, qui n'a été rencontré que dans les mines d'étain de Zinwald, en Bohême, à l'état de très petits cristaux octaédriques, demi transparens, d'une couleur jaunâtre et verdâtre.

1866. *Préparation.*—Les tungstates solubles se préparent de la même manière que les arsénites solubles, c'est-à-dire, en traitant un excès d'acide tungstique, à l'aide de la chaleur, par une solution de potasse ou de soude (1153). On prépare tous ceux qui sont insolubles par la voie des doubles décompositions (1313, troisième procédé).

1867. *Composition.* — Dans les tungstates neutres, la quantité d'oxigène de l'oxide est à la quantité d'oxigène de l'acide comme 1 à 3, et à la quantité d'acide même comme 1 à 14,832, en admettant que l'acide tungstique soit formé de 100 de tungstène et de 25,355 d'oxigène, et que le tungstate de chaux le soit de 80,90 d'acide et de 19,10 de chaux.

Il existe des bi-tungstates; on ne connaît point de sous-tungstates.

1868. *Caractères génériques.*—Il faut réduire le sel en poudre et le faire bouillir avec de l'acide azotique, puis étendre d'eau la liqueur, la filtrer, laver le résidu, le traiter à chaud par l'ammoniaque, faire évaporer la dissolution saline jusqu'à siccité, et calciner la nouvelle matière restante dans un creuset découvert : on obtiendra ainsi de l'acide tungstique reconnaissable à sa couleur jaune-verdâtre, aux propriétés des sels qu'il forme avec la potasse et la soude, et à celle qu'il a de colorer le borax en beau bleu, à la flamme intérieure du chalumeau (1061).

Il n'y a que le tungstate de bi-oxide de molybdène qui fasse exception.

1869. *Historique.* — Les tungstates ont été découverts en même temps que le tungstène, par Schéele en 1781 (*Mémoires*, t. II, p. 81), et étudiés successivement par les frères d'Elhuyart (25° vol. du *Journal de Phys.*, p. 310 et 469), par Vauquelin et Hecht (*Journal des Mines,* n° 19); par Berzelius.

Nous ne traiterons en particulier que des tungstates de potasse, de soude, de magnésie, de bi-oxide de moybdène.

1870. *Tungstate de potasse.*—Ce sel est styptique et caustique, difficilement cristallisable, fusible à une température qui n'est pas très élevée, déliquescent, très soluble dans l'eau.

Les acides, à la température ordinaire précipitent de sa dissolution un bi-tungstate qui rougit le tournesol, et se dissout dans 20 fois son poids d'eau bouillante. Ce bi-tungstate est blanc ; il devient jaune sous l'influence des acides qui l'ont produit, lorsque la température est élevée.

1871. *Tungstate de soude.*—Ce sel est âcre, caustique, soluble dans quatre parties d'eau à la température ordinaire, et dans deux parties d'eau bouillante ; il cristallise en lames hexaèdres, etc. On l'obtient comme le tungstate de potasse.

Bi-tungstate de soude.—Il se prépare aussi comme celui

de potasse et possède des propriétés analogues. Il peut encore être obtenu en fondant le tungstate neutre avec une quantité convenable d'acide tungstique. Il possède une propriété remarquable; c'est d'être décomposé par l'hydrogène, au degré de la chaleur rouge, et converti, du moins en partie, en une poudre cristalline presque aussi brillante que l'or, et qui est formée de soude et d'oxide de tungstène (1060).

1872. *Tungstate de bi-oxide de molybdène.* — C'est en mêlant une dissolution concentrée de tungstate d'ammoniaque avec du bi-chlorure de molybdène qu'on le produit. Il reste dissous, et donne à la liqueur une belle couleur pourpre, mais si foncée qu'elle est à peine transparente, vue sur les bords les plus minces. Pour l'en extraire, il faut y ajouter de l'eau saturée de chlorhydrate d'ammoniaque, qui précipite le tungstate, le recueillir sur un filtre, le laver d'abord avec de l'eau saturée de sel ammoniac, puis avec de l'alcool d'une densité de 0,86, l'exprimer ensuite et le sécher à une douce chaleur : il forme alors une masse d'un beau pourpre qui ne s'altère à l'air, qu'après l'avoir dissoute dans l'eau. Sa dissolution, en effet, pâlit peu-à-peu en couche mince, devient incolore au bout de quelque temps, et passe à l'état de tungstate d'acide molybdique. La soude précipite le bi-oxide de celle qui n'est point altérée ou qui est pourpre : l'ammoniaque la décolore à l'instant et donne lieu à un double tungstate basique qui se dépose bientôt sous forme de poudre blanche.

Genre XXXVII. — *Des colombates ou tantalates.*

1873. Ces sels n'ont encore été que très peu étudiés et sont à peine connus : aussi n'en dirons-nous que quelques mots. L'acide colombique étant indécomposable par le feu, à plus forte raison doit-il l'être, uni aux oxides des quatre premières sections.

Il paraît que les seuls colombates solubles dans l'eau, sont ceux de potasse et de soude.

Les acides puissans les décomposent tous.

Quelques-uns seulement se trouvent dans la nature. (1067).

Les colombates de potasse et de soude se préparent directement ; les autres par la voie des doubles décompositions.

L'état de saturation dans les colombates est très difficile à déterminer ; on rencontre à cet égard les mêmes difficultés qu'avec les silicates.

Les colombates se reconnaissent en extrayant leur acide par le procédé qui a été indiqué (1071), et par les propriétés que possède cet acide. Les plus caractéristiques sont de ne pas se dissoudre dans l'acide chlorhydrique, et de ne point être altéré par les sulfhydrates. Il est vrai que les acides silicique et titanique sont dans le même cas ; mais, fondu au chalumeau avec le borax, l'acide colombique forme un verre limpide qui devient d'un blanc de lait, par le refroidissement ou bien au flamber ; les acides silicique et titanique n'offrent rien de semblable, et sont d'ailleurs très faciles à distinguer.

Colombate de potasse.—C'est en fondant l'acide colombique avec du carbonate de potasse que l'on se procure ce sel : la masse est ensuite réduite en poudre et traitée à plusieurs reprises par l'eau froide qui dissout l'excès de carbonate et très peu de colombate. Celui-ci n'est bien soluble que dans l'eau bouillante. La dissolution a une saveur faible, désagréable, légèrement métallique. Tous les acides en précipitent l'acide colombique ; même l'acide carbonique : aussi doit-on la concentrer à l'abri du contact de l'air. Elle se prend par l'évaporation, en une masse soluble dans l'eau, et au milieu de laquelle on n'aperçoit aucuns cristaux.

Colombate de soude. — On le prépare comme celui de potasse ; lorsqu'on le dissout dans l'eau bouillante, il se dépose en grande partie, sous forme de poudre blanche, par le refroidissement.

GENRES XXXVIII et XXXIX. — *Des antimonites et des antimoniates.*

1874. Ces sels n'ont encore été que très peu examinés.

Propriétés.—Ceux des quatre premières sections sont indécomposables par le feu ; quelques-uns seulement, tels que les antimoniates et les antimonites de cobalt et de bi-oxide de cuivre s'embrasent à la manière des hydrates de chrôme, de zircône, etc. , et deviennent presque inattaquables par les acides les plus forts (1). On observe en même temps qu'ils changent de couleur : par exemple, l'antimonite de cobalt, d'un violet pâle à l'état d'hydrate, presque noir à l'état anhydre, est blanc après l'ignition ; celui de cuivre, vert avant l'ignition, est également blanc après qu'il l'a éprouvée.

Tous, au contraire, sont décomposés par le charbon, à une haute température ; l'antimoine est toujours réduit ; l'oxide l'est presque toujours aussi, quand il appartient aux quatre dernières sections ; la potasse elle-même l'est en partie : il se forme alors un alliage antimonial.

Les antimoniates et les antimonites de potasse et de soude sont solubles dans l'eau ; mais tous les autres y sont ou insolubles ou très peu solubles.

Les acides sulfurique, azotique, chlorhydrique, etc. , en opèrent la décomposition et précipitent l'acide antimonieux ou antimonique des dissolutions des antimonites et des antimoniates de potasse et de soude.

Etat naturel. — Aucun ne se trouve dans la nature.

Préparation. — Les antimonites de potasse et de soude s'obtiennent directement ; les antimoniates des mêmes bases, par la calcination d'un mélange d'antimoine et d'azo-

______

(1) Il serait possible cependant que les antimoniates fussent transformés en oxigène et en antimonites.

tate de potasse ou de soude; tous les autres, par la voie des doubles décompositions.

Composition. — Probablement la quantité d'oxigène de l'oxide, est à la quantité d'oxigène de l'acide, comme 1 à 5 dans les antimoniates, et comme 1 à 4 dans les antimonites. (Berzelius, *Ann. de Chim. et de Phys.*, XVII, 16.)

Pour les reconnaître, il faut les traiter à chaud par un acide puissant, tel que l'acide azotique, qui puisse les décomposer, dissoudre leurs bases et mettre en liberté l'acide antimonieux ou antimonique. Si l'acide azotique ne donnait point de résultats concluans, il faudrait faire usage de l'acide chlorhydrique, et avoir le soin d'étendre la liqueur d'eau après l'action, afin de précipiter l'acide antimonial qui aurait pu se dissoudre : celui-ci se réunit ordinairement en une poudre blanche qui, mise en contact avec l'acide sulfhydrique, se colore en rouge orangé, et produit le sulfure (SbS^2 ou Sb^2S^6). Toutefois, il serait possible que la couleur du sulfure d'antimoine fût altérée par celle d'un autre sulfure qui serait dû à ce que la base de l'antimonite ou de l'antimoniate n'aurait pas été tout enlevée; c'est ce qui semble avoir lieu avec l'antimoniate de plomb. Alors le dépôt devrait être mis en contact à froid avec une dissolution de potasse caustique; le sulfure d'antimoine serait dissous et précipité de nouveau avec sa couleur caractéristique, par l'addition d'une suffisante quantité d'acide.

Il n'est pas aussi facile de distinguer les antimonites des antimoniates que de les distinguer des autres sels. Le seul moyen sur lequel on puisse compter, est d'extraire l'acide du sel, et de voir si la chaleur en dégage ou n'en dégage pas de l'oxigène. Peut-être pourrait-on, dans beaucoup de circonstances, se contenter de calciner le sel : les antimonites des 4 premières sections ne peuvent abandonner aucune partie de leur oxigène; il est possible au contraire que quelques antimoniates passent à l'état d'antimonites.

Antimoniate de potasse. — Pour l'obtenir, il faut faire

un mélange intime de 4 parties d'azotate de potasse et de 1 partie d'antimoine, projeter le mélange dans un creuset incandescent, lessiver la masse à l'eau froide qui enlève l'excès d'alcali, puis faire bouillir le résidu dans l'eau qui se charge alors d'antimoniate légèrement alcalin et laisse indissous un *sur-antimoniate*. La dissolution a une saveur faible; à peine réagit-elle à la manière des alcalis. Elle est incolore. Évaporée jusqu'à consistance de miel, elle donne lieu à une pellicule composée de petits grains cristallins et se prend, par le refroidissement, en une masse saline blanche. Les acides, même l'acide carbonique, y produisent d'abord un précipité de bi-antimoniate; un excès d'acide, quand il est puissant, comme l'acide sulfurique, l'acide azotique, etc., décompose le bi-antimoniate et en rend l'acide antimonique libre. Si l'on verse alors de l'acide sulf-hydrique dans la liqueur, le précipité blanc se transformant en per-sulfure, devient d'un rouge orangé.

L'*antimoine diaphorétique non lavé* est un antimoniate avec excès de base, que l'on se procure pour les besoins de la médecine, en chauffant un mélange de 1 d'antimoine et de 3 de nitre. L'*antimoine diaphorétique lavé* est donc un antimoniate contenant un petit excès d'acide : je l'ai trouvé formé de 78,17 d'acide d'antimonique et de 21,83 de potasse. Le précipité que l'acide azotique forme dans les eaux de lavage est le composé que les anciens connaissaient, sous le nom de *matière perlée de kerkringius*.

Antimonite de potasse. — C'est en fondant l'acide antimonieux avec l'hydrate de potasse, et traitant la masse à l'eau froide, puis à l'eau bouillante, comme nous l'avons dit au sujet du sel précédent, que l'on se procure l'antimonite de potasse. Cet antimonite ne cristallise pas; il se réduit par l'évaporation en une masse jaune, soluble dans l'eau, dont la saveur est alcaline et métallique, qui se comporte avec les acides comme l'antimoniate de potasse.

Antimoniate et antimonite de soude. — On les prépare comme ceux de potasse auxquels ils ressemblent beaucoup.

GENRE XL. — *Des titanates.*

1875. Les titanates se reconnaissent de même que les colombates, d'après les propriétés caractéristiques de leur acide
que l'on extrait, soit en traitant les titanates comme il a été
dit (1097), soit en dissolvant leurs oxides dans les acides ,
etc. Fondu au chalumeau avec le phosphate ammoniacal de
soude, l'acide titanique donne à un bon feu de réduction,
ou à un feu moins intense en ajoutant de l'étain, un verre
d'une belle couleur pourpre tirant sur le bleu, qui augmente
d'intensité par le refroidissement, et même devient noir
quand la quantité d'acide est trop grande. Du reste, dissous dans l'acide chlorhydrique, l'acide titanique forme des
précipités rouge-brun ou couleur de sang, avec le cyanure
jaune de potassium et de fer et l'infusion de noix de galle.

Titanate de potasse.—En faisant fondre de l'acide titanique pur avec un excès de carbonate de potasse, il y a dégagement de gaz carbonique, et formation de deux couches
distinctes : l'une ne renferme que du titanate, c'est l'inférieure; tandis que l'autre ne contient pour ainsi dire que
l'excès de carbonate. Le titanate est décomposé par l'eau ,
qui dissout la plus grande partie de l'alcali , et le fait passer
à l'état de titanate acide insoluble. Chauffé au chalumeau, le
titanate de potasse se fond en un globule jaune limpide, qui
possède la propriété curieuse, au moment de se solidifier, et
après avoir cessé d'être rouge, de s'échauffer de nouveau jusqu'au rouge vif, et de cristalliser ensuite en un verre gris
foncé. Dans le titanate de potasse, l'oxigène de l'acide est le
double de celui de la base. (H. Rose, *Ann. de Chim. et de
Phys.*, tom. XXIII, p. 353.)

Titanate de chaux. — On le trouve dans la nature uni
au silicate de chaux; c'est ce sel double qui constitue le
sphène ou *titanite.*

Titanate de per-oxide de fer. — C'est le ruthile des minéralogistes : il se trouve en assez grande quantité dans les
environs de Limoges (1098).

GENRE XLI. — *Des tellurites.*

1876.—Nous connaissons sous ce nom les combinaisons de l'oxide de tellure avec les bases. (1)

Rien de plus facile que de reconnaître la présence du tellure dans un sel; c'est de le chauffer avec un peu de potassium dans un tube de verre fermé par un bout, et de traiter le produit par l'eau. Le tellurure de potassium qui s'est formé se dissout, et donne une teinte rouge-vineux à la liqueur qui laisse déposer le tellure en poudre, lorsqu'on l'expose à l'action d'un courant d'air.

Il n'est aucun tellurite dont l'acide ne soit décomposé, à la chaleur rouge, par le charbon; souvent même l'oxide du sel est lui-même réduit, et alors il se forme un alliage : c'est ce qui a lieu avec le tellurite et le tellurate de potasse. L'hydrogène, à une haute température,, produirait sans doute le même effet.

Il paraît qu'il n'y a que les tellurites de potasse et de soude qui se dissolvent dans l'eau d'une manière bien sensible.

Aucun ne se trouve dans la nature.

GENRES XLII et XLIII. — *Des uranates, aluminates, et autres sels, dans lesquels l'oxide d'urane, l'oxide d'aluminium, etc. font fonction d'acides.*

1877. *Uranates.* — Lorsqu'on verse de la potasse ou de la soude caustique en excès dans une solution d'azotate de per-oxide d'urane, le précipité jaune qui se fait, est un uranate alcalin qui devient jaune rougeâtre, lorsqu'on le chauffe, en abandonnant l'eau qu'il contient. La lithine, la baryte, la strontiane, la chaux produisent des phénomènes analogues.

Les uranates de potasse et de soude peuvent encore s'ob-

(1) Outre l'oxide de tellure, qui joue le rôle d'acide, il existe encore un acide de tellure, l'acide tellurique, que M. Berzelius vient de découvrir; mais

tenir, en calcinant le per-oxide d'urane avec les carbonates de ces deux bases, et lavant la masse à l'eau froide, pour enlever l'excès de carbonate alcalin.

Ceux de baryte, de strontiane, de chaux se produisent aussi tout-à-coup, en mêlant une solution d'azotate de per-oxide d'urane avec un excès de solution saline de chaux, ou de baryte, ou de strontiane, et ajoutant ensuite de l'ammoniaque au mélange. Par une méthode analogue, mais en faisant usage alors de quantités convenables de sels, il est même possible de préparer un grand nombre d'uranates appartenant aux cinq dernières sections. Dans tous les cas, les uranates, même ceux de baryte, de chaux, de strontiane peuvent être réduits, à une température élevée, par le gaz hydrogène, et de là résulte un alliage d'urane et du métal de l'autre base. Quelques-uns de ces alliages s'enflamment dans leur contact avec l'air et reconstituent des *uranates* : tel est celui de plomb. M. Arfwedson a fait l'analyse des uranates de plomb et de baryte; mais les résultats qu'il a obtenus n'établissent pas un rapport simple entre la quantité d'oxigène de l'oxide et celle de l'acide. (*Ann. de Chim. et de Phys.*, t. XXIX, p. 161.)

1878. *Aluminates.*—Il en est de l'alumine comme du per-oxide d'urane; elle joue le rôle d'acide, du moins par rapport aux bases puissantes ; il existe même quelques aluminates dans la nature : tel est le *spinelle* ou *aluminate de magnésie*, le *gahnite* ou *aluminate de zinc*, le *pléonaste* ou aluminate de protoxide de fer. (V. d'ailleurs, pour connaître l'action des oxides les uns sur les autres : 1.° l'article 573; 2° les oxides en particulier dans l'histoire de chaque métal; 3° l'action des bases alcalines sur les oxides dans l'histoire de chaque métal; art. *Caractères des sels*.)

---

comme il n'a paru qu'un très court extrait de ses recherches dans le *Journal de pharmacie* (vol. XIX, 582), nous attendrons que le mémoire ait été publié tout entier dans les *Annales de chimie et de physique*, pour le faire connaître, et en conséquence il n'en sera question qu'à l'art. *Additions,* vol. V.

DES COMPOSÉS SALINS
DANS LESQUELS CERTAINS CORPS SIMPLES JOUENT LE MÊME RÔLE QUE L'OXIGÈNE DANS LES OXI-SELS.

1879. Il existe de doubles sulfures, de doubles séléniures, de doubles tellurures, etc. dans lesquels le sulfure électro-négatif fait fonction d'acide, et le sulfure électro-positif, fonction de base, et où le soufre, etc. joue le rôle que joue l'oxigène dans les sels proprement dits.

M. Berzelius les distingue, en leur donnant les dénominations génériques de *sulfo-sels*, de *séléni-sels*, de *telluri-sels*, et les désigne chacun en particulier, d'après les principes de nomenclature ordinaire adoptés pour les sels ordinaires.

Ainsi, le double sulfure d'arsénic et de potassium ($2KS$, As^2S^3) qui correspond à l'arsénite de potasse ($2KO$, As^2O^3) prendrait le nom de *sulfarsénite de proto-sulfure de potassium*; le double sulfure ($2KS$, As^2S^5) qui correspond à l'arséniate de potasse, prendrait celui de *sulf-arséniate de potassium*. Nous aurions également les expressions de *bi-sulfarséniate de proto-sulfure de potassium*, de *sulfarséniate sesqui-basique de proto-sulfure de potassium*, *d'hypo-sulfarsénite de proto-sulfure de potassium* pour désigner des combinaisons dans d'autres proportions.

Quoi qu'il en soit, il est évident que dans le cas où les chimistes croiraient devoir adopter ces dénominations, pour les doubles sulfures, les doubles séléniures, etc., il faudrait également les adopter pour les doubles chlorures, les doubles fluorures, les doubles brômures, les doubles iodures.

Déjà nous avons fait connaître les chlorures, fluorures, brômures et iodures doubles; les doubles séléniures et les doubles tellurures n'ont point encore été examinés : on sait seulement qu'ils existent; nous n'avons donc à considérer que les doubles sulfures.

Sulfhydrates de sulfures métalliques.

1880. Sept sulfures seulement s'unissent à l'acide sulfhydrique; ce sont les plus électro-négatifs : savoir, les proto-sulfures de potassium, de sodium, de lithium, de barium, de strontium, de calcium et de magnésium. Jusqu'à présent du moins, l'on n'a pu faire des combinaisons de cette sorte avec aucun autre sulfure métallique.

1881. *Composition.* — Les sulfhydrates de proto-sulfures sont composés de telle manière que l'acide sulfhydrique et les sulfures qui les constituent contiennent la même quantité de soufre.

Existe-t-il des sulfhydrates de poly-sulfure? je suis porté à le croire. Ce qu'il y a de certain, c'est qu'en faisant passer un grand excès de gaz sulfhydrique à travers une dissolution de quinti-sulfure de potassium, on n'en précipite pas tout le soufre, et qu'il se produit une liqueur qui contient du sulfhydrate; car mêlée à de la fleur de soufre et portée à l'ébullition, elle laisse dégager beaucoup de gaz sulfhydrique et se trouve transformée en per-sulfure.

Il est vrai, d'une autre part, que la fleur de soufre a la propriété de décomposer les sulfhydrates avec une grande facilité ; qu'à + 10°, par exemple, la décomposition commence à être sensible, c'est-à-dire qu'il y a dégagement de gaz sulfhydrique et dissolution de soufre; qu'à + 30° elle est assez forte, et qu'à + 100° elle devient bientôt totale. Mais ces expériences ne sauraient infirmer les résultats de celle qui précède : d'où il suit que l'existence des sulfhydrates de poly-sulfures peut être admise. Une nouvelle question se présente alors. Le sulfhydrate de poly-sulfure de potassium qu'on obtient en faisant passer du gaz sulfhydrique à travers le quinti-sulfure de potassium, est-il avec excès de base? Cela est probable; autrement l'on serait forcé de conclure que la base absorberait d'autant moins de gaz sulfhydrique qu'elle serait plus sulfurée, ce qui serait contraire à la loi qui régit les oxi-sels.

1882. *Propriétés.* — Les sulfhydrates ont tous une saveur hépatique ou d'œufs pourris, très désagréable. Tous aussi ont la même odeur, mais elle provient de ce que l'acide carbonique de l'air en dégage continuellement un peu de gaz sulfhydrique. Tous sont sans couleur : ils ne sont jaunes qu'autant qu'ils se trouvent mêlés à du poly-sulfure, ce qui arrive souvent.

1883. Tous sont solubles dans l'eau : les cinq premiers peuvent exister à l'état solide et sous forme de cristaux; ceux de calcium et de magnésium ne peuvent être obtenus qu'en dissolution.

1884. Chauffés jusqu'au rouge naissant dans des vais-seaux fermés, les sulfhydrates de potassium, de sodium, de lithium, ne sont point décomposés; ceux de barium et de strontium abandonnent leur gaz sulfhydrique. Quant aux sulfhydrates de calcium et de magnésium, ils le laissent dé-gager même avant que la liqueur soit portée à l'ébullition.

1885. Lorsqu'on met en contact avec l'air, à la tempé-rature ordinaire, une solution de sulfhydrate, il en résulte au bout de quelque temps : d'abord de l'eau et un bi-sul-fure qui est jaune, puis un hypo-sulfite incolore qui, s'il est à base de potasse, de soude, de strontiane, de chaux, de magnésie, reste en dissolution, mais qui se précipite en cristaux aiguillés, s'il est à base de baryte.

On voit donc que l'oxigène de l'air, commence par se combiner avec l'hydrogène du sulfhydrate, qu'il rend ainsi le soufre prédominant dans ce composé, et qu'ensuite il se combine tout à-la-fois avec le soufre et le potassium du bi-sulfure qui s'est formé. Or comme le bi-sulfure est jaune, le premier effet de l'air doit être de colorer le sulf-hydrate; mais comme l'hypo-sulfite est sans couleur, le second effet de ce fluide doit être de détruire la nuance qu'il avait d'abord développée.

L'action serait beaucoup plus lente, si le sulfhydrate était solide : elle s'arrêterait presqu'à la surface.

1886. Parmi les métalloïdes, on n'a encore examiné que l'action du soufre, du chlore, du brôme et de l'iode, sur les dissolutions de sulfhydrates.

Le soufre, surtout à l'aide de la chaleur, chasse le gaz

sulfhydrique des sulfhydrates, et les fait passer à l'état de
poly-sulfures.

Le chlore s'unit au métal, ainsi qu'à l'hydrogène, et de là
résulte un chlorure métallique, de l'acide chlorhydrique,
et un dépôt de soufre : si le chlore n'était point en excès,
il y aurait en même temps dégagement de gaz sulfhydrique.
Il en serait de même avec le brôme et l'iode.

1887. Les sulfures métalliques électro-négatifs, tels que
le bi-sulfure d'étain, le sulfure jaune d'arsénic, les sulfures
de tungstène, de molybdène, de vanadium, qui correspondent aux acides tungstique, molybdique, vanadique; les
sulfures d'antimoine, de tellure, le bi-sulfure d'iridium,
et les per-sulfures de platine, d'or, agissent sur les dissolutions de sulfhydrates de potassium, de sodium, de même
que le soufre; ils s'y dissolvent, en dégagent le gaz sulfhydrique et forment des sulfures doubles que M. Berzelius assimile à des sels, et dont il sera question plus bas. Beaucoup
d'autres au contraire ne leur font éprouver aucune altération:
nous citerons, comme exemple, ceux de plomb, d'argent, de
cuivre, de fer, de manganèse, le proto-sulfure d'étain, etc.

1888. Les oxides *basiques* ou *électro-positifs* décomposent tous les sulfhydrates en s'emparant d'abord de
l'acide sulfhydrique et donnant lieu à de l'eau et à un sulfure; puis, lorsqu'ils sont moins basiques ou moins puissans
que les oxides des métaux des sulfhydrates, ils échangent leur
oxigène contre le soufre du sulfure de ces sulfhydrates, de
manière, par exemple, qu'en faisant chauffer une solution
de sulfhydrate de barium avec le bi-oxide de cuivre, il se
produit de l'eau, du bi-sulfure de cuivre en flocons bruns, et
de la baryte qui cristallise par le refroidissement de la
liqueur. MM. Anfrye et d'Arcet sont même parvenus à
obtenir cet alcali en grand par ce procédé (*Ann. de Chim.*
XLIX, 95). Que si la base avait pour radical le même métal
que celui du sulfhydrate, celui-ci se trouverait seulement
transformé en sulfure : c'est ainsi qu'en mêlant 1 atome de
sulfhydrate de potassium avec 1 atome de potasse, on obtient

1 atome d'eau et 2 atomes de proto-sulfure de potassium, etc.

Il en serait tout autrement si l'oxide pouvait jouer le rôle d'acide : l'on obtiendrait alors un double sulfure qui resterait en dissolution dans la liqueur. Voilà ce que nous offrent le bi-oxide d'étain et la plupart des oxides électro-négatifs avec le sulfhydrate de potassium.

1889. Les acides agissent sur les sulfhydrates purs comme sur les proto-sulfures alcalins, mais en mettant de plus en liberté le gaz sulfhydrique que ces sels contiennent : par conséquent, effervescence très vive et subite, décomposition de l'eau et formation d'un sel à base d'oxide, avec les oxacides; décomposition de l'acide dont les deux élémens s'unissent, savoir, l'hydrogène au soufre du sulfure et l'autre élément au métal, avec les hydracides. Dans aucun cas avec ceux-ci, il ne se dépose de soufre, si le sulfhydrate est pur. Il ne s'en dépose avec les oxacides qu'autant que les sels (ce qui arrive quelquefois, par exemple, avec l'acide sulfureux) peuvent céder une partie de leur oxigène à l'hydrogène du gaz sulfhydrique. Il s'en dépose toujours au contraire avec un acide quelconque, lorsque le sulfhydrate est jaune et mêlé de poly-sulfure. (600 et 699.)

1890. Les sulfhydrates agissent sur les sels comme le font isolément l'acide sulfhydrique et les sulfures alcalins qui les constituent. L'action de l'acide sulfhydrique a été exposée (1307); nous allons faire connaître celle des sulfures.

Lorsqu'on met une dissolution de sulfure alcalin en contact avec une dissolution saline, il se produit des phénomènes semblables à ceux qui ont lieu dans la réaction des sels (1310). Si donc, par leur décomposition réciproque, il peut se former un nouveau sel et un nouveau sulfure, et que l'un des deux ou tous deux soient insolubles, la décomposition aura lieu. Or tous les sulfures des 4 dernières sections sont insolubles. Par conséquent, lorsqu'on versera, par exemple, une dissolution de proto-sulfure de potassium dans une dissolution d'azotate de plomb, l'on obtiendra de l'azotate de potasse qui restera dans la liqueur, et du proto-sulfure de plomb qui se précipitera ; les sels de chrôme, de titane, de colombium, sont les seuls de ces quatre sections qui fassent exception : alors l'eau est décomposée par le sulfure sous l'influence de l'acide du sel (600); il y a formation d'un sel alcalin, dégagement de gaz sulf hydrique, et précipitation de la base du sel de chrôme, etc. C'est également de cette manière que se comportent les sulfures alcalins avec les sels d'alumine, de cérium, peut-être même ceux d'yttria, de la seconde section. Aussi, le proto-sulfure de potassium ou de sodium, donne-t-il tout-à-coup avec le sulfate neutre d'alumine, du sulfate de potasse ou de soude soluble, beaucoup de gaz sulfhydrique et un dépôt d'alumine.

Cela posé, il va devenir très facile de concevoir l'action des sulfhydrates de sulfures. Le sel appartient-il aux quatre dernières sections, et peut-il être décomposé par l'acide sulfhydrique, comme ceux de plomb, de cuivre? point de dégagement de gaz sulf hydrique, formation d'un nouveau sel à base alcaline, dépôt de sulfure métallique. Est-ce au contraire un sel indécomposable par l'acide sulfhydrique, et dont l'oxide est susceptible de changer son oxigène contre le soufre des sulfures alcalins comme ceux de manganèse et de zinc? dégagement du gaz sulfhydrique du sulfhydrate, formation d'un nouveau sel à base alcaline, et précipitation de sulfure métallique. Est-ce un sel de chrôme, ou de titane, ou de colombium? dégagement de gaz sulfhydrique, double de celui qui a lieu avec les sulfures alcalins, formation d'un nouveau sel à base alcaline, dépôt de la base du sel de chrôme, de titane, de colombium. Est-ce un sel d'alumine, de cérium, de la deuxième section? mêmes produits qu'avec les sels de chrôme, etc. Enfin est-ce un sel de chaux, de magnésie, et le sulfhydrate a-t-il pour base le sulfure de potassium ou de sodium? point de trouble, point de changement apparent, si les liqueurs sont étendues; mais si les liqueurs sont concentrées, précipité de sulfure de calcium, ou de sulfure de magnésium, et dégagement de gaz sulfhydrique.

Tableau *des précipités que forment les dissolutions des sulfures et sulfhydrates de potassium et de sodium dans les dissolutions des divers sels.*

SELS	PRÉCIPITÉ.
de chaux	Ppté mucilagineux de sulfure, dans des liqueurs très concentrées. (1)
de magnésie	Idem.
d'yttria	
de glucine	Point de ppté.
d'alumine	Oxide blanc. (2)
de zircone	Idem.
de thorine	Idem.
de cérium	Idem.
de protoxide de manganèse	Sulfure blanc sale. (1)
de protoxide de fer	Sulfure noir. (1)
de sesqui-oxide de fer	Dépôt laiteux de soufre par une petite quantité de sulfure ou de sulfhydrate, puis proto-sulfure noir. (1)
de zinc	Sulfure blanc. (1)
de cadmium	Sulfure jaune.
de protoxide d'étain	Proto-sulfure de couleur chocolat.
de bi-oxide d'étain	Bi-sulfure jaune, soluble dans un excès de réactif.
de cobalt	Sulfure noir. (1)
de nickel	Sulfure noir, très légèrement soluble dans un excès de réactif qu'il colore en brun. (1)
proto-chlorure d'arsénic	Sesqui-sulfure jaune, soluble dans un excès de réactif.
de molybdène	Sulfure brun, soluble dans un excès de réactif.
de chrôme	Oxide gris verdâtre. (2)
de vanadium	Sulfure noir, soluble dans un excès de réactif, en colorant la liqueur en beau pourpre.
de tungstène	Sulfure brun foncé, soluble dans un excès de réactif.
d'acide colombique	Acide colombique blanc. (2)
d'antimoine	Sulfure orangé, soluble dans un excès de réactif.
d'acide titanique	Acide titanique blanc. (2)
de tellure	Sulfure brun, soluble dans un excès de réactif.

(1) Il y a en même temps dégagement d'acide sulfhydrique.

(2) Il ne se dégage point d'acide sulfhydrique avec les sulfures, mais il s'en dégage en faisant usage des sulfhydrates.

SELS	PRÉCIPITÉ.
d'urane...............	Sulfure noir.
de bismuth............	Sulfure noir.
de plomb.............	*Idem.*
de cuivre.............	Sulfure brun noir.
de mercure...........	Ppté noir (voir la note de la p. 38 de ce vol.)
d'osmium.............	Sulfure brunâtre.
d'iridium.............	Sulfure brun foncé, soluble dans un excès de réactif.
de palladium.........	Sulfure brun noir.
de sesqui-oxide de rhodium..	Sulfure brun noir, qui se précipite en portant le mélange des liqueurs à l'ébullition.
d'argent.............	Sulfure noir.
de tri-oxide d'or.......	Tri-sulfure jaune brun, soluble dans un excès de réactif.
de bi-oxide de platine.....	Bi-sulfure noir, un peu soluble dans un excès de réactif.

1891. *Préparation.*—Les sulfydrates de sulfures s'obtiennent purs en faisant passer un excès de gaz sulfhydrique à travers les bases alcalines dissoutes ou délayées dans l'eau, et évitant soigneusement que le sulfhydrate ait le contact de l'air. A cet effet, on verse la base dans une cornue tubulée, d'où l'on chasse l'air atmosphérique par un courant de gaz hydrogène : après quoi l'on fait arriver un courant de gaz sulfhydrique dans la liqueur, jusqu'à ce qu'elle n'en absorbe plus. Alors on rétablit le 1er courant de gaz hydrogène, et l'on évapore la liqueur au milieu de ce courant, de manière à la concentrer convenablement. A cette époque, on bouche la cornue et on la laisse refroidir lentement. Le sulfure de fer artificiel doit être préféré au sulfure d'antimoine, pour la préparation du gaz sulfhydrique dans cette opération ; le courant est régulier et se soutient pendant long-temps ; il a lieu à froid, en employant, pour le produire, de l'acide sulfurique étendu de son poids d'eau. Dans le cas où le sulfure ne serait pas attaqué, il suffirait de le mêler à un peu de limaille de fer pour décider la réaction.

[Les sulfhydrates de potassium et de sodium peuvent encore s'obtenir, en mettant dans la cornue tubulée, non des dissolutions alcalines, mais des carbonates anhydres de potasse ou de soude, chassant l'air atmosphérique par le courant de gaz sulfhydrique, chauffant peu-à-peu la cornue jusqu'à ce que le sel commence à rougir, soutenant le feu tant qu'il se forme de l'eau, ou que la masse est en ébullition, et la laissant refroidir au milieu du courant de gaz. Dans cette opération, le carbonate est complètement décomposé par le gaz sulfhydrique; il y a dégagement de l'acide carbonique du carbonate, production de vapeur d'eau, et de sulfhydrate qui est noir à l'état de fusion et blanc à l'état solide : il serait jaunâtre et contiendrait du bi-sulfure, si les appareils n'avaient pas été bien purgés d'air. Est-il besoin d'observer que, dans cette expérience, comme dans la précédente, l'on doit se mettre à l'abri de l'excès de gaz sulfhydrique, en le conduisant dans un fourneau en combustion, ou dans une cheminée tirant bien?

1892. *Caractères génériques.* — Les dissolutions de sulfhydrates purs sont incolores, et ont une saveur d'œufs pourris; elles font une vive effervescence avec l'acide chlorhydrique, et laissent dégager beaucoup de gaz sulfhydrique, sans aucun dépôt de soufre. Il est vrai que celles de proto-sulfure possèdent la même propriété; mais il suffit, pour les distinguer, de les éprouver par les sels de zinc ou de les faire chauffer avec de la fleur de soufre. Les sulfhydrates donnent un grand dégagement de gaz sulfhydrique; les sulfures n'en donnent pas.

1893. *Sulfhydrate de potassium.* — Ce sulfhydrate s'obtient par l'un des deux procédés qui viennent d'être décrits. Lorsque l'on emploie la dissolution d'hydrate de potasse pur, il faut, après l'avoir saturée de gaz sulfhyrique, faire évaporer la liqueur jusqu'en consistance sirupeuse. Le sulfhydrate cristallise par un refroidissement lent, en gros prismes incolores, à 4 ou 6 pans, terminés par des sommets à 4 ou 6 faces. Sa saveur est âcre, alcaline, amère, hépatique; il est soluble dans l'alcool, déliquescent, altérable à l'air, etc.

1894. *Sulfhydrate de sodium.* — Il s'obtient comme le précédent, cristallise de même, etc. Cependant, lorsqu'on ajoute à sa dissolution concentrée une dissolution concentrée elle-même, d'hydrate de soude, il s'en dépose peu-à-peu des cristaux de sulfure de sodium.

1895. *Sulfhydrate de barium.* — On se le procure comme nous l'avons exposé (1891), en ajoutant un peu d'hydrate de baryte à la liqueur. Les cristaux de ce sulfhydrate sont des prismes incolores à 4 pans qui se forment plus régulièrement, lorsque l'évaporation a lieu dans le vide, que lorsqu'elle a lieu dans la cornue par une chaleur artificielle. Soumis à l'action du feu, ils perdent promptement leur eau de cristallisation, deviennent blancs, puis au rouge naissant abandonnent le gaz sulfhydrique qu'ils contiennent et passent à l'état de sulfure. L'eau les dissout facilement; la dissolution est troublée par l'alcool qui fait reparaître le sel sous forme de petits cristaux.

1896. *Sulfhydrate de strontium.* — On se le procure comme celui de barium; mais en ajoutant à l'eau de strontiane une assez grande quantité d'hydrate (1891). Évaporée dans le vide, sa dissolution donne de gros prismes rayés qui semblent être des quadrilatères, et qui se décomposent par la chaleur, en présentant les mêmes phénomènes que ceux de barium.

1897. *Sulfhydrates de calcium, de magnésium.* — C'est en faisant passer du gaz sulfhydrique à travers l'eau tenant en suspension de l'hydrate de chaux ou de magnésie qu'on les prépare. Leurs dissolutions évaporées même dans le vide se décomposent : à mesure qu'elles se concentrent, elles laissent dégager le gaz sulfhydrique et déposer le sulfure de calcium ou de magnésium qu'elles contiennent : aussi ces sulfures se précipitent-ils tout-à-coup avec dégagement de gaz sulfhydrique lorsqu'on mêle des dissolutions concentrées de sulfhydrate de potassium et de sels de chaux ou de magnésie.

Sulfo-carbonates ou sulfures doubles de carbone et de métaux.

1898. Les sulfo-carbonates sont des composés dans lesquels le sulfure de carbone joue le rôle d'acide et contient deux fois autant de soufre que le sulfure métallique auquel il est uni : or, comme le sulfure de carbone a pour formule CS, et l'acide carbonique CO, il s'ensuit que si le soufre des sulfo-carbonates était remplacé par une quantité proportionnelle d'oxigène, ils ne seraient que transformés en carbonates ordinaires.

Les sulfo-carbonates alcalins et terreux sont d'un jaune plus ou moins foncé ; il en est de même des sulfo-carbonates de zinc, de cadmium, et de bi-sulfure d'étain, dont les métaux produisent des oxides blancs, comme le sont les alcalis et les terres. Quant aux autres, ils sont généralement gris, bruns ou noirs.

Soumis à l'action du feu, dans des vaisseaux fermés, tous les sulfo-carbonates sont décomposés. Ceux de potassium, de sodium et de lithium fondent et passent à l'état de tri-sulfures, en même temps que leur charbon devient libre, de telle sorte que l'on peut ensuite séparer le tri-sulfure du charbon par l'eau. Ceux de barium, de strontium, de calcium, de magnésium et des 4 dernières sections, quand ils sont anhydres ou bien secs, laissent dégager le sulfure de carbone, et donnent un résidu qui ne se compose que du sulfure métallique.

Les sulfo-carbonates alcalins et le sulfo-carbonate de magnésium sont solubles dans l'eau, et ont une saveur hépatique. Ceux des quatre dernières sections y sont très peu solubles ou même insolubles : ils ne s'y dissolvent au plus qu'à la faveur des sulfo-carbonates alcalins.

Les sulfo-carbonates solubles s'altèrent à peine, dans leur contact avec l'air, à la température ordinaire, lorsque la dissolution est concentrée, à plus forte raison, lorsqu'ils sont secs ; mais lorsqu'elle est très étendue, ils se décomposent très pomptement; ils se décomposent aussi en les faisant bouillir en vases clos; alors l'eau se décompose elle-même, et de là résulte du gaz sulfhydrique et un carbonate.

La plupart des oxides salifiables des quatre dernières sec-tons échangent leur oxigène contre le soufre du sulfure des sulfo-carbonates alcalins : il se forme donc un nouveau sulfo-carbonate et un oxide alcalin.

Les acides chlorhydrique, sulfurique, etc., versés dans une dissolution de sulfo-carbonate en séparent un corps oléagineux qui a été décrit (76), et qui paraît être un composé de sulfure de carbone et d'acide sulfhydrique; phénomène facile à concevoir, en se rappelant l'action des acides sur les proto-sulfures alcalins (600).

Enfin, mis en contact avec les dissolutions salines des quatre dernières sections, les sulfo-carbonates solubles produisent presque toujours par voie de double décomposi-tion un précipité de sulfo-carbonate qu'un excès de sulfo-carbonate alcalin redissout plus ou moins bien.

Préparation. — Les sulfo-carbonates insolubles se font, comme il vient d'être dit. Quant aux sulfo-carbonates alca-lins, ils s'obtiennent en remplissant un flacon d'un mé-lange de sulfure de carbone, d'eau et de proto-sulfure al-calin, bouchant le flacon et le maintenant pendant un temps suffisant à la température de + 30 degrés. Celui de magnésium résulte de la décomposition réciproque du sul-fate de magnésie et du sulfo-carbonate de proto-sulfure de barium. Ceux de glucinium, d'ytrium, d'aluminium n'ont point encore pu être obtenus.

Sulfo-carbonate de proto-sulfure de potassium. — Ce sel a une saveur fraîche, poivrée et hépatique; sa couleur en dissolution concentrée est d'un jaune orangé presque rouge; il est déliquescent, par conséquent très soluble dans l'eau. Cependant l'alcool n'en dissout qu'une petite quantité. In-dépendamment du procédé que nous avons décrit plus haut, il en est encore un autre qui peut servir à le préparer; c'est de dissoudre le sulfure de potassium dans très peu d'alcool, et de verser un excès de sulfure de carbone dans la liqueur : il en résultera trois couches; l'inférieure aura la consistance de sirop et ne contiendra que du sulfo - carbonate ; la moyenne sera formée de l'excès de sulfure de carbone; la supérieure, de sulfure de carbone, de sulfure de potassium et de soufre. Concentrant ensuite un peu plus la dissolution de sulfo-carbonate, et la laissant refroidir, le sel s'en déposera en cristaux jaunes et purs.

Il ne faudrait pas essayer de le préparer en mettant le sulfure de carbone en contact avec une dissolution de potasse caustique; il se formerait sans doute du sulfo-carbonate par la décomposition réciproque du sulfure et de l'alcali ; mais il se formerait en même temps et nécessairement du carbonate de potasse.

Sulfo-carbonate de proto-sulfure de sodium.—Il a les plus grands rapports avec celui de potassium ; il en diffère surtout en ce qu'il se dissout aisément dans l'alcool.

Sulfo-carbonate de proto-sulfure de barium. — On l'obtient très promptement en mettant en contact le sulfure de barium cristallisé avec du sulfure de carbone et de l'eau. Le sulfo-carbonate qui n'est pas très soluble, forme bientôt au fond du vase un dépôt jaune citrin. Évaporé dans le vide, sa dissolution dont la couleur est d'un jaune orangé, laisse peu-à-peu déposer de petits cristaux transparens, d'un jaune pâle. Si sur ce sel sec on laisse tomber une goutte d'eau, il devient rouge au bout de quelques minutes. La dessiccation le ramène au jaune pâle.

Sulfo-sels métalliques ou doubles sulfures métalliques.

1899. Ces composés résultent de l'union des sulfures électro-négatifs avec les sulfures électro-positifs. Les premiers jouent le rôle d'acide : tels sont principalement les sulfures d'arsénic, de molybdène, de vanadium, de tungstène, d'antimoine, de tellure. Les seconds jouent celui de bases : ceux qui possèdent le plus cette propriété sont les sulfures alcalins et le sulfure de magnésium.

1900. *Composition.*—Comme le soufre joue dans un sulfo-sel un rôle tout-à-fait semblable à celui de l'oxigène dans les sels ordinaires, le rapport des quantités de soufre dans le sulfure électro-négatif et le sulfure électro-positif combinés ensemble est le même que le rapport existant entre les quantités d'oxigène de l'acide et de la base qui constituent l'oxi-sel correspondant au sulfo-sel. Le quadri-sulfure de molybdène et le proto-sulfure d'arsénic sont les seuls sulfures connus comme susceptibles de faire fonction d'acides avec d'autres sulfures pour lesquels on n'ait point encore trouvé de composés oxigénés corrélatifs. La composition des sels formés par ces deux sulfures n'a point été jusqu'ici déterminée.

1901. *Action du feu.* — D'après les propriétés des sulfures simples, il sera toujours facile de prévoir jusqu'à un certain point les produits dans lesquels se transformeront les doubles sulfures, à une température élevée. Par exemple, le sulfure d'arsénic étant volatil, il est probable que, fortement chauffés, la plupart des sulfarséniates et des sulfarsénites devront laisser dégager celui qu'ils contiennent; c'est ce que nous offrent en effet ceux des quatre dernières sections dont le sulfure positif a moins d'affinité pour le sulfure d'arsénic que n'en ont les sulfures à radicaux alcalins.

1902. *Action de l'air.*—On pourra de même prévoir l'action de l'air sur les sulfo-sels. Tous seront décomposés par l'air, à une haute température. Si les sulfures étaient isolés, le sulfure électro-négatif serait transformé en gaz sulfureux et en acide métallique, et le sulfure électro-positif le serait, savoir: en sulfate, s'il était alcalin, ou à radical de magnésium et peut-être de plomb, et en gaz sulfureux et oxide ou en métal, si c'était un tout autre sulfure. Que l'on tienne compte actuellement de la réaction de ces divers corps, et l'on arrivera à connaître d'une manière plus ou moins certaine les produits qui devront se former. Or le soufre du sulfure électro-négatif passera toujours à l'état de gaz sulfureux qui se dégagera; il en sera de même de celui du sulfure électro-positif, dans presque tous les cas ; ce ne serait qu'autant que ce sulfure serait à radical alcalin ou de magnésium qu'il pourrait se former du sulfate , et encore , est-il nécessaire de faire observer que, la plupart du temps, le sulfate ne saurait exister en présence de l'acide du métal électro-négatif, puisque les sulfates alcalins sont décomposés par les acides fixes , à une haute température (1491). Il suit donc de là, par exemple : 1° que le sulfo-tungstate de sulfure de fer donnerait de l'acide sulfureux et du tungstate de fer ; 2° que le sulfo-tungstate de proto-sulfure de potassium donnerait probablement de l'acide sulfureux et du tungstate de potasse ; 3° que le sulfarséniate de sulfure de potassium donnerait sans doute, par un grillage modéré, du gaz sulfureux, de l'acide arsénieux et du sulfate de potasse.

1903. *Action de l'eau.* — A quelques exceptions près , les sulfo-sels alcalins et les sulfo-sels de magnésium sont solubles dans l'eau et susceptibles de cristalliser, ou du moins décomposables par ce liquide et transformés en sous-sels solubles (1), tandis que les sulfo-sels des 4 dernières sections sont insolubles et pulvérulens (2). Dissous et exposés au contact de l'air, les sulfo-sels solubles se comportent en général comme les sulfures qui les constituent ; si la dissolution est étendue d'eau, le sulfure à radical alcalin passe à l'état d'hypo-sulfite, et le sulfure électro-négatif se préci-

(1) Ce sont surtout les sulfantimoniates, les sulfantimonites, les hypo-sulf-antimonites, les sulfo-tellurites neutres qui sont décomposables par l'eau et transformés en sous-sels solubles.

(2) Toutefois, 1° il paraîtrait que les hyper-sulfo-molybdates et les hypo-sulfarsénites de potassium, de sodium et de lithium sont les seuls de ces deux genres de sulfo-sels que l'eau dissolve notablement.

2° D'après M. Berzelius, un certain nombre de sulfo-sels résultant de l'union soit du tri-sulfure d'or, soit du bi-sulfure de platine avec des sulfures appartenant aux quatre dernières sections, sont solubles dans l'eau ; les sulfo-tungstates de chrôme et des proto-sulfures de fer et de manganèse s'y dissolvent pareillement ; le sulfarséniate de manganèse proto-sulfuré et l'hyper-sulfo-molybdate d'étain bi-sulfuré y sont légèrement solubles.

pite peu-à-peu. Le sulfo-sel, au contraire, se conserve assez bien, lorsque sa dissolution est concentrée.

1904. *Action des acides.* — C'est encore comme les sulfures dont ils sont formés que les sulfo-sels se comportent avec les acides : ainsi donc le sulfarsénite de potassium (orpiment et proto-sulfure de potassium) produira avec l'acide sulfurique étendu d'eau du gaz sulfhydrique, du sulfate de protoxide de potassium, et un dépôt d'orpiment (sesqui-sulfure d'arsénic As^2S^3.)

1905. *Action des sels.* — En général, les sulfo-sels alcalins étant solubles, tandis que les sulfo-sels des quatre dernières sections sont insolubles, il s'ensuit qu'en versant une dissolution de sulfo-sel alcalin dans une dissolution saline appartenant aux quatre dernières sections, il doit se former tout-à-coup par double décomposition un précipité d'un nouveau sulfo-sel métallique. C'est même par ce procédé que l'on prépare ordinairement les sulfo-sels insolubles.

1906. *Préparation.* — Les sulfo-sels insolubles se préparent comme il vient d'être dit; ceux de magnésie, par un procédé analogue, mais en versant dans le sulfate de magnésie une dissolution de sulfo-sel de proto-sulfure de barium. Quant aux sulfo-sels alcalins, ils s'obtiennent par l'un des procédés suivans :

Le premier consiste à mettre une dissolution du sulfure électro-positif, en contact avec un excès de sulfure électro-négatif, par exemple, une dissolution de proto-sulfure de potassium avec l'orpiment (As^2S^3): celui-ci se dissout jusqu'à saturation;

2° Au lieu du sulfure électro-positif, il est possible de se servir de sulfhydrate : le sulfure électro-négatif, en se dissolvant, chasse le gaz-sulfhydrique, comme nous l'avons fait voir précédemment (1887);

3° Il est possible encore, et cette manière d'opérer est très bonne, de prendre un sel alcalin dont l'acide soit métallique, de le dissoudre dans l'eau, et de faire passer un courant de gaz sulfhydrique qui décompose l'acide et l'oxide métallique avec lesquels il forme de l'eau et des sulfures qui s'unissent ;

4° Le gaz sulfhydrique peut être remplacé, dans l'expérience précédente, par le sulfhydrate d'ammoniaque. L'on chasse par distillation l'ammoniaque devenue libre, et l'excès de sulfhydrate.

5° Enfin, outre ces procédés, il en est trois autres dont on se sert quelquefois, mais qui ne donnent pas toujours les sulfo-sels purs.

Dans l'un, on traite le sulfure électro-négatif par une dissolution alcaline ; il en résulte alors, par la décomposition réciproque d'une partie du sulfure et d'une partie de l'alcali, un oxi-sel et un sulfo-sel : c'est ainsi qu'avec l'orpiment (As^2S^3) et la potasse caustique on obtient de l'arsénite de potasse et du sulfarsénite de proto-sulfure de potassium, qui tous deux sont solubles.

Dans l'autre, on décompose les sulfhydrates alcalins par l'acide arsénique ou molybdique, etc. Le gaz sulfhydrique du sulfhydrate convertit une quantité proportionnelle de l'acide métallique en eau et en sulfure électro-négatif ; mais comme il ne se produit point une assez grande quantité de celui-ci pour saturer le sulfure alcalin, il s'ensuit que l'excès de ce sulfure agit sur l'acide non décomposé, comme si on les mêlait directement, et que, par conséquent, il y a production d'une nouvelle quantité de sulfo-sel, et en même temps d'une certaine quantité d'oxi-sel : aussi, lorsqu'on verse de l'acide arsénique dans le sulfhydrate de potassium, l'on obtient du sulfarséniate de proto-sulfure de potassium et de l'arséniate de potasse. Toutefois, si l'expérience se faisait sur le sulfhydrate d'ammoniaque, et l'acide arsénieux ou le bi-oxide d'étain, l'alcali resterait libre, en raison du peu d'affinité de cet alcali pour l'acide ou le bi-oxide. C'est sur cette réaction qu'est fondé l'usage que l'on fait des sulfhydrates de potassium, de sodium, d'ammoniaque pour séparer les oxides métalliques électro-négatifs des oxides électro-positifs ; tous se convertissent en sulfures; mais les premiers sont solubles dans un excès de sulfhydrate; les seconds, au contraire, y sont insolubles.

Dans le dernier procédé, on calcine le sulfure électro-négatif, soit avec du carbonate de potasse et du soufre, soit avec du carbonate de potasse, du soufre et du charbon. Le sulfo-sel produit est ensuite dissous dans l'eau et séparé par voie de cristallisation. (*V*. le *sulfo-molybdate*, le *sulfo-vanadate* et le *sulfo-antimoniate de potassium*, 1909, 1911, 1912).

Après les généralités qui précèdent, il nous suffira, pour donner une idée assez précise des sulfo-sels métalliques, d'examiner d'une manière particulière ceux de potassium; c'est ce que nous allons faire successivement, en commençant par les sulfo-sels arsénicaux.

1907. *Sulfarséniate de proto-sulfure de potassium* (2KS, As²S⁵). — Ce sulfarséniate ou double sulfure est celui qui correspond à l'arséniate neutre de potasse : aussi, dans ce composé, le soufre du *sulfure basique* est-il au soufre du *sulfure acide* comme 2 à 5.

On l'obtient par le troisième procédé, c'est-à-dire, en faisant passer un excès de gaz sulfhydrique à travers une dissolution d'arséniate neutre de potasse, et concentrant la liqueur dans le vide, au point de la réduire en consistance visqueuse. Abandonnée alors à elle-même, elle se maintient liquide pendant quelque temps, puis se prend en une masse cristalline, au milieu de laquelle on distingue des tables rhomboïdales.

Le sulfarséniate de potassium a une saveur hépatique; il est jaune, déliquescent, par conséquent très soluble dans l'eau. Chauffé en vase clos, il laisse dégager du soufre et passe à l'état de sulfarsénite (2KS,As²S³). Calciné dans un creuset découvert, il donne lieu à du gaz sulfureux, à de l'acide arsénieux qui se volatilise, et à du sulfate de potasse fixe. Sa dissolution dans l'eau ne s'altère point à l'air, quand elle est concentrée; mais lorsqu'elle es: étendue, elle se décompose peu-à-peu: du soufre et de l'orpiment se déposent, et le sulfure de potassium finit par se convertir en sulfate alcalin. Il dissout un assez grand nombre de sulfarséniates des 4 dernières sections. Enfin, toutes les fois que l'arséniate de potasse forme des sels doubles avec d'autres arséniates, le sulfarséniate de potassium en forme lui-même avec les sulfarséniates correspondans.

Bi-sulfarséniate de proto-sulfure de potassium. — Lorsqu'on verse de l'alcool dans la dissolution du sulfarséniate neutre, elle devient d'abord laiteuse, puis s'éclaircit, laisse déposer du sulfarséniate basique en sirop épais, et se trouve contenir du bi-sulfarséniate : on ne saurait l'obtenir par l'évaporation à l'état solide ; il se forme à la vérité des paillettes cristallines, jaunes et brillantes, mais qui proviennent du sulfarséniate altéré.

Sulfarséniate basique. — On l'obtient en même temps que le bi-sulfarséniate ; il est déliquescent et prend une texture rayonnée, en le desséchant doucement. Il devrait être bi-basique, puisque le sel acide qui se forme est bi-acide. Cependant, M. Berzelius le donne comme sesquibasique : s'il en est ainsi, il faut donc qu'il y ait du sulfure de potassium qui se sépare.

1908. *Sulfarsénite de proto-sulfure de potassium; ou double sulfure arsénical de potassium* ($2KS, As^2S^3$).—Cette formule fait voir que ce sel correspond à l'arsénite de potasse. C'est en distillant dans une cornue le sulfarséniate de potassium qu'on se le procure. L'excès de soufre se dégage, et le sulfarsénite reste en une masse fondue, de couleur foncée, qui devient jaune par le refroidissement. Une petite quantité d'eau la convertit en hypo-sulfarsénite de potassium qui se dépose en poudre brune et en sous-sulfarséniate soluble ; mais une quantité d'eau beaucoup plus grande la dissout ; et si l'on verse de l'alcool dans la dissolution, il s'en précipite un sel blanc de sulfarsénite sesqui-basique, sous forme de sirop, qui devient en peu de temps d'un brun foncé, et dépose du sous-sulfure d'arsénic (As^4S).

Chauffé en vase clos, le sulfarsénite de potassium ne se

décompose pas ; il en est de même des autres sulfarsénites alcalins. Ceux des 4 dernières sections au contraire, laissent dégager leur sulfure d'arsénic.

Bi-sulfarsénite de proto-sulfure de potassium (KS,As^2S^3).—Ce sel se forme en mettant de l'orpiment (As^2S^3) en contact avec une dissolution de sulfhydrate de potassium, à la température ordinaire ; le gaz sulfhydrique du sulfhydrate se dégage, et le sulfure arsénical se dissout. Mais il est impossible d'obtenir le bi-sulfarsénite solide : lorsqu'on évapore la liqueur, elle se trouble et laisse déposer une poudre brune d'hypo-sulfarsénite, comme le fait le sulfarsénite dont il vient d'être question : il se forme d'ailleurs du sulfarséniate soluble.

Hypo-sulfarsénite de proto-sulfure de potassium. — On désigne sous ce nom la combinaison du réalgar (AsS) avec le proto-sulfure de potassium ; elle s'obtient en faisant bouillir l'orpiment (As^2S^3) avec une dissolution un peu concentrée de carbonate de potasse, et filtrant la liqueur toute bouillante : celle-ci passe incolore et laisse déposer dans l'espace de 12 heures une grande quantité d'une matière brune, semblable au kermès minéral : c'est l'hypo-sulfarsénite rendu insoluble par la présence dans la liqueur du sulfarséniate de potassium dont il se produit toujours une plus ou moins grande quantité : aussi lorsqu'on recueille l'hypo-sulfarsénite sur un filtre, et qu'on le lave à plusieurs reprises avec une petite quantité d'eau, arrive-t-il bientôt que l'hypo-sulfarsénite se gonfle, devient gélatineux, se transforme en hypo-sulfarsénite basique qui se dissout, et en bi-hypo-sulfite insoluble. La dissolution en masse est d'un beau rouge foncé ; elle se prend en gelée de la même couleur, par l'évaporation, et finit par se dessécher en restant translucide et fortement colorée. Le bi-hypo-sulfarsénite est pulvérulent, d'un brun foncé ; il entre aisément en fusion, sans laisser dégager du sulfure arsénical, et devient d'un rouge foncé en acquérant de la translucidité.

1909. *Sulfo-molybdate de proto-sulfure de potassium.*

par ce moyen les dernières portions de vanadium de la matière. La dissolution du sulfo-vanadate de potassium offre
la couleur de la bière anglaise. Après l'évaporation dans le
vide, le sel forme un résidu brun, pulvérulent, sans apparence cristalline, que l'eau dissout en grande quantité. L'alcool le précipite de sa dissolution aqueuse concentrée.

La composition du sulfo-vanadate de potassium se conclut aisément du mode de préparation qui consiste à traiter
le vanadate de potasse par l'acide sulfhydrique : on en déduit la formule suivante : (KS, NaS^2).

1912. *Sulfantimoniate, sulfantimonite, hypo-sulfantimonite de proto-sulfure de potassium.* — Le sulfantimoniate
s'obtient en faisant fondre un mélange intime de 4 parties
de proto-sulfate d'antimoine, 2 de carbonate de potasse,
et 1 de soufre; il se décompose par l'action de l'eau, et cède
à ce liquide un sous-sel cristallisable, par une douce évaporation, en gros tétraèdes incolores, qui jaunissent à l'air.

Le proto-sulfure d'antimoine, et le sulfure correspondant à l'acide antimonieux sont aussi susceptibles de combinaison avec le sulfure de potassium. Les sulfo-sels qui en
résultent et auxquels M. Berzelius donne le nom d'*hypo-
sulfantimonite* et de *sulfantimonite*, se comportent à-peu-
près de la même manière que le sulfantimoniate.

1913. *Sulfo-tellurites de proto-sulfure de potassium.* — Le
sel neutre ne peut être produit que par voie sèche : il est
détruit par l'eau qui le transforme en sel basique. Le sulfo-
tellurite tri-basique $(3KS, TeS^2)$ se prépare en faisant passer un courant de gaz sulfhydrique dans la dissolution du
tellurite de potasse, et faisant évaporer la liqueur dans le
vide. Il cristallise en prismes à 4 pans, d'un jaune pâle,
qui tombent en déliquescence dans un air humide et commencent à se décomposer aussitôt.

très promptement lorsqu'elle en contient peu (1903) : l'alcool l'en précipite sous forme d'une poudre d'un rouge de cinabre. L'acide acétique, convenablement étendu, y produit un dépôt jaune foncé, tirant sur le brun, de bi-sulfomolybdate ; s'il était trop concentré, il en séparerait le sulfure de molybdène, comme le font tous les acides énergiques. Il s'unit à l'azotate de potasse, et forme un sel double qui, par l'évaporation spontanée, donne des cristaux verts et doués de l'éclat métallique, lesquels brûlent comme de la poudre à tirer.

D'ailleurs, il paraît, d'après M. Berzelius, qu'indépendamment du *sulfo-molybdate de potassium*, il existe un *hyper-sulfo-molybdate*, c'est-à-dire, un composé de quadri-sulfure de molybdène et de proto-sulfure de potassium.

1910. *Sulfo-tungstate de proto-sulfure de potassium.*—Le soufre du sulfure de tungstène dans ce sulfo-tungstate, est à celui du sulfure de potassium comme 3 est à 1 : aussi ce sel a-t-il pour formule (KS, WS^3), et correspond-il à un tungstate de potasse.

On se le procure en faisant passer un excès de gaz sulfdrique à travers une dissolution saturée de tungstate de potasse, et abandonnant à l'évaporation spontanée la dissolution qui a une belle couleur orange : le sulfo-tungstate cristallise en prismes quadrilatères plats et anhydres d'un rouge pâle. Chauffé à l'abri du contact de l'air, il fond sans se décomposer en une masse d'un brun foncé qui se redissout complètement dans l'eau. Il est très peu soluble dans l'alcool qui le précipite peu-à-peu de sa dissolution aqueuse en petits prismes déliés d'un rouge de cinabre.

1911. *Sulfo-vanadate de proto-sulfure de potassium.*— Ce sel, de même que les autres sulfo-vanadates alcalins, peut être préparé en décomposant le vanadate correspondant par l'acide sulfhydrique, ou en dissolvant l'acide vanadique dan le sulf-hydrate de sulfure de potassium. On peut l'obten aussi en faisant fondre des substances contenant du vanadiu avec du carbonate de potasse et du soufre, et retirer mère par ce moyen les dernières portions de vanadium de la matière. La dissolution du sulfo-vanadate de potassium offre la couleur de la bière anglaise. Après l'évaporation dans le vide, le sel forme un résidu brun, pulvérulent, sans apparence cristalline, que l'eau dissout en grande quantité. L'alcool le précipite de sa dissolution aqueuse concentrée.

La composition du sulfo-vanadate de potassium se conclut aisément du mode de préparation qui consiste à traiter le vanadate de potasse par l'acide sulfhydrique : on en déduit la formule suivante : (KS, NaS^2).

1912. *Sulfantimoniate, sulfantimonite, hypo-sulfantimonite de proto-sulfure de potassium.* — Le sulfantimoniate s'obtient en faisant fondre un mélange intime de 4 parties de proto-sulfate d'antimoine, 2 de carbonate de potasse, et 1 de soufre; il se décompose par l'action de l'eau, et cède à ce liquide un sous-sel cristallisable, par une douce évaporation, en gros tétraèdes incolores, qui jaunissent à l'air.

Le proto-sulfure d'antimoine, et le sulfure correspondant à l'acide antimonieux sont aussi susceptibles de combinaison avec le sulfure de potassium. Les sulfo-sels qui en résultent et auxquels M. Berzelius donne le nom d'*hypo-sulfantimonite* et de *sulfantimonite*, se comportent à-peu-près de la même manière que le sulfantimoniate.

1913. *Sulfo-tellurites de proto-sulfure de potassium.* — Le sel neutre ne peut être produit que par voie sèche : il est détruit par l'eau qui le transforme en sel basique. Le sulfo-tellurite tri-basique $(3KS, TeS^2)$ se prépare en faisant passer un courant de gaz sulfhydrique dans la dissolution du tellurite de potasse, et faisant évaporer la liqueur dans le vide. Il cristallise en prismes à 4 pans, d'un jaune pâle, qui tombent en déliquescence dans un air humide et commencent à se décomposer aussitôt.

FIN DU TROISIÈME VOLUME.

www.ingramcontent.com/pod-product-compliance
Lightning Source LLC
Chambersburg PA
CBHW051248060726
47596CB00001B/31